BMW BOXER
Vierventil-Enduros von 1994 bis 2012

R 850 GS
1998 bis 2000

R 1100 GS
1994 bis 1999

R 1150 GS
1999 bis 2004

R 1150 GS Adventure
2001 bis 2005

R 1200 GS
2004 bis 2009

R 1200 GS Adventure
2006 bis 2009

R 1200 GS DOHC
2010 bis 2012

R 1200 GS DOHC Adventure
2010 bis 2012

In diesem Buch werden die links abgebildeten Modelle behandelt.

- **R 850 GS** Modelljahre 1998 bis 2000
- **R 1100 GS** Modelljahre 1994 bis 1999
- **R 1150 GS** Modelljahre 1999 bis 2004
- **R 1150 GS Adventure** Modelljahre 2001 bis 2005
- **R 1200 GS** Modelljahre 2004 bis 2009
- **R 1200 GS Adventure** Modelljahre 2006 bis 2009
- **R 1200 GS DOHC** Modelljahre 2010 bis 2012
- **R 1200 GS DOHC Adventure** Modelljahre 2010 bis 2012 (Modell wurde gebaut in den 2012er-Spezifikationen bis Juli 2013)

bucheli verlag

AF850293

Impressum

Impressum

ISBN 978-3-7168-2148-0

Reparaturanleitung
Technik-Sonderband 6012

Die in diesem Buch enthaltenen Arbeitsschritte und Anweisungen, Tipps und Ratschläge werden nach bestem Wissen und Gewissen erteilt. Eine Haftung der Autoren, der Fotografen, Zeichner, Layouter und/oder des Verlags und seiner Beauftragten für Personen-, Sach- oder Vermögensschäden ist ausgeschlossen. Alle Inhalte in diesem Band entsprechen dem Kenntnisstand zum Redaktionsschluss. Abweichungen durch Weiterentwicklung der beschriebenen Fahrzeuge, Werkzeuge und Arbeitstechniken sowie geänderte Anweisungen des Fahrzeugherstellers bzw. neue gesetzliche Bestimmungen sind möglich.

Redaktion und Gestaltung:
Schermer Verlag GmbH,
D-70563 Stuttgart

Mitarbeiter dieser Ausgabe:
Bernd Burbulla (Daten- und Technikrecherche), Horst Liebermann (Technik), Helmut Mader (Technik-Beratung), Axel Schermer, Franz Josef Schermer (Fotos und Texte), Dipl. Ing. (FH) Helmut Städele (Elektrik und Elektronik), Helmut Strauß (Daten und Texte)

Zeichnungen: Daniel Horvat, Stefanie Schenk, Wolf Kurz, Tomoko Wakayama

Für diese Motorrad-Reparaturanleitung wurden unter anderem Bilder und Texte aus den Archiven von BMW, der Verlage Bucheli AG (Schweiz), Motorbuch Verlag und Schermer Verlag verwendet.

Ein ganz spezieller Dank geht an Helmut Mader (BMW-Spezialist aus Erding in Bayern) und Jürgen Fleige (Motorrad-Service-Meister bei der BMW-Niederlassung Stuttgart), beide haben uns ganz viele Tipps zu Wartung, Pflege und Reparatur der BMW-Modelle gegeben, damit wir sie an die Leser dieses Buchs weitergeben können.

Satz und Layout: Stefanie Schenk
Lektorat: Myrta Baumberger
Druck: Druck- und Medienzentrum Gerlingen GmbH
D-70839 Gerlingen
Bindung: K. Dieringer
D-70839 Gerlingen

Sie finden uns im Internet unter
www.motorbuch.de. und
www.bucheli-verlag.de

1. Auflage 2014

In diesem Buch finden Sie jede Menge Tipps und Kniffe in Text und Bild zur fachgerechten Durchführung von Wartung, Pflege und kleineren Reparaturen rund um die BMW-Vierventil-Enduros von 1994 bis 2012. Beispielhaft aus dem Kapitel 20 »Ventilspiel« hier ein Blick auf die Kontrolle des Ventilspiels am oberen Auslassventil des linken Zylinders mit einer Fühlerlehre 0,30 mm.

Warum dieses Buch wichtig ist

Die Erfolgsgeschichte der GS-Modelle von BMW reicht zurück bis in die 1960er-Jahre. Bekannte deutsche Geländefahrer wie Sebastian Nachtmann, Herbert Schek und Eddy Hau bauten sich – mehr oder weniger in Eigenregie – Geländesportmaschinen, mit denen sie die große Hubraumklasse dominierten. Das Engagement des BMW-Werks hielt sich in Grenzen, weil ja BMW keine Geländemaschinen im Programm hatte, denn die Fahrzeugkategorie der »Reise-Enduros« war noch nicht erfunden.

Reisen auf, Geländefahren abseits der Straße und Abenteuer pur erleben ist mit einer GS-BMW möglich.

Man muss über die damalige sportliche Zeit wissen, dass die Geländefahrer in wirklich schwerem Gelände unterwegs waren, es ging durch dichte Wälder bergauf und bergab und je schlammiger die Wege waren und je tiefer der Morast, desto »besser« war es. Es gab nationale Wettbewerbe mit Namen wie »Schwere schwäbische Geländefahrt« oder »DMV-Zweitagefahrt«. Der internationale Wettbewerb »Sechs-Tagefahrt« war jedes Jahr in einem anderen Land und war quasi die Weltmeisterschaft der Geländefahrer. Die in hochbeinige Fahrwerke eingebauten Zweiventil-BMWs waren extrem zuverlässig und gewannen viele Meisterschaften.

1979 kam mit der R 80 G/S die erste serienmäßige BMW-Geländemaschine auf den Markt: Das »G« stand für Gelände und das »S« für Straße. Sie hatte den Zweiventil-Boxer mit 50 PS und eine »starre« Einarmschwinge, genannt »Monolever«. Das Ende diese Baureihe markierte 1995 die R 100 GS Paris-Dakar mit 60 PS und Doppelgelenk-Hinterradschwinge, genannt »Paralever«. Im Sport wurde BMW international aktiv, setzte Werksmaschinen bei der weltberühmten Paris-Dakar-Rallye ein: 1981 und 1983 siegte Hubert Auriol, 1984 und 1985 Gaston Rahier. Diese Siege schafften die Basis für die Unzerstörbarkeit der BMW GS. 1994 kam mit der R 1100 GS die erste GS der neuen Motorengeneration mit vier Ventilen pro Zylinder und elektronischem Motormanagement; später kam sie dann auch mit 850 und 1150 cm³. Ihr Konzept war revolutionär und wurde bis zur R 1200 GS DOHC Radialventiler, die 2010 auf den Markt kam, in den konstruktiven Grundzügen beibehalten: Luft-ölgekühlter Motor, geschmiedete Kurbelwelle in Gleitlagern, vier Ventile pro Zylinder, kombinierte Einspritz-Zündsteuerung (»elektronische Saugrohreinspritzung«). Im November 2003 kam die R 1200 GS als »rundum neu«, das stark überarbeitete Boxertriebwerk hatte als markanteste Modellpflege eine Ausgleichswelle.

Mit dem neuen Vierventil-Boxer stellte sich BWM ganz offiziell mit einem Werksteam dem harten Geländewettbewerb. Bei der Paris Dakar 1999 und 2000 siegte Richard Sainct auf einer Werksmaschine, die »nur« 900 cm³ hatte und auf Vergaser umgebaut war, und festigte die Legende der GS-Unzerstörbarkeit. Seit der ersten Vierventil-GS 1100 von 1994 ist viel geschehen mit der erfolgreichsten Baureihe von BMW. Auf Drängen der Leser unserer Motorrad-Reparaturanleitungen haben wir dieses Buch gemacht nach dem neuesten Stand der Wartungs- und Pflegetechnik, der Öle und Zündkerzen. Seine Inhalte richten sich an interessierte Laien und Hobbyschrauber: Mehr als 200 Seiten voll mit Erklärungen über Funktionen einzelner Baugruppen, Fehlermöglichkeiten und wie man diese erkennt – und repariert.

Grundsätze zu diesem Buch:

- Die Lektüre dieses Buches kann weder eine Lehre zum Motorradmechaniker noch mehrjährige Praxis im Kraftfahrzeughandwerk ersetzen.
- Die Anwendung der im Buch gezeigten Arbeitsschritte setzt einen gewissen Grundstock an Werkzeug voraus. Auf zusätzlich benötigte Spezialwerkzeuge gehen wir in den entsprechenden Kapiteln ein.
- Inhalte wie beispielsweise Ventile einstellen, Bremsklötze wechseln, Radlager erneuern oder gar eine neue Kupplung einbauen erfordern eine gesunde Portion Fachwissen und Sorgfalt. Wenn Sie sich nicht trauen, solche Arbeiten durchzuführen, obwohl Sie im Text gelesen haben, wie es geht und auch Fotos und Zeichnungen verstanden haben, dann geben Sie Ihr Motorad in eine Werkstatt.

In diesem Sinne wünsche ich Ihnen viel Spaß mit Ihrer GS-BMW, eine erlebnisreiche und allzeit pannenfreie Fahrt und, wenn nötig, effizientes Schrauben daran!

Herzlichst,
Ihr F. J. Schermer
(verantwortlicher Redakteur)

Wenn in diesem Buch von »Fahrern« die Rede ist, meinen wir natürlich auch die weiblichen Leser. Der leichteren Lesbarkeit halber beschränken wir uns jedoch auf die allgemeine (männliche) Form.

Inhalt

Folgende Symbole verdienen im Laufe der Arbeiten besondere Beachtung:

Sichtprüfung: *Teil genau ansehen, besonders beachten*

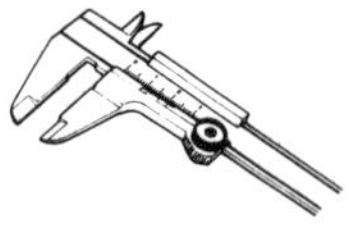

Messen: *Schublehre oder anderes Messwerkzeug nötig*

Achtung: *Besondere Vorsicht geboten, Sicherheitshinweise beachten*

Tipp: *Wertvoller Hinweis für einfacheres Schrauben*

Inhalt

Folgende Symbole verdeutlichen den Schwierigkeitsgrad der Arbeiten:

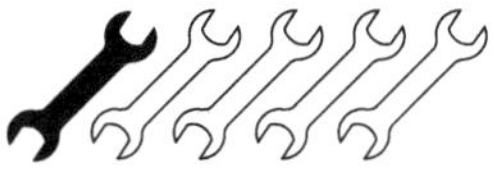

Ein Schlüssel:
Einfache Arbeit, erweitertes Bordwerkzeug reicht aus

Zwei Schlüssel:
Anspruchsvolle Arbeit, extra Werkzeug notwendig

Drei Schlüssel:
Gutes Werkzeug und Spezialkenntnisse erforderlich

Vier Schlüssel:
Spezialwerkzeug und sehr gute handwerkliche Fertigkeit gefragt

Fünf Schlüssel:
Spezialwerkzeug und meisterliche Fertigkeiten notwendig: Fachwerkstatt!

Boxer-Enduros 1994 bis 2012

In diesem Kapitel: Technische Besonderheiten der Vierventil-Boxer · Detailbilder von wichtigen Baugruppen · Technische Daten und Modellpflege der Modelle in diesem Buch · Sonder- und Editionsmodelle.

Konstruktive Grundzüge

Das erste Modell der neuen BMW-Enduro-Generation war die R 1100 GS, sie kam 1994 auf den Markt. Ihr Konzept war revolutionär: Luft-ölgekühler Motor, geschmiedete Kurbelwelle in Gleitlagern, vier Ventile pro Zylinder, kombinierte Einspritz-Zündsteuerung, elektronische Saugrohreinspritzung, Motor ist mittragendes Element im Fahrwerksverbund.

Diese konstruktiven Grundzüge wurden beibehalten bis 2012 über Hubraumvarianten mit 850, 1100, 1150 und 1200 ccm. Die im November 2003 präsentierte R 1200 GS war »rundum neu«, sie war viel leichter als die bisherigen Modelle. Wichtigste Modellpflege im stark überarbeiteten Boxertriebwerk war eine Ausgleichswelle (Bild 4). Auf Basis dieses Motors kam für 2010 die R 1200 GS DOHC Radialventiler mit zwei obenliegenden Nockenwellen (**D**ouble **O**ver **H**ead **C**amshaft) und vier radial im Kopf angeordneten Ventilen (Bild 6).

Gebrochene Schmiedepleuel

Bilder 3a und 3b: Nach einer seltenen Bauart sind die Pleuel gefertigt, denn sie haben eine gebrochene untere Lagerschale. Die Bruch-Passflächen passen extrem genau zusammen; genauer als bei zwei getrennten Bauteilen mit glatten Kontaktflächen. Von 1994 bis 1997 waren die Pleuel aus Sintermetall gefertigt, 1998 wurde auf Stahl umgestellt. Die Umstellung hatte technische und kostenbezogene Gründe, denn der Sintermetallpleuel war mehr als sechsmal so teuer wie der heutige Stahlpleuel.

Ausgleichswelle bei R 1200 GS

Beim Boxermotor gehen Kolben und Pleuel rechts und links exakt gleichzeitig auf und ab. Durch diese symmetrische Bewegung erzeugt der Motor keine oszilierenden (»freien«) Massenkräfte der I. und II. Ordnung – ein Boxermotor ist laufruhig und hat kaum Vibrationen.

Aber: Aus dem beim Boxermotor konstruktionsbedingt nicht zu vermeidenden Versatz der Pleuelebenen (= Hubzapfen, damit auch Kolben und Zylinder, siehe Bilder 2 und 4) und dem Zylinderversatz (Bild 2) resultieren »umlaufende Massenmomente I. und II. Ordnung«. Dieses regt zu störenden Schwingungen an, der Motor »vibriert«.

Vibrationen verschlechtern im Allgemeinen nicht nur den Fahrkomfort, weil sie in Lenker, Sitzbank und Fußrasten unangenehm zu spüren sind, sondern sie versetzen auch ganz unterschiedliche Bauteile der Maschine in Schwingungen, die im Extremfall nicht mehr zu kontrollieren sind und bis zum Bruch der Bauteile führen können – sie erleiden dann einen so genannten »Schwingungsbruch«.

Bild 1: Dieses Motorrad ist ein Einzelstück, nämlich der Prototyp der R 1200 GS. Der neue 1200er-Motor steckt im Fahrwerk der R 1150 GS. Die 1200er-GS wurde 2004 präsentiert und erst 2012/2013 von der wassergekühlten 1200er-GS abgelöst, bei der Kurbeltrieb, Kupplung und Getriebe eine Einheit sind.

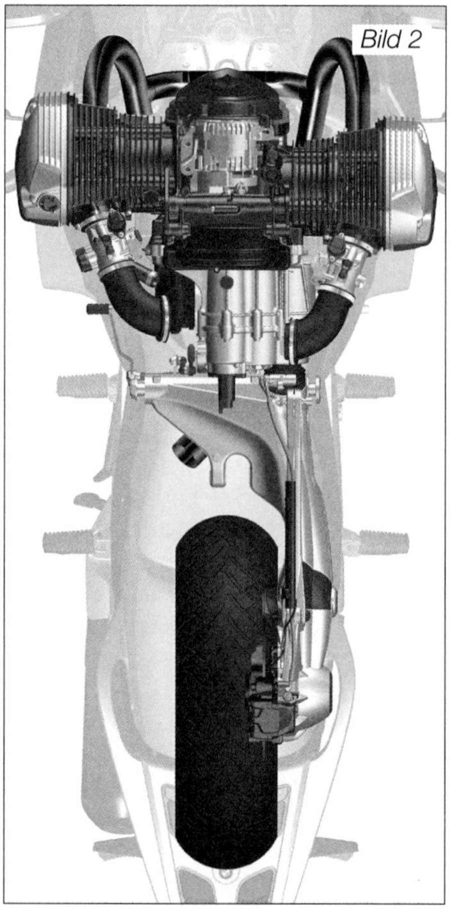

Bild 2: Blick auf Motor-Getriebe-Einheit und Hinterradschwinge mit Hinterachsantrieb. Beachten, dass der linke Zylinder weiter vorne ist als der rechte.

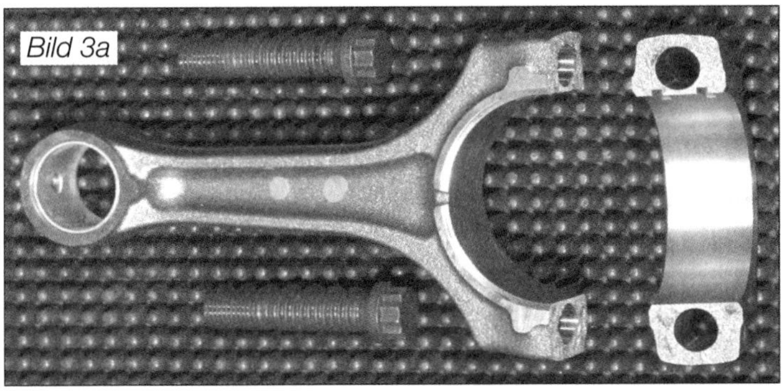

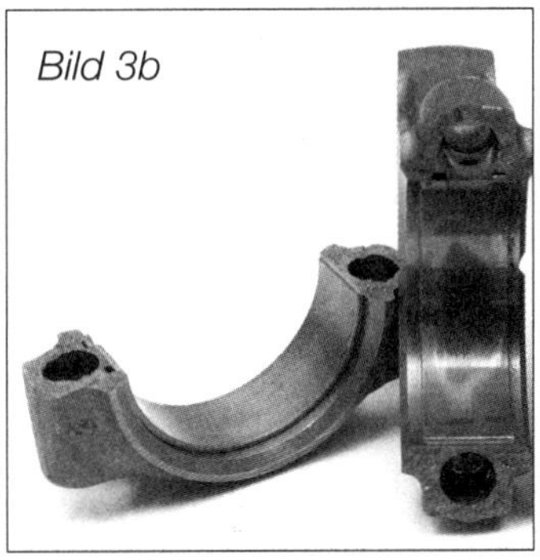

Bilder 3a und 3b: Die Pleuel der ersten Serie des neuen Boxers ab 1994 waren aus Sintermetall hergestellt. Ab 1998 kamen Stahl-Schmiedepleuel zum Einsatz. Sowohl Sinter- als auch Stahlpleuel haben ein gebrochenes (»gecracktes«) unteres Pleuelauge.

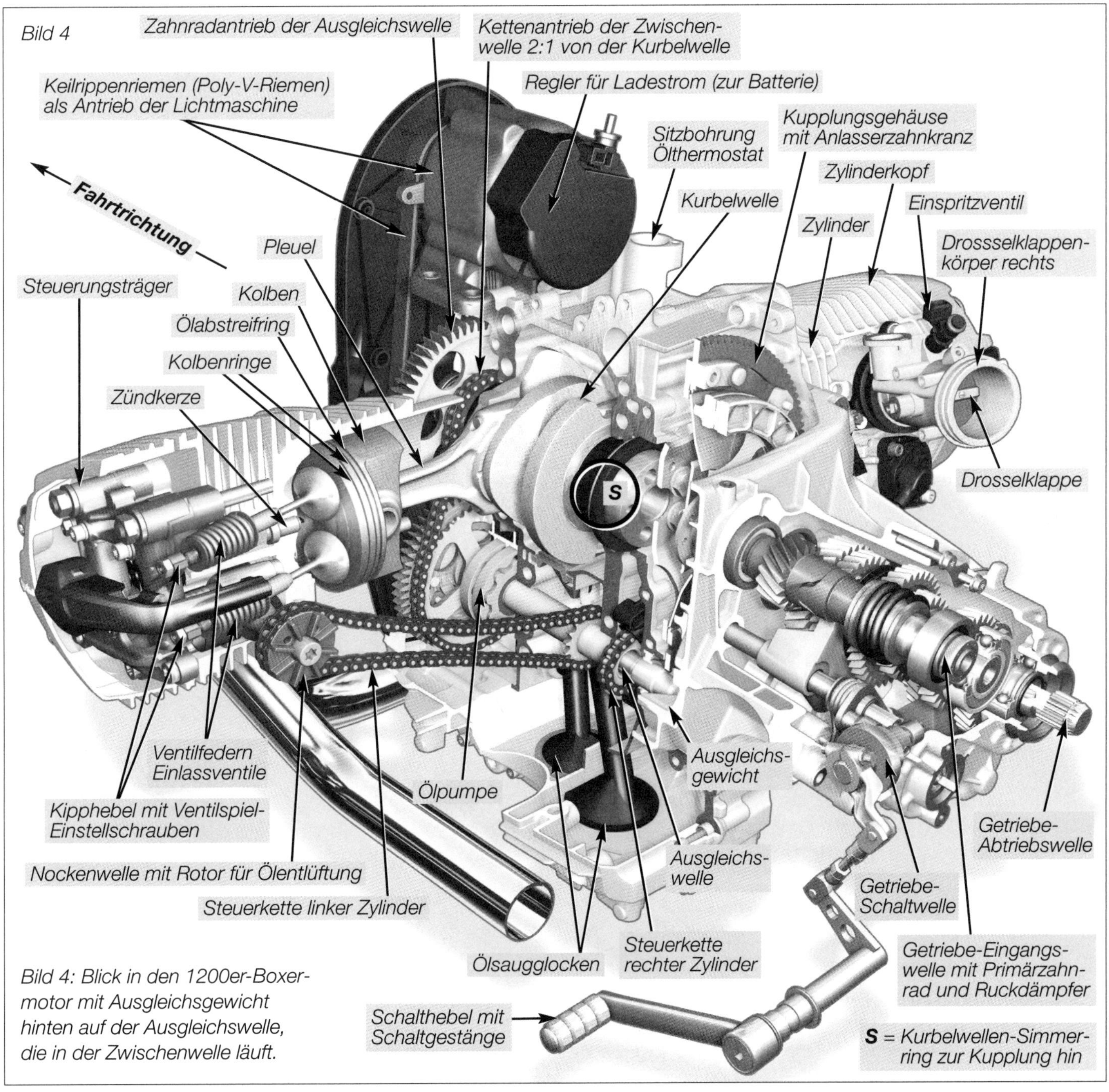

Bild 4: Blick in den 1200er-Boxermotor mit Ausgleichsgewicht hinten auf der Ausgleichswelle, die in der Zwischenwelle läuft.

Wenn solche motor- bzw. konstruktiv bedingte Schwingungen (samt ihrer schädlichen Auswirkungen) bekannt sind, kann man die betreffenden Bauteile entsprechend gestalten, wodurch sie allerdings massiver (»dicker«) und somit auch schwerer werden. Und eben dieses »schwerer« wurde schon bei der Grundkonzeption der 1200er Boxer-GS versucht zu vermeiden – weswegen die R 1200 GS-Modelle ein geringeres Trockengewicht haben (= leichter sind) als die Vorgängermodelle.

Versatz der Hubzapfen

Zurück zum vorhin im Text schon genannten »Versatz der Hubzapfen«: Dieser ist beim Boxer konstruktionsbedingt und somit nicht zu vermeiden. Bei laufendem Motor entsteht dadurch ein »oszillierendes Massenmoment«, das zu störenden Schwingungen (»Vibrationen«) anregt.

Der Begriff »oszillierendes Massenmoment« ist folgendermaßen zu verstehen: Von oben betrachtet will sich ein Boxermotor, wenn er läuft, dauernd hin und her drehen, die Drehachse ist innerhalb der Kurbelwelle im Mittelpunkt des Hubzapfenversatzes (quasi in der Wange zwischen den beiden Hubzapfen). Mit steigendem Hubraum und bei höheren Drehzahlen wird die Neigung des Motors, sich »um sich selbst« drehen zu wollen, immer stärker; er muss also mit immer höheren Gegenkräften daran gehindert werden. Mit steigendem Hubraum und damit höheren Gewichten der hin und her gehenden sowie sich drehenden Motorbauteile und auch höherer Drehzahl neigt der Motor dann zu immer stärkeren Vibrationen.

Ausgleichsgewichte

Mit einem konstruktiven Kniff wurden die Ausgleichsgewichte nahe am Zentrum allen Übels platziert: In der Zwischenwelle ist eine Welle, die vorne über einen Stirnradsatz angetrieben wird. Innerhalb der beiden Stirnräder sind Gewichte platziert, ähnlich wie bei den Antriebsrädern einer Dampflokomotive. Am hinteren Ende der Ausgleichswelle ist eine »Exzentermasse« angeschraubt (»Ausgleichsgewicht« in Bild 4). Weiterhin ist am Schwung-

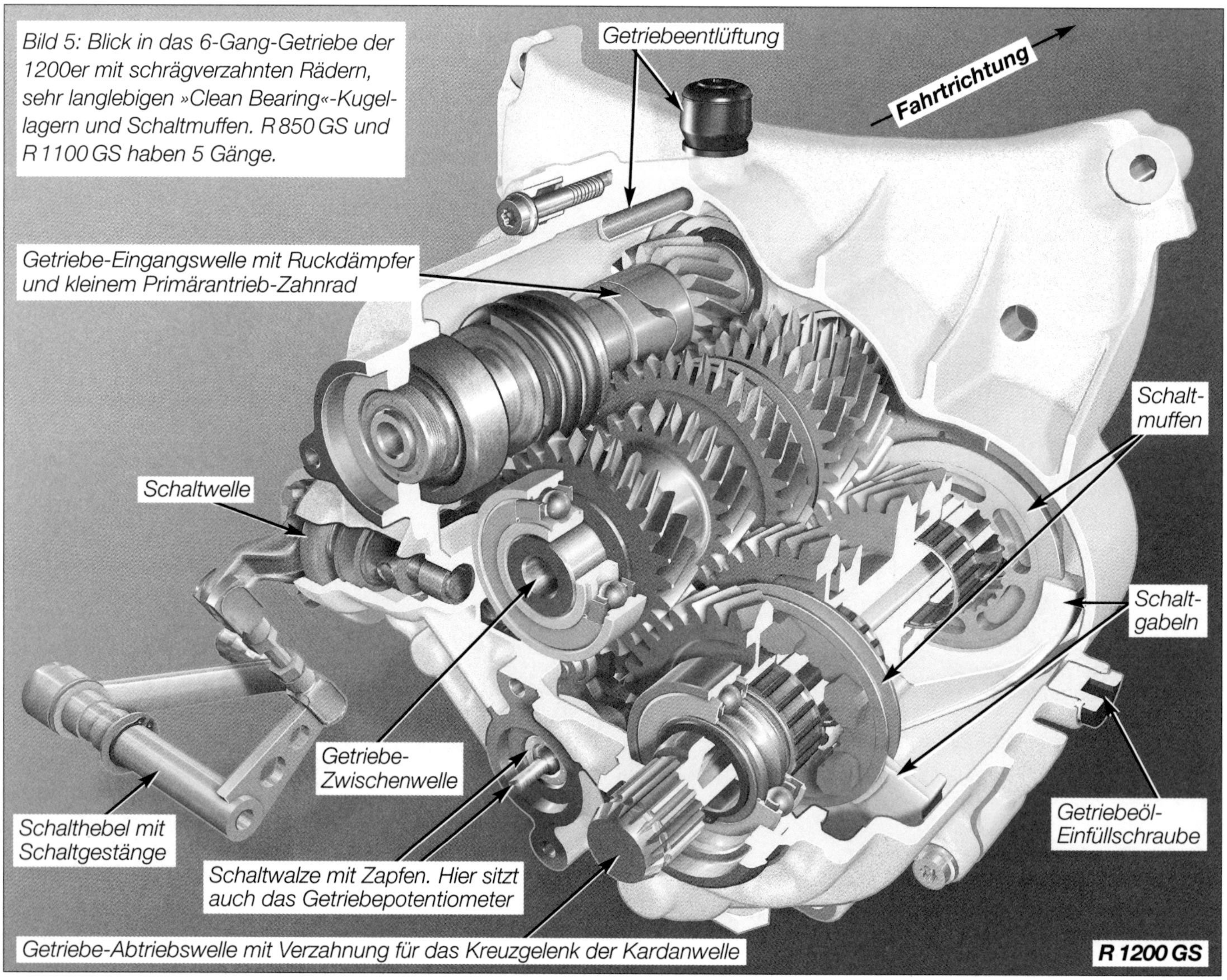

Bild 5: Blick in das 6-Gang-Getriebe der 1200er mit schrägverzahnten Rädern, sehr langlebigen »Clean Bearing«-Kugellagern und Schaltmuffen. R 850 GS und R 1100 GS haben 5 Gänge.

rad eine definierte Ausgleichsmasse berücksichtigt.

Technisch gesehen wirken die hinteren Ausgleichsmassen und die Exzentermassen in den vorderen Zahnrädern wie »zwei um 180 Grad zueinander versetzte Unwuchtmassen«, die von der Größe so abgestimmt sind, dass sie ein entgegengesetztes Moment zur Kurbelwelle erzeugen. Die Ausgleichswelle läuft gegenläufig zur Kurbelwelle, und außerdem wirken die vorderen Unwuchtmassen innerhalb der Zahnräder gegenläufig zueinander.

Die Ausgleichswelle bewirkt also durch die Überlagerung des Massenmoments der Kurbelwelle, dass die resultierenden Vibrationen (bis auf eine vertretbare Restgröße) eliminiert werden: Der Motor vibriert weniger, läuft ruhiger, der Fahrkomfort nimmt zu und die Beanspruchung bestimmter Bauteile durch zerstörerische Vibrationen nimmt ab.

In diesem vibartionsarmen Sinne wollen wir den kleine Exkurs in die Tiefen der Boxertechnik beenden. Auf den folgenden Seiten finden Sie Bilder, technische Daten und die wichtigsten Modelpflegemaßnahmen der erfolgreichen BMW-Vierventil-Enduros dieses Buch.

Bild 6: Blick in den DOHC-Zylinderkopf der R 1200 GS ab Mj. 2010. Vier radial angeordnete Ventile werden von zwei oben liegenden Nockenwellen betätigt. Die Nockenbahnen sind konisch geschliffen, zwischengeschaltete Schlepphebel verhindern Seitendrücke auf den Ventilschaft.

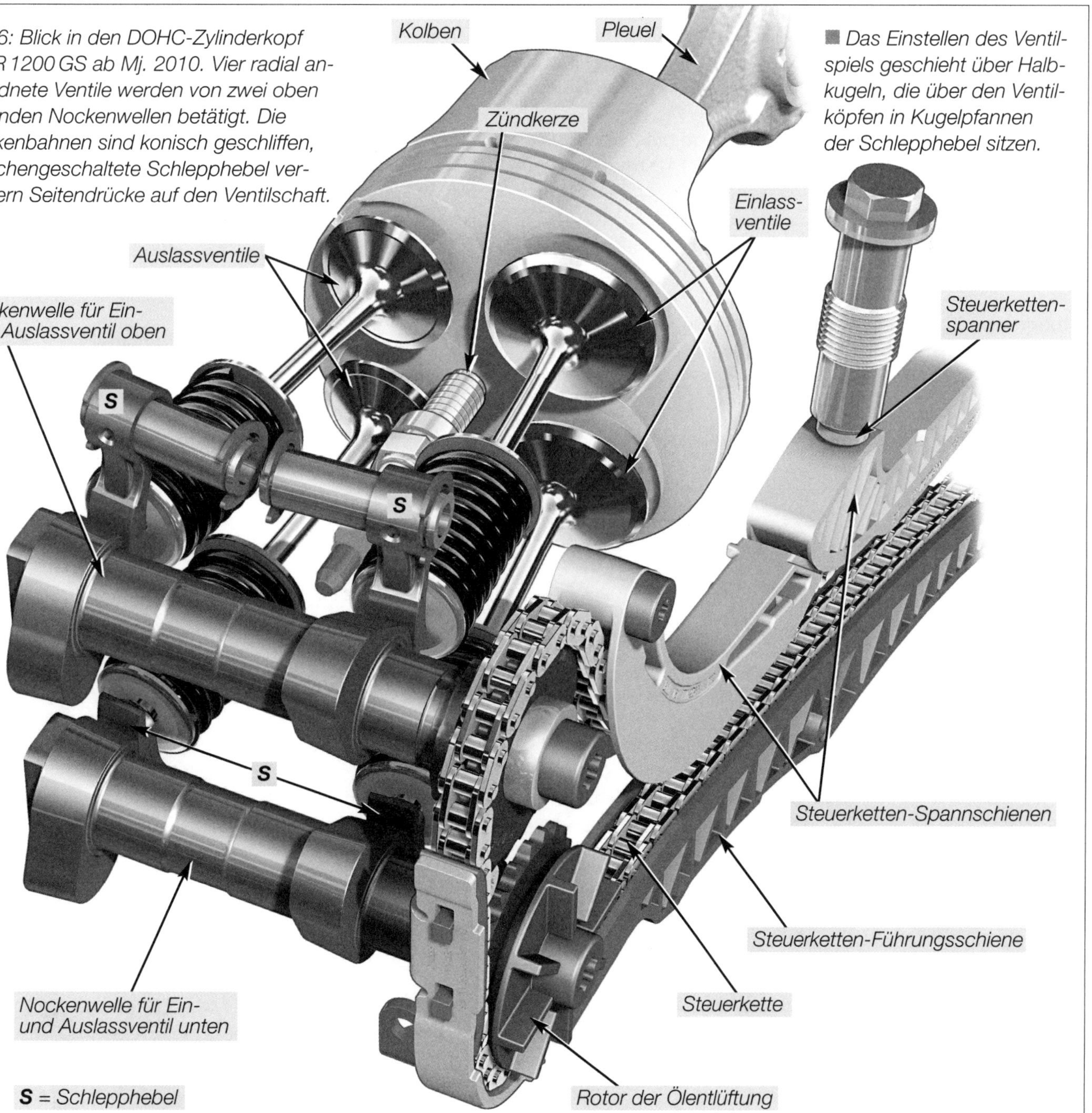

■ Das Einstellen des Ventilspiels geschieht über Halbkugeln, die über den Ventilköpfen in Kugelpfannen der Schlepphebel sitzen.

1 Modelle · Daten: R 850 GS

Modell (Modelljahre)	**R 850 GS** (1998 bis 2000)
Leistung in PS (kW)	70 PS (52 kW) bei 7500/min; auch mit 34 PS bei 5000/min
maximales Drehmoment	77 Nm bei 5000/min
Bohrung x Hub (Hubraum)	87,5 x 70,5 mm (848 cm^3)
Verdichtung (Kraftstoffart)	10,3 : 1 (Super)
Ausgleichswelle	nein
Ventilbetätigung	1 halbhoch angeordnete, kettengetriebene Nockenwelle pro Zylinder, Stößel, Stößelstangen, Kipphebel
Ventile pro Zylinder	4, Spieleinstellung Einstellschrauben
Ventildurchmesser	Einlass 32 mm, Auslass 27 mm
Steuerzeiten	Einlass öffnet 1 Grad nach OT Einlass schließt 29 Grad nach UT Auslass öffnet 28 Grad vor UT Auslass schließt 16 Grad vor OT
Ø der Drosselklappen	45 mm
Zündung	1 Zündkerze pro Zylinder
Kupplung (Betätigung)	1 Scheibe Ø 180 mm (Seilzug)
Getriebe	5 Gänge
Primärantrieb	schrägverzahnt, i_{prim} 1,800 (Z 36/20)
Gangabstufungen	1. Gang: 2,312 (Z 37/16) | 4. Gang: 0,967 (Z 29/30) 2. Gang: 1,619 (Z 34/21) | 5. Gang: 0,806 (Z 29/36) 3. Gang: 1,185 (Z 32/27)
Endantrieb	Kardanwelle, Kegel- und Tellerrad, i_{sec} 3,36 (Z 37/11)

Reifen vorn	110/80 R 19
Reifen hinten	150/70 R 17
Federweg vorne/hinten	190/200 mm
Radstand	1509 mm
Länge	2196 mm
Breite (über die Spiegel)	917 mm
Höhe (Verkleidungsscheibe)	1400 mm
Sitzhöhe	840 oder 860 mm
Leergewicht (vollgetankt)*	243 kg
Leergewicht (Messwert)**	262 kg
zulässiges Gesamtgewicht	450 kg
Tankinhalt	25,0 Liter

Ab Verkaufsstart
wahlweise Endantrieb:
■ Z 31/11, i_{sec} = 2,82 ■ Z 33/11, i_{sec} = 3,0
■ Z 32/10, i_{sec} = 3,20 ■ Z 37/11, i_{sec} = 3,36

Änderungen gegenüber bisheriger R 1100 GS
■ G-Kat serienmäßig
■ Kühlölkreislauf mit Thermostat gesteuert, zwei Ölsumpf-Sauggocken (statt wie bisher eine), kleinere Ölpumpe, anderer Ölfilter
■ zusätzlicher Kurbelwellensimmerring (65 x 83 x 8) auf der Kupplungsseite zum Kurbelhaus hin

Wichtige Modellpflege
ab Dezember 1998: Stahl-Schmiedepleuel als Ersatz des Sintermetall-Pleuels, weiterhin mit gebrochenem unterem Lagerdeckel

* = BMW-Angabe, ** = Messwert aus der Zeitschrift »MOTORRAD«

Modell (Modelljahre) .... **R 1100 GS** (1994 bis 1999)
Leistung in PS (kW) .... 80 PS (59 kW) bei 6750/min
maximales Drehmoment .... 97 Nm bei 5250/min
Bohrung x Hub (Hubraum) .... 99 x 70,5 mm (1085 cm³)
Verdichtung (Kraftstoffart) .... 10,3 : 1 (Super)
Ausgleichswelle .... nein
Ventilbetätigung .... 1 halbhoch angeordnete, kettengetriebene Nockenwelle pro Zylinder, Stößel, Stößelstangen, Kipphebel
Ventile pro Zylinder .... 4, Spieleinstellung Einstellschrauben
Ventildurchmesser .... Einlass 36 mm, Auslass 31 mm
Steuerzeiten .... Einlass öffnet 1 Grad nach OT
Einlass schließt 29 Grad nach UT
Auslass öffnet 28 Grad vor UT
Auslass schließt 16 Grad vor OT
Ø der Drosselklappen .... 45 mm
Zündung .... 1 Zündkerze pro Zylinder
Kupplung (Betätigung) .... 1 Scheibe Ø 180 mm (Seilzug)
Getriebe .... 5 Gänge
Primärantrieb .... schrägverzahnt, i_{prim} 1,800 (Z 36/20)
Gangabstufungen 1. Gang: 2,312 (Z 37/16) | 4. Gang: 0,967 (Z 29/30)
2. Gang: 1,619 (Z 34/21) | 5. Gang: 0,806 (Z 29/36)
3. Gang: 1,185 (Z 32/27)
Endantrieb .... Kardanwelle, Kegel- und Tellerrad, i_{sec} 3,00 (Z 33/11)
Reifen vorn .... 110/80 R 19
Reifen hinten .... 150/70 R 17
Federweg vorne/hinten .... 190/200 mm
Radstand .... 1509 mm
Länge .... 2196 mm
Breite (über die Spiegel) .... 917 mm
Höhe (Verkleidungsscheibe) ... 1400 mm
Sitzhöhe .... 840 oder 860 mm

Leergewicht (vollgetankt)* .... 243 kg
Leergewicht (Messwert)** .... 262 kg
zulässiges Gesamtgewicht .... 450 kg
Tankinhalt .... 25,0 Liter

Ab Verkaufsstart
wahlweise Endantrieb:
■ Z 31/11, i_{sec} = 2,82 ■ Z 33/11, i_{sec} = 3,0
■ Z 32/10, i_{sec} = 3,20 ■ Z 37/11, i_{sec} = 3,36
Wichtige Modellpflege
ab Mai 1994: Zylinderkopf 9 statt vorher 10 Rippen
ab Sommer 1994: Verstärkte und verrutschfest sitzende Ventildeckeldichtung
ab September 1994: Längere Vorderradabdeckung, verbesserter Spritzschutz
ab März 1995: Detailänderungen an Nockenwellenlagerböcken und Steuerungsträger, schmierungsoptimierte Kipphebelachsen
ab Mai 1995: G-Kat serienmäßig
ab Juni 1995: O-Ring unter Passhülse im Zylinderfuß
ab September 1995: Stahltank anstelle des Kunststofftanks
■ Belüftungsventil im Ölkreislauf
ab Oktober 1995: Einlassventil 34 mm, Auslassventil 29 mm, Schaft 5 mm
ab September 1996: Neuer Gasseilzugverteiler
■ geändertes Getriebe mit neuem Anfahrdämpfer
■ O-Ringe zwischen Getriebewellen und -rädern entfallen
ab September 1997: Anti-Blaurauchkolben
■ eloxierte Felgen
■ geänderter Seitenständer
ab Dezember 1997: Kühlölkreislauf mit Thermostat gesteuert, zwei Ölsumpf-Sauggglocken (statt wie bisher eine), kleinere Ölpumpe, anderer Ölfilter
■ zusätzlicher Kurbelwellensimmerring 65 x 83 x 8 auf der Kupplungsseite zum Kurbelhaus hin
■ Kupplung mit Ø 165 mm
ab Dezember 1998: Stahl-Schmiedepleuel als Ersatz des Sintermetall-Pleuels, weiterhin mit gebrochenem unterem Lagerdeckel

Die R 1100 GS kam 1994, es gab sie zu Anfang wahlweise ohne oder mit Katalysator.

Das nahezu identische Schwestermodell R 850 GS wurde von 1998 bis 2000 gebaut, spielte in den Verkaufszahlen jedoch keine so große Rolle.

* = BMW-Angabe, ** = Messwert aus der Zeitschrift »MOTORRAD«

Modelle · Daten: R 1150 GS

Modell (Modelljahre)	**R 1150 GS** (1999 bis 2004)
Leistung in PS (kW)	85 PS (62,5 kW) bei 6750/min
maximales Drehmoment	98 Nm bei 5250/min
Bohrung x Hub (Hubraum)	101 x 70,5 (1130 cm^3)
Verdichtung (Kraftstoffart)	11,0 : 1 (Super)
Ausgleichswelle	nein
Ventilbetätigung	1 halbhoch angeordnete, kettengetriebene Nockenwelle pro Zylinder, Stößel, Stößelstangen, Kipphebel
Ventile pro Zylinder	4, Spieleinstellung Einstellschrauben
Ventildurchmesser	Einlass 34 mm, Auslass 29 mm
Steuerzeiten	Einlass öffnet 1 Grad nach OT Einlass schließt 25 Grad nach UT Auslass öffnet 31 Grad vor UT Auslass schließt 13 Grad vor OT
Ø der Drosselklappen	45 mm
Zündung	1 Zündkerze pro Zylinder (bis Mj. 2002)
Kupplung (Betätigung)	1 Scheibe Ø 165 mm (hydraulisch)
Getriebe	6 Gänge
Primärantrieb	schrägverzahnt, i_{prim} 1,889 (Z 34/18)
Gangabstufungen	1. Gang: 2,045 (Z 45/22) | 4. Gang: 1,038 (Z 27/26) 2. Gang: 1,600 (Z 40/25) | 5. Gang: 0,900 (Z 27/30) 3. Gang: 1,267 (Z 38/30) | 6. Gang: 0,697 (Z 23/33)
Endantrieb	Kardanwelle, Kegel- und Tellerrad, i_{sec} 2,82 (Z 31/11)
Reifen vorn	110/80 H 19
Reifen hinten	150/70 H 17

Federweg vorne/hinten	190/200 mm
Radstand	1509 mm
Länge	2196 mm
Breite (über die Spiegel)	920 mm
Höhe (Verkleidungsscheibe)	1400 mm
Sitzhöhe	840 oder 860 mm
Leergewicht (vollgetankt)*	249 kg
Leergewicht (Messwert)**	263 kg
zulässiges Gesamtgewicht	450 kg
Tankinhalt	22,1 Liter

Ab Verkaufsstart
- Stahl-Schmiedepleuel mit gebrochenem unterem Lagerdeckel
- Katalysator serienmäßig
- wahlweise Endantrieb Z 31/11, i_{sec} = 2,82
- Hydraulische Kupplungsbetätigung
- Sechsganggetriebe
- Geänderte Einspritzung
- Telelever und Paralever neu abgestimmt
- kürzerer Schnabel über dem Vorderrad, Doppelscheinwerfer, breiterer Lenker

Wichtige Modellpflege
ab Modelljahr 2001:
- Software-Update zu Abgaswerten

ab November 2001:
- Ausstattung mit EVO-Bremse vorne
- Stahlflex-Bremsleitungen

ab Modelljahr 2003: Teil-Integral-ABS mit elektronischer Bremskraftverstärkung (Generation I, Hersteller FTE Automotive) gegen Aufpreis, Doppelzündung, Hauptzündkerze NGK BKR7EKC, Nebenzündkerze Bosch FR6LDC

* = BMW-Angabe, ** = Messwert aus der Zeitschrift »MOTORRAD«

Modell (Modelljahre)	**R 1150 GS Adventure** (2001 bis 2005)
Leistung in PS (kW)	85 PS (62,5 kW) bei 6750/min
maximales Drehmoment	98 Nm bei 5250/min
Bohrung x Hub (Hubraum)	101 x 70,5 (1130 cm^3)
Verdichtung (Kraftstoffart)	11,0 : 1 (Super)
Ausgleichswelle	nein
Ventilbetätigung	1 halbhoch angeordnete, kettengetriebene Nockenwelle pro Zylinder, Stößel, Stößelstangen, Kipphebel
Ventile pro Zylinder	4, Spieleinstellung Einstellschrauben
Ventildurchmesser	Einlass 34 mm, Auslass 29 mm
Steuerzeiten	Einlass öffnet 1 Grad nach OT Einlass schließt 25 Grad nach UT Auslass öffnet 31 Grad vor UT Auslass schließt 13 Grad vor OT
Ø der Drosselklappen	45 mm
Zündung	1 Zündkerze pro Zylinder (bis Mj. 2002)
Kupplung (Betätigung)	1 Scheibe Ø 165 mm (hydraulisch)
Getriebe	6 Gänge
Primärantrieb	schrägverzahnt, i_{prim} 1,889 (Z 34/18)
Gangabstufungen	1. Gang: 2,375 (Z 38/16) | 4. Gang: 1,038 (Z 27/26) 2. Gang: 1,600 (Z 40/25) | 5. Gang: 0,900 (Z 27/30) 3. Gang: 1,267 (Z 38/30) | 6. Gang: 0,800 (Z 24/30)
Endantrieb	Kardanwelle, Kegel- und Tellerrad, i_{sec} 2,82 (Z 31/11)
Reifen vorn	110/80 H 19
Reifen hinten	150/70 H 17
Federweg vorne/hinten	210/220 mm
Radstand	1501 mm

Länge	2180 mm
Breite (über die Spiegel)	980 mm
Höhe (Verkleidungsscheibe)	1400 mm
Sitzhöhe	900 mm
Leergewicht (vollgetankt)*	253 kg
Leergewicht (Messwert)**	286 kg
zulässiges Gesamtgewicht**	460 kg
Tankinhalt	22,1 oder 30 Liter

Ab Verkaufsstart
■ Erstmals bei BMW hinteres Federbein vom Lieferanten WP (White Power)
■ Betrieb mit Normalbenzin möglich, Klopf-Sensor nimmt Zündung zurück
■ Ausstattung mit EVO-Bremse vorne
■ Stahlflex-Bremsleitungen

Wichtige Modellpflege
ab Modelljahr 2002: Längere Federwege
■ Alukoffer und Alutopcase
■ Conti-Geländereifen
■ so genanntes »Enduro-Getriebe« mit kurzem 1. und 6. Gang

ab Modelljahr 2003: Teil-Integral-ABS mit elektronischer Bremskraftverstärkung (Generation I, Hersteller FTE Automotive) gegen Aufpreis, Doppelzündung mit Hinweis »2-spark« auf Kerzenschacht-Abdeckung

Die R 1150 GS bekam ein Facelift im vorderen Bereich und seitliche Rahmenverstrebungen im Bereich der Schwingenlager.

Das ab 2001 angebotene Modell »Adventure« war ab Mj. 2002 serienmäßig mit Gelände- und Reise-Accessoires wie grobstollige Conti-Geländereifen und stabile Koffer und Topcase aus Alublech ausgerüstet.

* = BMW-Angabe, ** = Messwert aus der Zeitschrift »MOTORRAD«

1 Modelle · Daten: R 1200 GS

Modell (Modelljahre) .... **R 1200 GS** (2004 bis 2007)
Leistung in PS (kW) .... 98 PS (72 kW) bei 7000/min
maximales Drehmoment .... 115 Nm bei 5500/min
Bohrung x Hub (Hubraum) .... 101 x 73 mm (1170 cm³)
Verdichtung (Kraftstoffart) ...... 11,0 : 1 (Super)
Ausgleichswelle .... ja
Ventilbetätigung .... 1 halbhoch angeordnete, kettengetriebene Nockenwelle pro Zylinder, Stößel, Stößelstangen, Kipphebel
Ventile pro Zylinder .... 4, Spieleinstellung Einstellschrauben
Ventildurchmesser .... Einlass 36,35 mm, Auslass 31 mm
Steuerzeiten ....

Einlass öffnet	2 Grad vor OT
Einlass schließt	30 Grad nach UT
Auslass öffnet	28 Grad vor UT
Auslass schließt	4 Grad vor OT

Ø der Drosselklappen .... 47 mm
Zündung .... 2 Zündkerzen pro Zylinder
Kupplung (Betätigung) .... 1 Scheibe Ø 180 mm (hydraulisch)
Getriebe .... 6 Gänge
Primärantrieb .... schrägverzahnt, i_{prim} 1,824 (Z 31/17)
Gangabstufungen

1. Gang: 2,277 (Z 41/18)	4. Gang: 1,033 (Z 31/30)
2. Gang: 1,583 (Z 38/24)	5. Gang: 0,903 (Z 28/31)
3. Gang: 1,259 (Z 34/27)	6. Gang: 0,805 (Z 29/36)

Endantrieb .... Kardanwelle, Kegel- und Tellerrad, i_{sec} 2,82 (Z 31/11)
Reifen vorn .... 110/80 H 19
Reifen hinten .... 150/70 H 17
Federweg vorne/hinten .... 190/200 mm
Radstand .... 1519 mm
Länge .... 2210 mm
Breite (über die Spiegel) .... 915 mm
Höhe (Verkleidungsscheibe) ... 1430 mm
Sitzhöhe .... 840 oder 860 mm
Leergewicht (vollgetankt)* ...... 225 kg
Leergewicht (Messwert)** .... 242 kg
zulässiges Gesamtgewicht ...... 425 kg
Tankinhalt .... 20,0 Liter

Wichtige Modellpflege
ab September 2004: Schaltmuffe für 4./6. Gang verstärkt
ab Oktober 2004: Getriebeölfüllmenge 0,9 anstatt 0,8 Liter; Getriebegehäuse mit höherer Einfüllöffnung, Massivlager am Hinterachsgetriebe-Ritzelkopf mit verstemmter Madenschraube (irreparabel)
ab Februar 2005: Schaltbetätigung verbessert
August 2005: Erfüllung der EU-3 Abgasnorm, Zentrale Fahrzeugelektronik mit neuem Steuergerät zur Optimierung verschiedener Funktionen, gummierte Anlaufscheiben (»Antiquietschscheiben«) an Felge/Bremsscheibe
ab September 2005 (für Modelljahr 2006): Antriebsrad, Antriebsdämpfer und Schaltmuffe 4./6. Gang verstärkt
■ Einschaltlogik Standlicht: Blinkerschalter muss mindestens 3 Sekunden gedrückt werden, um das Standlicht zu aktivieren.
■ Topcase-Halteplatte: Optimierung der Topcase-Verriegelung durch Einbringung einer zusätzlichen Rippe
■ Windschildführung: Ersatz der Kunststoff-Führungsstifte durch Metallführungsstifte
■ Windschildverstellung: Einsatz O-Ring zur Verringerung des Axialspiels
■ Erfüllung der Euro-3-Abgasvorschrift durch Katalysator und Motorsteuerungsdaten
■ Entfall Warnblinkertaster: Einschalten der Warnblinkanlage durch gleichzeitiges Drücken beider Blinkertasten
■ Änderungen zentrale Fahrzeugelektronik: Schutzfunktion Abschaltung Steckdose temperaturabhängig, nicht mehr stromstärkeabhängig
■ Getriebe: Einsatz Kurzhubschaltwalze zur Verbesserung des Schaltkomforts
Dezember 2005: Neuer Heckrahmen inklusive Seitenständer, Hauptständer und Bremslichtschalter. Hauptständeranschlag am Heckrahmen, Wegfall des geschraubten Hauptständeranschlags am Auspufftopf.
■ Instrumenteneinheit mit segmentierter Anzeige
■ Motorschutzaussparung an Unterseite, um Verhaken von Fremdkörpern zu verhindern.
■ Sitzbank: Optimierung der Polsterung, Detailverbesserungen an der unteren Kante
Juli 2006: Geänderte Lage Kraftstoffdruckregler, Raddrehzahlsensor hinten, Zahnsegment im Tellerrad, Bremsleitungs-Verbindungsstück hinten, magnetische Ablassschraube am Hinterradantrieb
ab August 2006: Teil-Integral-ABS ohne elektronische Bremskraftverstärkung (Generation II, Hersteller Continental Teves)
ab August 2007: Bremsscheiben-Befestigung am Vorderrad, neues Wartungskonzept: Je nach Zeit und zurückgelegten km seit der letzten Wartung zeigt eine »Service-Anzeige« im Cockpit, welche Arbeiten durchgeführt werden müssen.
ab September 2007: Ölablassschraube am Hinterachsantriebs-Gehäuse jetzt unten

* = BMW-Angabe, ** = Messwert aus der Zeitschrift »MOTORRAD«

Modell (Modelljahre)	**R 1200 GS Adventure** (2006, 2007)
Leistung in PS (kW)	98 PS (72 kW) bei 7000/min
maximales Drehmoment	115 Nm bei 5500/min
Bohrung x Hub (Hubraum)	101 x 73 mm (1170 cm³)
Verdichtung (Kraftstoffart)	11,0 : 1 (Super)
Ausgleichswelle	ja
Ventilbetätigung	1 halbhoch angeordnete, kettengetriebene Nockenwelle pro Zylinder, Stößel, Stößelstangen, Kipphebel
Ventile pro Zylinder	4, Spieleinstellung Einstellschrauben
Ventildurchmesser	Einlass 36,35 mm, Auslass 31 mm
Steuerzeiten	Einlass öffnet 2 Grad vor OT Einlass schließt 30 Grad nach UT Auslass öffnet 28 Grad vor UT Auslass schließt 4 Grad vor OT
Ø der Drosselklappen	47 mm
Zündung	2 Zündkerzen pro Zylinder
Kupplung (Betätigung)	1 Scheibe Ø 180 mm (hydraulisch)
Getriebe	6 Gänge
Primärantrieb	schrägverzahnt, i_{prim} 1,824 (Z 31/17)
Gangabstufungen	1. Gang: 2,277 (Z 41/18) | 4. Gang: 1,033 (Z 31/30) 2. Gang: 1,583 (Z 38/24) | 5. Gang: 0,903 (Z 28/31) 3. Gang: 1,259 (Z 34/27) | 6. Gang: 0,805 (Z 29/36)
Endantrieb	Kardanwelle, Kegel- und Tellerrad, i_{sec} 2,82 (Z 31/11)
Reifen vorn	110/80 H 19
Reifen hinten	150/70 H 17
Federweg vorne/hinten	210/220 mm
Radstand	1511 mm

Länge	2250 mm
Breite (über die Spiegel)	955 mm
Höhe (Verkleidungsscheibe)	1470 mm
Sitzhöhe	895 oder 917 mm
Leergewicht (vollgetankt)*	256 kg
Leergewicht (Messwert)**	292 kg
zulässiges Gesamtgewicht	475 kg
Tankinhalt	33,0 Liter

Wichtige Modellpflege
Zum Baustart im Spätjahr 2005 bekam die R 1200 GS Adventure folgende Modellpflege der R 1200 GS mit auf den Weg:
- Antriebsrad, Antriebsdämpfer und Schaltmuffe 4./6. Gang verstärkt
- Instrumenteneinheit mit segmentierter Anzeige
- Einsatz neuer Heckrahmen inkl. Seitenständer, Hauptständer und Bremslichtschalter. Hauptständeranschlag am Heckrahmen

Juli 2006: Geänderte Lage Kraftstoffdruckregler, Raddrehzahlsensor hinten, Zahnsegment im Tellerrad, Bremsleitungsverbindungsstück hinten, magnetische Ablassschraube am Hinterradantrieb
ab August 2006: Teil-Integral-ABS ohne elektronische Bremskraftverstärkung (Generation II, Hersteller Continental Teves)
ab August 2007: Bremsscheiben-Befestigung am Vorderrad, neues Wartungskonzept: Je nach Zeit und zurückgelegten km seit der letzten Wartung zeigt eine »Service-Anzeige« im Cockpit, welche Arbeiten durchgeführt werden müssen.
ab September 2007: Ölablassschraube am Hinterachsantriebs-Gehäuse jetzt unten

R 1200 GS und die als Über-Abenteuer-Maschine angebotene R 1200 GS Adventure hoben sich optisch und technisch sehr stark von den 1150er-Vorgängermodellen ab. Im Verkauf zogen beide neuen 1200er allen Konkurrenten auf und davon. Vor allem das geringere Gewicht und das Sechsganggetriebe beeindruckten die Kundschaft.

* = BMW-Angabe, ** = Messwert aus der Zeitschrift »MOTORRAD«

Modelle · Daten: R 1200 GS (MÜ*)

Modell (Modelljahre)	**R 1200 GS** (MÜ*: 2008, 2009)
Leistung in PS (kW)	105 PS (77 kW) bei 7500/min
maximales Drehmoment	115 Nm bei 5750/min
Bohrung x Hub (Hubraum)	101 x 73 mm (1170 cm³)
Verdichtung (Kraftstoffart)	12,0 : 1 (Super)
Ausgleichswelle	ja
Ventilbetätigung	1 halbhoch angeordnete, kettengetriebene Nockenwelle pro Zylinder, Stößel, Stößelstangen, Kipphebel
Ventile pro Zylinder	4, Spieleinstellung Einstellschrauben
Ventildurchmesser	Einlass 36,35 mm, Auslass 31 mm
Steuerzeiten	Einlass öffnet 3 Grad vor OT Einlass schließt 35 Grad nach UT Auslass öffnet 27 Grad vor UT Auslass schließt 5 Grad vor OT
Ø der Drosselklappen	47 mm
Zündung	2 Zündkerzen pro Zylinder
Kupplung (Betätigung)	1 Scheibe Ø 180 mm (hydraulisch)
Getriebe	6 Gänge
Primärantrieb	schrägverzahnt, i_{prim} 1,737 (Z 33/19)
Gangabstufungen	1. Gang: 2,375 (Z 38/16) | 4. Gang: 1,065 (Z 33/31) 2. Gang: 1,696 (Z 39/23) | 5. Gang: 0,939 (Z 31/33) 3. Gang: 1,296 (Z 35/27) | 6. Gang: 0,848 (Z 28/33)
Endantrieb	Kardanwelle, Kegel- und Tellerrad, i_{sec} 2,91 (Z 32/11)
Reifen vorn	110/80 H 19
Reifen hinten	150/70 H 17
Federweg vorne/hinten	190/200 mm
Radstand	1507 mm
Länge	2210 mm
Breite (über die Spiegel)	915 mm
Höhe (Verkleidungsscheibe)	1450 mm
Sitzhöhe	850 oder 870 mm
Leergewicht (vollgetankt)**	229 kg
Leergewicht (Messwert)***	244 kg
zulässiges Gesamtgewicht	440 kg
Tankinhalt	20,0 Liter

Wichtige Modellpflege

Baustart der leistungsgesteigerten R 1200 GS war im August 2007, die Modellpflegemaßnahmen bekam auch die Adventure:

- Bremsscheiben-Befestigung am Vorderrad auf »Nietpaket« umgestellt
- Lenker zweifach im Abstand zum Fahrer durch Drehen der Lagerböcke verstellbar
- Neues Wartungskonzept: Je nach Zeit und zurückgelegten km seit der letzten Wartung zeigt eine »Service-Anzeige« im Cockpit, welche Wartungsarbeiten durchgeführt werden müssen. Jedoch einmal im Jahr zur »Jahresinspektion«.
- Ölablassschraube am Hinterachsantriebs-Gehäuse jetzt unten
- Technische Änderungen an Ausgleichswelle, Ausgleichsgewicht, Antriebszahnrädern sowie am Deckel vorne am Motor (»Räderkastendeckel«) mit Wegfall der Abdeckung der Ausgleichswelle
- Neues Getriebe »Nr. 427« wird eingebaut: Stärkere Lagerung der Getriebewellen, größerer Achsabstand von Antriebs- zu Zwischenwelle, verstärkte Getriebewellen, andere Abstufung
- Stärkere Lichtmaschine 720 Watt anstelle 660 Watt

Zum Modelljahr 2008 wurden R 1200 GS und R 1200 GS Adventure stark überarbeitet, Einzelheiten entnehmen Sie bitte dem Textkasten auf dieser Seite. Die Leistungserhöhung auf 105 PS war eher nebensächlich, wichtiger für die Zuverlässigkeit waren das verstärkte Getriebe und die stärkere Lichtmaschine. Aufgrund der Überarbeitung werden die R 1200 GS der Modelljahre 2008 und 2009 oft mit dem Kürzel »MÜ« für »Modellüberarbeitung« ergänzt.*

* = Kürzel »MÜ« steht für Modellüberarbeitung, ** = BMW-Angabe, *** = Messwert aus der Zeitschrift »MOTORRAD«

Modell (Modelljahre) .... **R 1200 GS Adventure** (MÜ*: 2008, 2009)
Leistung in PS (kW) .... 105 PS (77 kW) bei 7500/min
maximales Drehmoment ..... 115 Nm bei 5750/min
Bohrung x Hub (Hubraum) ... 101 x 73 mm (1170 cm^3)
Verdichtung (Kraftstoffart)... 12,0 : 1 (Super)
Ausgleichswelle.................... ja
Ventilbetätigung .... 1 halbhoch angeordnete, kettengetriebene Nockenwelle pro Zylinder, Stößel, Stößelstangen, Kipphebel
Ventile pro Zylinder .... 4, Spieleinstellung Einstellschrauben
Ventildurchmesser .... Einlass 36,35 mm, Auslass 31 mm
Steuerzeiten.......................... Einlass öffnet 3 Grad vor OT
Einlass schließt 35 Grad nach UT
Auslass öffnet 27 Grad vor UT
Auslass schließt 5 Grad vor OT
Ø der Drosselklappen .... 47 mm
Zündung .... 2 Zündkerzen pro Zylinder
Kupplung (Betätigung)......... 1 Scheibe Ø 180 mm (hydraulisch)
Getriebe................................. 6 Gänge
Primärantrieb........................ schrägverzahnt, i_{prim} 1,737 (Z 33/19)
Gangabstufungen 1. Gang: 2,375 (Z 38/16) | 4. Gang: 1,065 (Z 33/31)
2. Gang: 1,696 (Z 39/23) | 5. Gang: 0,939 (Z 31/33)
3. Gang: 1,296 (Z 35/27) | 6. Gang: 0,848 (Z 28/33)
(Auf Wunsch kurzer erster Gang i = 2,6 (Z 39/15) Sonderausstattung bei Neumaschinenbestellung)
Endantrieb............................. Kardanwelle, Kegel- und Tellerrad, i_{sec} 2,91 (Z 32/11)

Reifen vorn .... 110/80 H 19
Reifen hinten .... 150/70 H 17
Federweg vorne/hinten .... 210/220 mm
Radstand.................................. 1510 mm
Länge .... 2240 mm
Breite (über die Spiegel) .... 990 mm
Höhe (Verkleidungsscheibe) ... 1525 mm
Sitzhöhe .... 890 oder 910 mm
Leergewicht (vollgetankt)**..... 256 kg
zulässiges Gesamtgewicht...... 475 kg
Tankinhalt................................. 33,0 Liter

Am meisten gekauftes Zubehör: Die meisten R 1200 GS und R 1200 GS Adventure der Jahre 2008 und 2009 wurden mit folgendem, gegen Aufpreis lieferbarem Zubehör gefertigt:
- ESA-Fahrwerk: Die »Electronic Suspension Adjustment« genannten Federelemente können auf Knopfdruck den Wünschen des Fahrers angepasst werden.
- ASC = automatische Stabilitätskontrolle: Sie verhindert ein Durchdrehen des Hinterrades auf glattem Untergrund.
- Durch Aufpolsterung 20 mm höhere Sitzbank
- Tankseitenteile aus Edelmetall

* = Kürzel »MÜ« steht für Modellüberarbeitung, ** = BMW-Angabe, *** = Messwert aus der Zeitschrift »MOTORRAD«

Modell (Modelljahre)	**R 1200 GS DOHC Radialventiler** (2010 bis 2012)
Leistung in PS (kW)	110 PS (81 kW) bei 7750/min; auch mit 98 PS (72 kW) bei 7750/min
maximales Drehmoment	120 Nm bei 6000/min
Bohrung x Hub (Hubraum)	101 x 73 mm (1170 cm^3)
Verdichtung (Kraftstoffart)	12,0 : 1 (Superplus)
Ausgleichswelle	ja
Ventilbetätigung	2 oben liegende, kettengetriebene Nockenwellen pro Zylinder mit Schlepphebeln, Ventileinstellung durch maßgenaue Halbkugeln in den Schlepphebeln
Ventile pro Zylinder	4 radial angeordnete Ventile pro Zylinder
Ventildurchmesser	Einlass 39 mm, Auslass 33 mm
Steuerzeiten	Einlass öffnet 3 Grad nach OT Einlass schließt 29 Grad nach UT Auslass öffnet 36 Grad vor UT Auslass schließt 8 Grad vor OT
Ø der Drosselklappen	50 mm
Zündung	2 Zündkerzen pro Zylinder
Kupplung (Betätigung)	1 Scheibe Ø 180 mm (hydraulisch)
Getriebe	6 Gänge
Primärantrieb	schrägverzahnt, i_{prim} 1,737 (Z 33/19)

Gangabstufungen		
	1. Gang: 2,375 (Z 38/16)	4. Gang: 1,065 (Z 33/31)
	2. Gang: 1,696 (Z 39/23)	5. Gang: 0,939 (Z 31/33)
	3. Gang: 1,296 (Z 35/27)	6. Gang: 0,848 (Z 28/33)

Endantrieb:	Kardanwelle, Kegel- und Tellerrad, i_{sec} 2,91 (Z 32/11)
Reifen vorn	110/80 R 19
Reifen hinten	150/70 R 17
Federweg vorne/hinten	190/200 mm
Radstand	1507 mm
Länge	2210 mm
Breite (über die Spiegel)	915 mm
Höhe (Verkleidungsscheibe)	1450 mm
Sitzhöhe	850 bis 870 mm
Leergewicht mit 90% Tankinhalt*	229 kg
Leergewicht (Messwert)**	246 kg
zulässiges Gesamtgewicht	440 kg
Tankinhalt	20,0 Liter

Wichtige Modellpflege
Angaben für R 1200 GS DOHC und Adventure
ab April 2010: Hinterachsgetriebe mit Entlüftung
ab Juli 2010: Lieferantenwechsel ESA-Federbein vorne von Showa zu WP (White Power)
ab März 2011: Geänderte Kabelführung für ABS-Raddrehzahl-Sensor hinten
ab Januar 2012: Neue Handbremsarmatur, Klemmung auf Lenker mit M6-Schrauben
ab August 2012: ABS serienmäßig

* = BMW-Angabe, ** = Messwert aus der Zeitschrift »MOTORRAD«

Modell (Modelljahre)	**R 1200 GS Adventure DOHC Radialventiler** (2010 bis 2013)
Leistung in PS (kW)	110 PS (81 kW) bei 7750/min
maximales Drehmoment	120 Nm bei 6000/min
Bohrung x Hub (Hubraum)	101 x 73 mm (1170 cm^3)
Verdichtung (Kraftstoffart)	12,0 : 1 (Superplus)
Ausgleichswelle	ja
Ventilbetätigung	2 oben liegende, kettengetriebene Nockenwellen pro Zylinder mit Schlepphebeln, Ventileinstellung durch maßgenaue Halbkugeln in den Schlepphebeln
Ventile pro Zylinder	4 radial angeordnete Ventile pro Zylinder
Ventildurchmesser	Einlass 39 mm, Auslass 33 mm
Steuerzeiten	Einlass öffnet 3 Grad nach OT Einlass schließt 29 Grad nach UT Auslass öffnet 36 Grad vor UT Auslass schließt 8 Grad vor OT
Ø der Drosselklappen	50 mm
Zündung	2 Zündkerzen pro Zylinder
Kupplung (Betätigung)	1 Scheibe Ø 180 mm (hydraulisch)
Getriebe	6 Gänge
Primärantrieb	schrägverzahnt, i_{prim} 1,737 (Z 33/19)

Gangabstufungen		
	1. Gang: 2,375 (Z 38/16)	4. Gang: 1,065 (Z 33/31)
	2. Gang: 1,696 (Z 39/23)	5. Gang: 0,939 (Z 31/33)
	3. Gang: 1,296 (Z 35/27)	6. Gang: 0,848 (Z 28/33)

Endantrieb:	Kardanwelle, Kegel- und Tellerrad, i_{sec} 2,91 (Z 32/11)
Reifen vorn	110/80 R 19
Reifen hinten	150/70 R 17
Federweg vorne/hinten	210/220 mm
Radstand	1510 mm
Länge	2240 mm
Breite (über die Spiegel)	990 mm
Höhe (Verkleidungsscheibe)	1525 mm
Sitzhöhe	890 bis 910 mm
Leergewicht mit 90% Tankinhalt*	259 kg
Leergewicht (Messwert)**	291 kg
zulässiges Gesamtgewicht	475 kg
Tankinhalt	33,0 Liter

Zum Modelljahr 2010 bekamen R 1200 GS und R 1200 GS Adventure neue Zylinderköpfe mit zwei oben liegenden Nockenwellen, die über je eine Steuerkette angetrieben werden. Der Zusatz »DOHC« steht für Double Overhead Camshaft. Mit den neuen Zylinderköpfen war eine Leistungssteigerung auf 110 PS und eine Anhebung des maximalen Drehmoments verbunden. Gebaut wurde die Adventure in den 2012er-Spezifikationen bis Juli 2013.

* = BMW-Angabe, ** = Messwert aus der Zeitschrift »MOTORRAD«

Sonder- und Editionsmodelle

Neben einem umfangreichen Zubehör-Angebot gab es auch mehrere Sonder- bzw. Editionsmodelle, die speziell auf die Geschichte und Entwicklung der GS-Modellreihe und die BMW-Firmenhistorie aufmerksam machen sollten.

Auf den vorherigen Seiten haben wir die Basismodelle gezeigt und auch die Sondermodelle dabei erwähnt sowie ihre technischen Daten und die Modellpflege. In der Grundausstattung entsprechen die Sondermodelle den Basismaschinen. Hier zeigen wir sie in Bildern und nennen die Zusatzausstattung

R 1100 GS »75 Jahre BMW-Motorrad« (Modelljahr 1998): Marakeschrot/Alpineweiß, schwarze Sitze, ABS, Fahrer-Informations-Display (FID), Heizgriffe, Kofferhalter.

R 1150 GS Adventure »25 Jahre GS« (Modelljahr 2005): Weiß mit blau/schwarzer Sitzbank.

R 1100 GS »75 Jahre BMW-Motorrad« *Modelljahr 1998*

R 1150 GS Adventure »25 Jahre GS« *Modelljahr 2005*

R 1200 GS »30 Jahre GS« (Modelljahr 2010): Alpineweiß mit rot-blauem Dekor, rote Sitze, schwarze Kreuzspeichenräder, Handprotektoren, getöntes Windschild.

R 1200 GS Adventure »30 Jahre GS« (Modelljahr 2010): Alpineweiß mit rot-blauem Dekor, schwarz/rote Sitzbank, große Handprotektoren, großer Aluminium-Unterfahrschutz.

R 1200 GS »Triple Black« (Modelljahre 2010 bis 2012): Saphirschwarz metallic, schwarze Sitze, schwarzer Motor, schwarze Gabel, schwarze Kreuzspeichenräder, Heckrahmen, Schwinge und Zylinderkopfdeckel in Asphaltgrau metallic.

R 1200 GS Adventure »Triple Black« (Modelljahre 2011 bis 2013): Saphirschwarz metallic, schwarz-graue Sitzbank, schwarzer Motor, schwarze Gabel, Heckrahmen und Schwinge in Asphaltgrau metallic, Zylinderkopfdeckel in Granitgrau metallic.

R 1200 GS »Rallye« (Modelljahr 2012): Alpineweiß mit rot-blauem Dekor, Sitze in Schwarz/Off-Weiß mit roten Nähten, roter Heckrahmen, Zylinderkopfdeckel in Granitgrau metallic, Schwinge in Asphaltgrau metallic, schwarzer Motor, schwarze Gabel, Bordcomputer, Kofferhalter, Heizgriffe, Handschutz in weiß, ESA, verchromter Auspuff, Kreuzspeichenräder.

R 1200 GS Adventure »90 Jahre BMW-Motorrad« (Modelljahr 2013): Saphirschwarz metallic, Messingplakette auf der Gabelbrücke.

2012/2013? Damit es nicht zu Bau- und Modelljahr-Irritationen kommt, weil unser Buch ja die Jahre »1994 bis 2012« einkreist: 2012 kam der neue Wasserboxer als Ablösung der hier im Buch behandelten Modellreihe. Parallel dazu wurde die R 1200 GS in zwei Sondermodellen nach dem 2012er Technikstand noch bis Juli 2013 gebaut.

***R 1150 GS Adventure** mit Sonderausstattung und Sonderzubehör Modelljahr 2001*

R 1200 GS »30 Jahre GS«
Modelljahr 2010

R 1200 GS Adventure »30 Jahre GS«
Modelljahr 2010

R 1200 GS »Triple Black«
Modelljahre 2010 bis 2012

R 1200 GS Adventure »Triple Black«
Modelljahre 2011 bis 2013

R 1200 GS »Rallye«
Modelljahr 2012

R 1200 GS Adventure »90 Jahre BMW-Motorrad«
Modelljahr 2013

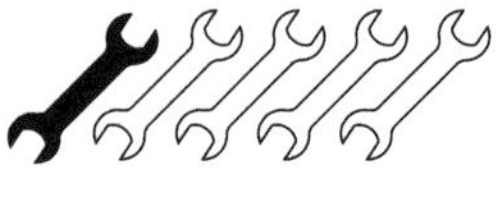

Bild 1: Sinnvolles Basis-Werkzeugsortiment für die Hobbywerkstatt. Teilebezeichnungen siehe nächste Seite unten.

Bild 2: Digitaler Messschieber (A), Bügelmessschraube (B), Fühlerlehren (C).

Bild 3: Besteckkasten als Werkzeug- und Teileablage.

Werkzeug · Werkstatt

In diesem Kapitel: Werkzeug · Bordwerkzeug · Aufbockhilfen · Werkzeug für die Hobbywerkstatt · Werkzeugwagen, Hebebühne · Werkstatthilfsmittel · Spezialwerkzeug · Richtig schrauben · Schrauben, Scheiben, Muttern · Fetten, Ölen, Kleben, Sichern · Anziehdrehmomente · Adressen · Seegerringe · Simmerringe · Gewindereparatur mit HeliCoil.

Werkzeug

Für jede Wartungsarbeit und Reparatur braucht man gutes Werkzeug. Das serienmäßige Bordwerkzeug sollte dem Einsatz als Notwerkzeug vorbehalten bleiben; je nach Modell muss man

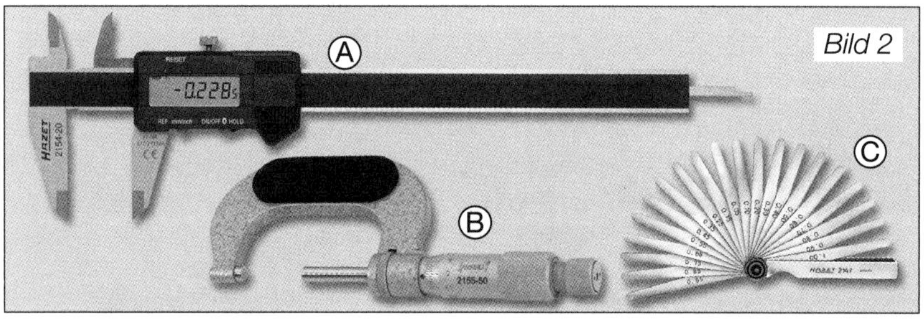

Bild 2

Sicherheitshinweise ⚠ Achtung und ☞ Tipps

⚠ Werkzeug nicht im Baumarkt kaufen, auch wenn dessen Sonderangebot noch so verlockend ist! Das in Baumärkten angebotene Werkzeug ist generell eher schlecht als recht, in vielen Fällen sogar gefährlich, weil es aus minderwertigem Material besteht und deswegen bruchgefährdet ist.

☞ Ein Blick ins Internet rentiert sich bei der Werkzeugrecherche. Echtes Qualitätswerkzeug ist im Internet unter *www.hazet.de* zu finden. Hazet ist einer der bekanntesten deutschen Hersteller von Kraftfahrzeug-Qualitätswerkzeugen.

☞ Im Haushaltswarengeschäft (z. B. bei IKEA) gibt es für kleines Geld Besteckablagen für Schubladenkästen in verschiedenen Unterteilungen. Diese eignen sich ganz hervorragend als Schrauben- und Kleinteileablage (Bild 3).

☞ Wenn teure Spezialwerkzeuge benötigt werden, bei der Werkstatt um die Ecke nachfragen, ob man gegen ein hinterlegtes Pfand und einen Obolus in die Trinkgeldkasse das Werkzeug geliehen bekommt.

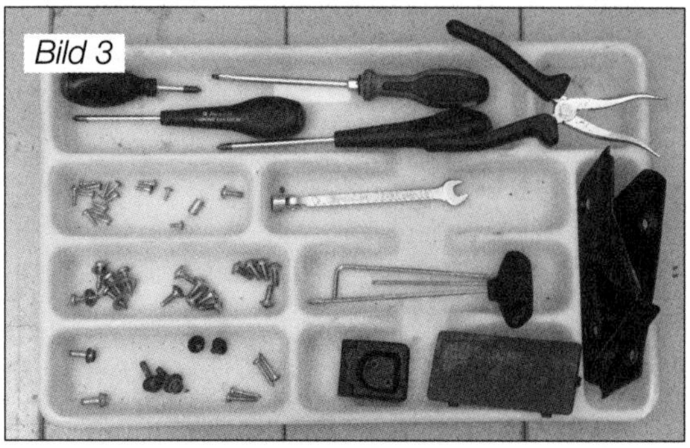
Bild 3

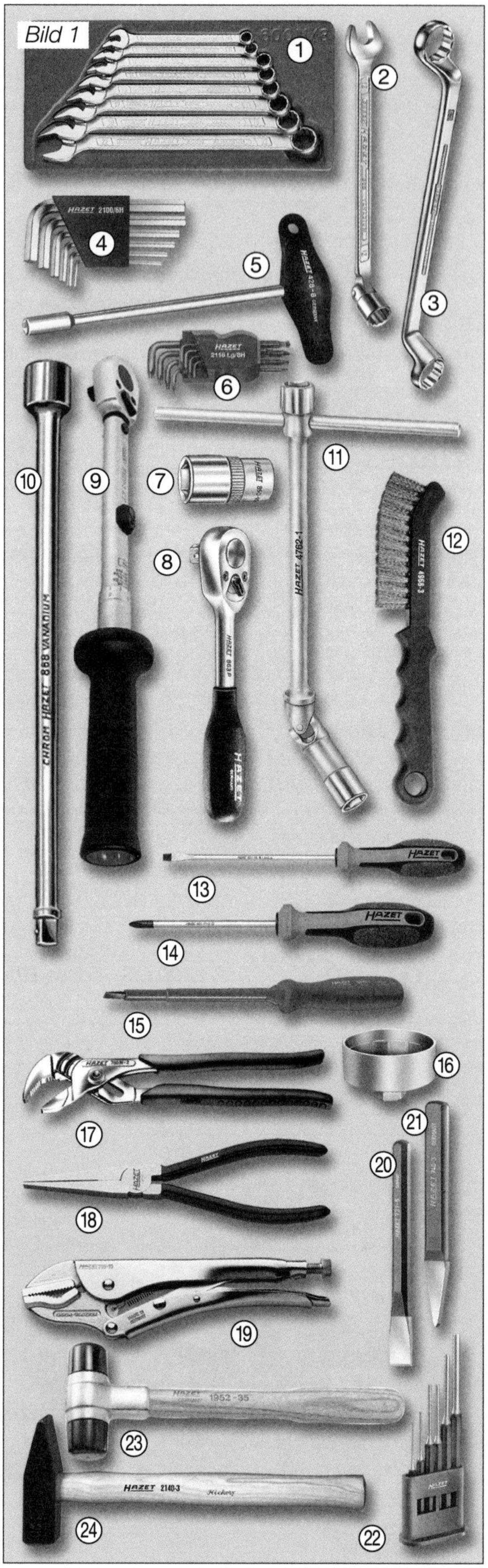

Bild 1

es mehr oder weniger stark ergänzen, wir gehen auf der nächsten Seite detailiert darauf ein.

Sowohl für die kleine Notreparatur unterwegs wie für alle Wartungs- und Pflegearbeiten zu Hause in der Garage oder der (Hobby-)Werkstatt gilt: Mit schlechtem Werkzeug kann man keine guten Arbeiten machen! Beispielhaft für »schlechtes Werkzeug« sind die geplatzte Nuss (Bild 4) und die ausgefranste Bürste (Bild 5).

Merke: Vermurkste Schrauben und Muttern oder gar hässliche Kratzer im Umfeld von Schraubverbindungen, die von abgerutschten, weil nicht passenden Schlüsseln herrühren, sehen schlimm aus. Ganz zu schweigen von den Verletzungen, die ein »Mechaniker« sich beim Schrauben zuziehen kann, wenn er mit schlechtem Werkzeug arbeitet.

Torxschrauben brauchen Torxwerkzeug
Im Laufe der Evolution der GS-Modelle dieses Buchs von 1994 bis 2012 kamen immer mehr Torxschrauben an die Maschinen: Bei der ersten R 1100 GS sind zum Beispiel nur zwei Torxschrauben zu finden und zwar zur Befestigung der ABS-Sensoren vorne und hinten. Aber an der R 1200 GS von 2010 sind dann überwiegend Schrauben mit Torx-Köpfen verbaut, man braucht also zwingend Torx-Schlüssel und Torx-Nüsse in gängigen Größen.

Kaufen Sie am besten einen kompletten Kasten mit Torxwerkzeug (Bilder 6, 7a und 7b) mit passendem Anschluss und Zwischenstücken für den kleinen und großen Drehmomentschlüssel. Weiterhin werden für Sechskant-Muttern und -Schrauben Nüsse benötigt; wir empfehlen solche mit Sechskant, diese liegen enger am Muttern-/Schraubenkopf an als Zwölfkantnüsse.

Teilebezeichnungen Bild 1 links: Satz Ring-Maulschlüssel (1), Maul-Steckschlüssel (2), Doppelringschlüssel (3), Satz Inbusschlüssel (4), Sechskant-Steckschlüssel mit Querknauf (5), Satz Torx-Schlüssel (6), Steckschlüsselnuss mit Innensechskant (7), Umschaltknarre (8), Drehmomentschlüssel (9), Verlängerung (10), Zündkerzenschlüssel (11), Bremssattelbürste mit Messingborsten (12), Schlitz-Schraubenzieher (13), Kreuzschlitz-Schraubenzieher (14), Elektriker-Schraubenzieher (15), Ölfilterschlüssel (16), Universalzange (17), Flachzange (18), Gripzange (19), Flachmeißel (20), Kreuzmeißel (21), Satz Splinttreiber (22), Kunststoffhammer (23), Schlosserhammer (24).

Auch Gabel- und Ringschlüssel werden gebraucht, denn nicht an alle Muttern kommt man mit Nüssen ran. In den Kapiteln dieses Buchs gehen wir in Bild und Text auf die jeweils benötigten Werkzeuge ein.

Schlüsselweite, Schraubenzieher
Der Begriff SW ist die Abkürzung für »Schlüsselweite«. SW 12 bedeutet also, dass dieser Schlüssel für einen Schraubenkopf oder eine Mutter mit 12 mm bestimmt ist, gemessen über die Mitte an zwei zueinander parallelen Flächen. M8-Schrauben oder Muttern brauchen einen 12er- oder 13er-Schlüssel; M6 einen 8er- oder 10er-Schlüssel.

Zu dem normgerecht als »Schraubendreher« bezeichneten Werkzeug sagen wir hier in dieser Reparaturanleitung »Schraubenzieher«, weil das unter Motorradfahrern üblich ist.

Bordwerkzeug

Bis zur R 1200 GS Modelljahr 2007 ist das Bordwerkzeug so umfangreich, dass die Räder aus- und eingebaut oder die Zündkerzen aus- und eingeschraubt werden können (siehe Tabelle nächste Seite). Ab dem Modelljahr 2008 enthält das Bordwerkzeug keine Werkzeuge mehr, mit denen diese Arbeiten möglich sind. Im später folgenden Textabschnitt »Besseres Bordwerkzeug« nennen wir Ergänzungswerkzeuge.

Zwei Dinge sollten Sie unbedingt haben, das erste ist ein **Reifen-Flickzeug**. Bis 2007 war im serienmäßigen Bordwerkzeug noch Reifen-Flickzeug für Schlauchlosreifen enthalten. Da-

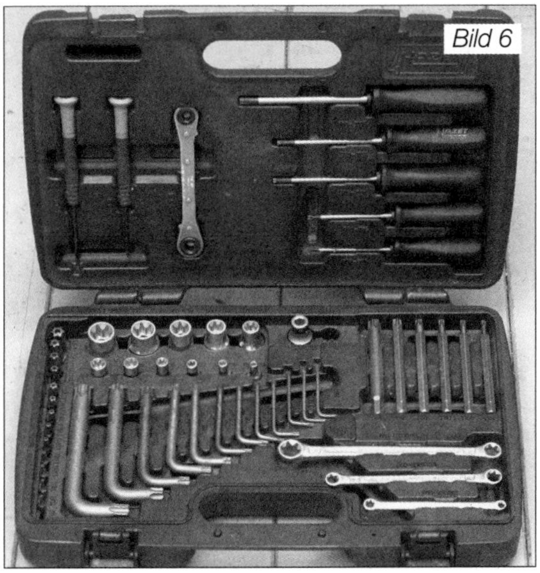
Bild 6

Bild 4

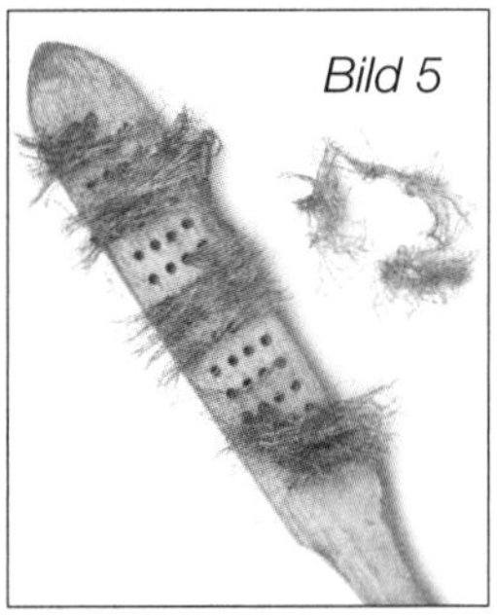
Bild 5

Bilder 4 und 5: Schlechtes Werkzeug aus dem Baumarkt.

Bilder 6, 7a und 7b: Zum intensiven Schrauben sind einige Torxwerkzeuge nötig.

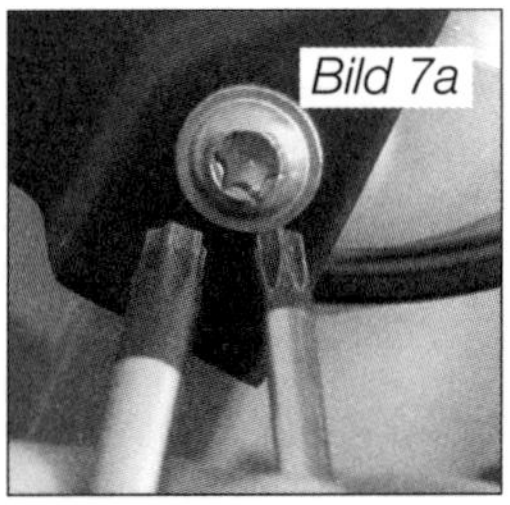
Bild 7a

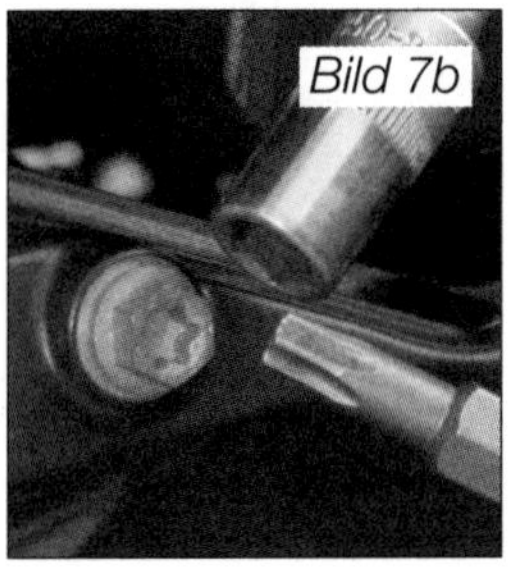
Bild 7b

nach muss ein Reifen-Flickzeug aus dem Zubehör gekauft werden. Wir nutzen das Flickzeug vom Hersteller »TIP TOP« (Bild 8). Damit lässt sich ein Loch im Schlauchlosreifen bis ca. 4 mm Durchmesser unterwegs zur Not reparieren.

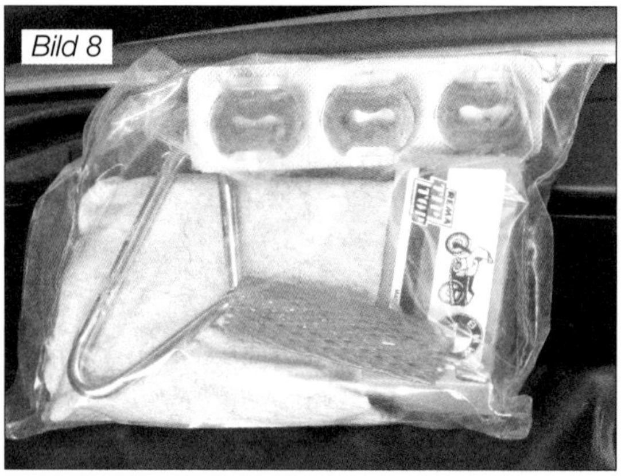
Bild 8

Das zweite wichtige Teil ist ein **Reifendruckprüfer:** Bitte verwenden Sie KEIN Plastikteil aus dem Baumarkt, sondern ein Präzisionsmessgerät (Bild 9). Das beste Druckmessgerät, das wir kennen und in unserer Werkstatt täglich verwenden, stammt vom deutschen Hersteller Flaig und hat ein stabiles Alu-Gehäuse. Erhältlich ist es in gut sortierten Zubehörläden und bei Motorradhändlern.

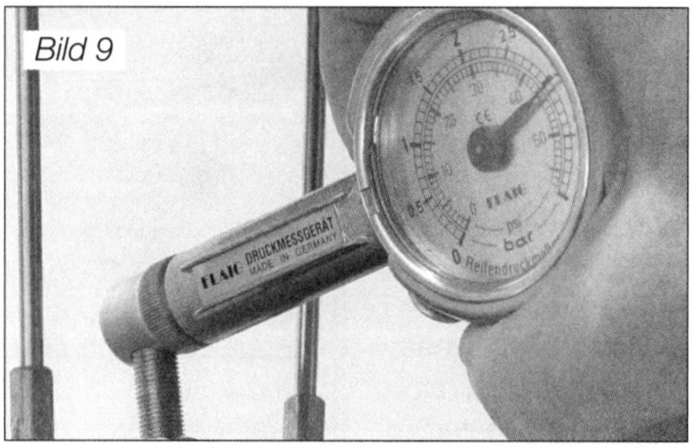

Bild 9

Besseres Bordwerkzeug

Damit man auch bei der R 1200 GS ab Modelljahr 2008 unterwegs die Räder aus- und einbauen kann, werden folgende Teile benötigt:

Vorderrad

- Torxnuss T45 für die Achsklemmschraube und Bremssattelschrauben
- Inbusnuss SW 22 für den Achskopf
- Torxnuss T25 für die Schraube des ABS-Raddrehzahl-Sensors. Ein Torxschlüssel ist im Bordwerkzeug enthalten, aber eine Nuss ist besser
- Knebel (Querknauf) für die Nüsse

Hinterrad

- Torxnuss T50 für die Radschrauben
- Knebel (Querknauf) für die Nuss

Bordwerkzeug für die Reise

Entsprechend dem Alter einer GS und ihrem technischen Pflegezustand braucht man mehr oder weniger Werkzeug, damit eine Panne auch in einem dünn besiedelten Gebiet ordentlich beschraubt werden kann.

- Maul-Steckschlüssel und Torxschlüssel in den für Ihre Maschine gängigen Größen
- BMW-Spezialwerkzeug »Abzieher« für die Zündkerzenstecker, sofern dieser nicht im Bordwerkzeug vorhanden ist
- Kerzenschlüssel
- zwei Schraubenzieher mit Flach- und Kreuzschlitzklinge 5 mm und einen kleinen Elektriker-Schraubenzieher mit isoliertem Griff
- Kombizange
- einige mitteldicke Kabelbinder
- eine Rolle Gewebe-Klebeband, damit können z. B. zerstürzte Plastikteile geflickt werden. **Wichtig:** Unbedingt Qualitäts-Gewebeband nehmen, KEIN Büro-Tesafilm!
- Prüflampe oder kleines Multimeter
- kleiner Schlosserhammer (100 Gramm)
- mittelgroße Wasserpumpenzange

Serienmäßiges Bordwerkzeug in den GS-Modellen unseres Buchs

Werkzeugteile, Hilfsmittel und Ersatzteile	R 850 GS	R 1100 GS	R 1150 GS	R 1150 GS Adventure bis 09/2004	R 1150 GS Adventure ab 10/2004	R 1200 GS/ Adventure ab 2004	R 1200 GS/ Adventure ab 2008	R 1200 GS DOHC/ Adventure
Reifenreparatursatz	O	O	O			O		
Abzieher für Zündkerzenstecker	O	O	O	O		O		
Zündkerzenschlüssel	O	O	O	O		O		
Gabelschlüssel SW 8 und 10							O	O
Gabelschlüssel SW 10 und 13	O	O	O					
Gabelschlüssel SW 14							O	O
Steckschlüssel SW 17	O	O	O	O				
Gabelschlüssel SW 17						O		
Steckschlüssel SW 22						O		
Inbusschlüssel SW 3	O	O	O	O	O			
Inbusschlüssel SW 4	O	O	O					
Inbusschlüssel SW 5	O	O	O	O				
Inbusschlüssel SW 6	O	O	O	O	O			
Inbusschlüssel SW 8	O	O	O					
Torxschlüssel T15							O	O
Torxschlüssel T20						O		
Torxschlüssel T25			O	O	O	O	O	O
Torxschlüssel T30						O	O	O
Torxschlüssel T45						O		
Torxschlüssel T50						O		
Fühlerlehre 0,45/0,55 mm	O	O	O	O				
Schraubenzieher (Flach-/Kreuz)	O	O	O	O	O	O	O	O
Verlängerung für Schraubenzieher						O	O	O
Hakenschlüssel für Federbein	O	O	O	O	O	O	O	O
Verlängerung für Hakenschlüssel							O	O
Sicherung 4 A				O	O			
Sicherung 7,5 A				O	O			
Sicherung 10 A				O	O			
Sicherung 15 A				O	O			

O = im Borwerkzeug serienmäßig vorhanden

■ eine Tube benzin-/ölfestes Silikondichtmittel
■ Messingdrahtbürste, Dose Ölspray (WD-40), Schmutzlappen, ein paar Arbeitshandschuhe

Aufbockhilfen

Perfekt ist eine Motorradhebebühne. Wer dazu weder Platz noch Geld hat, für den empfiehlt sich das praktische, preiswerte Gerät von Kern-Stabi, es nennt sich »X5 Hydraulischer Hubtisch« (Bild 10) und wird direkt unten an der Ölwanne angesetzt. Mit 4 Lenkrollen versehen kann man das aufgebockte Motorrad prima herumrangieren und in die Ecke schieben. Der X5 kostet um die 290 Euro, dazu gibt es noch verschiedene Adapter und Zubehörteile.

Mittelständer: Die GS-Modelle sind mit einem stabilen Mittelständer versehen. Wenn die Maschine darauf aufgebockt ist, kann das Hinterrad ausgebaut werden. Zum Ausbau des Vorderrads wird zusätzlich noch ein kleiner Wagenheber benötigt (Bild 12), der vorne unter dem Motor angesetzt wird, damit das Vorderrad frei kommt.

Heckmontageständer, Motorheber: Man kann zur Radmontage auch einen »Heckmontageständer« verwenden und den Motor mit dem BMW-Spezialwerkzeug »Motorheber« unterbauen; dieser ist zusammengesetzt aus den BMW-Spezialwerkzeugen »Scherenheber« Nr. 00 1 571, »Motoraufnahme« Nr. 00 1 572 und »Verbreiterung« Nr. 00 1 575; zu sehen in Bild 11.

Werkzeug für die Hobbywerkstatt

Hier Werkzeugempfehlungen für eine Hobby-Motorradwerkstatt, in der Arbeiten und Reparaturen durchgeführt werden, die über die Behebung einer Panne am Straßenrand hinausgehen.

■ **Zwei Drehmomentschlüssel**: Einen großen mit Einstellbereich 40 bis 200 Nm und einen kleinen mit 5 bis 40 Nm. Diese werden zwingend beim Aus- und Einbau der Räder und Bremse benötigt sowie bei den meisten Schraubarbeiten an Rahmen, Telelever, Federbein und Schwinge.
■ **Ölauffangwanne** mit integriertem Öltank für den Ölwechsel.
■ **Fächer-Fühlerlehre** von 0,05 bis 1,0 mm zum Prüfen des Ventilspiels.
■ **Batterieladegerät** 12 Volt, elektronisch geregelt.
■ **Kupferpaste** oder Keramikfett für Dichtungen, Schraub- und Klemmstellen am Auspuff.
■ **Silikondichtpaste** für Gehäusedichtflächen.
■ **Flachspitzzange** klein und **Seitenschneider**.
■ **Messing**- und **Stahldrahtbürsten** in verschiedenen Größen.
■ **Schlosserhammer** mit 250 Gramm sowie ein rückschlagfreier **Kunststoffhammer**.
■ Satz **Durchschläge** (»Splint-Austreiber«).
■ Isolierter **Seitenschneider** (»Elektro-Knipser«).
■ **Kasten Torx-Schlüssel und -Nüsse** (Bild 6), aus denen man sich für's Bordwerkzeug einen entsprechenden Satz zusammenstellt.

Und wenn Sie jetzt noch Geld übrig haben:
■ **Schlagschrauber**, mit dem lassen sich z. B. große, sehr fest angezogene Schrauben und Muttern relativ einfach öffnen. Es gibt Druckluft- oder Akku-Schlagschrauber.
■ **Akkubohrmaschine** mit einem Satz bester Qualitätsbohrer von 2 bis 12,5 mm.
■ **Druckluft-Kompressor**, Druck bis 8 bar, mit Druckluftpistole, Reifenfüllmanometer.
■ **HeliCoil**-Gewindereparaturkits M5, M6, M8 und M10 sowie für das Zündkerzengewinde. Weiter hinten in diesem Kapitel zeigen wir die richtige Anwendung von HeliCoil.

Bild 8 auf der linken Seite: Reifen-Pannenhilfeset zur notdürftigen Reparatur eines Plattfußes.

Bild 9 auf der linken Seite: Flaig-Reifendruckprüfer.

Bild 10: Der »X5 Hydraulischer Hubtisch« von Kern kostet ca. 290 Euro. Dank der Rollen lässt sich das aufgebockte Motorrad gut rangieren.

Bilder 11 und 12: Im Bild 11 steht die Maschine auf dem BMW-Spezialwerkzeug-Hebebock »Motorheber«, in Bild 12 auf dem Mittelständer und einem kleinen Wagenheber mit zwischengelegtem Holzklotz.

Bild 10

Bild 11

Bild 12

■ **Lötkolben** mit 150 Watt Leistung.
■ **Heizplatte** mit 25 cm Durchmesser oder einen starken Werkstatt-**Heißluftföhn**.
■ **Schleifbock:** Er ist immer nützlich, und wenn man daran nur ab und zu Bohrer scharf schleift und sich am Funkenflug freut.

Werkzeugwagen, Hebebühne

Als Ablage beim Schrauben direkt am Motorrad benutzen wir einen Besteckkasten (Bild 3). Darin lassen sich momentan benötigte Werkzeuge und abgebaute Kleinteile wunderbar ablegen. Für kleines Geld gibt es diese Besteckkästen in jedem Haushaltswarenladen (z. B. bei IKEA, dort sind sie besonders billig!). Man kann auch (ausgespülte!) Joghurt-Becher nehmen und darin Muttern, Schrauben und Kleinteile nach Baugruppen geordnet ablegen.

Werkzeug muss nicht nur vorhanden, sondern auch auffindbar sein. Und weil es mit der Ordnung immer so eine Sache ist, empfehlen wir, das am meisten benötigte Werkzeug im fahr- und faltbaren Hazet-Werkzeugwagen »Assistent« aufzubewahren. Dieser ist innen größer, als er von außen aussieht. Das Grundmaß des »Assistent« beträgt 725 mm x 398 mm, aufgezogen ist er etwas mehr als einen Meter hoch, zusammengeschoben kaum noch die Hälfte (Bild 13).

Bild 13: Der fahr- und faltbare Werkstattwagen »Assistent« ist seit vielen Jahren ein Klassiker in Werkstätten von Hobby- und Profischraubern.

Die weiter vorne schon erwähnte Hebebühne erleichtert alle Schraubarbeiten am Motorrad, denn man kann die Maschine in die gewünschte Arbeitshöhe bringen, muss sich also nicht bücken. Preiswerte Hebebühnen gibt es in den Shops der Motorrad-Zubehörketten.

Werkstatthilfsmittel

BMW bietet alle nötigen Montagehilfsmittel, Dichtmaterialien, Fette und Schraubensicherungen als Ersatzteile an, man kann sie also bei jedem BMW-Motorradhändler kaufen. Diese Mittel haben wir in einer Tabelle in Kapitel 3 »Schmier-, Dicht- und Pflegemittel« aufgelistet.

Spezialwerkzeug

Spezialwerkzeug: Für tiefer gehende Arbeiten werden spezielle Werkzeuge benötigt. Man kann diese beim BMW-Händler kaufen, aber sie sind teuer. Auf einige der originalen BMW-Spezialwerkzeuge und preiswerte, weil selbst herzustellende Alternativwerkzeuge gehen wir in den entsprechenden Kapiteln ein.

Gewindeschneider, HeliCoil: Unter die Rubrik »Spezialwerkzeug« fällt auch ein kompletter Satz Gewinde-Schneid- und Bohrwerkzeuge. Damit lassen sich Außen- wie Innengewinde anfertigen, nachschneiden und auch reinigen, wenn z. B. Reste von Loctite daran hängen, Farbe oder Rost. Weiter hinten im Kapitelabsatz »Gewinde reparieren« zeigen wir den Umgang mit Gewinde-Reparaturmittel »HeliCoil«.

Nachstehend eine Auflistung wichtiger Spezialwerkzeuge und ihr Einsatzgebiet:
■ **Riemenaufziehwerkzeug** (Nr. 12 3 591, Bild 14): Wird beim Wechsel des Lichtmaschinen-Antriebs-Vielkeilriemens benötigt bei R 1200 GS aller Modelljahre.
■ **Zentrierdorn** (Nr. 21 3 680) für die Kupplungsscheibe bei R 850 GS und R 1100 GS.
■ **Zentrierdorn** (Nr. 21 2 673) für die Kupplungsscheibe bei R 1150 GS und R 1200 GS.
■ **Zange** (Nr. 13 1 512, Bild 16) zum Aus- und Einbau der Oetiker-Schellen am Drosselklappenkörper bei R 1200 GS.
■ **OT-Absteckdorn** (Nr. 11 2 650). Bei der R 1200 GS der Modelljahre 2004 bis 2009 passt auch ein Rundeisen mit Ø 8 mm.
■ **Ventilfederspanner,** bestehend aus Gegenstütze (Nr. 11 2 521), Spindel mit Griff (Nr.

11 5 692) und Druckstück (Nr. 11 2 522) zum Ausbau der Ventile und Ventilfedern bei R 1200 GS.

- **Ventilfederspanner,** bestehend aus Gegenstütze (Nr. 11 5 691), Spindel mit Griff (Nr. 11 5 692) und Druckstück (Nr. 11 5 695), Schraube (Nr. 11 5 696) und Verschiebestück (Nr. 11 5 697) zum Ausbau der Ventile und Ventilfedern bei R 1200 GS der Modelljahre 2004 bis 2009.
- **Abziehzange** (Nr. 11 1 250) für Ventilschaftabdichtungen.
- **Arretiervorrichtung** für das Schwungrad (Nr. 11 5 640), wird zum Blockieren des Motors beim Zerlegen und Zusammenbau benötigt.
- **Drehwinkelanzeigegerät** (Nr. 11 2 501), zum Festziehen der Pleuelschrauben und sonstiger Schrauben wie z. B. der Zylinderkopfmuttern.
- **Haltevorrichtung** (Nr. 31 5 741) mit **Aufnahmen** (Nr. 31 5 742) und **Adapterringen** (Nr. 31 5 673) sowie **Stecknuss** (Nr. 31 5 631) SW 46 lange Ausführung zum Anziehen/Lösen des Kugelgelenks an der Gleitrohrbrücke und dem unteren Längslenker bei R 1200 GS.
- **Haltevorrichtung** (Nr. 31 5 620) mit **Stecknuss** (Nr. 31 5 630) SW 46 zum Anziehen/Lösen des Kugelgelenks an der Gleitrohrbrücke und dem unteren Längslenker bei R 1100 GS.
- **Zugstange** (Nr. 00 8 581) **mit Schlaggewicht** (Nr. 00 8 582), wird z. B. zum Herausziehen der Schwingenlager benötigt bei R 1200 GS.

Folgende Spezialwerkzeuge kann man im Motorrad-Zubehörhandel und im Kraftfahrzeug-Werkstatthandel preiswert kaufen:

- Ölfilterschlüssel (Bild 15)
- Multistromkreistester (Satz)
- Kompressionsdruck-Prüfgerät mit Adapter
- Kraftstoffdruckmesser mit Adapter

Richtig schrauben

Gut schrauben zu können ist keine angeborene Gottesgabe, sondern eine Sache der realen Einschätzung: Was habe ich bisher gelernt, kann ich schon, traue ich mir zu, kann ich noch lernen? Und: Von was lasse ich die Finger weg, weil Wissens- und Könnenstand sowie der Werkzeugbestand nicht ausreichend genug sind? Zum Thema »Richtig schrauben« gehören z B. ein Federspanner (Bild 17); man kann natürlich auch mit der Zange den Federhaken aushängen, rutscht dabei aber oft ab. Das Wissen um die eigenen Fähigkeiten ist beste Voraussetzung, um ein guter Schrauber zu sein – oder zu werden.

Bilder 14 bis 16: Verschiedene Spezialwerkzeuge.

Bild 17: Federspanner für Ständerfedern.

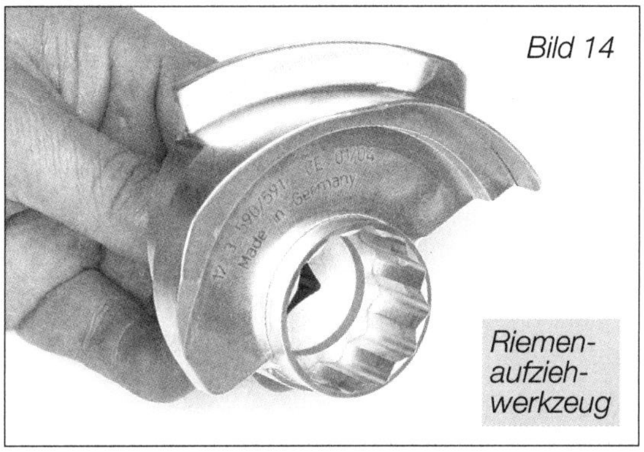

Bild 14

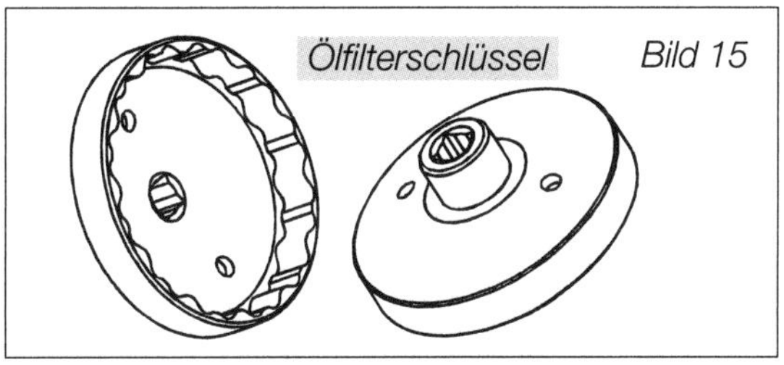

Bild 15

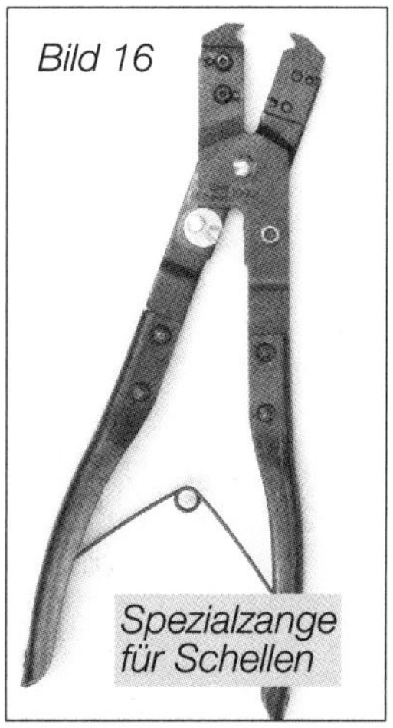

Bild 16

Bild 17

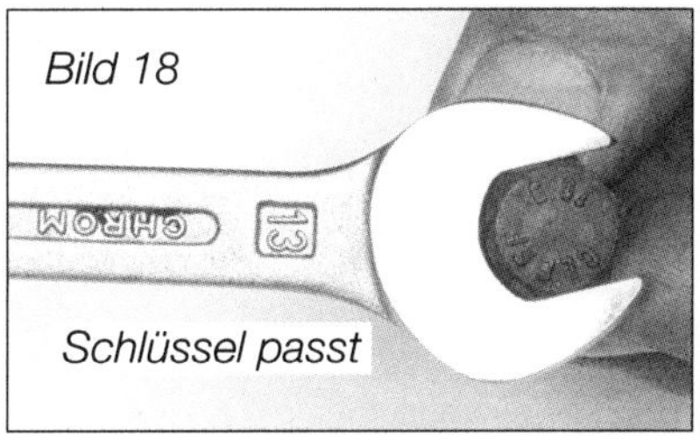

Bild 18

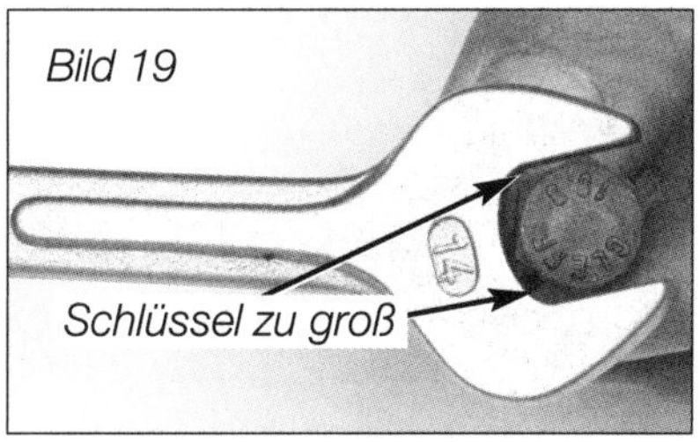

Bild 19

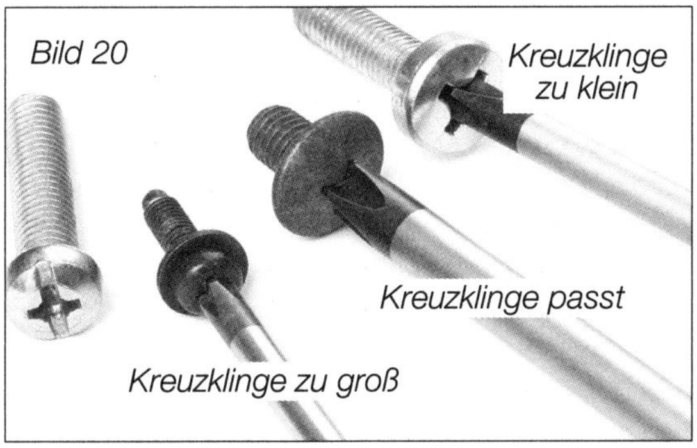

Bild 20

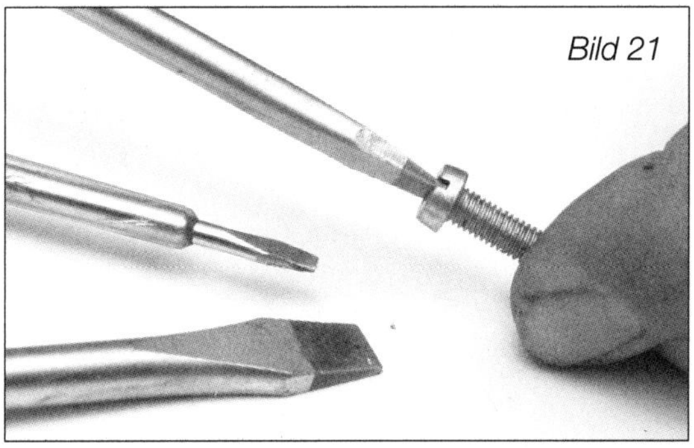
Bild 21

Bilder 18 bis 21: Passendes Werkzeug verwenden. Ein zu großer Schlüssel vermurkst beim ersten Ansatz den Schraubenkopf, ein zu kleiner Schraubenzieher rutscht durch, ein zu großer versaut den Schlitz im Schraubenkopf.

Sicherer Werkzeuggebrauch

Am Anfang dieses Kapitels haben wir es schon gesagt, hier wiederholen wir es: Mit schlechtem Werkzeug kann man keine gute Arbeit machen! Hier ergänzen wir thematisch: Mit gutem Werkzeug muss man auch umgehen können.

Die Bilder 18 bis 21 zeigen, was wir meinen:

- Wenn ein Schraubenkopf oder eine Mutter einen 13er-Schlüssel braucht (Bild 18), dann ist der 14er (Bild 19) das falsche Werkzeug.
- Ein Kreuz- bzw. Schlitz-Schraubenkopf braucht einen passenden Kreuz- oder Schlitz-Schraubenzieher (Bilder 20 und 21). Bitte versuchen Sie NICHT, eine Kreuzschlitzschraube mit einem Flachklingen-Schraubenzieher zu öffnen!

Schrauben, Scheiben, Muttern

Dieser Kapitelabsatz ist besonders wichtig beim Anbau von Zubehör, das nicht von BMW oder einem der renommierten, auf die GS-Modelle spezialisierten Zubehörhersteller stammt. Denn bei deren Zubehör sind die benötigten Schrauben, Muttern und Scheiben grundsätzlich im Lieferumfang enthalten, während so genanntes »marken- und typenfreies Zubehör« meist ohne die nötigen Befestigungsteile geliefert wird.

Bilder 22 und 23: Bei Stahlschrauben in Alu auf genügend Einschraublänge achten.

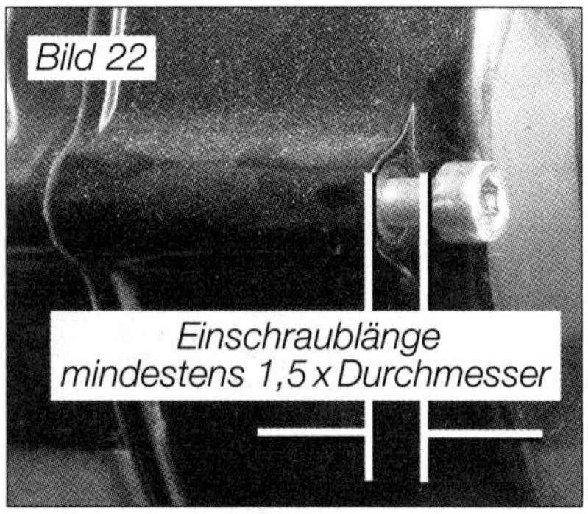

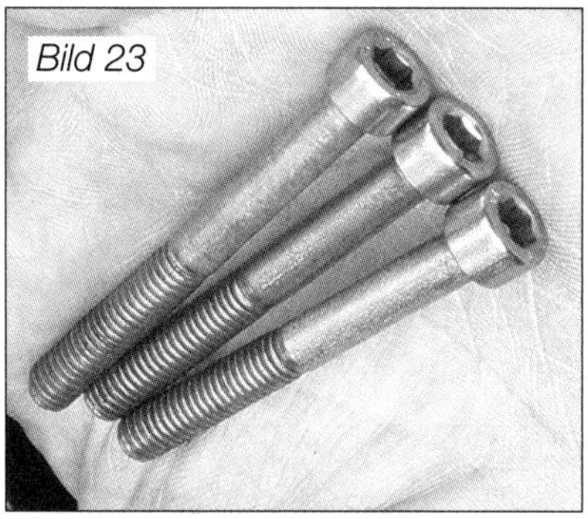

Schraubenlänge, Gewindezustand

Stahlschrauben, die in Aluminium gedreht werden, müssen mindestens mit der Länge des 1,5-fachen Schraubendurchmessers in das Innengewinde eingeschraubt werden (M6 also 9 mm). In Bild 22 sieht man eine zu kurze Schraube, in Bild 23 eine in der richtigen Länge und zwei zu kurze. Natürlich ist die serienmäßige Schraube immer die beste Schraube, aber manchmal geht halt eine verloren – deswegen nachstehend einige Grundlagen für die Verwendung von nicht serienmäßigen Schrauben.

- Wenn man keine Schrauben in der passenden Länge bekommt und nur solche, die 5 mm zu kurz oder 20 mm zu lang sind, dann lieber die zu langen kaufen und auf Länge absägen.
- Wenn Schmutz oder Reste von Schraubenkleber an der Schraube haften, diese mit einer Messingbürste reinigen (Bild 24). KEINE Stahlbürste verwenden, denn die scharfen Stahldrähte reißen die Oberflächen des Gewindes auf!
- Bei jeder ausgedrehten Schraube und abgedrehten Mutter vor der Montage das Gewinde begutachten: Bei den in Bild 25 gezeigten Schrauben sind die Gewinde defekt (»überdreht«), und damit sind sie reif für die Mülltonne.

Die Begutachtung der Gewinde VOR der Montage (oder gleich nach der Demontage, also dem Ausschrauben!) ist besonders wichtig bei sicherheitsrelevanten Baugruppen wie Fahrwerk mit Rahmen, Federung, Rädern und Bremsen.

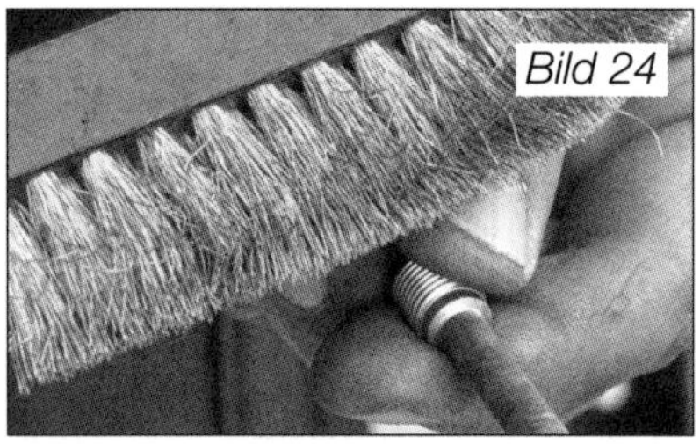

Bild 24: Gewinde immer nur mit einer Messingbürste reinigen.

Bild 25: Schrauben mit defekten Gewinden.

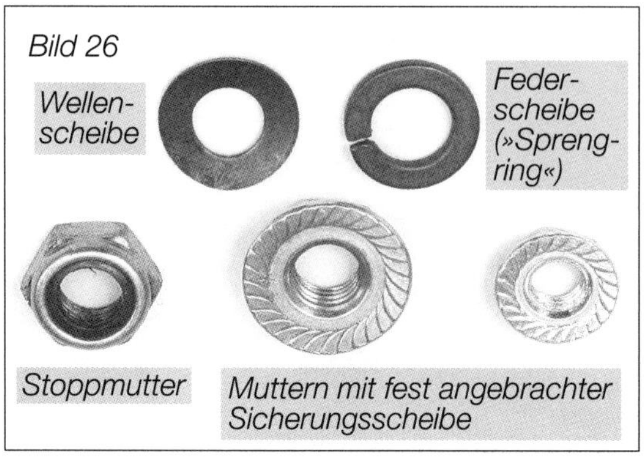

Bild 26: Verschiedene Scheiben und Muttern.

Scheiben und Muttern

Bild 26 zeigt spezielle Scheiben und Muttern:

- **Unterlag- oder Wellenscheiben** sollen zwischen Stahlmuttern und Aluminium gelegt werden, das verbessert die Flächenpressung und schont das Alu.
- Eine **Federscheibe**, auch »Sprengring« genannt, hat zwei »Zacken«, die bis zu einem gewissen Maße das Lösen der Schraube/Mutter verhindern. Nur bei Stahl auf Stahl verbauen!
- In eine **Stoppmutter** ist ein Sicherungsring aus Kunststoff oder ein mehrteiliges Stahlsegment eingesetzt, der (das) die Mutter auf

dem Gewinde der Schraube »verklemmt« und damit sichert. Eine Stoppmutter mit Kunststoff-Sicherungsring soll nur einmal (zulässige Ausnahme: höchstens zweimal) verwendet werden; eine Stoppmutter mit mehrteiligem Stahlsegment kann mehrmals verbaut werden.
■ Eine **Stahlmutter** mit fest angefügter Feinzahnscheibe wird ohne zusätzliche Unterlegscheibe auf Alu oder Stahl verschraubt. Nach zwei- oder dreimaliger Verwendung ist die Verzahnung »flach« und sichert nicht mehr richtig. Für die Befestigung einer Nummernschildschraube ist eine solche Mutter aber immer noch gut genug!

Fetten, Ölen, Kleben, Sichern

■ Wenn blanke Bauteile miteinander verschraubt werden, die Kontaktflächen beider Teile mit Fett einschmieren, dann rosten (bzw. korrodieren) sie nicht zueinander fest, weil Fett zwischen Passflächen das Eindringen von Feuchtigkeit verhindert. Dies gilt auch für Alu auf Alu oder Alu auf Stahl, denn ohne schützende Fettschicht dazwischen bildet sich mit der Zeit böse Korrosion!
■ Wenn Schrauben und Muttern verarbeitet werden, immer einen Tropfen Öl auf/in ihre (gereinigten!) Gewinde und Anlageflächen geben.
■ Loctite »mittelfest« hält jede Schraubverbindung zuverlässig zusammen. Bei extrem belasteten Schraubverbindungen, wie z. B. den Zugankern der Zylinderköpfe, schreibt BMW Loctite 2701 »hochfest« vor. Bei Schrauben einen Tropfen Loctite auf (Bild 27), bei Muttern in das Gewinde (Bild 28) geben.
Wichtig: Wenn Loctite verwendet wird, beide Gewinde sorgfältig von Öl und Fett reinigen (mit Bremsenreiniger) und trocknen.

Farbmarkierung: Profis zeichnen jede Schraube (Mutter), die sie mit dem vorgeschriebenen Anziehdrehmoment angezogen haben, mit einer Farbmarkierung (Bild 29). Sollte sich eine Schraubverbindung wider Erwarten öffnen, sieht man das an den zueinander verdrehten Farbstrich-Markierungen!

Anziehdrehmomente

Um eine notwendige Verbindungs-Haltekraft ausüben zu können, muss eine Schraube (Mutter) in dem ihr zugeordneten Innengewinde (Außengewinde) mit einem bestimmten Anziehdrehmoment festgezogen werden. Nur damit ist garantiert, dass die durch die Schraube (Mutter) zueinander verspannten Bauteile ausreichend fest sind und sich die Schraubverbindung nicht von alleine löst (z. B. durch Vibrationen).

Wichtig zu wissen:
■ Werden Schrauben/Muttern zu leicht angezogen, besteht die Gefahr, dass sich die Schraubverbindung lockert.
■ Werden Schrauben/Muttern zu fest angezogen, werden ihre Gegengewinde »weich«, reißen bzw. brechen dabei aber (noch) nicht, die Schraubverbindung erscheint »gefühlt fest«. Später lockert sie sich und fällt ab.

In den Kapiteln nennen wir die benötigten Anziehdrehmomente. Im Kapitel 25 »Anziehdrehmomente« sind die von BMW vorgeschriebenen Anziehdrehmomente aufgelistet.

Seegerringe

Zum Aus- und Einbau von Seegerringen werden spezielle Zangen benötigt: Innenseegerringe werden zusammengedrückt (Zange Bild 30) und aus der Bohrung gezogen, Außenseegerringe auseinandergezogen (Zange Bild 31) und von der Welle abgezogen. Ausgebaute Seegerringe sollen durch Neuteile ersetzt werden. Ausnahme: Wenn man den Seeger-

Wichtige Adressen:
■ **Gedore** (Werkzeuge)
Gedore Tool Center KG
Remscheider Straße 149
D-42899 Remscheid
www.gedore.de
www.gedore.at
www.omnitool.ch
■ **Hazet** (Spezialwerkzeuge für Kraftfahrzeuge)
Hazet Werk, Postfach 10 04 61
D-42804 Remscheid
www.hazet.de
www.karlernstag.ch
■ **HeliCoil Gewindeeinsätze Böllhoff GmbH & Co. KG**
Archimedesstraße 1–4
D-33649 Bielefeld
www.boellhoff.de
www.boellhoff.at
■ **Kern Montagetechnik**
(Montageständer, Hebebühnen)
Gewerbestraße 13–16
D-79364 Malterdingen
www.kern-stabi.de
■ **Loctite Deutschland GmbH**
(Schraubenkleber, Dichtmittel)
Gutenbergstraße 3
D-85748 Garching
www.loctite.de
www.loctite.at
www.loctite.ch

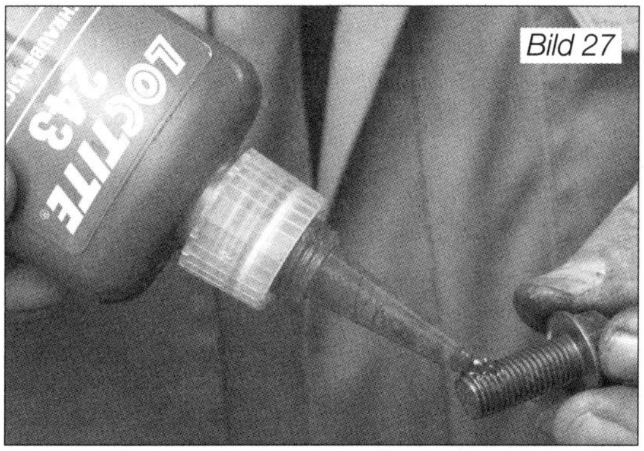

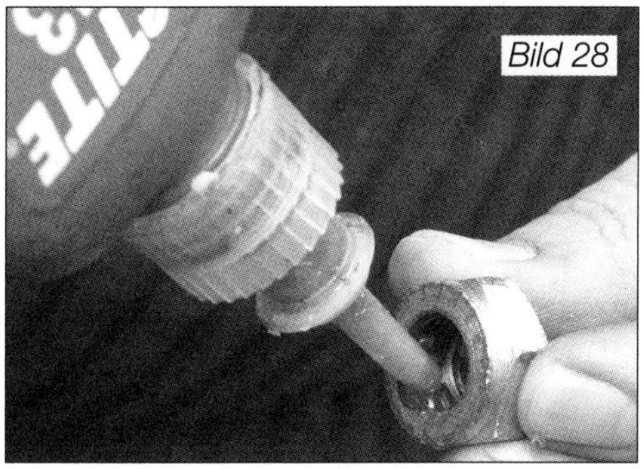

Bilder 27 und 28: Zur Gewindesicherung einen Tropfen Loctite auf die Schraube bzw. in die Mutter geben.

Bild 29: Farbmarkierung zur Sichtprüfung.

ring ganz vorsichtig ausbaut, damit er dabei nicht bleibend verformt wird, kann man ihn noch einmal verwenden.

Beim Einbau muss die scharfe Kante des Seegerrings in Druckrichtung (also quasi »nach außen«) eingebaut werden (Bilder 32 und 33). Auch muss der Seegerring richtig satt in seiner Nut sitzen – deswegen lieber zwei- als nur einmal nachsehen, ob er wirklich richtig sitzt!

Bilder 30 bis 33: Im Lauftext sind die zu den Bildern gehörenden Arbeitsschritte nummeriert beschrieben.

Bild 34: Simmerringe mit der Aufschrift nach außen einbauen. Vor Zusammenbau mit leichtem Wälzlagerfett einschmieren (Bilder 34a und 34c).

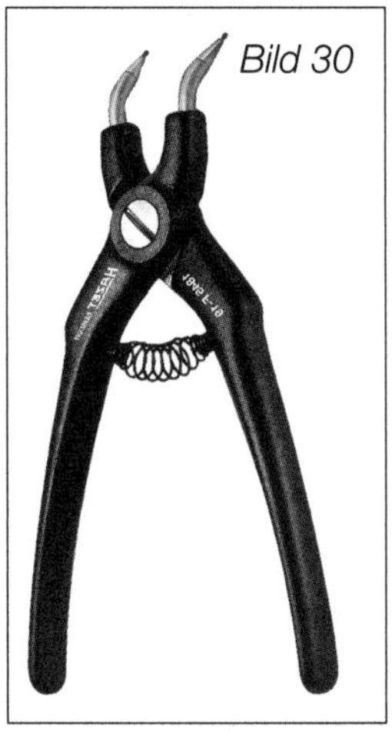
Bild 30

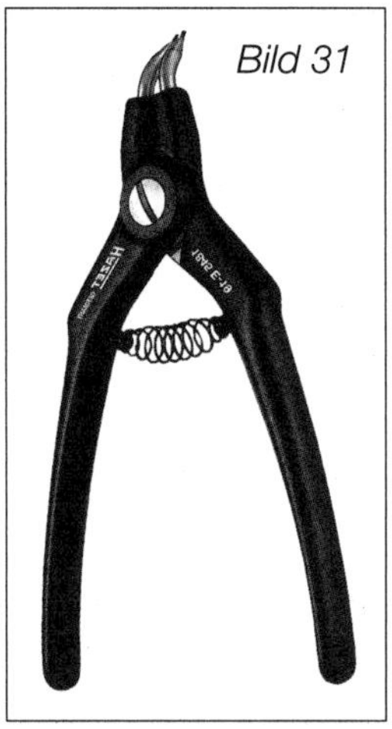
Bild 31

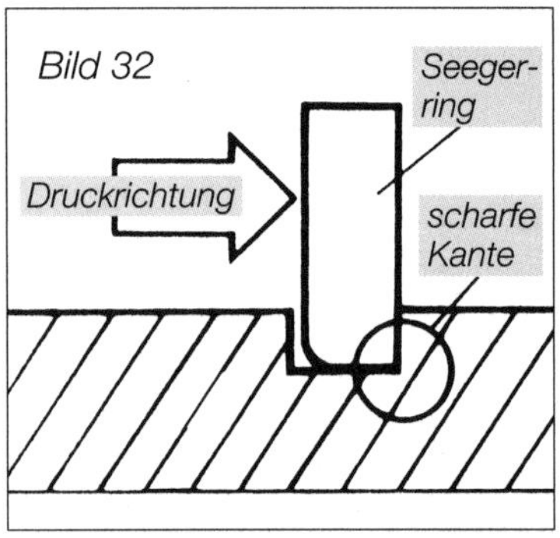

Bild 32

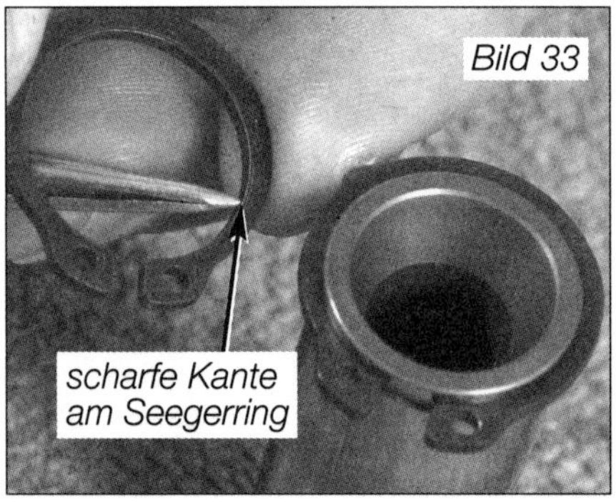

Bild 33

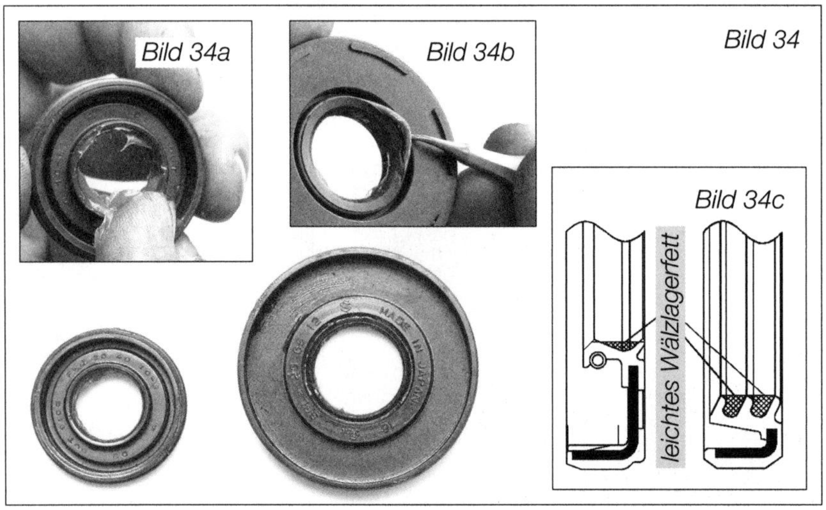

Bild 34

Simmerringe

Simmerringe, auch »Wellendichtring« genannt, dichten drehende (Radlager) oder zueinander gleitende Bauteile (Gabelbeine) zu den stehenden Teilen nach außen und/oder innen ab. Simmerringe müssen mit der Aufschrift nach außen eingebaut werden, egal wie der Simmerring geformt ist!

Wichtig beim Einbau (Bild 34)

- Einmal ausgebaute Simmerringe nicht mehr einbauen, also immer Neuteile verwenden.
- Simmerring mit leichtem Wälzlagerfett einfetten (Bilder 34a und 34c), niemals »trocken« über die Welle schieben oder in seinen Sitz einpressen!
- Die dünne Spannfeder (Bild 34b) im Simmerring muss vorhanden sein – sie keinesfalls entfernen in dem Glauben, dass dann die Welle (oder das Rad) leichter läuft!

Gewindereparatur mit HeliCoil

Durch häufiges Lösen und Anziehen verschleißen Gewinde, was bis zur Zerstörung führen kann. Es kann auch sein, dass Schrauben oder Muttern mit zu großen Anziehdrehmomenten angezogen wurden und deswegen das Gewinde »ausgerissen« ist. Es kann auch durch Korrosion (»Rost«) zwischen Schraube und Bauteilwerkstoff zum »Festbacken« gekommen sein, und beim Versuch die Schraube zu lösen wird das Mutterngewinde zerstört.

Ein defektes Innengewinde kann mit geringem Aufwand und Kosten einfach und zuverlässig repariert werden, indem es ausgebohrt und ein aus gewickeltem Draht bestehender Gewindeeinsatz eingedreht wird: »HeliCoil« nennt sich dieses Reparaturverfahren, das von der Firma Böllhoff Verbindungstechnik GmbH in Bielefeld hergestellt und weltweit vertrieben wird (*www.helicoil.de*).

HeliCoil bietet so genannte »Repairkits« in den Abmessungen von M2 bis M36 an. Ein HeliCoil-Repairkit (Bild 35) kostet ca. 40 Euro, ist im Fachhandel erhältlich und enthält:

- Kernlochbohrer mit dem Kernloch-Gewindedurchmesser für das neue Gewinde.
- HeliCoil-Gewindebohrer.
- HeliCoil-Einbauwerkzeug, das ist eine Einbau-Gewindespindel mit einem kleinen Ansatz vorne.
- 20 HeliCoil-Drahtgewindeeinsätze aus hoch korrosionsbeständigem Stahl der Legierung 1.4301 (Festigkeit mehr als 1.400 N/mm^2).

Gewinde reparieren

Am Beispiel eines ausgerissenen M6-Gewindes in einem Motorblock (Bilder 36 bis 43) erklären wir die Gewindereparatur mit HeliCoil:

1. Schritt: Wenn der Rest einer abgebrochenen Schraube (Bild 36) im alten Gewinde steckt: Den sichtbaren Schraubenrest exakt mittig ankörnen und mit scharf geschliffenem Bohrer, der 0,5 mm kleiner ist als der alte Gewinde-Nenndurchmesser (Beispiel M6: Bohrer 5,5 mm), das abgebrochene Gewindestück vorsichtig ausbohren.

2. Schritt: Mit dem im HeliCoil-Repairkit befindlichen Bohrer das beschädigte Gewinde komplett ausbohren (Bild 37). Der Bohrerdurchmesser entspricht dem Kerndurchmesser des neuen Aufnahmegewindes für den Drahtgewindeeinsatz.

3. Schritt: Aufnahmegewinde für den HeliCoil-Drahtgewindeeinsatz mit dem beiliegenden Gewindebohrer schneiden (Bild 38).

Wichtig: Damit keine Späne in Gewindebohrungen hineinfallen, den Gewindebohrer vor dem Gewindeschneiden in Fett eintauchen, dann bleiben die Späne am Gewindebohrer haften.

4. Schritt: Gewinde reinigen, z. B. mit Druckluft ausblasen. ALLE Späne entfernen!

5. Schritt: HeliCoil-Drahtgewindeeinsatz mit der Einbauspindel montieren. Dieses ist sehr einfach, der Drahtgewindeeinsatz wird mit der Spindel wie eine Schraube in das vorbereitete Aufnahmegewinde eingedreht (Bilder 39 und 40).

6. Schritt: Nach Montage des Gewindeeinsatzes dessen Mitnehmerzapfen abbrechen (Bild 41).

■ Zapfenwerkzeug zuvor in etwas Fett tauchen, ganz in den Drahtgewindeeinsatz einführen, mit einem kleinen Hammer einen leichten Schlag auf das Zapfenwerkzeug geben und den abgebrochenen Mitnehmerzapfen aus dem Drahtgewindeeinsatz entfernen.

Wichtig: Bei der Reparatur von Durchgangsbohrungen muss Obacht gegeben werden, dass der abgebrochene Mitnehmerzapfen nicht in den Motor zwischen empfindliche Mechaniken gerät!

Eine solche Gewindereparatur ist innerhalb von zehn Minuten ohne Schweißaufwand erledigt. Nach der Reparatur mit HeliCoil ist das Gewinde um ein Vielfaches belastbarer als das Originalgewinde. Das Gewinde wurde nicht etwa »geflickt«, sondern seine Qualität wurde deutlich verbessert, denn der Drahtgewindeeinsatz aus Edelstahl macht das Gewinde verschleißfester und korrosionsbeständiger. Zukünftige Wartungsarbeiten können diesem Gewinde nichts mehr anhaben (Bilder 42 und 43).

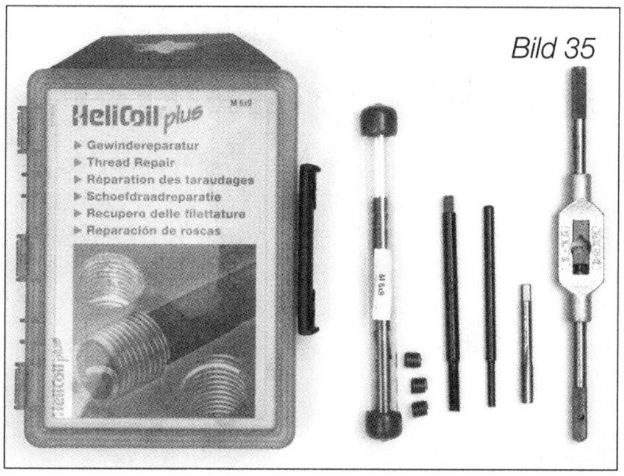

Bild 35

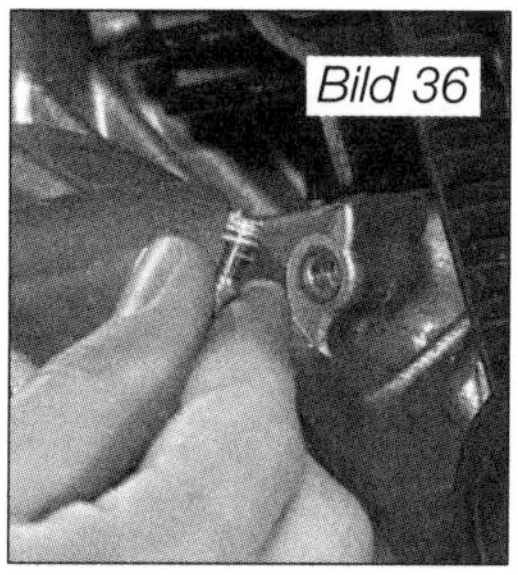
Bild 36

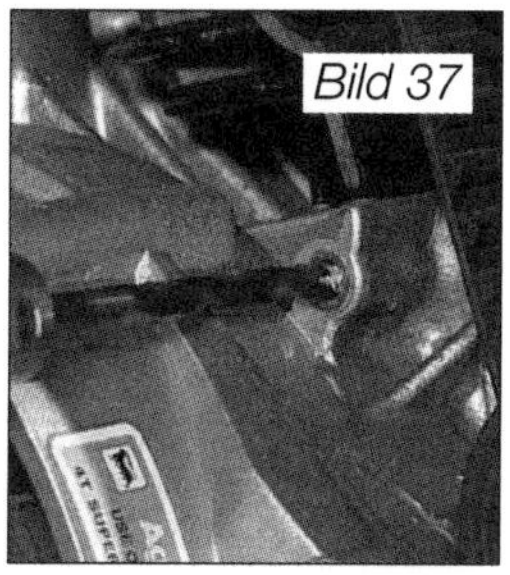
Bild 37

Bild 38

Bild 39

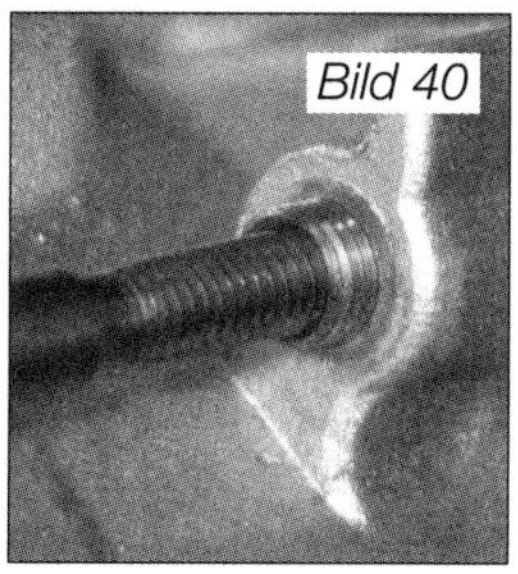
Bild 40

Bild 41

Bild 42

Bild 43

Bilder 35 bis 43:

■ 35: Kompletter HeliCoil-Reparaturkit.

■ 36: Defektes Gewinde, überdrehte Schraube.

■ 37: Schraubenreste ausbohren, sauberes Kernloch erzeugen.

■ 38: Neues Aufnahmegewinde für den HeliCoil-Gewindeeinsatz schneiden.

■ 39 und 40: HeliCoil-Gewindeeinsatz mit der Einbauspindel montieren.

■ 41: Zapfen brechen und entfernen.

■ 42: Perfekt ist das neue Gewinde mit HeliCoil-Gewindeeinsatz.

■ 43: Schraube eindrehen und anziehen, fertig!

Bilder 1 bis 27: Von BMW empfohlene Schmier-, Dicht- und Pflegemittel.

Schmier-, Dicht- und Pflegemittel

In diesem Kapitel: Schmier-, Dicht- und Pflegeprodukte: Übersicht, Tabelle · Schmier-, Dicht-, Pflegestellen in Schaubildern an der R 1200 GS.

Auf den sechs Seiten dieses Kapitels sind alle von BMW vorgeschriebenen oder empfohlenen Schmier-, Dicht- und Pflegemittel aufgelistet und in Bildern gezeigt, welche für die Kapitel dieses Buchs und damit für die gezeigten Arbeiten wichtig sind.

In der Tabelle auf der rechten Seite nennen wir stichwortartig die Eigenschaften der Produkte. Wenn Sie von BMW direkt geliefert werden können (man kann sie also beim BMW-Händler kaufen), haben wir die BMW-Bestellnummer mit aufgeführt.

Manche Produkte, wie z. B. Loctite Schraubensicherung oder Reifenmontagepaste, erhält man im normalen Kfz-Werkzeughandel; das Würth Flächendichtmittel »orange« ist in den Würth-Niederlassungen erhältlich.

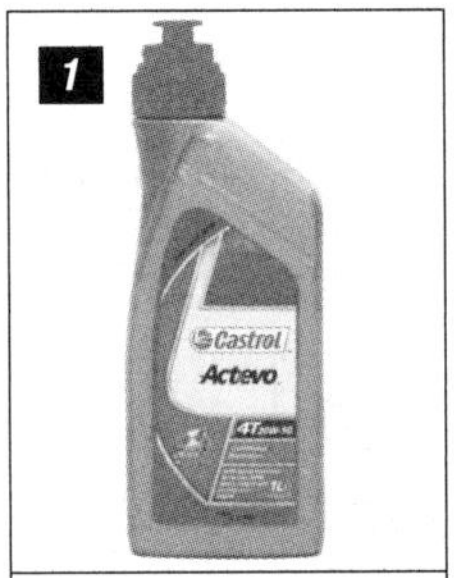

1 Castrol Act>evo 4T in SAE 20W-50 (Motoröl mineralisch)

2 Castrol Power 1 4T in SAE 15W-50 (Motoröl teilsynthetisch)

3 Castrol Power 1 Racing 4T in SAE 10W-50 (Motoröl vollsynthetisch)

4 Castrol Syntrax Longlife in SAE 75W-90 (Getriebeöl)

5 Castrol MTX in SAE 75W-140 (Getriebeöl)

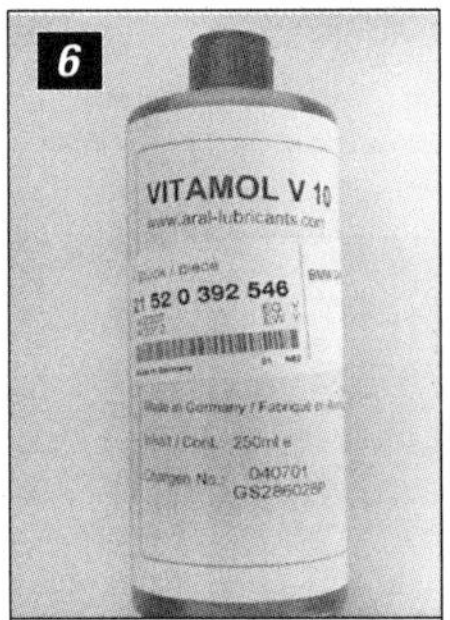

6 Vitamol V10 Kupplungsflüssigkeit (synthetisch)

7 Castrol Motorcycle Brakefluid DOT 4

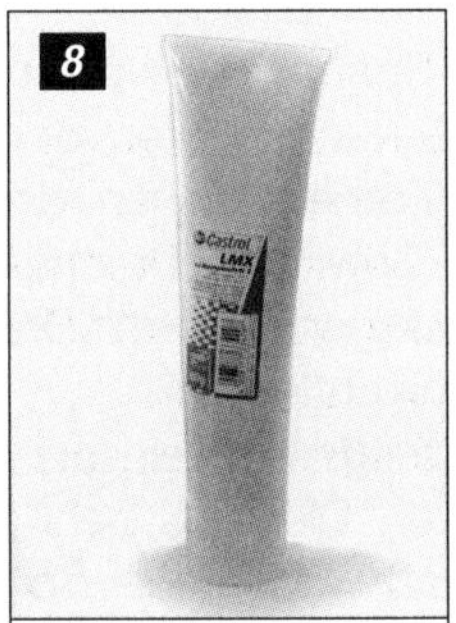
8 Castrol LMX Komplexfett auf Lithiumbasis

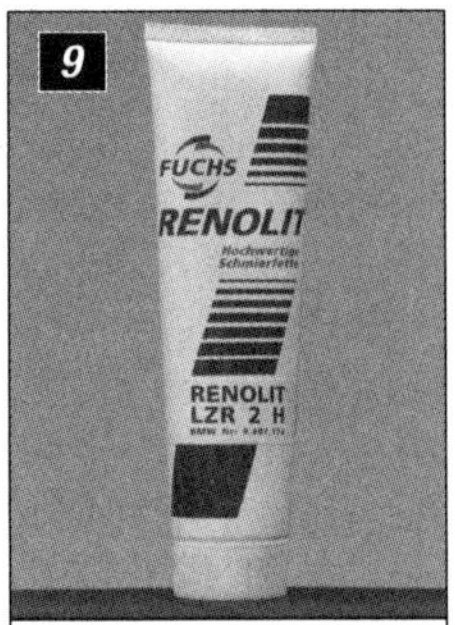

9 Säurefreies Wälzlagerfett Renolit LZR 2 H

10 Molykote 111 Silikonfett

11 Staburags NBU 30 PTM Hochleistungs-Schmierfett

12 Optimoly MP3 Hochleistungs-Schmierfett

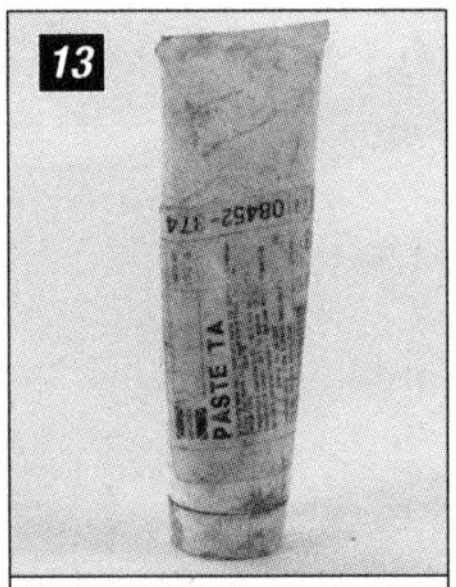

13 Optimoly TA Paste Hochtemperatur-Montagefett

14 Never-Seez Regular Grade Montagepaste

15 Klüberpaste 46 MR 401 Schmier-/Montagepaste

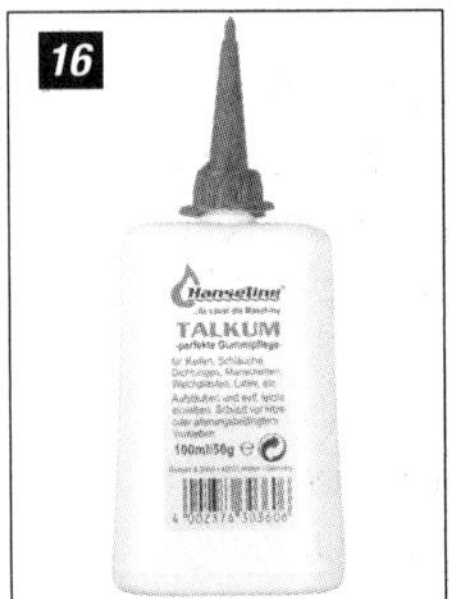

16 Talkum (Trennmittel)

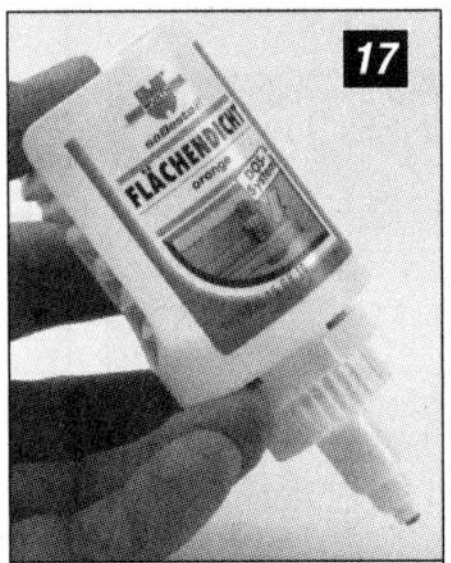

17 Würth Flächendichtmittel »orange«

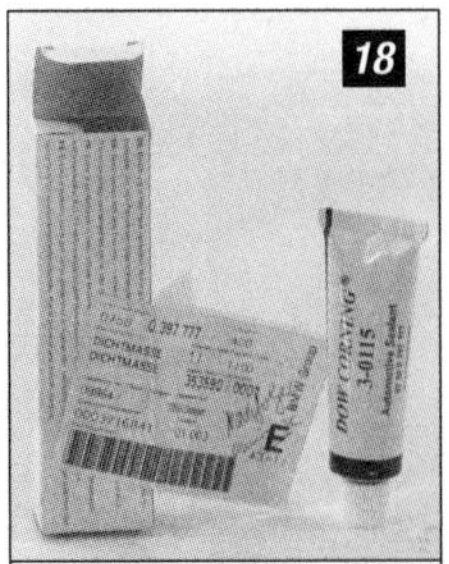

18 Dow Corning 3-0115 Dichtmasse

19 Loctite 243 Schraubensicherung »mittelfest«

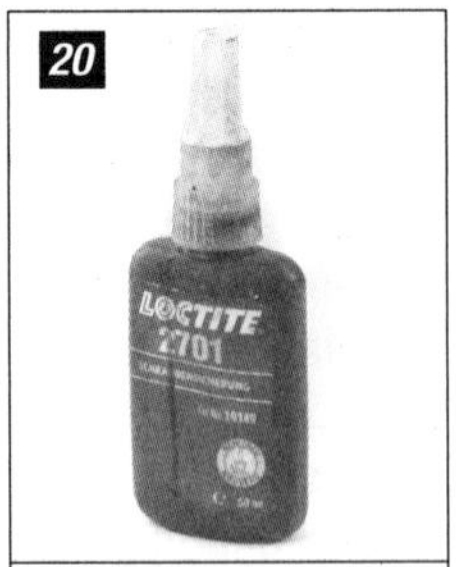

20 Loctite 2701 Schraubensicherung »hochfest«

21 Loctite 648 Kleber »hochfest« (Fügemittel)

Schmier-, Dicht- und Pflegemittel für die BMW Enduros unseres Buchs*

Schmier-/Pflegestoff	Bild ...	BMW-Bestell-Nr.	Kurzbeschreibung	Eigenschaften
Castrol Act>evo 4T in SAE 20W-50	1		Motoröl mineralisch	Sehr guter Verschleißschutz durch APM-Moleküle, die eine kontinuierliche Schutzschicht bilden.
Castrol Power 1 4T in SAE 15W-50	2		Motoröl teilsynthetisch	Reduziert interne Reibungsverluste, gewährleistet dadurch maximale Leistung.
Castrol Power 1 Racing 4T in SAE 10W-50	3		Motoröl vollsynthetisch	Geeignet für extreme Temperaturbedingungen. Reduziert den Ölverbrauch. Ausgezeichnete Scherstabilität.
Castrol Syntrax Longlife in SAE 75W-90	4		Getriebeöl vollsynthetisch	Extrem hohes Druckaufnahmevermögen, besonders guter Verschleißschutz, ausgeprägte Hochtemperaturstabilität, deutlich gesenkte Getriebeöltemperatur. Verhinderung von Ablagerungen, absolute Scherstabilität, optimiertes Kaltstartverhalten. Neutrales Dichtungsverhalten, ausgezeichnete Schaumresistenz.
Castrol Full Synthetic MTX in SAE 75W-140	5		Getriebeöl vollsynthetisch	Exzellenter Verschleißschutz, reduzierte Getriebetemperaturen, ausgezeichnete Schaltbarkeit, erhebliche Reduzierung der Geräuschentwicklung.
Vitamol V 10	6	21 52 0 392 546	Hydraulik(Kupplungs-)flüssigkeit	Synthetisch, mit sehr hohem Viskositätsindex (VI = 182). Biologisch abbaubar.
Castrol Motorcycle Brakefluid	7		Bremsflüssigkeit (DOT 4)	In Qualität DOT 4. Hohe Sicherheitsreserve durch hohen Nass-/Trockensiedepunkt.
Castrol LMX LI-Komplexfett 2	8		Komplexfett auf Lithiumbasis	Speziell entwickelt für den Einsatz in Gleit-, Wälz- und Kugellagern, wie z. B. Radlager. Hohe Belastbarkeit und guter Verschleißschutz.
Säurefreies Wälzlagerfett Renolit LZR 2 H	9	81 22 9 407 174	Wälzlagerfett	Exzellente Beständigkeit gegen mechanische Dauerbelastung. Resistent gegen feuchte, aggressive Atmosphäre und Wasser. Hochwirksamer Verschleißschutz, ausgezeichnete Korrosionsschutzeigenschaften.
Molykote 111	10	11 00 7 660 832	Silikonfett	Gute Beständigkeit gegen Chemikalien, weiter Gebrauchstemperaturbereich von –40 °C bis +200 °C. Geringe Flüchtigkeit, ausgezeichnete Wasserbeständigkeit.
Staburags NBU 30 PTM	11	07 55 9 056 992	Hochleistungs-Schmierfett	Festschmierstoffhaltiges, wasserbeständiges Montagefett gegen Passungs- und Reibrostbildung.
Optimoly MP3	12	07 55 9 062 476	Hochleistungs-Schmierfett	Besonders hohe Druckstabilität, hitzebeständig. Wird auch »Keramikfett« genannt.
Optimoly TA	13	18 21 9 062 599	Hochtemperatur-Montagefett	Hochtemperaturfestigkeit bei gleichzeitig guter Druckstabilität.
Never Seez Regular Grade	14	83 23 9 407 830	Montagepaste	Wirksam gegen Festfressen, Passungsrost und Verschleiß, auch bei hohen Temperaturen und Druckbelastungen. Temperaturbereich –180°C bis +1100°C.
Klüberpaste 46 MR 401	15	11 00 7 660 831	Schmier- und Montagepaste	Für Langzeit- und Lebensdauerschmierung, für reibrostgefährdete Schmierstellen, als Montagehilfe.
Talkum	16		Pulverförmiges Trennmittel	Trenn- und Gleitmittel mit isolierenden und wasserabweisenden Eigenschaften.
Würth Flächendichtmittel »orange« oder Loctite 5203	17	83 19 0 422 969	Flächendichtmittel	Flüssigdichtmittel zum Abdichten von Gehäusetrennflächen. Rasch aushärtend, kann leicht wieder entfernt werden. Für Kunststoffe nicht geeignet.
Dow Corning 3-0115 oder Omnivisc	18	07 58 0 397 777	Dichtmasse aus Silikonkautschuk	Hochtemperatur-Silikonkautschuk zum Kleben und Dichten am Motor, dauerelastisch. Dow Corning 3-0115 ersetzt das früher vorgeschriebene Omnivisc.
Loctite 243	19	07 58 9 056 031	Schraubensicherung »mittelfest«	Mit normalem Werkzeug noch demontierbar.
Loctite 2701	20	33 17 2 331 095	Schraubensicherung »hochfest«	Für stark vibrations- und schlagbeanspruchte Gewindeverbindungen.
Loctite 648	21	07 58 9 067 732	Kleber »hochfest« (Fügemittel)	Befestigen von Zahn-/Kettenrädern auf Wellen, verhindert selbständiges Losdrehen.
Castrol Metal Parts Cleaner oder BMW Bremsenreiniger	22	83 11 9 407 848	Reinigungsmittel, für Dichtflächen sehr zu empfehlen	Zur Reinigung von verölten bzw. fettigen Metallteilen, nicht korrosiv, greift Gummi und Kunststoffteile nicht an, verflüchtigt schnell und rückstandslos.
Castrol Motorcycle DWF	23		Wasserverdrängendes Spray für elektrische Kontakte	Verdrängt Feuchtigkeit aus Motor, Zündung und elektrischen Kontakten, schützt vor Korrosion.
Castrol Greentec Bike Cleaner	24		Motorradreiniger, vor Nassreinigung aufzusprühen	Schnelle und effektive Reinigung. Kompatibilität mit über 30 Materialien (Metalle, Legierungen, Kunststoff, Gummi und Lack) geprüft, biologisch abbaubar.
Castrol Bike Polish	25		Reinigungs- und Polierspray	Zum Reinigen von leichten Verschmutzungen ohne Wasser und Entfernen von Insekten. Aufbereiten, Konservieren und Polieren von Oberflächen.
Castrol Silikon Spray	26		Silikonspray, auch zur Anti-Statik-Lackbehandlung	Frischt Gummi und Kunststoffe auf. Erleichtert Reinigung bei starker Verschmutzung bei vorheriger Anwendung und konserviert sie. Bietet UV-Schutz gegen Ausbleichen.
Reifenmontagepaste	27		Montagepaste	Wird verwendet bei Reifenmontage und zum Einsetzen des Ölschauglases im Motor.

22

Metall-/Bremsenreiniger von Castrol oder BMW

23
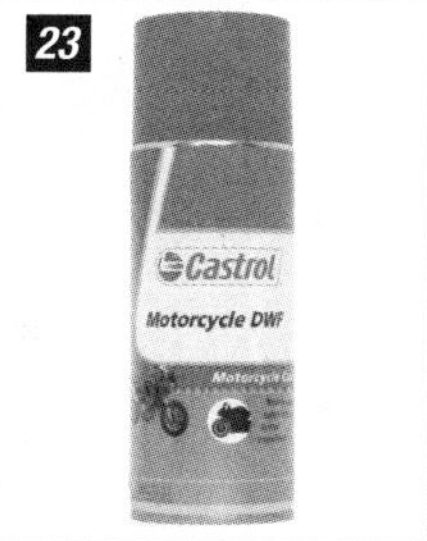

Castrol Motorcycle DWF wasserverdrängend

24

Castrol Greentec Bike Cleaner Motorradreiniger

25

Castrol Bike Polish für leichte Verschmutzungen

26

Castrol Silikonspray zur Gummi-/Kunststoffpflege

27

Reifenmontagepaste

* = Stand der Recherche zum Redaktionsschluss im April 2014

3 Schmier-, Dicht- und Pflegemittel

Großes Bild auf dieser Doppelseite: Blick von links auf wichtige Schmier-, Pflege- und Dichtstellen der R 1200 GS mit zugehörigen Produktnamen. Die Bildnummern ■ und erklärende Texte zu den Produkten finden Sie auf der Doppelseite am Anfang dieses Kapitels.

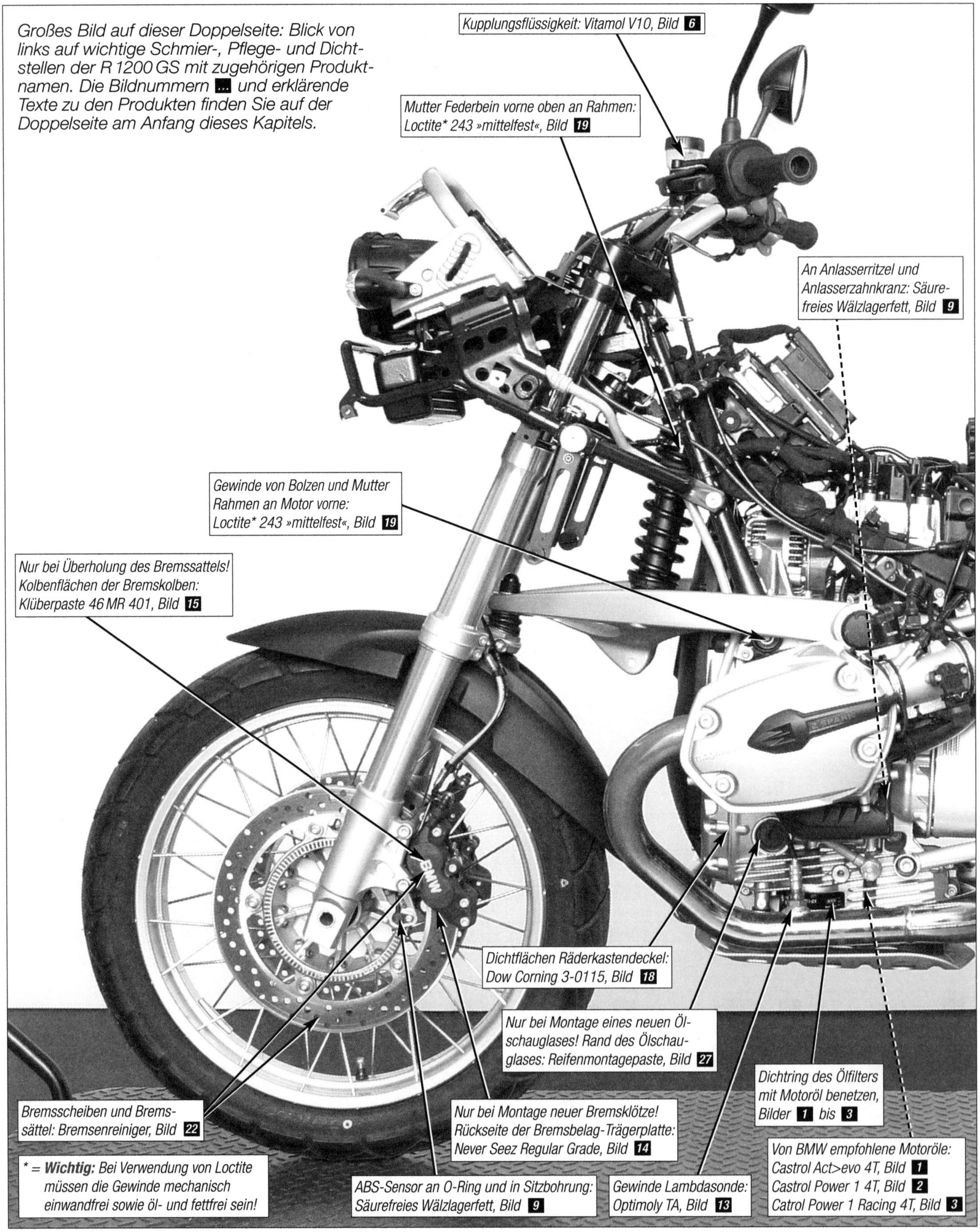

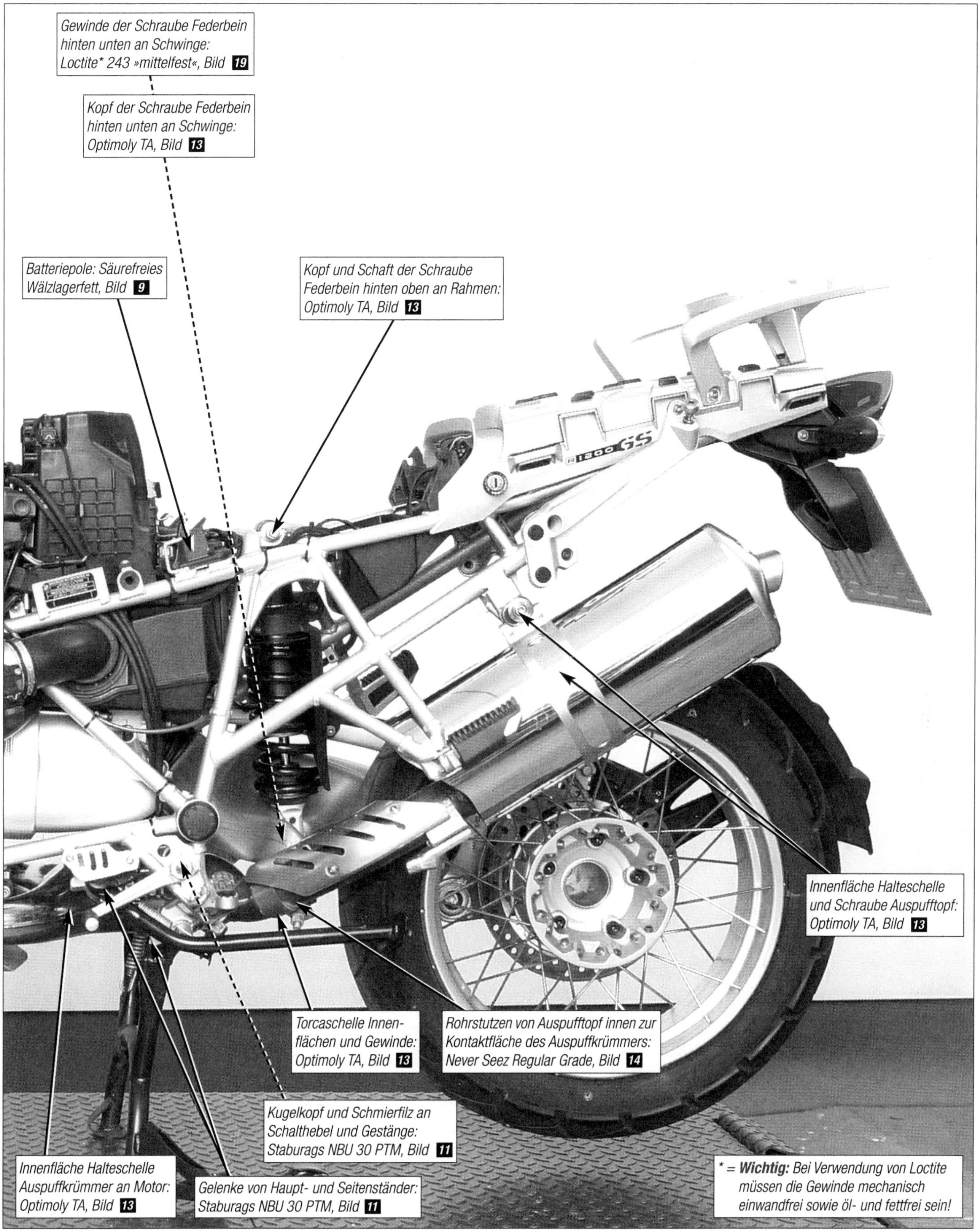
Gewinde der Schraube Federbein hinten unten an Schwinge: Loctite* 243 »mittelfest«, Bild 19
Kopf der Schraube Federbein hinten unten an Schwinge: Optimoly TA, Bild 13
Batteriepole: Säurefreies Wälzlagerfett, Bild 9
Kopf und Schaft der Schraube Federbein hinten oben an Rahmen: Optimoly TA, Bild 13
Innenfläche Halteschelle und Schraube Auspufftopf: Optimoly TA, Bild 13
Torcaschelle Innenflächen und Gewinde: Optimoly TA, Bild 13
Rohrstutzen von Auspufftopf innen zur Kontaktfläche des Auspuffkrümmers: Never Seez Regular Grade, Bild 14
Kugelkopf und Schmierfilz an Schalthebel und Gestänge: Staburags NBU 30 PTM, Bild 11
Innenfläche Halteschelle Auspuffkrümmer an Motor: Optimoly TA, Bild 13
Gelenke von Haupt- und Seitenständer: Staburags NBU 30 PTM, Bild 11
* = Wichtig: Bei Verwendung von Loctite müssen die Gewinde mechanisch einwandfrei sowie öl- und fettfrei sein!

Großes Bild auf dieser Doppelseite: Blick von rechts auf wichtige Schmier-, Pflege- und Dichtstellen der R 1200 GS mit zugehörigen Produktnamen. Die Bildnummern ■ und erklärende Texte zu den Produkten finden Sie auf der Doppelseite am Anfang dieses Kapitels.

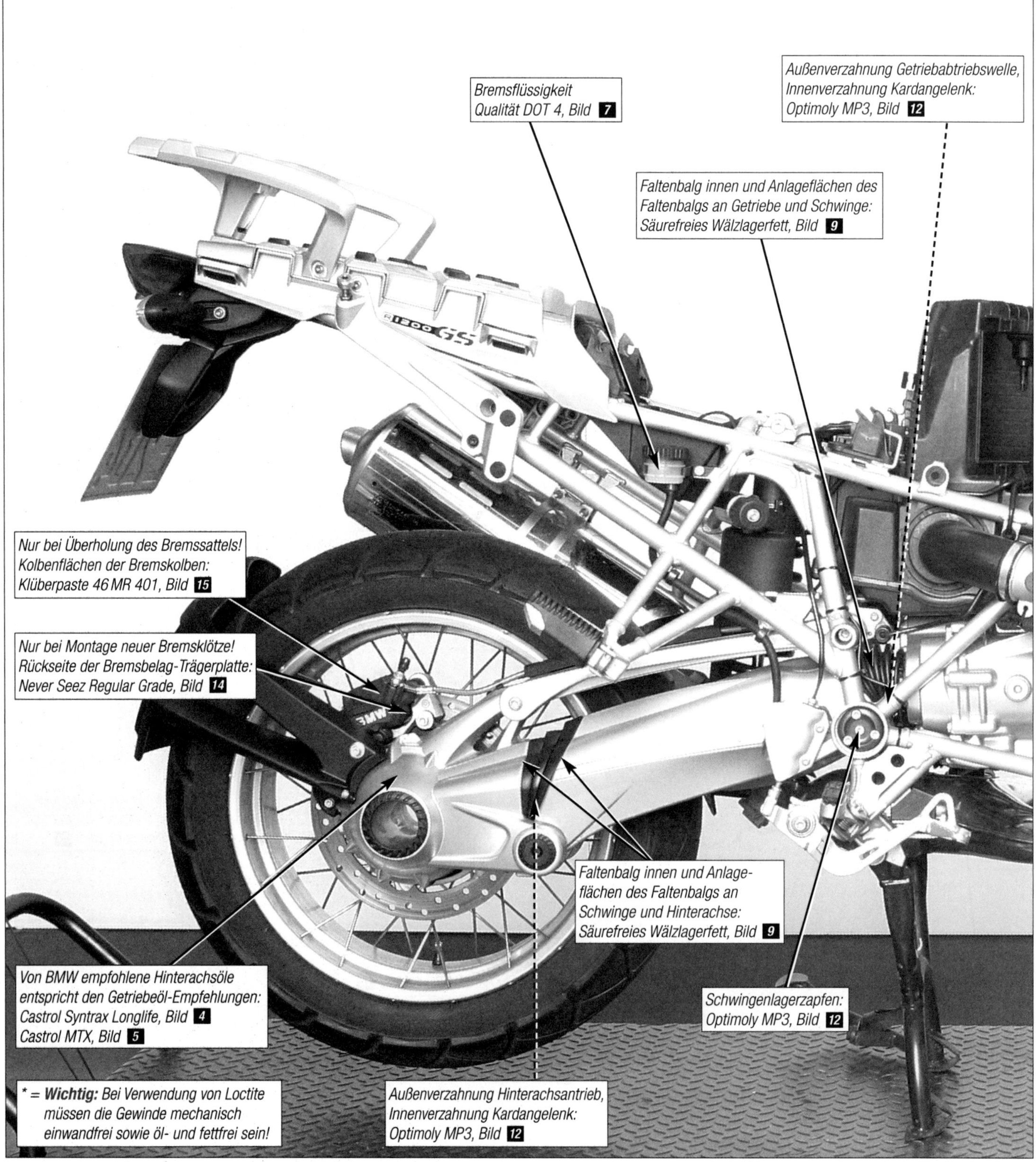

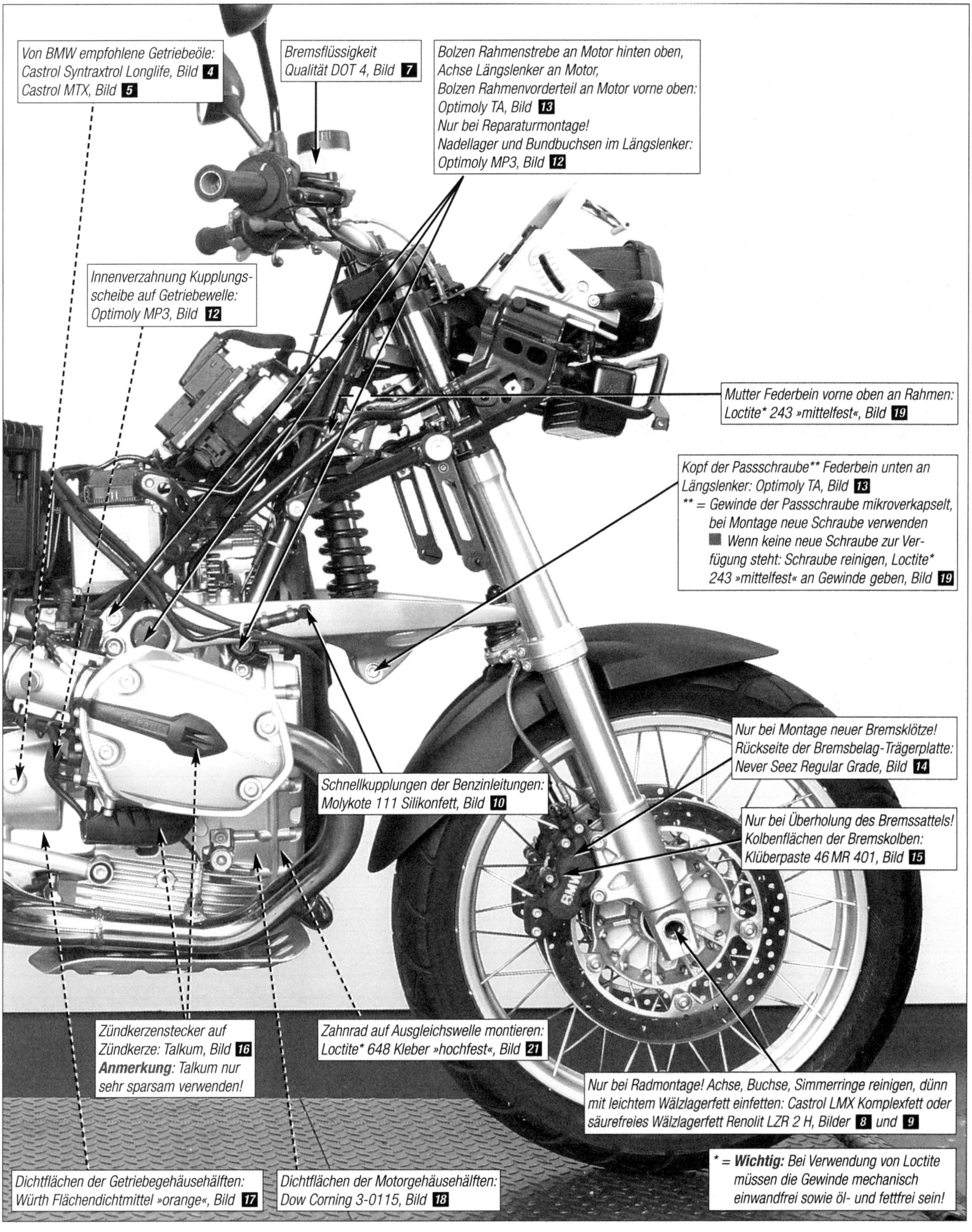
Von BMW empfohlene Getriebeöle: Castrol Syntraxtrol Longlife, Bild 4 Castrol MTX, Bild 5
Bremsflüssigkeit Qualität DOT 4, Bild 7
Bolzen Rahmenstrebe an Motor hinten oben, Achse Längslenker an Motor, Bolzen Rahmenvorderteil an Motor vorne oben: Optimoly TA, Bild 13 Nur bei Reparaturmontage! Nadellager und Bundbuchsen im Längslenker: Optimoly MP3, Bild 12
Innenverzahnung Kupplungsscheibe auf Getriebewelle: Optimoly MP3, Bild 12
Mutter Federbein vorne oben an Rahmen: Loctite* 243 »mittelfest«, Bild 19
Kopf der Passschraube** Federbein unten an Längslenker: Optimoly TA, Bild 13 ** = Gewinde der Passschraube mikroverkapselt, bei Montage neue Schraube verwenden Wenn keine neue Schraube zur Verfügung steht: Schraube reinigen, Loctite* 243 »mittelfest« an Gewinde geben, Bild 19
Nur bei Montage neuer Bremsklötze! Rückseite der Bremsbelag-Trägerplatte: Never Seez Regular Grade, Bild 14
Schnellkupplungen der Benzinleitungen: Molykote 111 Silikonfett, Bild 10
Nur bei Überholung des Bremssattels! Kolbenflächen der Bremskolben: Klüberpaste 46 MR 401, Bild 15
Zündkerzenstecker auf Zündkerze: Talkum, Bild 16 Anmerkung: Talkum nur sehr sparsam verwenden!
Zahnrad auf Ausgleichswelle montieren: Loctite* 648 Kleber »hochfest«, Bild 21
Nur bei Radmontage! Achse, Buchse, Simmerringe reinigen, dünn mit leichtem Wälzlagerfett einfetten: Castrol LMX Komplexfett oder säurefreies Wälzlagerfett Renolit LZR 2 H, Bilder 8 und 9
* = Wichtig: Bei Verwendung von Loctite müssen die Gewinde mechanisch einwandfrei sowie öl- und fettfrei sein!
Dichtflächen der Getriebegehäusehälften: Würth Flächendichtmittel »orange«, Bild 17
Dichtflächen der Motorgehäusehälften: Dow Corning 3-0115, Bild 18

Wartung · Pflege

In diesem Kapitel: Inspektionen · Tabellen Wartungsintervalle der Modelle unseres Buchs · Regelmäßige Kontrollen · Predrive und Pre-Ride-Check · Seitenständerschalter prüfen · Seitenständerlagerung und Federn · Mittelständer · Waschen · Überwintern · Inbetriebnahme nach der Winterpause · Lackpflege und Politur · Öl- und Graphitspray · Schmierstellen · Adressen.

Inspektionen

In den vier Tabellen am Anfang dieses Kapitels sind die von BMW angegebenen Wartungsintervalle mit den zugehörigen Arbeitspunkten aufgelistet. In der letzten Spalte »siehe Kapitel« sind Verweise zu den entsprechenden Kapiteln.

Wenn 10 000 km als Fahrleistung im Jahr nicht erreicht werden, sollten die in der Spalte »jedes Jahr« aufgeführten Inspektionspunkte gemacht werden. Dies gilt besonders für den Motorölwechsel, weil Öl schon alleine durch den Kontakt mit Luft altert, es »oxydiert«. Der jährliche Ölwechsel ist auch von BMW empfohlen bzw. vorgeschrieben.

Unter »alle 2 Jahre« sind Arbeiten aufgeführt, die unabhängig vom Kilometerstand durchgeführt

Wartungsintervalle BMW R 850 GS, R 1100 GS (Mj. 1994 bis 2000)

Intervall 1) / Bauteil	bei 1000 km	bei 10 000 km	bei 20 000 km	bei 30 000 km	bei 40 000 km	jedes Jahr	siehe Kapitel
Motor							
Motoröl, Ölfilter 2)	Erneuern	Erneuern	Erneuern	Erneuern	Erneuern	Erneuern	5
Zylinderkopfmuttern	Nachziehen	–	–	–	–	–	25
Ventilspiel	Prüfen/Einstellen	Prüfen/Einstellen	Prüfen/Einstellen	Prüfen/Einstellen	Prüfen/Einstellen	–	20
Zündkerzen	–	Prüfen/Reinigen	Erneuern	Prüfen/Reinigen	Erneuern	–	21
Gasseilzüge 3), Gaszugverteiler	Prüfen	Prüfen	Prüfen	Prüfen	Prüfen	–	9
Synchronisation, Leerlaufdrehzahl Drosselklappen, CO-Wert	Prüfen/Einstellen	Prüfen/Einstellen	Prüfen/Einstellen	Prüfen/Einstellen	Prüfen/Einstellen	Prüfen/Einstellen	22
Schlauchschellen, Ansaugstutzen	Nachziehen	–	–	–	–	–	22
Luftfilter	–	Reinigen 4)	Erneuern	Reinigen 4)	Erneuern	–	10
Benzinfilter	BMW-Vorschrift: Alle 40 000 km erneuern. Bei ungünstigen Kraftstoffverhältnissen alle 20 000 km.						22
Batterie 5)	–	–	Prüfen	–	Prüfen	Prüfen	11
Antriebsriemen für Stromgenerator	Einstellen	Einstellen	Einstellen	Einstellen	Erneuern	–	12
	Wenn ein wartungsfreier Antriebsriemen montiert ist: Alle 60 000 km erneuern, nicht einstellen.						12
Antrieb							
Öl im Schaltgetriebe	Erneuern	–	Erneuern	–	Erneuern	Erneuern	5
Öl im Hinterradantrieb	Erneuern	–	Erneuern	–	Erneuern	Erneuern	5, 17
Kupplungsspiel	Prüfen/Einstellen	Prüfen/Einstellen	Prüfen/Einstellen	Prüfen/Einstellen	Prüfen/Einstellen	–	23
Rahmen und Fahrwerk							
Bremsbeläge und Bremsscheiben	–	Prüfen	Prüfen	Prüfen	Prüfen	Prüfen	19
Bremse: Funktion, Dichtheit	–	–	Prüfen	–	Prüfen	–	19
Bremsflüssigkeit	Stand prüfen	Stand prüfen	Stand prüfen	Stand prüfen	Stand prüfen	Erneuern	19
Radlager	–	–	Prüfen	–	Prüfen	–	18
Schrauben Hinterrad	Prüfen	–	–	–	–	–	18
Spannung der Speichen	Prüfen	Prüfen	Prüfen	Prüfen	Prüfen	Prüfen	18
Schwingenlager	Prüfen/Einstellen	Prüfen/Einstellen	Prüfen/Einstellen	Prüfen/Einstellen	Prüfen/Einstellen	–	17
Mittel- und Seitenständer 6), Nippel von Kupplungszug	–	Schmieren	Schmieren	Schmieren	Schmieren	Schmieren	4, 6
Seitenständerschalter	Prüfen	Prüfen	Prüfen	Prüfen	Prüfen	Prüfen	4

1) Bei häufigen Fahrten unter Extrembedingungen wie Staub, Schmutz, viel Kurzstrecke, Wintereinsatz etc. ist eine häufigere Wartung ratsam. Die Intervalle können dann je nach Einsatzbedingungen auf 5000 oder 3000 km sinken.
2) Ölwechsel bei ausschließlichem Kurzstreckenbetrieb oder Außentemperaturen unter 0 °C alle 3 Monate oder alle 3000 km durchführen.
3) Gasseilzug auf Leichtgängigkeit, Scheuer- und Knickstellen prüfen. Gasseilzugspiel prüfen, ggf. einstellen auf 0,5 mm Gasgriffbowdenzug und spielfrei Verbindungsbowdenzug linke und rechte Drosselklappe (bis 7/1996); 1 mm oberer Zug und 2 mm untere Züge.
4) Bei häufigen Fahrten unter Extrembedingungen wie Staub und Schmutz, Erneuern des Luftfilters alle 10 000 km. Reinigen des Luftfilters ist keine BMW-Vorschrift, sondern eine Empfehlung von BMW-Spezialisten (siehe dazu auch Kapitel 10 »Luftfilter«).
5) Säurestand der Batterie prüfen, ggf. destilliertes Wasser auffüllen (bei Blei-Säure-Batterie). Batteriepole reinigen und fetten. Ladezustand/Spannung der Batterie prüfen, ggf. laden, dazu aus Maschine ausbauen.
6) Lagerung, Leichtgängigkeit, Federn und Federspannung kontrollieren.

werden müssen. Hier gibt es modellabhängig Abweichungen bei den Ölen im Schaltgetriebe und Hinterradantrieb, bei der Kupplungsflüssigkeit und Bremsflüssigkeit.

- Bei »Erneuern«, wie z. B. beim »Ölwechsel«, kommt bei allen 10 000 km (oder jährlich) neues Öl in den Motor; weiterhin muss ein neuer Ölfilter angebaut werden.
- »Prüfen/Einstellen« bedeutet zum Beispiel beim Punkt »Ventilspiel« alle 20 000 km neben der Prüfung des vorgeschriebenen Ventilspiels auch gegebenenfalls eine Neueinstellung.

Über die Betrachtung und Einhaltung der vorgeschriebenen Wartungspunkte hinaus sollten Hand- und Fußhebelgelenke regelmäßig mit einigen Tropfen Öl (oder einem Schuss Ölspray aus der Dose) bedacht werden; dies kann man beim Reinigen der Maschine machen, also nach dem Waschen und vor dem Polieren.

Im Absatz »Schmierstellen« weiter hinten und in Bild 22 sind die Schmierstellen beschrieben und gezeigt. In Kapitel 3 »Schmier-, Dicht- und Pflegemittel« sind die von BMW empfohlenen Schmier- und Pflegemittel detailiert aufgeführt.

Wartungsintervalle BMW R 1150 GS, R 1150 GS Adventure (Mj. 1999 bis 2005)

Bauteil / Intervall [1]	bei 1000 km	bei 10 000 km	bei 20 000 km	bei 30 000 km	bei 40 000 km	jedes Jahr	alle 2 Jahre	siehe Kapitel
Fehlerspeicher auslesen [2]	Bei jeder Inspektion in der BMW-Werkstatt [2]							–
Motor								
Motoröl, Ölfilter [3]	Erneuern	Erneuern	Erneuern	Erneuern	Erneuern	Erneuern	–	5
Zylinderkopfmuttern	Nachziehen	–	–	–	–	–	–	25
Ventilspiel	Prüfen/Einstellen	Prüfen/Einstellen	Prüfen/Einstellen	Prüfen/Einstellen	Prüfen/Einstellen	–	–	20
Zündkerzen [4]	–	Prüfen/Reinigen	Erneuern	Prüfen/Reinigen	Erneuern	–	–	21
Gasseilzüge [5], Gaszugverteiler	Prüfen	Prüfen	Prüfen	Prüfen	Prüfen	–	–	9
Synchronisation	Prüfen/Einstellen	Prüfen/Einstellen	Prüfen/Einstellen	Prüfen/Einstellen	Prüfen/Einstellen	–	–	22
Luftfilter	–	Reinigen [6]	Erneuern	Reinigen [6]	Erneuern	–	–	10
Benzinfilter	BMW-Vorschrift: Alle 40 000 km erneuern.							22
Batterie [7]	–	–	Prüfen	–	Prüfen	Prüfen	–	11
Antriebsriemen für Stromgenerator	Antriebsriemen alle 60 000 km erneuern, neuen Riemen nach 10 000 km einmalig nachspannen.							12
Antrieb								
Öl im Schaltgetriebe	–	–	Erneuern	–	Erneuern	–	Erneuern	5
Öl im Hinterradantrieb	Erneuern	–	–	–	Erneuern	–	Erneuern	5, 17
Kupplungsflüssigkeit	–	Prüfen	Prüfen	Prüfen	Prüfen	–	Erneuern	23
Rahmen und Fahrwerk								
Bremsbeläge und Bremsscheiben	–	Prüfen	Prüfen	Prüfen	Prüfen	–	–	19
Bremse: Funktion, Dichtheit	–	–	Prüfen	–	Prüfen	–	–	19
Bremsflüssigkeit	–	Stand prüfen	Stand prüfen	Stand prüfen	Stand prüfen	Erneuern [8] [9]	–	19
Bremsencheck mit Diagnosegerät	–	–	–	–	–	Durchführen	–	19
Entlüftungstest mit Diagnosegerät	Durchführen	Durchführen	Durchführen	Durchführen	Durchführen	Durchführen	–	19
Hinterrad-Kippspiel	–	–	Prüfen	–	Prüfen	–	–	18
Schrauben Hinterrad	Prüfen	–	–	–	–	–	–	18
Spannung der Speichen	Prüfen	Prüfen	Prüfen	Prüfen	Prüfen	Prüfen	–	18
Schwingenlager	Prüfen/Einstellen	–	Prüfen/Einstellen	–	Prüfen/Einstellen	–	–	17
Mittel- und Seitenständer [10]	Schmieren	Schmieren	Schmieren	Schmieren	Schmieren	–	–	4, 6
Seitenständerschalter	Prüfen	Prüfen	Prüfen	Prüfen	Prüfen	Prüfen	–	4

1) Bei häufigen Fahrten unter Extrembedingungen wie Staub, Schmutz, viel Kurzstrecke, Wintereinsatz etc. ist eine häufigere Wartung ratsam. Die Intervalle können dann je nach Einsatzbedingungen auf 5000 oder 3000 km sinken.
2) Auch wenn Wartungsarbeiten selbst gemacht werden, wird empfohlen, einmal im Jahr die Maschine zur BMW-Motorradwerkstatt zu bringen zum Auslesen des Fehlerspeichers, Überprüfung der ABS-Bremsanlage sowie zum Wechseln der Bremsflüssigkeit nach BMW-Vorschrift. Denn zu allen Prüf- und Einstellarbeiten am ABS-System sind spezielle Prüf- und Einstellgeräte erforderlich, die es nur in der BMW-Motorradwerkstatt gibt. Noch einmal der Hinweis: An der ABS-Bremsanlage sollen ausschließlich von BMW geschulte Mechaniker arbeiten.
3) Ölwechsel bei ausschließlichem Kurzstreckenbetrieb oder Außentemperaturen unter 0 °C alle 3 Monate oder alle 3000 km durchführen.
4) Ab Baustand 12/2002 (Euro 2-Modelle) alle 20 000 km Prüfen/Reinigen und alle 40 000 km erneuern.
5) Gasseilzug auf Leichtgängigkeit, Scheuer- und Knickstellen prüfen. Gasseilzugspiel prüfen, ggf. einstellen auf 0,5 mm oberer Zug und 1 mm untere Züge.
6) Bei häufigen Fahrten unter Extrembedingungen wie Staub und Schmutz, Erneuern des Luftfilters alle 10 000 km. Reinigen des Luftfilters ist keine BMW-Vorschrift, sondern eine Empfehlung von BMW-Spezialisten (siehe dazu auch Kapitel 10 »Luftfilter«).
7) Säurestand der Batterie prüfen, ggf. destilliertes Wasser auffüllen (bei Blei-Säure-Batterie). Batteriepole reinigen und fetten. Ladezustand/Spannung der Batterie prüfen, ggf. laden, dazu aus Maschine ausbauen.
8) Bei Maschinen ohne ABS und mit ABS II.
9) Mit Teilintegral-ABS Generation I: Im Radkreis vorne und hinten erstmals nach einem Jahr, dann alle zwei Jahre, im Steuerkreis erstmals nach einem Jahr, dann alle 4 Jahre.
10) Lagerung, Leichtgängigkeit, Federn und Federspannung kontrollieren.

Sichtprüfung Messen

Regelmäßige Kontrollen

Ein verantwortungsbewusster Motorradfahrer kennt seine Maschine und ist sich darüber im Klaren, dass »regelmäßige Kontrollen« am Motorrad nötig sind, damit Betriebs- und Fahrsicherheit jederzeit garantiert sind. Dazu gehören folgende Punkte:

- Bremsfunktion vorne und hinten
- Stand der Bremsflüssigkeit vorne und hinten
- Kupplungsfunktion, Kupplungsspiel
- Stand der Kupplungsflüssigkeit
- Einstellung der Federvorspannung und Dämpfung an den Federelementen
- Profiltiefe und Reifenluftdruck
- Sicherer Halt der Koffer und des Gepäcks
- Motorölstand (beim Tankstopp prüfen)
- Bremsbelagverschleiß (bei jedem dritten Tankstopp prüfen)

In den Kapiteln dieses Buchs gehen wir auch auf diese Prüfpunkte detailliert ein. Bitte werfen Sie zu den Stichpunkten einen Blick auf die Tabelle »Regelmäßige Prüfpunkte…« auf der nächsten Seite und dort auf die Spalte »siehe Kapitel«.

Beleuchtung: Werfen Sie vor jeder Fahrt einen Blick auf die Beleuchtung und betäti-

Wartungsintervalle BMW R 1200 GS, R 1200 GS Adventure (Mj. 2004 bis 2007)

Bauteil / Intervall [1]	bei 1000 km	bei 10 000 km	bei 20 000 km	bei 30 000 km	bei 40 000 km	jedes Jahr	alle 2 Jahre	siehe Kapitel
Fehlerspeicher auslesen [2]	Bei jeder Inspektion in der BMW-Werkstatt [2]							–
Motor								
Motoröl, Ölfilter [3]	Erneuern	Erneuern	Erneuern	Erneuern	Erneuern	Erneuern	–	5
Zylinderkopfmuttern	Nachziehen	–	–	–	–	–	–	25
Ventilspiel	Prüfen/Einstellen	Prüfen/Einstellen	Prüfen/Einstellen	Prüfen/Einstellen	Prüfen/Einstellen	–	–	20
Zündkerzen [4]	–	Prüfen/Reinigen [4]	Prüfen/Reinigen [4]	Prüfen/Reinigen [4]	Erneuern	–	–	21
Gasseilzüge [5], Gaszugverteiler	Prüfen	Prüfen	Prüfen	Prüfen	Prüfen	Prüfen	–	9
Synchronisation [6]	Prüfen/Einstellen	Prüfen/Einstellen	Prüfen/Einstellen	Prüfen/Einstellen	Prüfen/Einstellen	–	–	22
Luftfilter	–	Reinigen [7]	Erneuern	Reinigen [7]	Erneuern	Reinigen [7]	–	10
Batterie [8]	–	Prüfen	Prüfen	Prüfen	Prüfen	Prüfen	–	11
Antriebsriemen für Stromgenerator	BMW-Vorschrift: Alle 40 000 km oder alle 6 Jahre erneuern. Empfehlung von BMW-Spezialisten: Alle 10 000 km auf Sicht und Spannung prüfen.							12
Antrieb								
Öl im Schaltgetriebe [9]	–	–	–	–	Erneuern	–	Erneuern	5
Öl im Hinterradantrieb	Erneuern	–	Erneuern	–	Erneuern	–	Erneuern	5, 17
Kupplungssystem/-flüssigkeit	–	Prüfen	Prüfen	Prüfen	Prüfen	–	–	23
Rahmen und Fahrwerk								
Lenkung [10]	Prüfen	Prüfen	Prüfen	Prüfen	Prüfen	–	–	8
Bremsbeläge und Bremsscheiben	–	Prüfen	Prüfen	Prüfen	Prüfen	–	–	19
Bremsencheck mit Diagnosegerät [11]	–	–	–	–	–	Durchführen	–	19
Entlüftungstest mit Diagnosegerät [11]	Durchführen	Durchführen	Durchführen	Durchführen	Durchführen	–	–	19
Bremsflüssigkeit [2]	Stand prüfen	Stand prüfen	Stand prüfen	Stand prüfen	Stand prüfen	–	Erneuern [2] [12]	19
Spannung der Speichen	Prüfen	Prüfen	Prüfen	Prüfen	Prüfen	–	–	18
Mittel- und Seitenständer [13]	–	Prüfen	Prüfen	Prüfen	Prüfen	–	–	4, 6
Seitenständerschalter	Prüfen	Prüfen	Prüfen	Prüfen	Prüfen	Prüfen	–	4

1) Bei häufigen Fahrten unter Extrembedingungen wie Staub, Schmutz, viel Kurzstrecke, Wintereinsatz etc. ist eine häufigere Wartung ratsam. Die Intervalle können dann je nach Einsatzbedingungen auf 5000 oder 3000 km sinken.
2) Auch wenn Wartungsarbeiten selbst gemacht werden, wird empfohlen, einmal im Jahr die Maschine zur BMW-Motorradwerkstatt zu bringen zum Auslesen des Fehlerspeichers, Überprüfung der ABS-Bremsanlage sowie zum Wechseln der Bremsflüssigkeit nach BMW-Vorschrift. Denn zu allen Prüf- und Einstellarbeiten am ABS-System sind spezielle Prüf- und Einstellgeräte erforderlich, die es nur in der BMW-Motorradwerkstatt gibt. Noch einmal der Hinweis: An der ABS-Bremsanlage sollen ausschließlich von BMW geschulte Mechaniker arbeiten.
3) Ölwechsel bei ausschließlichem Kurzstreckenbetrieb oder Außentemperaturen unter 0 °C alle 3 Monate oder spätestens alle 3000 km durchführen.
4) Prüfen ggf. Reinigen der Zündkerzen bei den Inspektionen 10 000/30 000 km ist keine BMW-Vorschrift, sondern eine Empfehlung von BMW-Spezialisten.
5) Gasseilzug auf Leichtgängigkeit, Scheuer- und Knickstellen prüfen. Gasseilzugspiel prüfen, ggf. einstellen auf 0,5 mm oberer Zug und 1–2 mm untere Züge.
6) Von BMW vorgeschrieben »Prüfen/Einstellen« bei jeder km-Inspektion; Empfehlung von BMW-Spezialisten: Auch bei Jahresinspektion durchführen.
7) Bei häufigen Fahrten unter Extrembedingungen wie Staub und Schmutz, Erneuern des Luftfilters alle 10 000 km. Reinigen des Luftfilters ist keine BMW-Vorschrift, sondern eine Empfehlung von BMW-Spezialisten (siehe dazu auch Kapitel 10 »Luftfilter«).
8) Ladezustand/Spannung der Batterie prüfen, ggf. laden, dazu aus Maschine ausbauen.
9) Erstmals nach einem Jahr, dann alle 40 000 km oder alle 2 Jahre.
10) Prüfung der Lenkung auch im Rahmen der Probefahrt nach Abschluss aller Wartungs- und Inspektionsarbeiten.
11) Nur bei Teil-Integral-ABS Generation I mit elektronischer Bremskraftverstärkung.
12) Ohne ABS und mit Teilintegral-ABS Generation II: Erstmals nach einem Jahr, dann alle 2 Jahre.
Mit Teilintegral-ABS Generation I: Im Radkreis vorne und hinten erstmals nach einem Jahr, dann alle zwei Jahre, im Steuerkreis erstmals nach einem Jahr, dann alle 4 Jahre.
13) Lagerung, Leichtgängigkeit, Federn und Federspannung kontrollieren.

gen Sie dabei auch beide Bremsen: Leuchtet das Bremslicht auf, brennen alle Kontrolllampen, hupt die Hupe (»Signalhorn«), geht die Lenkung nach beiden Seiten bis zum Anschlag gleichmäßig leicht, federn Vorder- und Hinterrad leicht ein und gedämpft aus? Bei einem gut gepflegten Motorrad ist meistens alles in Ordnung; bei schlechter Wartung quietscht möglicherweise etwas – gehen Sie der Sache auf den Grund, bevor sich daraus ein größerer Schaden entwickelt!

Reifen: Einmal die Woche, mindestens aber alle 500 Kilometer, einen Blick auf die Reifen werfen: Profil ok? Klemmt ein Stein im Profil? Ventilkappe vorhanden, sitzt sie fest? Der Reifenluftdruck wird bei kalten Reifen geprüft; sie

Regelmäßige Prüfpunkte der Fahrsicherheit und Maschinentechnik		
Beleuchtungs- und Signalanlage	vor jeder Fahrt	siehe Kapitel 14
Reifenprofil, Luftdruck	vor jeder Fahrt, beim Tanken	siehe Kapitel 4
Hand- und Fußbremse	vor jeder Fahrt und während der Fahrt	siehe Kapitel 19
Warn-/Kontrollleuchten, Instrumente	Prüfung beim Starten der Maschine und während der Fahrt	
Lenkung, Federung und Dämpfung	mindestens einmal wöchentlich und nach Gefühl beim Fahren	
Bremsflüssigkeit	vor jeder Fahrt und während der Fahrt	siehe Kapitel 19
Schaltung	vor jeder Fahrt und während der Fahrt	siehe Kapitel 8
Motoröl	Ölstand prüfen beim Tanken	siehe Kapitel 5
Batterie	Wartung/Laden vor/nach der Winterpause	siehe Kapitel 11
Seitenständerschalter	mindestens einmal wöchentlich	siehe Kapitel 6

Wartungsintervalle BMW R 1200 GS, R 1200 GS Adventure (ab Mj. 2008*)

Bauteil / Intervall [1]	bei 1000 km	bei 10 000 km	bei 20 000 km	bei 30 000 km	bei 40 000 km	jedes Jahr	alle 2 Jahre	siehe Kapitel
Fehlerspeicher auslesen, Servicedatum und Restwegstrecke setzen [2]	Bei jeder Inspektion in der BMW-Werkstatt [2]							–
Motor								
Motoröl, Ölfilter [3]	Erneuern	Erneuern	Erneuern	Erneuern	Erneuern	Erneuern	–	5
Zylinderkopfmuttern [4]	Nachziehen	–	–	–	–	–	–	25
Ventilspiel	Prüfen/Einstellen [4]	Prüfen/Einstellen	Prüfen/Einstellen	Prüfen/Einstellen	Prüfen/Einstellen	–	–	20
Zündkerzen	–	Prüfen/Reinigen [5]	Erneuern [6]	Prüfen/Reinigen [5]	Erneuern	–	–	21
Gasseilzüge [7], Gaszugverteiler	Prüfen	Prüfen	Prüfen	Prüfen	Prüfen	Prüfen	–	9
Synchronisation [8]	Prüfen/Einstellen	Prüfen/Einstellen	Prüfen/Einstellen	Prüfen/Einstellen	Prüfen/Einstellen	Prüfen/Einstellen	–	22
Luftfilter	–	Reinigen [9]	Erneuern	Reinigen [9]	Erneuern	Reinigen [9]	–	10
Batterie [10]	–	Prüfen	Prüfen	Prüfen	Prüfen	Prüfen	–	11
Antriebsriemen für Stromgenerator	BMW-Vorschrift: Alle 40 000 km oder alle 6 Jahre erneuern. Empfehlung von BMW-Spezialisten: Alle 10 000 km auf Sicht und Spannung prüfen.							12
Antrieb								
Öl im Schaltgetriebe [11]	–	–	–	–	Erneuern	–	Erneuern	5
Öl im Hinterradantrieb	Erneuern	–	Erneuern	–	Erneuern	–	Erneuern	5, 17
Kupplungssystem/-flüssigkeit	–	Prüfen	Prüfen	Prüfen	Prüfen	Prüfen	–	23
Rahmen und Fahrwerk								
Lenkung [12]	Prüfen	Prüfen	Prüfen	Prüfen	Prüfen	Prüfen	–	8
Bremsbeläge und Bremsscheiben	–	Prüfen	Prüfen	Prüfen	Prüfen	Prüfen	–	19
Bremse: Funktion, Dichtheit	Prüfen	Prüfen	Prüfen	Prüfen	Prüfen	Prüfen	–	19
Bremsflüssigkeit [2]	Stand prüfen	Stand prüfen	Stand prüfen	Stand prüfen	Stand prüfen	–	Erneuern [2] [13]	19
Spannung der Speichen	Prüfen	Prüfen	Prüfen	Prüfen	Prüfen	Prüfen	–	18
Mittel- und Seitenständer [14]	Prüfen	Prüfen	Prüfen	Prüfen	Prüfen	Prüfen	–	4, 6
Seitenständerschalter	Prüfen	Prüfen	Prüfen	Prüfen	Prüfen	Prüfen	–	4

1) Bei häufigen Fahrten unter Extrembedingungen wie Staub, Schmutz, viel Kurzstrecke, Wintereinsatz etc. ist eine häufigere Wartung ratsam. Die Intervalle können dann je nach Einsatzbedingungen auf 5000 oder 3000 km sinken.
2) Auch wenn Wartungsarbeiten selbst gemacht werden, wird empfohlen, einmal im Jahr die Maschine zur BMW-Motorradwerkstatt zu bringen zum Auslesen des Fehlerspeichers, Servicedatum und Restwegstrecke setzen, Überprüfung der ABS-Bremsanlage sowie zum Wechseln der Bremsflüssigkeit nach BMW-Vorschrift. Denn zu allen Prüf- und Einstellarbeiten am ABS-System sind spezielle Prüf- und Einstellgeräte erforderlich, die es nur in der BMW-Motorradwerkstatt gibt. Noch einmal der Hinweis: An der ABS-Bremsanlage sollen ausschließlich von BMW geschulte Mechaniker arbeiten.
3) Ölwechsel bei ausschließlichem Kurzstreckenbetrieb oder Außentemperaturen unter 0 °C alle 3 Monate oder spätestens alle 3000 km durchführen.
4) Nicht bei R 1200 GS ab Mj. 2010 (DOHC).
5) Prüfen ggf. Reinigen der Zündkerzen bei den Inspektionen 10 000/30 000 km ist keine BMW-Vorschrift, sondern eine Empfehlung von BMW-Spezialisten.
6) Nur bei R 1200 GS ab Mj. 2010 (DOHC), Mj. 2008 und 2009 »Prüfen/Reinigen«.
7) Gasseilzug auf Leichtgängigkeit, Scheuer- und Knickstellen prüfen. Gasseilzugspiel prüfen, ggf. einstellen auf 0,5 mm oberer Zug und 1 – 2 mm untere Züge.
8) Von BMW vorgeschrieben »Prüfen/Einstellen« bei jeder km-Inspektion; Empfehlung von BMW-Spezialisten: Auch bei Jahresinspektion durchführen.
9) Bei häufigen Fahrten unter Extrembedingungen wie Staub und Schmutz, Erneuern des Luftfilters alle 10 000 km. Reinigen des Luftfilters ist keine BMW-Vorschrift, sondern eine Empfehlung von BMW-Spezialisten (siehe dazu auch Kapitel 10 »Luftfilter«).
10) Ladezustand/Spannung der Batterie prüfen, ggf. laden, dazu aus Maschine ausbauen.
11) Erstmals nach einem Jahr, dann alle 40 000 km oder alle 2 Jahre.
12) Prüfung der Lenkung auch im Rahmen der Probefahrt nach Abschluss aller Wartungs- und Inspektionsarbeiten.
13) Erstmals nach einem Jahr, dann alle 2 Jahre.
14) Lagerung, Leichtgängigkeit, Federn und Federspannung kontrollieren.

* = Modellüberarbeitung (MÜ) und DOHC-Modell, siehe dazu Kapitel 1 »Modelle · Daten«

dürfen von der Kurzstreckenfahrt zur Tankstelle maximal handwarm (30 °C) sein. Bitte entnehmen Sie den für Ihr Motorrad passenden Luftdruck der zur Maschine gehörenden Betriebsanleitung. Wenn der Hersteller der aufgezogenen Reifen einen anderen Luftdruck empfiehlt als BMW, dann beachten Sie diesen. Als Faustregel gelten folgende Werte:

- **Reifenluftdruck vorne:** Solo 2,2 bar, mit Sozius und/oder Beladung 2,5 bar
- **Reifenluftdruck hinten:** Solo 2,5 bar, mit Sozius und/oder Beladung 2,9 bar

Bild 1: Luftdruck bei kaltem Reifen prüfen.

Bild 2: Auf das Reifenventil gehört eine Schraubkappe mit einwandfreier Dichtung.

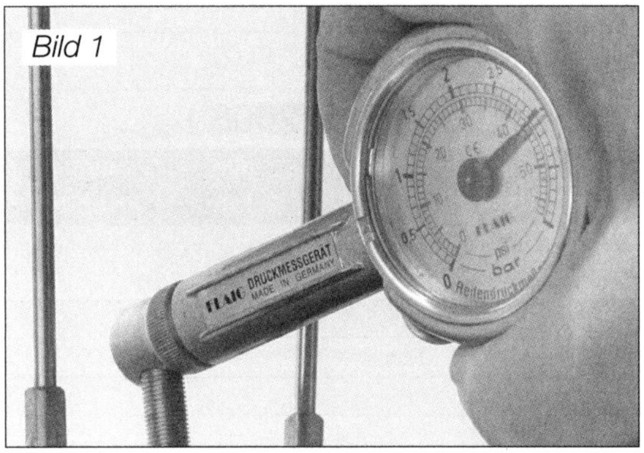

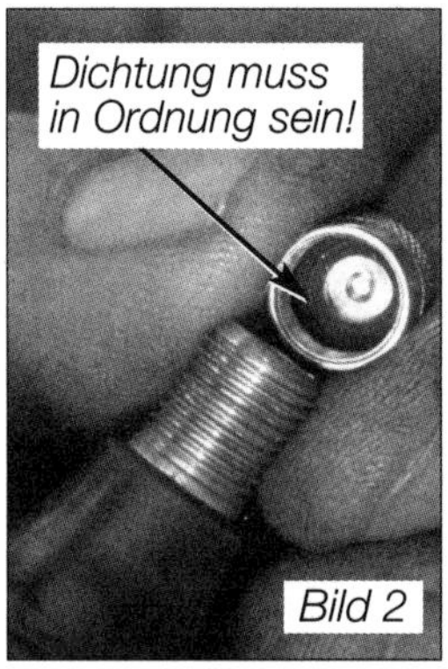

Bild 3: Zwar kein Präzisionsmessgerät, aber besser als zu schätzen. Dieser Reifen hat noch 2 mm Profiltiefe und sollte bald erneuert werden.

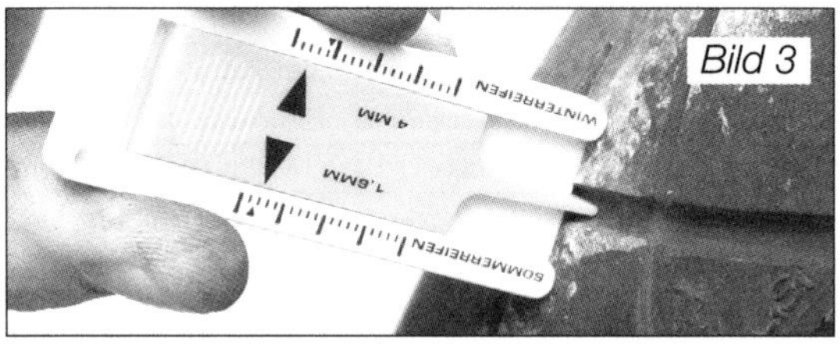

Bilder 4a, 4b und 5: Stand der Bremsflüssigkeit regelmäßig prüfen.

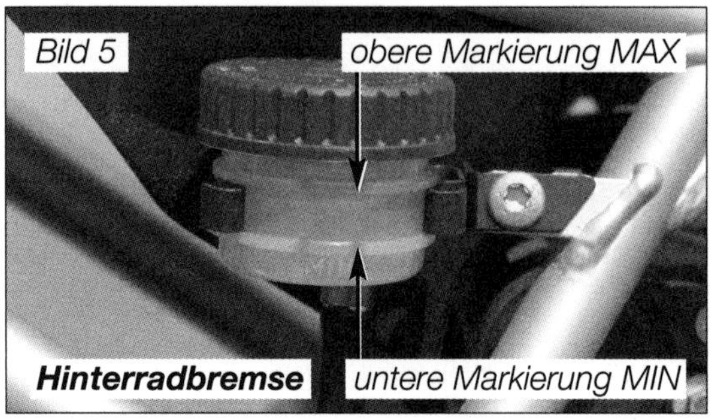

Bremsen: Den beiden Vorratsbehältern für die Bremsflüssigkeit (Bilder 4a, 4b und 5) täglich einen Blick schenken: Sinkt der Pegelstand im Behälter unter die Mitte zur unteren Markierung ab, wird es höchste Zeit, nach der Dicke und dem Verschleißzustand der Bremsbeläge zu sehen (Bilder 6a bis 7b).
Wichtig: Dunkle Bremsflüssigkeit in den Behältern ist alt und muss erneuert werden. Mehr zum Thema Bremsflüssigkeit und Bremsbelagverschleiß im Kapitel 19 »Bremsen«.

Motorölstand: Ölstand nicht vor dem Start des Motors bei kaltem Motor kontrollieren, sondern erst dann, wenn der Motor mehr als 10 Minuten gelaufen und betriebswarm ist.

- Zum korrekten Prüfen des Ölstands den Motor abschalten, das Motorrad in die Senkrechte bringen, ungefähr zwei Minuten warten, bis das Öl von oben im Motor nach unten in die Ölwanne abgelaufen ist.
- Motorölstand kontrollieren: Der Ölstand sollte sich etwas oberhalb der Mitte des Schauglases (Bild 8) befinden.

Öl wird aufgefüllt über die Bohrung im rechten Ventildeckel (Bilder 9a und 9b). Mehr zum Motoröl im Kapitel 5 »Ölwechsel I«.

Predrive- und Pre-Ride-Check

Bei den R 1200 GS-Modellen führt die Bordelektronik nach dem Einschalten der Zündung einen »Predrive-Check« oder »Pre-Ride-Check« durch; eingedeutscht ist das eine »vor-der-Fahrt-Kontrolle«. Dabei werden Tachometer, Drehzahlmesser, alle Warnleuchten und Warnsymbole auf ihre Funktion überprüft, während das Warndreieck mit dem Ausrufezeichen in der Mitte (»Warnleuchte Allgemein«) in der Warnleuchtenleiste rechts neben dem Tacho erscheint.

Phase 1: Warnleuchte »Allgemein« leuchtet rot, »CHECK !« wird angezeigt.
Phase 2: Warnleuchte »Allgemein« wechselt von rot auf gelb, »CHECK !« wird angezeigt.
Phase 3: Warnleuchte »Allgemein« und »CHECK !« gehen aus. Die »aktive Warnleuchte« Leerlauf (grün) bleibt an.

Zusätzlich bei Sonderausstattung »ABS«
Die ABS-Warnleuchte blinkt, weil der »Check« erst abgeschlossen werden kann, wenn sich das ABS-System nach einigen Metern Fahrt selbst überprüft hat und diese Überprüfung ab-

geschlossen ist. Dann erlischt die ABS-Warnleuchte, das ABS-System ist in Ordnung.

Wichtig 1: Wenn die ABS-Warnleuchte weiter leuchtet und nicht ausgeht, funktioniert das ABS nicht. Dann ist umgehend ein Besuch in der BMW-Werkstatt nötig.
Wichtig 2: Bei einem Ausfall des ABS bleibt die Bremswirkung selbst erhalten.

Achtung: Bitte beachten Sie, dass weder der Handbremshebel gezogen noch der Fußbremshebel betätigt werden darf nach dem Einschalten der Zündung, dem Starten des Motors und dem Losfahren aus dem Stand – und zwar so lange, bis die ABS-Eigendiagnose abgeschlossen ist. Normalerweise handelt es sich nur um wenige Meter Fahrstrecke.

Zusätzlich bei Sonderausstattung »ASC«: Das ASC-Symbol blinkt langsam, weil der »Pre-Ride-Check« erst abgeschlossen werden kann, wenn sich das ASC-System nach einigen Metern Fahrt selbst überprüft hat. Dann erlischt das ASC-Symbol, das ASC-System ist in Ordnung.

Wichtig: Wenn das ASC-Symbol weiter leuchtet und nicht ausgeht, funktioniert das ASC nicht, dann soll man unverzüglich eine BMW-Werkstatt aufsuchen.

Wenn alles in Ordnung ist, verläuft der »Pre-Ride-Check« positiv, es wird nichts weiter angezeigt. Ist jedoch ein Defekt an einem Bauteil der Bordelektronik, Front- oder Rücklicht oder Blinker, wird dies im Display entsprechend dargestellt.

Tipp: Doch trotz aller Elektronik und elektronischer Helferlein sollte man sich immer wieder auf seine Augen (und Ohren) verlassen und alle Lampen ringsum sowie die Hupe auf Sicht und Gehör prüfen: Auch das Stopplicht nicht vergessen!

Seitenständerschalter prüfen

Der Seitenständer ist mit einem Schalter kombiniert, der ein Losfahren mit ausgeklapptem Seitenständer verhindert. Einwandfreie Funktion wird folgendermaßen geprüft:
1. Motorrad steht auf dem Mittelständer, Seitenständer ist eingeklappt, Leerlauf eingelegt.
2. Motor starten.
3. Seitenständer ausklappen, Motor läuft weiter.
3.1. Kupplung ziehen, Gang einlegen – Motor muss ausgehen.
Wichtig 1: Wenn der Motor bei ausgeklapptem Seitenständer und eingelegtem Gang weiterläuft, ist der Schalter defekt und muss unbedingt und sofort erneuert werden.

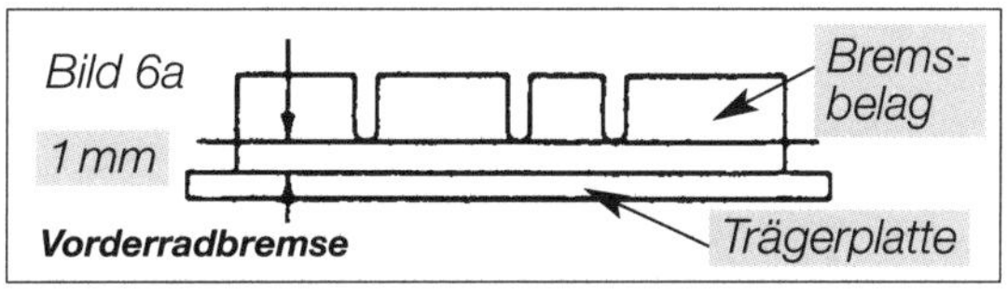

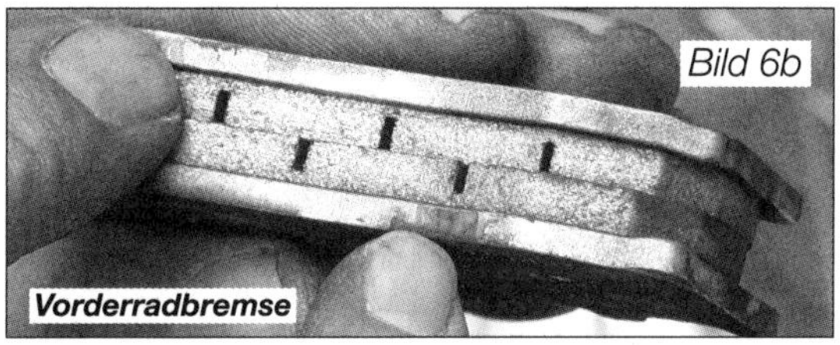

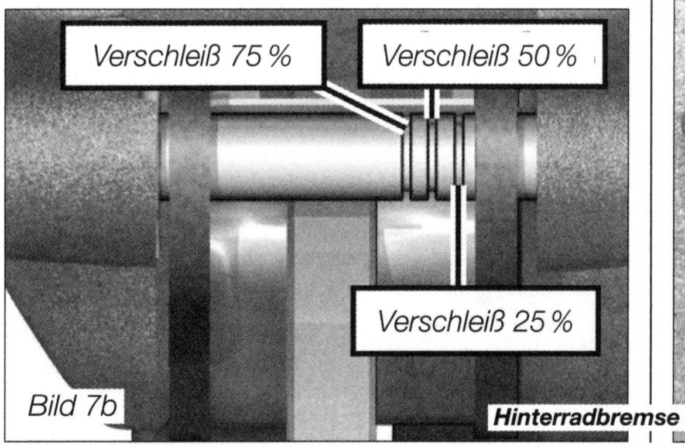

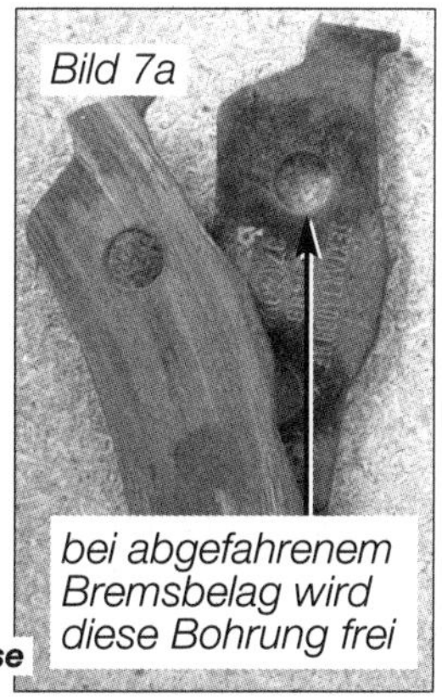

Bilder 6a bis 7b: Sichtkontrolle Bremsbelagverschleiß.

Bilder 8, 9a und 9b: Ölschauglas zur Ölstandskontrolle und Öleinfüllöffnung. Ab der R 1200 GS ist der dreieckige Spezialschlüssel im Bordwerkzeug enthalten.

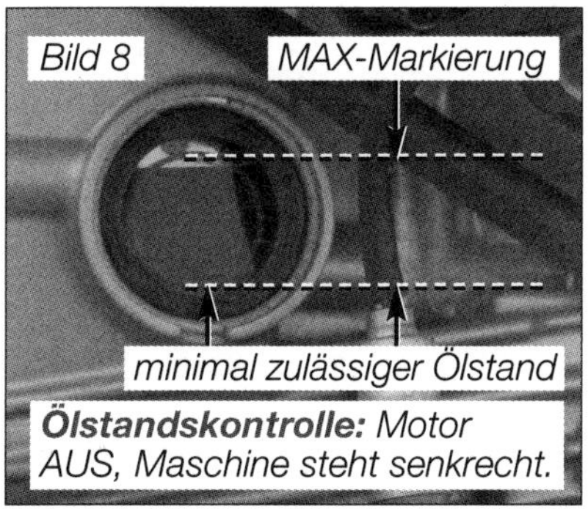

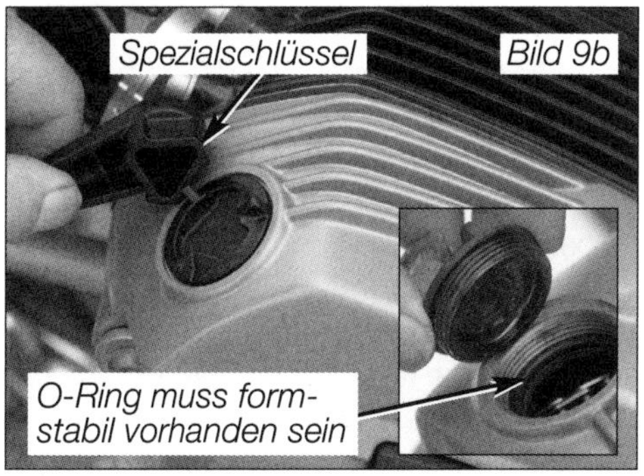

Seiten- und Mittelständer: In diesem Kapitel haben wir das Schmieren und Pflegen der Ständergelenke behandelt; rechts sehen Sie einige Fotos und Explosionszeichnungen. In Kapitel 6 »Verkleidung · Anbauteile« finden Sie weitere Informationen zum Ab- und Anbau der Ständer.

Wichtig 2: Sollte die Maschine auch bei eingeklapptem Seitenständer nicht anspringen oder ab und zu aus unerfindlichem Grund während der Fahrt einfach ausgehen, obwohl alles in Ordnung erscheint, Benzin im Tank ist und die Batterie genügend Strom liefert, kann der Seitenständerschalter der Übeltäter sein. Zum Erneuern des Seitenständerschalters nehmen Sie sich bitte Bilder 10a, 10b und 12 zu Hilfe. Vor Ausbau des Schalters Verlegung des Kabels checken, Stecker trennen. Nach dem Anbau des neuen Schalters das Kabel exakt verlegen und befestigen. Stecker zusammenstecken. Danach Funktion prüfen wie oben beschrieben.

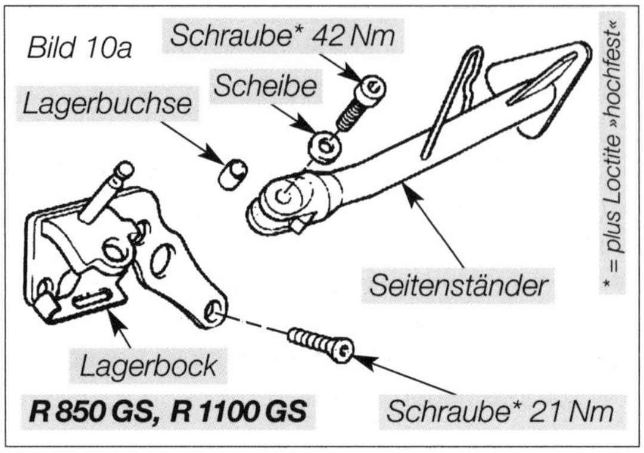

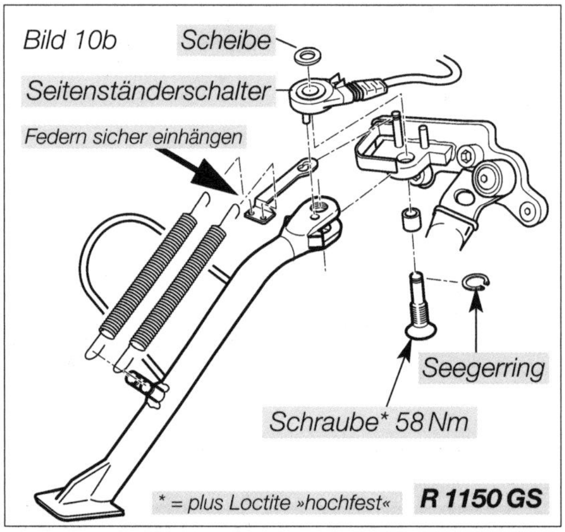

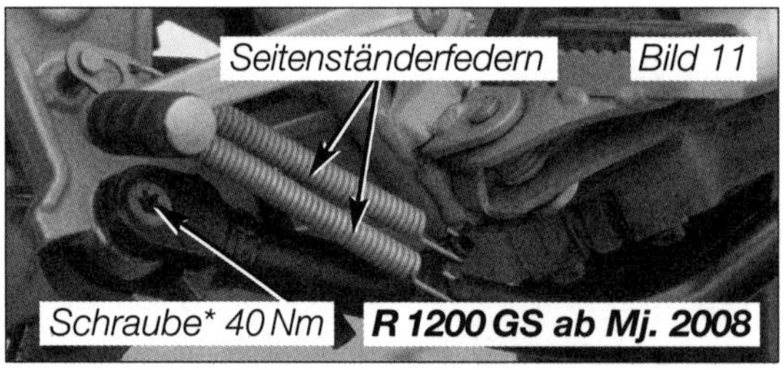

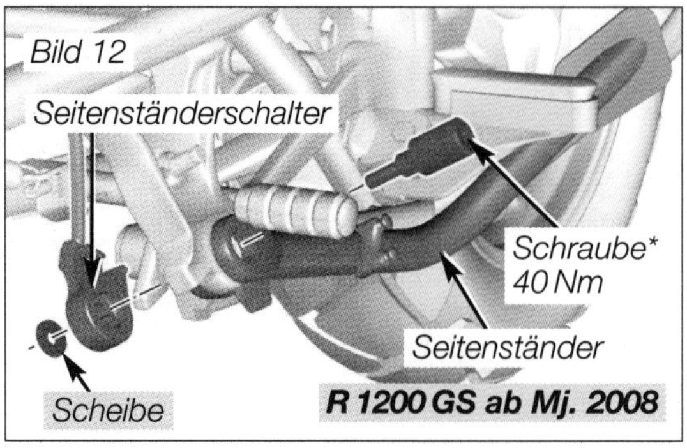

Bilder 10, 11 und 12: Seitenständerlagerung. Zentrisch zum Seitenständergelenk ist der Seitenständerschalter angebracht.

Bild 13: Lagerung des Mittelständers mit Fett- oder Ölspray schmieren.

■ Info zu den Bildern 11, 12 und 13: Die Schrauben sind mikroverkapselt und sollen erneuert werden. Wenn keine neue Schraube vorhanden ist, kann man die demontierte Schraube reinigen und mit Loctite »mittelfest« montieren.*

Seitenständerlagerung, Federn

Der Seitenständer muss alleine durch die Kraft der beiden Federn (Bild 11) in der Waagerechten gehalten werden. Tut er dies nicht, sind entweder die Federn erlahmt oder gebrochen und müssen erneuert werden, oder die Lagerung ist trocken, verdreckt oder korrodiert.

Wir empfehlen, dem Gelenk des Seitenständers in regelmäßigen Abständen (z. B. nach dem Waschen) einen Schuss Fett- oder Ölspray zu geben. BMW empfiehlt zur Schmierung dieser Lagerstelle das Hochleistungsschmierfett Unirex S2; man kann auch ein anderes dickes Kfz-Fett verwenden. Weil kein Schmiernippel am Seitenständergelenk angebracht ist, muss das Gelenk zerlegt werden, was allerdings nur bei einem alten und/oder sehr schlecht gepflegten Motorrad nötig ist bzw. wenn das Seitenständergelenk trocken oder schwergängig (»festgefressen«) ist.

Mittelständer

Bild 13: Die Lagerung des Mittelständers, auch »Hauptständer« genannt, soll ab und zu geschmiert werden, dazu eignet sich Fettspray bestens. Dazu die Maschine auf dem Seitenständer abstellen, damit man den Mittelständer

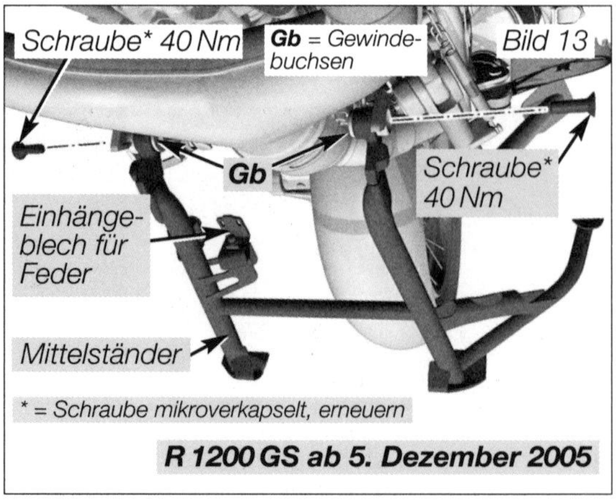

mit der Hand etwas auf- und abbewegen kann. Vor dem Schmieren sollte man beide Gelenkstellen mit Bremsenreiniger reinigen, den Dreck auslaufen und die Reinigungsstelle gut austrocknen lassen – sonst zersetzt der Reiniger das frisch aufgesprühte Schmierspray.

Waschen

Wichtig: Motorrad in kaltem Zustand an einem schattigen Platz waschen. Bei warmem Motor oder Sonneneinstrahlung verdunstet das Waschwasser, und rückständige Waschmittelzusätze brennen sich in die heißen Oberflächen von Motor und Auspuff regelrecht ein.

Bilder 14a und 14b: Maschine nur mit milden Waschmitteln und weichen Schwämmen oder Lappen waschen. Wenn aggressive Reinigungsmittel und harte Bürsten verwendet werden, zerkratzt der Lack und die Oberflächen der Alu- und Kunststoffteile, sie werden matt und hässlich.

Zwei große Eimer lauwarmes Wasser, Reinigungsmittel und ein großer, weicher Schwamm genügen für die Wäsche. Die in Motorrad- und Zubehör-Fachgeschäften angebotenen speziellen Motorradreiniger sind sehr zu empfehlen, sie lösen Dreck und Fettrückstände gut ab. **Nicht zu viel Reiniger verwenden!** In der Not kann man auch Mutters Geschirrspülmittel verwenden.

Bild 14a

Bild 14b

Bilder 14a und 14b: Weiche Bürsten, Pflege- und Poliermittel.

Sicherheitshinweise Achtung und Tipps für diesen Kapitelabsatz

⚠ Das Waschen von Kraftfahrzeugen im »öffentlichen Verkehrsraum« (Straßen, Wege, Plätze) ist grundsätzlich dann nicht erlaubt, wenn zusätzliche Waschmittel benutzt werden – nur mit klarem Wasser darf gewaschen werden. Waschen mit Mitteln ist nur auf speziellen Waschplätzen erlaubt.

⚠ Motorrad nur bei extremer Verschmutzung (Geländefahrt) mit dem Dampfstrahler reinigen! Auf Folgendes achten: Das unter Druck stehende heiße Waschwasser (bzw. der Wasserdampf) enthält aggressive Reinigungsmittel, es darf weder an die Dichtungen in der Bremsanlage kommen noch an Hebelgelenke, Gaszüge, Steckkontakte und Schalter der Elektrik, Radlager, Gabelbeine und Federbein; an diesen Stellen kann es Schäden anrichten!

☞ Motorrad immer von oben nach unten waschen, die weniger verschmutzten Teile zuerst. Waschwasser fern halten von elektrischen Anschlüssen, Schaltern, Steckern und den Gaszügen, speziell an den Drosselklappen.

⚠ Nach dem Waschen besonders Reifen und Bremsscheiben mit reichlich klarem Wasser abspülen, damit alle glitschigen Rückstände abgespült werden – denn rutschige Reifen können in der ersten Kurve für Überraschungen sorgen und die Bremsen mit einem Schmierfilm überzogen sein, was der Bremsleistung nicht förderlich ist.

⚠ Schmieren Sie niemals die Gaszüge mit Kettenspray oder Motoröl. Ein mit ungeeignetem Öl geschmierter Gaszug ist nicht mehr leichtgängig, was bis zum völligen Festsitz des Gaszuges führen kann! Wenn ein Schmieren der Gaszüge nötig sein sollte, verwenden Sie entweder dünnflüssiges, harzfreies Nähmaschinenöl oder Ölspray WD-40.

⚠ Schmieren Sie keinesfalls die Gelenkstellen der Drosselklappen mit Fett, Öl oder Kettenspray, denn das Schmiermittel kann durch die Hitze festbacken und die Beweglichkeit der Drosselklappen beeinträchtigen, was bis zum Festgehen führt!

☞ Wenn Sie eine Abdeckhaube kaufen, um die Maschine darunter überwintern zu lassen, dann nehmen Sie eine, die unten Ösen hat, in welche die Haken von Gepäckgummis eingehängt werden können, damit die Plane gesichert ist und nicht beim ersten Windstoß abhebt.

☞ »Richtig überwintern« heißt vor allem, dass die Maschine über die Wintermonate so abgestellt werden soll, dass beide Räder frei in der Luft sind, also keinen Bodenkontakt haben. Denn wenn eine GS monatelang auf dem Seitenständer steht und die Reifen schleichend Luft verlieren, bekommen die Reifen einen »schrägen Standplatten«, also eine abgeflachte Stelle.

Sichtprüfung Messen

Bild 15

Bild 15: Mittel wie »Fuel Protect« verhindern Ablagerungen in Tank und Einspritzanlage.

Bilder 16 und 17: Wegen schlechter Pflege korrodierter Schraubenkopf und Bremsleitungsanschluss.

Bild 16

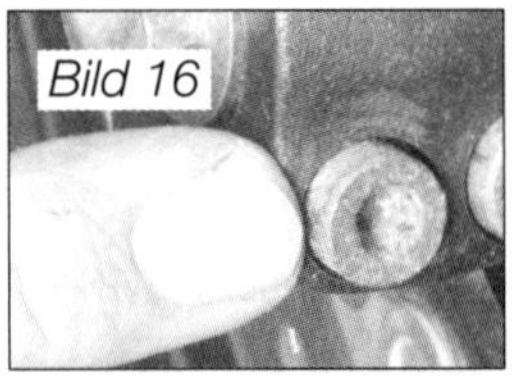

Bild 17

Wichtig: Den schmutzigen Waschschwamm immer nur im zweiten Wassereimer ausdrücken! Alle Dreckpartikel müssen zuverlässig aus dem Schwamm rausgedrückt werden, sonst geraten sie ins warme Waschwasser, werden dort vom Waschschwamm wieder aufgenommen und produzieren Kratzer auf dem Lack! Nach der warmen Wäsche mit reichlich klarem, kaltem Wasser nachspülen. Nach der Klarwasser-Nachwäsche sofort alle Verkleidungs- und Lackteile mit Waschleder oder weichem Tuch abtrocknen.

■ Angetrocknete Insektenreste auf Verkleidung, Lampen- und Blinkergläser, Rückspiegel, Gabelbeinen sowie vorderem Schutzblech mit reichlich Wasser einweichen (z. B. nasses Tuch auflegen) und abwaschen. Nicht mit harten Gegenständen versuchen, den Schmodder abzukratzen!

■ Wenn mit heißem Wasser, Reiniger und Putzlappen nichts mehr geht, hilft nur noch Insektenentferner aus dem Fachhandel. Glasreiniger ist die preisgünstigere Lösung! Betroffene Stellen triefend nass einsprühen und mit einem Massagewaschlappen (Handschuh mit unterschiedlich rauen Seiten, zu finden in gut sortierten Drogerien) feste rubbeln, so wird auch die hartnäckigste Fliegenleiche im Nu verschwinden.

Waschen im Winter

Nach jeder Winterfahrt das Motorrad mit kaltem Wasser abspülen und mit weichem Lappen trocknen. Kein heißes Wasser verwenden, denn dieses verstärkt die korrodierende Wirkung des Streusalzes. Lauwarm darf das Waschwasser im Winter sein. In den Bildern 16 und 17 sind ein korrodierter Schraubenkopf und ein Bremsleitungsanschluss einer Maschine zu sehen, die nach einer Winterfahrt auf trockenen (!) Straßen nicht gewaschen, sondern für einige Tage abgestellt wurde. **Putztipp aus der Praxis:** Oberflächenkorrosion dieser Art lässt sich mit Topfreiniger (»Akopads«) wieder einigermaßen entfernen.

Überwintern

Mit einem Saisonkennzeichen braucht man die Maschine über Winter nicht abzumelden, darf aber in bestimmten Monaten nicht am öffentlichen Straßenverkehr teilnehmen.

Wichtig: Eine Maschine mit Saisonkennzeichen darf ebenso wenig wie ein abgemeldetes Motorrad während der Stilllegemonate auf der Straße im öffentlichen Verkehrsraum abgestellt werden. Deswegen: Ab mit der Maschine in eine gut gelüftete Garage oder in einen trockenen Hofraum, wo sie abgedeckt überwintern kann.

Zum Einmotten in die Winterpause folgende Vorbereitungen treffen:

1. Maschine ordentlich heiß fahren.
2. Tank randvoll machen, einen Schuss Castrol »Fuel Protect« (Bild 15) dazugeben.
3. An der Tankstelle gleich die Reifen auf vorne 3 bar und hinten 3,5 bar aufpumpen.
4. Zügig zum Winterabstellplatz fahren und Motor abstellen.
5. Batterie ausbauen (Kapitel 11 »Batterie«).
6. Gelenkstellen von Brems- und Kupplungshebel, Fußrasten und Seitenständer mit Schmierspray einsprühen (Bild 21).
7. Blanke und verchromte Teile mit säurefreiem Fett (Vaseline) dünn einreiben.
Wichtig: Auspuff vorher kalt werden lassen.
8. Maschine auf Mittelständer abstellen, Lenkschloss sperren.

Was Sie noch tun können: Alle paar Tage Vorder- und Hinterrad einige Male durchdrehen und in eine andere Ruheposition bringen. Das verhindert das Festkleben der Bremsbeläge an den Bremsscheiben und somit hässliche Flecken an der Bremsscheibe.

Inbetriebnahme nach der Winterpause

1. Motorrad abdecken, Fettschicht von den blanken und verchromten Teilen mit weichem Lappen abwischen, kein Benzin oder ähnliche Lösungsmittel verwenden!
2. Betriebsbereite, gut geladene Batterie einbauen, Polanschlüsse mit säurefreiem Fett (»Polfett«) dick einschmieren (Kapitel 11 »Batterie«).
3. Reifenluftdruck prüfen und ggf. korrigieren (Luftdrücke siehe Kapitelabsatz »Regelmäßige Kontrollen« weiter vorne).
4. Sicherheitskontrollen: Fern-Abblendlicht, Rücklicht, Bremslicht, Blinker, Warnblinker und Hupe prüfen.
4.1. Uhr auf aktuelle Zeit einstellen.
5. Motor starten: Zündung einschalten und VOR dem Betätigen des Starterknopfes zwei- bis dreimal Gas geben, damit das Motorsteuergerät Signale vom Drosselklappen-Potentiometer empfangen und sich einstellen kann.
6. Wenn die Batterie abgeklemmt war, muss sich das Motorsteuergerät erst wieder neu einjustieren. Deswegen läuft der Motor direkt nach dem Anspringen nicht gleich rund und braucht einige Sekunden, bis er seinen Rhythmus gefunden hat.

7. Motor nicht zu lange im Standgas laufen lassen, sondern nach spätestens drei Minuten losfahren.
8. Motor sanft warm fahren. Darauf achten, dass alle Funktionen in Ordnung sind: Öldruck, Bremsleistung, Federung und Dämpfung.
■ Gute Fahrt in die neue Saison!

Lackpflege und Politur

Jeder BMW-Händler hat Politurmittel im Angebot, welche auf die Farben der Maschine abgestimmt sind. Mit diesen sind Sie auf der sicheren Seite.
■ Wenn Sie sich bei einem Lackpflegemittel nicht sicher sind, ob es geeignet ist, prüfen Sie es erst an einer wenig sichtbaren Stelle auf Tauglichkeit!
■ Lack- und Kunststoffteile sowie Metalloberflächen nicht mit Benzin oder anderen Lösungsmitteln bearbeiten: Erstens ist das Zeug giftig und zweitens brennen sich solche Mittel in die Oberflächen ein und hinterlassen dort Flecken, die nicht mehr entfernt werden können.
■ Silikonspray und andere silikonhaltige Pflegemittel immer fein dosiert verwenden, also nie zu viel auftragen (!), sonst können Lack- und Verkleidungsoberflächen »blind« werden!

Eingebrannte Flecken im Auspuff
Wenn sich z. B. ein Stück Schuhsohle in den Auspuff eingebrannt hat oder die Krümmer durch Straßenschmutz fleckig geworden sind, kann man ihre Oberflächen mit WD-40 und der rauen Seite eines Haushaltsschwammes oder einem extrem feinen Schleifkissen bearbeiten (Bilder 19 und 20). Selbst hartnäckige Teerflecken lassen sich damit entfernen, die Oberflächen der Auspuffkrümmer und des Auspufftopfs werden wieder metallisch rein und glänzen wieder.

Öl- und Graphitspray

Nach dem Waschen an Gelenkstellen von Fußrasten, Bremshebel, Bremsgestänge, Mittel- und Seitenständer einen guten Schuss Allzweck-Ölspray geben. Vor allem, wenn das Motorrad durch Regen gefahren wird, schützt das Öl vor Nässe, die in jede Ritze kriecht.

Verwenden Sie bei der regelmäßigen Pflege ein gutes Allzweck-Ölspray. Wenn man einer Schmierstelle gleich nach einer Regenfahrt zu Hause einen Schuss Öl spendiert, sieht man deutlich, wie das Wasser vom aufgesprühten Öl verdrängt wird. Leichter Lauf und Gelenkstellen ohne Korrosion werden es Ihnen danken.

Wichtig 1: Zünd-Lenkschloss, Schloss im Tankdeckel und Sitzbankschloss NICHT mit Ölspray oder gar Kettenspray schmieren. Zum Schmieren der Schlösser nur BMW-Schließzylinderfett oder ein anderes spezielles Schlossspray auf Graphitbasis verwenden.

Wichtig 2: Halten Sie jede Art von Schmiermittel fern von Sensoren und elektrischen Steckern.

Schmierstellen

Abschmieren beweglicher Teile dient in erster Linie dazu, Schmutz und Wasser von ihren Gelenkstellen fern zu halten und Rost vorzubeugen, damit Leichtgängigkeit und lange Lebensdauer

Reparaturauftrag geben
Wenn Ihre Maschine eine Störung hat und Sie zum Auffinden und Beheben des Fehlers weder technische Fertigkeiten noch Messgeräte haben, dann ist es zu empfehlen, die Fehlersuche und Behebung beim BMW-Händler gezielt in Auftrag zu geben.

Ein »gezielter Auftrag« beim Händler sollte schriftlich erfolgen, das Problem sollte möglichst klar geschildert und eine finanzielle Obergrenze genannt werden.

Beispiel: »Motor stottert beim Beschleunigen und geht bei Kolonnenfahrt öfter aus. Wenn die Reparatur 150 Euro übersteigen sollte, rufen Sie mich bitte an«.

Fit in die neue Saison
Nicht nur die im Frühjahr aus der Winterpause entmottete Maschine, sondern auch der Fahrer müssen sich wieder langsam an das Motorradfahren mit all seinen Eigenheiten gewöhnen. Üben Sie vor allem das Bremsen, am besten auf einem großen, leeren Parkplatz (sonntags beim Supermarkt). Besser noch: Nehmen Sie an einem Frühjahrs-Sicherheitstraining teil.

Bild 18: Verschiedene Pflege- und Poliermittel.

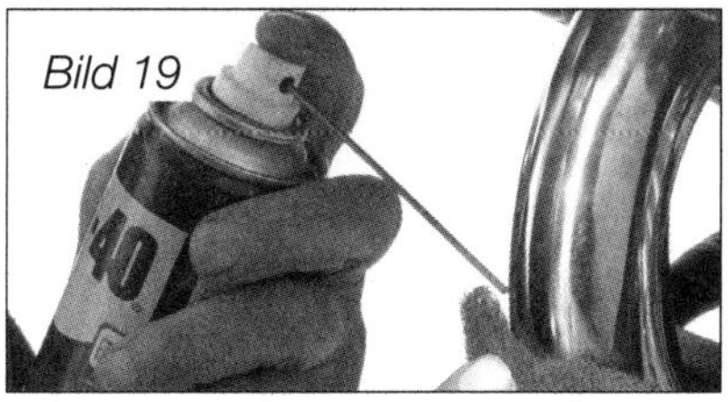

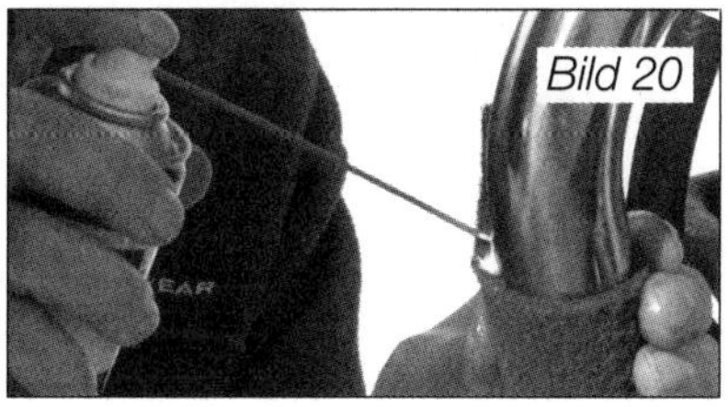

Bilder 19 und 20: Fleckige Auspuffrohre mit rauem Schwamm vorsichtig putzen.

Sichtprüfung Messen

gewährleistet werden. Auch die zueinander beweglichen Aluminiumteile korrodieren, wie z. B. die Gelenke von Kupplungs- und Bremshebel.

Wenn diese Gelenk- und Kontaktstellen nicht regelmäßig gepflegt werden, gibt es im Laufe der Zeit Schwergängigkeit. Denn wenn das Motorrad im Freien abgestellt ist, lagert sich Umgebungsdreck aus der Luft darauf ab und kriecht tief in die Gelenkstellen hinein.

Gasdrehgriff: Wenn er schwer geht, muss er mit leichtem Molybdänfett geschmiert und dazu geöffnet werden. Demontage und Montage des Gasgriffs ist in Kapitel 9 »Gasgriff · Gaszüge« beschrieben.

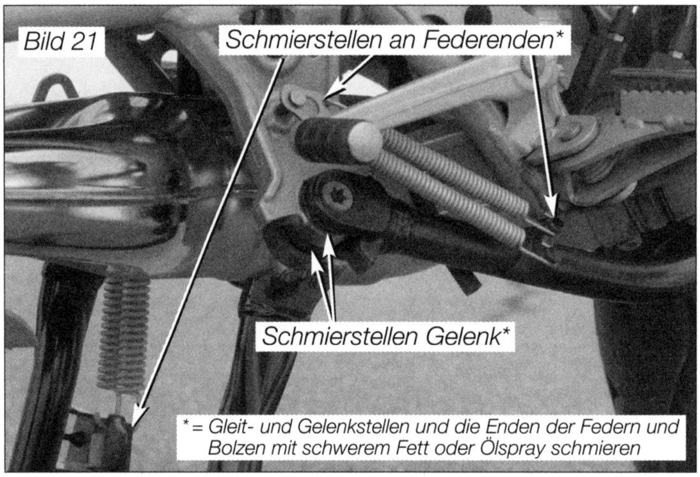

Bild 21: Nach der großen Wäsche speziell den Schmierstellen an den Federenden und den Ständergelenken einen guten Schuss Ölspray geben verhindert Korrosion.

Kontaktadressen Castrol/Loctite in D, A und CH

- **Deutsche Castrol-Vertriebsgesellschaft mbH**
  Max-Born-Straße 2, D-22761 Hamburg
  www.castrolmoto.com
- **Castrol Austria GmbH**
  Industriezentrum Niederösterreich Süd
  Straße 6, Objekt 7, A-2355 Wiener Neudorf
  www.castrol.at
- **Castrol (Switzerland) AG**
  Baarerstrasse 139, CH-6302 Zug
  www.castrol.ch
- **Henkel Loctite Deutschland GmbH**
  Gutenbergstraße 3, D-85748 Garching
  www.loctite.de
- **Henkel Central Eastern Europe GmbH**
  Erdbergstraße 29, A-1030 Wien
  www.loctite.at
- **Henkel & Cie AG**
  Salinenstrasse 61, CH-4133 Pratteln 1
  www.loctite.ch

Bild 22: Schmier- und Pflegestellen an der R 1200 GS.

* = Bei »Glasreiniger« bitte nur milde Glasreinigungsmittel verwenden.

Ölwechsel I · Motor

In diesem Kapitel: Motoröle · Ein- oder Mehrbereichsöle? · Von BMW empfohlene Motoröle · Mineralöl, teilsynthetisches oder vollsynthetisches Motoröl? · Motorölmenge, Motorölstand, Motoröl nachfüllen · Motorölwechsel.

Motoröle

BMW gibt für die GS-Modelle unseres Buchs unterschiedliche Ölempfehlungen, deren Grundlage die Ölspezifikationen sind, welche während der Baujahre der einzelnen Modelle galten. Diese Ölvorschriften finden Sie in dem zur Maschine gehörenden Fahrerhandbuch. Weil sich die Ölspezifikationen heute* zu denen von 1994, wo die erste Vierventil-GS auf den Markt kam, ständig weiter entwickelt haben, behandeln wir hier den aktuellen Stand* der Schmieröle.

Ein- oder Mehrbereichsöle?

Für die R 850 GS, R 1100 GS und R 1150 GS sind Einbereichsöle zugelassen:

- von –20 °C bis 10 °C .... SAE 20
- von 0 °C bis 30 °C................................ SAE 30
- von 20 °C bis über 40 °C...................... SAE 40

Diese Öle müssen den API-Klassifikationen SE, SF oder SG entsprechen. API ist die Abkürzung für American Petrol Institute, nach dessen Normen werden die international gültigen Ölspezifikationen festgelegt. Weiterhin gilt für Einbereichsöle die Regel, dass es Viertakt-Motorenöle sein müssen – Öle für Dieselmotoren

Kapitel »Ölwechsel« besteht aus vier Teilkapiteln:

- Ölwechsel I: Motor
- Ölwechsel II: Getriebe
- Ölwechsel III: Hinterradantrieb
- Ölwechsel IV: Ölkühler, Öldruck

Bild 1: Eine solche Ölauffang-Transportwanne eignet sich prima zum Ölwechsel.

Sicherheitshinweise Achtung und Tipps für dieses Kapitel

Achtung: Zur Kontrolle des Ölstands soll das Motorrad waagerecht und senkrecht stehen. Schon wenige Winkelgrade nach rechts oder links, Steigung oder Gefälle des Untergrunds verfälschen ein genaues Ablesen des Ölstandes.

Tipp: Richtiges Ablesen des Ölstands:
1. Motor muss mindestens 15 Minuten gelaufen sein.
2. Motor ausschalten.
3. Maschine auf Mittelständer abstellen.
4. Ölstand erst dann kontrollieren, wenn der Motor gut 5 Minuten abgestellt ist, weil erst dann alles Öl von oben nach unten in die Ölwanne abgelaufen ist.

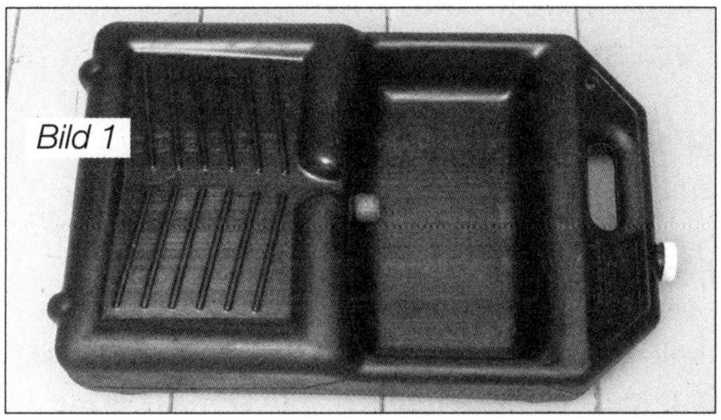
Bild 1

Tipp: Sollten Sie den Motorölstand vor einer Fahrt kontrollieren, wenn der Motor längere Zeit nicht gelaufen ist, beachten Sie bitte, dass der Ölstand dann höher ist, als wenn er bei einige Zeit abgestelltem, aber warmem Motor kontrolliert wird.

Achtung: NIEMALS so viel Öl einfüllen, dass das Ölschauglas ganz voll oder gar übervoll ist! Wenn Öl nachgeschüttet werden muss, nur bis »knapp über die Mitte« des Ölschauglases auffüllen.

Tipp: Wer auf eine längere, mehrtägige Fahrt geht, sollte sich eine flache, 0,5 bis 1,0 Liter fassende Plastikflasche mit dem Motoröl auffüllen, das derzeit im Motor verwendet wird, und die Flasche auslaufsicher (!) ins Gepäck packen. Entsprechende Flaschen gibt es z. B. im Chemiefachhandel.

Tipp: Motoröl grundsätzlich in betriebswarmem Zustand wechseln, also vorher den Motor mindestens zehn Kilometer warm fahren. Damit wird sichergestellt, dass Metallabriebteile, die sich noch nicht abgesetzt haben, sondern noch in der Schwebe sind, vom heißen Öl aufgenommen und beim Ablassen mit herausgespült werden.

Tipp: Im Motorrad-Zubehörhandel gibt es für kleines Geld kombinierte Ölfangwannen-Behälter, bei denen das Öl in eine Wanne und von dort direkt in den Sammelbehälter läuft (Bild 1). Sie sind groß genug, um den Bereich von Ölablassöffnung und Ölfilter unter dem Motor mit genügend Überstand abzudecken. Diese Ablass-Auffang-Transportbehälter sind verschließbar, mit einem Tragegriff versehen und damit leicht transportabel. Das Altöl kann man damit bequem zur Ölsammelstelle bringen, wo es dann fachgerecht entsorgt wird.

Achtung: Keine Getränkeflaschen als Altölbehälter verwenden! Besser sind etwa alte Benzinkanister, die mit einem Klebeetikett »Altes Motoröl« versehen werden.

Achtung: Dem Altöl keine Flüssigkeiten beimischen, wie z. B. Brems- oder Kühlflüssigkeit. Diese extrem giftigen und wenig umweltfreundlichen Betriebsstoffe müssen in extra Behältern aufgefangen und zu Problemstoff-Sammelstellen gebracht werden.

- Altöl niemals einfach wegschütten, sondern an einer Sammelstelle oder Tankstelle abliefern.
- Jeder Ölverkäufer ist zur Rücknahme einer entsprechenden Menge Altöls verpflichtet!
- Beim Kauf von neuem Öl die Quittung aufbewahren und bei der Rückgabe des Altöls vorzeigen!

Achtung: Wenn die Ölablassschraube ihren letzten Gewindegang erreicht hat, beginnt das Öl bereits zu laufen. Finger rasch wegziehen! Es ist besser, die Ölablassschraube mit dem ersten Schuss Öl ins Auffanggefäß fallen zu lassen, als sich am heißen Öl die Finger zu verbrühen! Öl läuft erst im Strahl, nach einiger Zeit nur noch tropfenweise. Also geduldig warten, bis auch der letzte Tropfen im Auffanggefäß gelandet ist.

Achtung: Im Verschluss der Öleinfüllbohrung ist ein kleiner O-Ring eingesetzt. Diesen kontrollieren, ob er in Ordnung ist, also keine geklemmte oder ausgerissene Stelle hat (Bilder 5b und 6b), sonst zieht der Fahrtwind Öl heraus.

* = Stand der Recherche zum Redaktionsschluss im April 2014

Tipp: Beim BMW-Händler gibt es so genannte »Ölwechsel-Sets« zu kaufen. Darin enthalten sind modellspezifisch alle Teile, die man zu einem Ölwechsel braucht: Ölfilter, Dichtring für die Ölablassschraube und vier Liter Motoröl. In den meisten Fällen sind die Ölwechsel-Sets preisgünstiger als wenn man die Teile einzeln kauft.

oder anderweitige Motorbauformen sind nicht erlaubt.

BMW-Spezialisten empfehlen Einbereichsöle nur dann, wenn die Maschine im tiefsten Afrika bewegt wird, dringend einen Ölwechsel braucht und kein modernes Mehrbereichsöl greifbar ist.

Für die verschiedenen R 1200 GS-Modelle sind keine Einbereichsöle zugelassen, sondern nur Mehrbereichsöle. Je nach Temperaturbereich empfiehlt BMW heute folgende Mehrbereichsöle:

- ab –20 °C .... SAE 5W-40
- ab –20 °C .... SAE 5W-50
- ab –20 °C .... SAE 10W-50
- ab –10 °C .... SAE 10W-40
- ab 0 °C.. SAE 15W-40

Bei modernen Motorölen sind nach oben keine Temperaturbeschränkungen zu beachten, Umgebungstemperaturen bis 40 °C stellen keine Probleme dar. Praktisches Beispiel: Die von Castrol für die Boxer-Rennmaschinen für die Rallye Paris-Dakar und die Rennserie »Boxer-Cup« entwickelten Öle wurden bei Umgebungstemperaturen von mehr als 40 °C eingesetzt; die Motoröltemperaturen stiegen auf über 150 °C und es gab keine Probleme im Schmierkreislauf.

Von BMW empfohlene Motoröle

Bild 2: Die von BMW empfohlenen Castrol-Öle für den Motor.

Hauseigenes Motoröl
Seit 2012 empfiehlt BMW das hauseigene Motoröl *»BMW Motorrad High Performance Öl, SAE 15W-50 in der API-Klassifikation SJ/JASO MA2«*. Dieses Öl deckt die mitteleuropäischen Temperaturbereiche ab, kann also von –20 °C bis über 40 °C verwendet werden. Es hat die Bestellnummer 83 21 2 213 684; ein Liter kostet 20,50 Euro (Stand April 2014).

Empfohlene Castrol-Motoröle
Die bekannte Ölmarke Castrol ist seit vielen Jahren Partner von BMW Motorrad. Eine solche Partnerschaft beginnt schon bei der Entwicklung neuer Motoren und reicht über den Motorsport bis zu Langzeittests. Bei den BMW-Motorradhändlern gibt es daher auch Öle von Castrol.

Für alle Boxermotoren der GS-Modelle unseres Buchs empfiehlt Castrol folgende Öle (Bild 2).

- Castrol Act>evo 4T in SAE 20W-50 (mineralisches Öl)
- Castrol Power 1 4T in SAE 15W-50 (teilsynthetisches Öl)
- Castrol Power 1 4T in SAE 20W-50 (teilsynthetisches Öl)
- Castrol Power 1 Racing 4T in SAE 10W-50 (vollsynthetisches Öl)

Diese Öle können ab –20 °C verwendet werden. Castrol nennt keine Grenz- bzw. Maximaltemperatur. Nach Erfahrungen von BMW-Spezialisten halten diese Öle sehr hohe Temperaturen aus; siehe dazu auch Text weiter vorne in diesem Kapitel.

Für das vollsynthetische Spitzenöl **»Power 1 Racing 4T«** in SAE 10W-50 verspricht Castrol unter anderem *»volle Motorpower und verbesserte Beschleunigung, mehr Dynamik in allen Drehzahlbereichen, extreme Schmierfilmstabilität, schnelle Ölversorgung beim Kaltstart, perfekte Sauberkeit des Motors, deutlich geringerer Ölverbrauch, hervorragender Verschleißschutz für den Motor, maximaler Schutz für Abgasreinigungssysteme«.*

Bild 2

Castrol Act>evo 4T in SAE 20W-50 (Motoröl mineralisch) — *Castrol Power 1 4T in SAE 15W-50 (Motoröl teilsynthetisch)* — *Castrol Power 1 Racing 4T in SAE 10W-50 (Motoröl vollsynthetisch)*

Mineralöl, teilsynthetisches oder vollsynthetisches Motoröl?

Mineralöl: Wenn eine GS mit hoher km-Leistung Zeit ihres Lebens ausschließlich mit Mineralöl betrieben wurde, dann raten wir, auch weiterhin Mineralöl zu benutzen. Denn wenn ein Motor mit hoher Laufleistung von Mineralöl auf vollsynthetisches Öl umgestellt wird, kann es sein, dass er ungefähr 1000 km nach dem Ölwechsel anfängt zu klappern (und geht kurze Zeit später kaputt), weil vollsynthetisches Öl eine hohe Reinigungskraft hat und in kürzester Zeit alle Ablagerungen (»Ölschlamm«), die sich in den Kurbelwellenlagern und den Kolbenringnuten angesammelt haben, herausspült. Eine Umstellung von Mineralöl auf vollsynthetisches Öl sollte spätestens beim dritten Ölwechsel bei 20 000 km erfolgen, nicht später.

Teilsynthetisches Öl: Die so genannten »teil- oder halbsynthetischen« Öle sind zum Hauptbestandteil mineralisch und werden in einem besonderen Verfahren veredelt. Ein teil- oder halbsynthetisches Öl ist etwas teuerer als Mineralöl. BMW hat das teilsynthetische Castrol-Öl »Power 1 4T« freigegeben.

Synthetisches Öl: Synthetiköle werden in einem aufwändigen Produktionsprozess für ihr Einsatzgebiet maßgeschneidert und sind typische Mehrbereichsöle, die mit weniger Additiven des Typs der so genannten »Viskositätsindex-Verbesserer« auskommen. Synthetiköle sind zwar die teuersten Motoröle, jedoch in Schmiersicherheit, Kaltfließverhalten sowie Alterungsbeständigkeit den Mineralölen und den teilsynthetischen überlegen.

Vollsynthetisches Motoröl bietet auch eine höhere Schmierfilm-Sicherheitsreserve als teilsynthetisches Öl, weswegen Viel- und Langstreckenfahrer darauf schwören.

Tipp: Der Schmiermittelmarkt ist laufend in Bewegung, von Jahr zu Jahr gibt es neue Öle und entsprechend ändern sich auch die Bestimmungen. Fragen Sie deswegen beim Kauf von neuem Motoröl beim BMW-Händler, welches Öl und in welcher Viskositätsklasse von BMW für Ihre Maschine aktuell empfohlen wird.

Motorölmenge, Motorölstand, Motoröl nachfüllen

Motorölmenge

- R 850 GS, R 1100 GS, R 1150 GS...... 3,75 Liter
- R 1200 GS.. 4,00 Liter

Diese Ölmengen gelten für Öl- mit Filterwechsel. Wenn ein Ölwechsel gemacht wird und der alte Ölfilter angeschraubt bleibt (was man an sich nicht machen soll), verringern sich die einzufüllenden Ölmengen um ca. 0,5 Liter.

Wichtig: Bei einem Ölwechsel niemals die oben angegebenen Mengen auf einmal einfüllen, sondern zuerst 3 Liter. Dann den Motor einige Minuten laufen lassen, den Ölstand kontrollieren und den benötigten Rest auffüllen (wird weiter hinten detailliert beschrieben).

Der richtige Motorölstand

Bilder 3a und 3b: Der Ölstand sollte sich immer zwischen der Mitte und dem oberen Rand des Ölschauglases befinden. Die Differenz zwischen Maximum und Minimum des Ölstandes beträgt ca. 0,5 Liter. Zur Kontrolle des Motorölstandes die Maschine auf dem Mittelständer auf ebenem Untergrund senkrecht und waagerecht abstellen. Nach dem Abstellen des Motors einige Minuten warten, bis alles Öl in die Ölwanne abgelaufen ist und dann erst den Ölstand beurteilen.

Wichtig: Bitte beachten Sie dazu auch den Text im grauen Kasten rechts außen.

Ölverbrauch

Die Vierventil-Boxermotoren der GS-Modelle unseres Buchs dürfen bis zu einem Liter Motoröl auf 1000 km verbrauchen. Die meisten Motoren begnügen sich mit 0,1 bis 0,3 Liter.

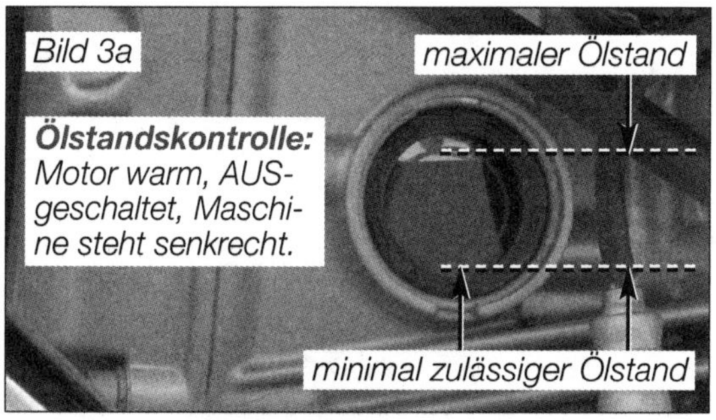

Achtung: Bei Motoren mit thermostatgesteuertem Ölkreislauf führt das Ablesen des Ölstands nach einer Kurzstreckenfahrt oft zur Irritation:

- Bei kaltem Motor vor der Fahrt war der Ölstand in Ordnung.
- Beim Stopp nach 3 km Fahrt ist das Ölschauglas jedoch leer.
- KEIN Öl nachfüllen!

Doch keine Panik: Weil der Motor noch nicht warm genug ist, hat der Thermostat noch nicht aufgemacht und deswegen konnte das Öl von oberhalb des Thermostats nicht in die Ölwanne zurücklaufen. Wenn der Motor weitere sieben bis zehn Kilometer gefahren wurde und das Öl mehr als 80 °C Temperatur hat, ist der Ölstand nach dem Abstellen des Motors wieder in Ordnung.

Bilder 3a und 3b: Der Ölstand sollte sich in der oberen Hälfte des Schauglases befinden.

Bilder 4a und 4b: Motorschutz.

Bilder 5a und 6a: Öleinfüllstopfen per Hand oder mit Schlüssel öffnen und schließen. Der Schlüssel liegt dem Bordwerkzeug bei.

Bilder 5b und 6b: O-Ring im Stopfen oder Einfüllstutzen muss ringsum in Ordnung sein.

Wird ein Motor vor allem auf Langstrecken mit hohen Drehzahlen (und dementsprechendem Tempo!) gefahren, ist der Ölverbrauch höher als bei Bummelfahrten mit niedrigen Drehzahlen.

Motoröl nachfüllen

Falls Sie unterwegs kein Öl zum Nachfüllen dabei haben, lassen Sie sich vom Tankstellenpersonal nicht einen Liter vom teuersten Öl aufschwatzen, sondern kaufen exakt die Ölsorte und Viskositätsklasse, die sich bereits im Motor befindet. Wenn es das nicht gibt, können Sie zum Nachfüllen folgende Motoröle miteinander mischen:

- Wenn Mineralöl im Motor und keines zum Auffüllen vorhanden ist, mit teilsynthetischem Öl auffüllen.
- Wenn teilsynthetisches Öl im Motor und keines zum Auffüllen vorhanden ist, mit vollsynthetischem oder Mineralöl auffüllen.
- Wenn vollsynthetisches Öl im Motor und keines zum Auffüllen vorhanden ist, mit teilsynthetischem Öl auffüllen.

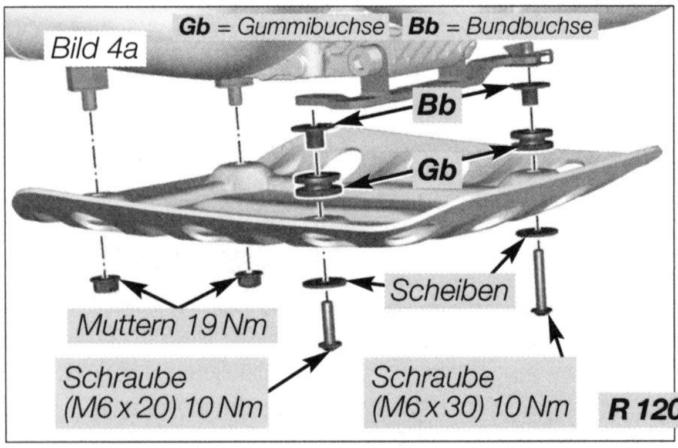

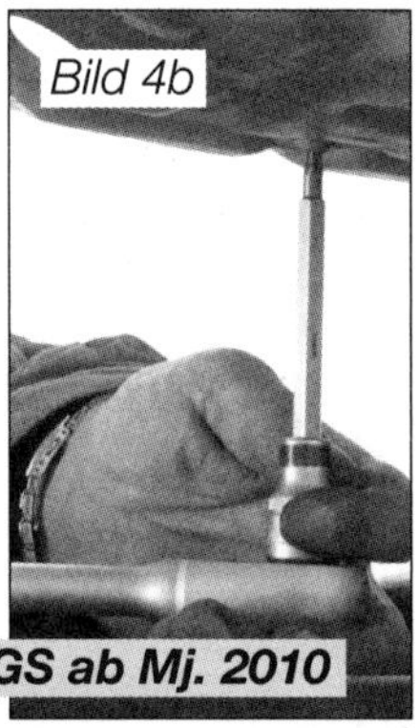

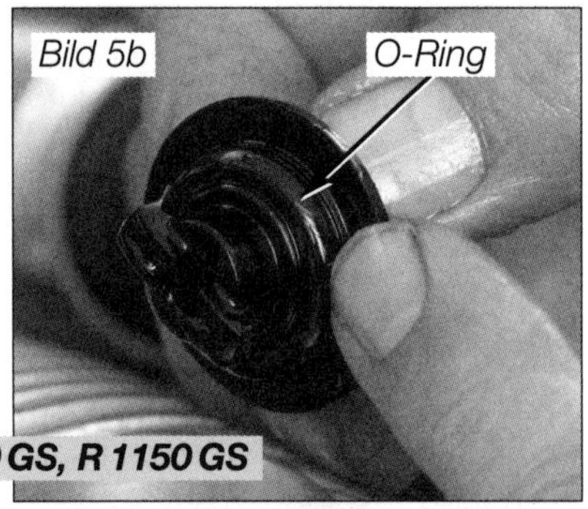

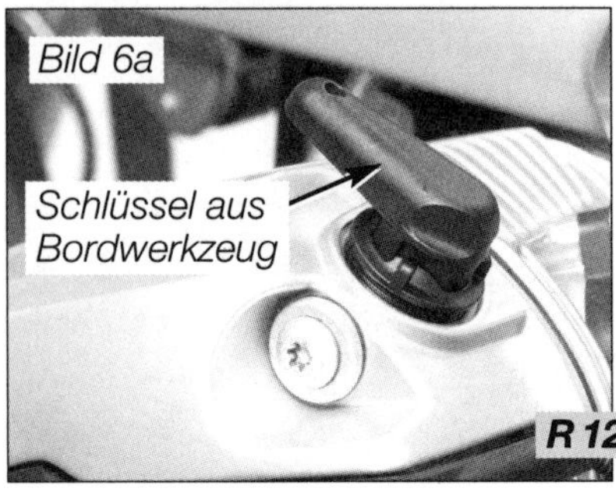

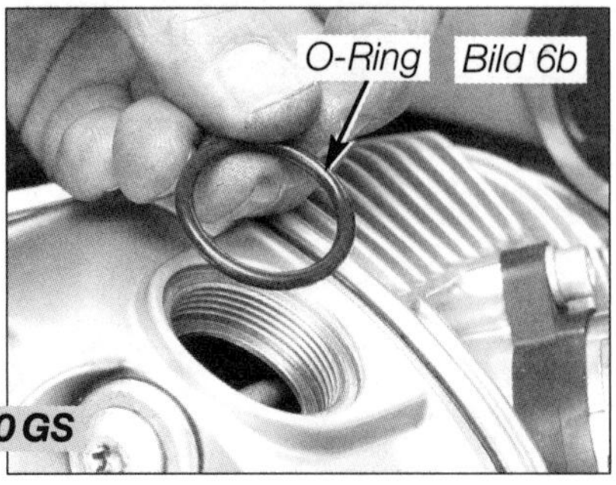

Motorölwechsel

10 000 km oder einmal im Jahr

Erster Ölwechsel mit Filterwechsel nach 1000 km, dann bei 10 000 km und alle weiteren 10 000 km. Wenn eine Jahresfahrleistung von 10 000 km nicht erreicht wird, sollten Motoröl und Ölfilter dennoch einmal pro Jahr gewechselt werden, weil auch das beste Öl schon durch Kontakt mit der Luft verschleißt, es »oxidiert«.

Ölfilter

Der Ölfilter filtert auch kleinste Schmutzpartikel aus dem Motoröl heraus. Sobald der Motor läuft, befindet sich das Öl in ständigem Kreislauf vom Ölsumpf durch den Ölfilter zu allen Motorschmierstellen. Von dort tropft es wieder zurück in den Ölsumpf, kühlt dort ab, wird von der Ölpumpe angesaugt und von ihr erneut durch den Filter zu den Schmierstellen gedrückt.

Der Ölfilter soll bei jedem Ölwechsel erneuert werden, auch wenn man nur auf eine Jahresfahrleistung von z. B. 3000 km kommt und deswegen einen »Jahres-Ölwechsel« macht. Weil der Ölfilter von unten versenkt in den Motor eingebaut ist, braucht man zum Aus- und Einschrauben des Ölfilters einen speziellen Ölfilterschlüssel (Bilder 7 und 8). Nur damit lässt sich der Ölfilter aus- und einbauen (Bild 10).

Wichtig: Motoröl in betriebswarmem Zustand wechseln, also vorher den Motor mindestens zehn Kilometer warm fahren. Damit wird sichergestellt, dass alle Metallabriebteile, die sich noch nicht abgesetzt haben, sondern sich noch in der Schwebe befinden, vom heißen Öl aufgenommen und beim Ablassen mit herausgespült werden.

Motoröl ablassen

1. Maschine auf Mittelständer aufbocken.
Wichtig: NIEmals das Motoröl ablassen, wenn Maschine auf Seitenständer abgestellt ist!
2. Bilder 4a und 4b: Motorschutz abschrauben. Je nach Modell und Ausstattung müssen dazu verschiedene Schraubverbindungen an den Motorschutzbügeln gelöst werden (siehe dazu auch Kapitel 6 »Verkleidung · Anbauteile«).
3. Bild 1: Auffanggefäß mit mindestens fünf Litern Fassungsvermögen unter Motor schieben.
4. Stopfen aus Öleinfüllöffnung herausdrehen

(Bilder 5a, 5b und 6a). Bei R 850 GS, R 1100 GS und R 1150 GS wird der Stopfen von Hand ausgedreht (Bild 5b), bei der R 1200 GS liegt ein passender Schlüssel dem Bordwerkzeug bei (Bild 6a).

■ Bilder 5b und 6b: Der O-Ring im Öleinfüllstopfen (R 850 GS, R 1100 GS, R 1150 GS) bzw. im Öleinfüllstutzen (R 1200 GS) muss ringsherum in Ordnung sein.

5. Bilder 9a und 9b: Ölablassschraube öffnen, ausdrehen – Öl läuft aus, Vorsicht heiß!

6. Bilder 7, 8 und 10: Ölfilter mit Ölfilterschlüssel abschrauben. Öl auch aus dieser Öffnung lange genug auslaufen und abtropfen lassen.

Achtung: Auch dieses Öl ist heiß und der Ölfilter ebenfalls.

Neuen Ölfilter anschrauben, Öl einfüllen

1. Ölfilter-Anlageflächen am Motor mit einem sauberen, nicht fusselnden Lappen abwischen.

2. Bilder 8 und 11: Dichtring und Einschraubgewinde des neuen Ölfilters mit frischem Motoröl benetzen.

3. Ölfilter an das Gewinde am Motor ansetzen und von Hand so weit andrehen, bis die Filterdichtung die Dichtfläche am Motorgehäuse leicht berührt.

3.1. Drehmomentschlüssel benutzen: Ölfilter mit Ölfilterschlüssel mit 11 Nm festziehen.

4. Ölablassschraube mit neuem Dichtring versehen, mit frischem Motoröl bestreichen, exakt an ihrem Gewinde im Motorgehäuse ansetzen und eindrehen (Bild 9a).

4.1. Drehmomentschlüssel benutzen: Mit 32 Nm festziehen.

5. Durch die Öleinfüllöffnung im linken Ventildeckel 3 Liter neues Öl einfüllen. Das Ölschauglas wird jetzt wahrscheinlich voll sein.

6. Nicht vergessen: In die Einfüllöffnung den Stopfen einsetzen und mit einer 1/4-Drehung bis zum Anschlag festdrehen (Bilder 5a und 6a).

7. Motor starten, einige Minuten im Leerlauf laufen lassen, bis der Motor ca. 95 °C warm ist: Nun ist der Ölthermostat geöffnet und lässt das Öl zurück in die Ölwanne fließen.

7.1. Ölfilterrand und Ölablassschraube auf Dichtheit überprüfen.

8. Motor abstellen. Nach einigen Minuten den Ölstand kontrollieren und so viel Öl nachfüllen, bis sich der Ölstand zwischen Mitte und oberem Rand des Ölschauglases befindet.

■ Beim Nachfüllen die unterschiedlichen Füllmengen beachten (siehe Angaben zu Motoröl-Füllmengen am Kapitelanfang).

■ Motoröl nicht über Maximalstand auffüllen.

9. Motorschutz anschrauben. Die verschiedenen Schrauben, Scheiben, Muttern und zwischenge-

Bild 7

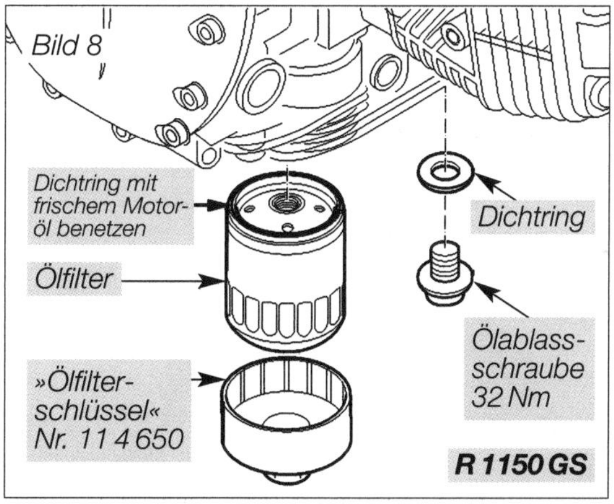

Bild 8

Bilder 7 und 8: Zum Ab- und Anschrauben des Ölfilters ist das Spezialwerkzeug »Ölfilterschlüssel« nötig.

Bild 9a

Bild 9b

Bilder 9a und 9b: Nach dem Öffnen der Ölablassschraube das Öl auslaufen und lange austropfen lassen. Finger weg, HEISS!

Bild 10

Bild 11

Bild 10: Ölfilter ab- und anschrauben mit Ölfilterschlüssel.

Bild 11: Das Dichtgummi des Ölfilters vor dem Anschrauben mit frischem Motoröl einschmieren.

gelegte Gummielemente der R 1200 GS sind in Bild 4a, weitere Explosionszeichungen finden Sie im Kapitel 6 »Verkleidung · Anbauteile«.

9.1. Für die Anziehdrehmomente der Schraubverbindungen der Motorschutzbügel verweisen wir auf Kapitel 25 »Anziehdrehmomente« und dort ganz speziell auf den Kapitelabsatz am Anfang »Allgemeine Schrauben und Muttern«.

Ölwechsel II · Getriebe

In diesem Kapitel: Getriebeöl, Ölablassschraube · Getriebeölmengen · Getriebeöl wechseln.

Getriebeöl, Ölablassschraube

Ölwechselintervalle

R 850 GS, R 1100 GS: Bei 1000 km, bei 20 000 km, danach alle 20 000 km oder einmal im Jahr

Bild 1

Castrol Syntrax Longlife in SAE 75W-90 (Getriebeöl) *Castrol MTX in SAE 75W-140 (Getriebeöl)*

Bild 1: Von BMW empfohlene Castrol-Öle für das Getriebe.

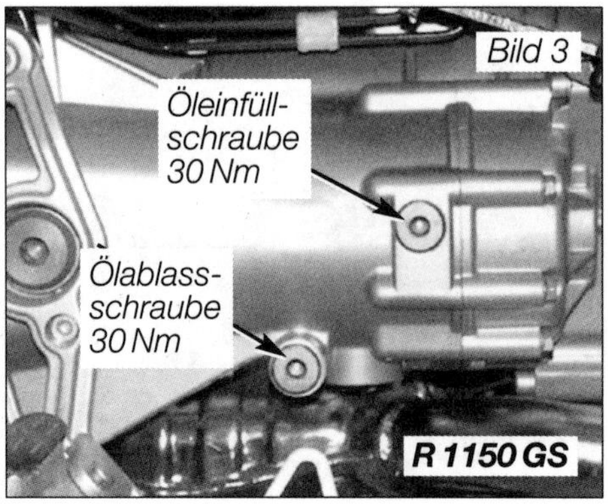

Bilder 2 und 3: Öleinfüll- und Ölablassschraube des Getriebes.

R 1150 GS: Alle 20 000 km oder alle zwei Jahre
R 1200 GS: Alle 40 000 km oder alle zwei Jahre

Von BMW vorgeschriebene Getriebeöle
R 850 GS, R 1100 GS: Marken-Hypoid-Getriebeöl SAE 90 API-Klassifikation GL5
R 1150 GS, R 1200 GS Mj. 2004 bis 2007: Marken-Hypoid-Getriebeöl SAE 90 API-Klassifikation GL5 oder Castrol MTX 75W-140 GL5
R 1200 GS Mj. 2008 und 2009: Marken-Hypoid-Getriebeöl SAE 90 API-Klassifikation GL5 oder Castrol SAF-XO 75W-90
R 1200 GS ab Mj. 2010: Castrol SAF-XO 75W-90

Das von BMW vorgeschriebene **Castrol SAF-XO** in der Viskosität SAE 75W-90 (Bild 1) ist ersetzt worden* durch das **Castrol Syntrax Long Life 75W-90**.

■ Wenn dieses Öl nicht zur Verfügung steht, können Sie auch ein weiteres, ebenfalls von Castrol empfohlenes Getriebeöl einsetzen: **MTX Full Synthetic 75W-140**.

Grundsätzlich raten wir für alle Modelle zur Verwendung des oben genannten Syntrax Long Life, mit diesem Öl ist eine lange Lebensdauer für Lager, Zahnräder und die anderen Getriebebauteile garantiert.

Ölablassschraube

Es gibt bei den Modellen unseres Buchs zwei Arten von Ablassschrauben und Dichtringen:

■ Ölablassschraube mit einem abnehmbaren Dichtring, dieser muss beim Getriebeölwechsel erneuert werden.

■ Ölablassschraube mit einem fest aufgerollten Dichtring, der nicht abgenommen werden kann: Man muss also eine neue Ölablassschraube kaufen, bei der ein neuer Dichtring aufgerollt ist.

Tipp: Man kann aber auch den aufgerollten Dichtring, der nach dem Ausbau gequetscht ist, abzwicken und einen neuen Dichtring aufstecken.

Je nach Modell sind die Ölablassschrauben an unterschiedlichen Stellen eingebaut:

■ **R 850 GS und R 1100 GS:** Rechts außen unten am Getriebegehäuse in einem versenkten Schacht (Bild 2)

■ **R 1150 GS:** Rechts außen unten am Getriebegehäuse (Bild 3) ohne Schacht

■ **R 1200 GS:** Rechts unten hinten am Getriebegehäuse (Bild 4)

* = Stand der Recherche zum Redaktionsschluss im April 2014

Getriebeölmengen

■ **0,8 Liter** bei R 850 GS, R 1100 GS, R 1150 GS und R 1200 GS bis September 2004.
■ **0,9 Liter** bei R 1200 GS und R 1200 GS Adventure ab Baumonat Oktober 2004 bis Dezember 2007.
■ **0,7 Liter** bei R 1200 GS und R 1200 GS Adventure ab Baumonat Januar 2008.

Neben der Literzahl gibt es noch eine weitere Bezugsgröße für die »richtige« Getriebeöl-Füllmenge, und zwar »bis zur Unterkante der Einfüllöffnung«, die Maschine muss dabei exakt senk- und waagerecht stehen.
■ Frisches Getriebeöl langsam einfüllen, bis die Unterkante der Einfüllöffnung erreicht ist.
■ Mit der Taschenlampe in die Einfüllöffnung reinleuchten: Wenn genügend Öl eingefüllt ist, muss das Öl gerade eben beginnen wollen wieder auszulaufen.
■ Bild 7: Zum korrekten Einfüllen sollte man einen mittelgroßen Trichter nehmen und auf diesen einen durchsichtigen Schlauch aufstecken, der durch das Innengewinde für die Öleinfüllschraube in den Getrieberaum geführt wird. Dieser Schlauch muss natürlich kleiner sein als das Innnengewinde für die Öleinfüllschraube; zweckmäßig ist ein Schlauch mit einem Durchmesser von 10 bis 12 mm.

Getriebeöl wechseln

Vorbereitende Arbeiten
Getriebeöl in betriebswarmem Zustand ablassen, Maschine sollte vorher mindestens 10 Kilometer gefahren worden sein. Maschine auf Mittelständer senk- und waagerecht abstellen.

Getriebeöl ablassen
1. Ölauffangwanne unter Getriebe stellen.
2. Öleinfüllschraube (Bilder 2, 3 und 4) ausdrehen.
3. Ölablassschraube (Bilder 2, 3 und 6) öffnen, ausdrehen, Altöl ablassen, lange austropfen lassen.
4. Sitz der Ölablass- und Einfüllschrauben am Getriebegehäuse und Schrauben reinigen.
4.1. Späne am Magneten der Ölablassschraube kontrollieren:
■ Wenige und feine Späne – kein Schaden.
■ Größere Späne verlangen Aufmerksamkeit, denn es können abgebröckelte Kanten von Schalt- und Getriebezahnrädern sein!

Tipp: Wenn größere Späne festgestellt werden, dann füllen Sie frisches Öl ein, fahren 1000 bis 1500 km, lassen Sie das Öl ab und untersuchen es ganz genau auf Späne.
■ Wenn keine Späne festgestellt werden, können Sie das abgelassene Öl wieder einfüllen. Zur Sicherheit benutzen Sie beim Einfüllen eine frische Kaffeefiltertüte (»Melitta«).
■ Falls wieder Späne festgestellt werden, kündigt sich ein Getriebeschaden an. Sprechen Sie mit dem BMW-Werkstattmeister Ihres Vertrauens, zeigen Sie ihm die Brocken – vielleicht gibt es bei BMW aktuell eine Rückrufaktion?

Getriebeöl einfüllen
Zu beachtende Anziehdrehmomente:
■ Ölablass- und Öleinfüllschraube 23 Nm bei R 850 GS und R 1100 GS
■ Ölablass- und Öleinfüllschraube 30 Nm bei R 1150 GS und R 1200 GS

1. Ölablassschraube mit neuem Dichtring versehen, einschrauben und festziehen.
2. Frisches Öl einfüllen: Modellbezogene Ölfüllmengen siehe Text weiter vorne.
2.1. Auch das Einfüllen mit Trichter und Schlauch sowie der Ölstand sind im Text weiter vorne beschrieben.
3. Öleinfüllschraube mit neuem Dichtring versehen, einschrauben und festziehen.

Bilder 4, 5 und 6: Öleinfüll- und Ölablassschraube am Getriebegehäuse der R 1200 GS.

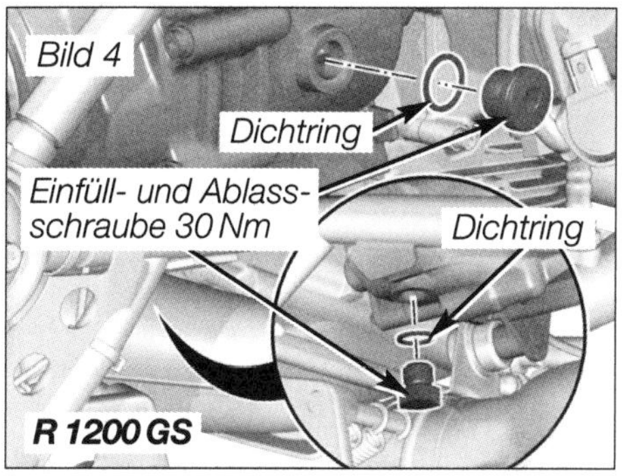

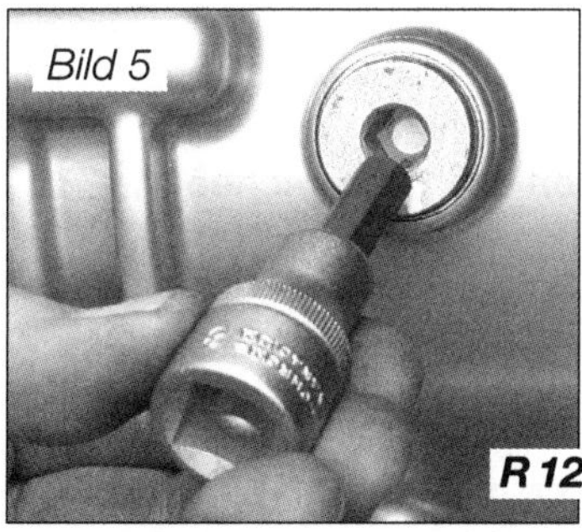

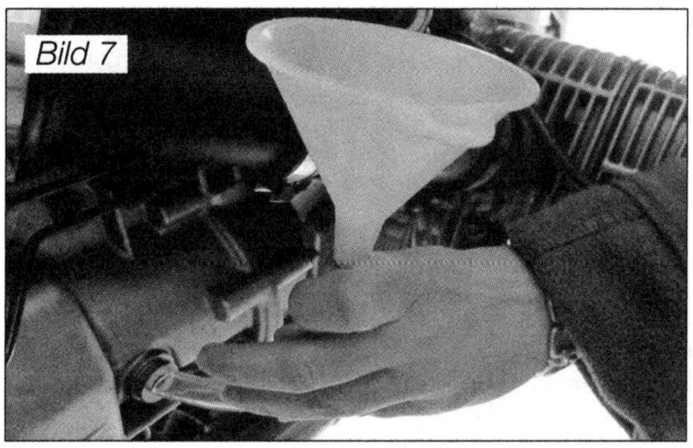

Bild 7: Verwenden Sie zum Einfüllen des Getriebeöls einen mittelgroßen Trichter mit aufgestecktem durchsichtigen Schlauch, der durch das Innengewinde für die Öleinfüllschraube in den Getrieberaum geführt wird.

Ölwechsel III · Hinterradantrieb

Zum Kapitelabsatz »Ölwechsel an R 1200 GS Mj. 2004 bis August 20007: Mehr Detailinformationen zum »Hinterradantrieb nach unten klappen« finden Sie in Kapitel 17 »Schwinge · Kardan« unter Schwinge aus- und einbauen«.

In diesem Kapitel: Wartungsanweisungen · Typ und Menge des Hinterachsöls · Ölwechsel machen.

Wartungsanweisungen

Ölwechselintervalle
R 850 GS, R 1100 GS: Bei 1000 km, bei 20 000 km, danach alle 20 000 km oder ein Mal im Jahr
R 1150 GS, R 1200 GS: Bei 1000 km, bei 20 000 km, danach alle 20 000 km oder alle zwei Jahre

Je nach Modell und Modelljahr hat BMW unterschiedliche Vorschriften zum »Ölwechsel im Hinterachsgetriebe«. Bei der ersten R 1200 GS ab 2004 war die Aussage von BMW: *»Wartungsfrei, kein Ölwechsel nötig, Ölfüllung ist eine Lifetime-Füllung. Nur bei außergewöhnlicher Belastung soll Öl gewechselt werden«* – damit meint BMW z. B. *»längeres Fahren bei großer Hitze in tiefem Sand«.*

Dies gilt heute* nicht mehr: Inzwischen schreibt BMW Ölwechsel vor und zwar *»alle 20 000 km bzw. alle 2 Jahre«*. Daran sollte man sich unbedingt halten, auch wenn im Fahrzeughandbuch der Maschine noch *»Wartungsfrei, Lifetime-Füllung«* angegeben ist, denn das Öl im Hinterachsgetriebe ist großen Belastungen ausgesetzt.

Typen und Mengen des Hinterachsöls
- **R 850 GS, R 1100 GS:** Marken-Hypoid-Getriebeöl SAE 90 API-Klassifikation GL5 (230 cm³)
- **R 1150 GS:** Marken-Hypoid-Getriebeöl SAE 90 API-Klassifikation GL5 (250 cm³)
- **R 1200 GS bis Mj. 2009:** Marken-Hypoid-Getriebeöl SAE 90 API-Klassifikation GL5 oder Castrol SAF-XO 75W-90 (180 cm³)
- **R 1200 GS ab Mj. 2010:** Castrol SAF-XO 75W-90 (180 cm³)

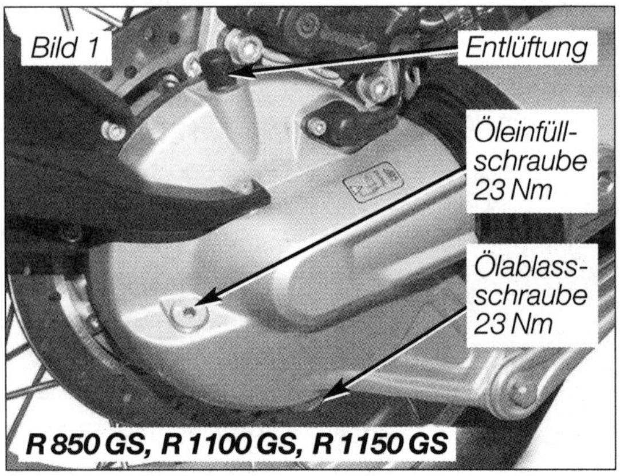

Bild 1: Einbaulage der Öleinfüllschraube und Ölablassschraube.

Das von BMW vorgeschriebene **Castrol SAF-XO** in der Viskosität SAE 75W-90 ist vor einiger Zeit ersetzt worden* durch das **Castrol Syntrax Long Life 75W-90** (Bild 1 in Kapitelabsatz »Ölwechsel II · Getriebe«) .

Wenn dieses Öl nicht zur Verfügung steht, können Sie auch ein weiteres, ebenfalls von Castrol empfohlenes Getriebeöl einsetzen: **MTX Full Synthetic 75W-140**. Grundsätzlich raten wir beim Hinterradantrieb aller Modelle unseres Buchs zur Verwendung des oben genannten Syntrax Long Life.

Ölwechsel durchführen

Für alle Modelle gilt: Hinterachsöl in betriebswarmem Zustand ablassen, Maschine sollte vorher mindestens 10 Kilometer gefahren worden sein. Maschine auf Mittelständer senk- und waagerecht abstellen, die Ölablassschraube soll senkrecht nach unten zeigen.

Ölwechsel an R 850 GS, R 1100 GS und R 1150 GS: An den Hinterachsgehäusen dieser Maschinen ist die Ölablassschraube unten und die Öleinfüllschraube hinten oben (Bild 1).

1. Bremsscheibe und Reifen mit Lappen abdecken, damit weder beim Ölablassen noch beim Einfüllen Öl an die hintere Bremsscheibe und den Reifen gelangen kann.
2. Eine ausreichend große Ölauffangwanne unter das Hinterachsgehäuse stellen.
3. Öleinfüllschraube lösen und ausdrehen.
3.1. Ölablassschraube lösen und ausdrehen, Altöl ablassen. Einige Minuten austropfen lassen.
4. Ölablassschraube mit neuem Dichtring versehen, einschrauben und mit 23 Nm festziehen.
5. Raddrehzahl-(ABS-) Sensor reinigen: Befestigungsschraube des Sensors ausdrehen, Sensor herausziehen, reinigen und wieder einbauen.
6. Frisches Öl einfüllen:
- 230 cm³ bei R 850 GS und R 1100 GS
- 250 cm³ bei der R 1150 GS

6.1. Bitte beachten Sie zusätzlich, dass der Ölstand an der Unterkante der Einfüllöffnung sein soll. Taschenlampe zu Hilfe nehmen.
7. Öleinfüllschraube mit neuem Dichtring versehen, einschrauben und mit 23 Nm festziehen.

Ölwechsel an R 1200 GS Mj. 2004 bis August 2007: An den Hinterachsgehäusen dieser Maschinen ist die Ölablassschraube hinten angebracht (Bilder 2 und 3). Zum Ölwechsel muss der Hinterachsantrieb abgeklappt werden.

* = Stand der Recherche zum Redaktionsschluss im April 2014

1. Hinterrad ausbauen.
2. Bremssattel abschrauben und zur Seite hängen.
■ Bremsschlauch-Verschraubung NICHT lösen!
2.1. Drehzahl-(ABS-) Sensor ausbauen.
3. Hintere Verschraubung der Paraleverstrebe ausbauen.
4. Bild 2: Hinterradantrieb nach unten klappen.
■ Kardanwelle bleibt im Schwingenholm.
4.1. Geeigneten Ölauffang-Behälter unterstellen.
5. Hinterachsöl-Ablassschraube lösen und ausdrehen, Öl lang genug ablaufen lassen.
6. Ölauslaufbohrung und Ablassschraube reinigen. Schraube eindrehen (O-Ring nicht vergessen!), mit 20 Nm festziehen.
7. Hinterradantrieb nach oben klappen, Momentstrebe befestigen: Neue Mutter verwenden, mit 42 Nm festziehen.
8. Neues Öl wird durch die Sitzbohrung des Drehzahl-(ABS-) Sensors im Lagerdeckel des Hinterradantriebs eingefüllt. Das Öl muss mit einer geeigneten Spritze eingefüllt werden, siehe BMW-Spezialwerkzeug in Bild 3:
8.1. Schraube des Raddrehzahl-(ABS-) Sensors ausdrehen, Sensor vorsichtig ausziehen, wenn er festklebt etwas hin und her drehen.
8.2. Mit der Spritze 180 cm³ frisches Öl einfüllen.
8.3. Sensor vor dem Einbau gut reinigen.
9. Ein- und anbauen:
■ Raddrehzahl-(ABS-) Sensor, Schraube mit 4 Nm festziehen
■ Bremssattel, Schrauben mit 24 Nm festziehen
■ Hinterrad, Schrauben in mehreren Schritten über Kreuz bis auf 60 Nm festziehen
■ Bremsschlauch-Abdeckung

Wichtig: Vor der ersten Fahrt sicherstellen, dass die Hinterradbremse volle Wirkung hat. Dazu nach dem Motorstart die Fußbremse einige Male betätigen, bis man spürt, dass die Bremsbacken an der Scheibe anliegen.

Ölwechsel an R 1200 GS ab Baumonat September 2007: An den Hinterachsgehäusen dieser Maschinen ist die Ölablassschraube unten (Bild 5). Zum Ölwechsel bleibt der Hinterradantrieb angebaut. Eine »echte« Öleinfüllbohrung ist vorhanden (Bild 4).

1. Hinterrad ausbauen.
2. Eine ausreichend große Ölauffangwanne unter das Hinterachsgehäuse stellen.
3. Bild 5: Ölablassschraube öffnen und ausdrehen, mit O-Ring abnehmen, Altöl ablassen und längere Zeit austropfen lassen.
4. Bild 4: Die Öleinfüllschraube sitzt oben im Lagerdeckel des Hinterradantriebes. Diese herausdrehen und mit Dichtring abnehmen.
5. O-Ring der Ablassschraube kontrollieren, bei Beschädigung erneuern. Ablassschraube eindrehen, mit 20 Nm festziehen.
6. Bild 6: Mit einer Spritze 180 cm³ Öl einfüllen.
7. Öleinfüllschraube mit neuem Dichtring versehen, einschrauben und festziehen:
■ mit 20 Nm von Baumonat September 2007 bis Mj. 2009
■ mit 25 Nm ab Modelljahr 2010
8. Alle Schraubstellen ölfrei reinigen.
9. Hinterrad anbauen: Radschrauben in mehreren Schritten über Kreuz auf 60 Nm festziehen.

Bilder 2 und 3: Am Hinterradantrieb der R 1200 GS bis August 2007 ist die Ölablassschraube hinten am Gehäuse, der Hinterradantrieb muss zum Ölablassen abgeklappt werden. Öl wird durch die Sitzbohrung des Raddrehzahl-(ABS-) Sensors eingefüllt.

Bilder 4 und 5: Ab September 2007 sind Ölablassschraube unten und Öleinfüllschraube innen am Lagerschild angebracht.

Bild 6: Öl einfüllen in den Hinterradantrieb mit einer Spritze.

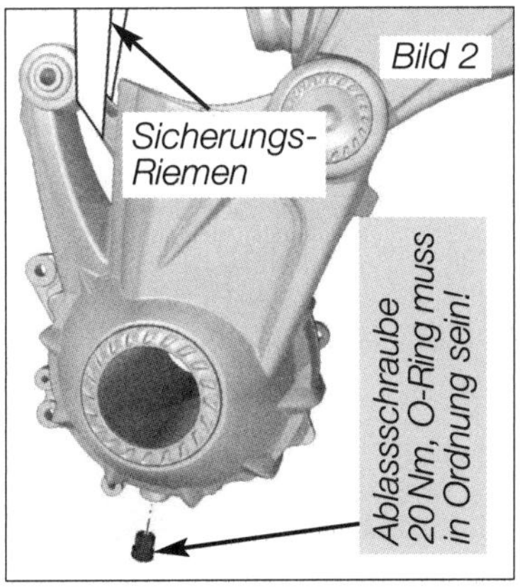

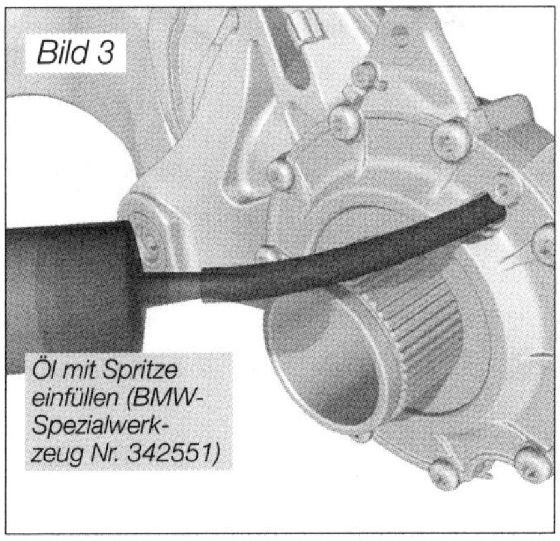

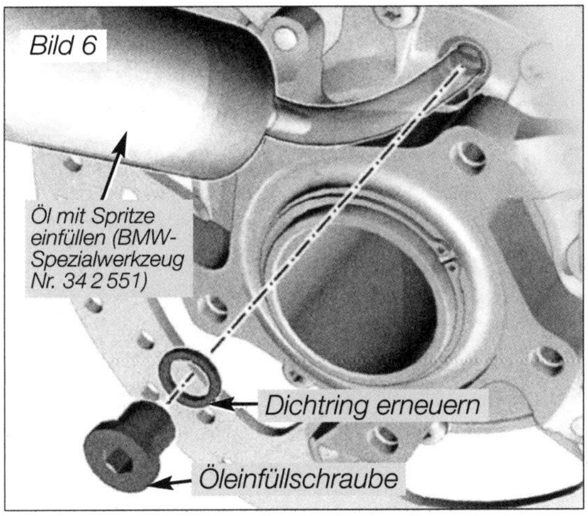

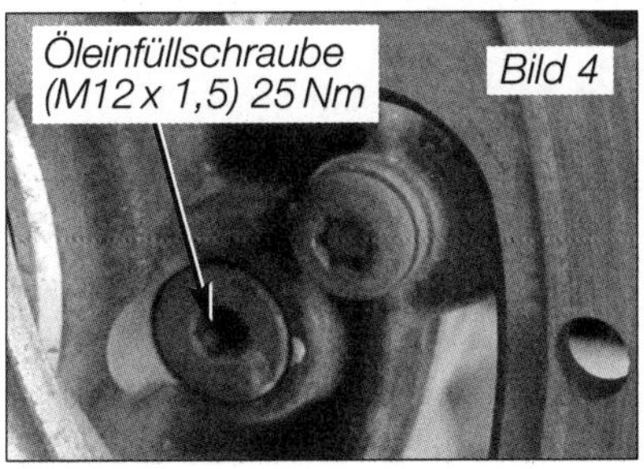

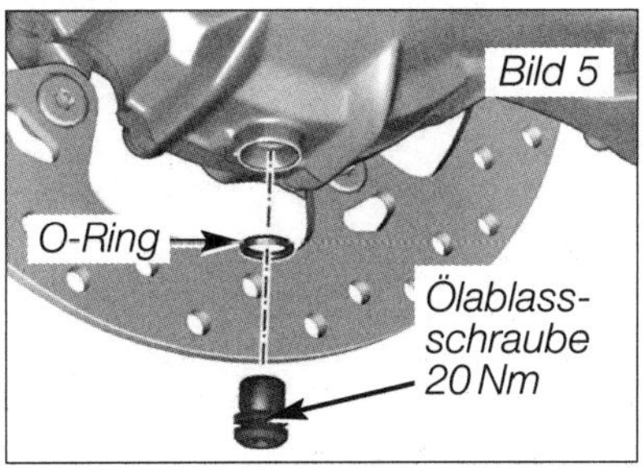

Bild 1: Gummihalterung des Ölkühlers muss formstabil vorhanden sein.

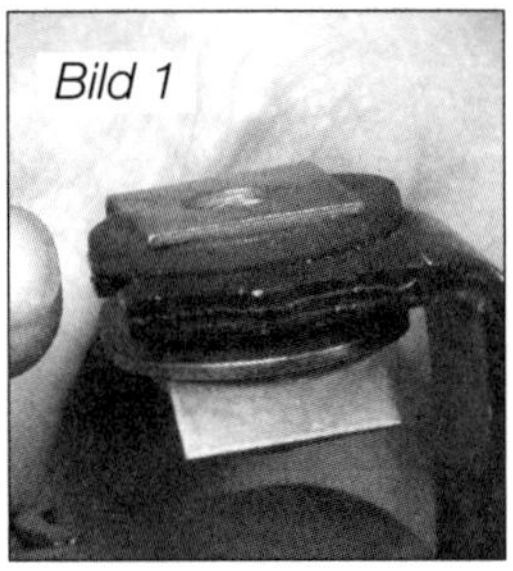
Bild 1

Bild 2: An den Ölleitungen werden zwei verschiedene Klemmschellen verwendet. ■ Die obere wird hier mit einer Zange geöffnet und kann wieder verwendet werden. ■ Die untere mit dem zusammengedrückten Ende im Kreis muss aufgezwickt werden; beim Zusammenbau ist eine neue Schelle nötig.

Bilder 3 und 4: Verschmutzter Ölkühler und Anbaulage. Mit Motorradreiniger und reichlich klarem Wasser reinigen. Hartnäckigen Dreck mit Wurzelbürste abschrubben.

Ölwechsel IV · Ölkühler, Öldruck

In diesem Kapitel: Ölkühler · Öldruck · Öldruckschalter · Ölthermostat · Ölschauglas · Ölpumpe

Ölkühler

Der Ölkühler steht voll im Fahrtwind (Bild 4), verschmutzt mit der Zeit (Bild 3) und kann dann nicht mehr optimal die vom durchfließenden Motoröl angelieferte Wärme an die Umgebungsluft abgeben und die Öltemperatur steigt um bis zu 20 Prozent an. Zum Reinigen des Ölkühlers heißes Wasser, eine weiche Bürste und Druckluft verwenden. Verbogene Kühlerlamellen mit einer kleinen Spitzzange oder Pinzette und einem Schraubenzieher gerade biegen.

Ölkühler defekt?

Zum Ab- und Anbau die vorderen Anbauteile abbauen, wie z. B. Schutzblechschnabel und innere Blende. Bild 1: Beim Anbau darauf achten, dass die Gummizwischenstücke exakt in ihre Halterung eingesetzt sind und der Ölkühler nirgendwo ansteht. Die Leitungen, welche zum Ölkühler hin und vom Ölkühler weg führen, dürfen nirgends anstehen, geklemmt werden und auch nirgendwo scheuern.

Bild 2

Bild 2: Die vom Motor zum Ölkühler führenden Schlauchleitungen sind mit Federklemmschellen und Einmal-Schlauchschellen gesichert. Als Ersatz für die Einmal-Schlauchschellen kann man handelsübliche Schraubklemmschellen verwenden. Diese mit Gefühl festziehen, der Schlauch darf keinesfalls stark gequetscht werden, sonst besteht Bruch- und Rissgefahr.

Die Ölleitungen zwischen Motor und Ölkühler müssen »trocken« sein. Anziehdrehmomente: Schrauben der Vorlaufleitung am Thermostat 8 Nm, Hohlschrauben-Anschluss der Rücklaufleitung 35 Nm.

Wird ein Ölleitungsanschluss abgeschraubt und wieder angeschraubt: Bei der Vorlaufleitung die Dichtung prüfen und ggf. erneuern, bei der Rücklaufleitung müssen die Dichtscheiben grundsätzlich erneuert werden.

⚠ **Achtung:** Der Ölkühler ist über vibrationshemmende Gummiformteile (Biild 1) an den Befestigungsstellen verschraubt. Diese Gummiformelemente müssen formstabil vorhanden sein. Ölkühler niemals starr anschrauben!

⚠ **Achtung:** Wenn die Halterung des Ölkühlers abgebrochen ist und geschweißt werden muss, vor dem Anschweißen den Ölkühler abschrauben und vom Fahrzeug trennen. Nicht versuchen, einen gebrochenen Ölkühler zu schweißen, solange dieser am Fahrzeug angebaut ist, sonst wird die Fahrzeugelektronik beschädigt oder komplett zerstört (und dann wird's richtig teuer!).

Ölkühler kontrollieren

Der Ölkühler darf keine Risse, Verformungen oder sonstige Beschädigungen aufweisen.

Bild 3

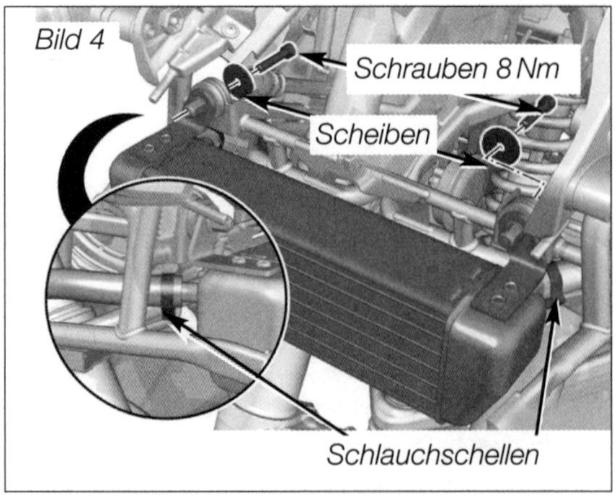

Bild 4

Öldruckschalter

Der Öldruckschalter sitzt links außen am Motorgehäuse über dem Ölschauglas (Bild 6). Sein Schaltbereich liegt zwischen 0,3 und 0,5 bar. Wenn der Öldruck bei steigender Motordrehzahl über den Schaltbereich ansteigt, erlischt die Öldruck-Kontrollleuchte im Cockpit. Brennt sie weiter und signalisiert »kein Öldruck!«, kann auch der Öldruckschalter defekt sein.

Öldruckschalter prüfen

Der Öldruckschalter kann in eingebautem Zustand auf Durchgang geprüft werden (Bild 10).

1. Multimeter auf Widerstandsmessung schalten: Rote Spitze an Masse, schwarze an Kontakt (Bild 10, kann auch umgekehrt gepolt werden).

2. Multimeter muss 0 anzeigen. Zeigt es andere Werte an, ist der Öldruckschalter defekt.

Öldruckschalter auswechseln

1. Kabelstecker vom Öldruckschalter abziehen.

2. Öldruckschalter mit einem 24er-Steckschlüssel ausdrehen.

3. Neuen Öldruckschalter ins Gewinde eindrehen. Anziehdrehmoment 30 Nm.

4. Kabelstecker an Öldruckschalter anbringen. Drahtverriegelung vorsichtig einschieben. Kontrollieren, ob der Stecker satt sitzt und guten Kontakt hat.

5. Motor starten, Probelauf: Über 1500/min muss die Öldruckwarnleuchte erlöschen.

Öldruck

Wenn die Öldruck-Kontrollleuchte trotz korrektem Ölstand bei steigender Motordrehzahl nicht erlischt oder unterwegs plötzlich aufleuchtet, sollte man umgehend den Öldruck überprüfen. Bild 5: Zum Messen des Öldrucks wird ein Öldruckmanometer mit passenden Anschlussstücken (Winkel, Schlauch, Adapter) benötigt. Der Öldruck wird bei betriebswarmem Motor und korrektem Ölstand gemessen.

Öldruck messen

1. Bild 6: Stecker am Öldruckschalter abziehen.

2. Öldruckschalter ausschrauben. Gewinde im Motorgehäuse gut reinigen.

3. Öldruckmesser am motorseitigen Gewinde des Öldruckschalters anschließen.

4. Motor starten, warm laufen lassen: im Sommer 10, im Winter 20 Minuten bei 1500/min.

5. Drehzahl auf 3000/min erhöhen und den zugehörigen Wert am Druckmessgerät ablesen:

- Öldruck muss bei 80 °C Öltemperatur zwischen 5,5 und 7,5 bar betragen.

6. Ist der Öldruck niedriger und liegt weit unter 5,5 bar, können folgende Ursachen vorliegen:

- Ölfilter verstopft
- Verschraubungen der Ölpumpe lose
- Ölpumpe defekt
- zu großes Spiel in den Kurbelwellenlagern oder Pleuellagern, die Lager sind verschlissen
- eventuell liegt auch eine Kombination mehrerer Fehler vor

7. Ist der Öldruck höher und liegt bei mehr als 7,5 bar, können folgende Ursachen vorliegen:

- Motorölviskosität zu hoch, es ist zu dickes Öl im Motor
- Öldurchgang verstopft
- Ölüberdruckventil (Bild 7) klemmt in geschlossenem Zustand

Ölthermostat

Bild 8: Der Ölthermostat ist oben im Motorgehäuse eingebaut. In geschlossenem Zustand wird das Motoröl durch einen kleinen Ölkreislauf gedrückt und erwärmt sich rascher, als wenn es in kaltem Zustand schon durch den Ölkühler geführt werden würde.

Wird der Motor (bzw. das Öl) ca. 80 Grad heiß, wird das innen im Ölthermostat eingeschlossene Wachs heiß, dehnt sich aus und drückt einen Stift aus dem Thermostat (Bild 9) und gibt über eine Scheibe den Ölkanal zum Ölkühler frei, das Öl läuft durch den Ölkühler und wird dort gekühlt.

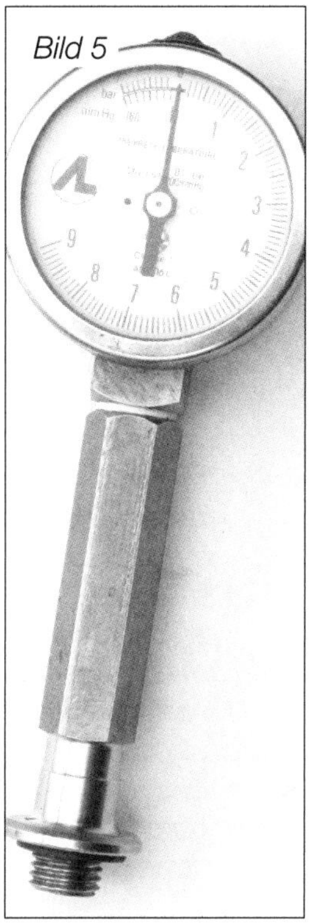

Bild 5: Öldruck-Manometer.

Bild 6: Einbaulage und Stecker des Öldruckschalters an der R 1200 GS.

Bild 7: Ölüberdruckventil ist über den Kühlrippen der Ölwanne in den Motor eingeschraubt.

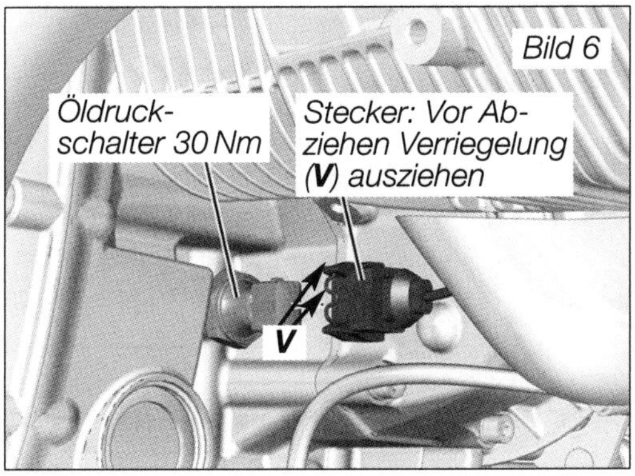

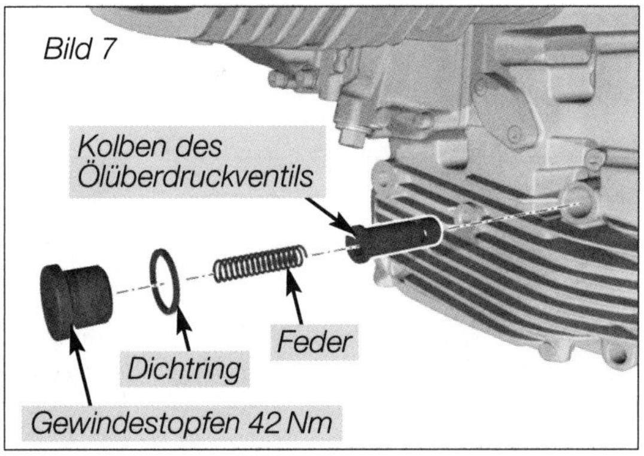

Sichtprüfung Messen

Wenn das Öl zu heiß wird, was man an der Öltemperaturanzeige im Cockpit sehen kann, kann der Ölthermostat defekt sein: Er gibt dann den Weg des Öls durch den Ölkühler nicht mehr frei.

Ölthermostat ausbauen und prüfen

1. Thermostat ausbauen: Schrauben am Rohrflansch lösen und ausschrauben, Flansch ausziehen, Blechscheibe entnehmen, Thermostat herausziehen.

2. Sichtprüfung auf Dichtheit und Unversehrtheit des Thermostatgehäuses.

3. Thermostat mit der Unterseite auf ein Blech stellen, mit einem Feuerzeug erwärmen. Nach wenigen Sekunden muss der oben mittig sitzende Stift beginnen auszufahren (Bild 9).

■ Fährt der Stift nicht aus, ist der Thermostat defekt und muss erneuert werden.

Ölthermostat einbauen

1. Feder einsetzen.

2. Thermostat ganz nach unten eindrücken.

3. Durchbrochene Scheibe und dann den Rohrflansch einsetzen.

■ Auf unversehrten O-Ring achten!

3.1. M6-Inbusschrauben eindrehen und mit 8 Nm festziehen.

Ölschauglas

Das Ölschauglas kann durch Fremdeinwirkung beschädigt werden, etwa bei einem Unfall, und muss dann erneuert werden.

Ölschauglas aus- und einbauen

1. Bild 11a: Den Sicherungsring mit einem dünnen Schraubenzieher aus seiner Nut hebeln.

2. Defektes Ölschauglas mit einem dicken Schraubenzieher heraushebeln.

2.1. Sitzbohrung reinigen und auf einwandfreien Zustand kontrollieren. Sie muss fett- und ölfrei (!) sein.

3. Rand des neuen Ölschauglases dünn mit Reifenmontierpaste einstreichen.

4. Neues Ölschauglas einbauen:

■ Das Ölschauglas hat einen Außendurchmesser von 40 mm. Als Einschlagwerkzeug eine Nuss mit knapp 40 mm nehmen.

4.1. Ölschauglas an seiner Bohrung ansetzen, mit starkem Daumendruck ringsum vorsichtig etwas eindrücken.

4.2. Einschlagwerkzeug ansetzen und das Ölschauglas vorsichtig und ohne zu verkanten satt in seinen Sitz eintreiben.

5. Sicherungsring durch Aufbiegen etwas vorspannen und einbauen. Unbedingt auf korrekten Sitz prüfen.

Ölpumpe

Die Ölpumpe sitzt zentral im Motor auf der Zwischenwelle. Schäden an der Ölpumpe sind nicht bekannt. Man kann also sagen, dass eine Ölpumpe so lange funktioniert wie der Rest des Motors.

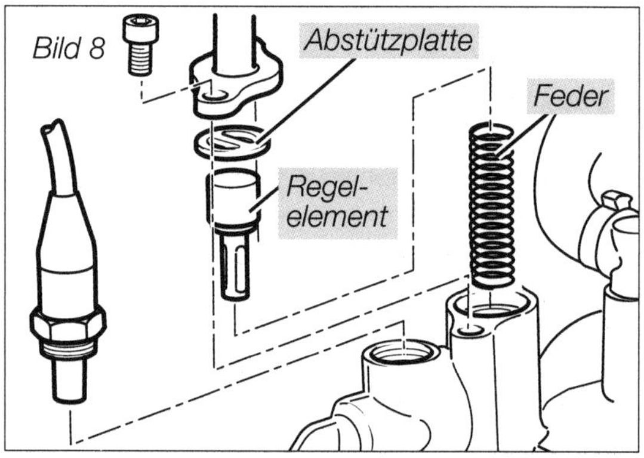

Bild 8: Explosionszeichnung. des Ölthermostats.

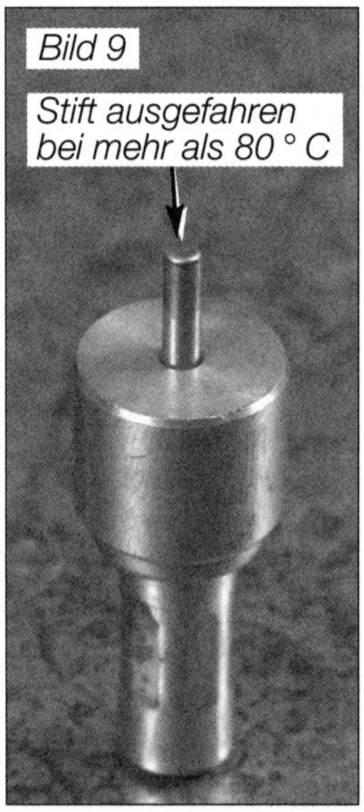

Bild 9: Regelelement des Ölthermostats in Funktion bei mehr als 80 ° C.

Bild 10: Öldruckschalter auf Stromdurchgang prüfen mit einem Multimeter. Wenn dieser »0« anzeigt, hat der Öldruckschalter Stromdurchgang und ist in Ordnung.

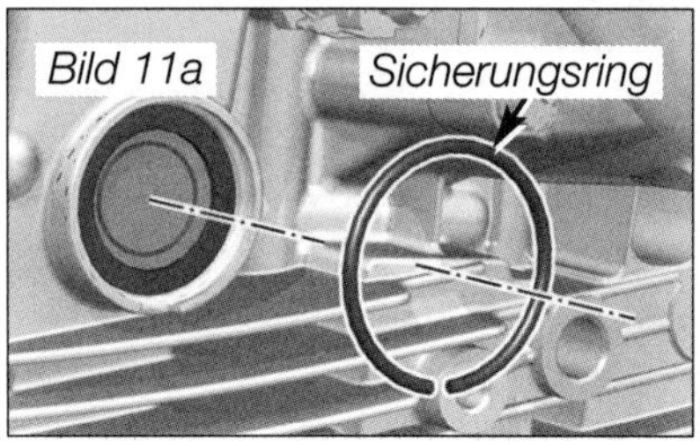

Bilder 11a und 11b: Sicherungsring mit Schraubenzieher aus Nut hebeln. Neues Ölschauglas.

Verkleidung · Anbauteile

In diesem Kapitel: Tipps für Arbeiten an Verkleidungsteilen · Verkleidungsteile der Modelle unseres Buchs · Seitenständer und Mittelständer ab- und anbauen · Fahrer- und Soziusfußrasten ab- und anbauen · Nummern und Aufkleber · Ersatzteile kaufen.

Verkleidungsteile

R 850 GS, R 1100 GS und R 1150 GS haben wenige Verkleidungsteile im Sinne des Wortes, jedoch muss man auch die obere Vorderradabdeckung (»Schnabel«), den Übergang zum Tank mit den Abdeckungen, Seitenteilen sowie Lampen- und Instrumentenhalter als Verkleidungsteile sehen und entsprechend beachten.

Die »normale« R 1200 GS und ganz besonders die Adventure-Modelle haben einige markante Verkleidungsteile aus durchgefärbtem Kunststoff und Aluminiumblech, wie z. B. im vorderen Bereich und rechts und links am Tank.

In diesem Kapitel sehen Sie viele Bilder, Montage- und Explosionszeichnungen, darin sind Verkleidungsteile und Halterungen so dargestellt, dass keine Fragen offen bleiben sollten. Bitte schauen Sie sich die für Ihr Modell geltenden Bilder rechtzeitig vor der Demontage eines Verkleidungsteils genau an und machen Sie sich mit den Details vertraut. Bei allen Modellen gibt es bei Demontage und Montage einiges zu beachten:

- Bei Demontage und Montage von Verkleidungsteilen sind Geduld und Fingerspitzengefühl gefragt.
- Merken Sie sich gut, wie Sie die Teile abgebaut haben, sie werden in umgekehrter Reihenfolge wieder angebaut. Noch einmal der Ratschlag: Zeichnungen zu Hilfe nehmen.
- Kein Verkleidungsteil mit Gewalt abziehen oder einstecken wollen. Vor allem alter und deswegen spröde gewordener Kunststoff bricht schnell!
- Platzieren Sie abgeschraubte Verkleidungsteile außerhalb jeglicher Fußreichweite, denn man tritt während des Schraubens an der Maschine rasch auf ein am Boden liegendes Teil, das dann zerkratzt oder gar bricht.
- Schrauben Sie immer mit exakt passendem Werkzeug. Bei den 1200er GS-Modellen sind die meisten Schrauben, mit denen die Verkleidungsteile befestigt sind, so genannte Torxschrauben. Für die meisten wird ein T25-Schlüssel benötigt.
- Bei der Montage im Werk werden die Schrauben »trocken« eingeschraubt, also ohne Öl. Im Laufe der Zeit korrodieren die Schrauben. Reinigen Sie diese vor dem Wiedereinschrauben und geben Sie einen Tropfen Öl daran.
- Achten Sie beim Anschrauben eines jeden Verkleidungsteils darauf, dass weder Kabel, Stecker oder gar Bowdenzüge eingeklemmt werden. Wenn es doch passiert, nehmen Sie das Teil wieder ab und verlegen Kabel, Stecker oder Bowdenzüge sauber und klemmfrei.
- Beim Anbau müssen alle Teile ohne Schrauben passgenau an den Schrauböffnungen anliegen, erst dann werden die Schrauben eingedreht.
- Bilder 4a und 4b: Wenn zwei Verkleidungsteile miteinander verbunden sind, werden Klemmenmuttern aufgesteckt. Beispiele siehe »***Km***« in den Bildern 6, 36 und 37.
- An den Schraubstellen, wo Scheiben vorgesehen sind, müssen diese vorhanden sein.

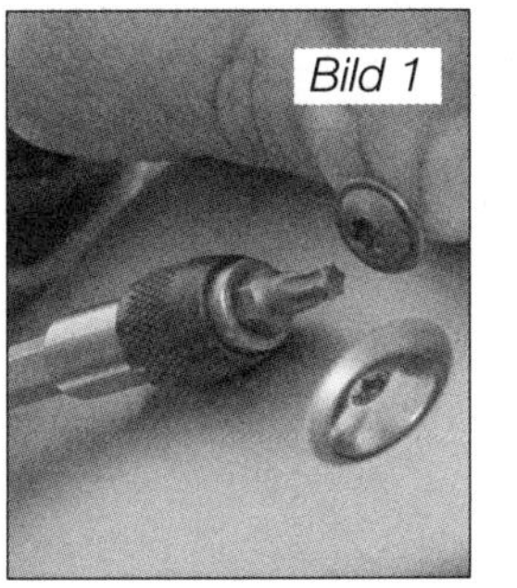

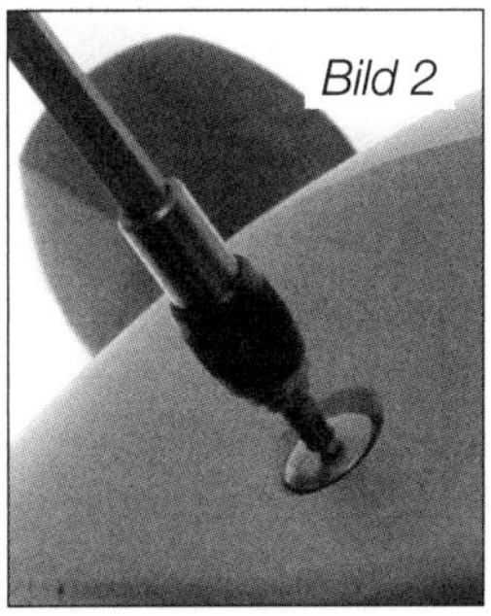

Bilder 1 und 2: Für die meisten Verkleidungsschrauben an der R 1200 GS wird ein Torx T25 benötigt.

Bild 3: Silikonpaste verhindert Versprödung von Gummiteilen und lässt Verkleidungszapfen leicht einrutschen.

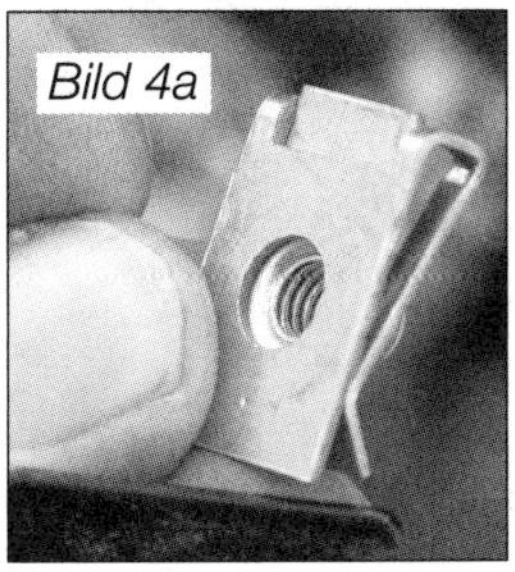

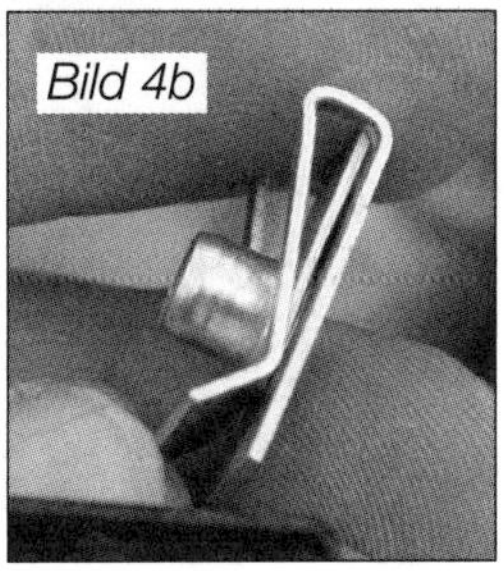

Bilder 4a und 4b: Klemmenmuttern sind aufgesteckt zur Verbindung von zwei Verkleidungsteilen.

Sichtprüfung Messen

Verkleidungsteile der R 850 GS, R 1100 GS

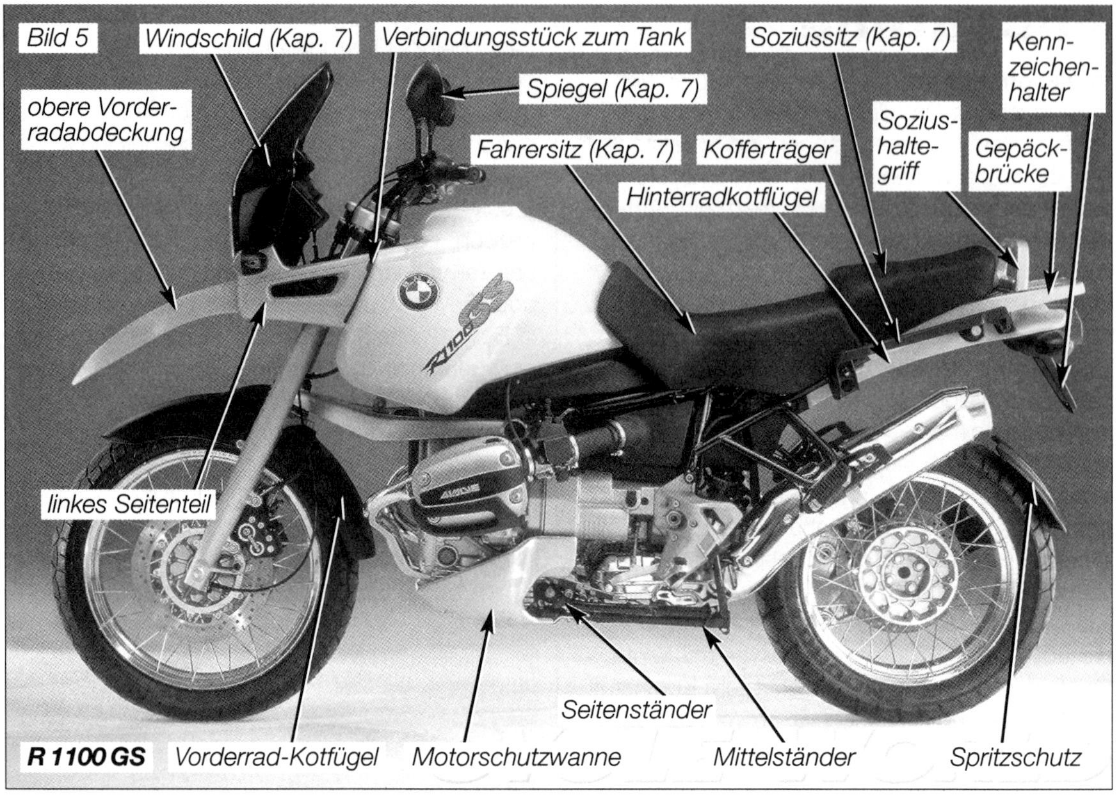

Bild 5: Übersicht der wichtigsten Verkleidungs- und Anbauteile an R 850 GS und R 1100 GS.

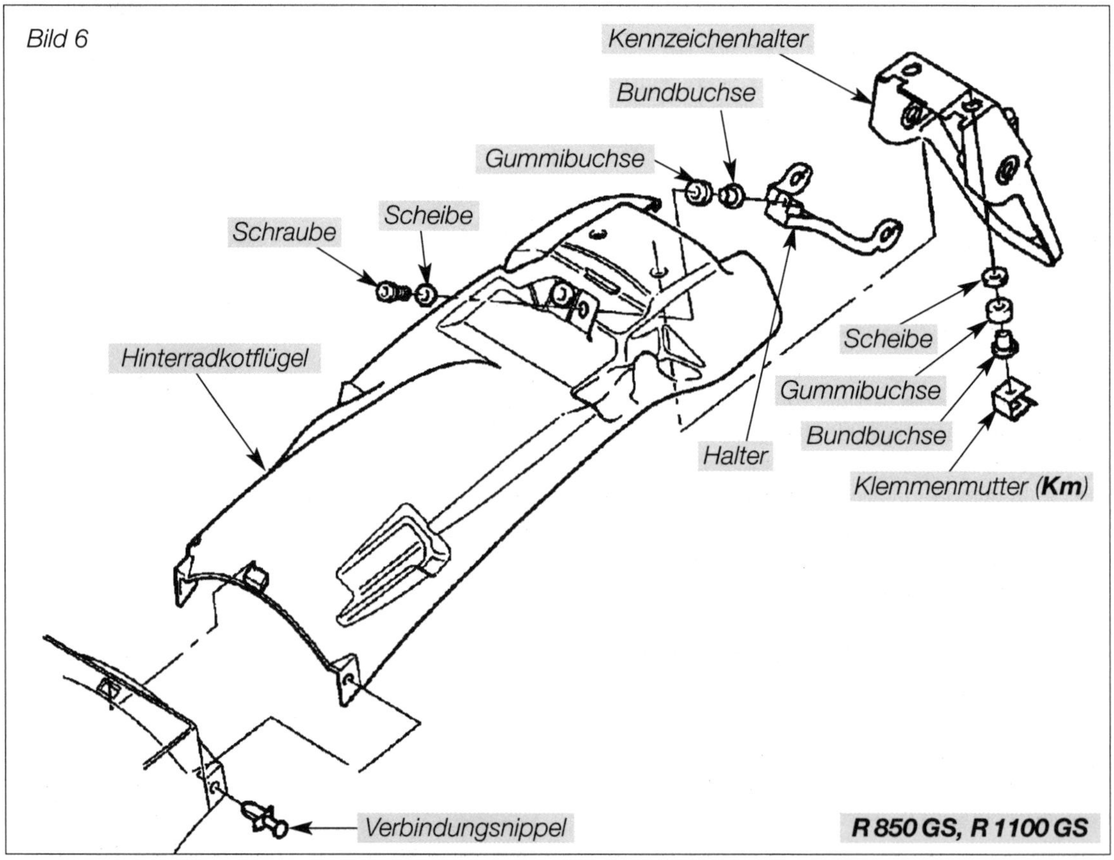

Bild 6: Hinterrad-Kotflügel und Kennzeichenhalter der R 850 GS und R 1100 GS.

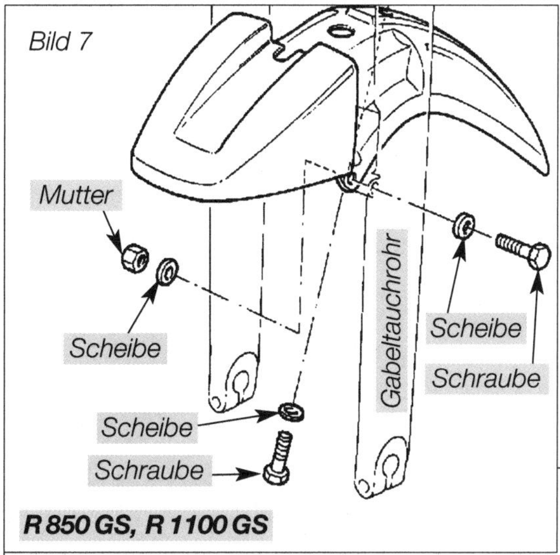

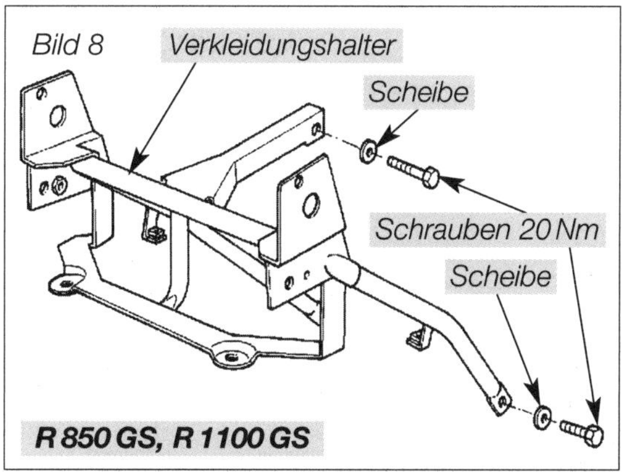

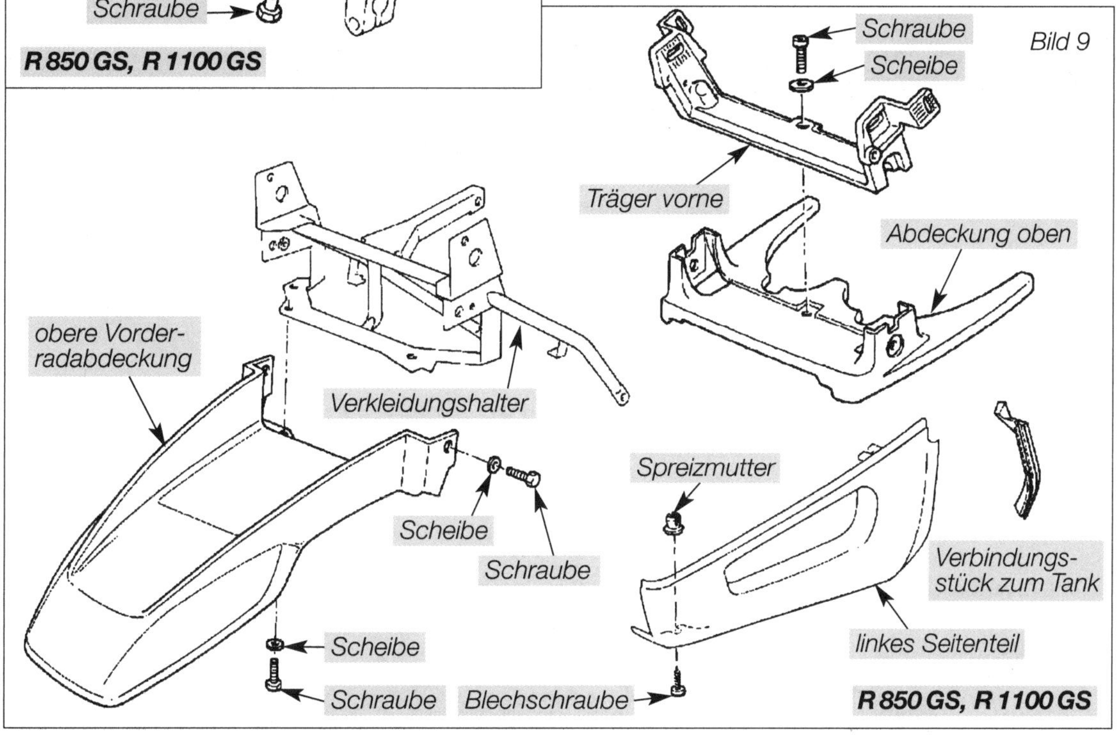

Bild 7: Vorderrad-Kotflügel der R 850 GS und R 1100 GS.

Bilder 8 und 9: Verkleidungshalter und Verkleidungsteile, Vorderradabdeckung der R 850 GS und R 1100 GS.

Bild 10: Motorschutzwanne der R 850 GS und R 1100 GS.

Bild 11: Gepäckbrücke und Kofferträger der R 850 GS und R 1100 GS.

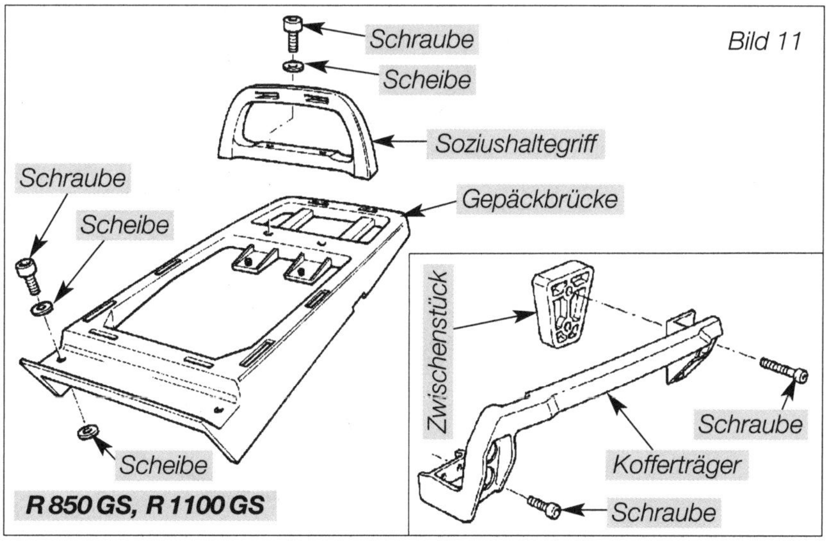

Sichtprüfung Messen

Verkleidungsteile der R 1150 GS und der…

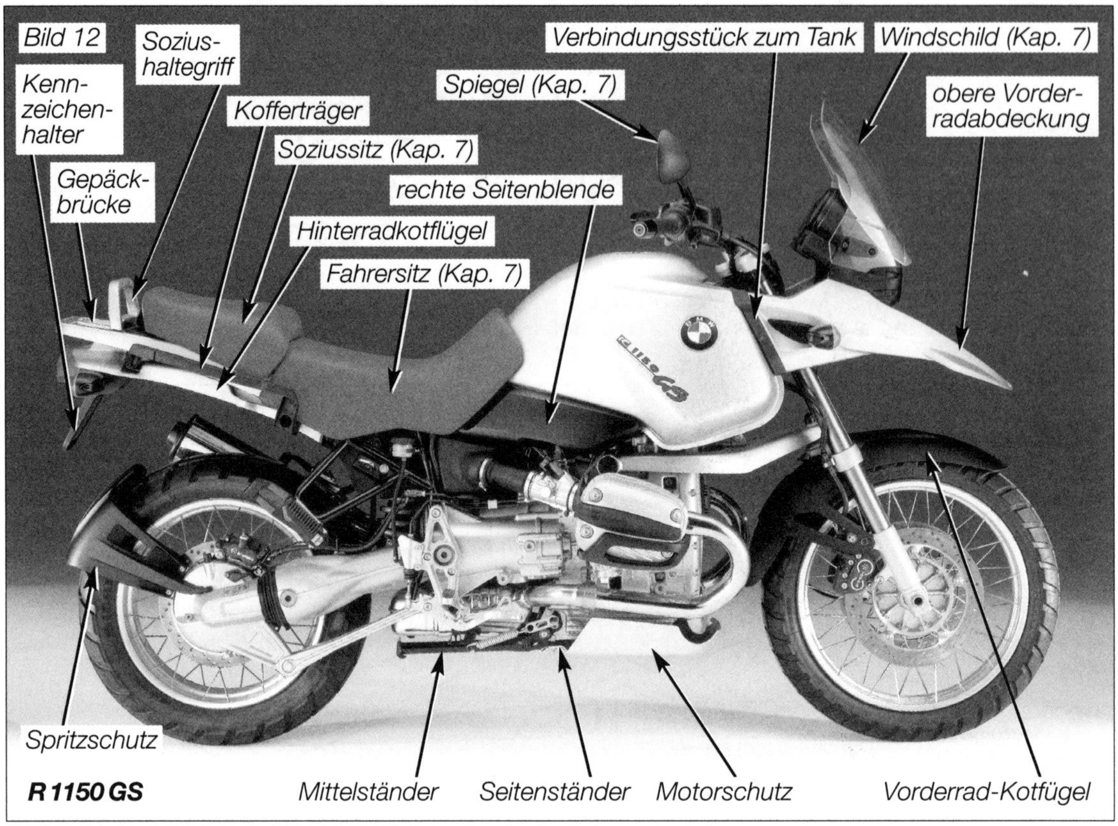

Bild 12: Übersicht der wichtigsten Verkleidungs- und Anbauteile an der R 1150 GS.

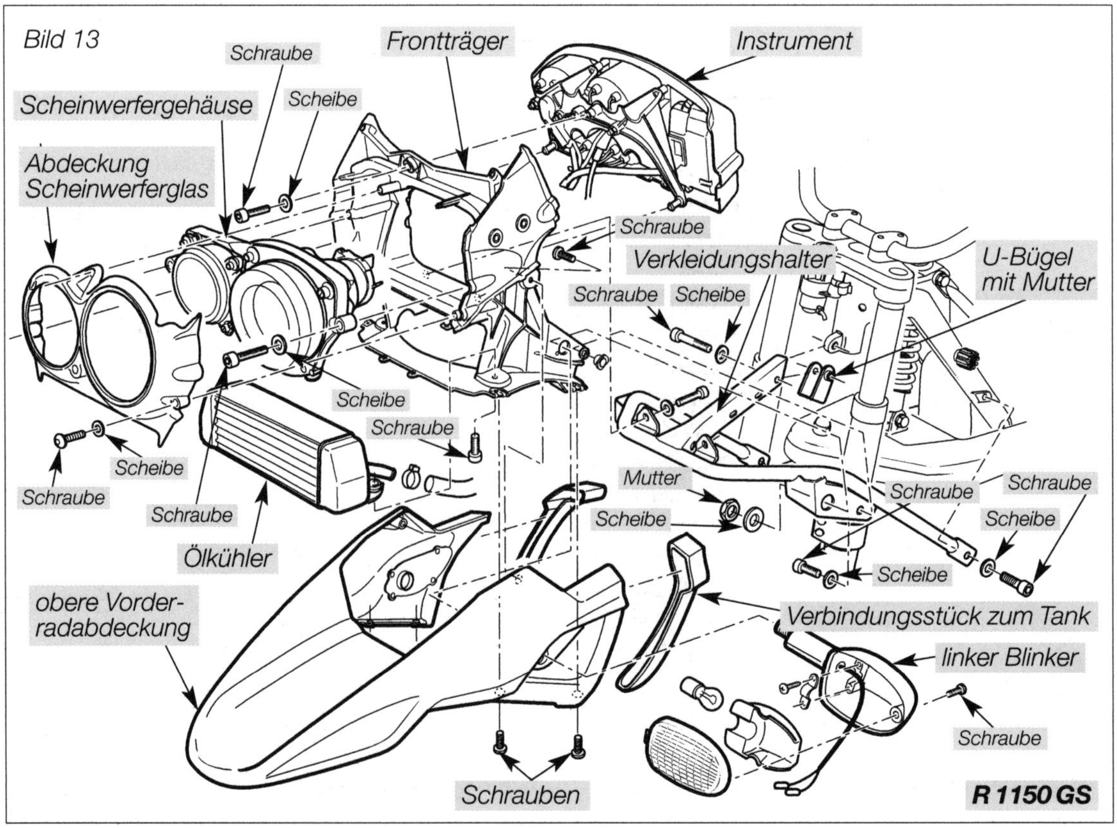

Bild 13: Explosionszeichnung zeigt Frontträger, Verkleidungshalter, Verkleidungsteile und Vorderradabdeckung der R 1150 GS.

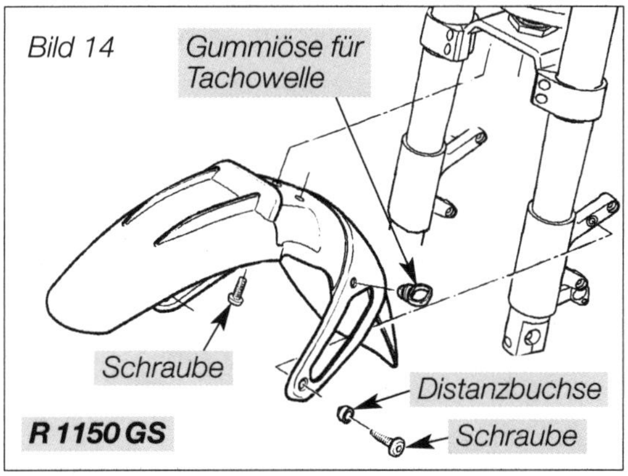

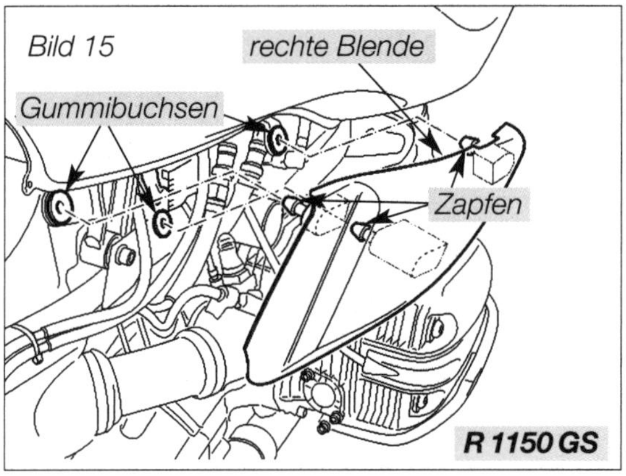

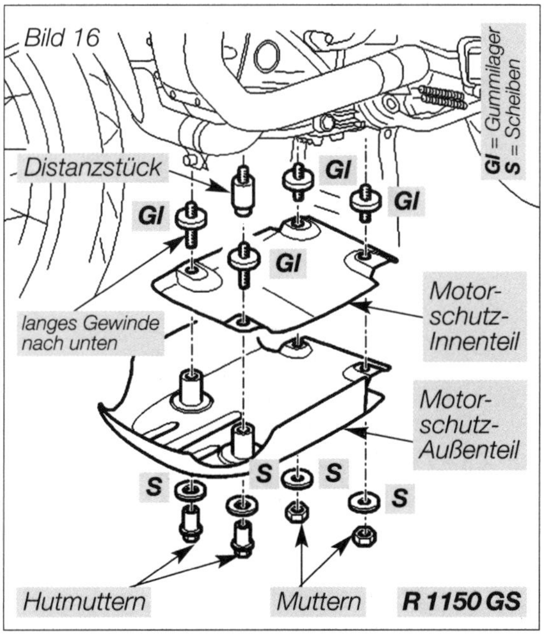

Bilder 14, 15 und 16: Explosionszeichnungen von Befestigung des Vorderrad-Kotflügels, der rechten Seitenblende und des Motorschutzes an der R 1150 GS. Beachten Sie die unterschiedlichen Gewindelängen der Gummilager.

...R 1150 GS Adventure

Bild 17: Wichtige Verkleidungs- und Anbauteile an der R 1150 GS Adventure.

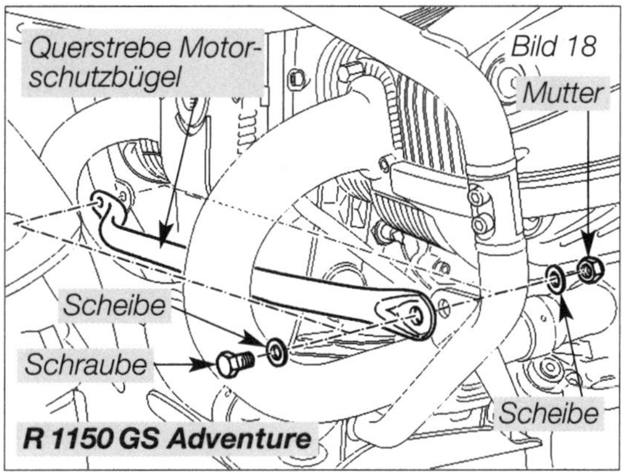

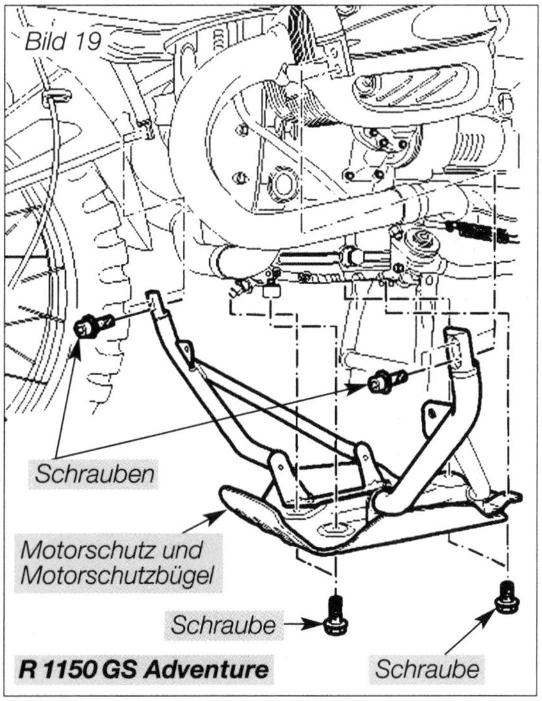

Bilder 18 und 19: Befestigung von Motorschutz (»Unterfahrschutz«) und Motorschutzbügel an der R 1150 GS Adventure.

Sichtprüfung Messen

Verkleidungsteile der R 1200 GS und der R 1200 GS Adventure bis Mj. 2007

Bild 20: Übersicht der wichtigsten Verkleidungs- und Anbauteile an der R 1200 GS.

Bild 21: Anbaulage der Befestigung der Seitenverkleidungen.

Bild 22: Oberer und unterer Schnellverschluss der Seitenverkleidung lassen sich einfach bedienen.

Bild 23: Darauf achten, dass die Gummitülle für den oberen Zapfen richtig in der Bohrung (Oval) sitzt.

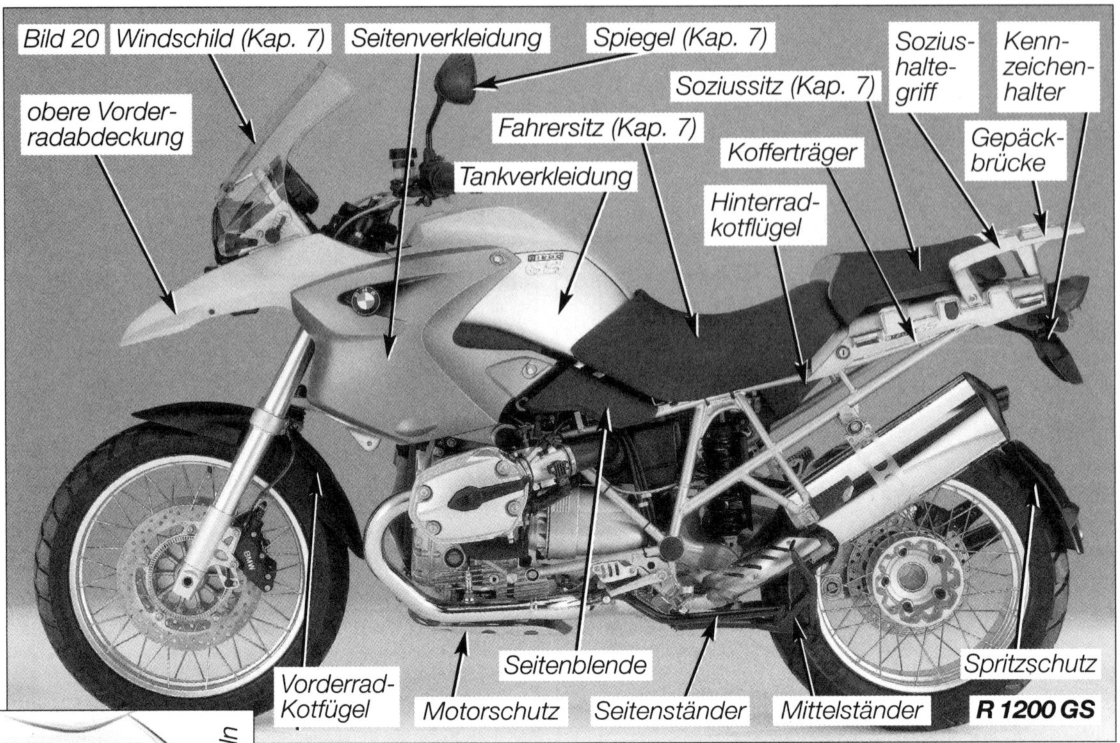

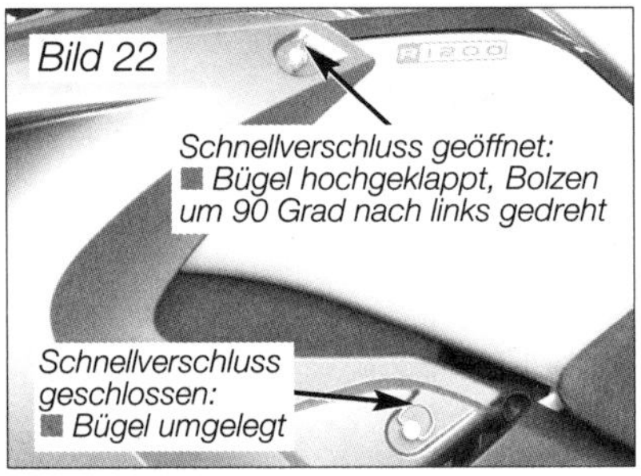

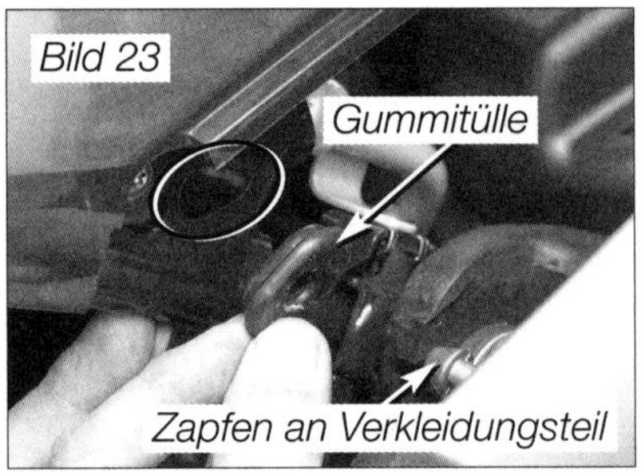

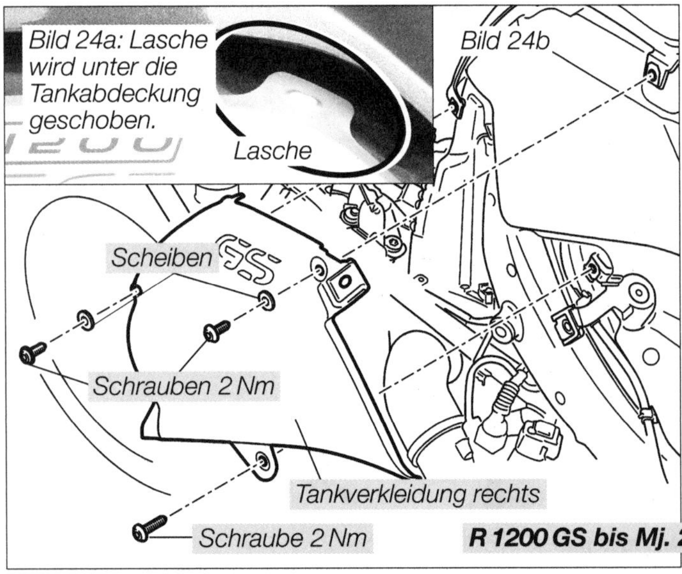

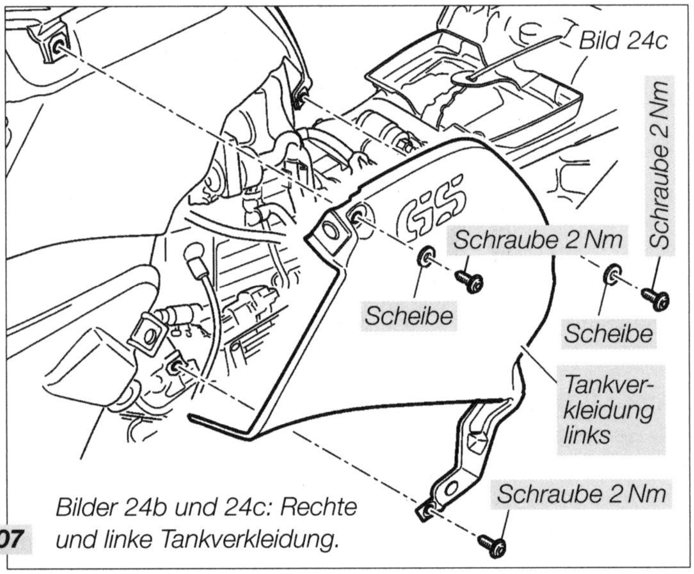

Bilder 24b und 24c: Rechte und linke Tankverkleidung.

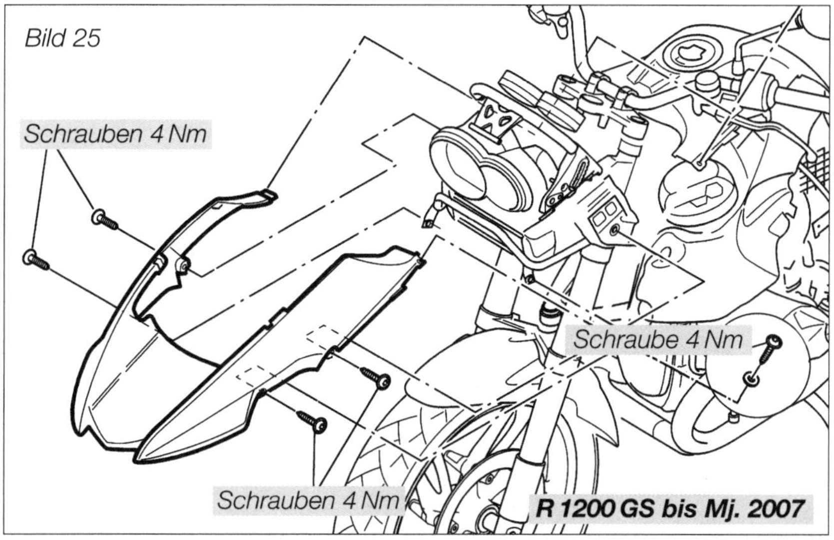

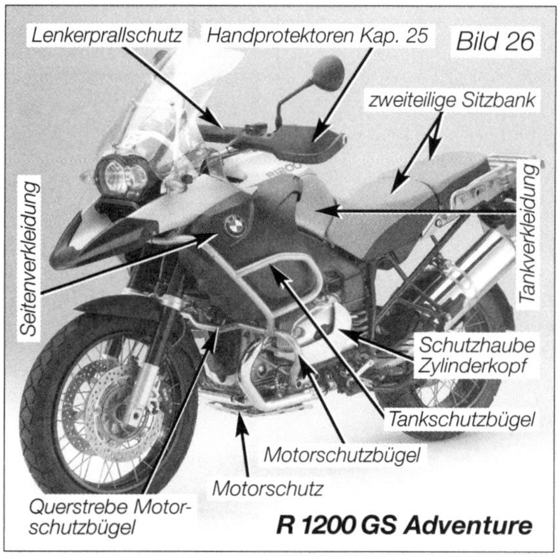

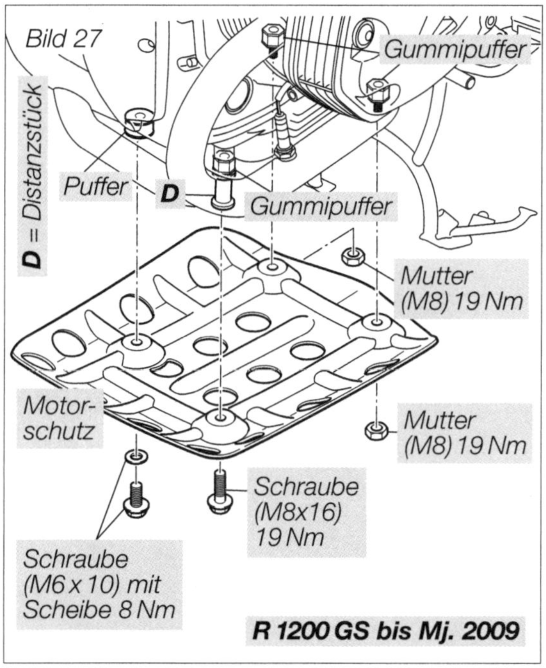

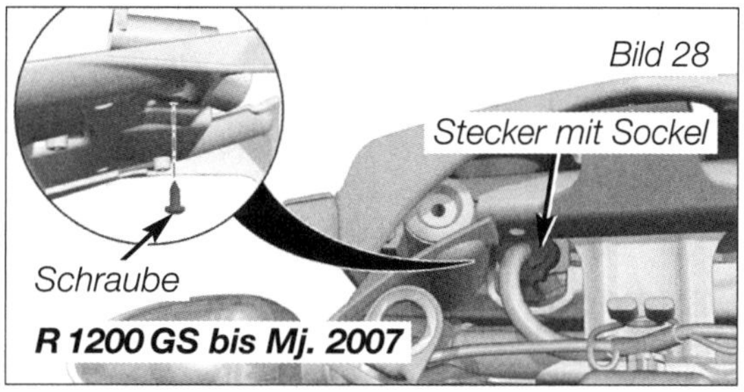

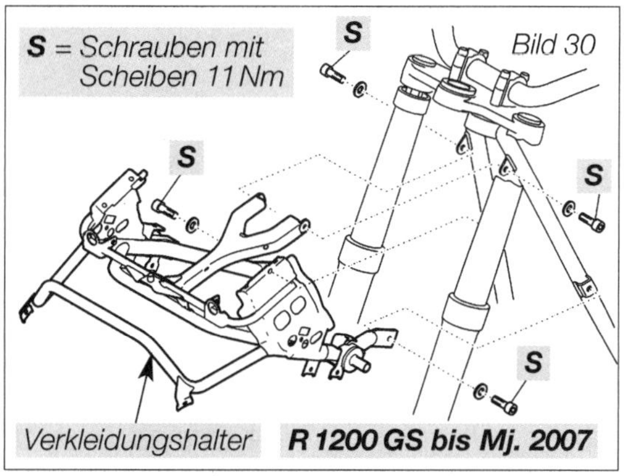

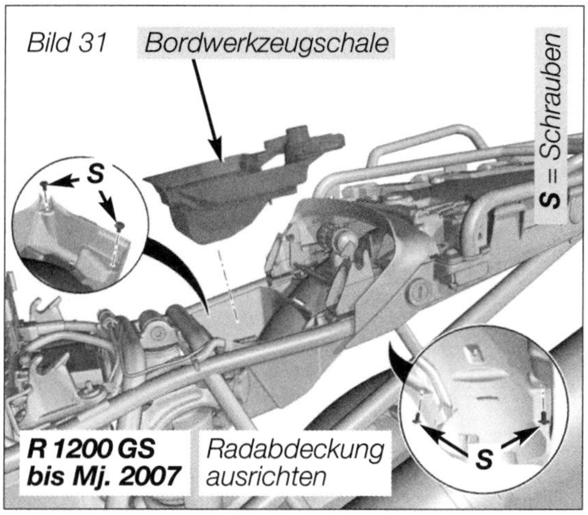

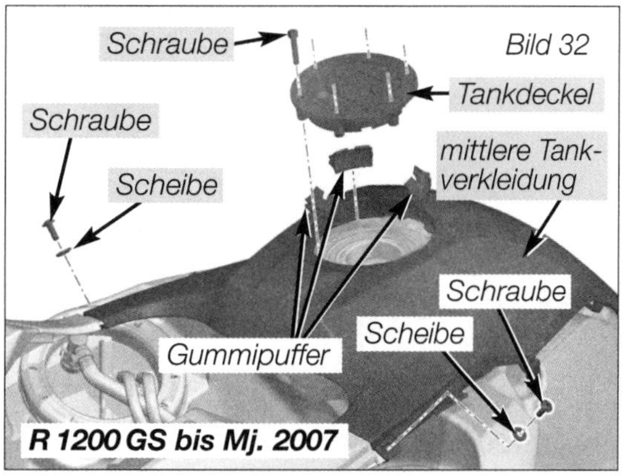

Bild 25: Befestigung Vorderradabdeckung.

Bild 26: Wichtige Verkleidungs- und Anbauteile an der R 1200 GS Adventure.

Bild 27: Befestigung des Motorschutzes.

Bild 28: Stecker mit Sockel an Hinterrad-Kotflügel mit Schraube befestigen.

Bild 29: Seitenblende abziehen, sie sitzt mit Zapfen in Gummitüllen.

Bilder 30 bis 32: Befestigung Verkleidungshalter, hintere Radabdeckung und mittlere Tankverkleidung.

Verkleidungsteile der R 1200 GS ab Mj. 2008 und der R 1200 GS...

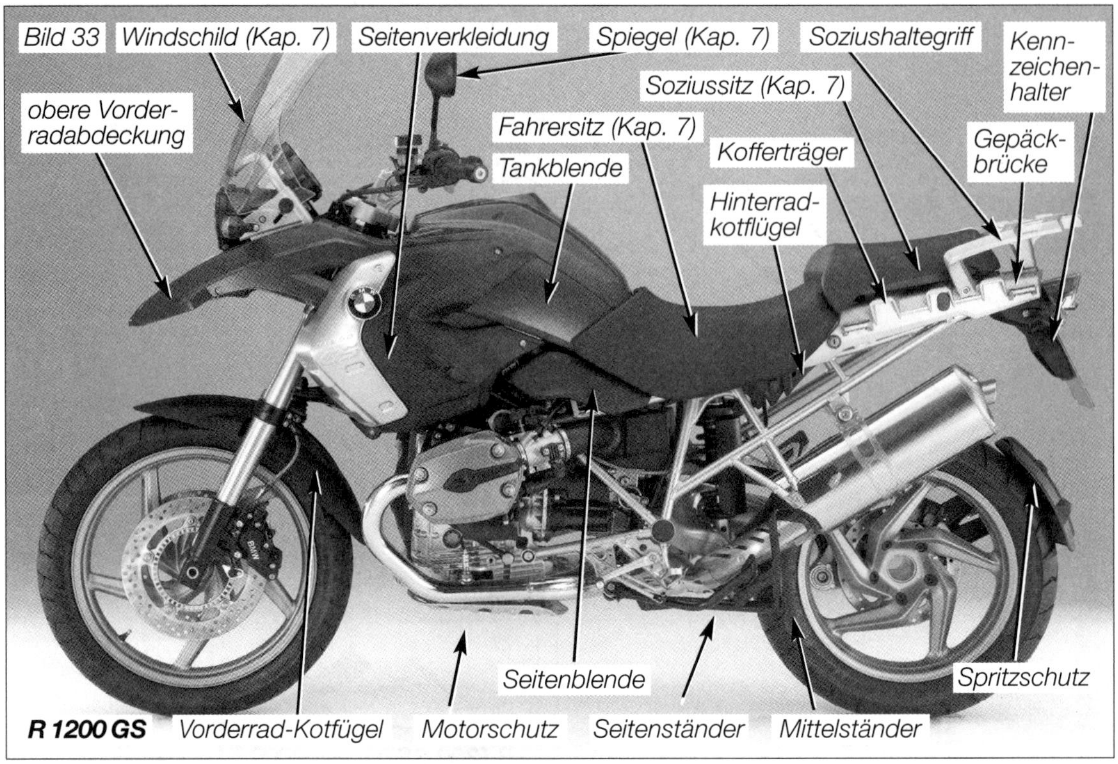

Bild 33: Übersicht der wichtigsten Verkleidungs- und Anbauteile an der R 1200 GS.

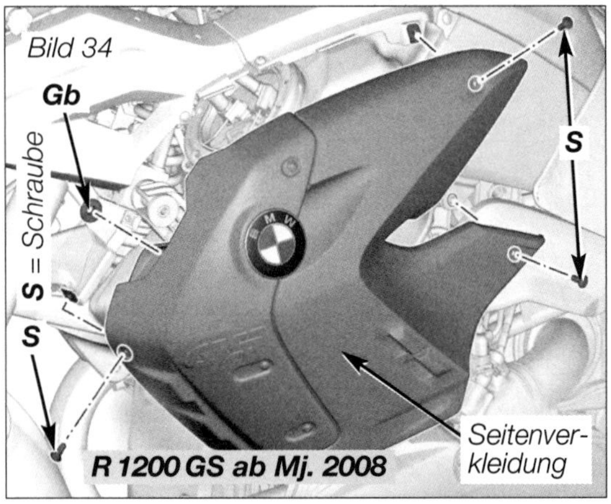

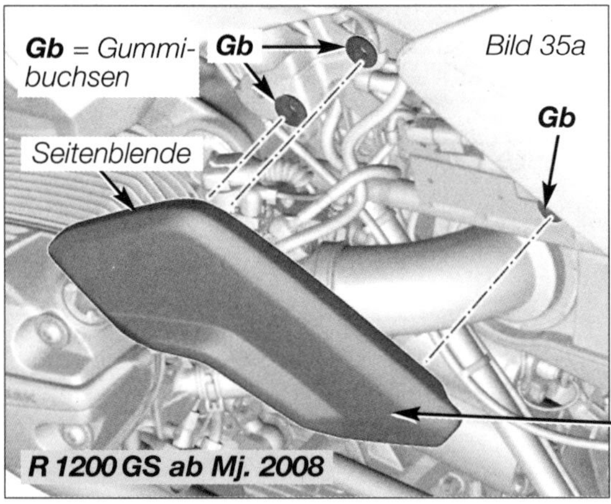

Bilder 34 bis 38: Befestigungsstellen verschiedener Verkleidungsteile der R 1200 GS.

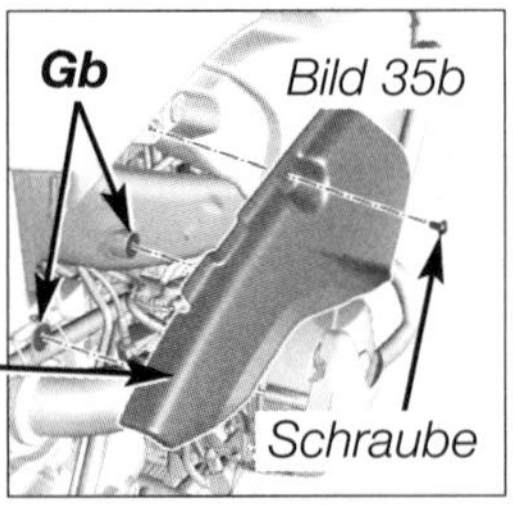

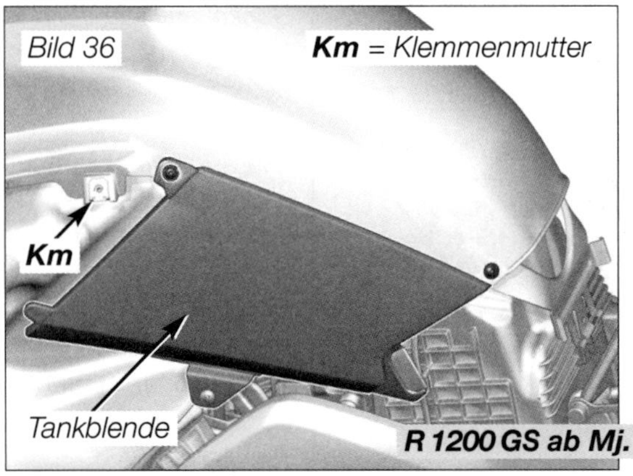

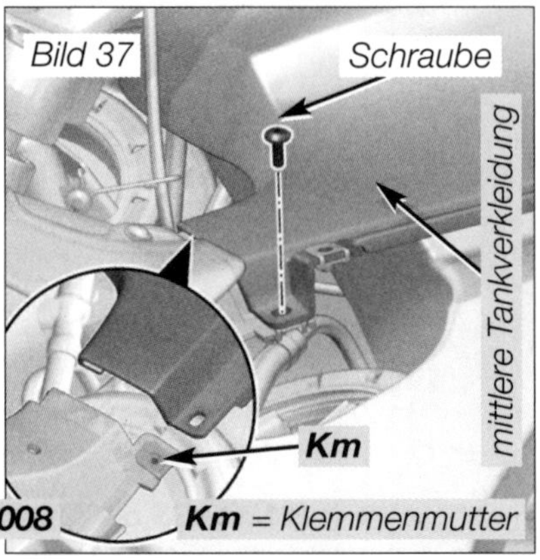

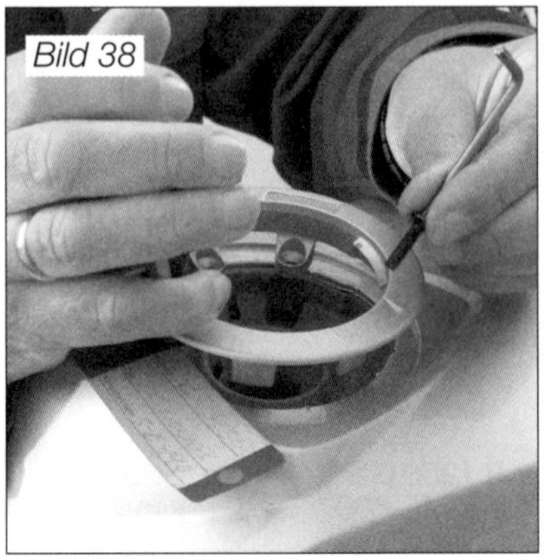

...Adventure ab Mj. 2008

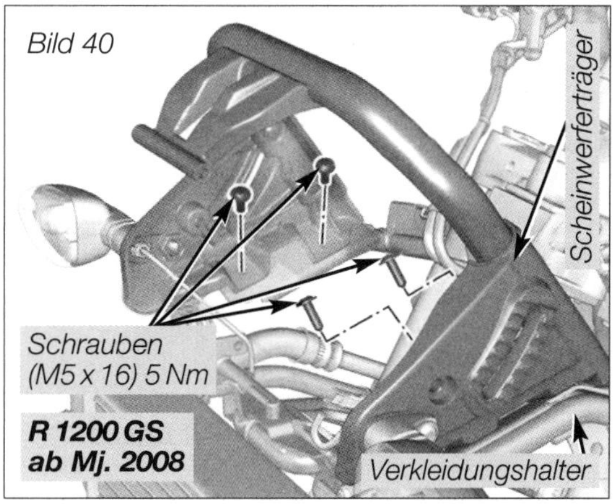

Bild 39: Übersicht der wichtigsten Verkleidungs- und Anbauteile an der R 1200 GS Adventure.

Bilder 42a bis 42d: Abbau von Vorderradabdeckung.

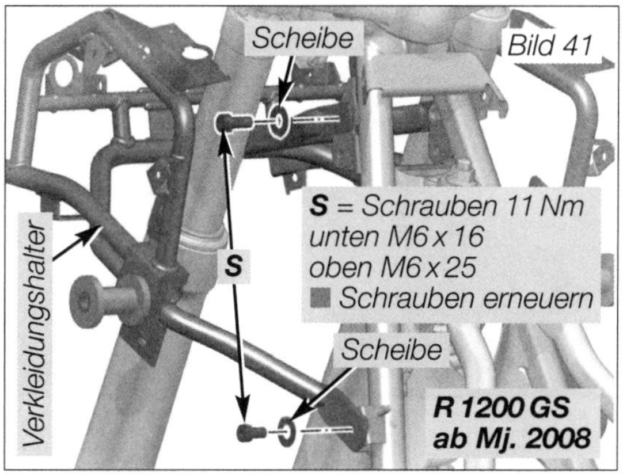

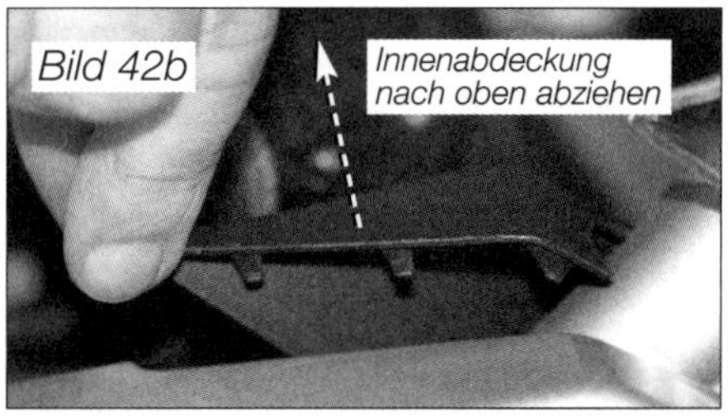

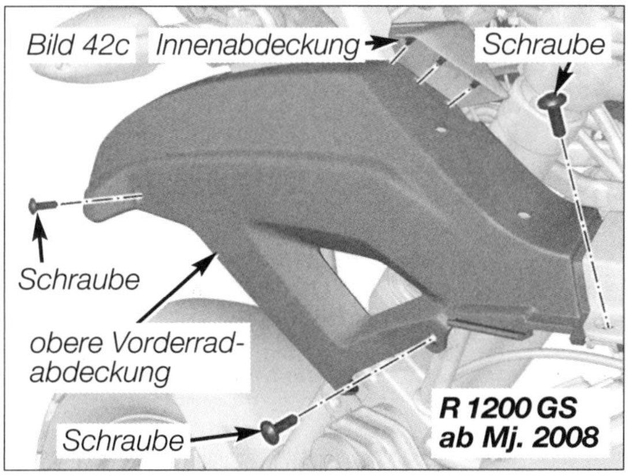

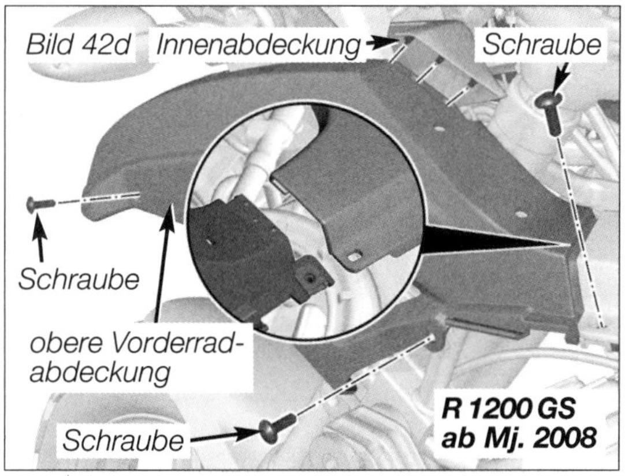

Bilder 40 und 41: Scheinwerferträger an Verkleidungshalter und Verkleidungshalter an Vorderrahmen oben und unten.

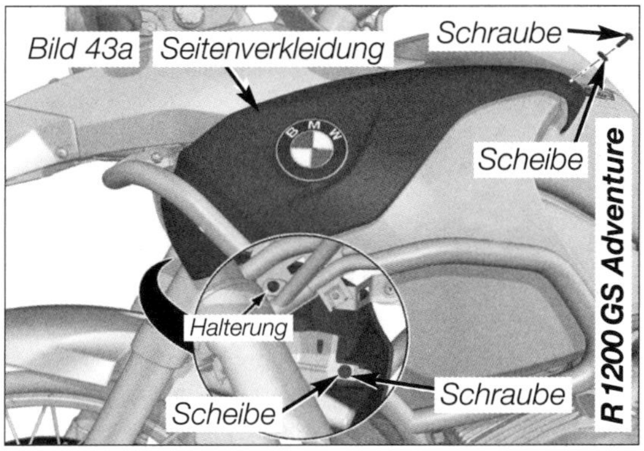

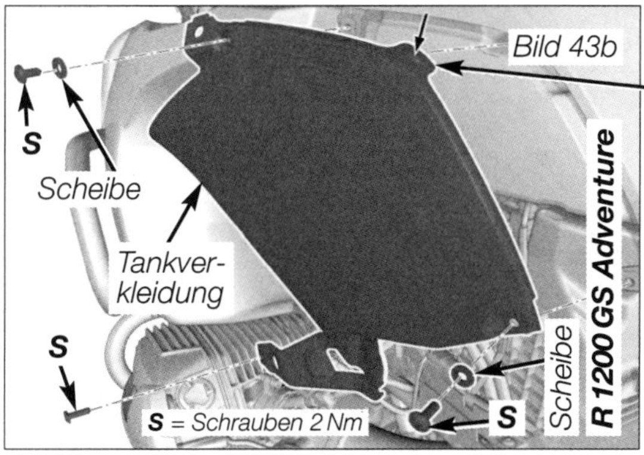

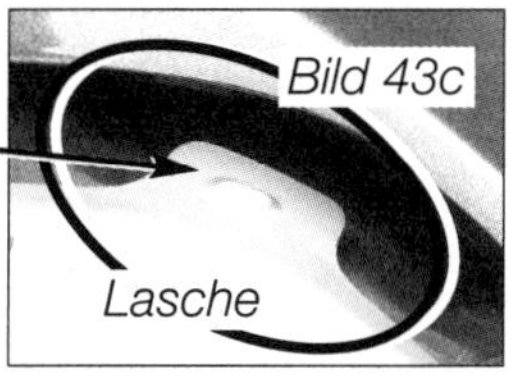

Bilder 43a, 43b und 43c: Seiten- und Tankverkleidung bei der R 1200 GS Adventure. Lasche beachten.

Bilder 44 und 45: Befestigung Spritzschutz und Kennzeichenhalter.

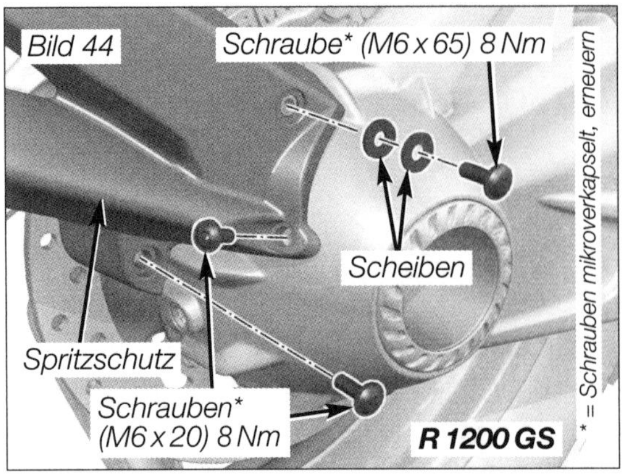

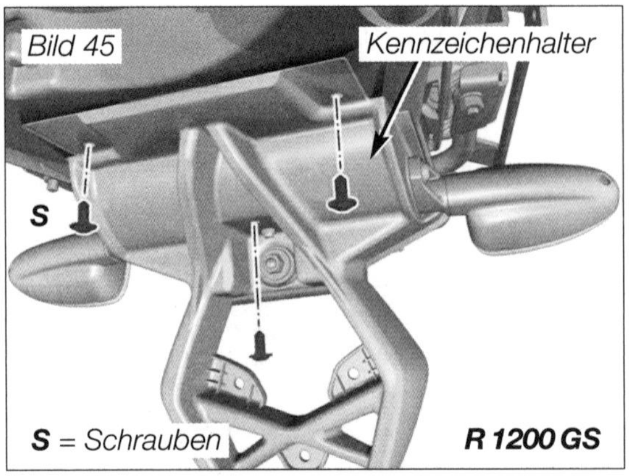

Bilder 46a, 46b und 47: Befestigung Motorschutz und untere Vorderradabdeckung.

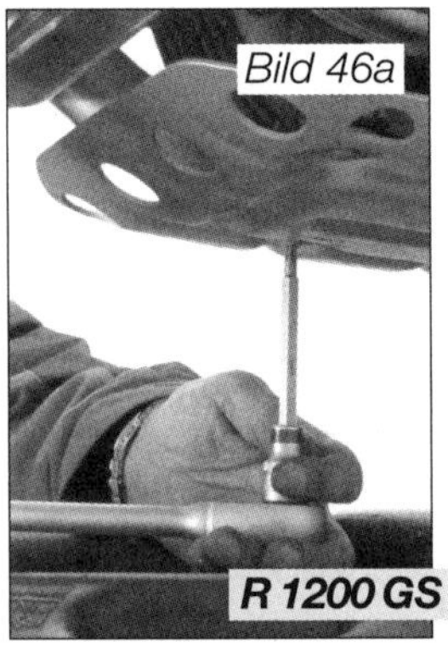

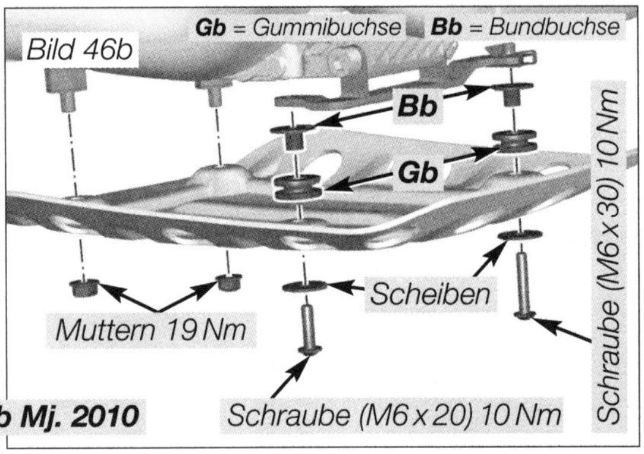

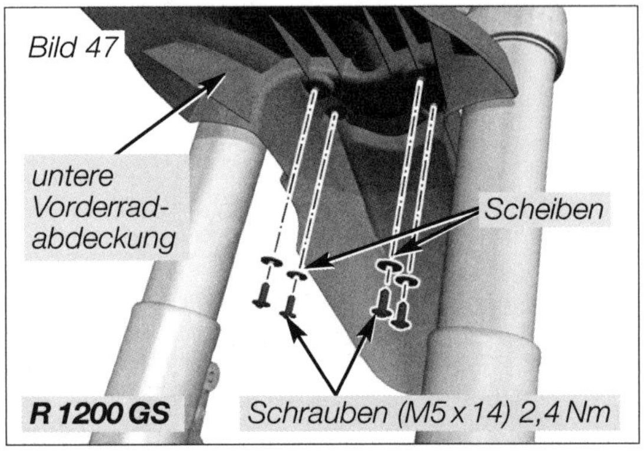

Bild 48: Gepäckbrücke an Heckrahmen ab Mj. 2008, davor geringe optische Abweichungen.

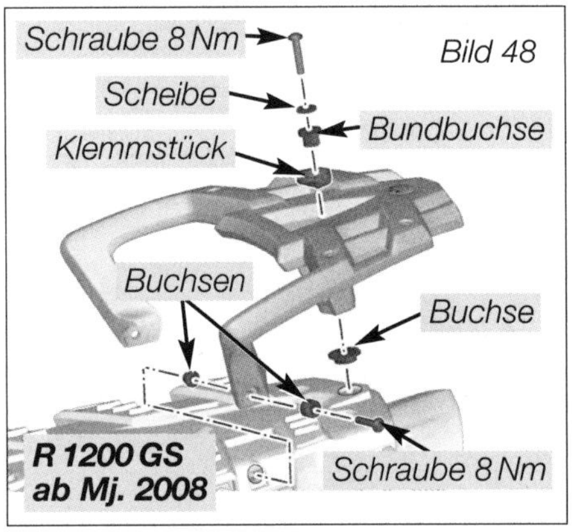

Bild 49: Befestigung der Kofferhalter an Heckrahmen bei der R 1200 GS Adventure.

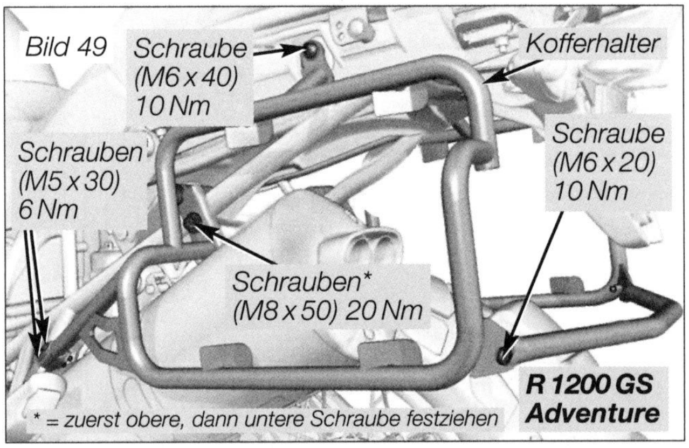

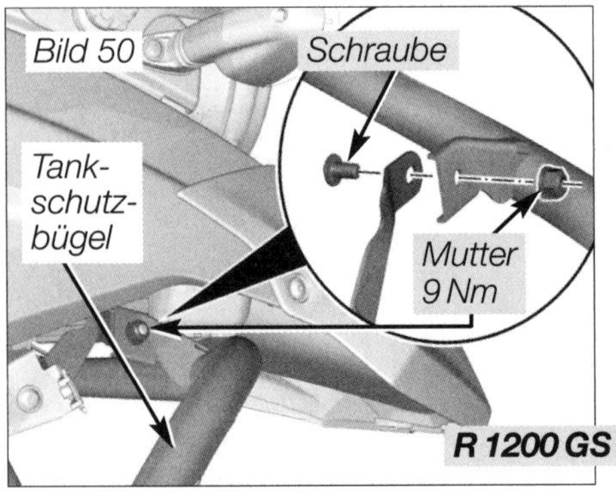

Bild 50: Tankschutzbügel an Verkleidungshalter, Motorschutzbügel.

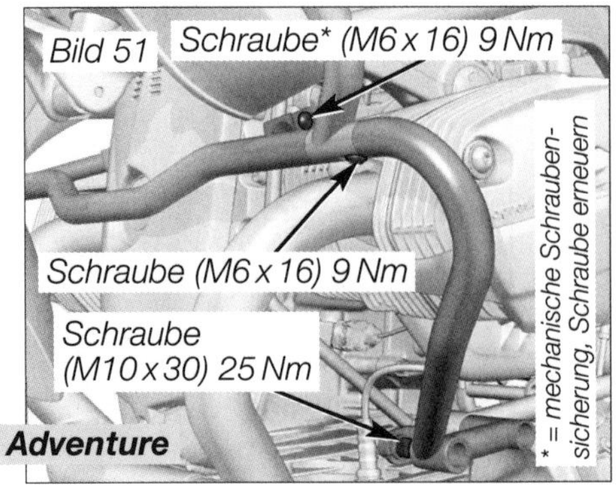

Bild 51: Motorschutzbügel an Kurbelgehäuse und Vorderrahmen.

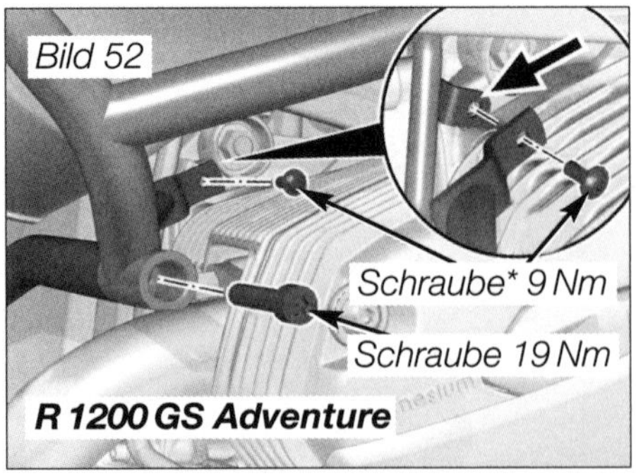

*Bild 52: Mittelstück vorsichtig so ansetzen, dass es auf der linken Seite **auf** dem Flansch der Ölleitung liegt (fetter Pfeil).*

Seitenständer

Für alle Modelle gilt: Der Seitenständer ist hohen Belastungen ausgesetzt, er hat eine große Last zu tragen, wenn das Motorrad darauf abgestellt wird. Beim Aus- und Einklappen muss er sich leicht bewegen lassen und zuverlässig nach oben an den Anschlag in die Waagerechte schnappen. Die Gelenkstelle sowie die Enden der Seitenständerfedern (»Ständer-Rückholfedern«) müssen regelmäßig geschmiert werden. Man kann Ölspray dazu nehmen, z. B. nach dem Waschen der Maschine, aber auch dickes Fett an die Enden der Seitenständerfedern.

Bilder 54 und 55: Die beiden Ständer-Rückholfedern gelegentlich kontrollieren, sie dürfen weder gerissen, noch an ihren umgebogenen Enden verschlissen sein. Wenn doch, unbedingt ersetzen.

Wenn der Seitenständer lange Zeit trocken (also ungeschmiert) betätigt wird, dann verschleißen seine Lagerstellen. Dann müssen neue Gelenkbauteile eingebaut werden, weil die alten Teile eingelaufen und durch Fress- und Kerbstellen stark bruchgefährdet sind.

Wichtig: Wenn das Gewinde der Gelenkschraube bzw. des Schraubbolzens nicht mehr einwandfrei in Ordnung ist, eine neue Originalschraube kaufen. Keine billige Eisenschraube aus dem Baumarkt oder unbekannter Herkunft aus einer typischen Werkstatt-Schraubenkiste verwenden!

R 850 GS, R 1100 GS, R 1150 GS:
Seitenständer ab- und anbauen
Abbauen:

1. Motorrad auf Mittelständer aufbocken, Seitenständer muss hochgeklappt sein.
2. Bilder 57 und 59: Federn am Haken des Seitenständers mit Federspanner (oder BMW-Spezialwerkzeug) aushängen.
3. Bild 53: Federn vom vorderen Haken am

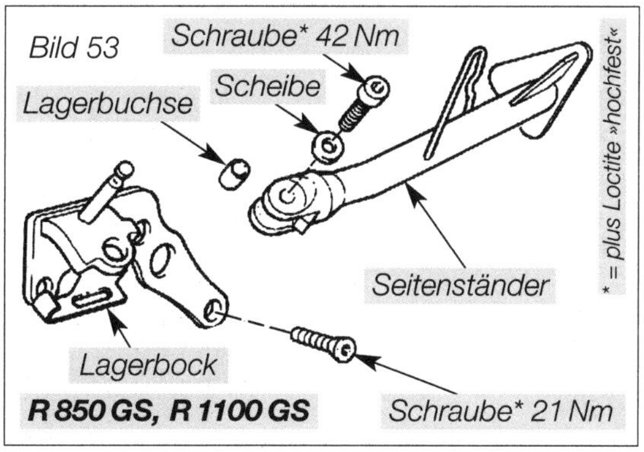

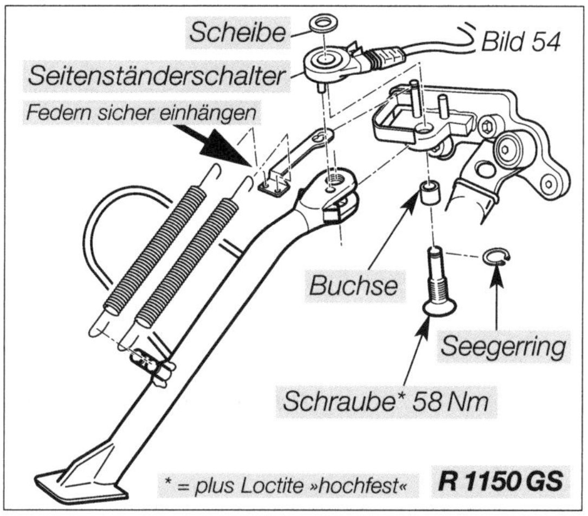

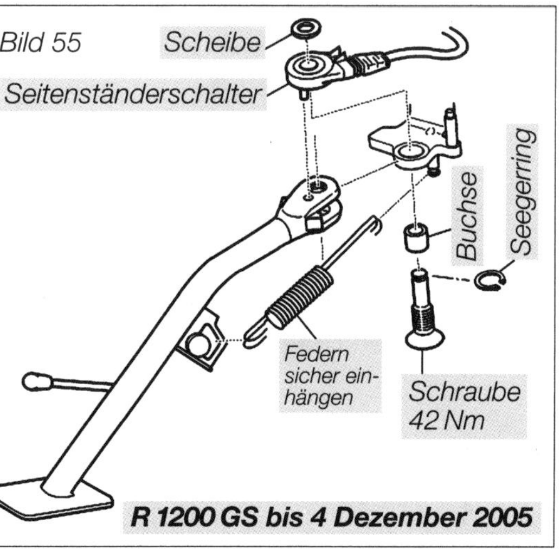

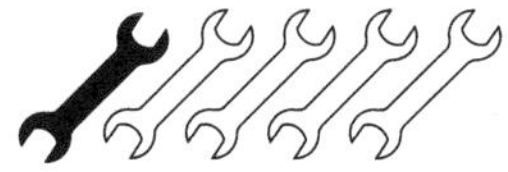

Bilder 53 bis 56b: Seitenständerlagerung. Zentrisch zum Seitenständergelenk ist der Seitenständerschalter angebracht.

■ Lagerung des Mittelständers mit Fett- oder Ölspray schmieren.

■ Federn immer zuerst an Haken des Ständers aushängen, danach Halteblech mit Federn aus Bolzen am Rahmen aushängen.

*■ * in Bild 56b = Wenn keine neue Schraube vorhanden ist, kann man die demontierte Schraube reinigen und mit Loctite »mittelfest« montieren.*

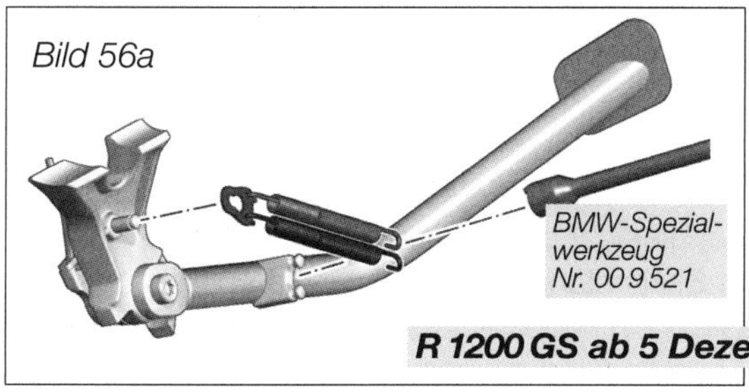

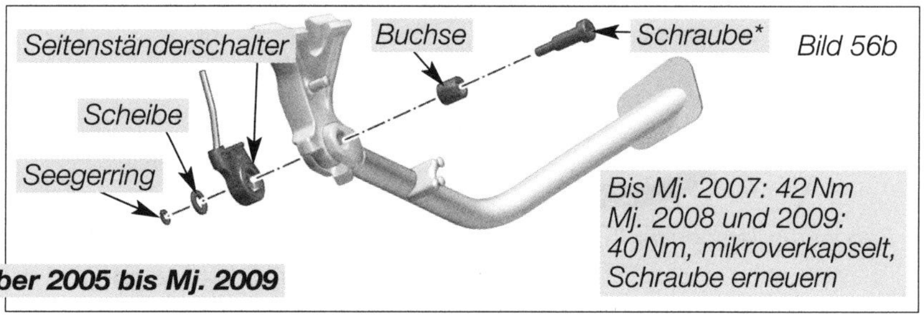

Sichtprüfung Messen

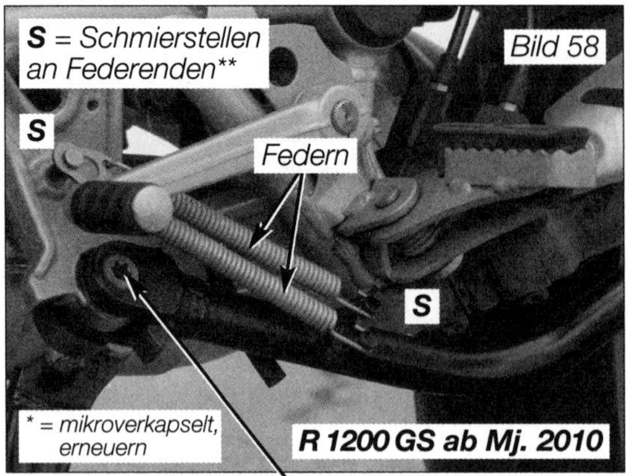

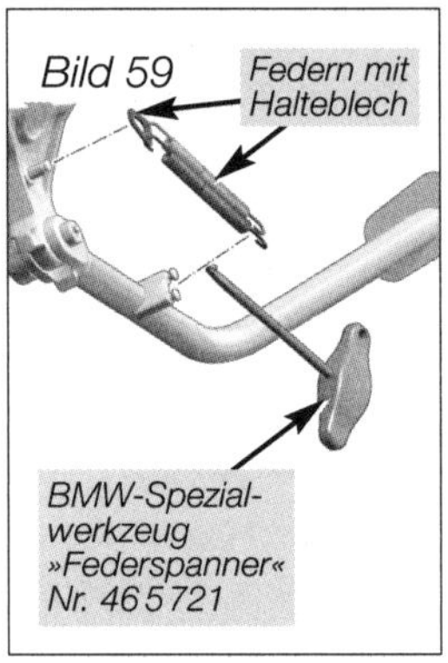

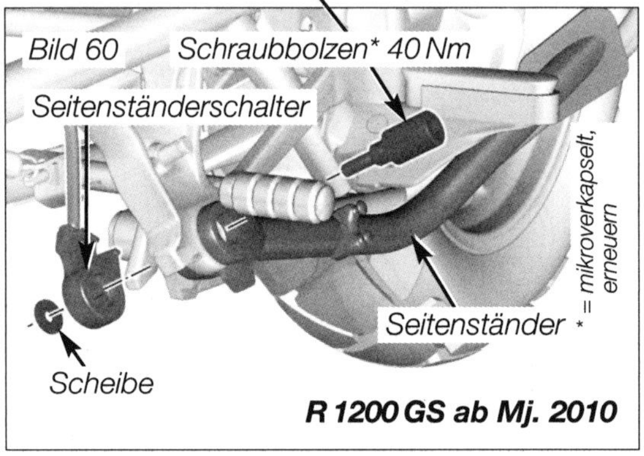

Bilder 57 bis 63: Seitenständerlagerung und Seitenständerschalter. Nach dem Waschen den Gelenkstellen einen guten Schuss Öl- oder Fettspray geben. Federn immer zuerst an Haken des Ständers und danach Halteblech mit Federn aus Bolzen am Rahmen aushängen.

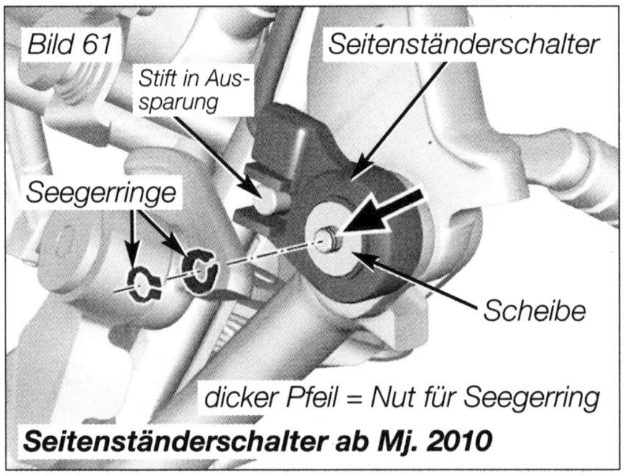

Lagerbock (bzw. Halteblech bei R 1150 GS, Bild 54) abnehmen.

4. Bei 1150 GS, Bild 54: Seegerring abbauen. Scheibe und Seitenständerschalter abnehmen.

5. Schraube lösen und ausschrauben, Seitenständer abnehmen.

5.1. Bei R 850 GS, R 1100 GS, Bild 53: Seitenständerschalter abnehmen.

Anbauen:

1. Schraube, Lagerstelle im Seitenständer und Lagerbock/Lagerplatte mit hochwertigem, druckstabilem Wälzlagerfett satt einschmieren. BMW empfiehlt Staburags NBU 30 PTM oder Unirex S2.

2. Bei R 850 GS, R 1100 GS: Seitenständerschalter in Einbauposition ansetzen. Federn am Haken des Lagerbocks einhängen.

2.1. Seitenständer ansetzen, Federn an Bolzen/Aufnahme am Seitenständer einhängen.

2.2. Gewinde der Schraube reinigen, Loctite »hochfest« auftragen, Seitenständer nach hinten ziehen, Schraube einstecken, in Gewinde einschrauben und mit 42 Nm festziehen.

3. Bei R 1150 GS: Gewinde der Schraube reinigen, Loctite »hochfest« auftragen, Seitenständer ansetzen, Schraube einstecken, in Gewinde einschrauben, mit 58 Nm festziehen.

3.1. Halteblech mit Federn auf Schraube setzen, Seitenständerschalter so aufsetzen, dass der Zapfen am Seitenständerschalter in die Bohrung des Seitenständers greift.

3.2. Scheibe auf Schraube aufschieben.

3.3. Neuen Seegerring auf Schraube aufsetzen und hörbar in Nut einrasten lassen.

■ Unbedingt eine passende Seegerringzange benutzen.

3.4. Seitenständer nach hinten klappen, Federn am Haken des Seitenständers mit Federspanner einhängen.

■ Anschließend Seitenständerschalter prüfen, siehe Kapitel 4 »Wartung · Pflege«.

R 1200 GS: Seitenständer ab- und anbauen

Abbauen:

1. Motorrad auf Mittelständer aufbocken, Seitenständer muss hochgeklappt sein.

2. Seitenständerfedern vom Haken bzw. der Aufnahme am Seitenständer aushängen.

■ Benutzen Sie dazu bitte einen Federspanner wie in den Bildern 57 und 59, denn die Federkraft der beiden Federn ist so stark, dass eine Zange nicht genügt, sie rutscht meistens ab.

3. Seitenständerfedern am Gelenk aushängen; wenn ein Halteblech angebracht ist, in das die Federenden eingesetzt sind, wird dieses mitsamt

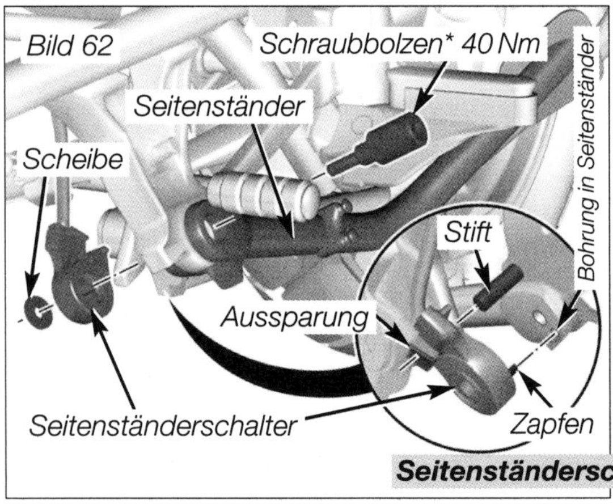

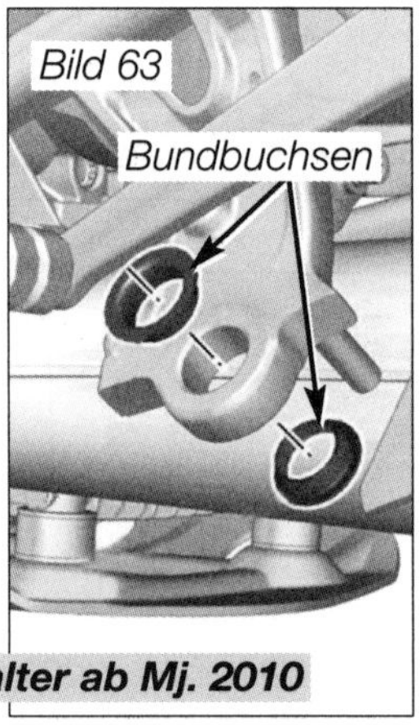

der Federn vom Bolzen am Rahmen abgehängt.
4. Auf der Gelenkschraube bzw. dem Lagerbolzen sind ein oder zwei Seegerringe montiert: Abbauen mit Seegerringzange.
5. Bild 60: Scheibe und Seitenständerschalter abnehmen.
6. Bilder 58 und 60: Schraube/Lagerbolzen lösen und ausschrauben, Seitenständer abnehmen.

Anbauen:
1. Schraube/Lagerbolzen, Lagerstelle an Seitenständer, Lagerbock/Lagerplatte und Bundbuchsen mit hochwertigem, druckstabilem Wälzlagerfett satt einschmieren. BMW empfiehlt Staburags NBU 30 PTM oder Unirex S2.
2. Federn ohne bzw. mit Halteblech am Haken nahe der Gelenkstelle einhängen.
3. Seitenständer in etwa in Montageposition ansetzen, mit einer Hand festhalten und die Federn an ihren Bolzen/Aufnahme am Seitenständer einhängen.
4. Seitenständer gegen die Federkraft nach hinten ziehen, Schraube/Lagerbolzen einstecken, in Gewinde einschrauben und festziehen:
- bis 2007 mit 42 Nm
- ab Mj. 2008 mit 40 Nm. Dieser Lagerbolzen ist mikroverkapselt und soll laut BMW erneuert werden. Man kann auch das Gewinde reinigen und Loctite »mittelfest« auftragen.

5. Seitenständerschalter anbauen, Bilder 61 und 62: Seitenständerschalter so aufsetzen, dass der Zapfen am Seitenständerschalter in die Bohrung des Seitenständers greift und der Stift auf der Halteplatte in der Aussparung des Seitenständerschalters sitzt.
6. Scheibe auf Schraube aufschieben.
7. Bis Mj. 2007: Neuen Seegerring mit Zange auf Schraube aufsetzen, er muss hörbar in seine Nut einrasten.
7.1. Ab Mj. 2008, Bild 61: Neuen ersten Seegerring mit Zange auf Schraube aufsetzen und ganz an den Seitenständerschalter drücken. Er fixiert den Seitenständerschalter.
7.2. Neuen zweiten Seegerring mit Zange auf Schraube aufsetzen und hörbar in seine Nut einrasten lassen.
- Anschließend Seitenständerschalter prüfen, siehe Kapitel 4 »Wartung · Pflege«.

Mittelständer

Auch die Lagerung des Mittelständers (»Hauptständer«) soll ab und zu geschmiert werden, wozu sich ein gutes Öl- oder Fettspray bestens eignet. Vor dem Schmieren beide Gelenkstellen mit Bremsenreiniger reinigen, Dreck auslaufen und Reinigungsstelle gut austrocknen lassen, denn sonst zersetzt der restliche Reiniger das frisch aufgesprühte Fett.

R 850 GS, R 1100 GS, R 1150 GS:
Mittelständer ab- und anbauen
Abbau:
1. Motorrad auf Heckmontageständer stellen.
2. Mittelständer nach oben klappen.
3. Bei R 850 GS, R 1100 GS, Bild 64: Federn am Haken des Mittelständers und am Haken des rechten Lagerbocks aushängen und abnehmen.
3.1. Bei R 1150 GS, Bild 65: Federn am Haken des Mittelständers und am Einhängeblech aushängen und abnehmen.
3.2. Bei R 1150 GS, Bild 65: Linsenschrauben in

Bild 64
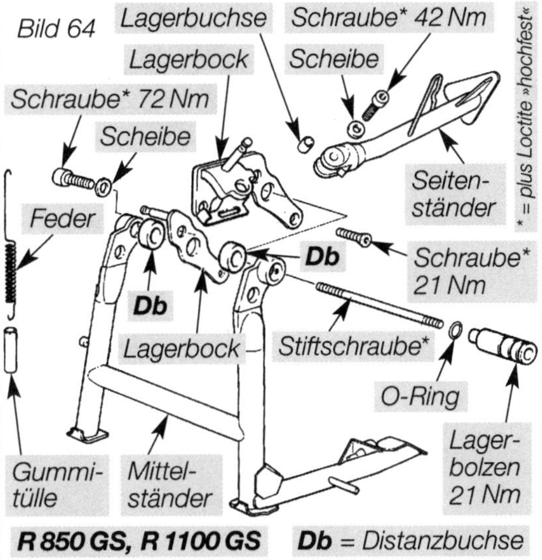

Bild 65
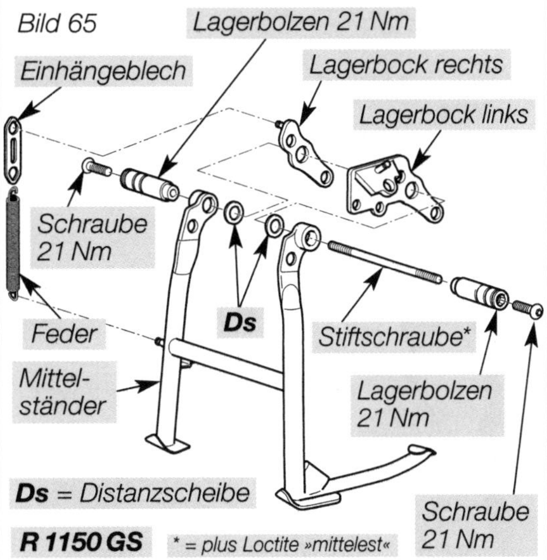

Bilder 64 und 65: Befestigung, Lagerung und Federenden des Mittelständers ab und zu mit Öl- oder Fettspray schmieren.

Bei grober Verschmutzung die Lagerstellen vor dem Schmieren mit Bremsenreiniger reinigen und austrocknen lassen.

Sichtprüfung

Messen

den Lagerbolzen lösen und ausschrauben.
4. Lagerbolzen rechts und links ausschrauben, Mittelständer abnehmen.
5. Lagerbolzen reinigen, auf Verschleiß und Korrosionsschäden prüfen. Bei Bedarf auswechseln.

Anbau:
1. Auf die Lagerbolzen dickes Lagerfett schmieren. BMW empfiehlt Staburags NBU 30 PTM.
2. Loctite auf die gereinigten Gewinde der Stiftschraube auftragen:
■ Loctite »hochfest« bei R 850 GS, R 1100 GS
■ Loctite »mittelfest« bei R 1150 GS
3. Mittelständer in Anbauposition an Lagerstelle ansetzen und mit einer Hand festhalten.

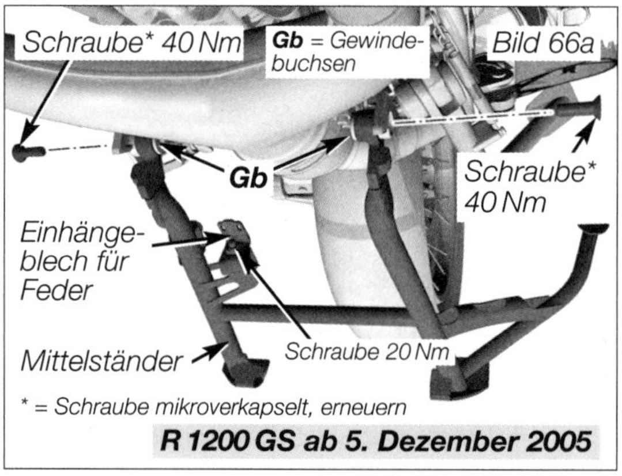

Bilder 66a bis 67b: Befestigung, Lagerung und Federenden des Mittelständers ab und zu mit Öl- oder Fettspray schmieren.

■ *Bei grober Verschmutzung die Lagerstellen vor dem Schmieren mit Bremsenreiniger reinigen und austrocknen lassen.*

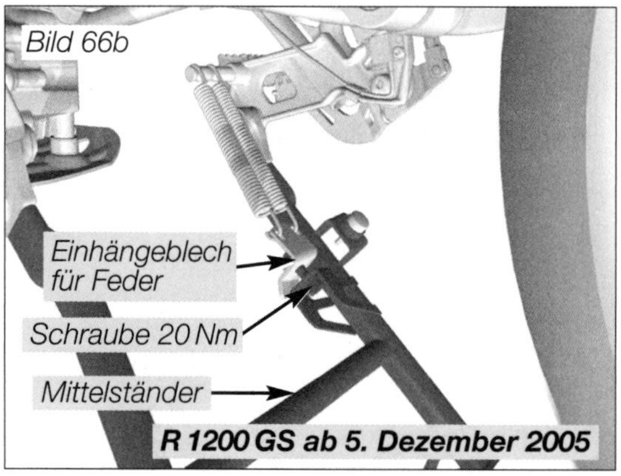

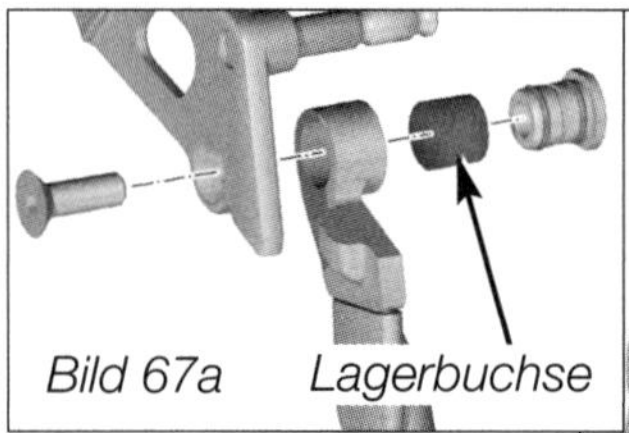

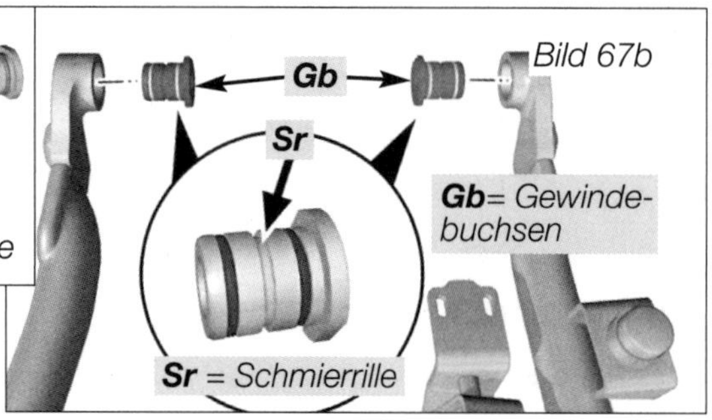

4. Bilder 64 und 65: Lagerbolzen einschrauben, mit 21 Nm festziehen.
5. Bei R 1150 GS, Bild 65: Linsenschrauben in den Lagerbolzen einschrauben, mit 21 Nm festziehen.
6. Mittelständer ganz nach oben klappen, Federn einhängen:
7. Bei 850 GS, R 1100 GS: Am Haken des Mittelständers und am Haken des rechten Lagerbocks.
7.1. Bei R 1150 GS: Am Haken des Mittelständers und am Einhängeblech.

R 1200 GS: Mittelständer ab- und anbauen
Abbau:
1. Motorrad auf Heckmontageständer stellen.
2. Ab 5. Dezember 2005, Bild 66a: Mittelständer etwas nach unten klappen, Schraube des Einhängeblechs der Federn lösen, aber noch nicht ausschrauben.
3. Mittelständer nach oben klappen, Federn aushängen und abnehmen:
3.1. Bis 4. Dezember 2005: An Aufnahme des Mittelständers und am Haken der Halteplatte.
3.2. Ab 5. Dezember 2005: An Bolzen der Halteplatte und am Einhängeblech.
4. Bild 66a: Halteschrauben rechts und links ausschrauben, Mittelständer abnehmen.
5. Bild 67b: Gewindebuchsen nach innen aus dem Mittelständer herausdrücken und reinigen.
6. O-Ringe der Gewindebuchsen auf Verschleiß prüfen. Bei Bedarf erneuern.
7. Bild 67a: Lagerbuchsen aus ihrem Sitz ausbauen, auf Verschleiß und Korrosionsschäden prüfen. Bei Bedarf erneuern.

Anbau:
1. Dickes Lagerfett in den Sitz der Lagerbuchsen schmieren. BMW empfiehlt Unirex S2.
1.1. Lagerbuchsen einsetzen ohne zu verkanten.
2. Bild 67b: Dickes Lagerfett so auf die Gewindebuchsen schmieren, bis die Rille gefüllt ist. BMW empfiehlt Unirex S2.
3. Gewindebuchsen von innen in den Mittelständer einschieben.
4. Bild 66a: Mittelständer an beide Lagerstellen ansetzen und festhalten.
5. Schrauben einschrauben und mit 40 Nm festziehen.
■ Ab Mj. 2008 sind die Schrauben mikroverkapselt unsd sollen laut BMW erneuert werden. Man kann auch die Gewinde reinigen und etwas Loctite »mittelfest« auftragen.
6. Mittelständer ganz nach oben klappen, Federn einhängen.

7. Bis 4. Dezember 2005: An Aufnahme des Mittelständers und am Haken der Halteplatte.
7.1. Ab 5. Dezember 2005: An Bolzen der Halteplatte und am Einhängeblech.
7.2. Ab 5. Dezember 2005: Mittelständer etwas nach unten klappen, Schraube des Einhängeblechs der Feder mit 20 Nm festziehen.

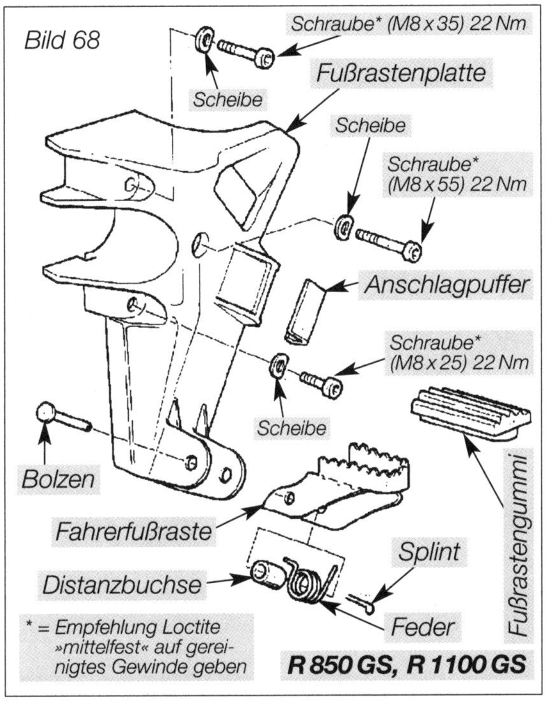

Fußrasten

Bilder 68 und 70: Bei R 850 GS, R 1100 GS und R 1150 GS sitzen die Fußrasten auf angeschraubten Platten. Bei allen R 1200 GS-Modellen sind am Rahmen U-Halter für die Fußrasten angeschweißt. Wenn Fahrer- und/oder Sozius-Fußrasten durch Umfaller oder Sturz abgebrochen sind, kann man sie einfach erneuern.

In den Bildern 68 bis 77b sind Explosionszeichnungen und Fotos der Fußrasten zu sehen. Manche Gelenkbolzen sind mit einem Splint gesichert, andere mit einem Sicherungsclip.

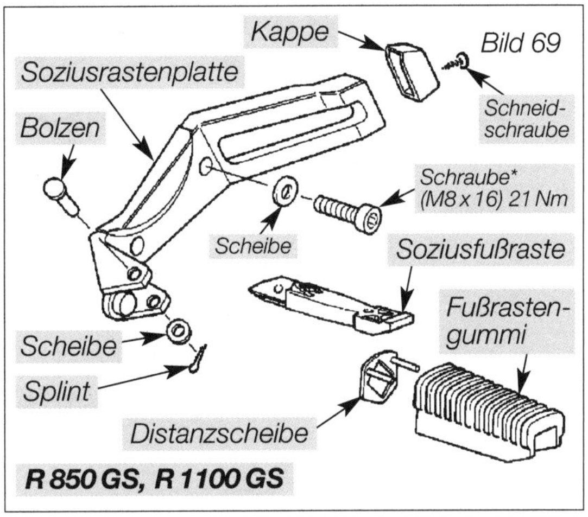

Bilder 68 und 69: Befestigung von Fahrer- und Soziusfußrasten an der R 850 GS und der R 1100 GS

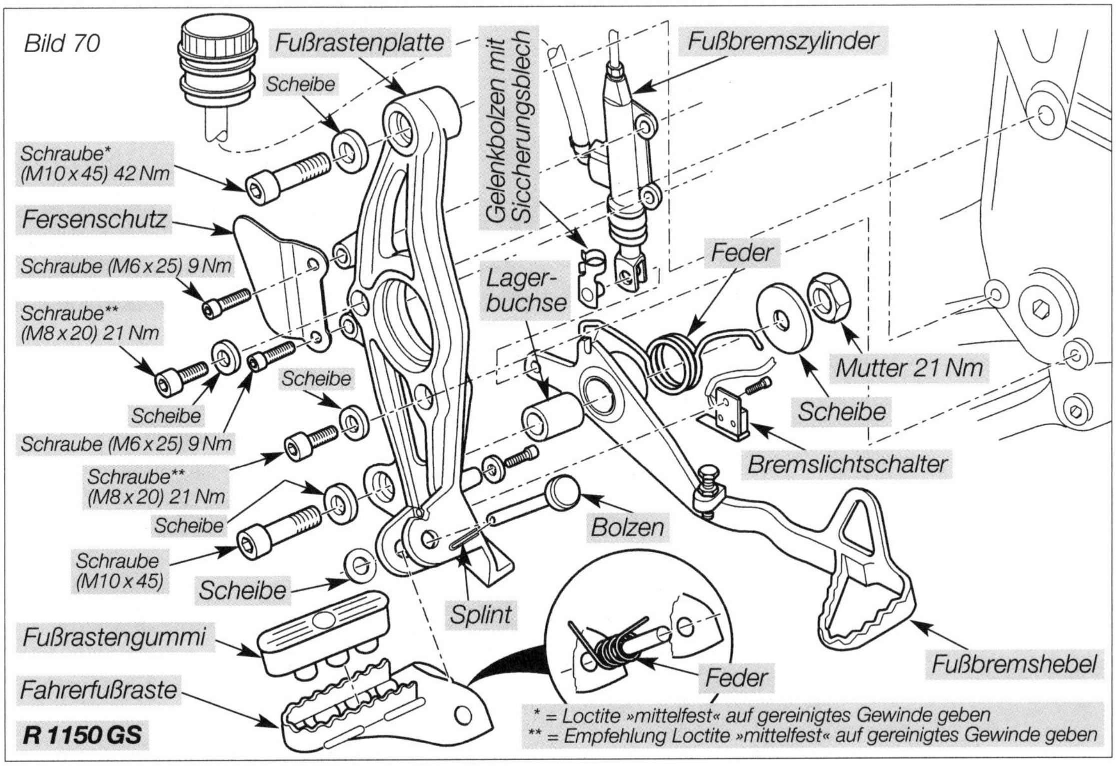

Bild 70: Befestigung der Fahrerfußrasten an der R 1150 GS.

Beim Splint beachten Sie bitte Folgendes:

- Zum Ausziehen eines Splints diesen an beiden Enden zurück in die gerade Position biegen, dann mit einer scharfen Zange ausziehen.
- Beim Einbau eines Splints möglichst einen

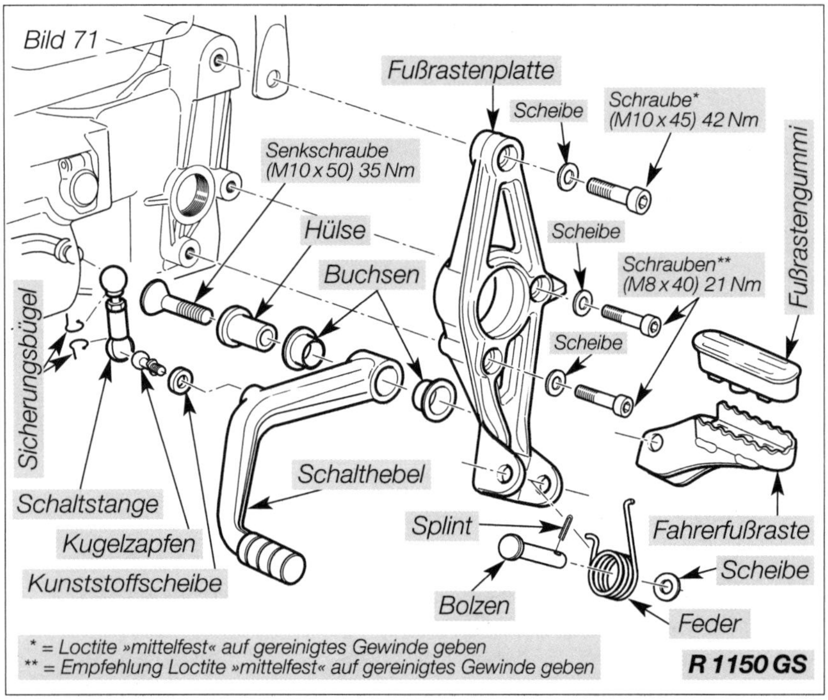

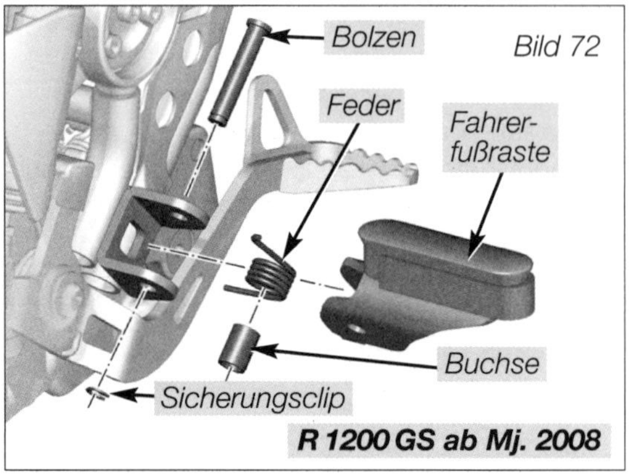

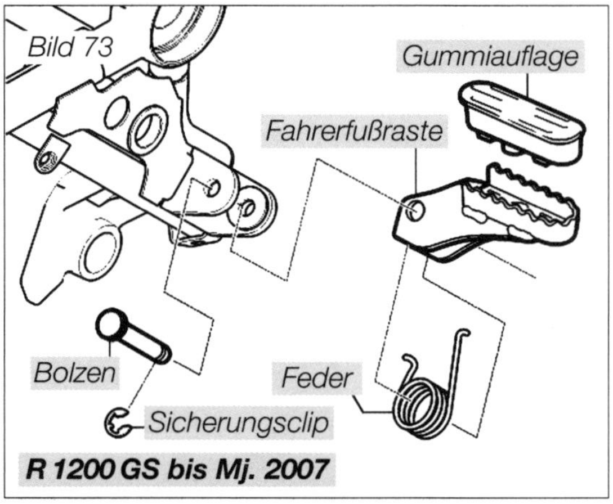

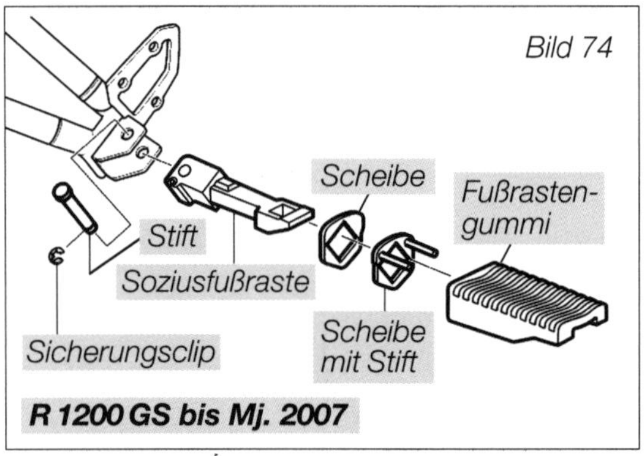

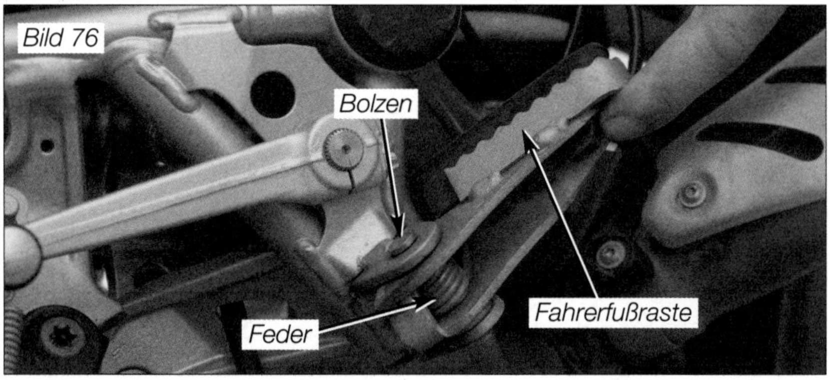

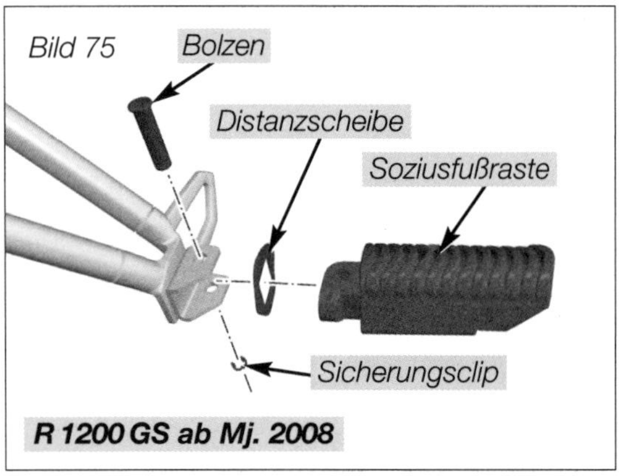

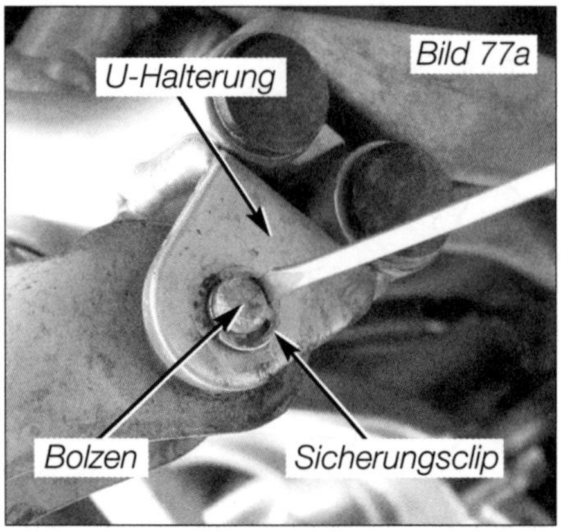

neuen nehmen. Wenn der alte wieder verwendet werden soll, diesen mit einem kleinen Hammer gerade klopfen, ganz in seine Bohrung einschieben und beide Enden umbiegen.

Beim Sicherungsclip beachten Sie bitte Folgendes:
- Bild 77a: Zum Ausbauen eines Sicherungsclip einen mittelgroßen Schraubenzieher in die Aussparung einsetzen, Schraubenzieher leicht drehen und Sicherungsclip abnehmen. Halten SIe von Anfang an den Clip mit der Hand, sonst springt er durch seine Federkraft davon.
- Bild 77b: Beim Einbau eines Sicherungsclip diesen so ansetzen, dass seine scharfe Kante nach außen weist. Mit einer Zange in seine Nut einschieben, es muss leicht klicken.

Weiterhin zu beachten:
- Nach dem Abbau einer Fußraste ihre Gelenk- und Lagerstellen reinigen, trocken putzen und mit dickem Fett einschmieren.
- Bei gefederten Fußrasten (Bilder 71, 72, 73 und 76) werden Feder und Buchse in die Fußraste eingesetzt, miteinander in Montageposition in die U-Halterung eingesetzt, Bohrungen zueinander in Deckung bringen, den Bolzen einschieben, etwas wackeln und dann ganz durchschieben.
- Bei den Soziusfußrasten die Distanzscheibe auf die Fußraste schieben, alles zusammen in die Halterung einsetzen und dann Bolzen und Clip wie weiter vorne beschrieben anbauen.

Nummern und Aufkleber

Fahrgestellnummer: Die wichtigste Nummer zur Identifikation der Maschine ist die Fahrgestellnummer. Sie ist bei R 850 GS, R 1100 GS und R 1150 GS in Fahrtrichtung rechts vorne in den Hauptrahmen eingeschlagen. Bei allen R 1200 GS-Modellen ist die Fahrgestellnummer in die Querstrebe hinter dem Lenkkopf eingeschlagen.

Die Fahrgestellnummer ist zweites Mal auf dem **Typenschild** zu finden, dieses ist bei R 850 GS, R 1100 GS und R 1150 GS direkt unter der Fahrgestellnummer angebracht. Bei allen R 1200 GS-Modellen ist das Typenschild auf einer extra dafür angeschweißten Stahllasche aufgeklebt unter der linken Seitenblende.

Wichtig: Beide Nummern müssen gleich sein und mit der Nummer in der Zulassungsbescheinigung Teil II (früher war dies der »Fahrzeugbrief«) und in der Zulassungsbescheinigung Teil I (früher war dies der »Fahrzeugschein«) übereinstimmen.

Motornummer: Sie ist bei R 850 GS, R 1100 GS und R 1150 GS auf dem Motorgehäuse hinter dem rechten Zylinder eingeschlagen. Bei allen R 1200 GS-Modellen befindet sie sich unter dem rechten Zylinder. Die Motornummer ist nicht identisch mit Fahrgestellnummer, hat keine zulassungsrechtliche Bedeutung und ist auch weder im Kraftfahrzeugbrief noch Fahrzeugschein bzw. Zulassungsbescheinigung Teil I oder II vermerkt. Dennoch ist zu empfehlen, sie für eigene Zwecke zu notieren. Ebenfalls sollte die Motornummer bei Verkauf des Fahrzeugs oder Gebrauchtkauf im Kaufvertrag festgehalten werden.

Aufkleber: Meistens befinden sich diese unter der Sitzbank in der Nähe der Werkzeugschale. Sie enthalten einige wichtige Informationen:
- **Farbcode:** Auf einem kleinen Aufkleber ist der Farbcode zu finden. Dieser wird benötigt, wenn man lackierte Ersatzteile kaufen möchte.
- **Reifenkleber:** Er enthält Hinweise über die zum Zeitpunkt der Fahrzeugmontage (also dem Baumonat und Baujahr) zugelassenen Reifenmarken und -typen sowie Reifenluftdruck und Profiltiefe.
- **Zuladungkleber:** Auf ihm ist in einer Tabelle dargestellt, wieviel Kilogramm an Fahrer, Beifahrer und Gepäck zugelassen sind.
- **Haftungsausschluss/Ersatzteile:** Auf diesem Aufkleber verdeutlicht BMW den Haftungsausschluss, wenn an der Maschine »nicht von BMW freigegebene Ersatzteile und Zubehörprodukte« verwendet werden.

Bild 79a

R 1200 GS Mj. 2004

Ersatzteile kaufen

Bei einem Ersatzteilkauf immer den Kfz-Schein vorlegen oder, wenn die Maschine abgemeldet ist, die Fahrgestellnummer notieren und dem Ersatzteilverkäufer vorlegen! Nur so ist eine passgenaue Ersatzteilbestellung möglich.

Bilder 71 bis 77b auf der linken Seite zeigen Explosionszeichnungen und Befestigungen der Fahrer- und Soziusfußrasten der R 1150 GS und R 1200 GS.

Bilder 78, 79a und 79b: Fahrgestellnummer und Typenschild am Beispiel der R 1200 GS Mj. 2004.

Bild 80: Lage der Motornummer auf dem Motorgehäuse R 1200 GS Mj. 2010.

Bild 78

R 1200 GS Mj. 2004

Bild 79b

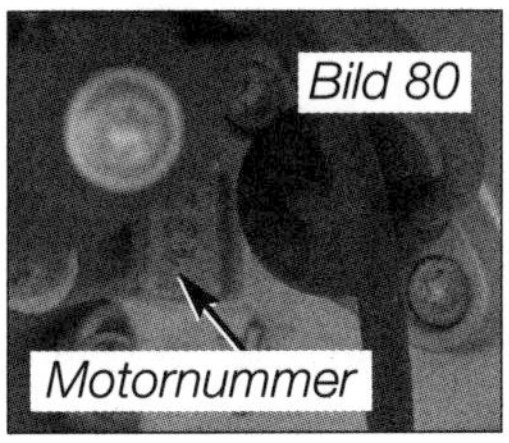
Bild 80

Motornummer

Sichtprüfung Messen

Spiegel • Windschild • Sitze

In diesem Kapitel: Spiegelbefestigung · Spiegel reparieren · Windschild verstellen, ab- und anbauen · Einzelsitze, Sitzbank.

Spiegel

Spiegelbefestigung bei R 850 GS, R 1100 GS: Auf der linken Seite ist der Spiegelarm in der Kupplungsarmatur mit einer Sechskantmutter M8 (Bild 1a) und einer Wellenscheibe befestigt. **Beachten:** Das Gewinde der Sechskantmutter ist »selbsthemmend«, weil die Mutter über zwei Flächen »gequetscht« ist und das Gewinde dadurch etwas oval ist. So wird verhindert, dass sich die Mutter von selbst löst.

Auf der rechten Seite ist der Spiegelarm mit einer Inbusschraube M8 (Bild 1b) auf der Handbremsarmatur befestigt. **Beachten:** Diese Schraube hat LINKSgewinde.

Das vorgeschriebene Anziehdrehmoment von Mutter und Schraube ist 14 Nm. Beim Festziehen ohne Drehmomentschlüssel beachten: Mutter und Schraube müssen so fest angezogen sein, dass sich die Spiegel nicht durch den Druck des Fahrtwindes nach hinten verdrehen können, dürfen aber auch nicht so lose sein, dass sie sich bei der kleinsten Berührung verdrehen.

Spiegelbefestigung bei R 1150 GS: Die Spiegelarme der BMW R 1150 GS sind von unten mit einer selbstsichernden Inbusmutter M8 verschraubt (Bilder 2a, 2b und 2c). Auf das Gewinde am Spiegelarm ist eine Wellenscheibe aufgesteckt (Bild 2a). Wenn die Verschraubung lose wird, dann wird der Rückspiegel durch den Fahrtwind nach hinten gedrückt. Dann ist auch meistens die Klemmung der In-

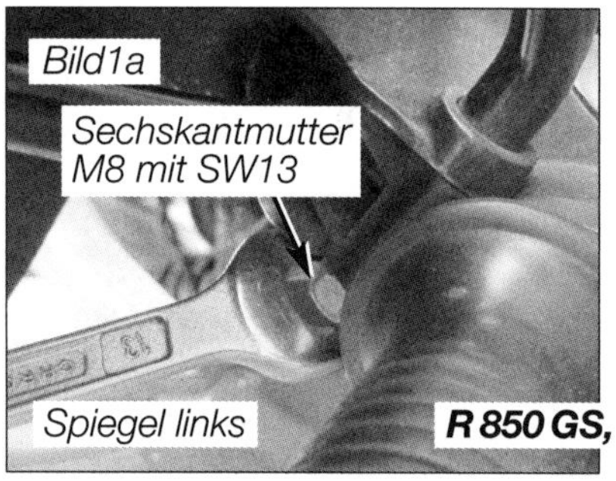

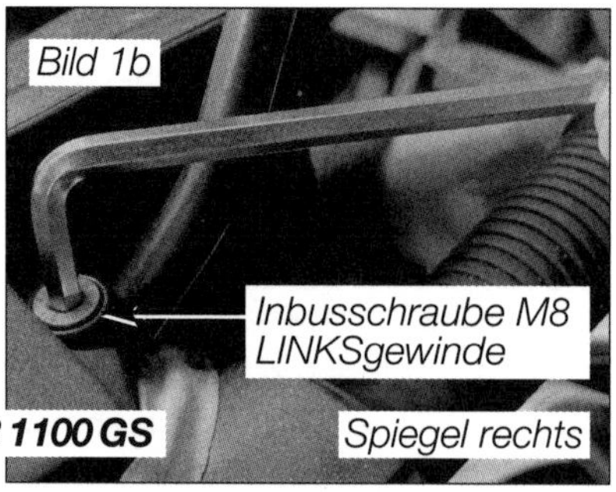

Bilder 1a und 1b: Spiegelbefestigung bei R 850 GS, R 1100 GS.

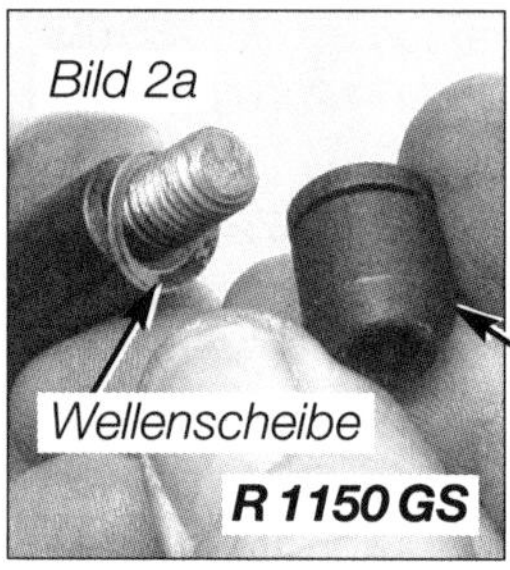

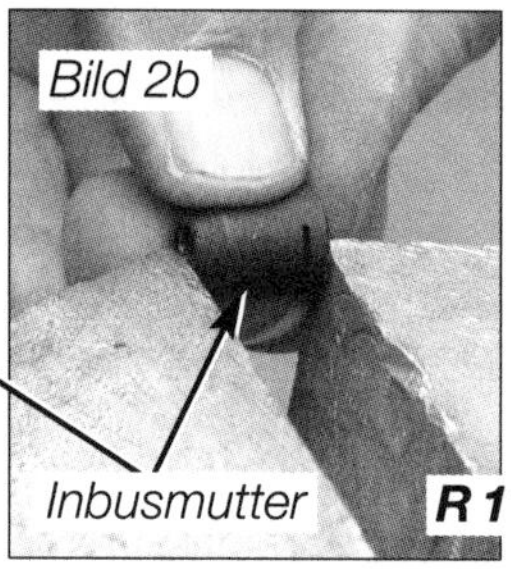

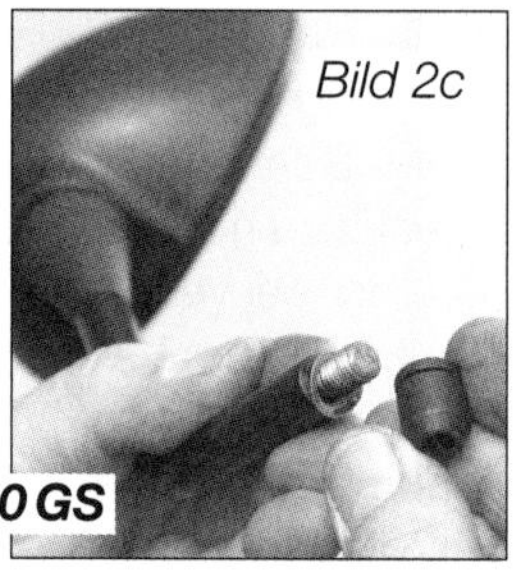

Bilder 2a bis 2c: Wenn die Inbusmutter des Rückspiegels nicht mehr sauber klemmt, im Schraubstock etwas zusammendrücken.

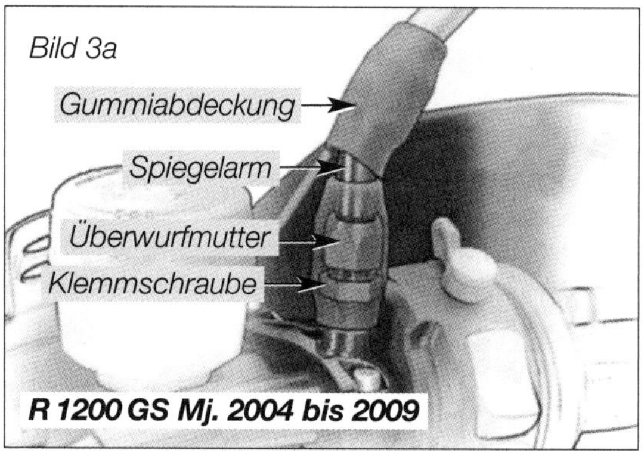

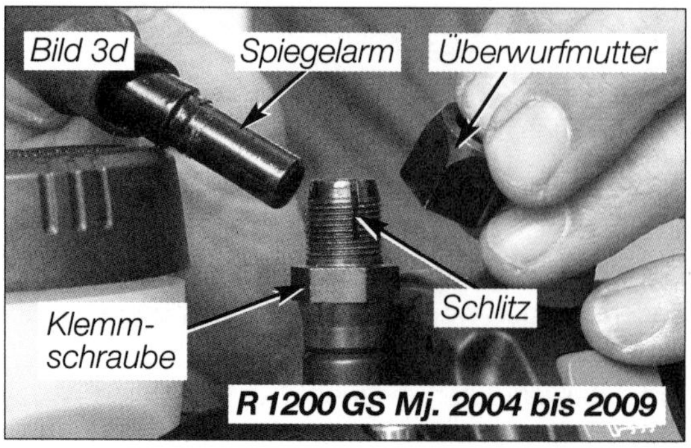

Bilder 3a bis 3d: Wenn der Spiegelarm dem Druck des Fahrtwindes nicht mehr standhält, ist meistens die Konusmutter lose und klemmt den Rückspiegelarm nicht mehr.

***Reparaturtipp:** Alles auseinanderbauen, reinigen und gut eingefettet wieder zusammenbauen.*

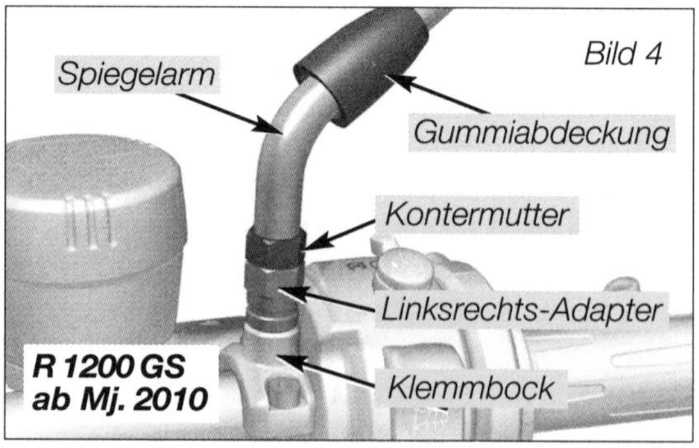

Bild 4: Spiegelbefestigung mit Linksrechts-Adapter.

busmutter wirkungslos. Dies kann man mit wenig Aufwand reparieren.

Spiegel abbauen

1. Inbusmutter lösen und abdrehen, dabei den Spiegelarm mit der Hand gegenhalten.
2. Spiegel nach oben aus der Bohrung ziehen. Auf die Wellenscheibe (Bild 2a) achten.
3. Spiegelarm, Gewinde, Inbusmutter und Bohrung reinigen.

Tipp: Vor dem Aufdrehen der Klemmmutter auf das Gewinde des Spiegelarms:
- Mutter in einen Schraubstock spannen,
- diesen vorsichtig so weit festziehen, bis der Schlitz in der Inbusmutter leicht zusammengequetscht ist, siehe dazu Bild 2b.

Spiegel anbauen

1. Etwas schweres Fett in die Bohrung und an das Gewinde am Spiegelarm geben.
2. Spiegelarm in Bohrung einsetzen, Wellenscheibe von unten auf das Gewinde schieben, Mutter aufdrehen und mit 15 Nm festziehen.
- Da diese Mutter in der Praxis nicht mit dem Drehmomentschlüssel angezogen wird, gilt »gut handfest«.

Beachten: Die Wellenscheibe wird unten auf das Gewinde geschoben, sie gehört nicht unter den ausgedrehten Bund des Spiegelarms, wie Bild 2a vermuten lässt.

Spiegelbefestigung bei R 1200 GS bis Mj. 2009

Bild 3a: Das obere Gewinde der Klemmschraube ist geschlitzt (gut zu sehen in Bild 3d). Durch das Festziehen der Überwurfmutter (Bild 3c) wird der Spiegelarm in der Bohrung der Klemmschraube geklemmt.

Wenn die Überwurfmutter lose wird und deswegen die Spannung der Klemmenmechanik nachlässt, dreht sich der Spiegel unter dem Druck des Fahrtwinds nach hinten weg. Auch kann sich mit der Zeit Korrosion bilden, dann lässt sich der Spiegelarm überhaupt nicht mehr verdrehen. Solche Fehler kann man mit einfachen Mitteln beheben.

Spiegelbefestigung reparieren

1. Bild 3c: Gummiabdeckung auf dem Spiegelarm nach oben schieben.
1.1. Bild 3b: Wenn sie verklebt ist, mit etwas WD-40 einsprühen.
2. Bild 3c: Überwurfmutter abschrauben.
2.1. Bild 3d: Spiegelarm aus der Klemmschraube ziehen.
3. Alle Teile gut reinigen und Korrosion beseitigen.
4. Etwas Fett in die Bohrung der Klemmschraube geben, Überwurfmutter aufdrehen, aber nicht festziehen.
5. Spiegelarm einsetzen, Überwurfmutter mit 25 Nm festziehen.

Klemmschraube

Wenn die Klemmschraube mit ihrem unteren Gewinde lose ist oder ersetzt werden muss: Sie wird mit 30 Nm festgezogen.

Tipp: Bild 3b: Ab und zu etwas Allzweckspray unter die Gummiabdeckung sprühen verhindert Korrosion.

Wichtig: Die Überwurfmutter klemmt den Spiegelarm in der Klemmschraube, sie muss also so gut festgezogen sein, dass sich der Spiegel unter dem Druck des Fahrtwinds nicht nach hinten verdreht.

Spiegelbefestigung bei R 1200 GS ab Mj. 2010

Bild 4: Der Spiegelarm ist in die Klemmschraube eingeschraubt, wird mit der Kontermutter gekontert und so gegen Verdrehen gesichert. Die Klemmschraube ist mit einem LINKSgewinde in den Klemmbock eingeschraubt.

Anziehdrehmomente:
- Kontermutter 22 Nm
- Adapter in Klemmbock 25 Nm

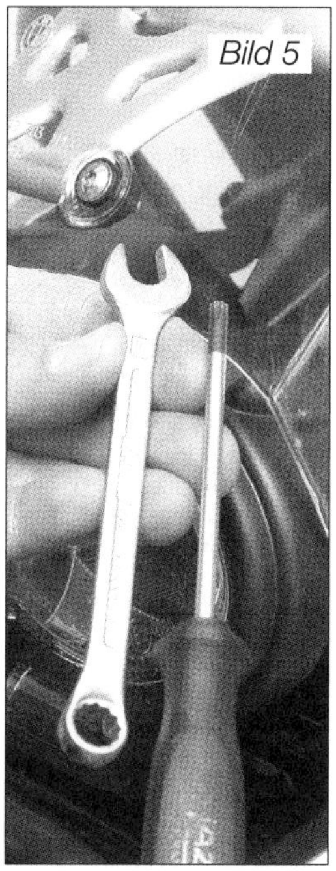

Bild 5: Zum Ab- und Anbau des Windschilds benötigtes Werkzeug.

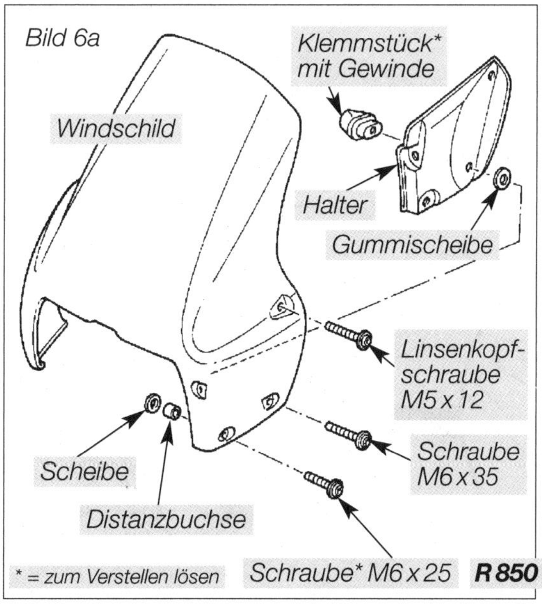

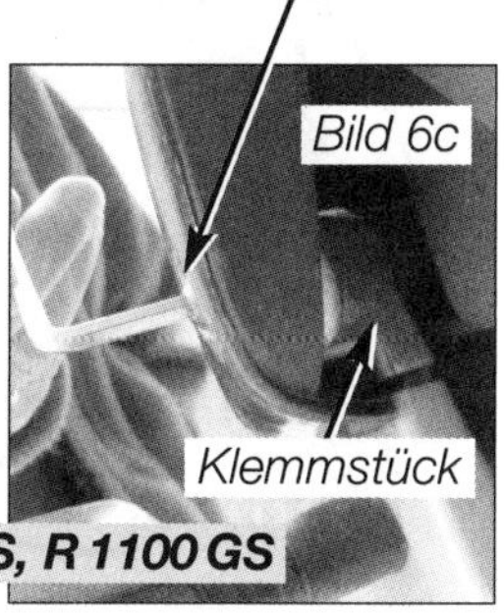

Bilder 6a, 6b und 6c: Befestigung des Windschilds bei R 850 GS, R 1100 GS.

Sichtprüfung Messen

Bild 7: Befestigung des Windschilds bei R 1150 GS.

Bild 8: Windschild und Anbauteile in der Explosionszeichnung.

Windschild

Die Windschilder aller Modelle können in ihrer Neigung zur Senkrechten um einige Winkelgrade verstellt werden. Entsprechend der Größe des Fahrers lässt sich also der Fahrtwind ganz gut über den Helm ableiten.

Windschild bei R 850 GS, R 1100 GS (Bilder 6a bis 6c): Zum Verstellen die unteren Schrauben rechts und links lösen und etwa drei Umdrehungen aufschrauben, aber nicht ausschrauben. Windschild in seiner Neigung verstellen. Untere Schrauben wieder festziehen und dabei darauf achten, dass das innen sitzende Klemmstück mit Gewinde richtig in der Nut zum Sitzen kommt.

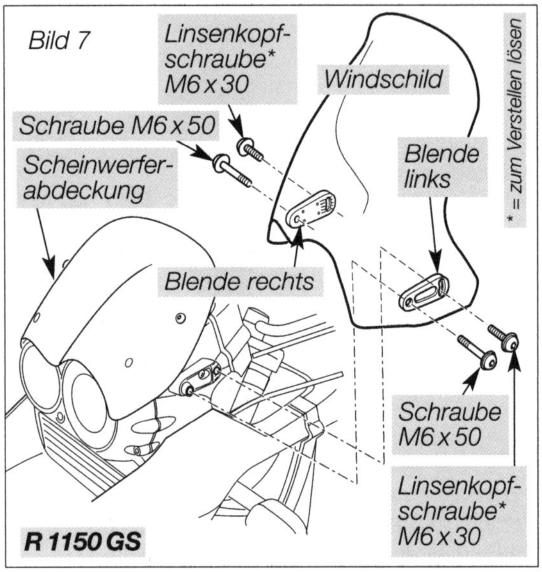

Zum Abnehmen des Windschilds die beiden unteren Schrauben rechts und links lösen und ausdrehen, Windschild abnehmen.

■ Die oberen Schrauben halten das innere Gummistück (»Halter« in Bild 6a). Dieses braucht nicht abgeschraubt zu werden.

■ Beim Anschrauben Distanzbuchse und Scheibe ein- und ansetzen, Schrauben eindrehen und mit Gefühl festziehen.

Windschild bei R 1150 GS: In Bild 7 ist die Befestigung des Windschilds sehr gut zu sehen. Die Linsenkopfschrauben, welche zur Verstellung gelöst werden müssen, beim Festziehen mit Gefühl behandeln.

Windschild bei R 1200 GS: Das Windschild ist groß, seine Befestigung und die Verstellmechanik ziemlich aufwändig. Das Windschild kann in sechs verschiedenen Schrägstellungen fixiert werden:

1. Bild 10a: Klemmschrauben rechts und links einige Umdrehungen öffnen. Windschild dabei mit einer Hand oben halten.

2. Neigung des Windschilds einstellen.

3. Klemmschrauben »handfest« festziehen.

■ Bild 10: Dabei beachten, dass rechts und links die Rastungen an der Rastenscheibe und am bogenförmigen Langloch gleich eingestellt sind und die Zacken formschlüssig aufeinander sitzen.

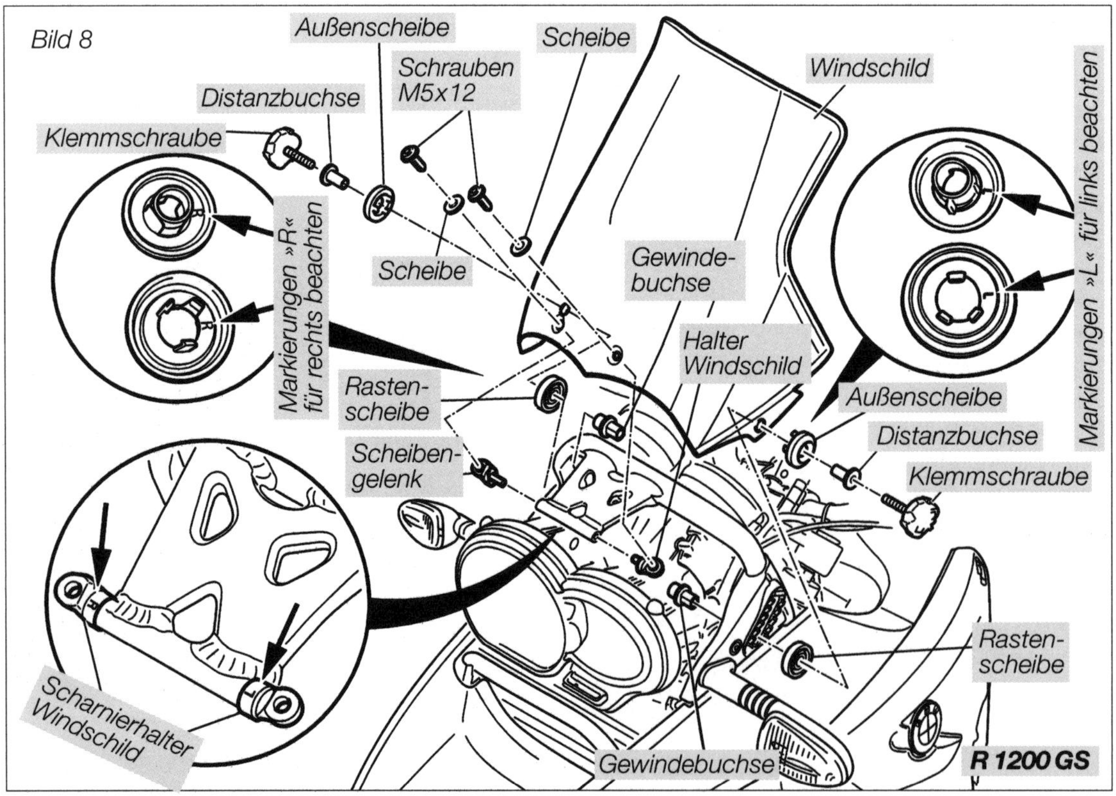

Windschild »vorklappen«

Bild 10: Damit man das Windschild auch innen sauber putzen kann, muss es nicht ganz abgebaut werden, man kann es über das vordere Scharnier nach vorne klappen. Dazu rechte und linke Verschraubung lösen und ausdrehen.

■ Zum »Vorklappen« die folgenden Arbeitsschritte 2. und 3. befolgen.

Windschild abbauen

1. Bild 11: Eine der beiden vorderen Schrauben, mit denen die Scheibe vorne an den Scheibengelenken befestigt ist, ausdrehen.

2. Bild 9: Die innen auf jeder der beiden Klemmschrauben sitzenden M6-Sicherungsmuttern lösen und abdrehen.
3. Eine Klemmschraube nach der anderen ausdrehen. Dabei mit der Hand von innen die Gewindebuchsen halten, Gewindebuchsen und Distanzbuchsen herausnehmen.
4. Scheibe abnehmen, indem das noch an die Scheibe geschraubte Scheibengelenk aus dem Scharnier gezogen wird.
5. Bilder 8 und 9: Wenn nötig, Außenscheibe von Rastenscheibe abziehen und abnehmen.

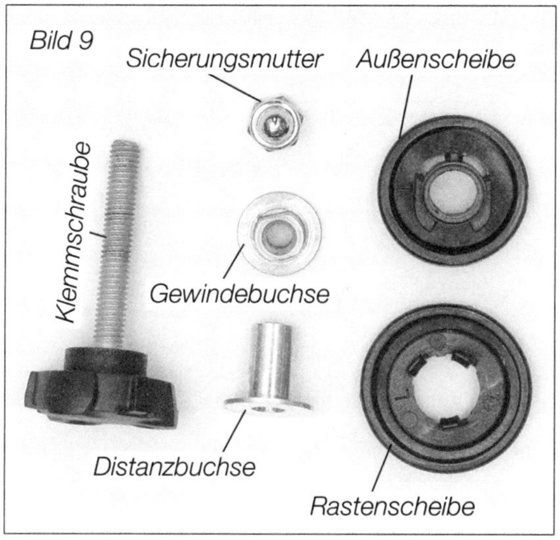

Bild 9: Seitliche Verschraubungen des Windschilds an der R 1200 GS.

Windschild anbauen

1. Das lose Scheibengelenk aus der Scharnierbohrung ausziehen, reinigen, Silikonfett daran geben, in die Scharnierbohrung einstecken.
■ Bild 12: O-Ring muss aufgeschoben sein. Wenn er gerissen ist oder schon nicht mehr vorhanden, unbedingt einen neuen O-Ring einbauen, sonst klappert die Scheibe!
■ Das noch an der Scheibe befestigte Scheibengelenk ebenfalls so bearbeiten und in das Scharnier einsetzen.

Bilder 14 und 15 ganz unten: Obere und untere Befestigung Windschild an Halter. Schrauben mit Gefühl und nicht zu fest anziehen, sonst reißt die Scheibe!

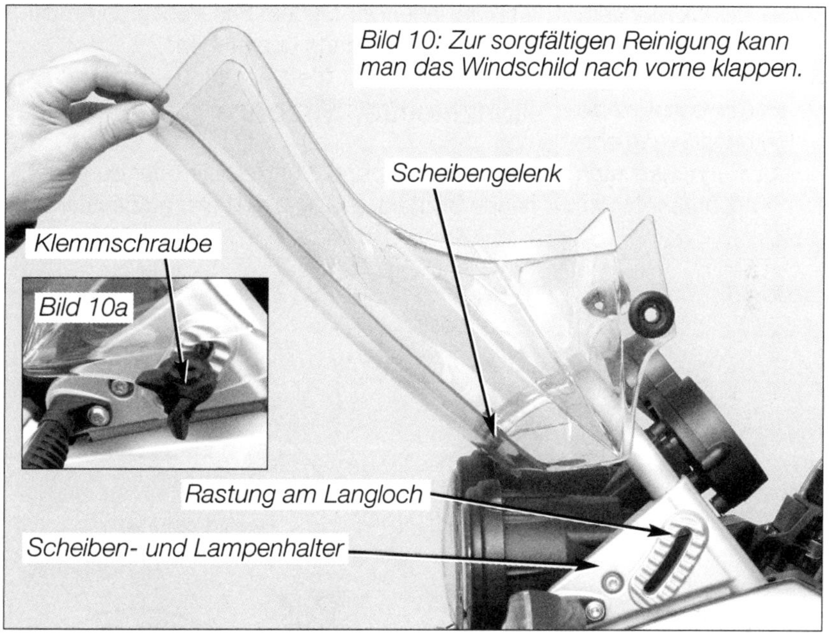

Bild 10: Zur sorgfältigen Reinigung kann man das Windschild nach vorne klappen.

Bild 11: Befestigung des Windschilds am Scharnier.

Bild 12: Der O-Ring auf dem Zapfen des Scheibengelenks muss vorhanden sein, sonst klappert die Scheibe.

Bild 13: Befestigungsschraube des Windschilds am Scheibengelenk gefühlvoll anziehen.

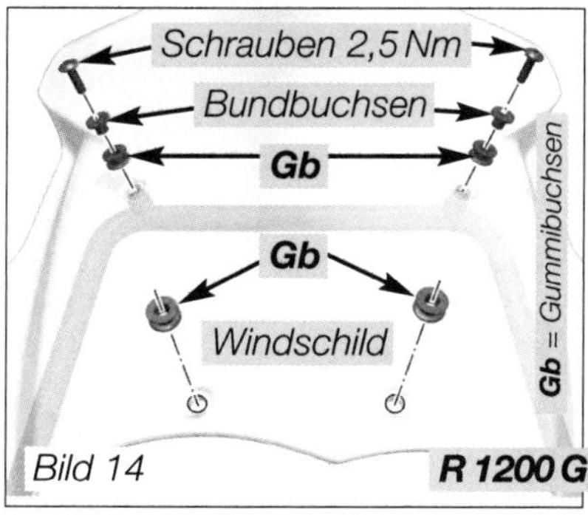

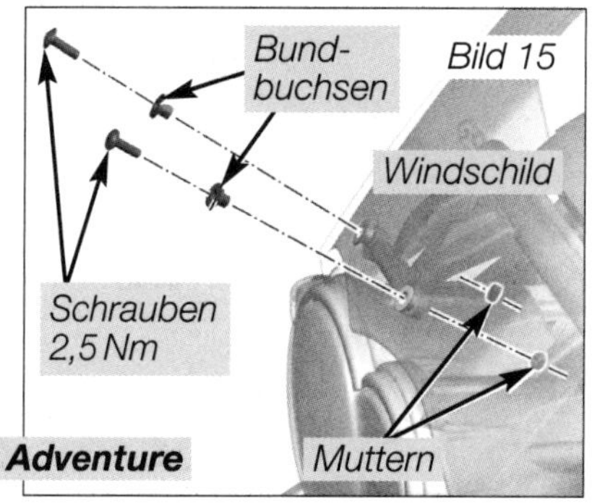

Sichtprüfung · Messen

Bilder 16 bis 18b: Je nach Modell sind Einzelsitze oder Doppelsitzbank montiert. Durch entsprechendes Drehen des Schlüssels im Schloss wird die Hakenhalterung entriegelt und man kann sie abnehmen.

2. Windschild ansetzen, Bohrung zum losem Scharnierteil in Deckung bringen, Schraube eindrehen und »gut handfest« anziehen.
3. Rastenscheibe zwischen Windschild und Rastung am Langloch einsetzen. Bild 8: Bei Außenscheibe die Anbaurichtung beachten.
4. Distanzbuchse von außen, Gewindebuchse von innen einsetzen, Klemmschraube eindrehen.
5. Bild 10a: Windschild rechts und links einstellen, Klemmschrauben »gut handfest« anziehen.
6. Die M6-Sicherungsmutter innen auf das Ende der Klemmschraube aufdrehen und »gut handfest« anziehen. Nach dem Festziehen darf maximal ein Gewindegang überstehen.

Einzelsitze, Sitzbank

Bilder 16 bis 18b: Ob Einzelsitze oder durchgehende Sitzbank, sie sind ein- und aufgesteckt, die Hakenhalterung ist durch ein Schloss gesichert, das mit dem Zündschlüssel bedient wird. Beim Abnehmen und Aufbauen darauf achten, dass das Schloss (bzw. der Schlüssel) richtig herum gedreht wird, siehe dazu die Bilder unten.

Wenn geänderte Sitze aufgebaut werden, z. B. ab- oder aufgepolsterte, dann kann es sein, dass wegen der Veränderung der Form die Hakenhalterung nicht mehr sauber einrastet. Man kann abhelfen, indem man den Schlossbügel (* in Bild 16) mit längeren Schrauben befestigt und einige Scheiben dazwischenlegt, damit der Schlossbügel tiefer kommt und exakt im Haken einrastet.

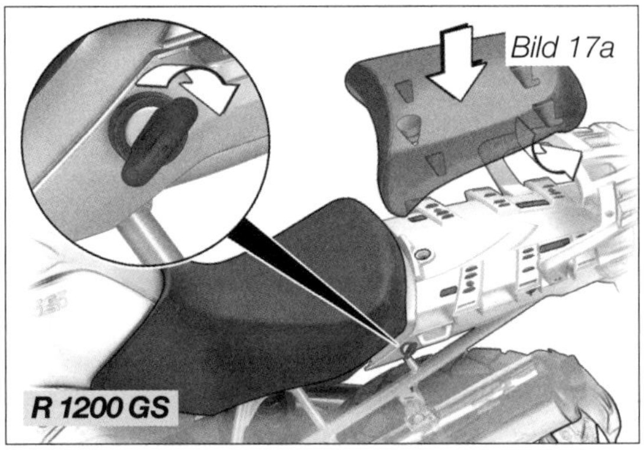

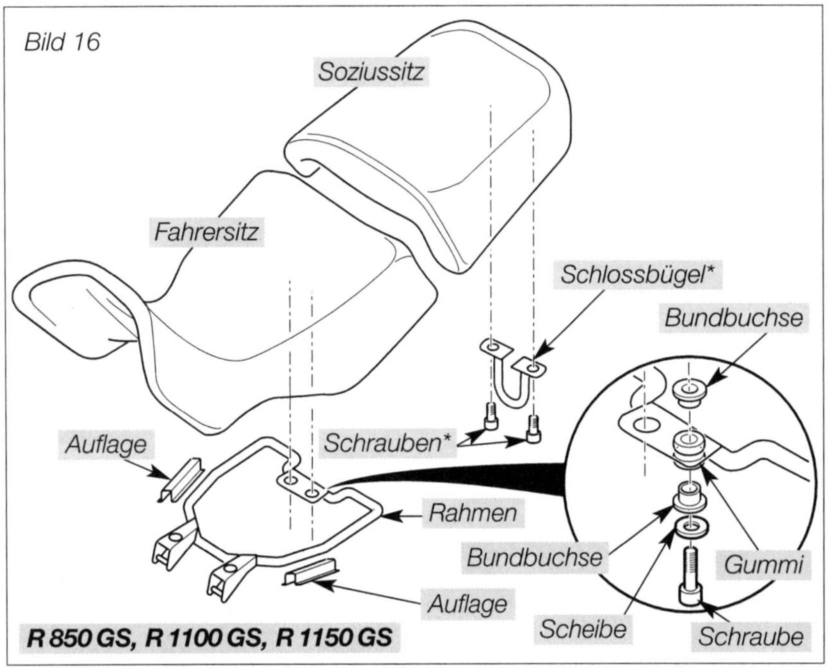

Bild 16

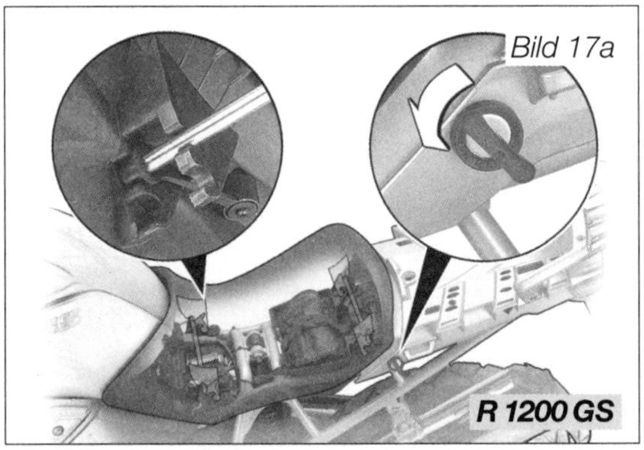

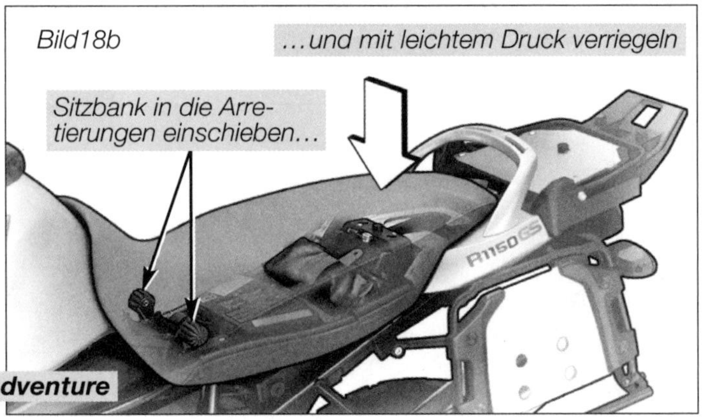

Einstellungen

In diesem Kapitel: Handhebel · Lenker · Lenkerposition bei R 1200 GS ab Mj. 2008 · Fußbremshebel · Bremslichtschalter · Fußschalthebel.

Handhebel

Hand- und Fußhebel bieten über die Standard-Werkseinstellung hinaus weitere Einstellungsvarianten an, mit denen sie der Fahrer auf seine persönlichen Bedürfnisse und anatomischen Gegebenheiten passend einstellen kann. Denn je perfekter die Hebel zum Fahrer und seiner Sitzposition passen, desto wohler fühlt sich der Fahrer auf der Maschine, und desto besser kann er sich aufs Fahren und den Verkehr konzentrieren. Aus diesem Grund sind richtiges Sitzen und perfekter Hebelkontakt zur Maschine wichtige Punkte bei der Betrachtung der allgemeinen Fahr- und Verkehrssicherheit.

Hebelabstand einstellen

Je nach Modell sind Brems- und Kupplungshebel mit Einstellern versehen, die entweder oben am Hebel angebracht sind (Bild 1a) oder quer im Hebel (Bild 1b). Damit kann der Abstand zum Lenker (bzw. Gummigriff) eingestellt werden. Wenn Sie große Hände haben, stellen Sie den Hebel auf einen großen, bei kleinen auf einen kurzen Abstand ein.

1. Bild 1b: Hebel am äußeren Ende gegen die Federkraft nach vorne vom Lenker weg drücken.
2. Abstand durch Drehen am Einsteller einstellen.
3. Hebel loslassen und prüfen, ob der Einsteller satt anliegt.

Einstellung der Handhebel prüfen

1. Maschine aufbocken.

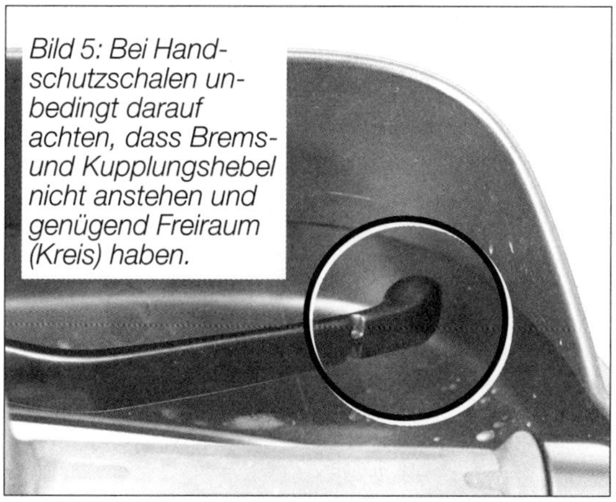

Bild 5: Bei Handschutzschalen unbedingt darauf achten, dass Brems- und Kupplungshebel nicht anstehen und genügend Freiraum (Kreis) haben.

2. In Fahrposition aufsitzen, die offenen Hände umfassen den Lenker locker, Zeige-, Mittel- und Ringfinger liegen auf Kupplungs- bzw. Bremshebel auf.
3. Bild 4a: Die gedachte Linie durch Unterarm,

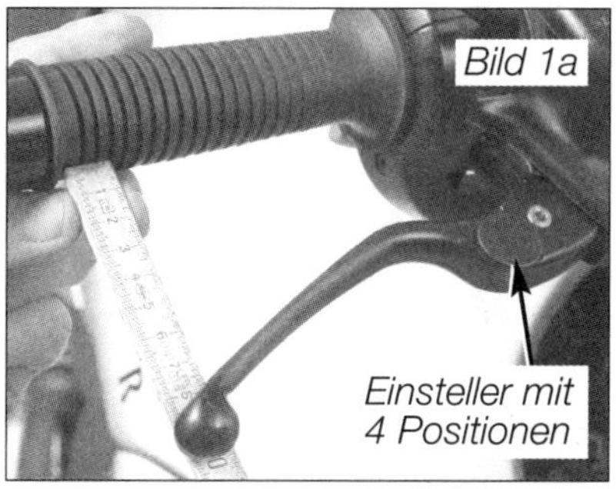

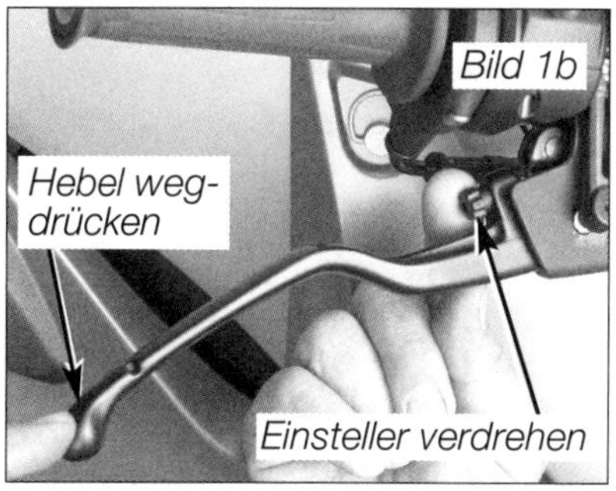

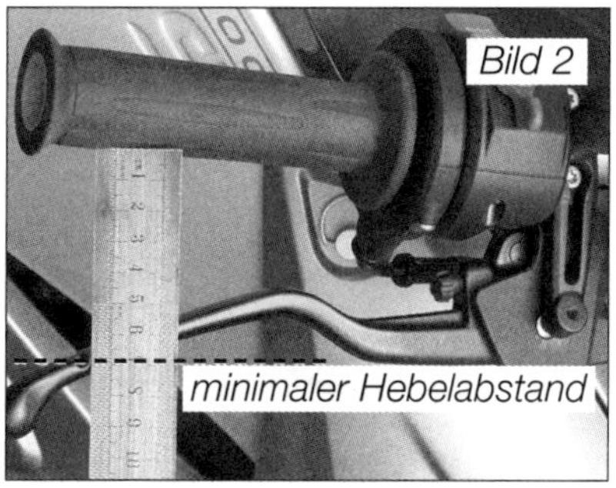

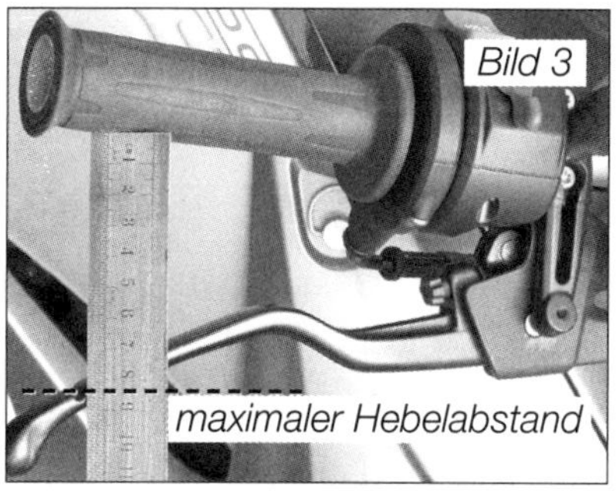

Bilder 1a bis 3: Einstellen von Kupplungs- und Bremshebel auf die Länge der Finger.

■ Hebel am Ende vom Lenker wegziehen und gleichzeitig den Einsteller auf die gewünschte Position drehen (Bild 1b).

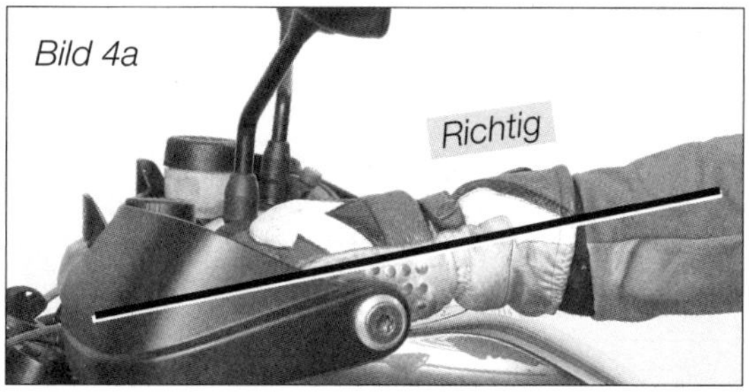

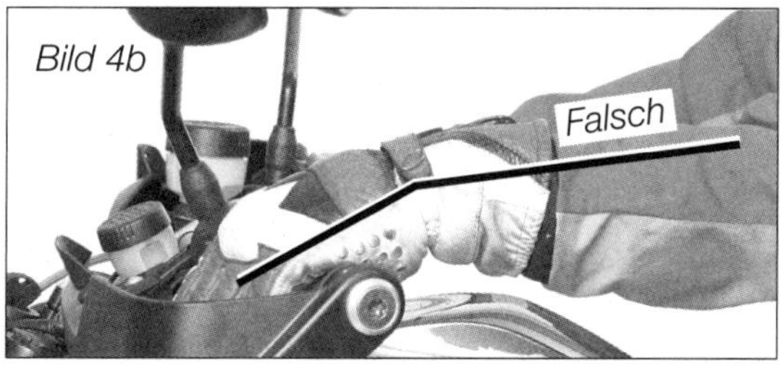

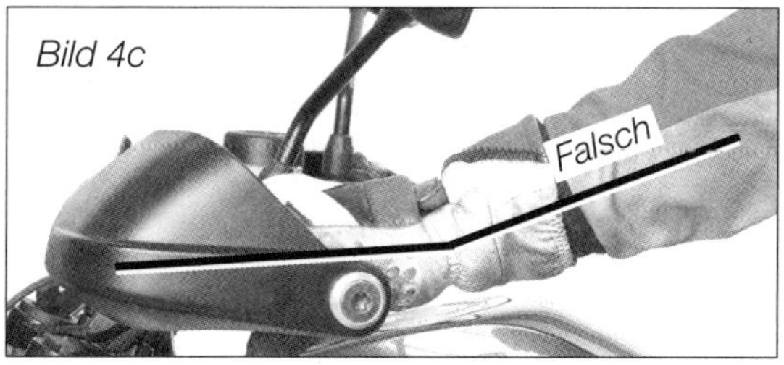

Bilder 4a bis 4c: Brems- und Kupplungshebel müssen so stehen, dass die gedachte Linie durch Unterarm über den Lenker zum Hebel möglichst gerade ist.

Bilder 6a bis 8b: Im Lauftext sind die zugehörenden Arbeitsschritte beschrieben.

Handgelenk, Lenker zu den Fingerspitzen soll möglichst gerade sein.

■ Bild 4b: Ist die Linie nach unten abgebogen, stehen die Handhebel zu tief.

■ Bild 4c: Wenn die Hebel so stehen, dass die Linie im Handgelenk nach oben abgeknickt ist, stehen die Handhebel zu hoch. Beides ist zum entspannten Fahren wenig geeignet.

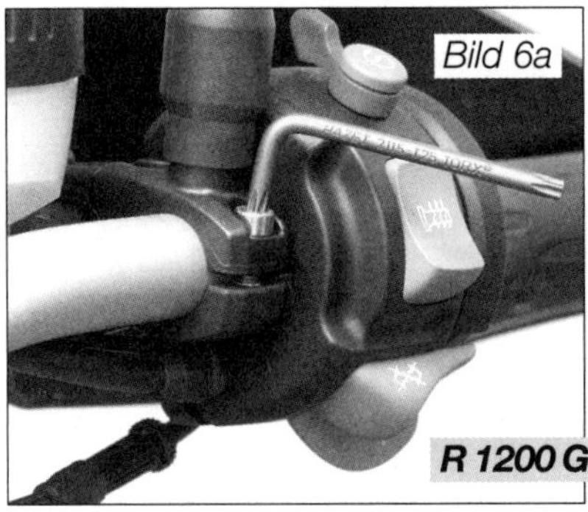

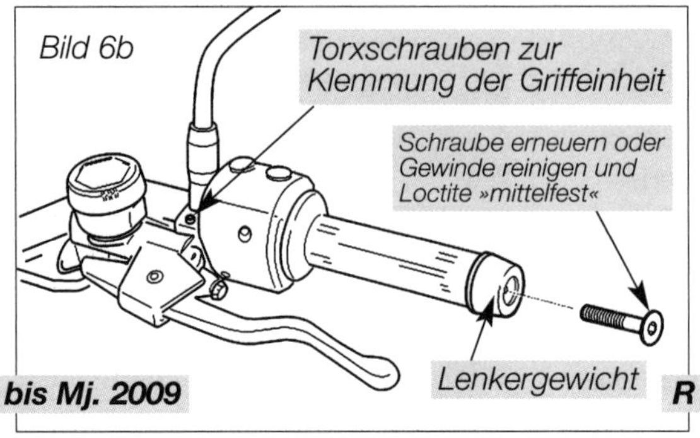

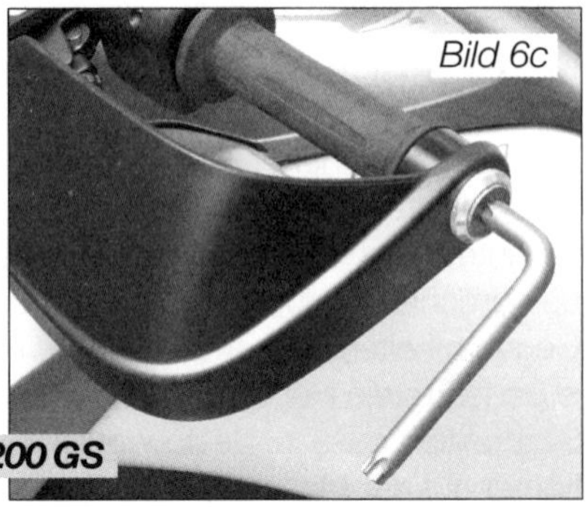

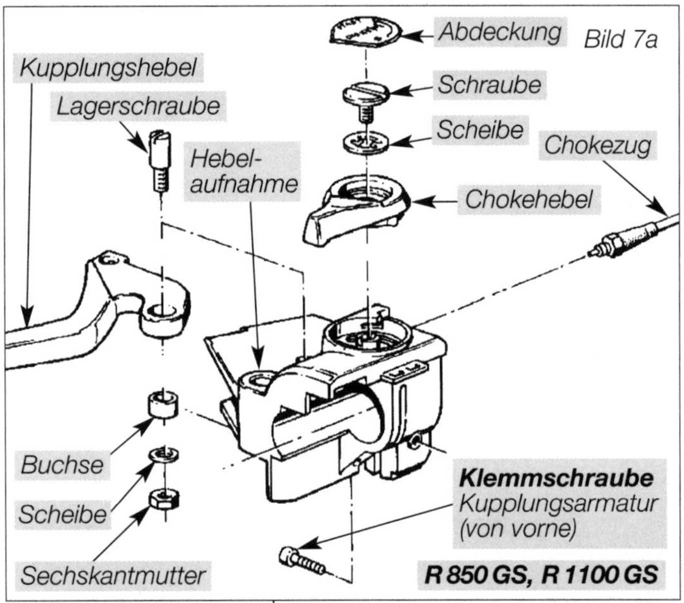

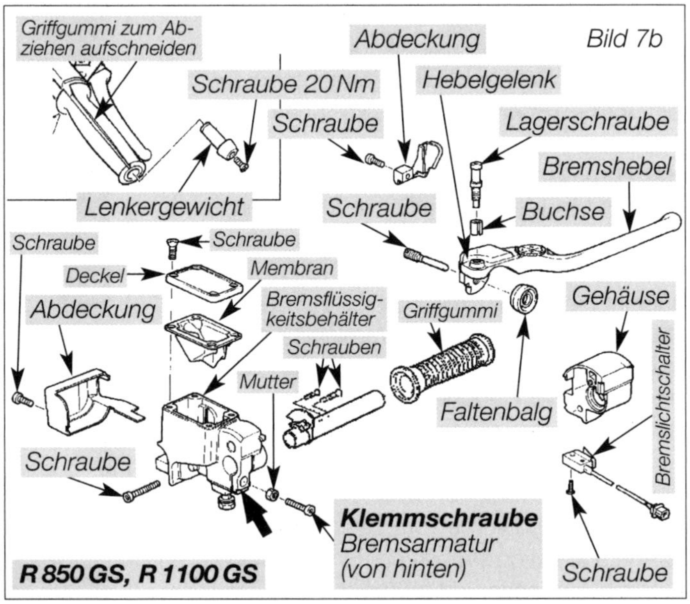

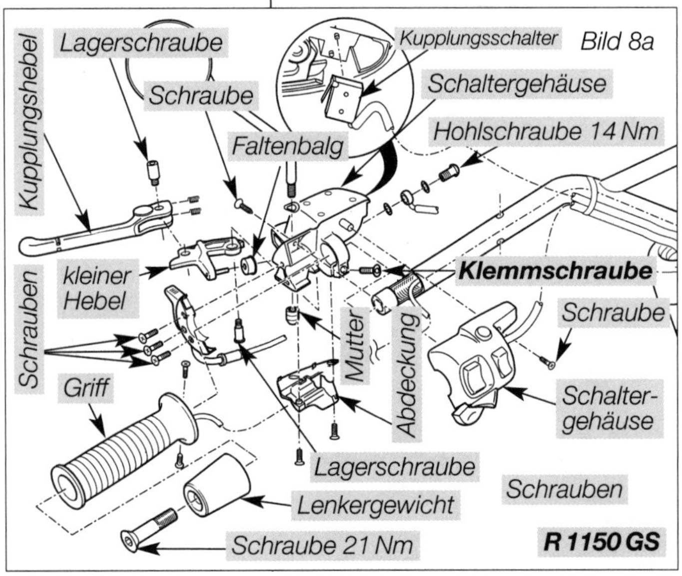

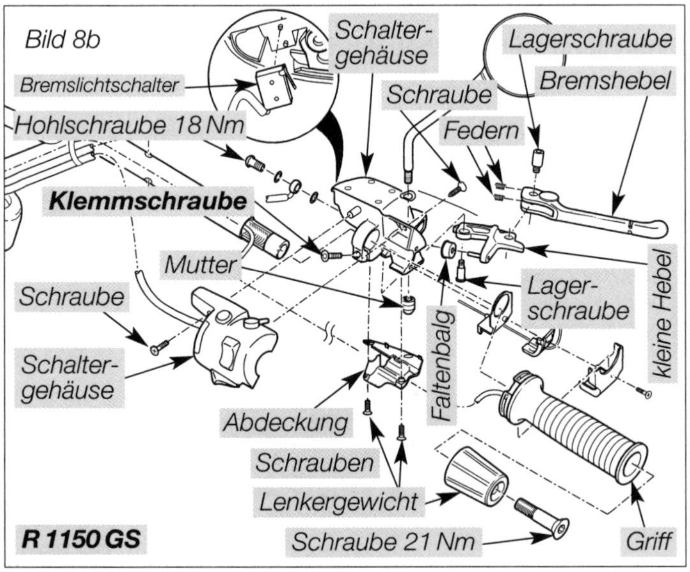

Um die Brems- oder Kupplungshebelarmatur nach oben oder unten verstellen zu können, müssen die Klemmschrauben, mit denen die Hebelarmatur auf dem Lenker geklemmt ist, gelöst werden (Bild 6a). In den Explosionszeichnungen in den Bildern 7a und 7b sind die Klemmschrauben der R 850 GS und R 1100 GS zu sehen, sie sind von vorne und hinten eingebaut; in den Bildern 8a und 8b die der R 1150 GS, welche von hinten eingebaut sind. Um an diese zu gelangen muss man die Schaltergehäuse abschrauben. In Bild 6a ist eine Klemmschraube der R 1200 GS, an sie kommt man leicht ran. Nachdem die optimale Einstellung gefunden ist, die Klemmschrauben wieder handfest anziehen.

Für alle Modelle gilt entsprechend der angebauten Griffschutzschalen: Um an die Klemmschrauben zu gelangen, müssen diese oben abgeschraubt werden (Torxschlüssel T20). Zum Verstellen der Handhebel muss man die äußere große Torxschraube etwas lösen (Torxschlüssel T55), damit auch die Griffschutzschale entsprechend mit verdreht wird und sich nicht verspannt (Bilder 5 und 6c).

Beachten: Die große Torxschraube ist mit Loctite »mittelfest« gesichert, sie lässt sich deswegen nur schwer lösen und wieder festziehen. Wenn sie sich wider Erwarten leicht lösen lässt, ist der Gewindekleber am Ende. Drehen Sie dann die Schraube ganz aus, reinigen ihr Gewinde mit einer Messingbürste, geben einen dicken Tropfen Loctite »mittelfest« daran, drehen sie wieder ein und ziehen sie gut handfest an.

Beachten: Das Ende von Brems- und Kupplungshebel muss genügend Freiraum haben zur Innenseite der Griffschutzschale (Bild 5)! Bei einem »Rutscher« (harmloser Sturz oder Umfaller),

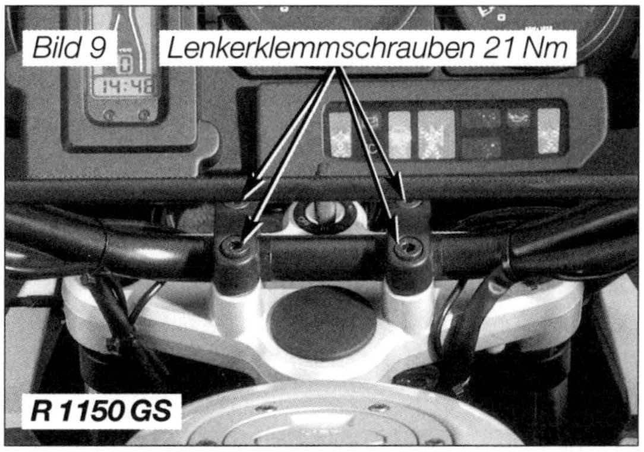

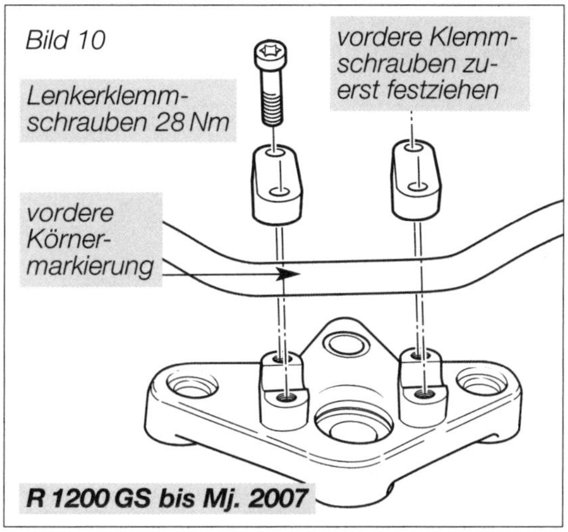

Bilder 9 bis 12: Im Lauftext sind die zu den Bildern gehörenden Arbeitsschritte nummeriert beschrieben.

Bilder 11 und 12: Schrauben hier mit Außentorx-Kopf. Obere Lenkerböcke müssen vorne auf den unteren Lenkerböcken aufsitzen.

Anziehdrehmomente
Schrauben Lenkerklemmung

Schrauben Lenkerklemmung an Gabelbrücke
bei R 850 GS, R 1100 GS, R 1150 GS .... 21 Nm
■ *vorne und hinten gleicher Spalt*

Schrauben Lenkerklemmung an Gabelbrücke
bei R 1200 GS Mj. 2004 bis 2007 .... 28 Nm
■ *vordere Schraube zuerst anziehen, Spalt in Fahrtrichtung nur hinten, Staburags NBU 30 PTM*

Lenkerklemmung an Gabelbrücke
bei R 1200 GS ab Mj. 2008:
Schrauben M10 x 90 (10.9) .... 36 Nm
Schrauben M8 x 30 .... 16 Nm
■ *große Schrauben zuerst, dann kleine Schrauben anziehen*
■ *große Schrauben befestigen auch Lenkerbock an oberer Gabelbrücke*

Schrauben Lenkergewicht an Lenker
bei R 850 GS, R 1100 GS .... 20 Nm
bei R 1150 GS .... 21 Nm
bei R 1200 GS .... 21 Nm
■ *mikroverkapselt, Schraube erneuern*

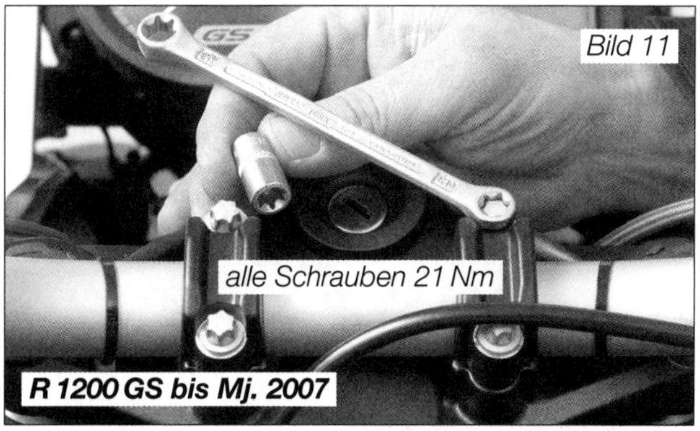

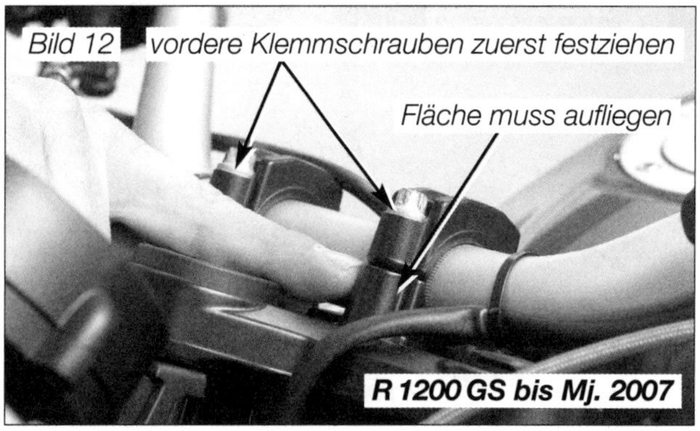

Sichtprüfung | Messen

verdreht sich meistens die Griffschutzschale der Sturzseite. Kontrollieren Sie vor dem Weiterfahren den Freiraum der Hebel und stellen Sie die Griffschutzschale ggf. neu ein!

Lenker

Der Lenker soll so angebaut sein, dass die beiden Lenkerenden waagerecht stehen. Zum Verdrehen des Lenkers die vier Lenkerklemmschrauben (Bilder 9, 11 und 13) lösen und mindestens zwei Umdrehungen aufdrehen, Lenker dabei halten, dass er nicht nach vorne oder hinten wegkippt. Bitte achten Sie darauf, dass der geriffelte Teil des Lenkers mittig in den Lenkerböcken sitzt.

Bilder 13 bis 16: Im Lauftext sind die zu den Bildern gehörenden Arbeitsschritte nummeriert beschrieben.

** = Anziehvorschrift Bilder 13 und 14:*
*■ **Gs** = Große Schrauben (M10x90) erst handfest anziehen, dann…*
*■ **Ks** = kleine Schrauben (M8x30) handfest anziehen, dann…*
■ Endanzug große Schrauben mit 36 Nm, kleine Schrauben mit 16 Nm

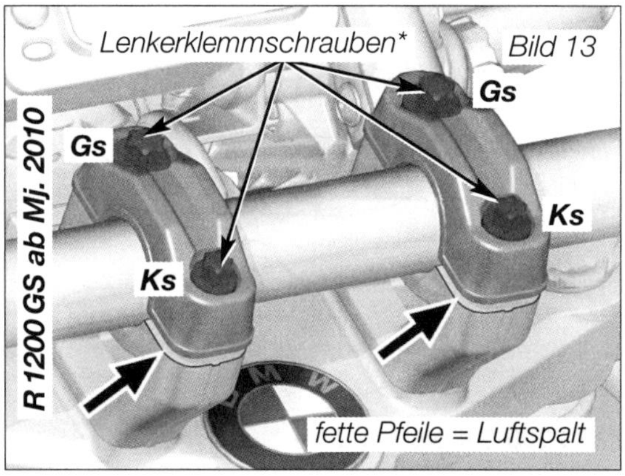

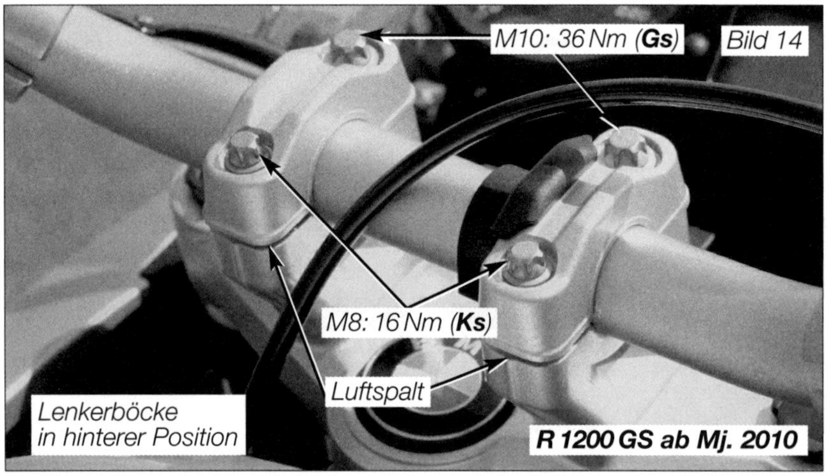

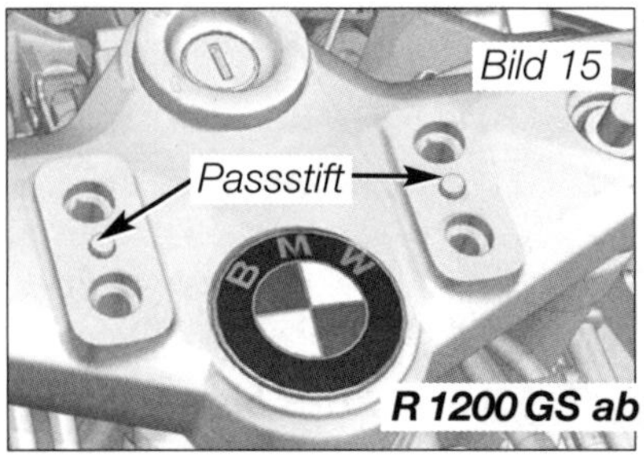

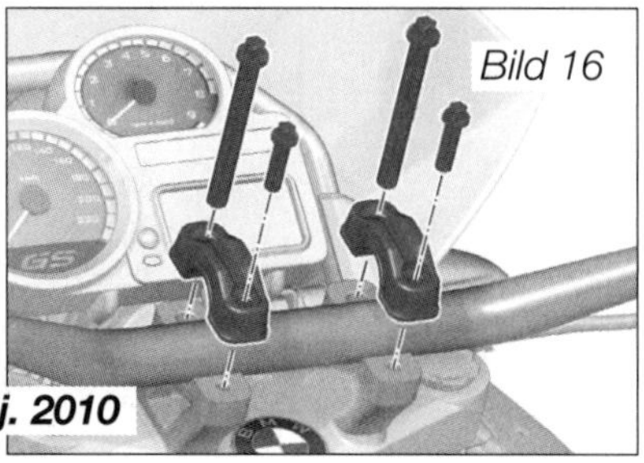

Vor dem Festziehen der Lenkerklemmschrauben beachten Sie bitte den Textkasten auf der vorherigen Seite mit den Anziehdrehmomentwerten und Anmerkungen, denn bei R 850 GS, R 1100 GS und R 1150 GS wird die obere Lenkerklemmschale so befestigt, dass vorne und hinten ein gleichmäßiger Luftspalt ist, während bei den anderen Modellen vorne bündig verschraubt wird und der Luftspalt hinten ist.

Lenkerposition bei R 1200 GS ab Mj. 2008

Die beiden Lenkerböcke sind mit einem »Versatz« auf der oberen Gabelbrücke montiert: Je nach Anschraubung ist der Lenker weiter vorne oder weiter hinten.

■ Die **hintere Lenkerposition** ist für den Betrieb auf der Straße, in weniger schwierigem Gelände und auch für kleinere Fahrer geeignet.

■ Die **vordere Lenkerposition** ist von Vorteil, wenn schwierigeres Gelände gefahren wird, was vom Fahrer öfteres Stehen in den Rasten erfordert.

Lenkerposition umbauen: Lenkerböcke vorne oder hinten montieren

Zum Umbau der Lenkerklemmmböcke in die vordere oder hintere Position braucht man keine Hebeleien abzuschrauben, jedoch sollte man dazu zu zweit sein. In Bild 14 ist der Lenker in der hinteren »Straßenposition « aufgebaut; die M10-Schrauben sind vorne und die M8-Schrauben hinten. Der nun folgende Text bezieht sich auf den Umbau der Lenkerposition nach vorne.

1. Maschine sicher auf Mittelständer aufbocken.

2. Bild 13: Hintere Lenkerklemmschrauben (M8) lösen und ausdrehen.

3. Helfer setzt sich auf die Maschine und umfasst mit seinen Händen die Lenkergriffe.

4. Bild 13: Mechaniker löst die vorderen Lenkerklemmschrauben (M10) und schraubt sie ganz aus dem Gewinde, das in der oberen Gabelbrücke eingearbeitet ist.

5. Helfer hebt den Lenker so weit an, dass dieser aus den Lenkerböcken kommt.

6. Mechaniker nimmt die Lenkerböcke aus dem Sitz des Passstifts (Bild 15), dreht sie um 180 Grad und setzt sie in die andere Position, welche aber auch durch den Passstift vorgegeben ist.

6.1. Helfer senkt den Lenker ab in die halbrunden Aufnahmen der Lenkerböcke hinein.

6.2. Mechaniker dreht die oberen Klemmschalen

ebenfalls um 180 Grad, setzt sie auf den Lenker auf und dreht die M10-Schrauben ein – sie sind jetzt hinten.

6.3. Jetzt werden die M8-Schrauben vorne eingedreht, aber noch nicht festgezogen.

7. Bild 10: Lenker auf Körnermarkierung(en) und vorderen Klemmschlitz ausrichten.

8. Schrauben festziehen: Hintere (M10) mit 36 Nm, vordere (M8) mit 16 Nm.

■ **Hinweis:** Weil die M8- Schrauben jetzt vorne sind, ist der Luftspalt (fette Pfeile in Bild 13) jetzt vorne zu sehen.

Fußbremshebel

Fußbrems- und Schalthebel sind werkseitig auf eine optimale Durchschnittsposition eingestellt. Sollte eine Einstellung nötig werden, beachten Sie bitte: Eine Verstellung des Fußbremshebels ist eine diffizile Angelegenheit, denn wenn das

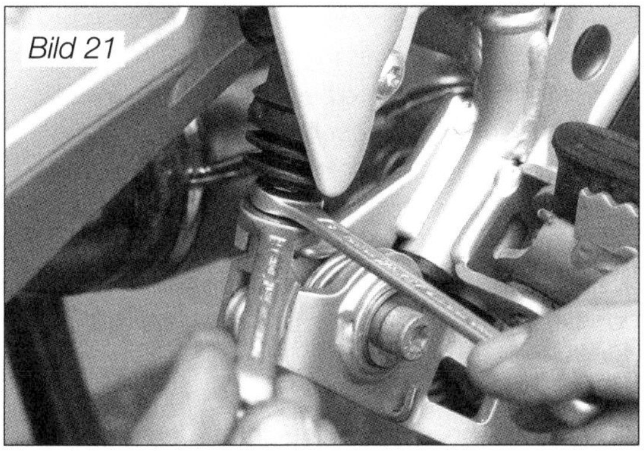

Bilder 21 bis 24: Zur Verstellung des Fußbremshebels den Gelenkbolzen ausziehen, Fußbremshebel an der unteren Anschlagschraube einstellen und das Gabelkopf-Gelenk so einstellen, dass der Gelenkbolzen druckfrei eingeschoben werden kann und in der Bohrung etwas Spiel hat. Bolzen vor dem Einbau gut einfetten.

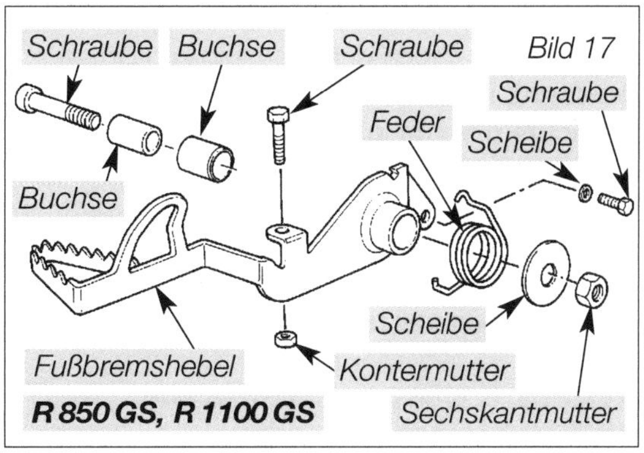

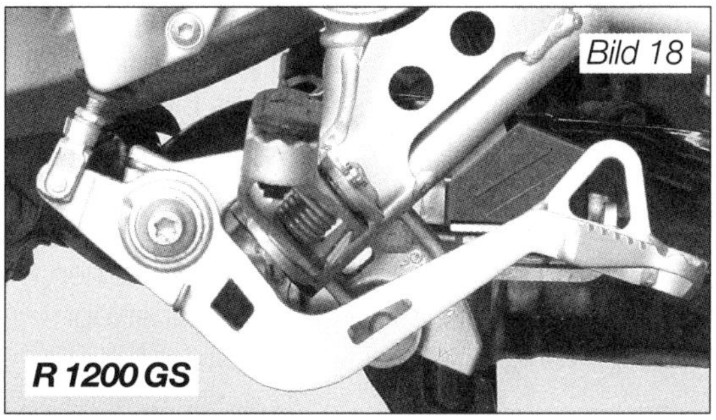

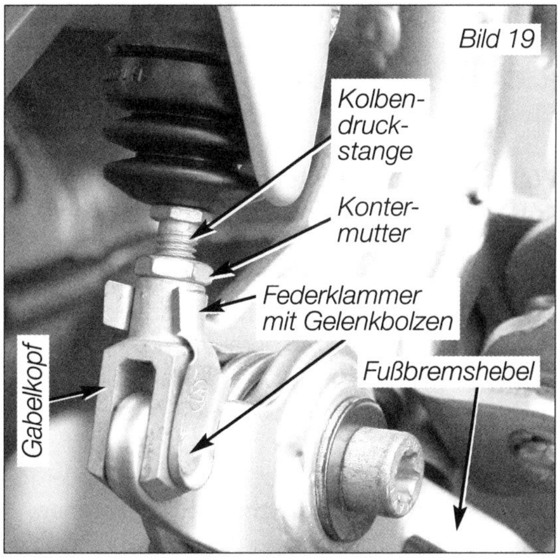

Bild 17: Explosionszeichnung des Fußbremshebels.

Bild 18: Angebauter Fußbremshebel.

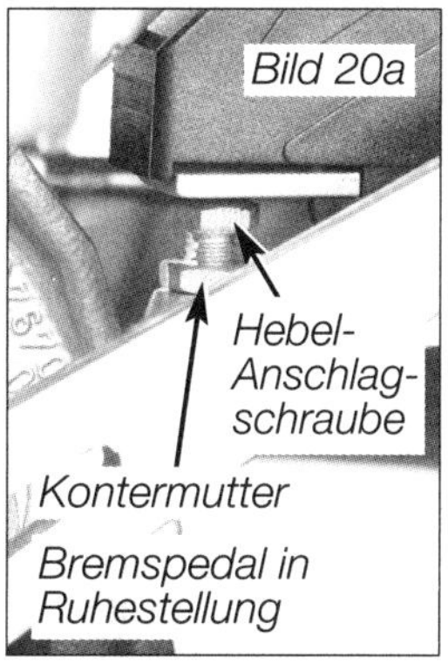

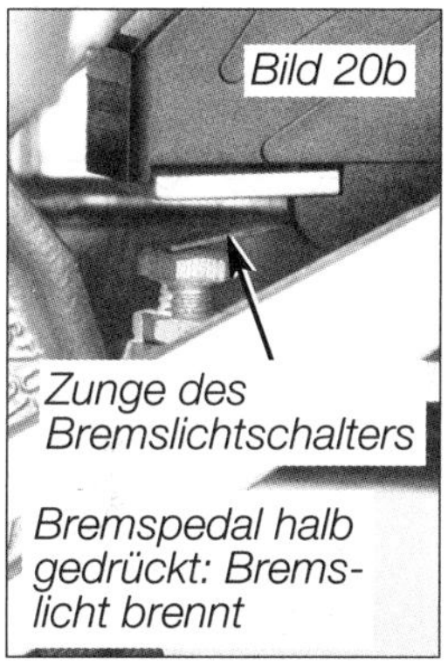

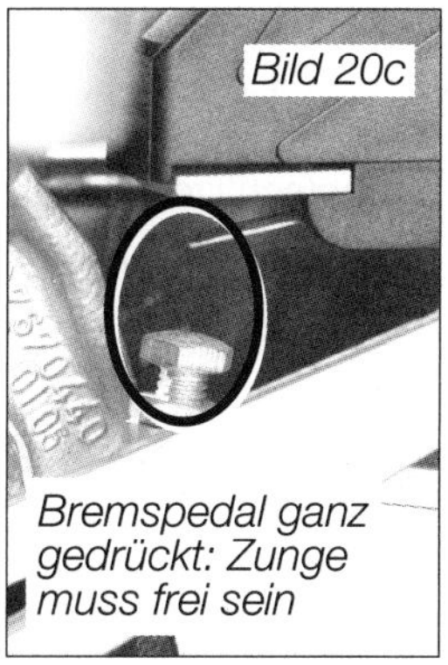

Bilder 19, 20a bis 20c: Die Zunge des hinteren Bremslichtschalters wird von der Hebel-Anschlagschraube betätigt.

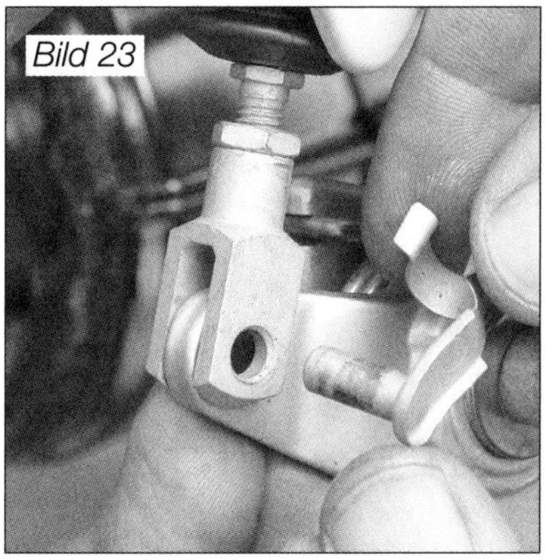

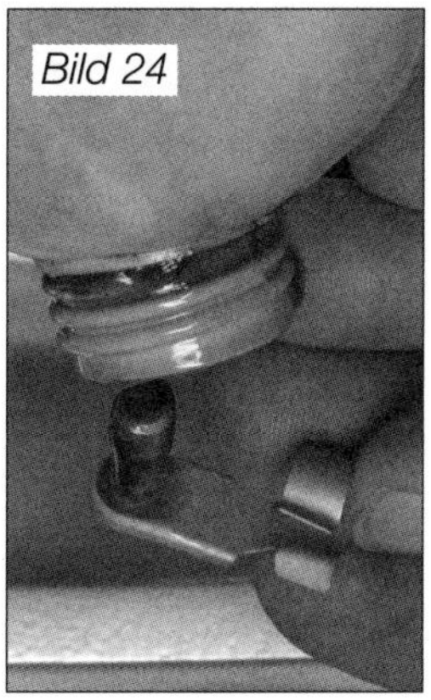

Gewindedruckstück, das den Bremskolben betätigt, zu weit gegen den Bremskolben eingedreht wird, besteht die Gefahr, dass sich nach einem Bremsvorgang die Hinterradbremse nicht mehr löst.

Anders herum gesagt: Der Bremskolben muss ganz ausfahren können und darf nicht etwa durch den Bremshebel behindert werden.

R 850 GS, R 1100 GS, R 1150 GS und R 1200 GS bis Baumonat November 2005: Unten am Fußbremshebel ist eine M6-Schraube mit Kontermutter angebracht, welche den Bremslichtschalter betätigt und gleichzeitig den Anschlag des Fußbremshebels bildet. Für diese Maschinen gilt der nachfolgende Text.

Kontrolle: Wenn der Fußbremshebel in oberster Ruheposition am Anschlag ist, muss zwischen Gelenkbolzen und der Bohrung im Gabelkopf ein klein wenig Spiel vorhanden sein.

Gegenkontrolle: Wenn der Fußbremshebel leicht betätigt wird, muss etwas Spiel im Gelenkbolzen vorhanden sein, ohne dass sich die Kolbendruckstange bewegt (siehe dazu die Bilder 19 bis 24 und zugehörige Bildtexte).

Fußbremshebel einstellen

1. Kontermutter der Kolbendruckstange lösen.
2. Gelenkbolzen entriegeln, indem die Federklammer auf einer Seite mit dem Daumen angepackt und vom Sitz geschoben wird (Bild 22).
3. Bild 23: Gelenkbolzen herausziehen.
4. Lage des Fußbremshebels einstellen:
■ Bild 21: Kontermutter der Hebel-Anschlagschraube lösen.
■ Hebel-Anschlagschraube entsprechend der gewünschten Lage des Hebels ein-/ausdrehen.
5. Kontermutter der Hebel-Anschlagschraube festziehen.

Bilder 25 und 26: Vorderer und hinterer Bremslichtschalter.

Bild 27: Schnüffelspiel am hinteren Bremslichtschalter.

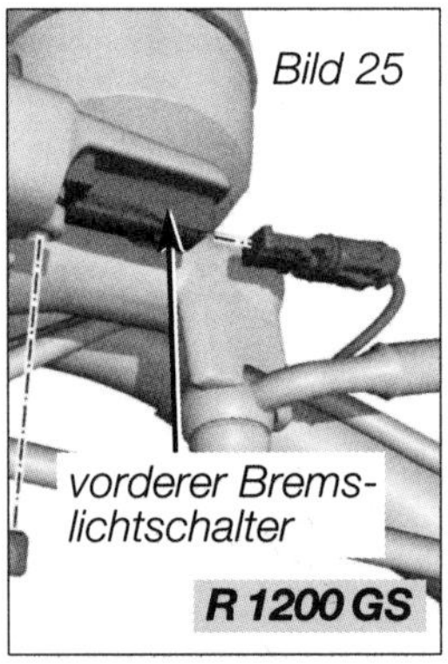

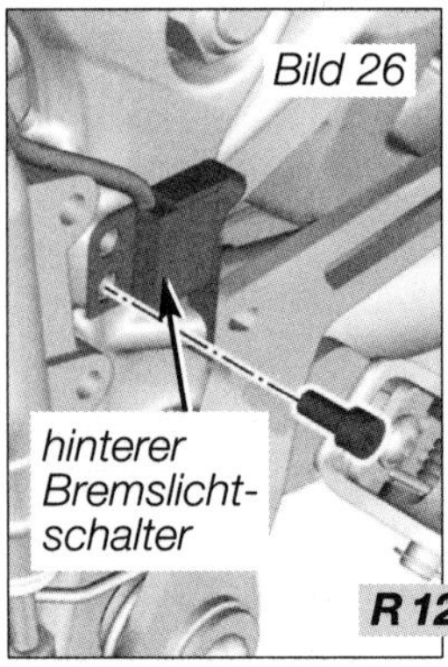

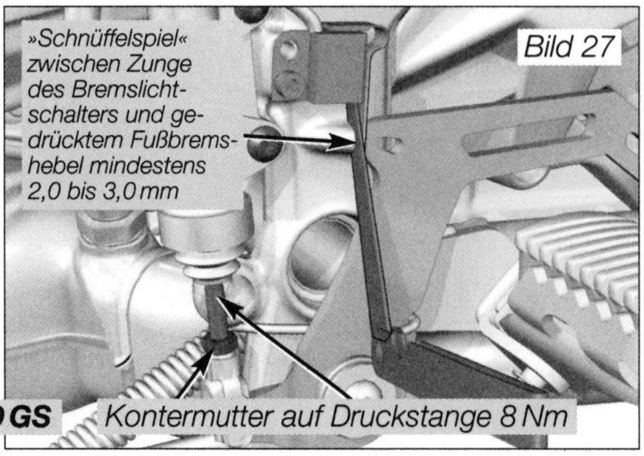

6. Jetzt den Gabelkopf auf der Druckstange so weit heraus- oder hineindrehen, dass der Gelenkbolzen (gefettet!) frei eingeschoben werden kann.
6.1. Kontermutter der Kolbendruckstange gegen den Gabelkopf festziehen.
7. Das Hebelspiel wie im Text oben unter »Kontrolle« und »Gegenkontrolle« beschrieben kontrollieren, ggf. korrigieren.

⚠ **Achtung:** Nach Abschluss der Einstellarbeiten prüfen, ob das Bremslicht richtig funktioniert: Bei etwa halb gedrücktem Pedal muss das Bremslicht aufleuchten (Bilder 18 bis 20c).

R 1200 GS ab Baumonat Dezember 2005: Bei diesen Modellen ist keine Hebelanschlagschraube vorhanden. Der Kolben im Hinterrad-Hauptbremszylinder hat innen einen Anschlag, welcher auch die Hebelposition bestimmt. Zum Einstellen des Fußbremshebels gehen Sie bitte folgendermaßen vor:
1. Kontermutter der Kolbendruckstange lösen.
2. Gelenkbolzen entriegeln, indem die Federklammer auf einer Seite mit dem Daumen angepackt und vom Sitz geschoben wird (Bild 22).
3. Bild 23: Gelenkbolzen herausziehen.
4. Gabelkopf auf der Druckstange nach rechts oder links verdrehen, aber nur um jeweils maximal zwei Umdrehungen.
4.1. Nach einer jeden 1/2 Umdrehung den Fußbremshebel mit seiner Bohrung an den Gabelkopf ansetzen, den Gelenkbolzen einschieben und so prüfen, wie sich die Schrägstellung des Fußbremshebels verändert hat.
5. Wenn die gewünschte Stellung des Fußbremshebels erreicht ist, den Gelenkbolzen einschieben und sichern.

Bremslichtschalter

Das Bremslicht muss bei ca. 1/2 gezogenem Handbremshebel bzw. gedrücktem Fußbremshebel aufleuchten, wenn die Zündung eingeschaltet ist bzw. der Motor läuft. Bremslichtschalter sind an Hand- und Fußbremse montiert bei allen Maschinen unseres Buchs.

Eine Ausnahme sind die R 1200 GS mit ABS ab Modelljahr 2008, sie haben keine Bremslichtschalter. Die Schaltfunktion wird vom ABS-Steuergerät übernommen und zwar über Drucksensoren und den Druckaufbau im Hydrauliksystem, der entsteht, wenn die Bremse betätigt wird. Der Funktionsbefehl »Bremslicht an« wird dann über das CAN-Bus an das Steuergerät »Zentrale Fahrzeugelektronik« (ZFE) gesendet und das Bremslicht angesteuert.

Die Bremslichtschalter sitzen im Handbremsgriff (Bild 25), über dem Fußbremshebel (Bild 20a) oder vor dem Fußbremszylinder unter einer Abdeckung (Bild 26).

Bremslicht leuchtet nicht, brennt immer
Es kann der entsprechende Bremslichtschalter defekt sein. Doch bevor man den Schalter erneuert, zuerst den Stecker am Kabel, das vom Bremslichtschalter wegführt, auf einwandfreien Kontakt untersuchen:

- Ist der Stecker richtig zusammengesteckt?
- Zur Sicherheit den Stecker auseinanderziehen und auf Korrosion an den Kontakten untersuchen, diese beseitigen. Wenn das Bremslicht immer brennt, ist wahrscheinlich der Schalter defekt oder seine Betätigungszunge verbogen.

Schnüffelspiel
Beim hinteren Bremslichtschalter muss ein »Schnüffelspiel« vorhanden sein: Erst wenn die Zunge des Bremslichtschalters sich 2 mm angehoben hat, darf das Bremslicht brennen. Die Toleranz beträgt ± 0,5 mm. BMW schreibt vor dieses Schnüffelspiel mit einer Fühlerlehre zu messen, siehe Bild 27.

Wenn bei den R 1200 GS ohne Bremslichtschalter das Bremslicht nicht brennt, sitzt der Fehler tief und man muss die Bordelektrik in der BMW-Werkstatt überprüfen lassen, weil normalerweise weder die LED's im Rück-/Bremslicht oder die elektronische Ansteuerung ausfallen.
Sehr wichtig: Wenn ein Bremslichtschalter

Bilder 28 und 29: Explosionszeichnungen des Schalthebels.

Bilder 30 und 31: Sicherungssplint ausziehen, Kugelpfanne abziehen, Kontermutter lösen, Kugelpfanne in gewünschte Position drehen.

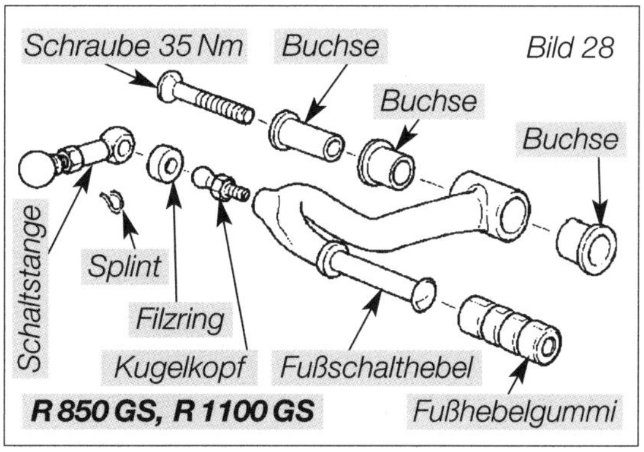

Bild 28
R 850 GS, R 1100 GS

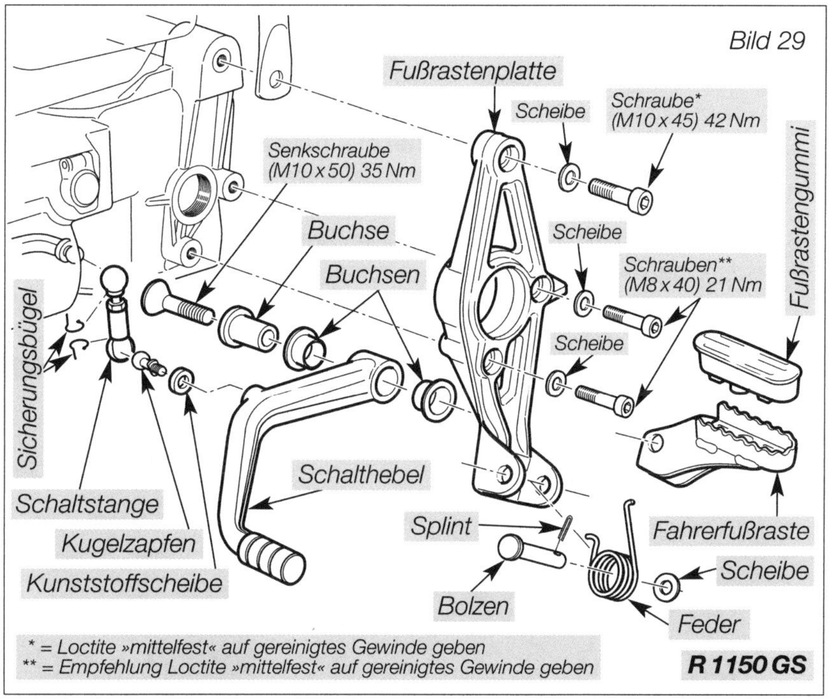

Bild 29
* = Loctite »mittelfest« auf gereinigtes Gewinde geben
** = Empfehlung Loctite »mittelfest« auf gereinigtes Gewinde geben
R 1150 GS

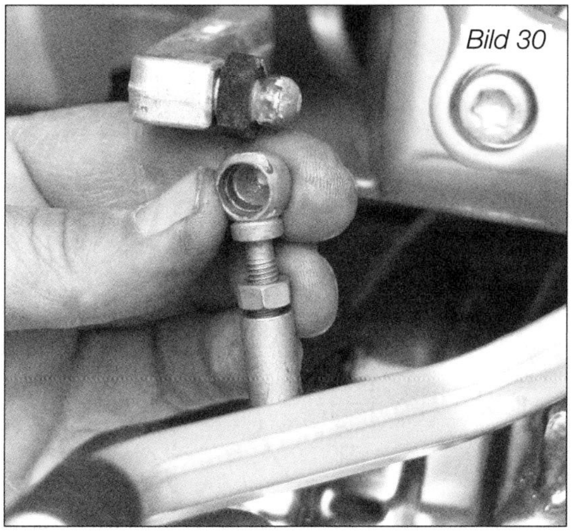
Bild 30

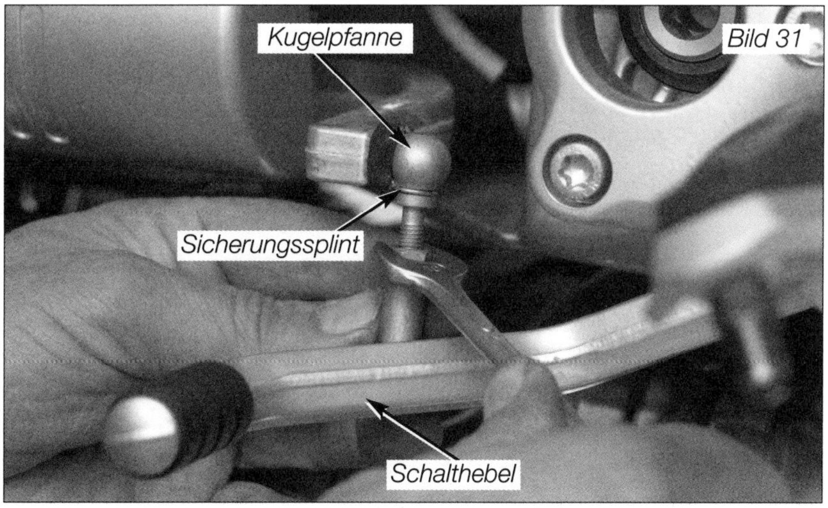

Bild 31

Sichtprüfung Messen

Bilder 32, 33 und 33a: Schalthebel so aufbauen, dass sein Klemmschlitz mit der Strichmarkierung fluchtet.

Bilder 33b und 33c: Schalthebel einstellen: Sicherungssplint ausziehen, Kugelpfanne abziehen, Kontermutter lösen, Kugelpfanne auf gewünschte Position drehen.

Bilder 34 bis 37: Aus- und Einbau einer Kugelpfanne mit Montagedetails des Sicherungssplints.

defekt ist, wird dies nach dem Einschalten der Zündung vom Systemcheck registriert. Dann bleibt auch das ABS außer Funktion!

Fußschalthebel

Der Schalthebel soll sich auf gleicher Ebene wie der Fußbremshebel befinden. Wenn der Fußschalthebel eingestellt werden soll, macht man dies an der Schaltstange, die auf beiden Seiten Kugelköpfe hat (Bilder 28 bis 31). Die Schalthebel von R 850 GS und R 1100 GS (Bild 28), R 1150 GS (Bild 29) und R 1200 GS (Bilder 32 und 33) sind verschieden, aber das Prinzip ist gleich: Der Schalhebel ist am Rahmen gelagert und die Fußbewegung wird vom Schalthebel über die Schaltstange auf einen kleinen Schalthebel übertragen, der auf der Schaltwelle angebracht ist, die hinten aus dem Getriebe ragt.

Fußschalthebel einstellen

1. Bilder 34 bis 37: Am Rand eines jeden Kugelgelenks sitzt ein Sicherungssplint.

1.1. Bild 33b: Den Splint an der Kugelpfanne der Schaltstange von seinem Sitz abwalzen. Bild 34: Splint parallel zur Gewindestange ausziehen.

2. Bild 33c: Kugelpfanne vom Kugelkopf abziehen, dazu fest anpacken!

3. Kontermutter der Gewindestange lösen und die Kugelpfanne nach oben oder unten auf die gewünschte Position drehen.

3.1. Darauf achten, dass die Gewindestange noch mindestens 3 Gewindegänge in die Kugelpfanne eingeschraubt ist! Wenn nicht, Schaltstange am anderen Kugelkopf einstellen.

4. Bild 33c: Schmierring abnehmen, reinigen und mit Staburags NBU 30 PTM leicht einfetten, exakt auf den Kopfbolzen setzen.

4.1. Kugelkopf ebenfalls leicht einfetten.

5. Kugelpfanne auf Kugelkopf drücken, Sicherungssplint einschieben (Bilder 34, 35), durch Drehbewegung zum Rand hin aufklicken (Bild 36) und somit sichern.

6. Kontermutter der Gewindestange festziehen.

Achtung: Darauf achten, dass der Ring des Sicherungssplintes auch wirklich eingerastet ist, es muss leicht klicken. Denn wenn er nicht richtig sitzt, kann er möglicherweise während der Fahrt herausrutschen, die Kugelpfanne springt ab und damit ist die Schaltung außer Funktion!

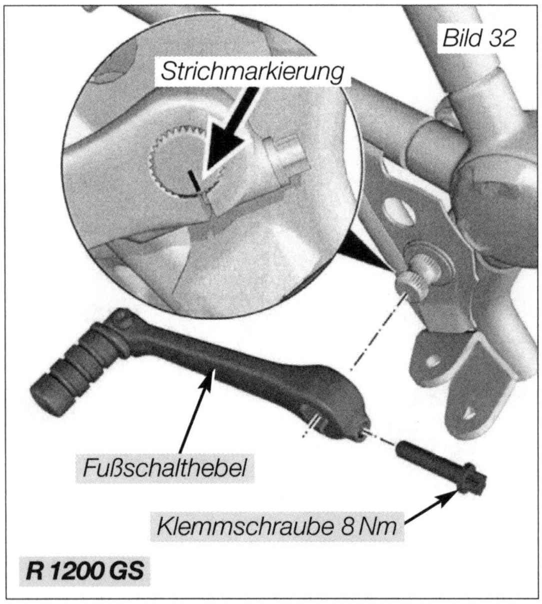

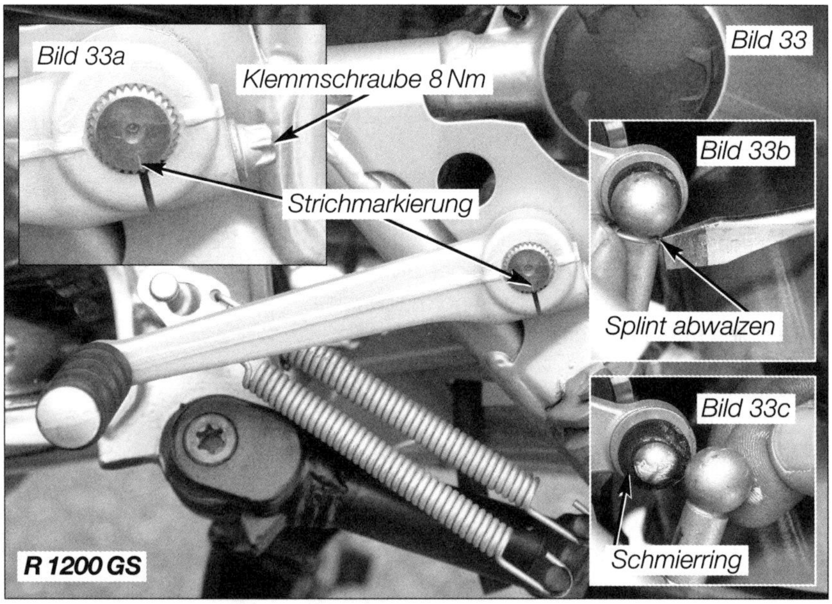

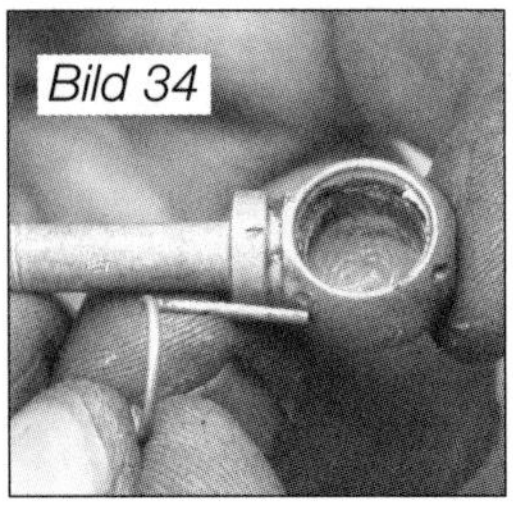

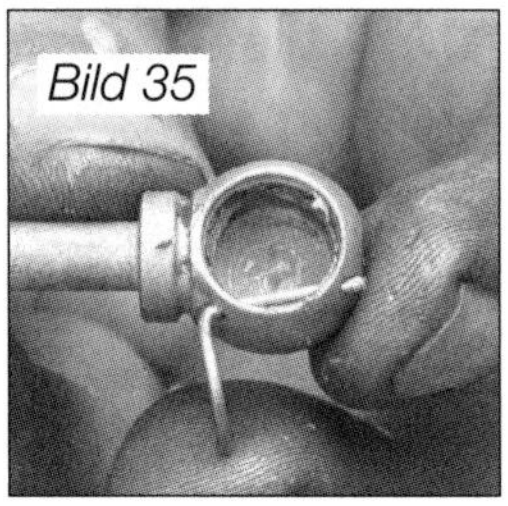

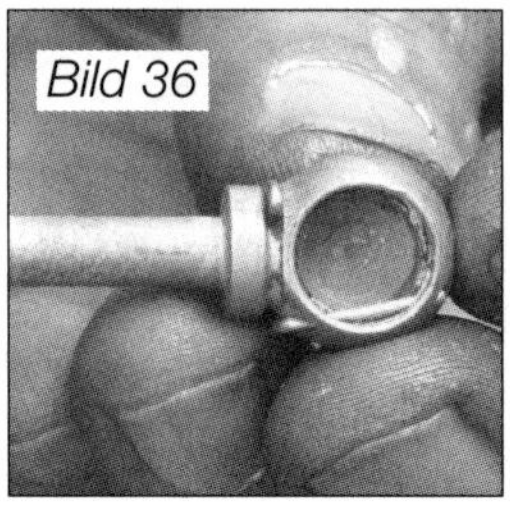

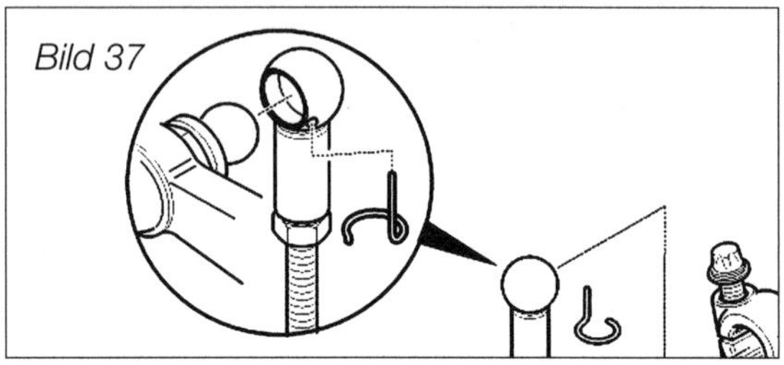

Gasgriff · Gaszüge

In diesem Kapitel: Gasgriff und Züge · Gasgriff und Züge prüfen · Gaszugspiel · Gasgriff, neue Gaszüge · Gaszüge aus- und einbauen.

Gasgriff und Züge

Die R 1100 GS bis Baumonat Juli 1996 hat als Hauptgaszug einen langen (»oberen«) Gaszug, der vom Gasgriff zur linken Drosselklappe führt. Von dort führt ein zweiter, kurzer (»unterer«) Gaszug über das Motorgehäuse zur rechten Drosselklappe. Langer und kurzer Gaszug sind zu einem Bauteil zusammengefasst.

Ab August 1996 sind bei den Modellen R 850 GS, R 1100 GS, R 1150 GS und R 1200 GS drei Gaszüge und ein Gaszugverteiler angebaut; siehe dazu Systemzeichnungen und Bilder 3 bis 6.

R 850 GS, R 1100 GS und R 1150 GS haben einen Chokehebel am Lenker und damit auch einen Extra-Chokezug; siehe dazu Bilder 1 und 2.

Ab der R 1200 GS des Modelljahrs 2004 gibt es keine Chokebetätigung am Lenker mehr (und auch keinen Chokezug), stattdessen ist in jedem Drosselklappenkörper ein so genannter »Leerlaufstepper« eingebaut (auch genannt »Leerlaufsteller zur Kaltlaufanhebung«), die abhängig von der Motortemperatur die Leerlaufdrehzahl regeln und zwar für jeden Zylinder einzeln.

Gaszüge schmieren?
Grundsätzlich sollen die Gaszüge NICHT geschmiert werden. Beim Einbau neuer Gaszüge soll man an die Nippel und in die Führungsnut des Gasgriffs etwas leichtes Fett anschmieren. Wenn man Schmiermittel in die Gaszüge einspritzt, besteht die Gefahr, dass die Gleiteigenschaften der Kunststoff-Innenhülle zerstört werden, was bis zum Festgehen des Gaszugs führen kann.

Gasgriff und Züge prüfen

Gasgriff und Gaszüge sollen regelmäßig auf freien Lauf geprüft werden. Der Gasgriff muss jederzeit leichtgängig sein, was natürlich auch für die Gaszüge gilt.

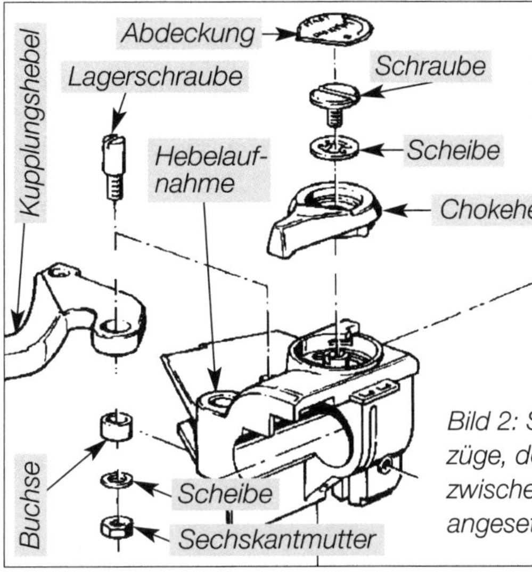

Bild 1: Explosionszeichnung der Chokebetätigung am Lenker bei der R 1100 GS.

Bild 2: Systemzeichnung der Gaszüge, des Gaszugverteilers und der zwischen Lenkergriff und Armatur angesetzten Chokebetätigung.

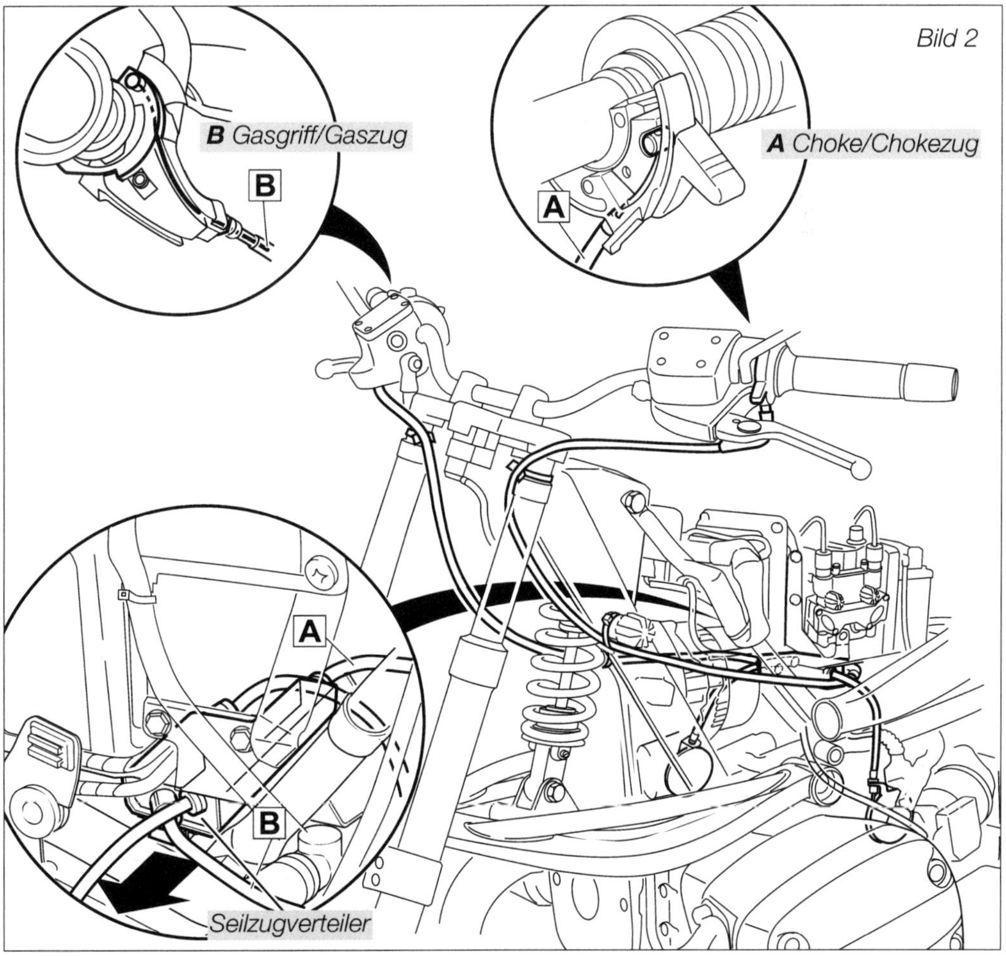

Bild 2

Bilder 3, 4 und 5: Schemazeichnungen der Gaszüge und des Gaszugverteilers, der in Bild 5 geöffnet ist.

Gasgriff und Gaszüge kontrollieren

1. Motor und Zündung sind dazu AUSgeschaltet.

2. Langsam am Gasdrehgriff drehen und auf hakende Bewegung prüfen.

3. Wenn der Gasgriff voll geöffnet ist und wieder losgelassen wird, muss er von selbst in »Gas zu«-Stellung schnappen.

Fazit: Wenn die Gasgriffbewegung hakt, dann schauen Sie ganz genau auf die Gaszüge und kontrollieren Sie diese auf Knicke und Scheuerstellen. Wenn ein Gaszug geknickt ist und man längere Zeit damit gefahren ist, ist wahrscheinlich sein Innenzug beschädigt: Dann sind ein oder mehrere Drähte des Innenzugs gebrochen und reiben in der Zughülle. Ein defekter Gaszug muss ersetzt werden; am besten alle Züge erneuern wie weiter hinten im Kapitel beschrieben.

Gaszugspiel

Bilder 7a und 7b: »Gaszugspiel« bezeichnet den Leerweg des Gasdrehgriffs. Das Spiel im oberen Gaszug sollte ca. 0,5 mm betragen. Am Umfang des Gasgriffgummis zum Gasgriffgehäuse hin gesehen sind es dann ca. 2 bis 4 mm (***X*** in Bild 7b). Die richtige Einstellung des Leerwegs ist wichtig für die Gasdosierung und bestimmt entscheidend das Gefühl beim Gas geben.

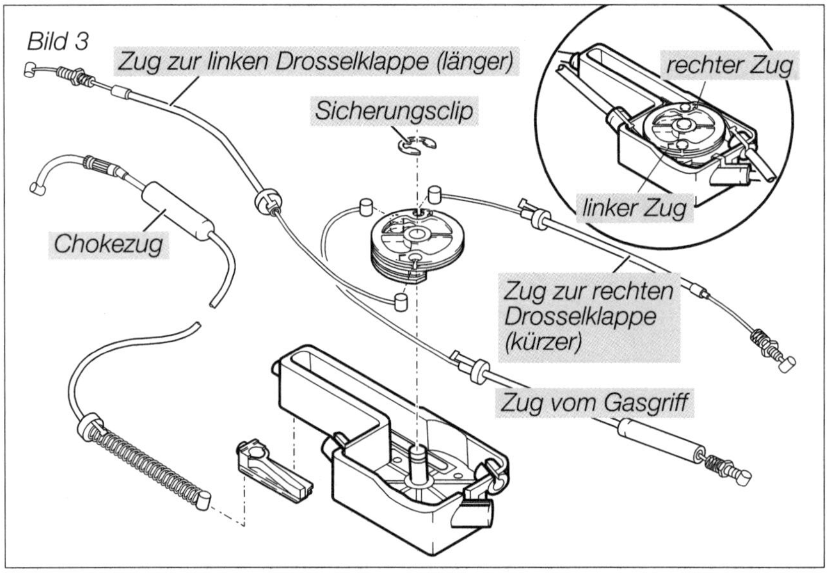

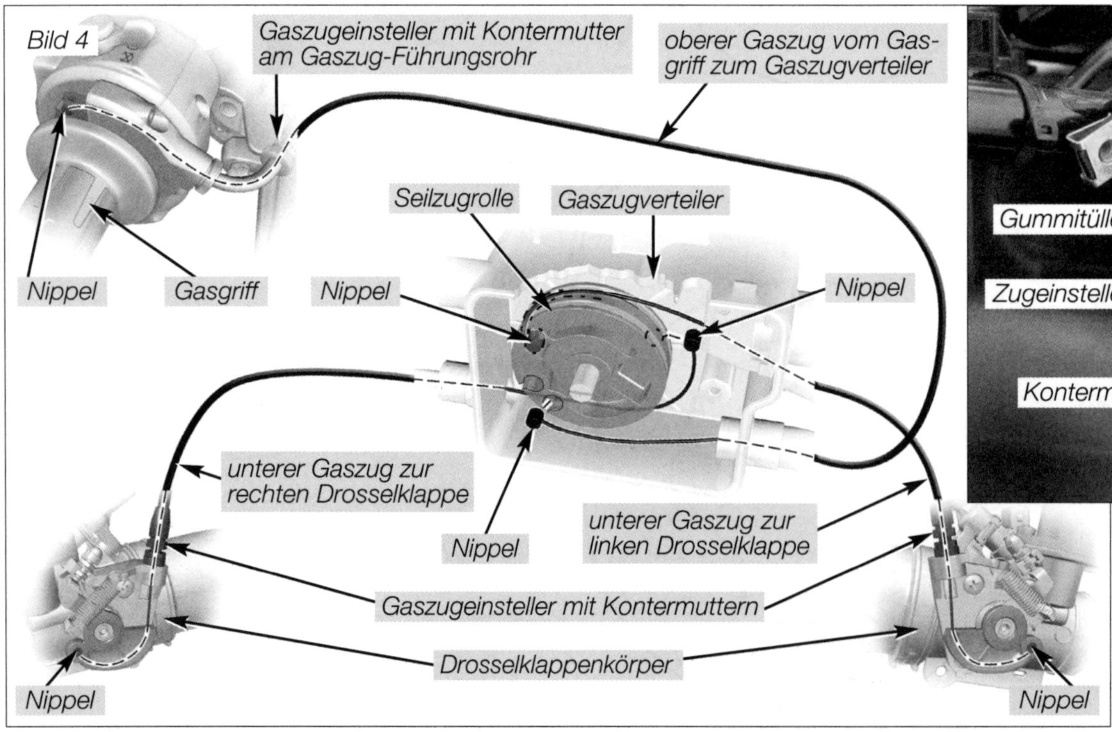

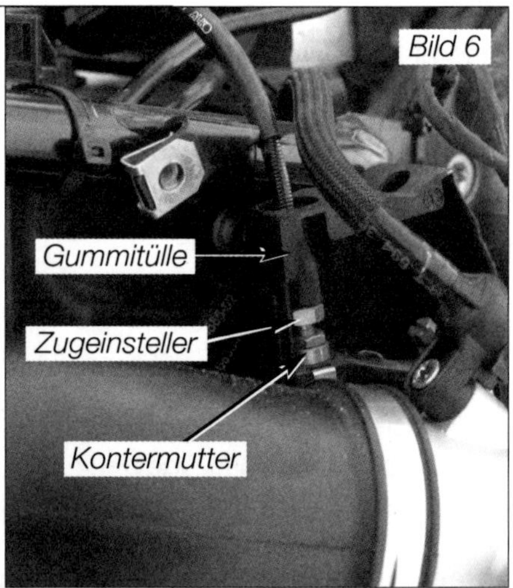

Bild 6: Zugeinsteller, Kontermutter und Gummitülle des unteren Gaszugs am rechten Drosselklappenkörper.

Gaszugspiel überprüfen

1. Bild 7a: Zur Überprüfung einen Kreidestrich am Gasgriffgummi anbringen, der sich mit dem Schlitz des Gasgriffgehäuses deckt.

2. Gasgriff vorsichtig drehen, bis der Leerweg im Gaszug zu Ende ist und man spürt, dass der Gaszug Widerstand bekommt.

3. Bild 7b: Strich auf Gasgriffgummi und Schlitz auf Gasgriffgehäuse dürfen sich 2 bis 4 mm zueinander verschoben haben (***X*** in Bild 7b).

Gaszugspiel einstellen

Bei den ersten R 1100 GS bis Baumonat Juli 1996 wird das Gaszugspiel am Seilzugeinsteller unten am Drosselklappengehäuse eingestellt. Dazu wird ein 10er-Gabelschlüssel für die Kontermutter benötigt; der Gaszugeinsteller selbst ist gerändelt und kann mit den Fingern verdreht werden.

Ab Baumonat August 1996 ist am Gaszug-Führungsrohr oben am Gasgriff ein Seilzugeinsteller angebracht (Bilder 4 und 8). Kontermutter und Spieleinsteller sind beide gerändelt. Zum Kontern dieser beiden Bauteile mit Fingerkraft arbeiten, keine Zange zu Hilfe nehmen. Die Einstellung des Gaszugsspiels verändert nicht die Synchronisation (Kapitel 22 »Einspritzung · Zündung · Tank«).

Für die Spieleinstellung gilt generell: Das Gaszugspiel von 0,5 mm im Zug soll eher etwas größer sein als kleiner und die Einstellung erfolgt bei waagerecht stehendem Lenker. Zur Überprüfung, ob sich das Gaszugspiel verändert, den Lenker nach rechts und links bis zum Anschlag bewegen: Bei Rechtseinschlag wird das Spiel etwas kleiner und bei Linkseinschlag etwas größer.

Gummimanschetten

Über den Gaszugeinstellern sind kleine Gummitüllen (»Gummimanschetten«, Bilder 6 und 8) angebracht, diese muss man zuerst zurückschieben, damit man die Gaszugeinsteller beschrauben kann. Wenn die Gummitülle auf der Außenhülle verklebt ist, etwas WD-40 unter die Hülle sprühen, dann lässt sie sich leichter zurückschieben.

Wenn das Spiel im oberen Gaszug eingestellt ist, dann prüfen Sie zur Sicherheit bitte, ob die beiden unteren Zugenden am rechten und linken Zylinder (bzw. der Drosselklappenbetätigung) »leicht lose« sind, denn nur dann sind die Drosselklappen vollständig geschlossen. Keines der beiden Zugenden darf unter Spannung stehen!

Überprüfung bei laufendem Motor

1. Motor starten und auf Betriebstemperatur warm laufen lassen.

2. Mit geschlossenem Gasgriff den Lenker nach recht und links drehen bis zum Anschlag.

2.1. Die Motordrehzahl darf sich nicht verändern.

3. Gas geben, bis auf 2500 bis 3000/min, Drehzahl halten, Lenker nach rechts und links einschlagen.

3.1. Die Motordrehzahl darf sich nur sehr leicht verändern, je weniger desto besser.

4. Mit dem Gasgriff die Drehzahl auf 2000/min und dann auf 4000/min erhöhen. Genau hinhören und hinfühlen, ob der Motor ruhig und gleichmäßig läuft und kein Zylinder »gegen« den anderen Zylinder läuft.

5. Wenn man spürt, dass der Motor nicht ruhig läuft, sondern »rappelt« und sich »schüttelt«, muss man den Gleichlauf der Zylinder einstellen; dies nennt man »synchronisieren«.

Achtung: An den Drosselklappenkörpern sind Anschlagschrauben angebracht, diese sind versiegelt und dürfen NICHT geöffnet bzw. verdreht werden. Wenn der Siegellack beschädigt ist, besteht die Gefahr, dass sich der Leerlauf nicht mehr richtig einstellen lässt. Dann müssen die Drosselklappen abge-

Bilder 7a, 7b und 8: Der Leerweg am Gasgriff muss zwischen 2 und 4 mm betragen, das entspricht ca. 0,5 mm Spiel im Gaszug.

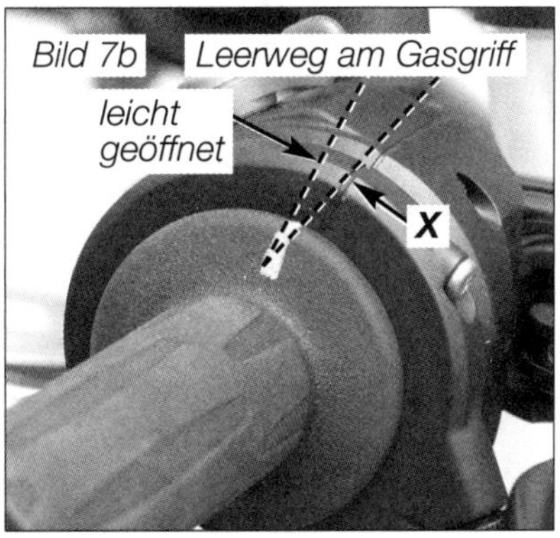

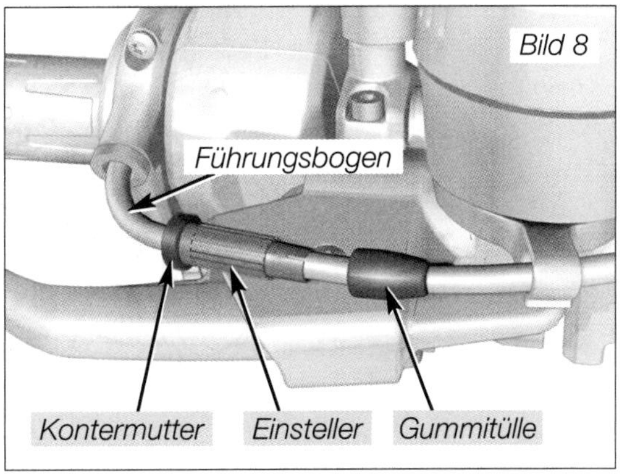

■ Bild 7a: Gasgriff ist geschlossen.

■ Bild 7b: Gasgriff ist ganz leicht geöffnet, bis Widerstand spürbar wird.

■ Diese Differenz ist der Leerweg am Gasgriff.

baut und über den BMW-Händler zum Hersteller geschickt werden zu einer Neueinstellung des Grunddurchsatzes.

Hinweis: Wenn der Leerweg am Gasgriff sich immer wieder verändert, also nach der Einstellung schon nach kurzer Fahrstrecke wieder länger wird, ist dies ein deutlicher Hinweis auf einen beschädigten Gaszug, der eben dabei ist, kaputt zu gehen, weil er sich längt.

Gasgriff, neue Gaszüge

Bitte beachten

- Zur Reinigung des Gasgriffs keine aggressiven Lösungsmittel wie zum Beispiel Bremsenreiniger verwenden, denn diese lösen die Verklebung des Gasgriffgummis!
- Am besten den Gasgriff innen und außen sowie das Lenkerrohr mit Ölspray (WD-40) und sauberem Lappen reinigen.
- Beim Zusammenbau hochwertiges, leichtes Fett dünn auf das Lenkerrohr und in die Seilzugführung auftragen.

Nachstehend beschreiben wir den Abbau der verschiedenen Gasgriffe im Detail. Zusammenbau umgekehrt zur Zerlegung.

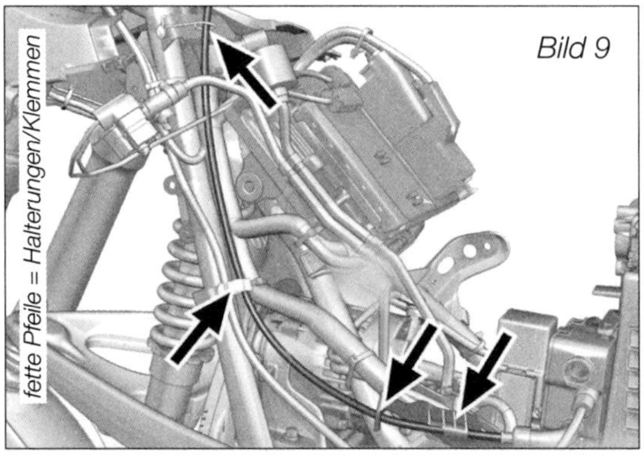

Bild 9: Verlegung und Befestigung (fette Pfeile) des oberen Gaszugs bei den 1200er-Modellen.

Bild 10: Drosselklappenbetätigung der 1200er.
***X** = Anschlagschraube NICHT verdrehen!*
***Y** = es muss etwas »Luft« am freien Ende des Gaszugs sein.*

Bild 11: Zum Aus- und Einbau des Nippels am unteren Gaszug muss die Sicherungsfeder eingedrückt werden.

Gasgriff abbauen bei R 850 GS, R 1100 GS, R 1150 GS

1. Das außen am Lenker angesetzte Lenkergewicht (»Vibrationskiller«) abschrauben.
2. Wenn Heizgriffe verbaut sind: Befestigungsschrauben lösen, Verbindungsstecker zum Heizgriff trennen, Kabelschuh im Verbindungsstecker lösen und Leitung durch Lenker ziehen.
3. Gummitülle auf Gaszug nach hinten schieben, Kontermutter der Einstellschraube öffnen und eindrehen, bis der Gaszug maximales Spiel hat.
4. Gaszugabdeckung abschrauben, Gaszug aushängen.
5. Gasgriff abnehmen.

Gasgriff abbauen bei R 1200 GS

1. Das außen am Lenker angesetzte Lenkergewicht (»Vibrationskiller«) abschrauben.
2. Klemmschraube der Handbremsarmatur lockern und diese auf dem Lenker etwas nach innen schieben.
3. Bild 12a: An der Vorderseite des Schaltergehäuses beide Schrauben lösen und ausdrehen, vordere Abdeckung abnehmen.
4. Bild 12a: Stecker des rechten Lenkerschalters und Stecker der Heizgriffe (wenn vorhanden) aus Halterung ziehen. Stecker trennen.
5. Bild 12b: Die beiden Schrauben des Schaltergehäuses ausschrauben, Schaltergehäuse vorsichtig trennen und vom Lenker abnehmen.
6. Kontermutter (***A*** in Bild 14) vom Gaszugeinsteller (***B*** in Bild 14) lösen, ganz nach vorne drehen. Gaszugeinsteller nachdrehen, damit der Gaszug genügend »Luft« zum Ausbau bekommt.
7. Befestigungsschraube des Gaszug-Führungsbogens (***C*** in Bild 14) ausschrauben.
8. Schraube des Gaszuggehäuses (***D*** in Bild 14) lösen und ausdrehen, Oberteil des Gaszuggehäuses (***E*** in Bild 14) abnehmen.
9. Nippel des Gaszugs (***F*** in Bild 14) aushängen, Gaszug nach unten herausziehen.
10. Gasgriffgehäuse vom Lenker abschrauben:
10.1. Entweder: Klemmschraube des Gasgriffs (***G*** in Bild 14) lösen, ca. 3 Umdrehungen aufdrehen.
10.2. Oder: Schraube, mit dem das Unterteil des Gasgriffgehäuses am Lenker verschraubt ist, lösen und ausdrehen.
10.3. Gasgriff mit Gehäuse vom Lenker abziehen.

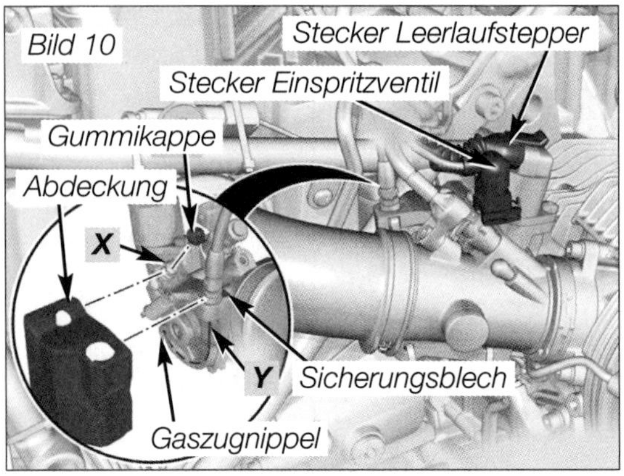

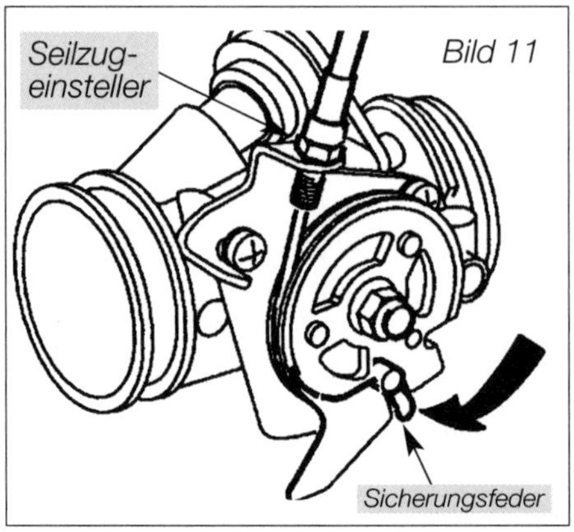

Gaszüge aus- und einbauen

R 1100 GS bis Baumonat Juli 1996

1. Sitzbank und Tank abbauen.

2. Am Gasgriff: Abdeckung des Gaszugs abschrauben und Nippel aushängen.

3. Am rechten Drosselklappenstutzen, Bild 11: Seilzugeinsteller lösen, Sicherungsfeder eindrücken und Seilzug aushängen.

4. Beide Gaszugeinsteller am linken Drosselklappenstutzen lockern, Sicherungsfeder eidrücken und Seilzug aushängen.

R 850 GS, R 1100 GS ab Baumonat August 1996 und R 1150 GS, R 1200 GS

Zum Wechsel des oberen Gaszugs muss der Tank abgebaut werden. Der Gaszugverteiler sitzt am Luftfilterkasten (Bilder 4 und 5). Zum Wechsel der unteren Züge müssen abgebaut werden: Fahrer- und Soziussitz, Seitenblenden, seitliche Tankverkleidungen, Tankblenden, mittlere Tankverkleidung und Ansaugschnorchel (Kapitel 6 »Verkleidung · Anbauteile«).

Oberen Gaszug aus- und einbauen

1. Punkte 1. bis 9. des Kapitelabsatzes »Gasgriff abbauen« abarbeiten. Das Unterteil des Gasgriffgehäuses sowie der Gasgriff brauchen nicht abgebaut zu werden.

2. Bild 9: Gaszug aus Halterungen lösen.

3. Bild 5: Deckel des Seilzugverteilers abnehmen, dazu die vier Haltelaschen vorsichtig aufbiegen.

4. Seilzugrolle herausnehmen, Gaszug aushängen.

Einbau in umgekehrter Reihenfolge.

- Nippel des Gaszugs mit leichtem Wälzlagerfett fetten und einsetzen.
- Zur Einbaulage der Züge im Verteiler nehmen Sie bitte die Bilder 3 und 4 zu Hilfe.
- Spieleinstellung des oberen Gaszugs und Leerweg am Gasgriff siehe weiter vorne.

Drosselklappen-Bowdenzüge aus- und einbauen

1. Bild 10: Stecker von Einspritzventil und Leerlaufstepper ausziehen.

2. Bild 6: Kontermutter des Seilzugeinstellers lösen, ganz hochdrehen, Seilzugeinsteller ganz eindrehen.

3. Bild 10: Gummikappe der Anschlagschraube abnehmen, Abdeckung nach oben abziehen.

4. Bild 10: Seilzugrolle an Drosselklappenwelle mit Finger nach oben drücken, Nippel aushängen.

5. Seilzugeinsteller ganz ausdrehen, Sicherungsblech ausclipsen, Zug herausnehmen.

6. Gaszugverteiler herausnehmen und öffnen, Zug von Seilzugrolle aushängen.

- Einbau in umgekehrter Reihenfolge.
- Nippel dünn mit Wälzlagerfett einschmieren.
- Drosselklappen sychronisieren siehe Kapitel 22 »Einspritzung · Zündung · Tank«.

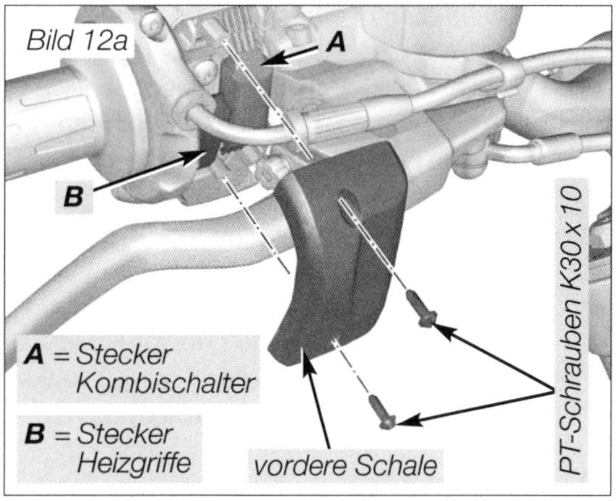

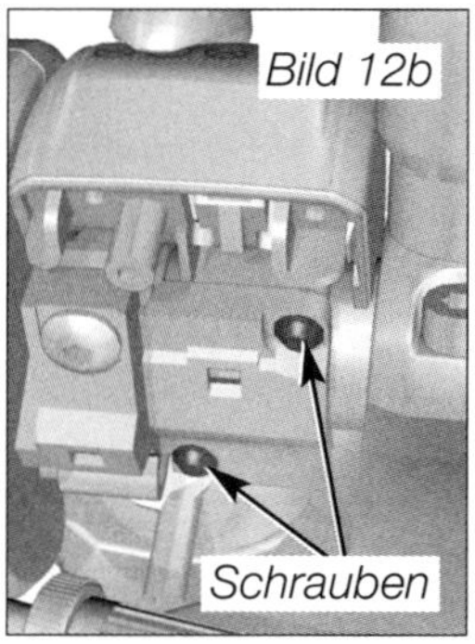

Bilder 12a und 12b: Bei den 1200er-Modellen kommt man nach Abbau der vorderen Schale an Stecker und Schrauben.

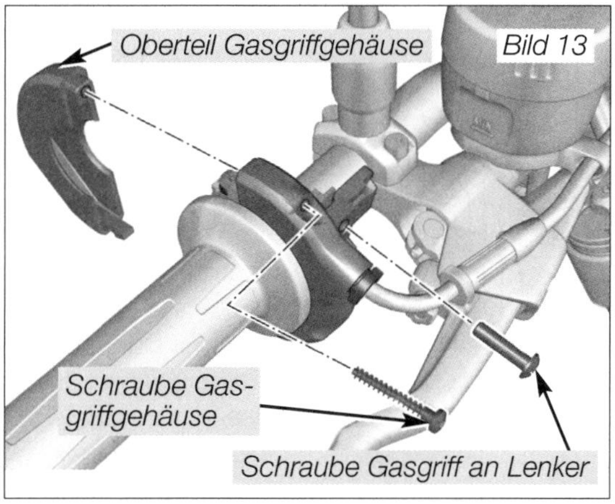

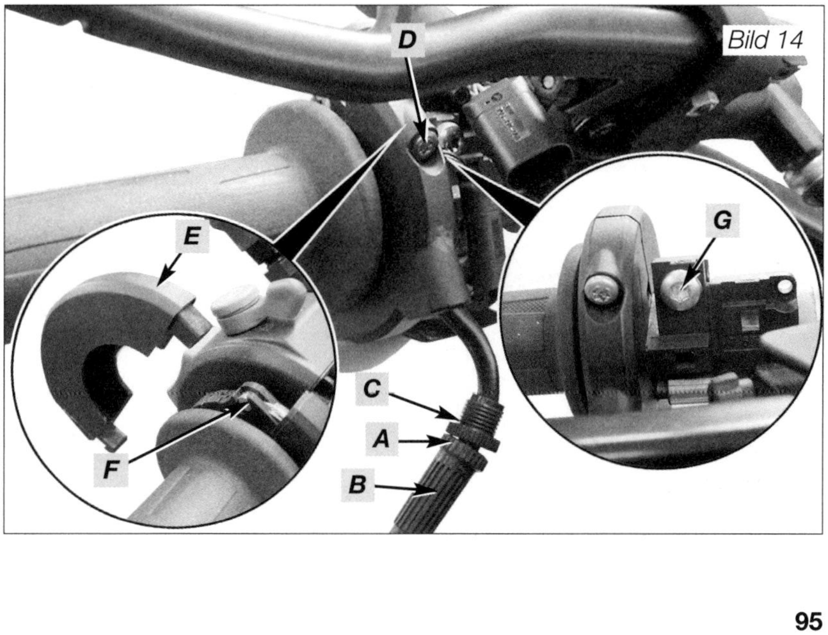

Bild 14: Schraubstellen beim Gasgriffabbau:
A *= Rändel-Kontermutter*
B *= Gaszug-Einsteller*
C *= Befestigungsmutter des Gaszug-Führungsbogens*
D *= Schrauben des Gasgriffgehäuses*
E *= Oberteil des Gasgriffgehäuses*
F *= Nippel des Gaszugs*
G *= Klemmschraube des Gasgriffs*

Sichtprüfung Messen

Bilder 1 und 1a: Explosionszeichnung des Luftfilters und Sitz des Ansauglufttemperatur-Sensors im Deckel.

Bilder 2 und 3: Zum Reinigen des Luftfilters die Papierelemente auffächern und den Dreck abklopfen bzw. absaugen.

Luftfilter

In diesem Kapitel: Luftfilter, Bauarten, Abklopfen · Luftfilter aus- und einbauen.

Luftfilter, Bauarten, Abklopfen

Der Luftfilter muss laut BMW-Vorschrift alle 20 000 km erneuert werden. Ein Reinigen des Luftfilters bei den Zwischeninspektionen alle 10 000 km ist von BMW nicht vorgeschrieben, wird jedoch dringend empfohlen. Bei Fahrten durch staubige Gebiete ist eine Reinigung öfter nötig, was bei extrem feinem Staub, wie er z. B. in Wüsten vorkommt, sogar täglich nötig ist.

■ **R 850 GS, R 1100 GS und R 1150 GS** haben einen Papier-Rundfilter (Bilder 1 und 2). Links am Luftfiltergehäuse ist das nach vorne weisende Ansaugrohr angebaut.

■ Die verschiedenen **R 1200 GS** haben einen Papier-Plattenfilter (Bilder 3 und 4). Rechts am Luftfiltergehäuse ist das nach vorne weisende Ansaugrohr angebaut.

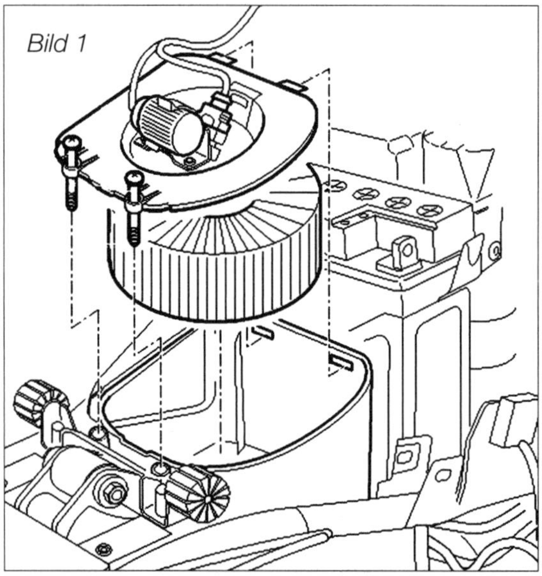

Hinweis: Durch die vordere Öffnung des Ansaugrohrs wird einiges an aufgewirbeltem Straßendreck und Bremsabrieb angesaugt. Deswegen empfehlen wir bei Fahrten in staubigen Gebieten sowie bei bremsstaubintensiven Passabfahrten bei der Abklopf-Reinigung des Luftfilters auch das Ansaugrohr und den Luftfilterkasten auszuputzen.

Luftfilter reinigen und abklopfen

Bei einer Luftfilter-Reinigung wird der Luftfilter ausgebaut und dann vorsichtig auf einem Stück Holz abgeklopft, dadurch löst sich der grobe Schmutz und fällt ab. Feiner Staub wird im ölgetränkten Filterpapier gebunden. Nach dem Abklopfen kann man die Papierelemente vorsichtig auffächern (Bilder 2 und 3) und den im Grund sitzenden Restschmutz abpusten oder mit einem Staubsauger vorsichtig absaugen (Bild 2).

Luftfilter aus- und einbauen

Ausbau bei R 850 GS, R 1100 GS, R 1150 GS

1. Fahrersitz abbauen.

2. Die kleine Verkleidungsblende rechts unter dem Tank abziehen.

3. Hintere Tankhalteschraube lösen und ausdrehen.

4. Tank hinten anheben und mit einem ca. 10 cm langen Holzbrett unterstützen. Vorne bleibt der Tank in seinen beiden Halterungen sitzen.

■ Darauf achten, dass der rechte Gaszug und die beiden Tankentlüftungsschläuche nicht übermäßig gezogen werden.

Wenn man sieht, dass die Tankentlüftungsschläuche zu stark gezogen werden, muss man die Kabelbinder, mit denen die Schläuche am Rahmen befestigt sind, durchzwicken.

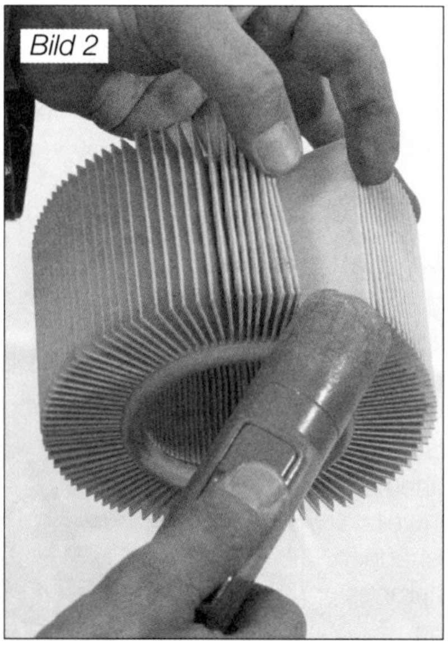

5. Klammern auf dem Luftfilterdeckel ausklicken. Ab Baustand Dezember 1999 ist der Deckel verschraubt (siehe Explosionszeichnung in Bildern 1 und 1a): Schrauben lösen und ausdrehen.
5.1. Deckel nach hinten abnehmen und zur Seite hängen. Die Kabel können eingeklickt bleiben.
6. Die kleine M6-Inbusschraube, mit der das Ansaugrohr befestigt ist, lösen und ausdrehen.
7. Ansaugrohr abnehmen bzw. aus seiner Führung im Luftfilterkasten ziehen.

Die Reinigung des Luftfilters, des Ansaugrohres und des Luftfilterkastens ist oben schon erwähnt.

Zusammenbau in umgekehrter Reihenfolge des Ausbaus. Darauf achten, dass das Ansaugrohr exakt in seinen Ausschnitt am Luftfilterkasten eingesetzt wird, Luftfilter und Deckel richtig ein- und aufgesetzt werden. Evtl. die Entlüftungsschläuche mit neuen Kabelbindern befestigen.

Wenn alles zusammengebaut ist, prüfen Sie bitte vor dem Start des Motors, ob der rechte Gaszug richtig sitzt. Meistens ist dies nämlich nicht der Fall, weswegen die Motordrehzahl gleich nach dem Motorstart auf über 5000/min hochschießt.

Aus- und Einbau bei R 1200 GS

1. Abbauen: Fahrersitz bzw. Sitzbank, rechte Seitenblende, Seitenteil und Tankverkleidung. Siehe dazu auch Kapitel 6 »Verkleidung · Anbauteile«.
2. Bilder 4, 5a und 5b: Beide Haltebügel des Ansaugrohres entriegeln, dazu die Haken am Ende mit einem Schraubenzieher leicht eindrücken.
3. Kreis in Bild 6a: Zapfen vorne am Ansaugrohr aus der Halterung ziehen.
4. Bild 6: Ansaugrohr leicht anheben, ausziehen.
5. Luftfilter oben etwas zusammendrücken und aus seinem Sitz herausziehen.

Die Reinigung des Luftfilters, des Ansaugrohres und des Luftfilterkastens ist weiter vorne im Text schon erwähnt.

Einbau

1. Gereinigten bzw. neuen Luftfilter einsetzen, ihn dabei etwas zusammendrücken.
■ Darauf achten, dass die Dichtung ringsum exakt auf dem Bund des Luftfiltergehäuses sitzt.
2. Bild 6: Ansaugrohr am Luftfiltergehäuse ansetzen und einschieben, bis die Haltebügel hörbar einrasten.
■ Bild 6a: Gleichzeitig den vorderen Zapfen am Ansaugrohr in die Gummimuffe schieben.

■ Darauf achten, dass der Drosselklappenzug in der Führung des Ansaugrohres sitzt: Die Drosselklappe muss dabei am Anschlag stehen.
3. Abgebaute Teile wieder anbauen.

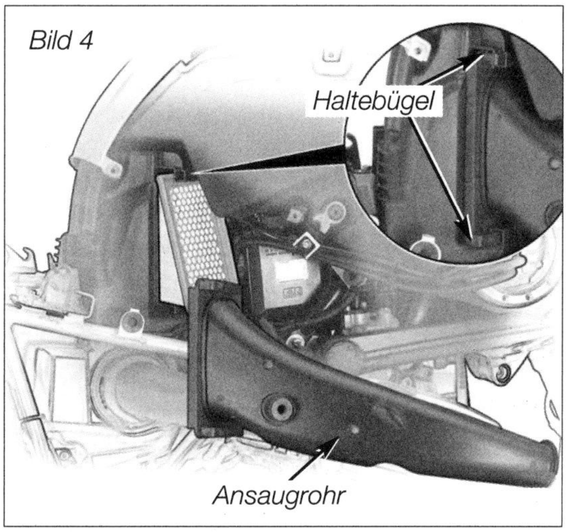

Bilder 4, 5a und 5b: Halterung des Ansaugrohres am Luftfiltergehäuse. Haken am Haltebügel mit dem Daumen oder einem Schraubenzieher leicht eindrücken und dabei entriegeln.

Bilder 6 und 6a: Ansaugrohr vorne aus der Zapfenhalterung ziehen und hinten ausschieben.

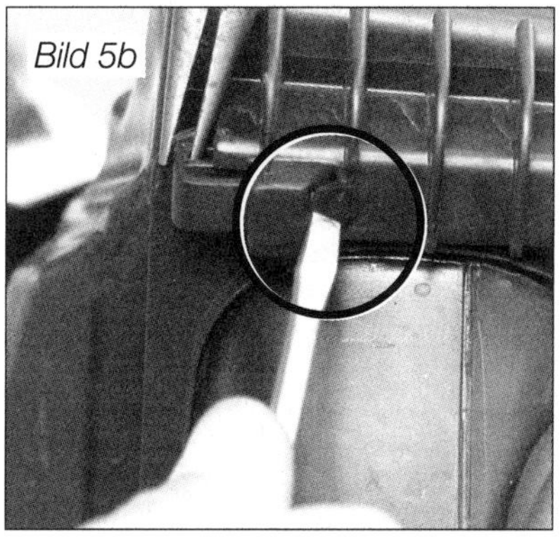

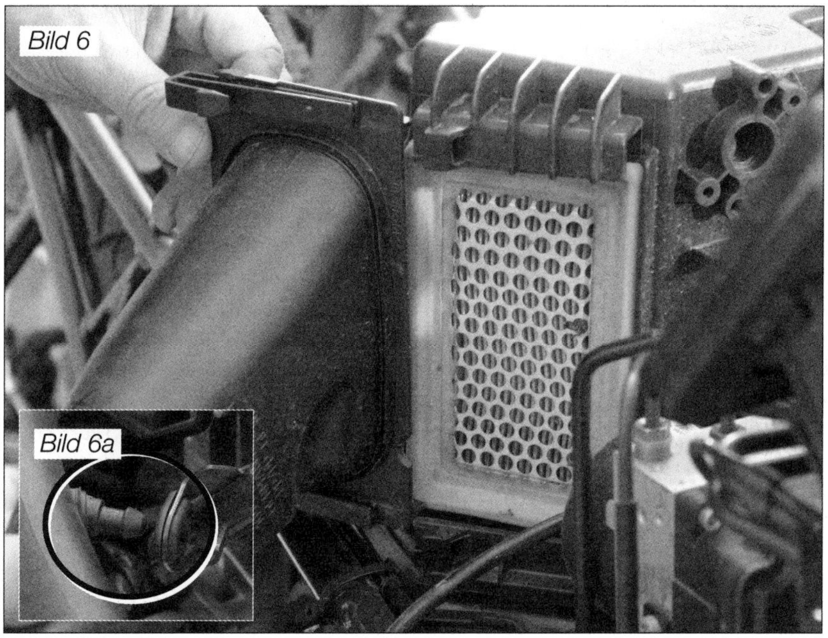

Batterie

In diesem Kapitel: Basisinformationen zur Batterie, Ersatzbatterien, spezielle Wartungshinweise · Batterie prüfen, ausbauen, laden und einbauen.

Batterie

Die Batterie muss immer in bestem Zustand sein, damit sie besonders für den Startvorgang ausreichend Energie liefern kann, wenn der Anlasser betätigt wird. Weiterhin ist der Ladezustand der Batterie in großem Maße dafür verantwortlich, ob sich nach dem Motorstart schon auf den ersten Fahrmetern das ABS aktiviert – oder ob die rote ABS-Warnlampe weiterhin leuchtet.

In der Tabelle in der linken Spalte sind die Batterien aufgelistet, die serienmäßig ab Werk in die Maschinen unseres Buchs* eingebaut waren.

Blei-Säure-Batterie: Die ersten Modelle R 850 GS, R 1100 GS und R 1150 GS hatten eine Blei-Säurebatterie mit Entlüftungsschlauch. Bei diesen Batterien muss regelmäßig der Säurestand kontrolliert (siehe Bilder 1b und 3) und bei

Serienmäßige Batterien in den GS-Modellen unseres Buchs*				
Modelle und Modelljahre	**Batterietyp**	**Kapazität**	**Bezeichnung**	**Maße[1)]**
R 850 GS	Säurebatterie [2)] Wartungsfreie Batterie	12 V 19 Ah 12 V 19 Ah	51913 519901	186 x 82 x 171 185 x 80 x 170
R 1100 GS	Säurebatterie [2)] Wartungsfreie Batterie	12 V 19 Ah 12 V 19 Ah	51913 519901	186 x 82 x 171 185 x 80 x 170
R 1150 GS	Säurebatterie [3)] Wartungsfreie Batterie	12 V 14 Ah 12 V 19 Ah	 519901	151 x 88 x 148 185 x 80 x 170
R 1150 GS Adventure	Wartungsfreie Batterie	12 V 19 Ah	519901	185 x 80 x 170
R 1200 GS Mj. 2004 bis 2012	AGM-Batterie	12 V 14 Ah	ETX14-BS	150 x 87 x 146
R 1200 GS Adventure Mj. 2006 und 2007	AGM-Batterie	12 V 14 Ah	ETX14-BS	150 x 87 x 146
R 1200 GS Adventure Mj. 2008 bis 2012	Gel-Batterie	12 V 11,8 Ah	ETZ14-S	150 x 87 x 110

1) = Abmessungen in mm, Länge x Breite x Höhe
2) = Diese Batterie ist bei BMW nicht mehr lieferbar. Eine Umrüstung auf eine wartungsfreie Batterie ist problemlos möglich.
3) = Diese »kleine Batterie« ist ausschließlich geeignet für Maschinen ohne Heizgriffe und ohne ABS. Auch diese Batterie ist bei BMW nicht mehr lieferbar. Bei einer Umrüstung auf eine wartungsfreie Batterie mit 19 Ah muss der Batteriehalter gegen einen für die neue Batterie passenden getauscht werden.

Batterie der R 1200 GS und R 1200 GS Adventure Modelljahre 2006 und 2007

Bild 2: Batterie der R 1200 GS und R 1200 GS Adventure Modelljahre 2006 und 2007. ■ *Die Batterie der Adventure der Modelljahre 2008 bis 2012 ist etwas niedriger und hat nur 11,8 Ah.*

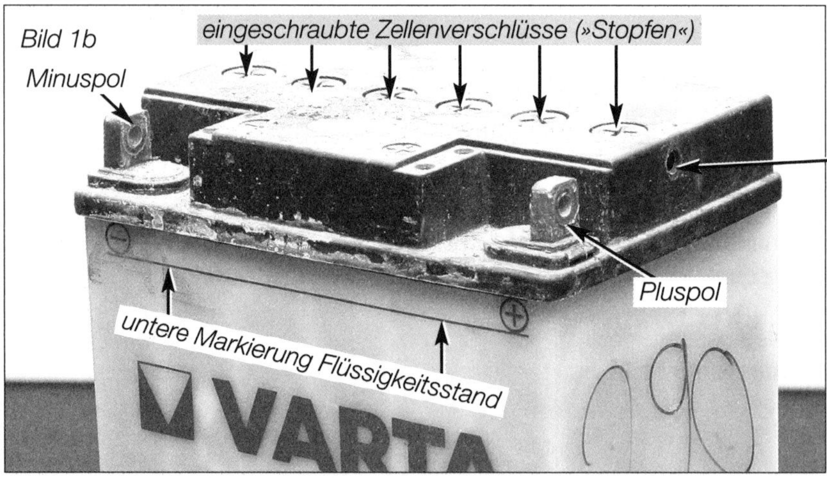

Bild 1a: Zur Prüfung der Säuredichte wird mit einem Säureheber aus jeder Zelle eine Säureprobe gezogen. Je nachdem, wie weit der Schwimmer in die Säureprobe eintaucht, kann man die aktuelle Säuredichte an ihm ablesen.

Bilder 1b und 1c: Wichtige Details der Blei-Säure-Batterie, wie sie in die ersten Modelle R 850 GS, R 1100 GS und R 1150 GS eingebaut war. Die Zellen sind mit Stopfen verschraubt. ■ *Der Flüssigkeitsstand muss regelmäßig kontrolliert und bei Bedarf mit destilliertem Wasser korrigiert werden.* ■ *Sehr wichtig ist bei dieser Batterie, dass ein Entlüftungsschlauch angebracht ist und ohne Knick nach unten ins Freie führt.*

* = Stand der Recherche zum Redaktionsschluss im April 2014

Bedarf mit destilliertem Wasser aufgefüllt werden. Die Batteriekapazität ist abhängig von der Säuredichte, welche ebenfalls regelmäßig kontrolliert werden muss (Bild 1a).

Wartungsfreie Batterie: In die späteren Modelle wurden wartungsfreie Batterien eingebaut; AGM- und Gelbatterien gehören auch zu dieser Bauform. Auf den ersten Blick ist eine wartungsfreie Batterie daran erkennbar, dass sie keine herausschraubbaren Zellenstopfen hat und keinen Entlüftungsschlauch. Man braucht kein destilliertes Wasser nachzufüllen, weil bei normaler Ladung nur Sauerstoff entsteht (beim Laden einer herkömmlichen Batterie wird auch Wasserstoff freigesetzt). Der Sauerstoff reagiert an der Minusplatte mit dem dort gebundenen Wasserstoff und verwandelt sich wieder in Wasser, weswegen der Flüssigkeitsstand in der Batterie immer konstant bleibt.

Geeignete Ersatzbatterien

Wenn eine neue Batterie notwendig wird, unbedingt eine AGM- oder Gel-Batterie kaufen; dies gilt auch für die Modelle, die serienmäßig eine Blei-Säurebatterie hatten (siehe Tabelle auf der linken Seite und Text unten im Kasten).

AGM-Batterie (»**A**bsorbend **G**lass **M**at«): Bei ihr ist der Elektrolyt als flüssige Schwefelsäure in Matten aus Glasfaservlies gebunden, sie ist »wartungsfrei«.

Gel-Batterie: Bei ihr ist der Elektrolyt durch Zusatz von Kieselsäure in einer gelartigen Masse gebunden. Auch sie ist »wartungsfrei«, aber etwas teurer als eine AGM-Batterie, und bietet dafür höhere Startstrom-Reserven. Eine Gelbatterie hält länger, wenn sie richtig gepflegt wird.

Was bedeutet »wartungsfrei«?

Der Begriff »wartungsfreie Batterie« bezieht sich

Bild 3: Kontrolle des Säurestands durch Blick von hinten auf die Batterie.

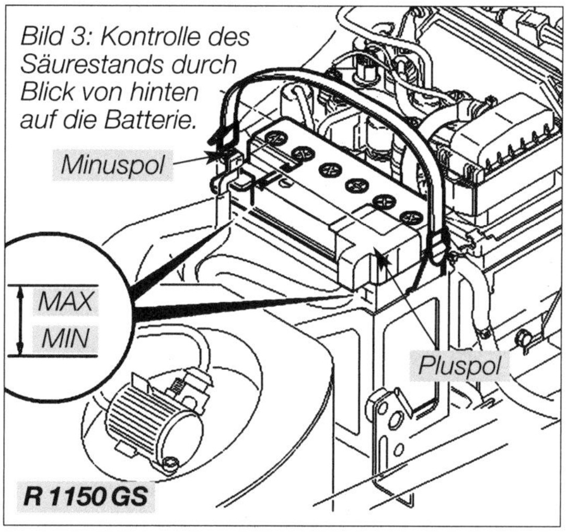

Batterie laden über die Bordsteckdose

BMW bietet Ladegeräte an, mit denen die Batterie über die Bordsteckdose geladen werden kann. Wegen der empfindlichen Fahrzeugelektronik raten wir zu Folgendem:

1. Wenn die Batterie über die Bordsteckdose geladen werden soll, die Plus- und Minuspole an der Batterie also angeschlossen sind, darf das nur mit einem von BMW dafür freigegebenen Ladegerät gemacht werden.

2. Batterie NIEmals mit einem »großen« Auto-Batterieladegerät laden.

Wichtig: Wenn die Batterie so schwach ist, dass die Bordnetzunterspannung auf weniger als 7 Volt abgesunken ist, wird die Bordsteckdose von der Fahrzeugelektronik abgeschaltet. Die Batterie kann dann nur noch im ausgebauten Zustand geladen werden.

Sicherheitshinweise Achtung und Tipps für dieses Kapitel

Achtung: Zu allen Arbeiten an der Batterie muss die Zündung ausgeschaltet sein! Zündschlüssel am besten abziehen.

Achtung: Sollten Sie einmal gezwungen sein, eine nicht wartungsfreie Bleibatterie einzubauen, wird ein Entlüftungsschlauch benötigt. ■ Dieser muss knickfrei nach unten verlegt werden, sein Ende muss so ins Freie ragen, dass die aus der Batterie austretenden Dämpfe mit keinem Teil der Maschine in Berührung kommen, sonst gibt es in kürzester Zeit hässliche Säureschäden, was bis zum Bruch tragender Rahmenbauteile führen kann! ■ Eine nicht wartungsfreie, mit Schwefelsäure gefüllte Bleibatterie sollte nur bei einem echten Notfall eingebaut werden, z. B. wenn unterwegs in entlegenen Gebieten die Batterie kaputt geht und nur eine herkömmliche Bleibatterie erhältlich ist. Bei nächster Gelegenheit sollte diese Bleibatterie durch eine wartungsfreie Batterie ersetzt werden.

Tipp: Wenn Sie eine neue Batterie brauchen, kaufen Sie beim BMW-Händler eine wartungsfreie AGM- oder Gelbatterie. Wenn es eine Lithium-Ionen-Starterbatterie sein soll, dann verweisen wir auf den entsprechenden Textabsatz im Lauftext dieses Kapitels.

Achtung: Vorsicht vor besonders billigen Nachrüst-Batterien, bei denen besteht die Gefahr, dass sie sich nicht mit der Ladeelektronik vertragen und deswegen frühzeitig defekt werden.

Achtung: Beim Laden der Batterie, ob Säure- oder wartungsfreie Batterie ist egal, können aus der Batterie explosive Gase entweichen. Offenes Feuer, Funkenflug und brennende Zigaretten in weitem Umkreis von der am Ladegerät hängenden Batterie fern halten. Für ausreichende Belüftung des Raumes sorgen, in dem die Batterie geladen wird!

Tipp: Kaufen Sie sich ein Ladegerät speziell für wartungsfreie AGM- oder Gel-Motorradbatterien, bei dem sich kleine Ladespannungen und die maximale Ladezeit einstellen lassen. Wenn das zu teuer ist, dann lassen Sie die Batterie beim BMW-Händler laden.

Achtung: Hängen Sie eine AGM- oder Gelbatterie über Winter nicht an ein so genanntes Batterie-Frischhaltegerät, bei dem die Batterie fortwährend im Wechsel geladen und entladen wird. Das schadet der Batterie mehr als es ihr nutzt.

Tipp: Beim Überwintern Ihrer Maschine bauen Sie die Batterie aus, laden sie fachgerecht und lagern sie in einem kühlen Raum. Im Frühjahr vor dem ersten Start die Batterie erneut laden und einbauen. ■ Dies gilt auch für eine neue Batterie: Vor dem Einbau laden, eine halbe Stunde ruhen lassen, einbauen und losfahren!

Sichtprüfung Messen

nur auf die Tatsache, dass kein destilliertes Wasser nachgefüllt werden muss. Weil bei den großen Inspektionen empfohlen wird, die Batterie auszubauen, zu reinigen und sorgfältig zu laden, passt der Begriff »wartungsarm« besser als »wartungsfrei«.

Spezielle Batterie-Wartungshinweise
Am Anfang dieses Kapitels haben wir schon erwähnt, dass man mit einer »schwachen« Batterie zwar den Motor starten kann, aber das ABS entweder gar nicht oder erst nach längerer Fahrstrecke anspringt. Dies kann durch regelmäßiges Batterieladen verhindert werden. Weiterhin kommt es darauf an, welche Zusatzverbraucher an der Maschine montiert sind.

Bilder 4 bis 6: Einbaulage der Batterie bei den unterschiedlichen Modellen bzw. unterschiedlichen Modelljahre.

■ Batterie der R 1150 GS eine Seite zuvor in Bild 3.

Bei einigen R 1200 GS und R 1200 GS Adventure wurde die Batterie in eingebautem Zustand von Verbrauchern, die auch bei abgeschalteter Zündung aktiv sind (z. B. Uhr, Wegfahrsperre) langsam aber sicher entladen. Deswegen gab es folgende Vorschrift von BMW und den Batterieherstellern: *»Wenn die Maschine länger als einen Monat nicht bewegt wird, soll die Batterie ausgebaut, nachgeladen und außerhalb der Maschine in einem trockenen, kühlen Raum gelagert werden.«*

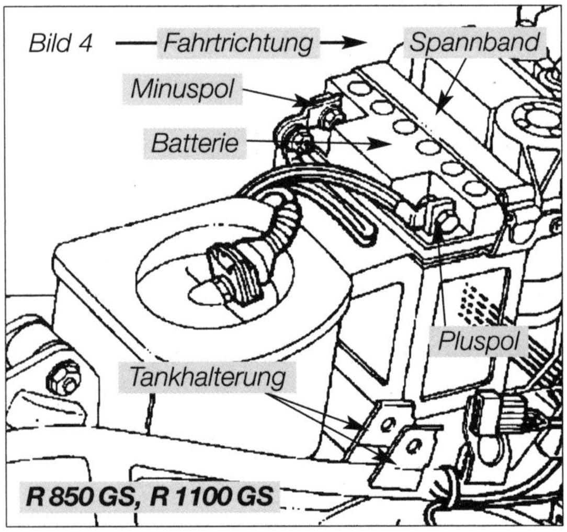

Das ist natürlich etwas aufwändig, weswegen wir zum Thema »Laden bei eingebauter Batterie« auf den Text eine Seite zuvor im grauen Kasten verweisen. Aber wenn die Maschine über Winter stillgelegt wird, bleibt es bei unserem Ratschlag: Batterie ausbauen, laden und kühl und trocken lagern. Vor Inbetriebnahme der Maschine im Frühjahr die Batterie vor dem Einbau laden.

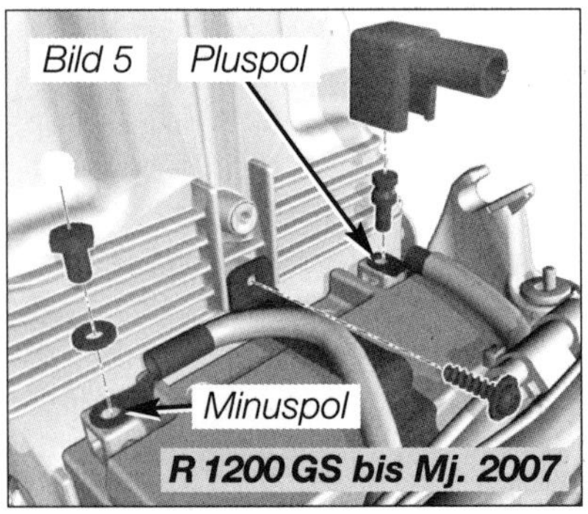

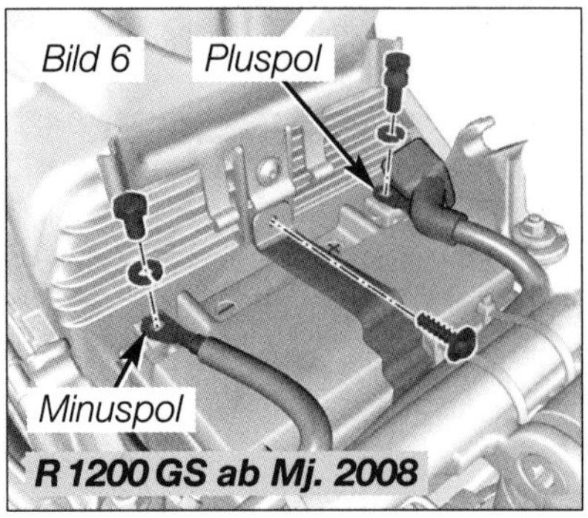

Hinweis: Wenn eine wartungsfreie Batterie mit einem falschen, weil zu »großen« (Auto-)Ladegerät geladen wird, besteht die Gefahr des »Überladens«. Dabei entsteht auch Wasserstoff und die Batterie kann während des Ladens platzen!

Neu auf dem Markt »Lithium-Ionen-Starterbatterie«: Seit einiger Zeit* gibt es Lithium-Ionen-Starterbatterien, diese haben gegenüber den bisher bekannten Batterien folgende Vorteile:
■ Bis zu 65% geringeres Gewicht, geringere Selbstentladung, bis zu 50% höhere Startenergie, mehr als 2000 Ladezyklen.

Bei den Modellen R 1200 GS und R 1200 GS Adventure können diese Lithium-Ionen-Starterbatterien problemlos verwendet werden. Achten Sie darauf, dass die Batterien zum jeweiligen Modell und zu den Modelljahren passen. Als Beispiel nennen wir hier die Bezeichungen der Lithium-Ionen-Starterbatterien des Lieferanten Schüller (*www.enuma.de*):
■ Batterie mit der Bezeichnung LTX14-BS-Li für die R 1200 GS und R 1200 GS Adventure, Mj. 2006 und 2007
■ Batterie mit der Bezeichnung LTZ14S-Li für die R 1200 GS Adventure, Mj, 2008 bis 2012

Tipp: BMW-Spezialisten bauen solche Lithium-Ionen-Starterbatterien auch in die Modelle R 850 GS, R 1100 GS, R 1150 GS und R 1150 GS Adventure, die ja serienmäßig teilweise mit Säurebatterien ausgestattet waren. In unserem Verlag läuft eine Dauertestmaschine R 1100 GS aus dem Modelljahr 1994. In diese Maschine ist seit einem Jahr* eine Lithium-Ionen-Starterbatterien »Tecno Ion« eingebaut, sie funktioniert problemlos. Lieferant Tecno Parts, Bezeichnung TI 51913 (*www.tecnoparts.de*).

Wichtig ist in jedem Fall, dass alle Elektroanschlüsse an der Batterie, an Masse und die des Ladesystems einwandfrei und sauber sind. Bei manchen der älteren GS-Modellen, wird beim Einbau einer Lithium-Ionen-Starterbatterie auch ein spezieller elekronischer Regler empfohlen. Fragen Sie in jedem Fall beim Kauf einer Lithium-Ionen-Starterbatterie, ob das Ladesystem Ihrer Maschine dafür problemlos geeignet ist. Die Werkstattmeister bei den BMW-Händlern und Niederlassungen wissen ebenso gut Bescheid wie die Anbieter dieser Batterien.

* = Stand der Recherche zum Redaktionsschluss im April 2014

Batterie prüfen, laden

Wenn die Batteriespannung weniger als 12,7 bis 12,8 Volt beträgt, springt der Motor zwar an, aber das ABS kommt nicht in Funktion. Die Batterie sollte schnellstens nachgeladen werden. Wenn die Batteriespannung nur noch 12,5 Volt oder etwas weniger beträgt, ist dies an einem »müden« Anlasser (Elektrostarter) zu spüren, weil dieser den Motor nicht mehr richtig durchdreht. Wenn die Maschine angeschoben wird, springt der Motor aber trotzdem an (siehe dazu Kapitel 13 »Anlasser«).

Batteriespannung prüfen

Eine Prüfung der Batteriespannung kann direkt über das Bordnetz mit Hilfe des BMW-Motorrad-Batterieladegerätes erfolgen. Dazu muss eine Bordsteckdose angebaut sein. Es gibt zwei von BMW freigegebene Batterieladegeräte:

- Das kleine »Kundenladegerät« hat die Ersatzteilnummer 77 02 8 551 896; es genügt für Privatleute mit einer Maschine völlig.
- Das große »Werkstattladegerät« hat die Ersatzteilnummer 81 74 0 421 092.

Wichtig: Das Messen des Ladezustands der Batterie mit dem BMW-Werkstatt-Batterieladegerät muss streng nach den Anweisungen der Ladegerät-Betriebsanleitung gemacht werden!

Prüfung mit Multimeter

Eine Prüfung der Batteriespannung mit einem Multimeter ist einfach. Die Maschine soll vor der Prüfung mindestens 30 Minuten nicht gefahren worden sein, Zündung ist AUSgeschaltet.

1. Sozius- und Fahrersitz abnehmen.
2. Bei R 850 GS, R 1000 GS, R 1150 GS: Rechte Seitenabdeckung abbauen, hintere Tankhalteschraube ausdrehen und den Tank hinten anheben und etwas hochstellen (Holzstück unterlegen), so dass man an die Batteriepole gelangt.
3. Bild 9: Rote Abdeckung über Pluspol zurückschieben. Batteriekabel bleiben angeschlossen.
4. Multimeter einschalten und auf richtige Voltzahl einstellen.
5. Prüfspitzen fest an die Batteriepole anlegen:
5.1. Plusprüfspitze an Pluspol der Batterie.
5.2. Minusprüfspitze an Minuspol der Batterie.
6. Ergebnis ablesen und werten:

- Eine ausreichend geladene Batterie hat 13,0 bis 13,2 Volt.
- Eine nicht ausreichend geladene Batterie hat 12,7 bis 12,5 Volt oder noch weniger.

Belastungstest

Wenn die Batterie schon sehr alt ist, sollte man auch einen Belastungstest durchführen:

1. Prüfspitzen des Messgeräts an die Batteriepole angelegt lassen.
2. Zündung EINschalten.
3. Motor starten und gleichzeitig das Prüfgerät beobachten.

- Wenn die Spannung übermäßig absinkt und der Motor sich nur müde dreht, ist vermutlich die Batterie hinüber. Man kann sie zwar noch einmal nachladen, aber eine neue Batterie ist die bessere Investition.

Batterie ausbauen

Hinweis: Durch Abklemmen der Batterie werden in der BMW-Motorsteuerung alle Einträge im Fehlerspeicher gelöscht und die Adaptionswerte zurückgesetzt. Dadurch kommt es bei der Wiederinbetriebnahme zu kurzzeitigen Beeinträchtigungen des Motorlaufes.

1. Sozius- und Fahrersitz abnehmen.
2. Bei R 850 GS, R 1000 GS, R 1150 GS: Rechte Seitenabdeckung abbauen, hintere Tankhalteschraube ausdrehen. Tank hinten vorsichtig anheben und mit einem ca. 10 cm dicken Holzstück hochstellen. Beim Blick von links auf die Batterie muss diese so frei sein, dass man an die Batteriepole gelangt und die Batterie aus dem Schacht herausziehen kann.
3. Bild 9: Schraube des Batteriehalters lösen und ausdrehen, Halter abnehmen.
3.1. Bei R 850 GS, R 1000 GS und R 1150 GS: Batterie-Spannband aushängen und abnehmen.
4. Bild 7: Zuerst Kabel vom Minuspol

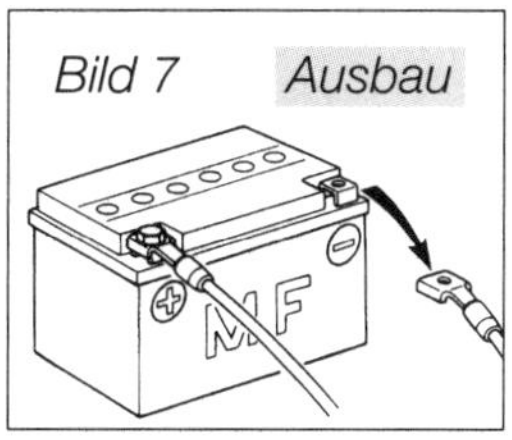

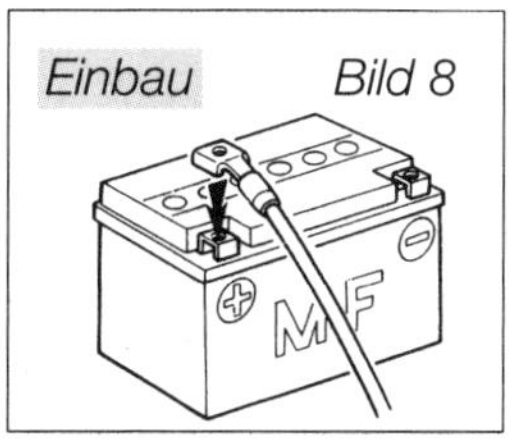

Bilder 7 bis 9: Aus- und Einbau der Batterie.

Bild 10: Anschließen des Ladegeräts. Beim Laden auf richtige Polung der Zangen achten.

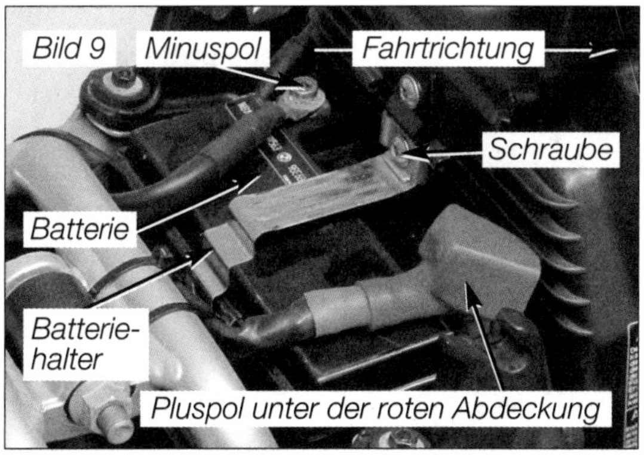

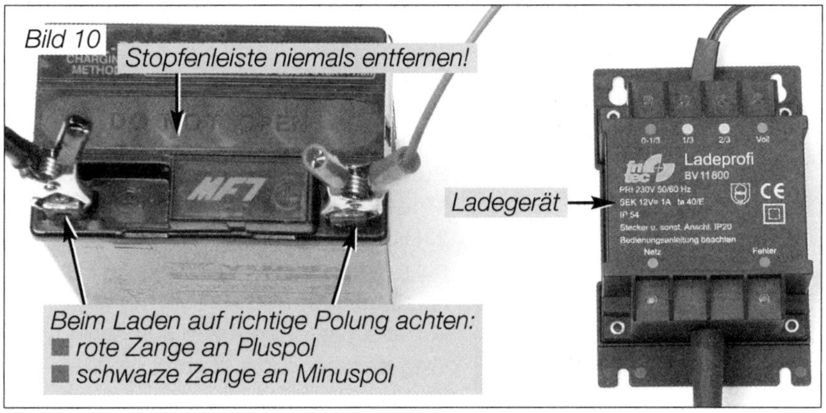

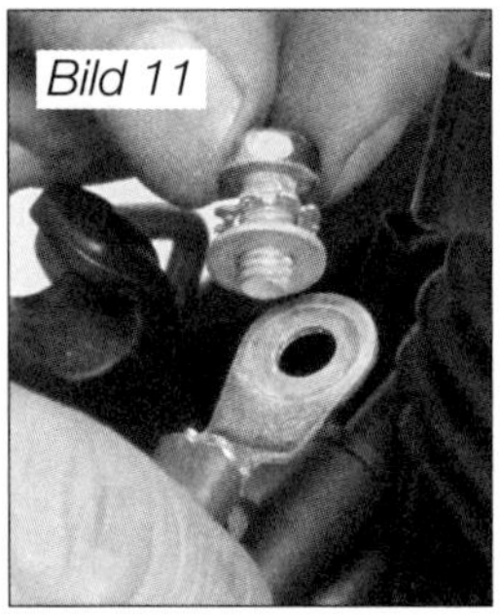
Bild 11

Bilder 11 bis 12b: Im Lauftext sind die zu den Bildern gehörenden Arbeitsschritte nummeriert beschrieben.

Bild 12a

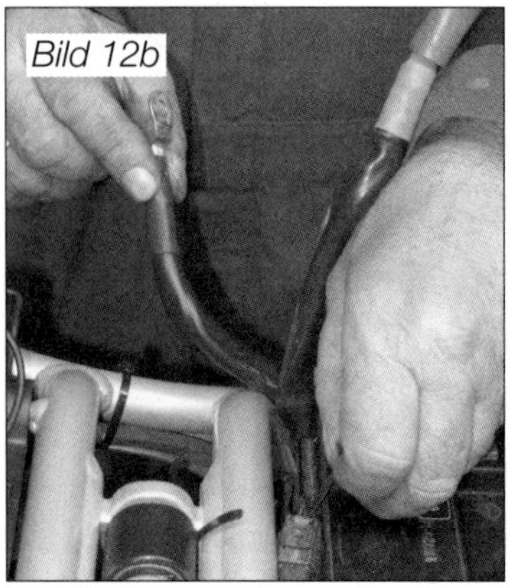
Bild 12b

abschrauben, dann das Kabel vom Pluspol.
5. Bilder 12a und 12b: Damit man die Batterie aus dem Fach heben kann, muss man den Kabelbinder, mit dem das Pluskabel befestigt ist, durchzwicken, dann das Pluskabel zum Minuskabel ziehen und die Batterie nach oben herausnehmen.
5.1. Bei R 850 GS, R 1000 GS und R 1150 GS:
- Wenn eine Blei-Säure-Batterie eingebaut ist, den Entlüftungsschlauch vom Anschluss an der Batterie abziehen, den Schlauch aber selbst in seiner Einbaulage stecken lassen.
- Batterie nach links aus Fach herausziehen.

Batterie laden
1. Bild 10: Batterie an Ladegerät anschließen. Ladegerät muss AUSgeschaltet sein:
- Zuerst Pluspol anklemmen, dann Minuspol.

2. Batterieladegerät EINschalten.
3. Batterie mit maximal 10% der Nennkapazität laden: Für eine Batterie mit 19 Ah (bzw. 14 Ah) bedeutet dies einen maximalen Ladestrom von 1,9 Ampere (bzw. 1,4 Ampere).
4. BMW gibt auch einen Schnelllade-Modus an: 7 Ampere für längstens 1 Stunde.
Sehr wichtig: Die angegebenen Ladeströme und Ladezeiten nicht überschreiten, sonst wird die Batterie beschädigt, was bis zum Platzen der Batterie führen kann.

Neue Batterie laden
Eine neue Batterie ist grundsätzlich im Batteriewerk vorgeladen worden und wird deswegen von den meisten Batterieherstellern als »sofort einbaufertig« angeboten. Da man jedoch nicht weiß, wie lange die neue Batterie schon auf Lager steht, sollte sie vor dem Einbau geladen werden.

Wie oben beim Batterie laden beschrieben gilt auch für die Erstladung die Regel: Ladestrom A (in Ampere) gleich 10% der Nennkapazität (in Amperestunden, Ah).

Batterie einbauen
1. Batteriepole und Anschlussösen mit Batteriepolfett einstreichen.
Punkte 2 bis 5. gelten für **R 1200 GS-Modelle**
2. Batterie in Fach einsetzen mit Pluspol rechts und Minuspol links (in Fahrtrichtung).
- Dabei das dicke Kabel aus dem Weg räumen, sonst klemmt es die Batterie (Bild 12a).

3. Wenn es richtig verlegt ist, mit einem Kabelbinder befestigen.
4. Zuerst Pluskabel anschließend (Bild 8), dann Minuskabel. Schrauben mit Zahnscheiben und Scheiben ansetzen (siehe Bild 11), eindrehen und »handfest« anziehen (3,5 Nm).
5. Bild 9: Batteriehalter einbauen.

Punkte 2 bis 5. gelten für **R 850 GS, R 1000 GS und R 1150 GS**; Punkt 1 von oben bleibt gleich.
2. Bild 4: Batterie in Fach einschieben mit Pluspol rechts und Minuspol links (in Fahrtrichtung).
3. Zuerst Pluskabel anschließen, dann Minuskabel: Schrauben mit Zahnscheiben und Scheiben bestücken (Bild 11), ansetzen, eindrehen und »handfest« anziehen (3,5 Nm).
- Wenn eine Blei-Säure-Batterie eingebaut wird, den Entlüftungsschlauch auf den Anschluss an der Batterie aufstecken und darauf achten, dass der Schlauch durch die Maschine knickfrei nach unten verlegt ist.

4. Batterie-Spannband anbringen
5. Tank hinten leicht anheben, Holzstück herausnehmen, Tank langsam absenken und dabei darauf achten, dass die Tankhaltebuchse in die Halterung am Rahmen (Bild 4) eingeführt wird und die Schraubenbohrung fluchtet, dazu den Tank vorsichtig nach vorne drücken.
6. Schraube eindrehen, »gut handfest« mit 18 Nm festziehen, Seitenblende anbauen, Fahrer- und Soziussitz aufbauen.
7. Vor dem Motorstart nach den Gaszügen sehen, ob sie richtig sitzen oder ob sie aus ihrem Sitz gezogen wurden – dann schießt nämlich die Leelaufdrehzahl in die Höhe.

Wichtig: Beim ersten Motorstart nach dem Einbau einer frisch geladenen oder neuen Batterie beachten:
- Nach dem ersten Einschalten der Zündung die Eigendiagnose des ABS-Systems abwarten. Bremshebel vorher nicht betätigen!
- Gasdrehgriff bei stehendem Motor ein- bis zweimal langsam öffnen, damit die Motorsteuerung Signale vom Drosselklappenpotentiometer erfassen kann. Erst dann den Motor starten.

Hinweis: Für die R 1200 GS ab Baumonat August 2007 muss nach dem Batterieeinbau die »Systemzeit geprüft« und wieder hergestellt werden. Dazu muss das BMW-Motorrad-Diagnosesystem angeschlossen werden. Im Menüpunkt »Servicedatum setzen« das Kalenderdatum im Fahrzeug mit dem Kalenderdatum des BMW-Motorrad-Diagnosesystems abgleichen.

Ladesystem

In diesem Kapitel: Ladesystem · Tipps zur Selbsthilfe · Keilrippenriemen: Spannung prüfen, Riemen erneuern.

Ladesystem

Bild 3: Wenn der Motor läuft, wird die Lichtmaschine über einen Keilrippenriemen, der unten auf einem Riemenrad sitzt, das auf der Kurbelwelle verschraubt ist, angetrieben. Dann wird die Batterie von der Lichtmaschine mit Ladestrom versorgt, und wenn diese bei ca. 14,7 Volt voll geladen ist, schaltet der in der Lichtmaschine eingebaute Regler den Ladestrom ab.

Wenn nun in der Lichtmaschine, ihrem Antrieb oder den stromführenden Kabeln ein Defekt auftritt und die Batterie deswegen nicht nachgeladen wird, läuft der Motor noch so lange weiter, bis die Batterie leer ist.

- Bei R 850 GS, R 1100 GS und R 1150 GS leuchtet die rote Warnlampe mit dem Batteriesymbol, diese ist im Warnleuchtenfeld unter dem Tachometer.
- Bei den R 1200 GS-Modellen erscheint ein Batteriesymbol im Multifunktionsdisplay und darüber ein rotes Warndreieck.

Bei Problemen mit dem Ladestrom raten wir Ihnen, möglichst rasch eine BMW-Motorradwerkstatt aufzusuchen. Denn zur Lokalisierung eines möglichen Kabelbruchs, Kurzschlusses oder defekter Lichtmaschine/Regler muss die Fahrzeugelektrik mit dem BMW-Diagnosesystem durchgeprüft werden.

Tipps zur Selbsthilfe

Standzeit länger als vier Wochen
Wenn die Maschine länger als vier Wochen abgestellt war, kann die Batterie »wie von selbst« leer geworden sein, weil die »elektronische Wegfahrsperre« (EWS) mit Strom versorgt werden musste. Eben deswegen soll man vor einer längeren Abstellzeit die Batterie ausbauen bzw. während der Abstellzeit die Batterie immer wieder nachladen. Fragen Sie dazu beim BMW-Motorradhändler nach entsprechenden Batterieladegeräten. Die Entwicklung dieser Geräte und die zugehörigen Vorschriften von BMW zur Batterieladung sind fortwährend in Bewegung*, es gibt laufend Neues dazu (siehe dazu auch Kapitel 11 »Batterie«).

* = Stand der Recherche zum Redaktionsschluss im April 2014

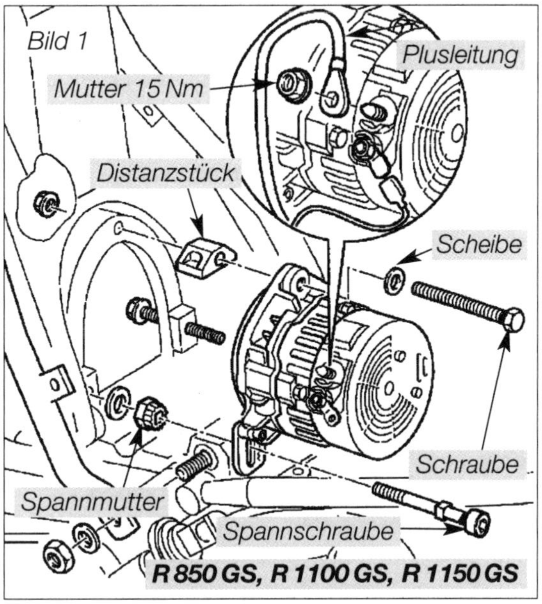

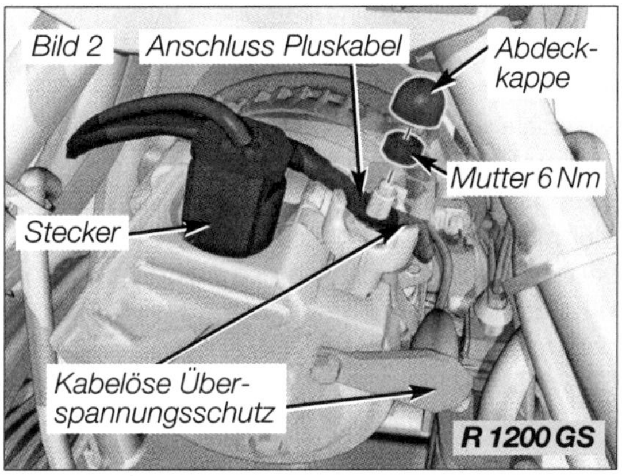

Korrespondenzkapitel:
- 11 »Batterie«
- 15 »Elektrik · Elektronik«

Bild 1: Sitz der Lichtmaschine und Kabelanschlüsse. Die Bauteile »Spannschraube und Spannmutter« tauchen in Bild 6 noch einmal auf und werden zum Spannen des Riemens benötigt.

Bild 2: Stecker und Überspannungsschutz hinten auf der Lichtmaschine.

Bild 3: Explosionszeichnung der Bauteile Lichtmaschine, Keilrippenriemen, Riemenrad, Kabelanschluss und Überspannungsschutz.

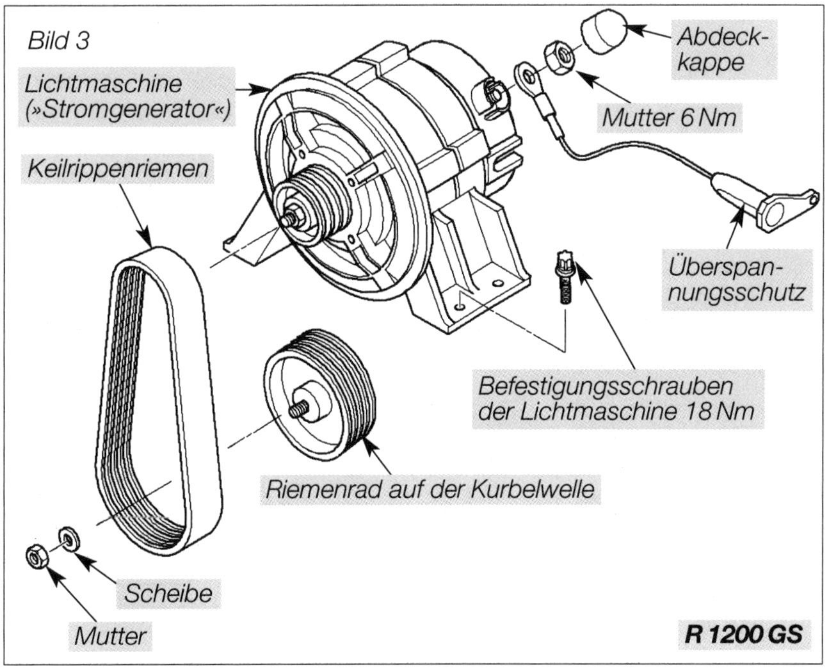

Service Anmerkung:
R 1200 GS bis 2007: Übersetzung Vielkeilriemen 1: 1,5, Elastriemen 4PK592, Länge 592 ± 4 mm, Höchstleistung Lichtmaschine 14 Volt/660 Watt, Maximalstrom bei Motordrehzahl 4000/min: 55 A; Nennstrom bei Motordrehzahl 1000/min: 16 A, Ladebeginn bei Generatordrehzahl 1100/min (entspricht einer Motordrehzahl von ca. 735/min).
R 1200 GS ab Mj. 2008: Höchstleistung Lichtmaschine 720 Watt, Maximalstrom bei Motordrehzahl 4000/min: 60 A; Nennstrom bei Motordrehzahl 1000/min: 12 A, Ladebeginn bei Generatordrehzahl 1200/min (entspricht einer Motordrehzahl von ca. 800/min).

Batterie und Polanschlüsse überprüfen
Wenn die Batterie in Ordnung ist und der Verdacht besteht, dass sie nicht von der Lichtmaschine geladen wird, während der Motor läuft, zuerst überprüfen, ob Plus- und Minuskabel an den Batteriepolen fest genug angeschlossen und frei von Korrosion sind.

Batterie auf Leckstrom prüfen (Bild 4)
1. Zündung AUSschalten. Zündschlüssel abziehen.
2. Zugang zu den Batteriepolen schaffen; siehe dazu Kapitel 11 »Batterie«.
3. Massekabel vom Minuspol der Batterie abschrauben.
4. Bild 4: Multimeter auf Amperemessung stellen und anschließen:
4.1. Plusklemme des Multimeters an das abgenommene Massekabel anklemmen.
4.2. Minusklemme des Multimeters an Minuspol der Batterie anklemmen.
4.3. Multimeter auf hohen Ampere-Bereich einstellen und entsprechend herunterregeln. Multimeter ganz genau beobachten, bis die Anzeige nicht mehr weiter absinkt.
Wichtig 1: Weil Leckstrom sehr stark sein kann, Multimeter zuerst auf hohen Bereich einstellen und während der Messung herunterregeln.
Wichtig 2: Zündung am Zündschloss während der Leckstromprüfung NICHT einschalten.
5. Der Leckstrom kann 3 bis 4 mA betragen, weil EWS und Digitaluhr Strom ziehen.
■ Wenn der Leckstrom viel höher ist (ab 5 mA wird es kritisch!), liegt womöglich ein Kurzschluss in der Fahrzeugelektrik oder im Zündschloss vor.
6. Wenn Leckstrom festgestellt wird, nach dem defekten Bauteil suchen: Stecker im Kabelbaum der Reihe nach abtrennen und messen, bis weniger als 3 bis 4 mA Leckstrom angezeigt wird.
Wichtig: Während der Prüfungen die Zündung NICHT einschalten (Zündschlüssel am besten abziehen).

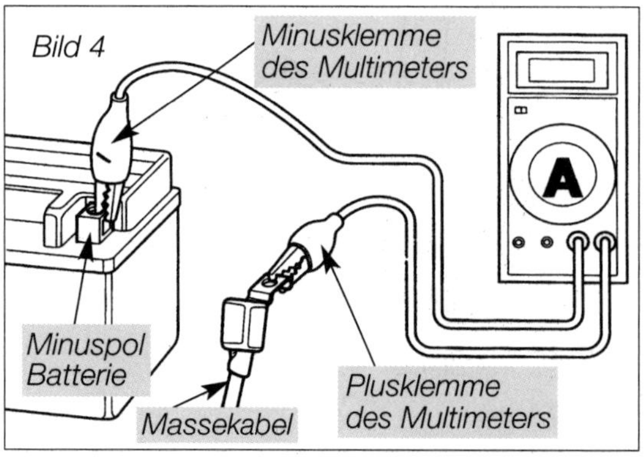

Bild 4: Leckstrom der Batterie messen.

■ Massekabel ist von der Batterie abgeklemmt und mit der Plusklemme des Multimeters (auf Ampere einstellen) verbunden.

■ Minusklemme des Multimeters ist auf dem Minuspol der Batterie angeklemmt.

Ladespannung messen
Wichtig: Wenn die Batterie aufgrund eines Defekts im Ladesystem leer ist, muss zum Messen der Ladespannung eine geladene Batterie eingebaut werden. Weiterhin muss sichergestellt werden, dass alle Steck- und Masseverbindungen sauber, korrosionsfrei und ohne Wackelkontakte sind.

1. Motor starten und auf Betriebstemperatur bringen (ca. 80 °C Öltemperatur).
2. Motor AUSschalten, Zugang zur Batterie schaffen und einen Multimeter anschließen:
■ Plusklemme auf Pluspol der Batterie
■ Minusklemme auf Minuspol
Wichtig: Plus- und Minuskabel der Bordelektrik an der Batterie angeschlossen lassen.
3. Batteriespannung ablesen (Beispiel: 13,1 Volt).
4. Motor starten und das Fernlicht einschalten.
4.1. Motor auf 5000/min hochdrehen und die auf dem Multimeter angezeigte Spannung ablesen. Sie muss ca. 14 bis 15 Volt betragen und somit größer sein als die zuvor gemessene Batteriespannung.
5. Ergebnis werten:
5.1. Ist die gemessene Spannung bei laufendem Motor größer als die Batteriespannung bei stehendem Motor, ist die Ladespannung in Ordnung und damit auch Lichtmaschine und Regler.
5.2. Ist die Spannung kleiner oder gleich, können Lichtmaschine oder Regler defekt sein.
■ Es kann auch ein Defekt in der Fahrzeugelektrik oder Steckern vorliegen: Auf Bruch oder fehlerhafte Kontakte überprüfen!
6. Wir wiederholen noch einmal unseren Werkstatttipp vom Anfang des Kapitels: Bringen Sie Ihre Maschine in die BMW-Werkstatt, damit dort die Elektrik mit dem BMW-Diagnosesystem überprüft werden kann.

Keilrippenriemen

Bild 5: Der Keilrippenriemen, der die Lichtmaschine von der Kurbelwelle aus antreibt, besteht aus vier feinen Keilriemen, die zu einem gemeinsamen Riemen zusammengefasst sind.

Befürchtungen, dass der Keilrippenriemen während der versprochenen Laufleistung von 60 000 bzw. 40 000 km reißt oder durchrutscht, sind unbegründet, denn der Riemen ist keinen übermäßigen Knickbelastungen ausgesetzt, weil beide Keilriemenräder groß sind und der Riemenantrieb gegen Schmutz und Nässe gut abgedeckt ist. Von innen könnte höchstens Öl auf den Riemen geraten, wenn der Simmerring des Kurbelwellenstumpfs, auf dem die untere Riemenscheibe sitzt, undicht wird, aber auch das ist eher unwahrscheinlich.

Riemenspannung, neuer Riemen

R 850 GS, R 1100 GS und R 1150 GS: Alle 10 000 km die Spannung des Riemens prüfen, bei Bedarf nachspannen. Erneuert werden soll der Riemen:

- bei R 850 GS und R 11000 GS alle 40 000 km
- bei R 1150 GS alle 60 000 km

Bei der R 1150 GS sagt BMW, dass der Riemen einmalig nach 10 000 km gespannt werden soll.

R 1200 GS: Riemenspannung muss nicht geprüft werden; auch nachspannen kann man den Keilrippenriemen nicht, weil keine Spanneinrichtung vorhanden ist. Die BMW-Vorschrift sagt: *»Antriebsriemen für Stromgenerator alle 40 000 km oder alle 6 Jahre erneuern«*. Die Empfehlung von BMW-Spezialisten lautet: »Alle 10 000 km auf Sicht und Spannung prüfen, spätestens bei 40 000 km erneuern«.

Riemen auf Sicht und Spannung prüfen

Damit der Riemen die Lichtmaschine ohne durchzurutschen zuverlässig antreibt, darf er weder gelängt, noch verschmutzt, verölt oder anderweitig beschädigt sein. Damit man dies prüfen kann, muss man den vorderen Motordeckel abschrauben (siehe Bild 7).

1. Bild 5: Der Riemen muss unbeschädigt sein, er darf an keiner Stelle eingerissen oder ausgefranst sein: Alle vier Keilriemenbahnen müssen auf der ganzen Länge des Riemens unbeschädigt sein.

- Um dies zu prüfen, die Kurbelwelle an der Mutter des unteren Riemenrads rechts herum durchdrehen und den Riemen genau ansehen.

2. Unteres und oberes Riemenrad müssen fest auf ihren Wellenzapfen sitzen. Dazu einfach am jeweiligen Riemenrad wackeln.

3. Bild 5: Mit einem »gefühlvollen« Daumendruck prüfen, ob sich der Riemen in der Mitte zwischen den Riemenrädern ca. 7 mm eindrücken lässt.

4. Ergebnis werten:

4.1. Ist der Riemen unbeschädigt und die Spannung in Ordnung, kann man sicher sein, dass der Riemen weitere 10 000 km sicher seinen Dienst verrichtet.

4.2. Lässt sich der Riemen mehr als 7 mm eindrücken, muss man ihn spannen, was allerdings nur bei R 850 GS, R 1100 GS und R 1150 GS möglich ist. Wenn der Riemen bei der R 1200 GS mehr als 7 mm lose ist, muss man ihn erneuern.

4.3. Wenn der Riemen an den Rippenbahnen beschädigt ist, eingerissen oder sichtbar porös, muss er in jedem Fall erneuert werden.

Riemenspannung einstellen bei R 850 GS, R 1100 GS und R 1150 GS:

1. Frontdeckel abschrauben.

2. Befestigungsmuttern (***1*** und ***3*** in Bild 6) sowie Befestigungsschraube (***2*** in Bild 6) lösen.

3. Befestigungsmutter (***3*** in Bild 6) ohne Werkzeug mit der Hand leicht anziehen.

4. Spannschraube (***4*** in Bild 6) mit Drehmoment-

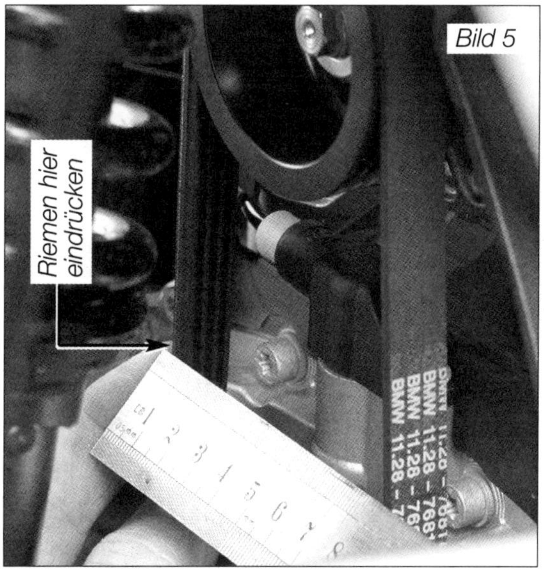

Austauschlichtmaschine: Wenn die Lichtmaschine defekt ist, kann man sie nicht reparieren, sie muss erneuert werden. Fragen Sie in der BMW-Motorradwerkstatt nach einer Austauschlichtmaschine. Diese gibt es von verschiedenen Lieferanten. Grundsätzlich ist eine Austauschlichtmaschine so gut wie eine Neue und billiger obendrein.

Bild 5: Prüfung der Riemenspannung per Fingerdruck. In der Mitte zwischen den beiden Antriebsrädern darf er sich ca. 7 mm eindrücken lassen.

Bild 6: Befestigung der Lichtmaschine auf dem Generatorträgerdeckel.

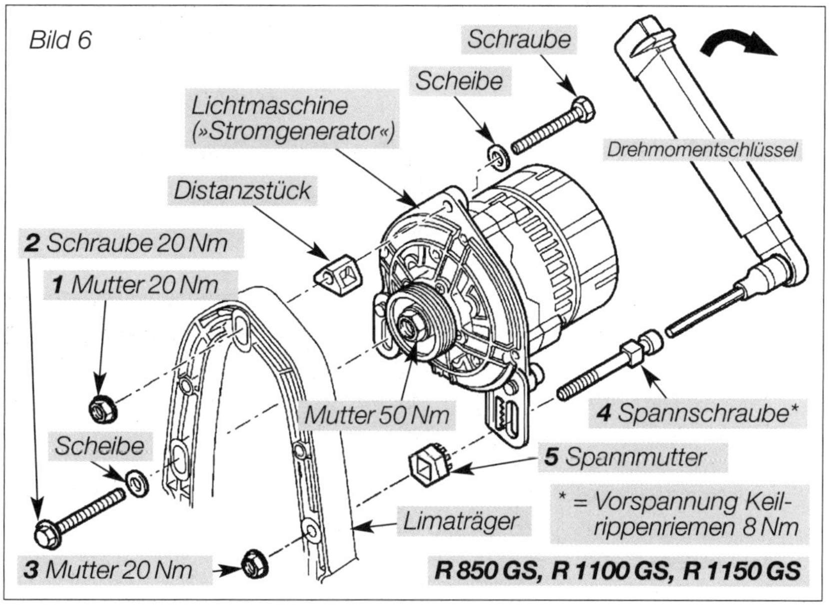

Sichtprüfung Messen

schlüssel auf 8 Nm anziehen, Position halten.
5. Obere Befestigungsmutter (***1*** in Bild 6) festziehen. Spannschraube entlasten.
6. Muttern und Schrauben (***1***, ***2*** und ***3*** in Bild 6) festziehen mit 20 Nm.
7. Frontdeckel anbauen.

Tipp: Bild 5: Wenn kein Drehmomentschlüssel zur Verfügung steht, kann man die Riemenspannung mit einem gefühlvollen Daumendruck prüfen: Der Riemen muss sich in der Mitte zwischen den Riemenrädern ca. 7 mm eindrücken lassen.

Bild 7: Befestigung des Riemendeckels.

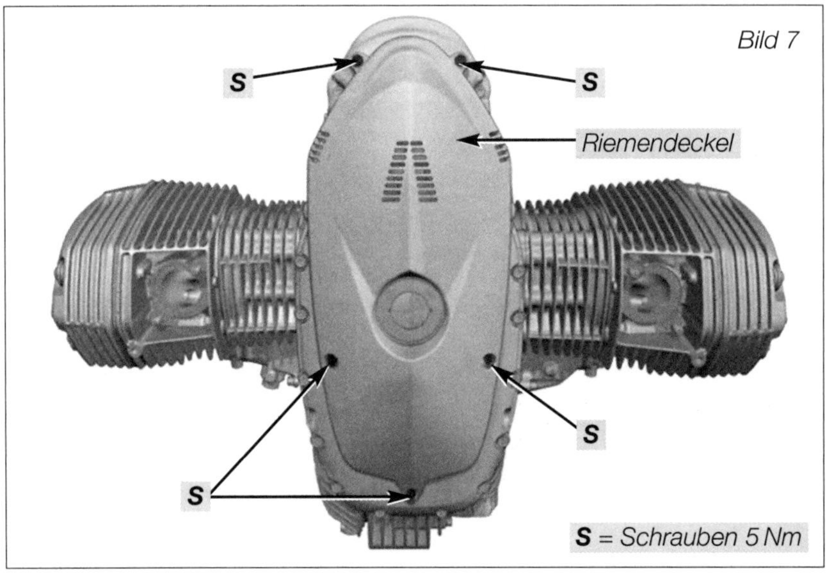

Bild 8: Zum Aufziehen eines neuen Keilrippenriemens wird das BMW-Spezialwerkzeug »Aufziehwerkzeug« zwingend benötigt.

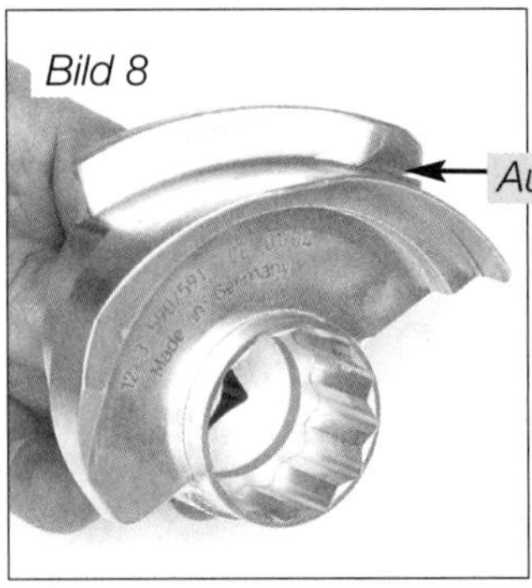

Bild 9: Neuen Riemen aufziehen.

Bild 10: Den alten Riemen mit einem Reifenmontiereisen abwalzen, während gleichzeitig die Kurbelwelle rechts herum gedreht wird.

Keilrippenriemen erneuern

Bei R 850 GS, R 1100 GS und R 1150 GS:
1. Frontdeckel abschrauben.
2. Muttern (***1*** und ***3*** in Bild 6) und Schraube (***2*** in Bild 6) lösen. Lichtmaschine nach unten schieben.
3. Alten Riemen abnehmen. Neuen auflegen.
4. Lichtmaschine mit der Hand nach oben drücken und damit den Riemen leicht spannen. Muttern und Schraube handfest anziehen.
5. Motor über die Schraube der Riemenscheibe unten auf der Kurbelwelle einmal durchdrehen.
6. Jetzt Befestigungsmuttern und Befestigungsschraube lösen und den Riemen entspannen.
7. Riemenspannung einstellen wie vorne unter »Riemenspannung einstellen« erklärt.

Bei R 1200 GS:

Benötigte Werkzeuge

- Bilder 8 und 9: Zur Montage des neuen Keilrippenriemens wird das BMW-Spezialwerkzeug »Aufziehwerkzeug« (Nr. 12 3 591) benötigt.
- Bild 10: Zur Demontage des alten Riemens wird ein Reifenmontiereisen benötigt.

Vorbereitende Arbeiten

Wichtig: Motorrad muss sicher aufgebockt sein, Vorderrad am besten frei und ohne Bodenkontakt. Bocken Sie die Maschine so auf, als würden Sie das Vorderrad ausbauen wollen (siehe dazu Kapitel 18 »Räder«).
1. Bild 7: Vorderen Riemendeckel (»Frontdeckel«) abschrauben und abnehmen.
2. Zündkerzen ausbauen, der Motor muss sich leicht durchdrehen lassen.
3. Bild 10: Zum Abnehmen des alten Riemens das Reifenmontiereisen ansetzen, damit den Riemen nach vorne drücken und gleichzeitig mit einer Nuss die Kurbelwelle drehen, dann springt der Riemen von der unteren Riemenscheibe ab.
4. Neuen Riemen oben auf die Riemenscheibe der Lichtmaschine formschlüssig auflegen.
5. Bilder 8 und 9: Aufziehwerkzeug auf das untere Riemenrad aufstecken, Riemen auf- und in die Nuten einfädeln.
6. Bild 9: Nuss und Aufziehwerkzeug fest auf Riemenrad aufdrücken und gleichzeitig drehen, bis der Riemen komplett auf der Riemenscheibe sitzt. Aufziehwerkzeug abnehmen.
7. Motor über die Mutter auf der Kurbelwelle einmal durchdrehen, Riemenspannung mehrmals kontrollieren, sie muss in jeder Stellung gleich sein.
8. Bild 7: Riemendeckel anbauen. Schrauben eindrehen und mit 5 Nm festziehen.

Anlasser

In diesem Kapitel: Anlasser · Zubehör für den Anlasser · Anlasser prüfen · Anlasserrelais · Motor fremdstarten · Motorrad anschieben · Anlasser aus- und einbauen · Anlasser reparieren, Bauteile prüfen.

Anlasser

Der Anlasser ist links hinten an den Motor angebaut. Es ist ein Elektrostarter mit Permanentmagnet-Motor, Schubschraubtrieb und Planetengetriebe:

- bei R 850 GS, R 1100 GS und R 1150 GS Leistung 1,1 kW (1,50 PS), Vorgelege-Übersetzung 5,5 : 1
- bei R 1200 GS: Leistung 1,2 kW (1,63 PS), Vorgelege-Übersetzung 5,66 : 1

Ersatzteile, Tauschanlasser

Für die Anlasser der R 850 GS, R 1100 GS und R 1150 GS sind einzelne Ersatzteile lieferbar. Für den Anlasser der R 1200 GS gab es zum Redaktionsschluss dieses Buches im April 2014 von BMW weder eine Anleitung zum Zerlegen und Reparieren des Anlassers noch Ersatzteile, wie z. B. Kohlebürsten oder Magnetschalter.

Wenn der Anlasser Ihrer Maschine kaputt gehen sollte, dann schauen Sie nach einem Austauschanlasser, diesen gibt es von verschiedenen Lieferanten (siehe Textkasten rechts außen).

Zubehör für den Anlasser

Für R 850 GS, R 1100 GS und R 1150 GS gibt es beim BMW-Händler Nachrüstteile zum Fremdstarten bzw. zum Anlegen von Fremdstartkabeln direkt an die Anlasser-Plusleitung und Motormasse (»Massebolzen«). Diese können auch an die R 1200 GS angebaut werden, was jedoch kaum sinnvoll ist, weil man bei der R 1200 GS nach Abnehmen der Sitzbank recht einfach an Plus- und Minuspol der Batterie herankommt und Fremdstartkabel daran anlegen kann (siehe dazu den Kapitelabsatz »Motor fremdstarten«).

Folgendes sei aber schon hier an dieser Stelle gesagt: Fummeln Sie niemals mit ungeeigneten Startkabelzangen weder am Anlasser noch an den Batteriepolen herum! Denn leicht gibt es einen gefährlichen Stromschlag oder die Bordelektrik wird zerstört!

Anlasser defekt?

Wenn beim Druck auf den Anlasserknopf nichts passiert, kann dies verschiedene Ursachen haben. Die häufigste ist sicherlich eine leere Batterie. Wenn diese jedoch zweifelsfrei in Ordnung ist, können Anlasserrelais, der Magnetschalter oder Anlassermotor defekt sein. In BMW-Werkstätten wird zur Fehlersuche das BMW-Diagnosesystem eingesetzt. Damit kann man auch herausfinden, ob ggf. das Zündschloss oder z. B. die Wegfahrsperre bzw. Diebstahlwarnanlage eine Störung haben, die es nicht erlaubt, dass der Anlasser in Funktion tritt.

Anlasser prüfen

Wenn der Motor nicht anspringt, weil der Anlasser nicht funktioniert und Sie keine BMW-Motorradwerkstatt aufsuchen können:

Anlasser-Adressen
Israel GmbH
Hauptstraße 54
D-56335 Neuhäusel
www.motoren-israel.com

Boxxerparts
KEC GmbH
Bahnhofsplatz 3
D-56410 Montabaur
www.boxxerparts.de

Rabenbauer GmbH
Wotzmannsreut 5
D-94065 Waldkirchen
www.rabenbauer.com

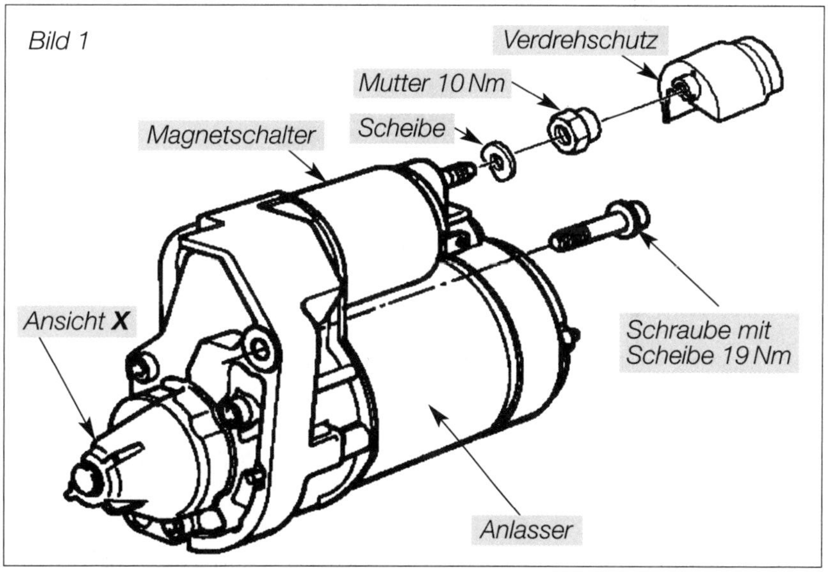

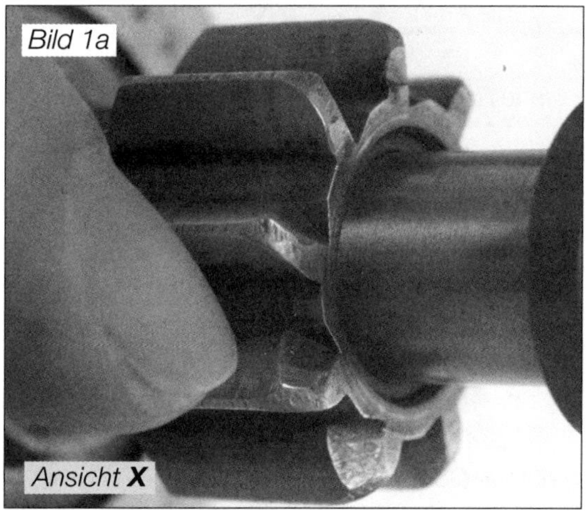

Bild 1: Zeichnung des Anlassers in Einbaulage.

*Bild 1a: Beim Blick auf das Anlasserritzel (»Ansicht **X**«) sind Abschrägungen an den Zahnspitzen zu sehen, diese sind kein Verschleiß, sondern konstruktiv bedingt.*

Sichtprüfung Messen

Vier wichtige Tipps zum Fremdstarten

Kabel: Verwenden Sie zum Fremdstarten Ihrer Maschine niemals Auto-Fremdstartkabel mit dicken Zangen, sondern besorgen Sie sich spezielle Motorrad-Starthilfekabel mit kleinen Zangen.

Zener-Diode: Achten Sie darauf, dass in die Starthilfekabel ein Überspannungsschutz eingebaut ist (»Z-« oder »Zener-Diode«), der die elektronischen Bauteile der Zünd- und Einspritzelektronik vor Überspannung schützt.

Kurzschluss: Beim Fremdstarten mit den Pluszangen keine metallischen Bauteile eines der Fahrzeuge oder die Minuszangen berühren: Kurzschluss ist die Folge.

Starterknopf: Maximal 5 Sekunden den Starterknopf betätigen, sonst läuft der Anlasser heiß und brennt durch!

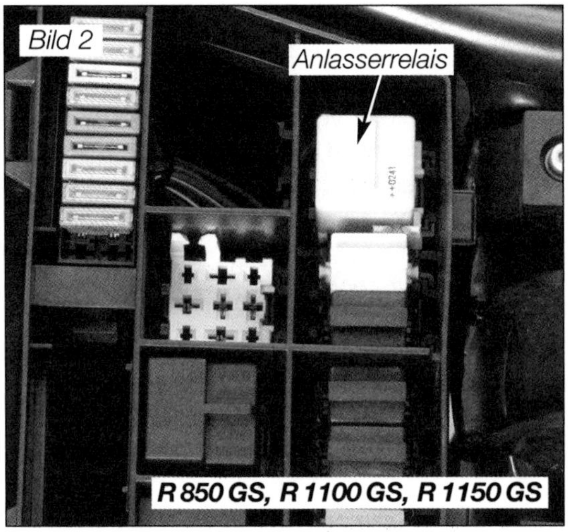

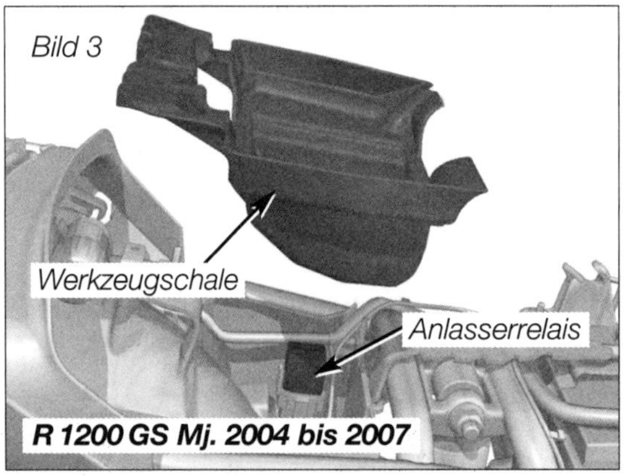

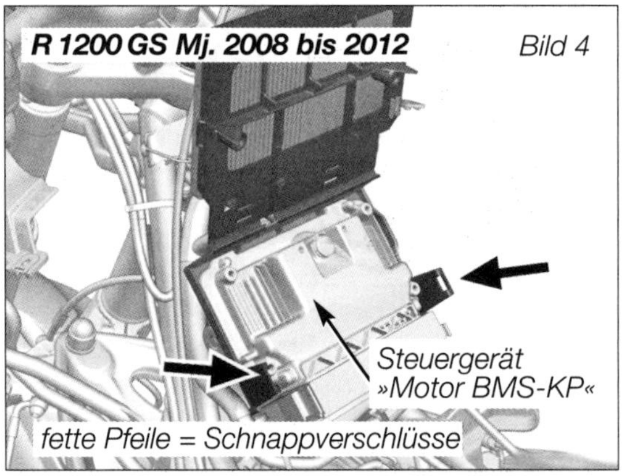

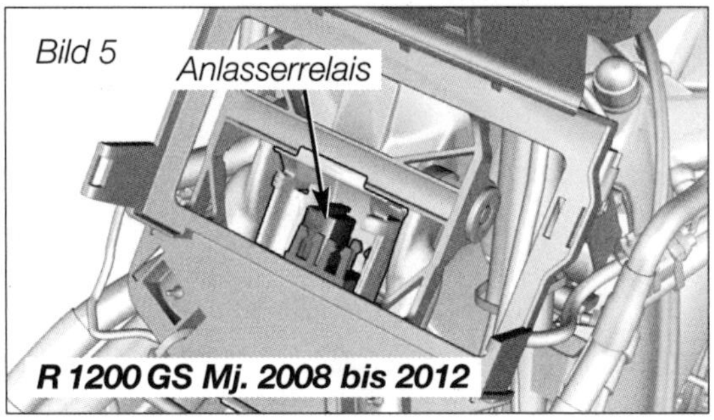

Bilder 2 bis 5: Einbaulage des Anlasserrelais.

1. Prüfung des Anlasserrelais siehe Text weiter unten.

2. Prüfen, ob der Anlasser überhaupt mit Strom versorgt wird: Prüfspitzen eines Multimeters am Pluskabelanschluss des Anlassers anlegen, Zündung EINschalten, Starterknopf betätigen und die Spannung am Multimeter ablesen: Es muss Batteriespannung anliegen.

Anlasserrelais

Bilder 2 bis 5: Das Anlasserrelais ist unter dem Fahrersitz bzw. unter dem Tank und wird folgendermaßen ausgebaut:

Bei R 850 GS, R 1100 GS, R 1150 GS

1. Sozius- und Fahrersitz abnehmen.
2. Deckel des Zentralelektrikkastens abnehmen.
3. Bild 2: Anlasserrelais aus Steckverbindung ziehen.

Bei R 1200 GS Mj. 2004 bis 2007

1. Sozius- und Fahrersitz abnehmen.
2. Bild 3: Werkzeugschale herausnehmen.
3. Bild 3: Anlasserrelais aus Steckverbindung ziehen.

Bei R 1200 GS Mj. 2008 bis 2012

1. Tank abbauen, siehe Kapitel 6 »Verkleidung · Anbauteile« bzw. Kapitel 22 »Einspritzung · Zündung · Tank«.
2. Bild 4: Schnappverschlüsse des Deckels öffnen, Deckel nach oben klappen, Steuergerät vorsichtig ablegen.
3. Bild 5: Anlasserrelais aus Steckverbindung ziehen.

Wichtig: Bevor das Anlasserrelais aus seiner Steckverbindung herausgezogen wird: Zündung EINschalten, Starterknopf betätigen und genau hinhören, ob das Relais klickt:

- Wenn es klickt und der Motor springt dennoch nicht an, liegt der Fehler irgendwo anders; wenn es nicht klickt, ist das Relais defekt.

Tipp 1: Wenn es nicht klickt, ziehen Sie das Anlasserrelais aus seiner Steckverbindung und klopfen es seitlich vorsichtig auf eine Holzunterlage – dann wieder einstecken und einen Startversuch machen, vielleicht funktioniert das Anlasserrelais jetzt wieder.

Tipp 2: Vor dem Kauf eines neuen Relais probehalber ein garantiert funktionstüchtiges Relais einstecken und erneut versuchen.

Motor fremdstarten

Beim Fremdstarten wird Strom von der Batterie eines Starthilfe gebenden Fahrzeugs über so genannte »Starthilfekabel« an die Batterie des zu startenden Motorrads übertragen. Für die Starthilfekabel ist Folgendes wichtig:

- Sie müssen kleine Zangen haben, damit man die kleinen, tief liegenden Anschlüsse der Batterie sicher und ohne Fremdkontakt erreicht.
- Sie müssen mit einem Überlastungsschutz ausgerüstet sein, der Überspannungen vermeidet und somit die Motor- und Fahrzeugelektronik vor Überspannungen schützt.
- Kaufen Sie Starhilfekabel am besten beim BMW-Händler und führen Sie diese in Ihrer Maschine immer mit.

Wichtig: Das Starthilfe gebende Fahrzeug muss ein 12-Volt-Bordnetz haben. Ein Lkw mit 24-Volt-System taugt also nicht zum Fremdstarten.

Motor fremdstarten
bei R 850 GS, R 1100 GS, R 1150 GS
Weil die Batteriepole dieser Modelle nur erreichbar sind, wenn der Tank hochgestellt wird und unter dem Tank in der Batteriehalterung sehr wenig Platz ist für die Zangen der Fremdstartkabel, gibt es für diese Modelle eine ganz spezielle Fremdstartmethode.

Wichtig: Zum Fremdstarten benötigt man Starthilfekabel mit mittelgroßen Klemmzangen, weil eine der Pluszangen direkt an zwei Anschlüsse am Anlasser angelegt wird (Bild 6).

1. Den kleinen Kabelschuh auf dem Magnetschalter abziehen.
2. Eine Klemmzange des schwarzen Masse-Starthilfekabels an Minuspol der Batterie des Starthilfe gebenden Fahrzeugs anklemmen.
2.1. Andere Klemmzange des schwarzen Masse-Starthilfekabels an eine sichere Motormasse des zu startenden Fahrzeugs anklemmen, z. B. am Kopf der Ölsteigleitung unten am Motor.
3. Zündung des zu startenden Fahrzeugs EINschalten. Anlasserknopf NICHT betätigen!
4. Eine Klemmzange des roten Plus-Starthilfekabels an den Pluspol der Batterie des Starthilfe gebenden Fahrzeugs anklemmen.
5. Bild 6: Andere Klemmzange des roten Plus-Starthilfekabels durch Zusammendrücken weit öffnen, halten und gleichzeitig direkt auf Pluspol des Anlassers und den Steckkontakt des Magnetschalters drücken – Achtung, es wird funken!

- Der Anlasser müsste jetzt den Motor durchdrehen (sofern der Anlasser in Ordnung ist!) und der Motor startet.

6. Wenn der Motor läuft: Die Pluspol-Klemmzange sofort von beiden Kontaktstellen abnehmen.
7. Wenn der Motor nicht anspringen will: Den Anlasser des zu startenden Motors NICHT länger als 5 Sekunden orgeln lassen!
7.1. Pluspol-Klemmzange vom Anlasser des zu startenden Fahrzeugs abnehmen und drei bis fünf Minuten warten, damit sich der Anlasser abkühlen kann. Dann einen neuen Startversuch machen.

Motor fremdstarten bei R 1200 GS
1. Zündung AUSschalten!
1.1. Zugang zur Batterie schaffen, siehe dazu Kapitel 11 »Batterie«.
2. Mit dem schwarzen Starthilfekabel die Minuspole der fremden Stromquelle und der Batterie des zu startenden Fahrzeugs verbinden.
2.1. Mit dem roten Starthilfekabel die Pluspole der fremden Stromquelle und der Batterie des zu startenden Fahrzeugs verbinden.
3. Zündung der Starthilfe benötigenden Maschine EINschalten.
4. Motor der Starthilfe gebenden Maschine starten und mit leicht erhöhter Leerlaufdrehzahl laufen lassen (ca. 3000/min).
5. Motor der Starthilfe benötigenden Maschine starten. Läuft der Motor, die Starthilfekabel von den Batterien abnehmen.

- Zuerst Pluskabel von beiden Batterien abklemmen, dann Minuskabel.

Hinweis: Wenn der Motor angesprungen ist, ihn nicht sofort wieder ausschalten, denn die Batterie bringt noch nicht wieder genug Strom auf, den Motor aus eigener Kraft zu starten.

Wenn die Batterie funktionstüchtig ist, wird sie von der Lichtmaschine geladen. Dennoch sollte man die Batterie bei nächster Gelegenheit an ein Ladegerät hängen (siehe Kapitel 11 »Batterie«) und vorschriftsmäßig laden.

Bild 6: Wenn der Motor fremdgestartet werden muss, die beiden Zangenhälften der einen Pluspol-Klemmzange am Pluspol-Kabel gleichzeitig an Mutter des Pluspols am Anlasser und Steckkontakt des Magnetschalters anlegen.

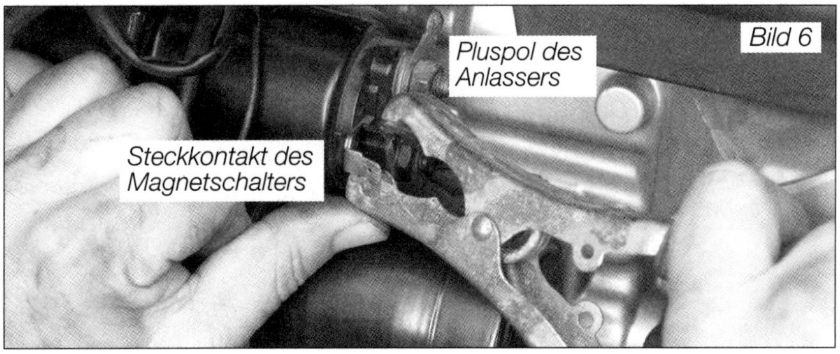

Motorrad anschieben

Achtung: Ein Starten durch Anschieben sollte man generell vermeiden, denn möglicherweise gelangt dabei unverbrannter Kraftstoff in den Auspufftrakt und könnte den Katalysator schädigen. Wenn man aber irgendwo fern der Heimat in der Pampa steht und der Motor mit dem Elektrostarter nicht anspringt, weil z. B. die Batterie zu wenig Spannung hat (»leer ist«) und man keine Möglichkeit hat, den Motor fremdzustarten und auch keine BMW-Werkstatt erreichen kann, dann muss man anschieben, sonst kommt man nicht weiter.

Hinweis: Eine Batterie muss eingebaut sein, sie kann zwar nahezu leer, darf aber nicht kaputt sein!

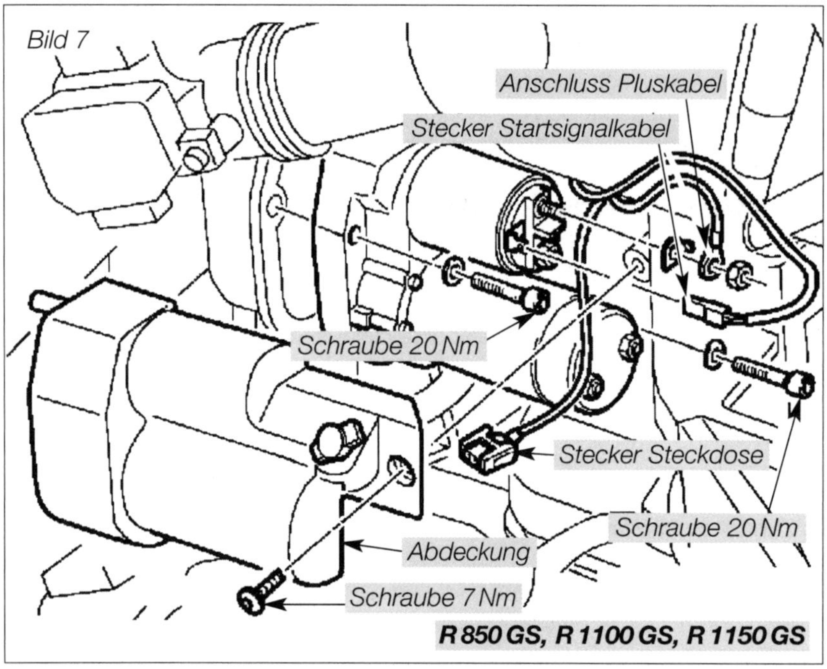

Bild 7: Elektrische Anschlüsse, Verschraubungen und Abdeckung des Anlassers.

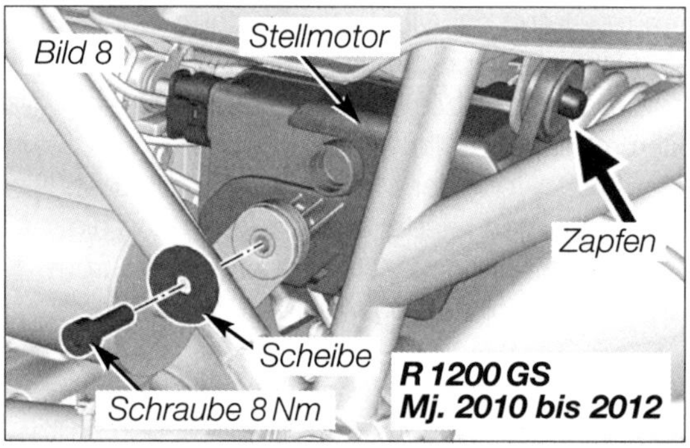

Bild 8: Zum Ausbau des Anlassers der R 1200 GS mit Auspuffklappe muss der Stellmotor gelöst und vom Zapfen abgeschoben werden.

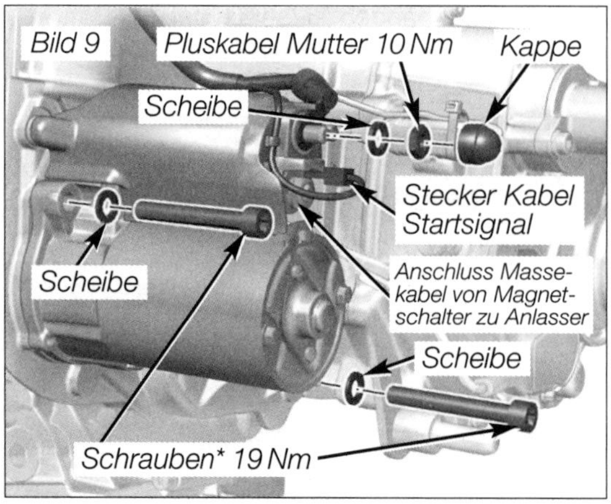

Bilder 9 und 10: Elektrische Anschlüsse und Verschraubungen des Anlassers. Das Massekabel verbindet Magnetschalter und Anlasser.

Motorrad anschieben

1. Zündung EINschalten, Motorabstellschalter am Lenker auf ON.

2. Zweiten Gang einlegen und die Maschine mit eingelegtem Gang zurückziehen, bis vom Motor her ein Widerstand spürbar wird: Beide Kolben stehen jetzt im OT (»Oberer Totpunkt«).

3. Kupplung ganz durchziehen und die Maschine mit gezogener Kupplung etwas zurückschieben und damit sichergehen, dass die Kupplung nicht »klebt«, sondern wirklich trennt.

4. Fahrer am Lenker, hinten hilft ein Freund: Gleichzeitig schieben bis auf ca. 15 bis 20 km/h!

5. Der Fahrer springt in den Sitz und lässt gleichzeitig die Kupplung los – Motor müsste anspringen. So lange muss der Freund die Maschine hinten weiter anschieben.

■ Wenn der Motor läuft, ihn mit dosierten Gasstößen am Leben halten und nicht unter 2000/min kommen lassen.

Anlasser aus- und einbauen

Anlasser ausbauen

1. Sozius- und Fahrersitz abbauen.

2. Batterie-Minuspolkabel abschrauben, isolieren.

3. Bild 7: Wenn vorhanden, Abdeckung abschrauben, Stecker am Kabel der Steckdose abziehen.

4. Bild 8: Bei R 1200 GS Mj. 2010 bis 2012 Stellmotor für Abgasklappe lösen, Befestigungsschraube ausschrauben, mit Scheibe abnehmen.

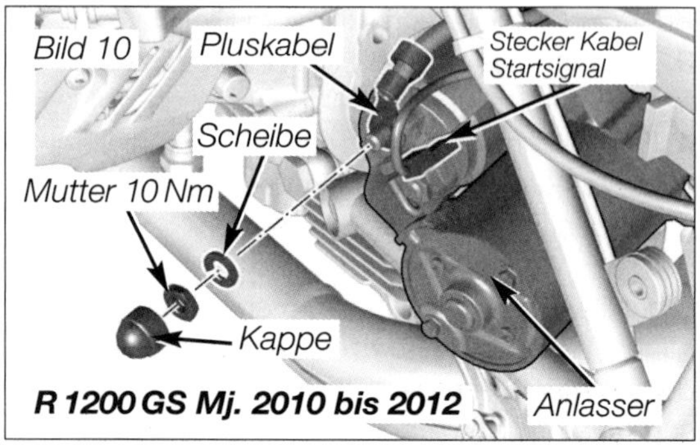

4.1. Stecker abziehen. Stellmotor nach hinten von Zapfen abschieben.
5. Bei R 850 GS, R 1100 GS, R 1150 GS, R 1200 GS Mj. 2004 bis 2009: Pluskabel vom Anlasser abschrauben und isolieren, Stecker des Startsignalkabels abziehen.

6. Bilder 1, 7 und 9: Befestigungsschrauben des Anlassers ausschrauben.
7. Bilder 9 und 10: Bei R 1200 GS Mj. 2010 bis 2012 den Anlasser um 90 Grad drehen und jetzt das Pluskabel vom Anlasser abschrauben und isolieren. Stecker des Startsignalkabels abziehen.

Bild 11: Zerlegter Anlasser.

Bild 11

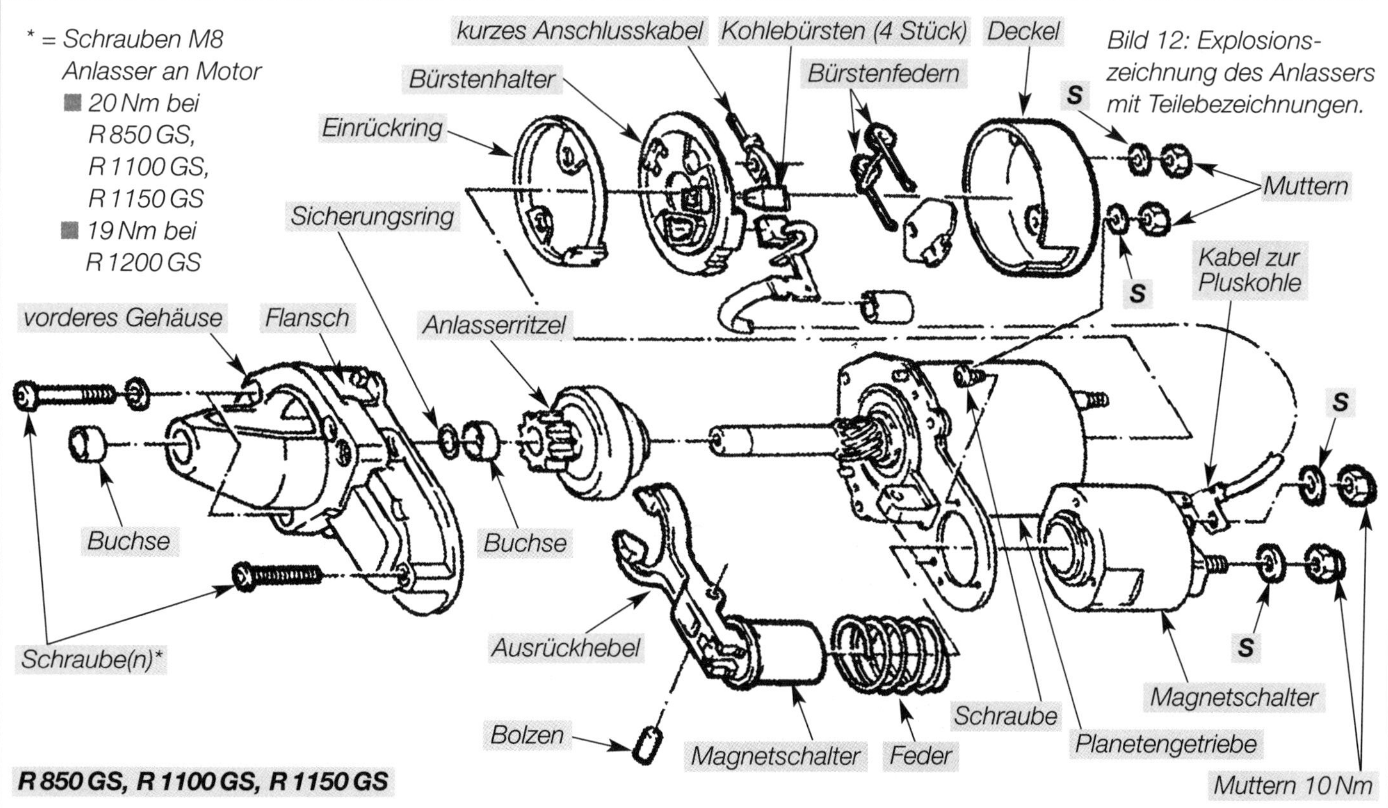

Bild 12: Explosionszeichnung des Anlassers mit Teilebezeichnungen.

Bild 13: Normale Laufspuren an Vorderseite des Ankers, sie stammen vom Schleifkontakt der Kohlebürsten.

Bild 14: Abgenommener Bürstenhalter. In zusammengebautem Zustand ragen die Kohlebürsten durch die Fenster des Deckels.

Bild 15: Korrekt zusammengebauter Anlasser.

8. Anlasser abnehmen.

■ Bei R 1200 GS Mj. 2010 bis 2012 auch den Verdrehschutz (Bild 1) abnehmen.

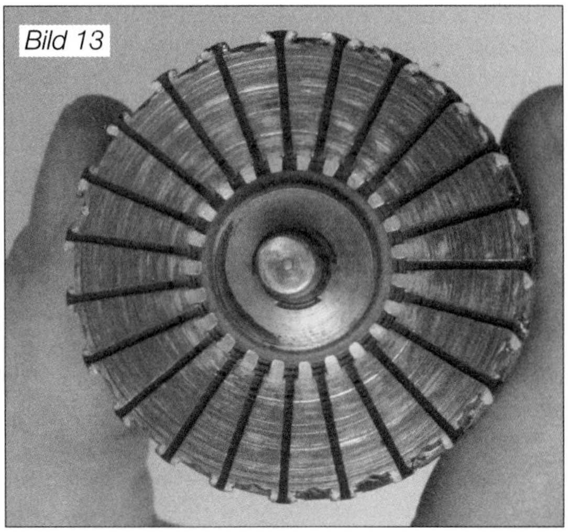
Bild 13

Bild 14

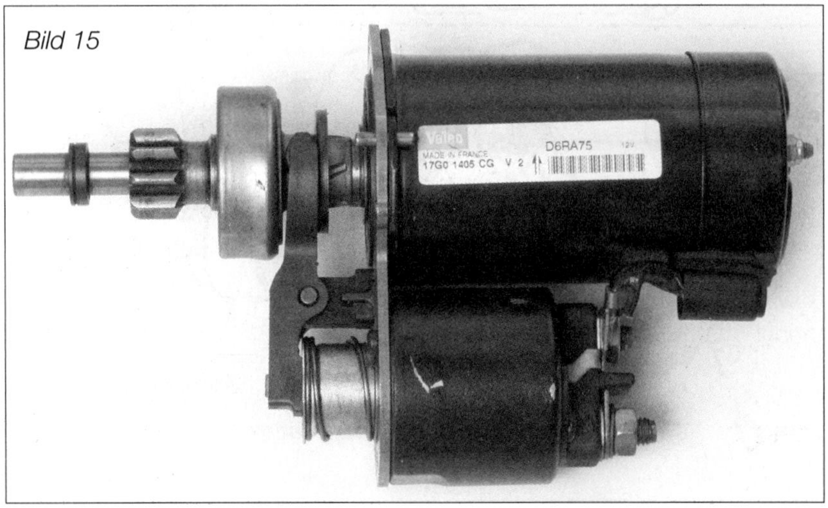

Bild 15

Anlasser einbauen

Einbau in umgekehrter Reihenfolge des Ausbaus.

- ■ Verdrehschutz vor dem Einbau aufsetzen
- ■ Pluskabel an Verdrehschutz ausrichten
- ■ Startsignalkabel in Verdrehschutz befestigen

Anlasser reparieren

Wie vorne im Text schon gesagt, kann man die Anlasser der R 850 GS, R 1100 GS, R 1150 GS reparieren. Nach Ansicht von BMW-Spezialisten rentiert sich dieses nur bezüglich der Bürstenhalter bzw. der darin eingebauten Kohlebürsten. Bei einem anderen Schaden sollte man den Anlasser erneuern bzw. auf einen Austauschanlasser zurückgreifen.

Kohlebürsten defekt?

Einen Defekt der Kohlebürsten kann man bei eingebautem Anlasser prüfen, indem man den Deckel abschraubt und die Kohlen genau ansieht: Wenn sie verschlissen und damit so kurz geworden sind, dass ihre Kabel an den Führungen anstehen, müssen sie erneuert werden. Auch dazu braucht man den Anlasser nicht abzubauen.

Kohlebürsten ersetzen

1. Bild 12: Kabel zur Pluskohle abschrauben.
2. Deckel abbbauen.
3. Bild 14: Bürstenhalter herausnehmen.
4. Eine nach der anderen Haltefeder anheben und die Kohlebürste herausziehen.
5. Neue Kohlebürsten einsetzen, Federn aufsetzen – Feder dabei nicht überdehnen.
6. Kohlebürsten mit Halteplatte einbauen.
7. Kabel der Minuskohle auf den Gewindestift aufschieben.
8. Deckel aufbauen.
9. Kabel zur Pluskohle anschrauben.

Anlasser zerlegen, zusammenbauen

1. Bild 12: Kabel zur Pluskohle abschrauben.
2. Befestigungsschrauben des vorderen Gehäuses lösen und ausschrauben.
3. Vorderes Gehäuse abnehmen.
4. Befestigungsschrauben des Magnetschalters lösen und ausschrauben.
5. Magnetschalter abnehmen.
6. Ausrückhebel und Feder des Magnetschalters ausbauen.
7. Sicherungsring abbauen, Planetengetriebe von Welle abnehmen.

Zusammenbau in umgekehrter Reihenfolge.

Vor dem Zusammenbau alle Teile gut reinigen. Steilgewinde und Einrückring mit Silikonfett »Bosch PZ 2 V 3« bestreichen.

Anlasser prüfen

Wie bei der Kontrolle anderer Bauteile des elektrischen Systems setzen Mechaniker in BMW-Werkstätten auch hier das Diagnosesystem MoDiTec ein. Eventuelle Störungen lassen sich jedoch auch mit Hausmitteln einkreisen.

Häufig ist ein klemmender Einrückmechanismus Schuld am Versagen des Starters, weniger sind es verschlissene Kontakte am Einrückmagnetschalter. Defekte am Anlassermotor, Ritzel oder Kohlen treten seltener auf.

- Prüfen, ob das Anlasserrelais überhaupt mit Strom versorgt wird: Mit einem Multimeter bei gedrücktem Startknopf die Spannung am Steuerkontakt des Einrückmagnetschalters messen: Es muss Batteriespannung anliegen.
- Der Magnetschalter muss bei Betätigung des Startschalters das Starterritzel in den Schwungradzahnkranz einrücken und den Startstrom zum Anlasser freigeben. Tut er dies trotz anliegender Spannung nicht, Magnetschalter ersetzen.
- Widerstand des Magnetschalter-Hauptkontaktes messen: Maximalwert während der Betätigung des Anlasserschalters 0,2 Ω. Dabei den Widerstand der Messleitungen berücksichtigen (siehe dazu Betriebsanleitung des verwendeten Messgerätes!).
- Kohlenverschleiß überprüfen (siehe Text weiter vorne in diesem Kapitel).

Tipp: Ergibt die Messung mit einem Zangenamperemeter einen Startstrom von etwa 120 Ampere, ist elektrisch gesehen alles in Ordnung.

Bilder 16 und 17: Es muss Stromdurchgang bestehen an den Kollektorstegpaaren. Es darf kein Stromdurchgang bestehen zwischen Kollektorsteg und Ankerwicklung.

Bilder 18 und 19: Es muss Stromdurchgang bestehen zwischen Plusleitung und Bürste sowie zwischen Anlasserkabel und Bürste.

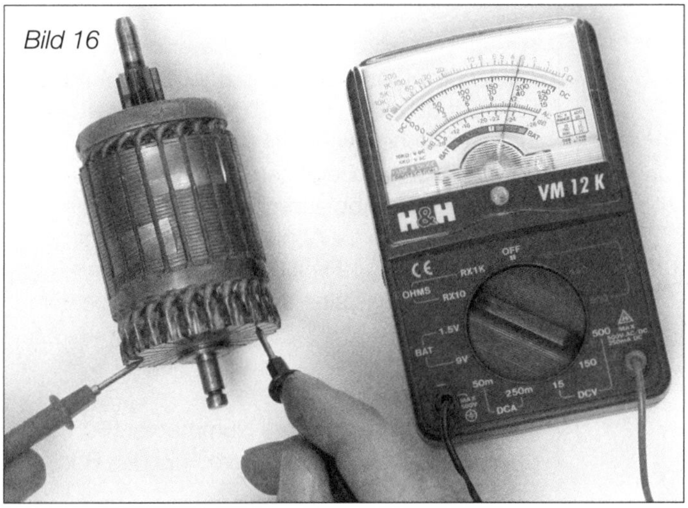

Bild 16

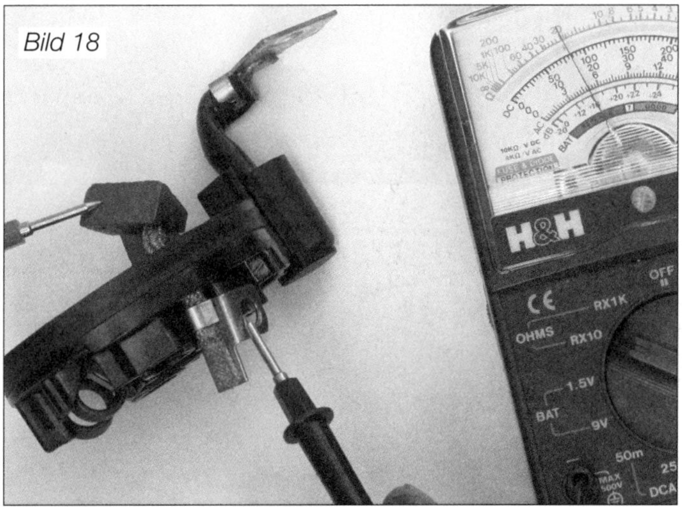

Bild 18

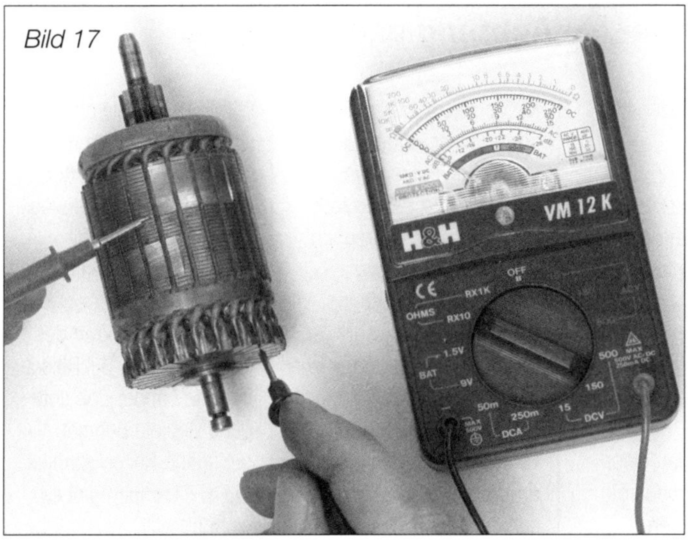

Bild 17

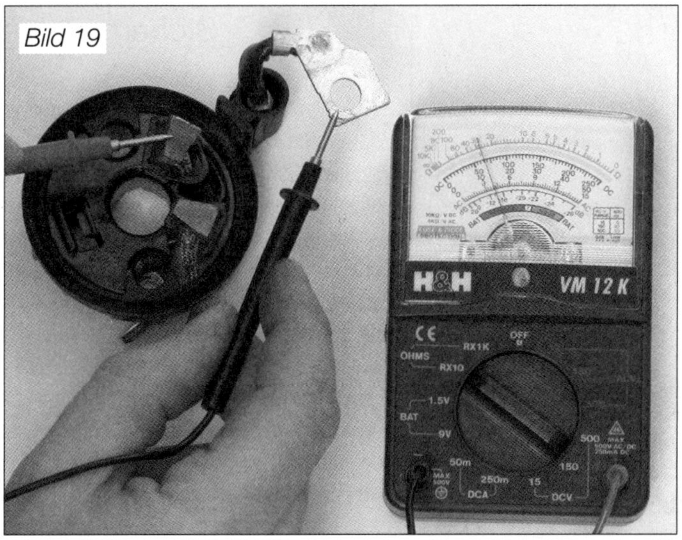

Bild 19

Bilder 1 und 2a: Doppelscheinwerfer und LED-Blinker als Sonderausstattung bei R 1200 GS, Mj. 2010.
■ Bei Nachrüstung auf LED-Blinker muss das Steuergerät in der BMW-Werkstatt neu programmiert werden.

Bild 2b: Normale Blinker am Heck.

Licht • Blinker • Hupe

In diesem Kapitel: Lichtanlage kontrollieren · Scheinwerfereinstellung · Grundeinstellung Scheinwerfer · Lampen wechseln in Scheinwerfer, Standlicht, Blinker, Rück-/Bremslicht, Kennzeichenbeleuchtung · Leuchteinheit innen feucht? · Scheinwerfer und Blinker ab- und anbauen · Lichthupe · Hupe · Instrumenteneinheit.

Lichtanlage

Die Kontrolle der Beleuchtungs- und Signalanlage ist keine periodische Wartungsarbeit starr nach Wartungsplan, sondern gehört zu den sicherheitsrelevanten Tätigkeiten, die vom Fahrer regelmäßig selbst durchgeführt werden sollten. Ein Check der Beleuchtung ist schnell gemacht. Aufwand und Nutzen stehen in günstiger Relation und bringen ein unverzichtbares Maß an Sicherheit.

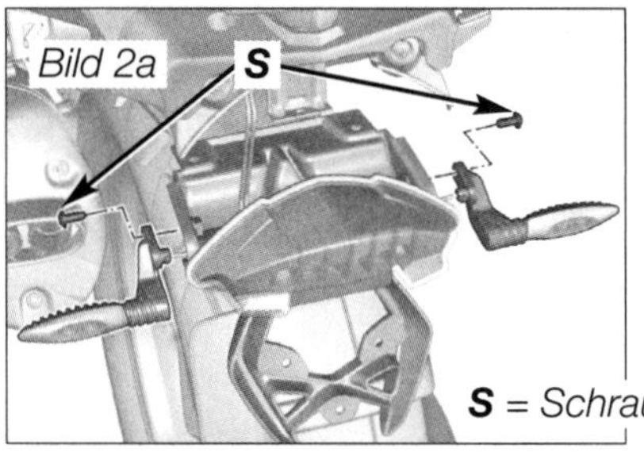

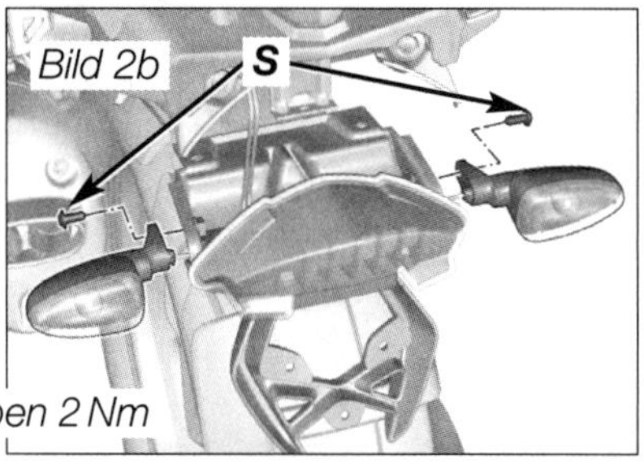

***S** = Schrauben 2 Nm*

Frontscheinwerfer
R 850 GS und **R 1100 GS** haben einen Einzelscheinwerfer mit einer Fern-/Abblendlichtlampe H4, 55 Volt/60 Watt.

R 1150 GS und **R 1200 GS** sind mit einem markanten Doppelscheinwerfer ausgestattet (Bild 1), Die Lampenbestückungen sind unterschiedlich.

R 1150 GS: Im rechten Scheinwerfer ist das Fernlicht, im linken Scheinwerfer das Abblendlicht. Die beiden Halogenlampen sind gleich: H1, 12 Volt/55 Watt. Das Standlicht ist im Fernlichtgehäuse mit einer Lampe 12 Volt/4 Watt.

R 1200 GS: Im rechten Scheinwerfer ist das Abblendlicht, es brennt bei laufendem Motor als Fahrlicht und kann nicht abgeschaltet werden. Im linken Scheinwerfer ist das Fernlicht, es schaltet sich bei Betätigen des linken Lenkerschalters dem Abblendlicht zu. Die beiden Halogenlampen für Abblend- und Fernlicht sind gleich: H7, 12 Volt/55 Watt. Unten im Fernlichtgehäuse sitzt die Standlichtlampe mit 12 Volt/5 Watt.

Heckleuchten
Bei allen Modellen: Das Nummernschild wird über das farblose, klare untere Feld des Rück-/Bremslichtes beleuchtet.

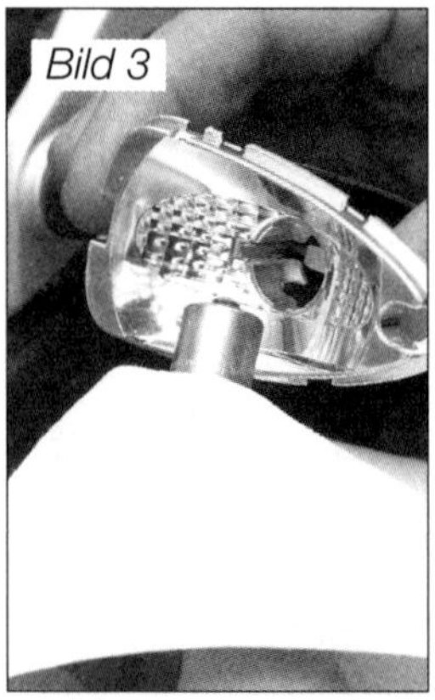

Bild 3: Lampe nur mit einem sauberen Tuch anfassen.

Sicherheitshinweise ⚠ **Achtung** und ☞ **Tipps**

☞ Wenn Sie an einer roten Ampel zufällig vor einem Schaufenster stehen und Ihr Spiegelbild darin betrachten, betätigen Sie abwechselnd die Hand- und Fußbremse und checken das Bremslicht.

⚠ Wenn Lampen ersetzt werden, müssen grundsätzlich Motor und Zündung ausgeschaltet sein! Dies gilt auch für alle anderen Arbeiten an der Lichtanlage.

⚠ Brennende Halogenlampen werden bis einschließlich Metallsockel sehr heiß. Bevor eine Lampe herausgenommen wird, immer sicherstellen, dass sie genügend abgekühlt ist.

☞ Beim Einbau einer Lampe unbedingt Folgendes beachten:
■ Steckkontakte und Glaskörper einer Lampe nicht mit bloßen Fingern anfassen! Sonst setzen sich Hautfette ab und brennen sich ins Glas ein, was Leuchtkraft und Lebensdauer mindert.
■ Bild 3: Lampe immer nur mit einem sauberen Lappen in die Hand nehmen.
■ Schmutz oder Fingerabdrücke mit Spiritus und fusselfreiem Tuch abwischen!

☞ Halten Sie die Gläser der Lampen möglichst sauber und fettfrei. Eine Reinigung unterwegs an der Tankstelle mit Wasser und Schwamm wirkt Wunder und sichert die volle Leuchtkraft des Scheinwerfers. Bei Reisen in ferne Länder und entlegene Gebiete nehmen Sie genügend Reservelampen mit. H7-Lampen gibt es nicht überall.

R 850 GS und R 1100 GS: Rück- und Bremslicht haben zwei Glühlampen: eine mit 12 Volt/10 Watt, die andere hat 12 Volt/21 Watt.

R 1150 GS, R 1200 GS bis Mj. 2007: Das Rück-/Bremslicht hat eine Glühlampe 12 Volt/21/5 Watt.

R 1200 GS ab Mj. 2008: LED-Einheit für kombiniertes Rück-/Bremslicht. Geht eine LED-Leuchtdiode der aus 12 Stück bestehenden Einheit kaputt, muss die ganze Einheit gewechselt werden.

Blinker
R 850 GS und **R 1100 GS** haben vier Glühlampen mit je 12 Volt/24 Watt.

R 1150 GS: Glühlampen mit je 12 Volt/21 Watt. Sonderausstattung weiße Blinkgläser mit gelben Glühlampen.

R 1200 GS bis Mj. 2007: Glühlampen mit je 12 Volt/10 Watt. Sonderausstattung weiße Blinkgläser mit gelben Glühlampen.

R 1200 GS ab Mj. 2008: Glühlampen mit je 12 Volt/10 Watt. Weiße Blinkgläser mit gelben Glühlampen serienmäßig ab Werk. Weiterhin sind ab Werk oder als Sonderausstattung zum Nachrüsten schlanke Blinker mit zwei LED-Leuchtdioden erhältlich (Bilder 1 und 2a).

Reservelampen

Die Kontrolllampen bzw. LED in den Blinkern sowie im kombinierten Rück-/Bremslicht gehen praktisch nie kaputt; die Glühlampen aber schon. Deswegen ist sehr sinnvoll, ein Set Reservelampen mitzuführen, damit man beim Ausfall einer Lampe eine neue einbauen kann, was speziell bei einer Nachtfahrt von großem Vorteil ist. Folgende Lampen sollte man an Bord haben:
- 1 Stück Fern-/Abblendlichtlampe
- 1 Stück Rück-/Bremslichtlampe
- 2 Stück Blinklampen

Diese Reservelampen in eine vibrations- und stoßsichere, mit Schaumstoff ausgepolsterte kleine Box packen und unter der Sitzbank verstauen.

Scheinwerfereinstellung

R 1150 GS und R 1200 GS sind mit einer **Leuchtweiten-Schnelleinstellung** ausgestattet. Diese sitzt unterhalb des Tachometers am Scheinwerfergehäuse und ist gut erreichbar (Bilder 4a und 4b).

■ **Normalstellung:** Der kleine Hebel steht waagerecht in Fahrtrichtung (Bild 4a). Wenn die Grundeinstellung der Scheinwerfereinstellung stimmt (Bild 5), dann ist die Fahrbahn gut ausgeleuchtet und der Gegenverkehr wird nicht geblendet.
■ **Beladestellung:** Wird die Maschine mit zwei Personen und Gepäck beladen, dann sinkt das Heck weit in die hintere Federung ein. Als Folge stellt sich der Scheinwerferstrahl nach oben: Die Fahrbahn wird nun nicht mehr gut ausgeleuchtet, eine Blendung des Gegenverkehrs ist möglich. **Abhilfe:** Hebel der Scheinwerfer-Schnelleinstellung um 90 Grad nach unten umklappen (Bild 4b), dadurch werden die Reflektoren im Scheinwerfergehäuse um einen kleinen Betrag um ihre Achse nach unten gekippt: Abblendlicht und Fernlicht senken sich etwas nach unten.

Scheinwerfereinstellung prüfen, einstellen
Prüfung: Prüfung und ggf. Einstellung des Scheinwerfers müssen bei korrektem Reifenluftdruck vorgenommen werden. Besonders eine Zuladung mit zwei Personen und großem Gepäck hat wesentlichen Einfluss auf die Leuchtweite, weil die Maschine hinten tiefer in die Federung sinkt als vorne. Vor einer Urlaubsfahrt sollte die Leuchtweite mit der Urlaubs-Beladung kontrolliert und ggf. angepasst werden, um eine Blendung des Gegenverkehrs zu vermeiden.

Auch die Federbeineinstellung beeinflusst die Höhe des Hecks und damit die Leuchtweite, was aber meist innerhalb der Einstelltoleranz ist. Doch spätestens beim Einbau eines anderen Federbeins sollte die Scheinwerfereinstellung kontrolliert und ggf. neu justiert werden.

Fachbegriff »Vertikale Einstellung«: Lichtstrahl mehr oder weniger nach oben oder unten (»Leuchtweite«), Straße wird weiter oder weniger weit ausgeleuchtet. Grundeinstellung siehe Bild 5.

Sonderausstattung (SA) Zusatzscheinwerfer mit Scheinwerferrelais und zusätzlicher Sicherung
R 1200 GS ab Modelljahr 2010: Die Montage eines Zusatzscheinwerfers mit Halogenlampe H11, 12 Volt/55 Watt oder mit LED, macht eine Sicherung mit 7,5 Ampere und ein separates Scheinwerferrelais notwendig, das neben dem Anlasserrelais eingebaut wird. Die Sicherung (bzw. zwei Sicherungen bei zwei Zusatzscheinwerfern links und rechts) werden in eine dafür vorgesehene Steckverbindung unter dem linken Seitendeckel eingesetzt.

■ **Scheinwerferrelais:** Nur bei Sonderausstattung Zusatzscheinwerfer, unter dem Steuergerät »Motor BMS-KP«.
■ **Sicherungen:** Nur bei Sonderausstattung Zusatzscheinwerfer, linker Kabelbaum bei Luftfilter (siehe dazu auch Kapitel 15 »Elektrik · Elektronik«).

Bilder 4a und 4b: Praktische Leuchtweiten-Schnelleinstellung durch Umlegen des Hebels.

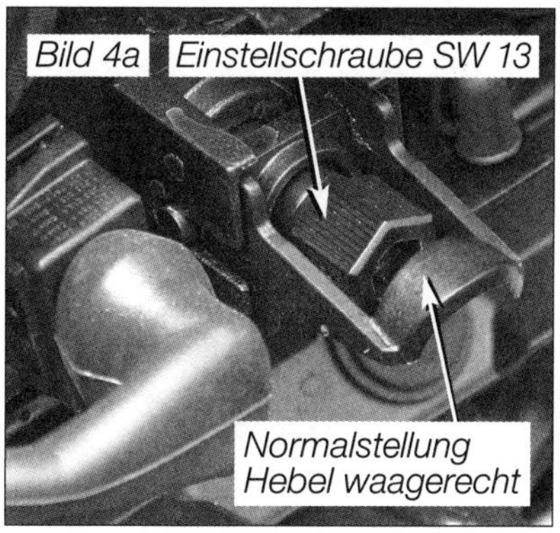

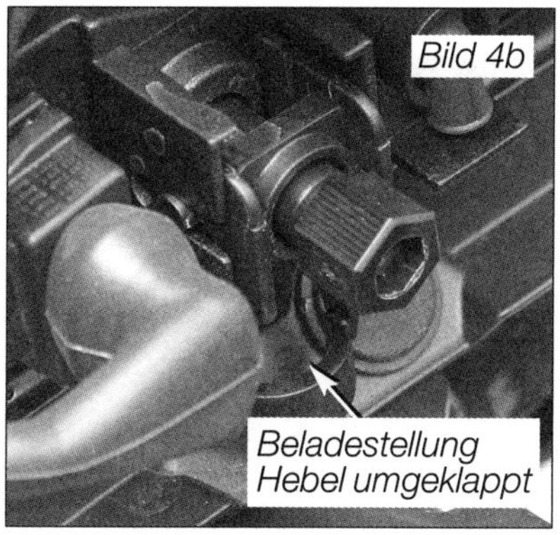

Sichtprüfung Messen

Bild 5: Schemazeichnung zur Scheinwerfereinstellung.

Bilder 6a und 6b: Einstellschraube bei R 1200 GS zum Einstellen des Lichtkegels nach rechts oder links.

Bild 8: Einstellstange bei R 850 GS und R 1100 GS.

Auswirkungen:

■ **Zu *niedrig* eingestellter Lichtstrahl:** Fahrer verliert entscheidende Meter an Sichtweite.

■ **Zu *hoch* eingestellter Lichtstrahl:** Motorrad wird zum gefährlichen Blender – und zwar sowohl für den Gegenverkehr als auch für den Vorausfahrenden: Blendung erfolgt über Spiegel und ganz besonders über den Innenspiegel.

Fachbegriff »Horizontale Einstellung«: Lichtstrahl mehr oder weniger nach rechts oder links, Straßenoberfläche und Straßenrand werden mehr oder weniger hell ausgeleuchtet.

Auswirkungen:

■ **Zu *weit nach links* eingestellter Lichtstrahl:** Gegenverkehr kann geblendet werden, auch wenn die vertikale Einstellung stimmt.

■ **Zu *weit nach rechts* eingestellter Lichtstrahl:** Straße vor der Maschine wird zu wenig ausgeleuchtet, Straßengraben dafür umso mehr (»Licht schielt«).

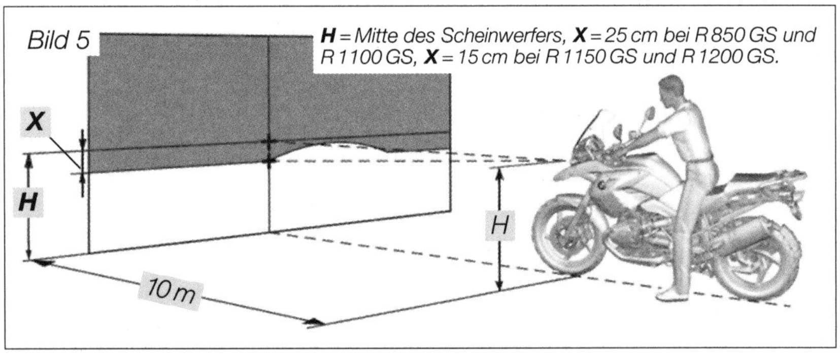

Bild 5 *H = Mitte des Scheinwerfers, X = 25 cm bei R 850 GS und R 1100 GS, X = 15 cm bei R 1150 GS und R 1200 GS.*

Bild 6a

Bild 6b

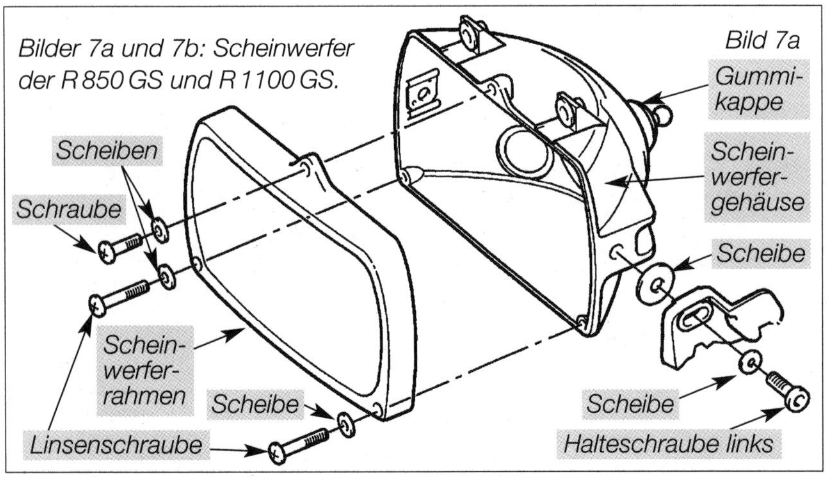

Bilder 7a und 7b: Scheinwerfer der R 850 GS und R 1100 GS. Bild 7a

Scheinwerfereinstellung prüfen und gegebenenfalls korrigieren (Bild 5)

⚠ Bitte beachten Sie, dass der Motor laufen sollte, damit das Licht richtig leuchtet – und das kann nur in einer gut gelüfteten Garage/ Werkstatt gemacht werden. Ein offenes Parkhaus eignet sich sehr gut zur Prüfung und Einstellung des Scheinwerfers.

Bei allen Modellen: Motorrad mit sitzendem Fahrer (85 kg) in 10 Metern Abstand vor einer Wand aufstellen. Der Boden sollte eben sein, Maschine steht auf den Rädern, Fahrer stützt sich mit den Füßen nur leicht auf dem Boden ab. Wenn vorhanden: Schnellverstellung des Scheinwerfers auf Normalstellung, siehe Bild 4a.

1. Abstand vom Boden bis zur Mitte des Scheinwerfers messen. Dieses Maß mit einem Kreidekreuz auf die Wand übertragen.

2. Unter dieses Kreuz ein weiteres Kreuz anzeichnen; Maße siehe Bild 5.

3. Abblendlicht einschalten: Die Hell-/Dunkelgrenze soll in der Mitte des unteren Kreuzes beginnen, bis zur Höhe des oberen Kreuzes nach rechts ansteigen und dann wieder abfallen.

Scheinwerfereinstellung korrigieren bei R 850 GS und R 1100 GS

1. »Vertikale Einstellung«: Wenn der Lichtkegel zu weit nach unten oder oben strahlt, muss die Einstellung korrigiert werden. Dies geschieht über eine Veränderung der Länge der Einstellstange hinter dem Scheinwerfer (fetter Pfeil in Bild 8).

1.1. Kontermutter mit 8er-Gabelschlüssel lösen.

1.2. Unteren Gelenkbolzen am Sicherungsblech entsichern und ausziehen.

1.3. Einstellstange ein- oder ausdrehen, Gelenk-

Bild 7b

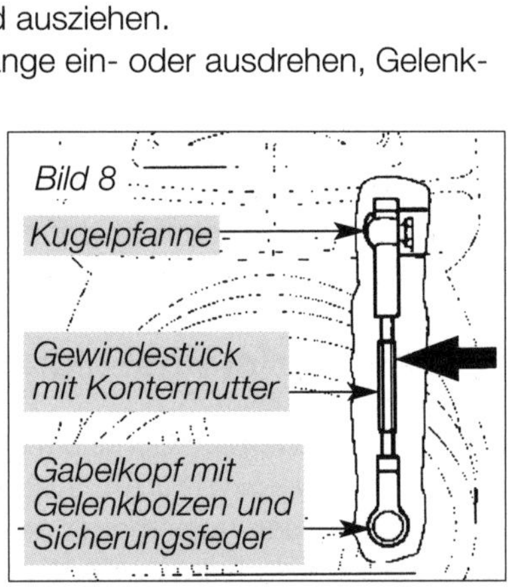

Bild 8

bolzen einstecken, Einstellung prüfen: Wenn o.k., Sicherungsblech einklicken und Kontermutter »handfest« kontern.
2. »Horizontale Einstellung«: Wenn der Lichtkegel nicht exakt in Flucht der Fahrzeugachse nach vorne leuchtet, kann dies über die Halteschrauben des Scheinwerfergehäuses (Bild 7a) in begrenztem Umfang korrigiert werden, indem man sie löst und den Scheinwerfer nach oben oder unten dreht.
■ Festziehen der Halteschrauben mit Gefühl!

Scheinwerfereinstellung korrigieren bei R 1150 GS
1. »Vertikale Einstellung«: Einstellschraube ist rechts hinten oben am Scheinwerfer und ist gut erreichbar.
1.1. Einstellschraube nach links drehen, stellt den Scheinwerfer höher ein, das Licht leuchtet weiter.
1.2. Einstellschraube nach rechts drehen, stellt den Scheinwerfer niedriger ein, das Licht leuchtet weniger weit.
2. »Horizontale Einstellung«: Wenn der Lichtkegel nicht exakt in Flucht der Fahrzeugachse nach vorne leuchtet, kann man ihn an einer Schraube einstellen. Die Einstellschraube befindet sich links unterhalb des Scheinwerfers.
■ Drehen gegen den Uhrzeigersinn: Licht leuchtet weiter.
■ Drehen im Uhrzeigersinn: Licht leuchtet weniger weit.

Scheinwerfereinstellung korrigieren bei R 1200 GS
1. »Vertikale Einstellung«: Einstellschraube ist innerhalb der Schnellverstellung bzw. der Kunststoff-Sechskantschraube mit SW 13 (Bild 4a).
■ Man kann sie zwar mit den Fingern verdrehen, besser ist es jedoch, eine 13er-Nuss aufzusetzen und mit dieser zu drehen.
1.1. Einstellschraube nach links drehen, stellt den Scheinwerfer höher ein, das Licht leuchtet weiter.
1.2. Einstellschraube nach rechts drehen, stellt den Scheinwerfer niedriger ein, das Licht leuchtet weniger weit.
2. »Horizontale Einstellung«: Wenn der Lichtkegel nicht exakt in Flucht der Fahrzeugachse nach vorne leuchtet, kann man ihn an einer Schraube einstellen, sie findet sich rechts hinten oben am Scheinwerfer und ist gut erreichbar (Bilder 6a und 6b).
Wichtig: Erst wenn beide Lichtkegel (Fern- und Abblendlicht) korrekt in der Fahrzeugachse nach vorne leuchten, erfolgt eine Einstellung der Leuchtweite wie oben beschrieben.

Lampen wechseln

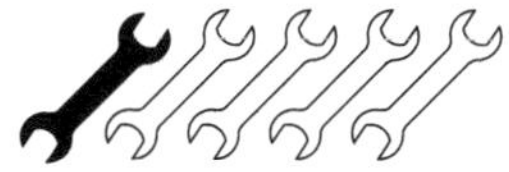

Abblend- und Fernlichtlampen wechseln
Zum Erneuern einer Abblend- oder Fernlichtlampe braucht man kein Werkzeug.
1. Bild 9: Den runden Deckel auf der Rückseite der Scheinwerfereinheit durch Drehen nach links (»OPEN«) lösen und abnehmen.
2. Bild 9: Stecker abziehen.
■ Wenn er sehr fest sitzen sollte, etwas hin und her wackeln und gleichzeitig ziehen.
■ NICHT am Kabel ziehen, sondern am Stecker!
3. Bild 10: Haltedrahtbügel der Lampe aus oberen Halterungen lösen und nach unten klappen.
4. Bild 10: Lampe herausziehen.

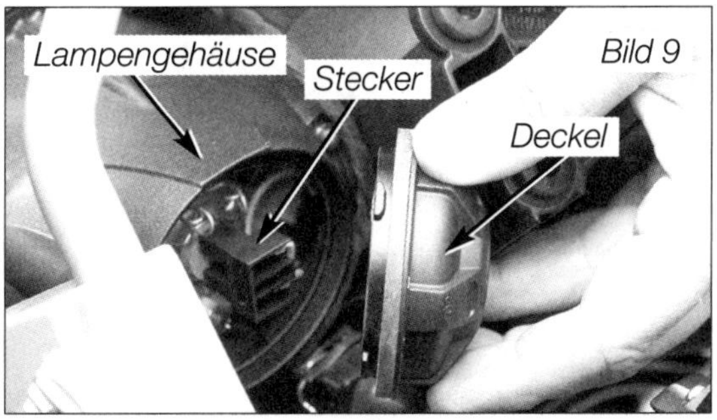

Bild 9: Zum Ausbau der Lampen den runden Deckel etwas nach links drehen und abnehmen.

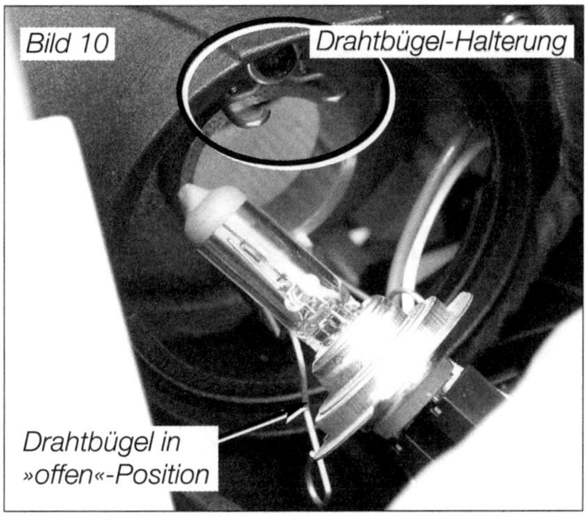

Bilder 10, 11 und 12: Beim Einbau der Lampe beachten, dass sie mit der flachen Seite am Sockel nach unten eingebaut wird (Bild 11).

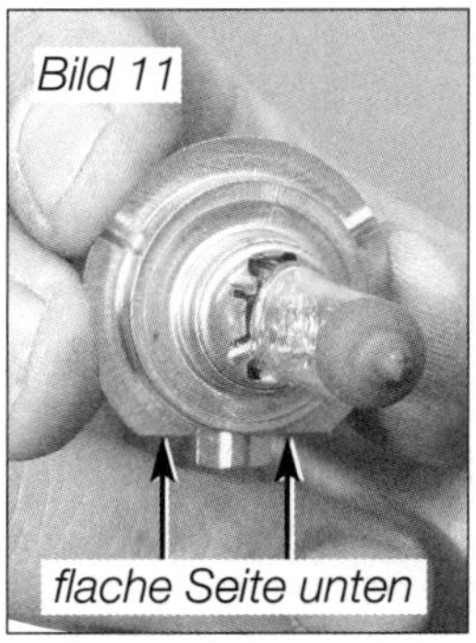

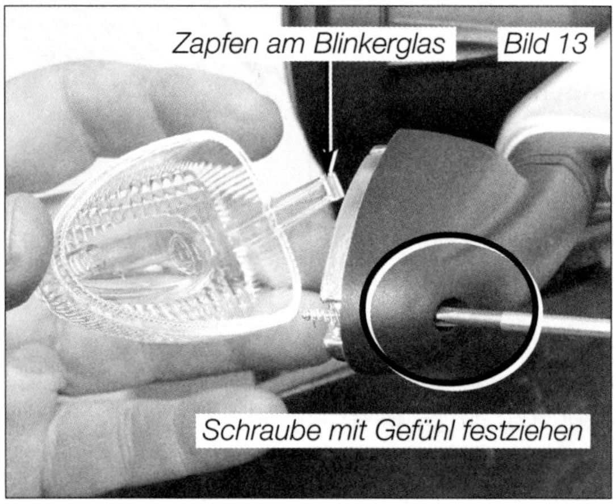

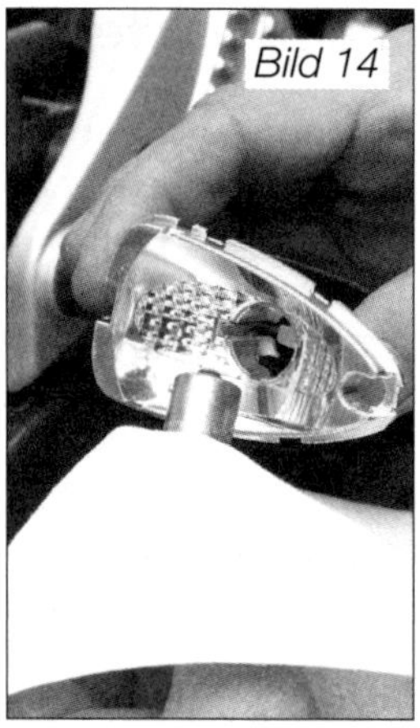

Bilder 13 und 14: Blinklampe wechseln. Neue Lampe am Glas nur mit einem sauberen Tuch anfassen.

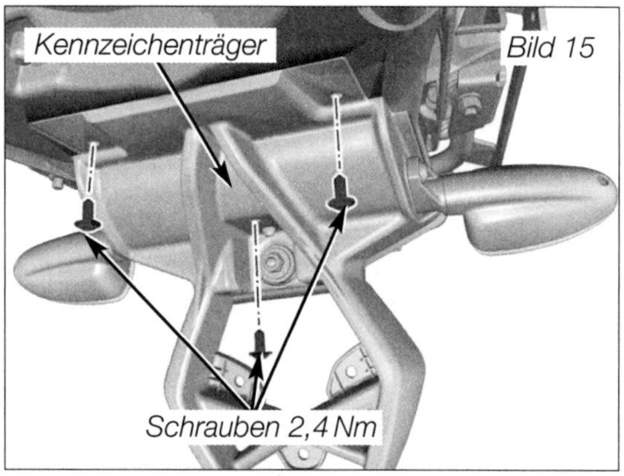

Bilder 15 und 16: Bei R 1200 GS ab Mj. 2008 zum Ausbau der Heckleuchte die Schrauben ausdrehen), Muttern abschrauben, Heckleuchte abziehen und Stecker trennen.

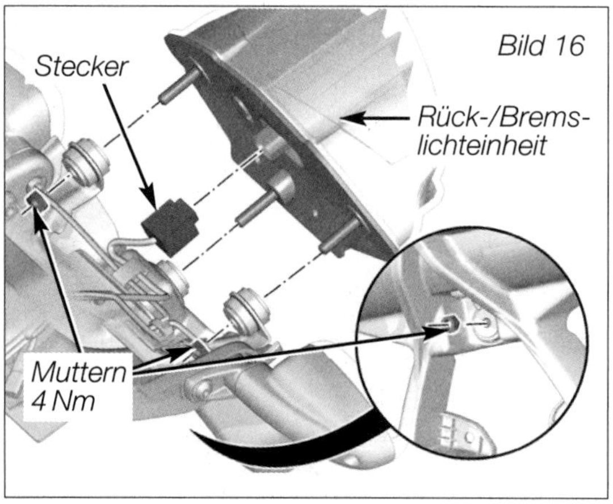

Bilder 17 bis 19: Im Lauftext sind die zu den Bildern gehörenden Arbeitsschritte nummeriert beschrieben.

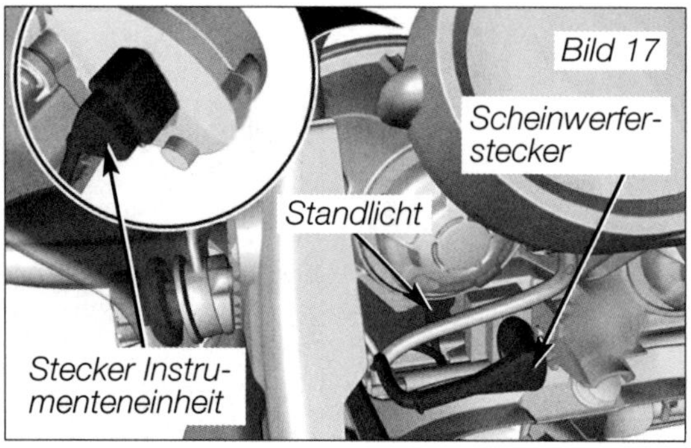

Einbau in umgekehrter Reihenfolge, dabei auf Folgendes achten:

- Bild 11: Abgeflachte Seite mit Zapfen am Lampensockel muss nach unten weisen.
- Haltedrahtbügel der Lampe müssen oben sicher einrasten.
- Stecker richtig herum aufstecken: Die Kabel laufen zur Fahrzeugmitte weg.
- Bild 12: Etwas Silikonpaste an die Kanten des runden Deckels geben, dann lässt er sich leichter aufdrehen (und das nächste Mal auch leichter abnehmen!).
- Deckel fest aufsetzen, nach rechts (»CLOSE«) drehen, bis es hörbar knackt: Markierung »TOP« steht dann wieder oben in der Mitte.

Standlichtlampe

Bei den Modellen mit Doppelscheinwerfer sitzt die Standlichtlampe links unten im Fernlichtgehäuse, bei R 850 GS und R 1100 GS unter dem Fern- und Abblendlicht im Scheinwerfergehäuse. Einfach die komplette Fassung mit der Standlichtlampe herausziehen. Wenn es etwas schwer geht, an der Fassung leicht wackeln und das Gummi zusammendrücken. Lampe aus der Fassung ziehen.

Einbau in umgekehrter Reihenfolge.

- Auf die Fassung etwas Silikonpaste geben.

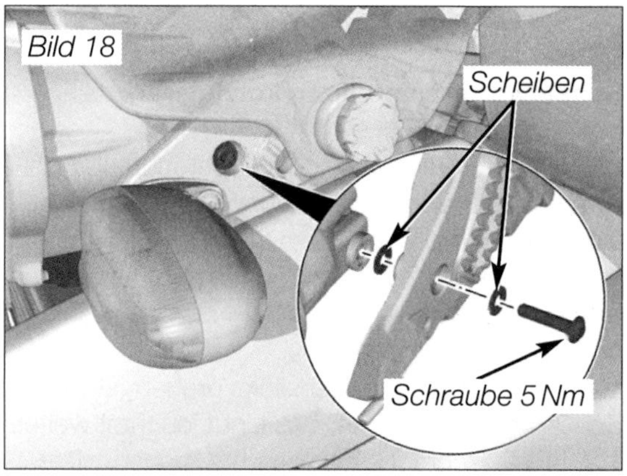

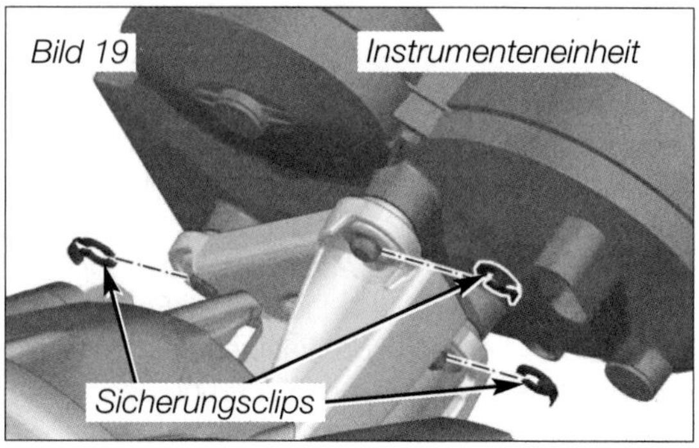

Blinklampen
Bild 13: Alle vier Blinklampen werden auf die gleiche Art und Weise gewechselt: Die eine Schraube am Plastikgehäuse des Blinkers ausdrehen und das Blinkerglas abnehmen.

Bild 14: Blinklampe hat einen Bajonettverschluss: Unter leichtem Druck mit einer Vierteldrehung nach links aus ihrer Fassung nehmen.

Beim Zusammenbau bitte beachten:
- Schraube des Blinkerglases nicht zu stark anziehen, sonst reißt das Glas.
- Wenn die Maschine mit LED-Blinkleuchten ausgestattet ist, muss man beim Ausfall einer Leuchtdiode den kompletten Blinker austauschen (siehe Textabschnitt »Blinker ab- und anbauen« später in diesem Kapitel).

Rück-/Bremslichtlampen
1. Beide Schrauben, mit denen das Rücklichtglas von hinten befestigt ist, ausdrehen, Glasgehäuse nach hinten abnehmen.
2. Lampe leicht in ihre Fassung eindrücken, gleichzeitig nach links drehen und ausziehen.

Beim Zusammenbau in ungekehrter Reihenfolge bitte beachten:
- Schrauben des Rücklichtglases rechts und links in mehreren Schritten gleichmäßig und mit Gefühl nicht zu stark anziehen, sonst reißt das Glas.

LED-Einheit
Das Rück-/Bremslicht der R 1200 GS ab Mj. 2008 besteht aus einer LED-Einheit mit 12 Leuchtdioden. Bei Ausfall einer LED muss die komplette Einheit gewechselt werden.
1. Bild 15: Halteschrauben des Kennzeichenträgers lösen, damit wird die Rückseite der Heckleuchte zugänglich.
2. Bild 16: Die drei Muttern des Rück-/Bremslichts abschrauben.
3. Bild 16: Stecker trennen, Rück-/Bremslichteinheit abnehmen.

Einbau in umgekehrter Reihenfolge.

Leuchteinheit innen feucht?

Feuchtigkeit in Blinker sowie Rück-/Bremslicht entsteht normalerweise nicht, weil die Gehäuse belüftet sind. Wenn jedoch die Belüftungsschlitze verdreckt oder anderweitig verstopft sind, beschlagen die Gläser von innen durch Schwitzwasser: Dieses bildet sich, wenn die Lampe brennt,

Bilder 20 und 21: Im Lauftext sind die zu den Bildern gehörenden Arbeitsschritte nummeriert beschrieben.

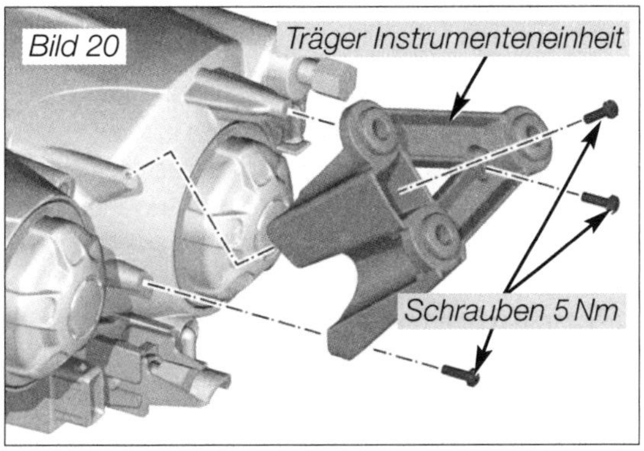

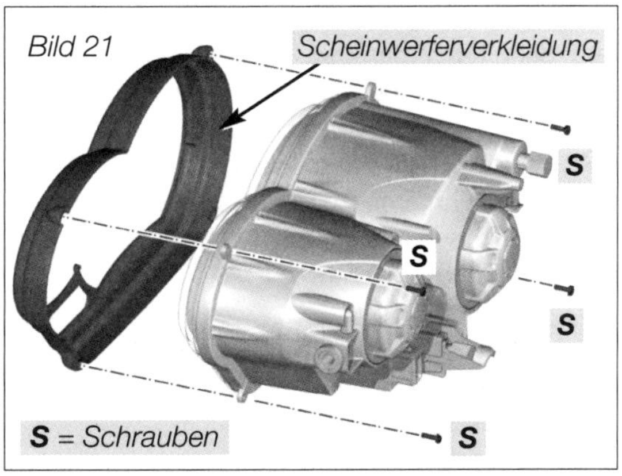

Bilder 22a und 22b: Scheinwerfer der R 1150 GS.

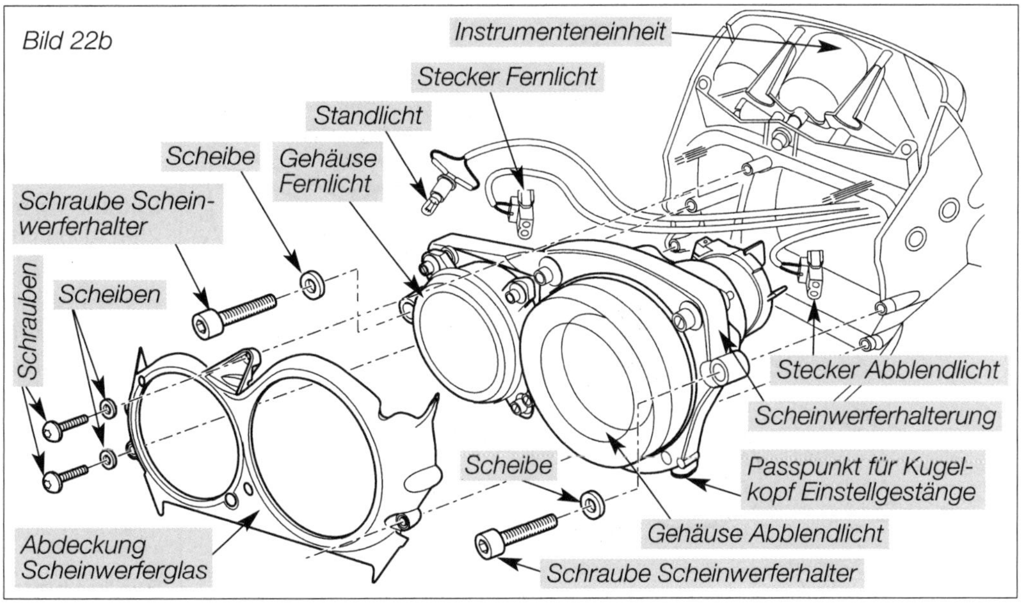

Sichtprüfung Messen

deswegen heiß ist und am Ende der Fahrt beim Ausschalten des Lichts wieder abkühlt. Schwitzwasser ist gefährlich, denn es kriecht in jede Ritze und sorgt für Korrosion der Kontakte: Im Laufe der Zeit wird das Licht immer dunkler und erlischt schließlich ganz, obwohl die in die Fassung eingesteckte Lampe nicht defekt ist.

Bei Schwitzwasserbefall müssen die Lampengläser abgebaut und ausgetrocknet werden.

⚠ **Achtung:** Kontrollieren Sie dann auch, ob die Entlüftung der Leuchte frei ist: Im unteren Rand der Blinkergehäuse sind kleine Entlüftungsbohrungen: Wenn diese zugesetzt sind, sorgfältig reinigen und »freilegen«.

Scheinwerfer ab- und anbauen

Scheinwerfer R 850 GS, R 1100 GS abbauen
Bilder 7a und 7b: Zum Abbau des Scheinwerfers muss zuerst das Windschild (siehe Kapitel 7 »Spiegel · Windschild · Sitze«) abgebaut werden, dann kann man den Scheinwerfereinsatz ausbauen. Dann muss man das Kombiinstrument lösen, seine mittlere Befestigungsschraube befindet sich im Scheinwerfergehäuse. Zum Schluss den unteren Bolzen des Scheinwerfer-Einstellgestänges ausbauen, jetzt kann man den Scheinwerfer abnehmen.

Scheinwerfer R 1150 GS abbauen (Bild 22b)
1. Windschild und obere Abdeckung des Scheinwerfers abbauen.
2. Scheinwerferglas vorne abnehmen.
3. Stecker von Fern- und Abblendlicht abziehen.
4. Standlicht mit Fassung herausziehen.
5. Befestigungsschrauben des Scheinwerferhalters lösen und herausziehen.
6. Vorsichtig den Scheinwerfereinsteller abbauen, dabei auf den Kugelkopf auf der Einstellkugel unterhalb des Scheinwerfers achten.
7. Scheinwerfer nach vorne abnehmen.

Einbau in umgekehrter Reihenfolge.

Scheinwerfer der R 1200 GS abbauen
Zum Abbau des Scheinwerfers muss auch die Instrumenteneinheit abgebaut werden.

1. Bild 17: Scheinwerferstecker und Stecker der Instrumenteneinheit trennen, Standlichtfassung ausbauen.
2. Bild 18: Befestigungsschrauben der Scheinwerfereinheit links und rechts ausbauen, Scheiben aus Gummipuffer lösen und abnehmen.
2.1. Scheinwerfer gemeinsam mit Instrumenteneinheit aus der Halterung heben und nach vorne abnehmen.
3. Bild 19: Sicherungsclips der Instrumenteneinheit ausbauen, Instrumenteneinheit abnehmen.
4. Bild 20: Schrauben ausbauen, Träger der Instrumenteneinheit abnehmen.
5. Bild 21: Schrauben der Scheinwerferverkleidung ausbauen, Verkleidung abnehmen.
6. Abblend-, Fern- und Standlichtlampe in neuen Scheinwerfer einbauen.

Einbau in umgekehrter Reihenfolge:
■ Dabei die Schrauben (M6 x 30) des Scheinwerfers am Scheinwerferträger mit 5 Nm festziehen. Nach Einbau Scheinwerfereinstellung prüfen und, wenn notwendig, korrigieren (siehe Text weiter vorne).

Blinker ab- und anbauen

Blinker vorne bei R 850 GS, R 1100 GS
Zum Abbau der Blinkerarme vorne zunächst so vorgehen, wie beim Abbau des Scheinwerfers beschrieben. Dann:
1. Scheinwerferträger ausbauen.
2. Blinkergläser ausbauen, Kabelstecker von Reflektor abziehen und Kabel durch Blinkerhalterung ziehen.
3. Blinkerhalter ausbauen, Blinker abbauen.

Einbau in umgekehrter Reihenfolge.

Blinker hinten siehe folgender Textabschnitt.

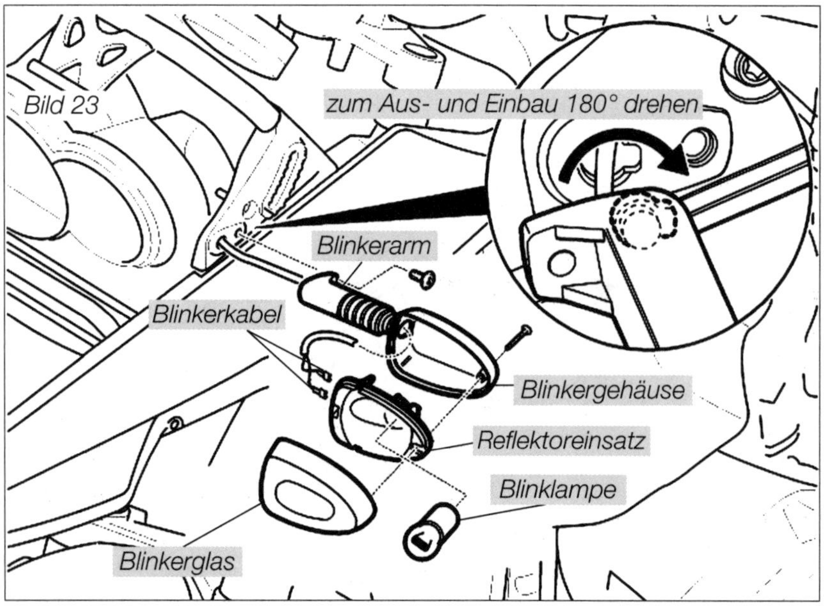

Bild 23: Explosionszeichnung des Blinkers der R 1200 GS bis Mj. 2009. Der Kreis im Bild gilt für die Befestigung der vorderen Blinkerarme.

Blinker vorne und hinten bei R 1150 GS, R 1200 GS bis Mj. 2009

Ausbau:

1. Lampenglas abschrauben, Reflektoreinsatz vorsichtig ein Stück weit herausziehen (Bild 23).

2. Kabelstecker abziehen.

3. Befestigungsschraube ausdrehen.

■ Hinterer Blinkerarm kann jetzt abgenommen werden. Dabei die beiden (zu einem zusammengefassten) Kabel sorgsam ausziehen.

■ Vorderen Blinkerarm um 180 Grad (1/2 Umdrehung) nach rechts drehen und aus der Bohrung ziehen (Kreis in Bild 23). Kabel sorgsam ausziehen.

Einbau:

1. Kabel in Blinkerarm einführen.

2. Blinkerarm vorne entsprechend ansetzen und um 180 Grad nach rechts drehen.

■ Der hintere Blinkerarm wird nur angesetzt.

3. Schraube eindrehen und mit 5 Nm (vorne) bzw. 3 Nm (hinten) festziehen; dies entspricht in etwa »leicht handfest«.

4. Kabel vorsichtig nachziehen. Stecker auf Kontakte am Reflektoreinsatz stecken und diesen in das Gehäuse einsetzen.

5. Ggf. Lampe einsetzen, Blinkerglas einsetzen.

Blinker vorne und hinten bei R 1200 GS ab Mj. 2010

Die Blinkerarme sind mit M6-Torxschrauben vorne am Lampenhalter bzw. hinten am Kennzeichenträger des Hecks befestigt. Zum Abbau benötigt man einen Torxschrauber T30.

Blinker vorne abbauen

1. Bild 24: Innenabdeckung der Verkleidung durch Lösen der Spreiznieten abbauen.

2. Bilder 25a und 25b: Kabelbinder links und rechts vorne aufknipsen, Stecker der Blinkerkabel auseinanderziehen.

3. Bild 26: Befestigungsschraube lösen (gilt für rechten und linken Blinker), Blinker um 180 Grad nach rechts drehen und aus der Bohrung ziehen, Kabel und Stecker sorgsam ausziehen (Bilder 27a und 27b).

Blinker hinten abbauen

1. Bild 28: Beide Schrauben der Hinterradabdeckung ausbauen.

2. Bild 16: Heckleuchteneinheit lösen, dazu die Muttern abschrauben.

3. Bild 29: Kabelbinder der hinteren Blinkkabel auf Kennzeichenträger aufknipsen, beide Blinkerstecker von Sockeln lösen und Stecker trennen.

4. Bild 30: Kabelbinder aufknipsen, Klemme öffnen, Heckleuchtenstecker trennen und Kennzeichenträger abnehmen.

5. Bild 2a: Blinker abnehmen, die beiden zu einem zusammengefassten Kabel und den Stecker vorsichtig ausziehen.

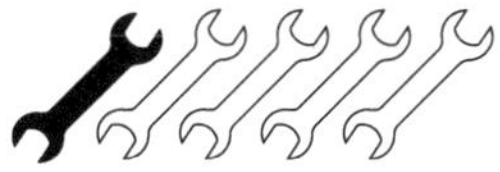

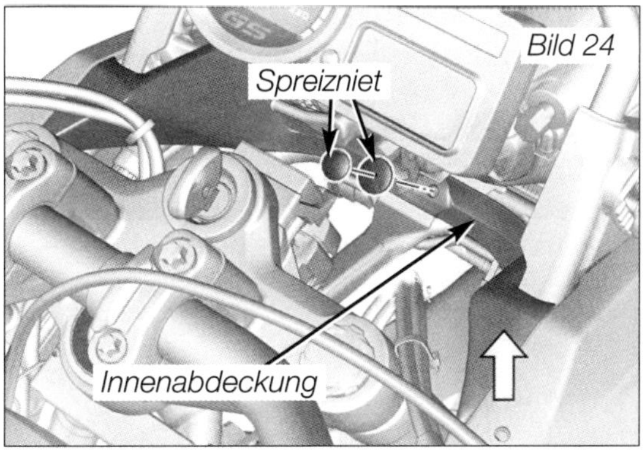

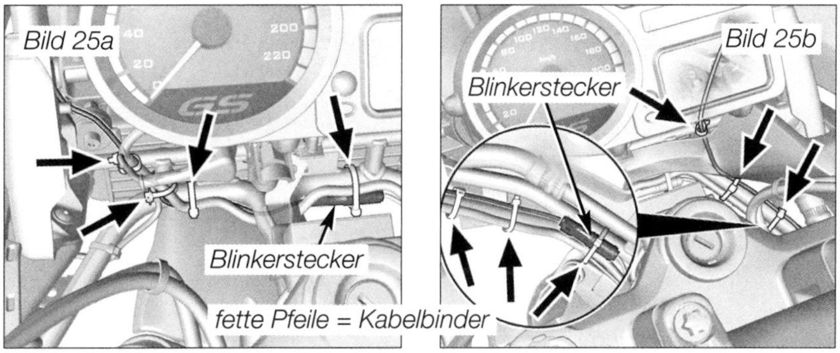

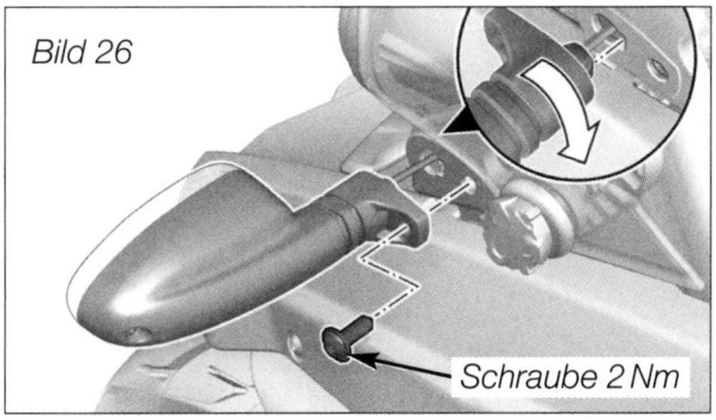

Bilder 24 bis 26: Im Lauftext sind die zu den Bildern gehörenden Arbeitsschritte nummeriert beschrieben.

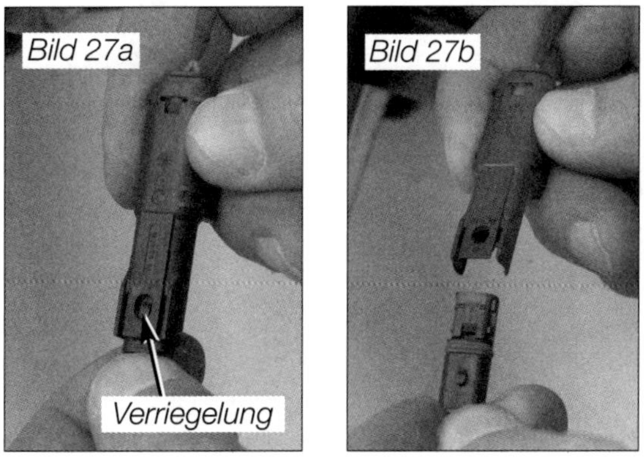

Bilder 27a und 27b: Beim Auseinanderziehen des Steckers am Blinkerkabel sorgsam vorgehen.

■ Beim Zusammenstecken muss es hörbar klicken.

Sichtprüfung Messen

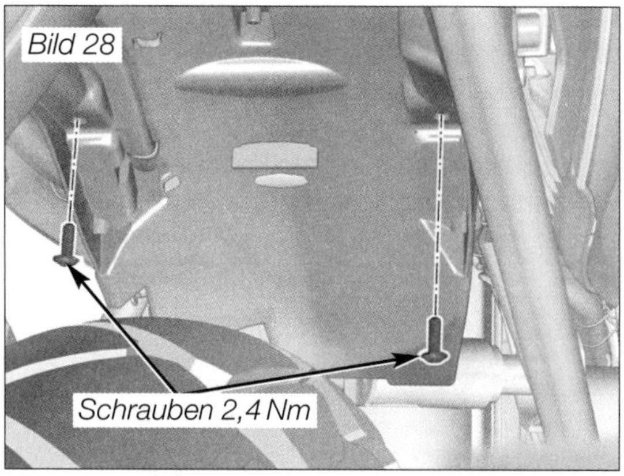

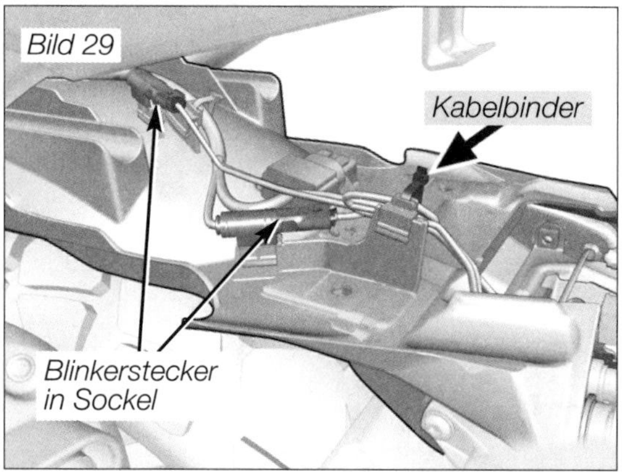

Bilder 28 und 29: Im Lauftext sind die zu den Bildern gehörenden Arbeitsschritte nummeriert beschrieben.

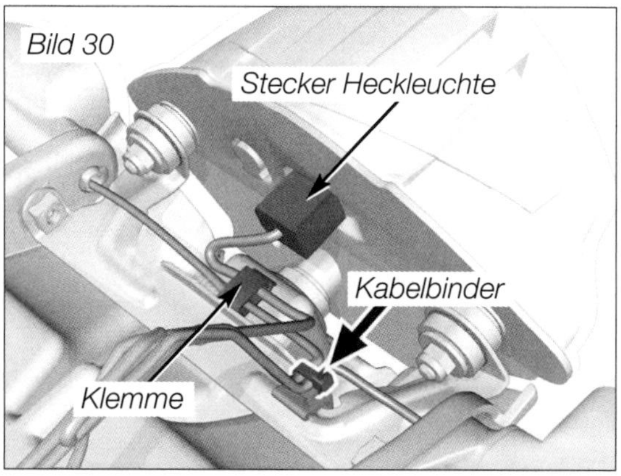

Bild 30: Anbaulage von Kabelbinder, Stecker und Kabelverlegung.

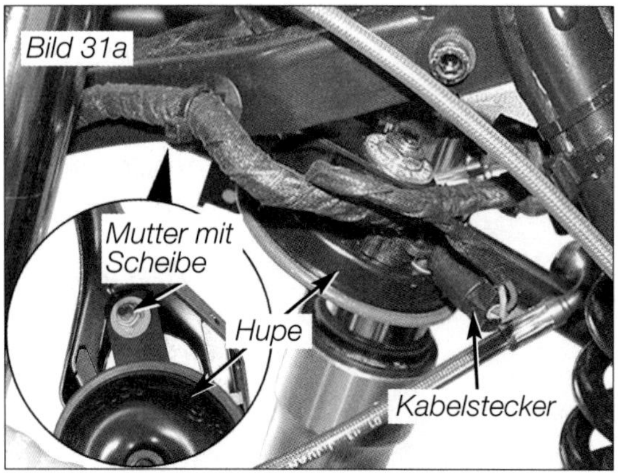

Bilder 31a und 31b: Einbaulage der Hupe.
■ R 1200 GS bis Mj. 2009 (Bild 31a)
■ R 1200 GS ab Mj. 2010 (Bild 31b).

Blinker vorne anbauen

1. Bild 26: Stecker und Kabel in Bohrung einführen.

2. Bild 26: Blinkerarm in Montageposition bringen und um 180 Grad drehen, Schraube eindrehen:

■ Schrauben (M6 x 16) mit 2 Nm festziehen (entspricht in etwa »mäßig handfest«).

3. Bilder 25a und 25b: Kabelstecker zusammenstecken.

4. Bilder 25a und 25b: Kabel anlegen und mit neuen Kabelbindern befestigen.

5. Bild 24: Innenabdeckung einbauen, dazu Spreiznieten wieder einbauen.

Blinker hinten anbauen

1. Bild 2a: Stecker und Kabel in Bohrung einführen.

2. Bild 2a: Blinkerarm ansetzen, Schraube eindrehen:

■ Schrauben (M6 x 22 mit mechanischer Schraubensicherung) mit 2 Nm festziehen; dies entspricht in etwa »mäßig handfest«.

3. Bild 29: Kabelstecker zusammenstecken, Blinkerstecker wieder in den Sockeln befestigen.

4. Bild 29: Kabel anlegen und mit neuen Kabelbindern befestigen.

■ Beim Anbau des Kennzeichenträgers folgende Anziehdrehmomente beachten:

Kennzeichenträger (Schrauben M5 x 16)
an Heckrahmen (Bild 13)...................... 2,4 Nm
Hinterradabdeckung (Schrauben M5 x 16)
an Heckrahmen (Bild 24)...................... 2,4 Nm

Lichthupe

Die Lichthupe wird betätigt, indem der Abblend-/Fernlichtschalter nach unten gedrückt wird. Das Fernlicht muss aufleuchten, solange der Schalter gedrückt bleibt.

■ Falls nicht, den Schalter zur Kontrolle auf Fernlichtstellung bringen.

■ Leuchtet das Fernlicht auch in dieser Stellung nicht, Lampe überprüfen, ggf. erneuern.

■ Ist die Lampe in Ordnung, Kabel und Steckverbindungen kontrollieren.

Hupe

Wenn die Hupe nicht richtig funktioniert, liegt es meist an defekten Kabeln oder Steckverbindungen.

■ Kabel auf Bruch und durchgescheuerte Stellen kontrollieren.

■ Steckverbindungen säubern, Kontakte mit feinem Schleifpapier von Korrosionsschicht befreien, ggf. mit Kontaktspray behandeln.
■ Steckverbindung der Hupe prüfen: Spannungsmesser an kabelbaumseitige Kontakte anlegen. Bei Betätigung des Hupenschalters muss Batteriespannung anliegen.
■ Falls die Hupe trotz funktionierender Stromversorgung keinen Laut von sich gibt, Bauteil ersetzen: Stecker abziehen, Befestigungsschraube lösen und neue Hupe anbauen (Beispiele für die Einbaulage siehe Bilder 31a und 31b).

Instrumenteneinheit

Tacho und/oder Drehzahlmesser defekt?
Bei R 850 GS, R 1100 GS und R 1150 GS besteht die Instrumenteneinheit aus vier Teilen: Tacho und Drehzahlmesser, Instrumententräger, Informationsdisplay (»Bordcomputer«) sowie Kontrolleinheit mit Anzeigenleuchten. Somit können Tacho und Drehzahlmesser auch separat ersetzt werden.

Bild 32: Die Instrumentenbeleuchtung und die Anzeigeleuchten sind Glühlampen mit jeweils 12 Volt/1,7 Watt. DIe Kontrollleuchten für Blinker, Rück- und Fernlicht sind Glühlampen mit 14 Volt/3 Watt.

Bild 33: Die Instrumenteneinheit der R 1200 GS kann nicht zerlegt und repariert werden. Bei einem Defekt muss das Instrument komplett ersetzt werden. Zur Instrumentenbeleuchtung und als Anzeige- und Kontrollleuchten sind LED's eingebaut.

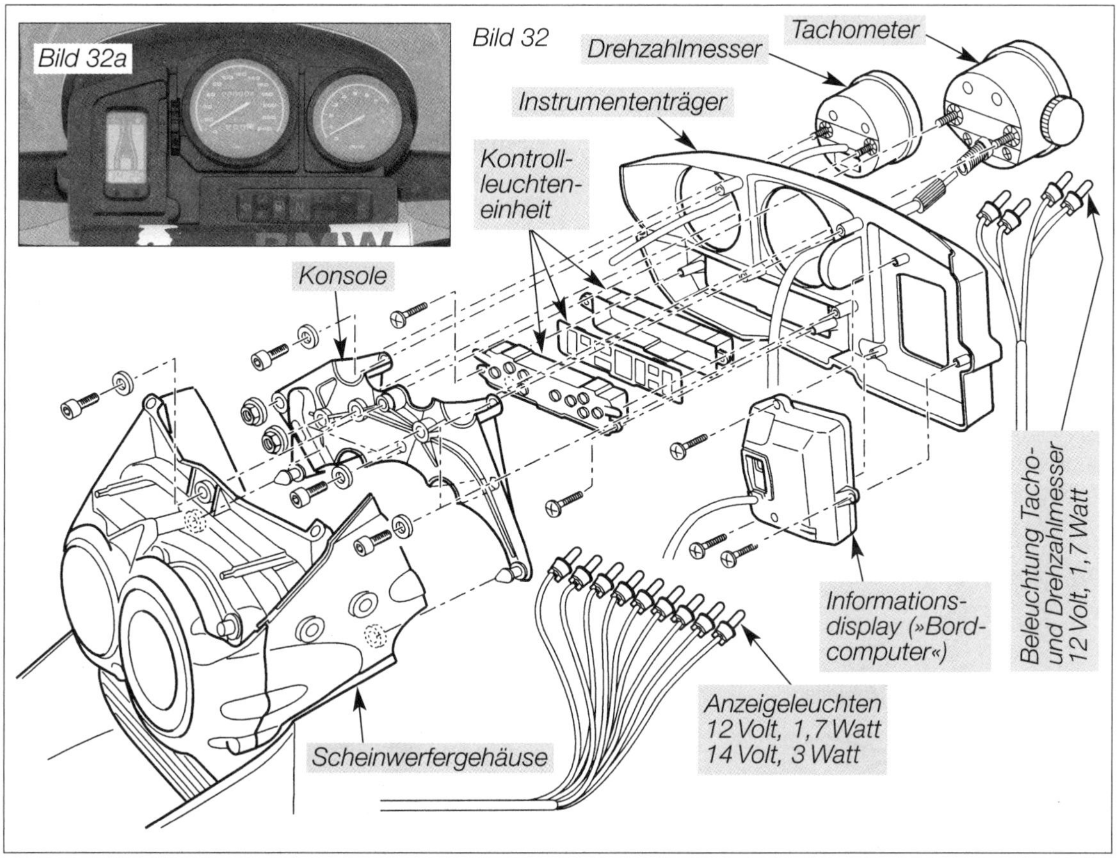

Bild 32: Explosionszeichnung der Instrumenteneinheit der R 1150 GS.

Bild 33: Instrumenteneinheit der R 1200 GS im Modelljahr 2010.

Elektrik · Elektronik

Korrespondenzkapitel:
- 11 »Batterie«
- 12 »Ladesystem«
- 13 »Anlasser«
- 14 »Licht · Blinker · Hupe«
- 22 »Einspritzung · Zündung · Tank«

In diesem Kapitel: Ein Wort zuvor · Sicherungen · Relais · Stecker · Defekten Schalter reparieren · Elektronikbauteile · Wichtige Tipps zur elektrischen und elektronischen Fehlersuche · Fahrzeugelektronik R 1200 GS: SWS und CAN-Bus, Identifier · Bus-Technologie, Echtzeit, Leitungspfad · Steuergeräte · Keine Schmelzsicherungen · Elektronische Wegfahrsperre · Instrumentenkombination · Motorsteuerung: Einspritzung, Leerlaufregelung, Kaltstartanreicherung, Zündfolge · Kabel · Diagnosegeräte.

Ein Wort zuvor

Bild 1: Relaisanordnung und Sicherungsbelegung der R 850 GS, R 1100 GS.

Bilder 2a und 2b: Relaisanordnung und Sicherungsbelegung der R 1150 GS.

Elektrik und Elektronik der BMW R 1200 GS repräsentieren seit dem Modelljahr 2004 modernsten fahrzeugtechnischen Stand mit deutlichen Anleihen aus dem Automobilbau. Die Basis dieser modernen Konstruktion liegt im elektronischen System der Modelljahre 1994 bis 2003 mit dem Motronic Steuergerät sowie verschiedenen Sicherungen und Relais. Die mit Modelljahr 2004 eingeführte Elektrik und Elektronik weicht deutlich sichtbar von anderen Motorradelektriksystemen ab, denn sie hat serienmäßig keine einzige Schmelzsicherung und nur ein Relais. Weiterhin ist der Kabelbaum kein kilometerlanges Gewirr mit allen möglichen verschiedenen Verzweigungen und Anschlüssen, sondern besteht, bildlich gesprochen, aus ein paar Strippen mit verschiedenen Steckern, deren Enden zu den Steuergeräten führen, worin die Daten verarbeitet werden. Ganz allgemein gelten Motor- und Fahrzeugelektronik der Vierventil-Enduros unseres Buchs jedoch schon seit jeher als zuverlässig und betriebssicher. Schaltpläne im herkömmlichen Sinne gibt es seit 2004 ebenso wenig wie Stromlaufpläne.

Sicherungen

R 850 GS, R 1100 GS, R 1150 GS: Bei Kurzschluss oder Überlastung eines Stromkreises brennt die Sicherung durch, der Stromfluss wird unterbrochen und so Schäden in der Bordelektrik durch Überhitzung oder Kabelbrand verhindert. Die Angabe der Sicherungsstärke in Ampere besagt, bei welcher Stromstärke der Sicherungsdraht schmilzt. Die einzelnen Sicherungen der Modelle R 850 GS, R 1100 GS und R 1150 GS befinden sich im zentralen Elektrikkasten unter der

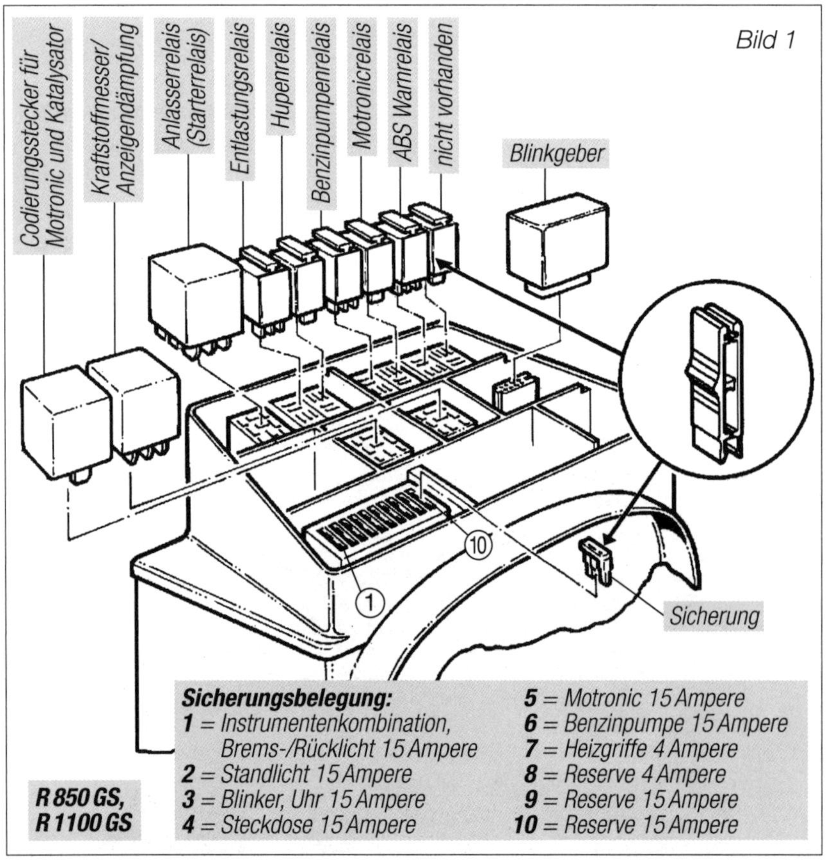

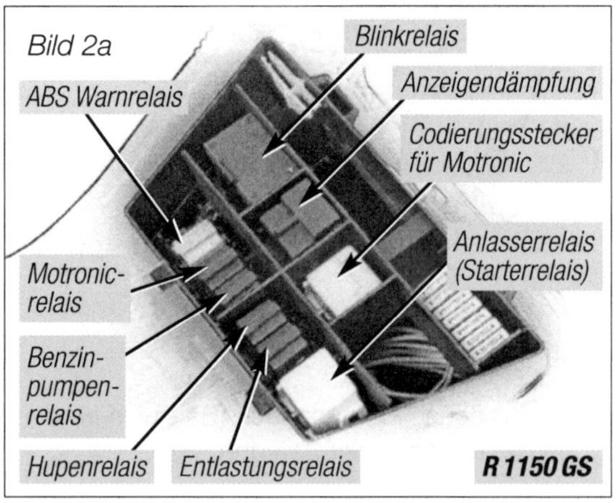

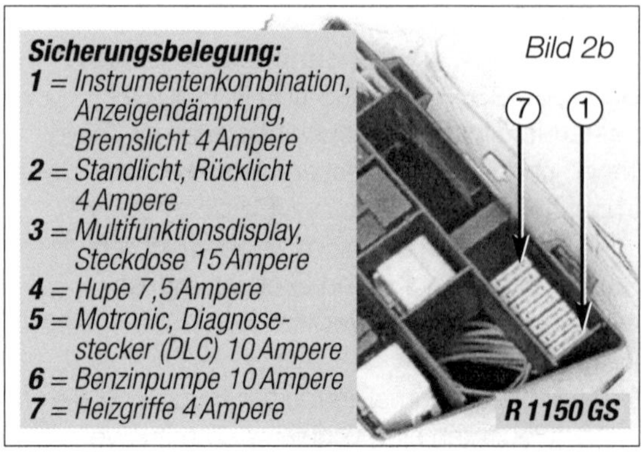

Sitzbank. Die Belegung und Bezeichnungen der Sicherungen der verschiedenen Modelle ist aus den Bildern 1, 2a und 2b ersichtlich.

Achtung: Falls eine Sicherung wiederholt durchbrennt, den Fehler suchen und beheben. Auf keinen Fall eine Sicherung mit einem höheren Ampere-Wert einsetzen.

Beim Arbeiten an Sicherungen beachten:

- Vor einem Sicherungswechsel die Zündung sicher ausschalten, Zündschlüssel abziehen.
- Defekte Sicherungen nicht reparieren, etwa mit alubeschichtetem Papier aus der Zigarettenschachtel: Die Gefahr, dass die Maschine anfängt zu brennen, ist ziemlich hoch!
- Verbrauchte Reservesicherungen umgehend ersetzen.
- Nur vorgeschriebene Sicherungen verwenden!
- Bild 4: Die Zungen einer gebrauchten Sicherung können für besseren Kontakt mit feinem Schmirgelpapier abgezogen werden.

Defekte Sicherung auswechseln:

- Verriegelung seitlich am Deckel mit einem kleinen Schraubenzieher oder leichtem Fingerdruck lösen, Deckel aufklappen.
- Bild 3: Defekte Sicherung mit einer Spitzzange aus der Steckklemme ziehen.
- Neue Sicherung mit identischem Ampere-Wert einsetzen.

R 1200 GS: Die R 1200 GS-Modelle haben keine Sicherungen mehr, außer bei der Sonderausstattung Zusatzscheinwerfer (siehe dazu auch Kapitelabschnitt »Keine Schmelzsicherungen« weiter hinten).

Sonderausstattung (SA) Zusatzscheinwerfer mit Scheinwerferrelais und zusätzlicher Sicherung

R 1200 GS ab Modelljahr 2010: Die Montage eines Zusatzscheinwerfers mit Halogenlampe H11, 12 Volt/55 Watt oder mit LED, macht eine Sicherung mit 7,5 Ampere und ein separates Scheinwerferrelais notwendig, das neben dem Anlasserrelais eingebaut wird. Die Sicherung (bzw. zwei Sicherungen bei zwei Zusatzscheinwerfern links und rechts) werden in eine dafür vorgesehene Steckverbindung unter dem linken Seitendeckel eingesetzt.

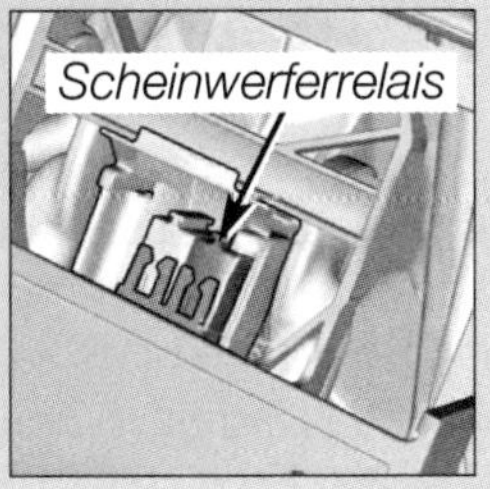

- **Scheinwerferrelais:** Nur bei Sonderausstattung Zusatzscheinwerfer, unter dem Steuergerät »Motor BMS-KP«.
- **Sicherungen:** Nur bei Sonderausstattung Zusatzscheinwerfer, linker Kabelbaum bei Luftfilter.

Relais

In den elektrischen Stromkreisen der verschiedenen Modelle sind Relais eingesetzt, zum Beispiel für Benzinpumpe, Hupe, ABS oder Anlasser. Ein Relais ist ein elektro-magnetisch wirkender Schalter, mit dessen Hilfe ein kleiner Steuerstrom einen wesentlich größeren Strom schalten kann.

Bilder 1 bis 2b: Die Bilder vermitteln einen Überblick über die verschiedenen Relais der einzelnen Modelle R 850 GS, R 1100 GS und R 1150 GS.

Tipp zur Fehlersuche: Falls eine elektrische Baugruppe nicht funktioniert, die zugehörige Sicherung jedoch in Ordnung ist und die stromzuführenden Kabel ebenfalls, kann es sein, dass das Relais »hängt«: Mit einem Finger oder dem Knauf eines Schraubenziehers leicht gegen das Relais klopfen und erneut versuchen. Falls immer noch nichts geht, testweise ein erwiesenermaßen funktionstüchtiges Relais einsetzen.

Stecker

Bilder 5a bis 5d: Elektrische Stecker müssen getrennt werden, z. B. beim Abbau von Verkleidungsteilen die Stecker der Blinkerkabel oder des Tanks (Stecker Benzinstand- und Benzin-

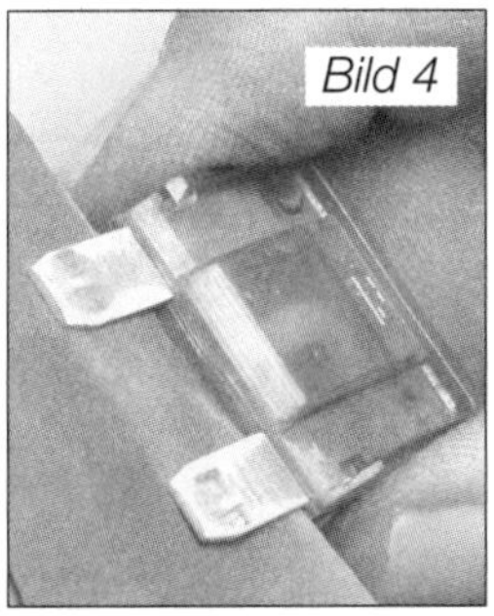

Bild 3: Sicherung mit Spitzzange ausziehen.

Bild 4: Für sicheren Kontakt einer gebrauchten Sicherung deren Zungen mit feinem Schmirgelpapier abziehen.

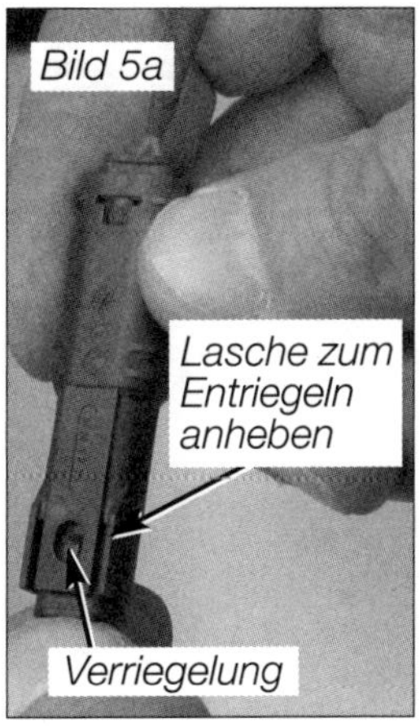

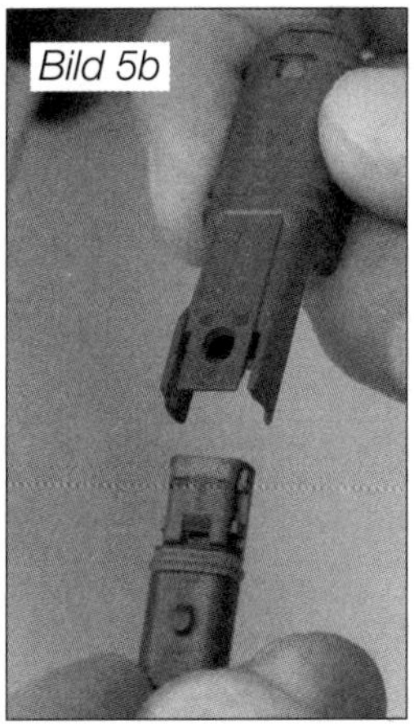

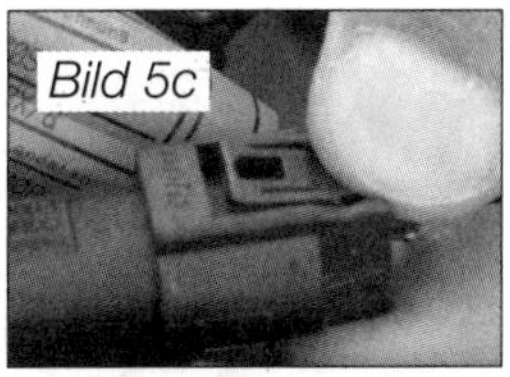

Bilder 5a bis 5d: Steckerverriegelung lösen, Stecker auseinanderziehen. Beim Zusammenstecken muss es hörbar klicken. ***Wichtig:*** *Stecker müssen sauber, fettfrei und ohne Korrosion sein.*

Sichtprüfung Messen

pumpen-Kabel) und natürlich auch beim Auswechseln elektrischer Bauteile.

Wichtig 1: Niemals versuchen, einen Stecker durch Ziehen an den Kabeln zu trennen, sonst reißen die Drähte aus!

Wichtig 2: Generell gilt: Jeden Stecker vor dem Trennen genau ansehen, wie er zusammengesteckt ist, dann sorgsam trennen.

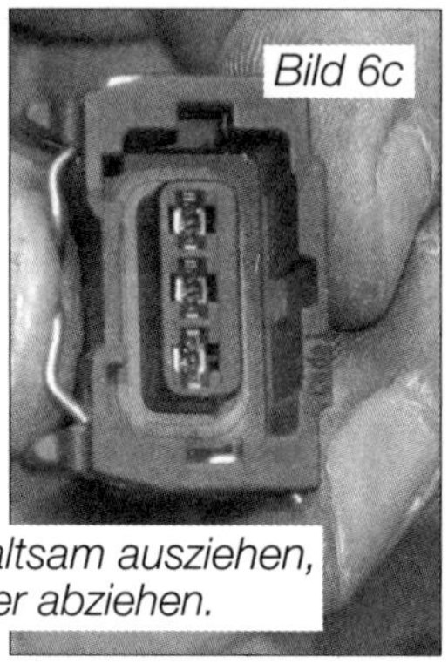

Bilder 6a bis 6c: Verriegelungsbügel nicht gewaltsam ausziehen, sondern eindrücken und gleichzeitig den Stecker abziehen.

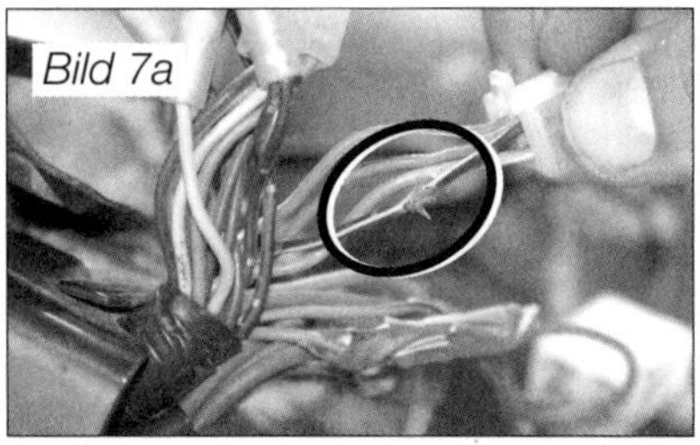

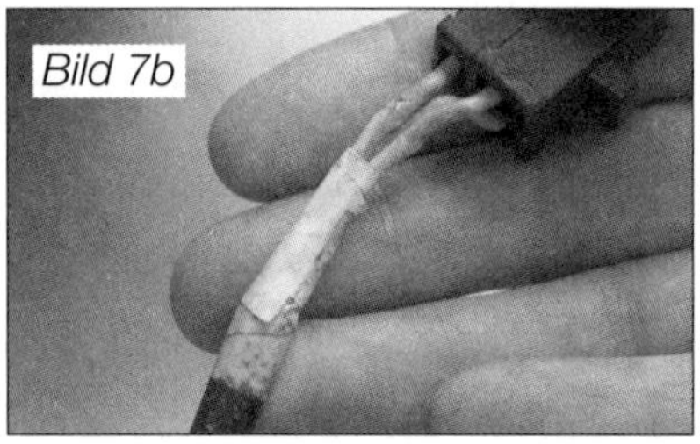

Bilder 7a und 7b: Aufgescheuertes Kabel mit Isolierband reparieren.

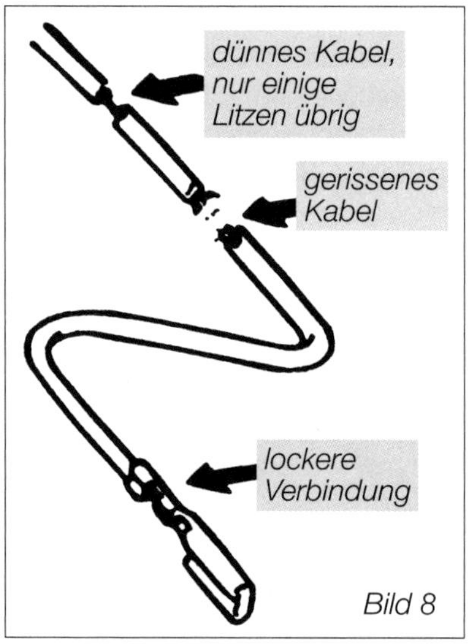

Bild 8: Schadensbeispiel an Kabeln.

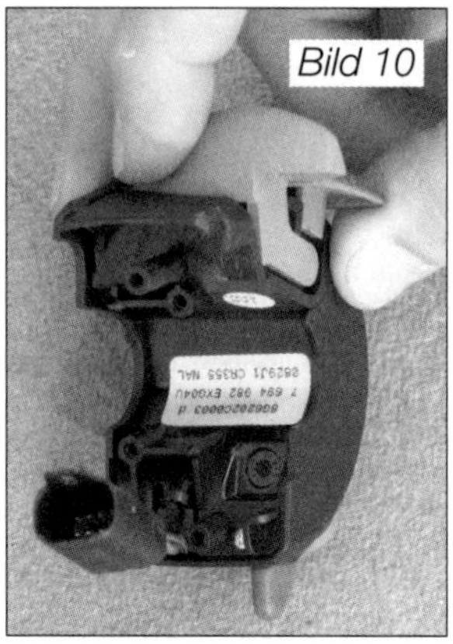

Bilder 9 und 10: Rechter Lenkerschalter.

■ Bei einem einfachen Stecker ist ein Kabelschuh auf einen Kontakt aufgeschoben: Gummikappe anheben, Kabelschuh packen, abziehen.
■ Bei den meisten Steckern sind kleine Verriegelungszapfen angebracht: Mit spitzem Finger niederdrücken und so entriegeln (Bilder 5a und 5d), dann die Steckerhälften auseinanderziehen.
■ Die Stecker von Motorsteuerung und Einspritzung haben Verriegelungsbügel (Bilder 6a bis 6c): Verriegelung durch Eindrücken des Bügels lösen, dann kann der Stecker abgezogen werden.

Steckerzungen und Steckerschieber sind von hinten in die Stecker eingeschoben. Ein hochgestellter Zapfen verhindert, dass sie vom Gegenstück herausgeschoben werden. Bei jedem Trennen und Zusammenstecken eines Steckers einen Blick auf die Zapfen werfen: Alles ok?

Aufgescheuerte Kabel

Elektrische Kabel bestehen aus einem Verbund mehrerer isolierter Drähte und sind mit einem Gummi- oder PVC-Mantel überzogen, das ist die so genannte »Isolierung«.

Problem: Falls ein Kabel mal eingeklemmt war oder an einem Bauteil gescheuert hat, ist meist die Isolierung beschädigt und die blanken Drähte sind zu sehen (Bild 7a). Wenn die innere Kupferleitung noch in der Gänze vorhanden und nicht durchgescheuert ist, muss man solche Stellen mit einem Isolierband abkleben, damit kein Kurzschluss entstehen kann, was wiederum zum Durchbrennen der Sicherung führen wird.

Lösung: Isolierband so weit um die Scheuerstelle herum kleben (Bild 7b), bis es ca. zwei Zentimeter davor und dahinter anliegt. Das Kabel ist jetzt geschützt, es kann kein Wasser eindringen und bei Kontakt zu einem Metallteil (Rahmen, Motor) keinen Kurzschluss auslösen.

Wichtig: Ursache der Beschädigung herausfinden und abstellen, denn der Einsatz von Isolierband ist keine Dauerlösung.

Defekten Schalter reparieren?

Wenn ein Grobmotoriker stark am Blockierflügel des Anlasserschalters dreht, kann dieser in zwei Teile zerbrechen (Kreis in Bild 11). Für den Schalter gibt es keine einzelnen Ersatzteile; ein neues Schalter-Oberteil (Bild 10) kostet rund 200 Euro.

Bild 11

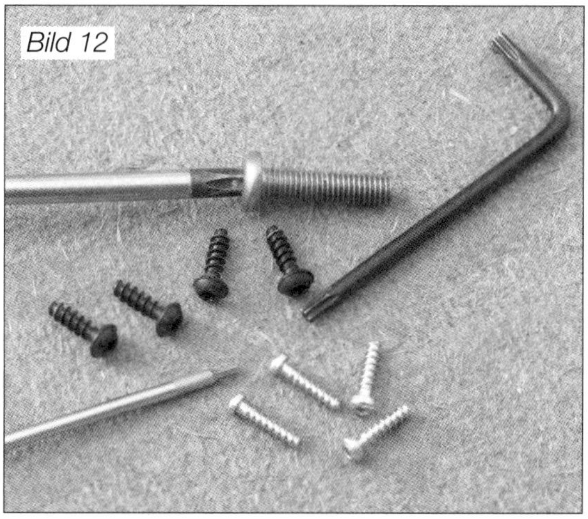
Bild 12

Bilder 11 und 12: Reparieren des rechten Lenkerschalters.

Generell gilt: Sämtliche Kunststoffteile in Schaltern vertragen keine ungewöhnlichen Drücke und keine »harte« Bedienung, dies gilt für neue wie auch für alte Schalter (die eventuell schon einmal einen groben Knuff abbekommen haben!).

Wichtig: Wenn ein Widerstand im Schalter spürbar ist, nicht grob weiterdrücken, sondern es nochmals mit viel Gefühl versuchen. Geht dies nicht und ist der Schalter offenbar kaputt, dann öffnen Sie ihn und suchen nach der Störung – vielleicht liegt ein kleiner Stein drin oder einige größere Sandkörner?

Zum Schrauben an den Schaltern brauchen Sie kleine Werkzeuge, diese gibt es in Modellbauläden (zur Sicherheit auch beim freundlichen BMW-Motorradhändler fragen). Und wenn Sie auf eine ganz große Reise in ein unbekanntes Land fahren, nehmen Sie diese Werkzeuge mit, denn manchmal muss man Schalter reparieren!

Elektronikbauteile

Teile der Motor- und Fahrzeugelektronik
In der folgenden Aufstellung sind die einzelnen Bauteile der Motor- und Fahrzeugelektronik aufgelistet, die in den verschiedenen Modellen zum Einsatz kommen:

- **Anlasser:** Links hinten unten am Motorgehäuse (alle Modelle, Bild 13).
- **Anlasserrelais:** Bei der R 1200 GS Modelljahre 2004 bis 2009 sitzt das Anlasserrelais unter dem Fahrersitz (Bild 54). Ab Mj. 2010 befindet es sich unter dem Steuergerät

Bilder 13 und 14: Im Lauftext sind die zu den Bildern gehörenden Teilebezeichnungen und Anbauorte nummeriert beschrieben.

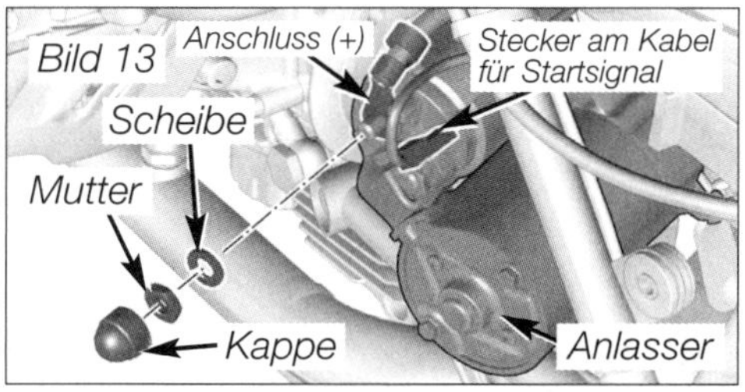

Bild 13

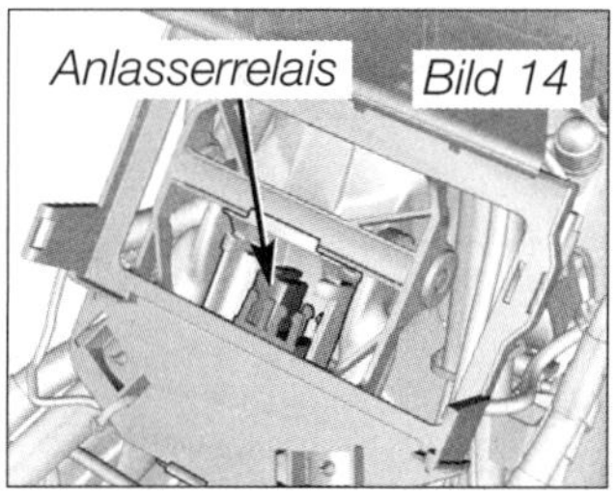

Bild 14

Wichtige Tipps zur elektrischen und elektronischen Fehlersuche

1. Jegliche elektrische und elektronische Störung hat ihre Ursache. Nach Praxiserfahrungen von Fachwerkstätten liegt dies meistens nicht an tatsächlich defekten Bauteilen, sondern zu mehr als 90 Prozent an Kontaktschwächen, die ausschließlich auf schlechte Kontakte in den Steckverbindungen zurückzuführen sind.
2. Wenn Sie ein Bauteil in Verdacht haben, ziehen Sie den betreffenden Stecker am Bauteil ab und kontrollieren diesen auf Korrosion, Nässe und Schmutz.
3. Zum Reinigen eines Steckers benutzen Sie eine Messingbürste mit sehr feinen Borsten oder eine harte (trockene!) Zahnbürste sowie Kontaktspray und Druckluft, die sehr »leicht«, zielgerichtet und sorgfältig angewendet werden muss.
3.1. Harte Korrosion mit einer kleinen Feile (»Schlüsselfeile«) entfernen.
4. Sorgen Sie jederzeit dafür, dass kein Kabel gequetscht oder geknickt am Fahrzeug montiert ist. Wenn Sie bei der Suche nach einem Problem auf ein solches Kabel stoßen, liegt der Fehler meist in einer fehlerhaften Montage. Zur Problembehebung müssen Sie in die BMW-Motorradwerkstatt gehen, denn nur unter Zuhilfenahme eines BMW-Werkstatt-Computers ist es möglich, gebrochene Kabel und/oder schadhafte Bauteile wie Stecker und Sensoren zu lokalisieren.
5. Ein defekter Kabelbaum kann mit entsprechenden Stoßverbindern aus dem BMW-Kabelbaum-Reparatursatz wieder in Ordnung gebracht werden (siehe Bilder 56 bis 60).
6. Wenn ein Kabelbaum ausgetauscht wird, muss mit dem BMW-Motorrad-Computersystem ein weiterer Check gemacht werden: Nur wenn der Computer sein OK signalisiert, ist wirklich alles ok.
7. Wichtig: Bei allen Arbeiten am elektronischen System muss die Zündung AUSgeschaltet sein. Zündschlüssel VOR jedem Arbeitsschritt abziehen!

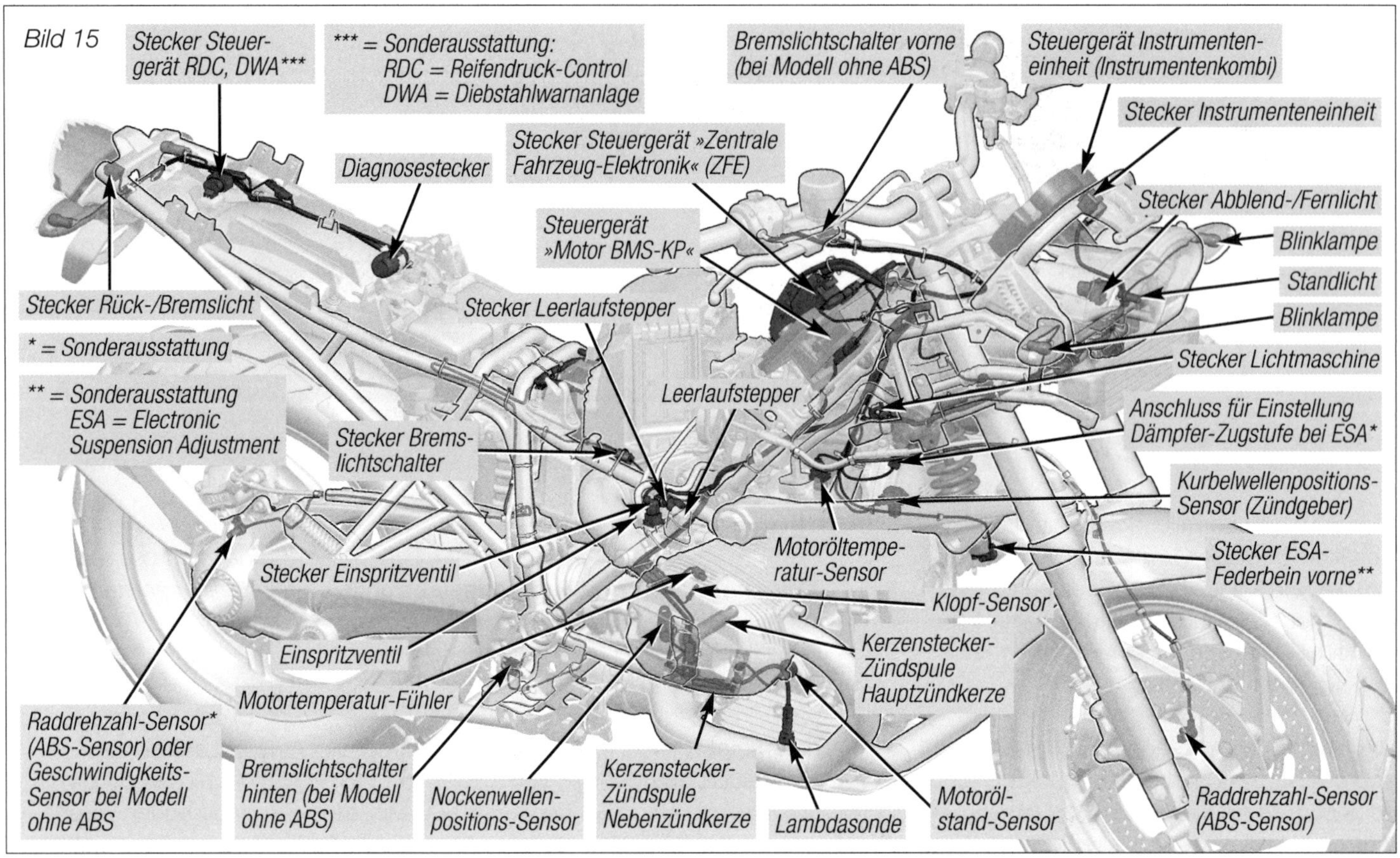
Bild 15
Stecker Steuergerät RDC, DWA***
*** = Sonderausstattung: RDC = Reifendruck-Control DWA = Diebstahlwarnanlage
Bremslichtschalter vorne (bei Modell ohne ABS)
Steuergerät Instrumenteneinheit (Instrumentenkombi)
Stecker Instrumenteneinheit
Diagnosestecker
Stecker Steuergerät »Zentrale Fahrzeug-Elektronik« (ZFE)
Stecker Abblend-/Fernlicht
Blinklampe
Steuergerät »Motor BMS-KP«
Standlicht
Stecker Rück-/Bremslicht
Stecker Leerlaufstepper
Blinklampe
* = Sonderausstattung
Stecker Lichtmaschine
** = Sonderausstattung ESA = Electronic Suspension Adjustment
Leerlaufstepper
Anschluss für Einstellung Dämpfer-Zugstufe bei ESA*
Stecker Bremslichtschalter
Kurbelwellenpositions-Sensor (Zündgeber)
Motoröltemperatur-Sensor
Stecker ESA-Federbein vorne**
Stecker Einspritzventil
Klopf-Sensor
Kerzenstecker-Zündspule Hauptzündkerze
Einspritzventil
Motortemperatur-Fühler
Raddrehzahl-Sensor* (ABS-Sensor) oder Geschwindigkeits-Sensor bei Modell ohne ABS
Bremslichtschalter hinten (bei Modell ohne ABS)
Nockenwellen-positions-Sensor
Kerzenstecker-Zündspule Nebenzündkerze
Lambdasonde
Motoröl-stand-Sensor
Raddrehzahl-Sensor (ABS-Sensor)

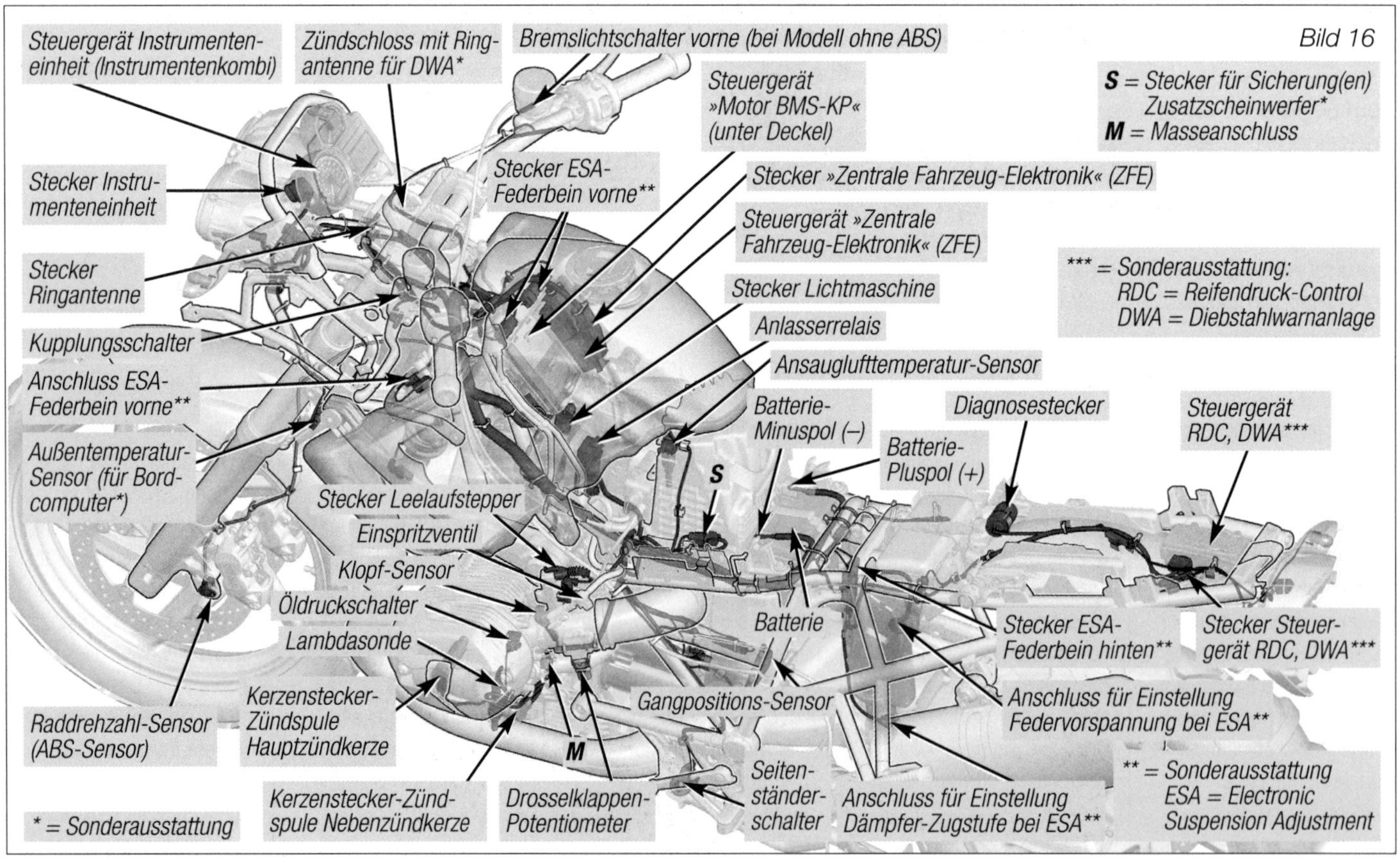
Steuergerät Instrumenteneinheit (Instrumentenkombi)
Zündschloss mit Ringantenne für DWA*
Bremslichtschalter vorne (bei Modell ohne ABS)
Bild 16
Steuergerät »Motor BMS-KP« (unter Deckel)
S = Stecker für Sicherung(en) Zusatzscheinwerfer*
M = Masseanschluss
Stecker Instrumenteneinheit
Stecker ESA-Federbein vorne**
Stecker »Zentrale Fahrzeug-Elektronik« (ZFE)
Steuergerät »Zentrale Fahrzeug-Elektronik« (ZFE)
Stecker Ringantenne
*** = Sonderausstattung: RDC = Reifendruck-Control DWA = Diebstahlwarnanlage
Stecker Lichtmaschine
Kupplungsschalter
Anlasserrelais
Anschluss ESA-Federbein vorne**
Ansauglufttemperatur-Sensor
Batterie-Minuspol (–)
Diagnosestecker
Steuergerät RDC, DWA***
Außentemperatur-Sensor (für Bordcomputer*)
Batterie-Pluspol (+)
S
Stecker Leelaufstepper
Einspritzventil
Klopf-Sensor
Öldruckschalter
Batterie
Stecker ESA-Federbein hinten**
Stecker Steuergerät RDC, DWA***
Lambdasonde
Kerzenstecker-Zündspule Hauptzündkerze
Gangpositions-Sensor
Anschluss für Einstellung Federvorspannung bei ESA**
Raddrehzahl-Sensor (ABS-Sensor)
M
** = Sonderausstattung ESA = Electronic Suspension Adjustment
Seitenständerschalter
Kerzenstecker-Zündspule Nebenzündkerze
Drosselklappen-Potentiometer
Anschluss für Einstellung Dämpfer-Zugstufe bei ESA**
* = Sonderausstattung

»Motor BMS-KP« (R 1200 GS, Bild 14).

- **Ansauglufttemperatur-Sensor (Lufttemperaturfühler):** Oben im Luftfilterkasten (R 1200 GS, Bild 17).
- **Ansaugluftdruck-Sensor:** kein einzelnes Bauteil, sondern im Motorsteuergerät integriert (R 1200 GS Mj. 2004 bis Mj. 2009)
- **Außentemperatur-Sensor:** Sitzt vorne links unter Halterung der Verkleidung (R 1200 GS, Option, Bild 18).
- **Batterie:** Sitzt hinten, unter dem Tank im Rahmen (alle Modelle, Bild 19).
- **Benzinpumpe:** In den Tank eingebaut (alle Modelle, Bild 20).
- **Benzinstand-Sensor:** In Benzinpumpe oder am Benzineinfüllstutzen (alle Modelle, Bild 21).
- **Bremslichtschalter:** Bei Maschinen ohne ABS ist ein Bremslichtschalter an der Handbremsarmatur angebracht (Bild 22a) und ein weiterer an der Fußbremsarmatur (alle Modelle ohne ABS, Bild 22b). **Wichtig zu wissen:** Bei Maschinen mit ABS sind keine Bremslichtschalter eingebaut; stattdessen wird das Aufleuchten des Bremslichts über Drucksensoren gesteuert; diese sind im Ventilblock des ABS-Steuergeräts eingebaut.
- **Diagnosestecker:** Sitzt auf dem Hinterradkotflügel, daran wird das BMW-Motorrad-Diagnosesystem angesteckt (R 1200 GS, Bilder 23a und 23b).
- **Drosselklappen-Potentiometer (Drosselklappenpositions-Sensor):** Ist am linken Drosselklappengehäuse links außen angebaut (alle Modelle, Bilder 24 und 25).

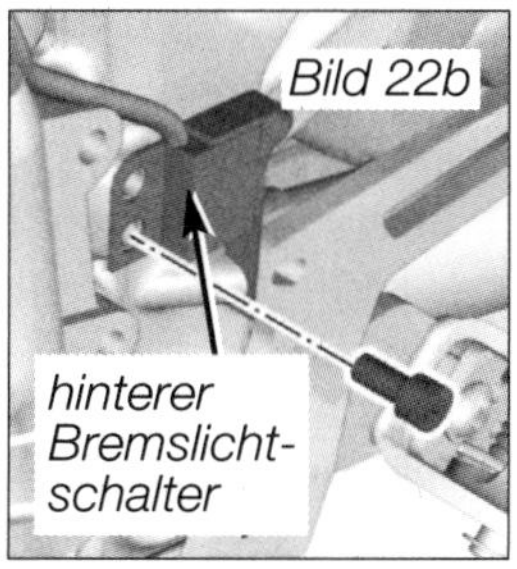

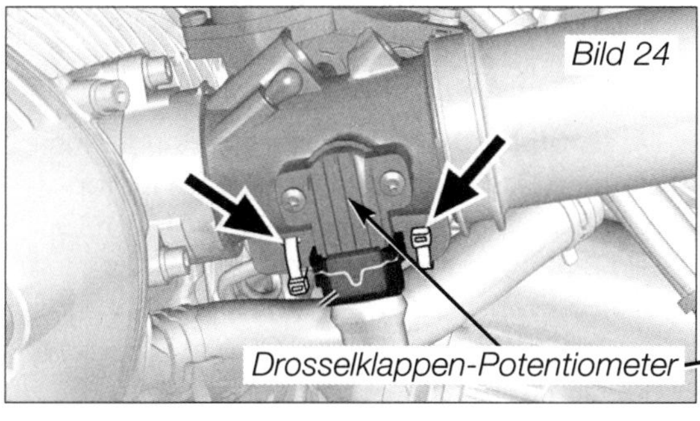

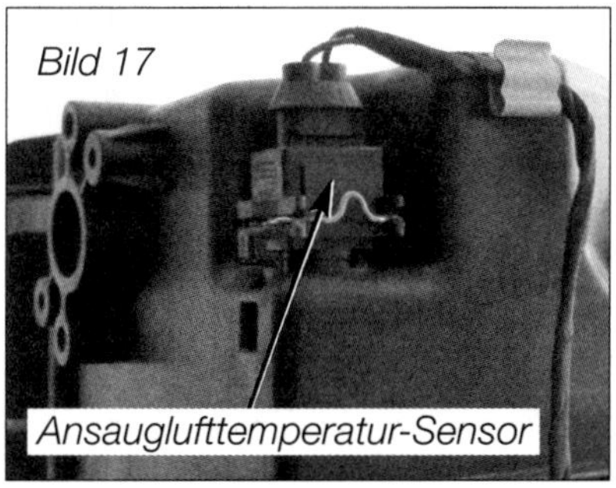

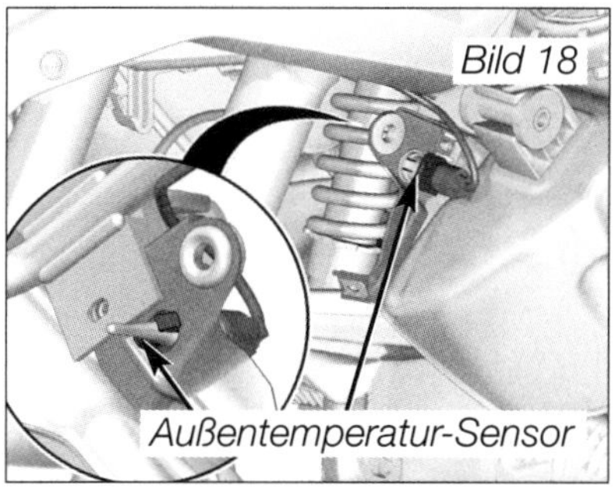

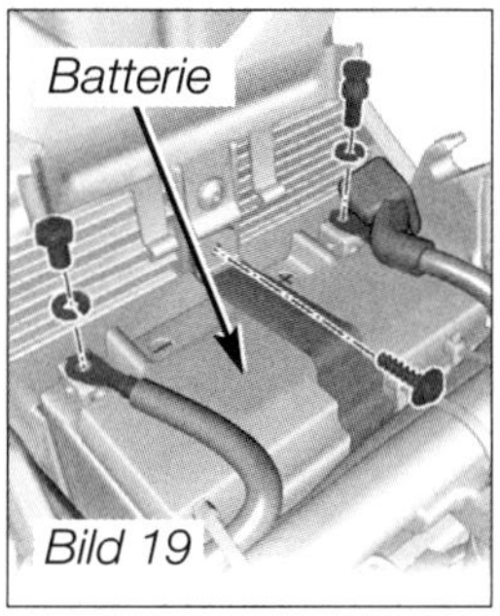

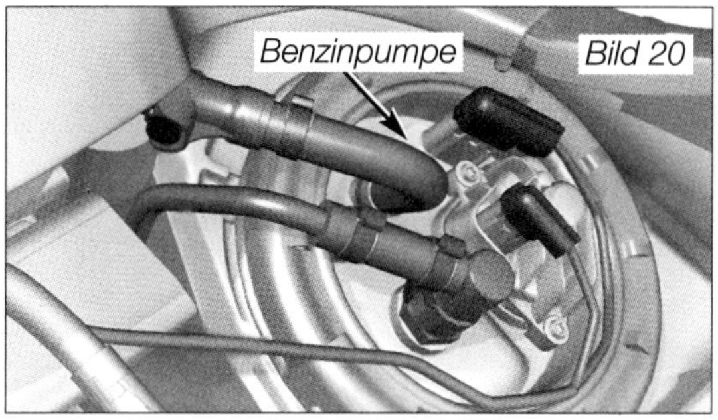

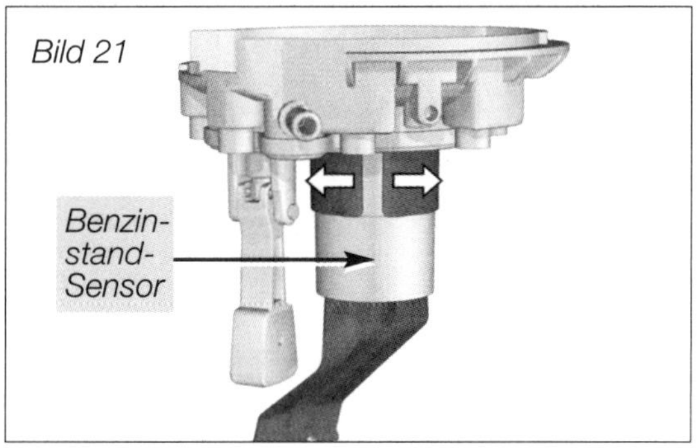

Bilder 15 und 16 auf der linken Seite: Phantombilder mit Übersicht und Einbaulage wichtiger Bauteile am Beispiel der R 1200 GS.

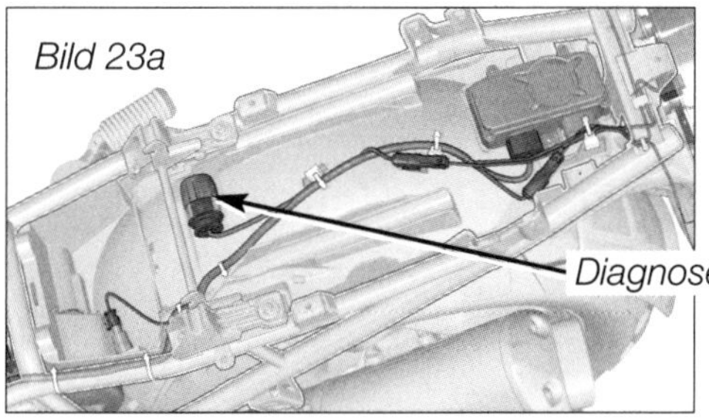

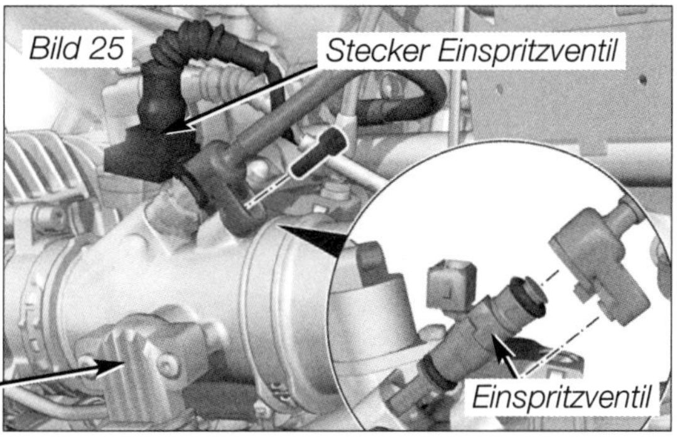

Bilder 17 bis 25: Im Lauftext sind die zu den Bildern gehörenden Teilebezeichnungen und Anbauorte nummeriert beschrieben.

- *Fette Pfeile in Bild 24 zeigen auf Kabelbinder.*

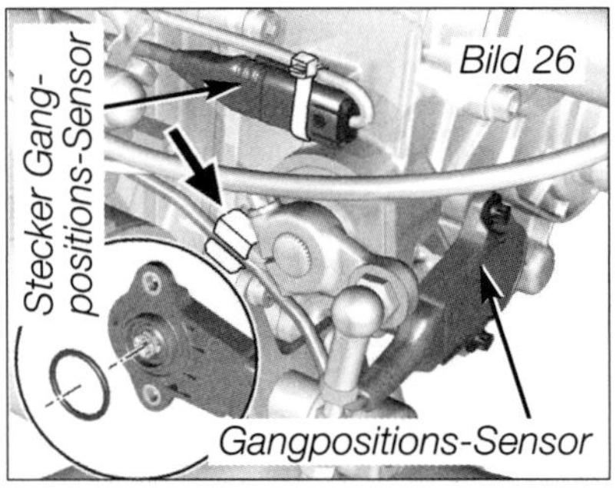

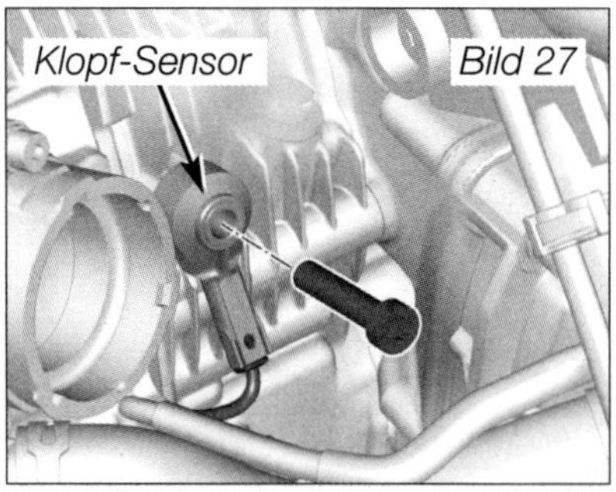

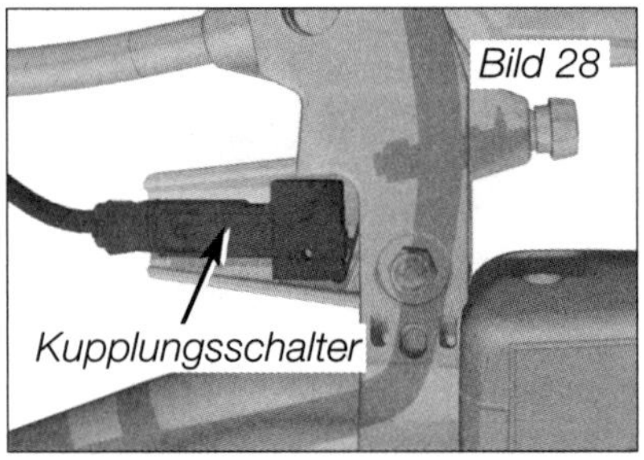

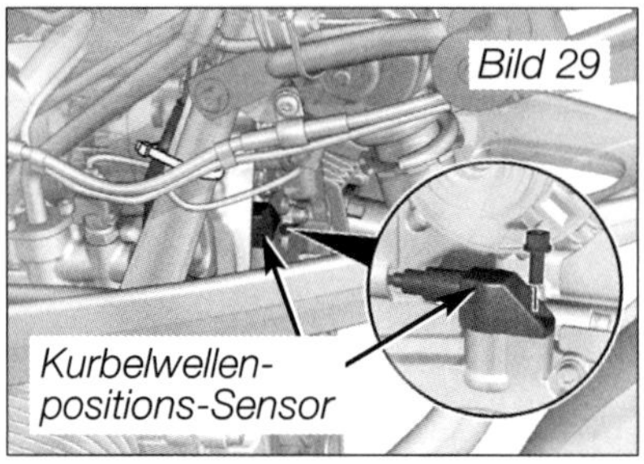

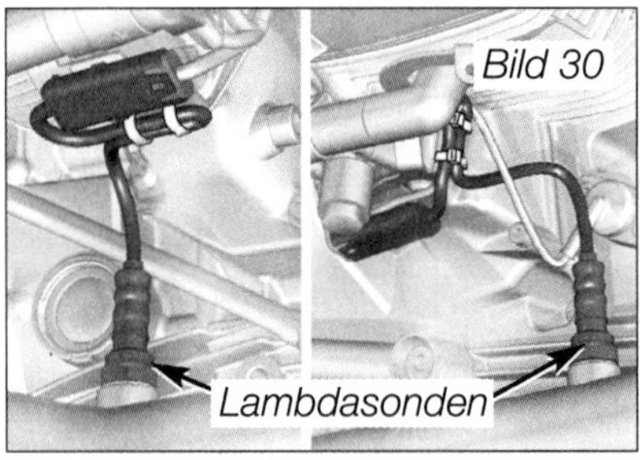

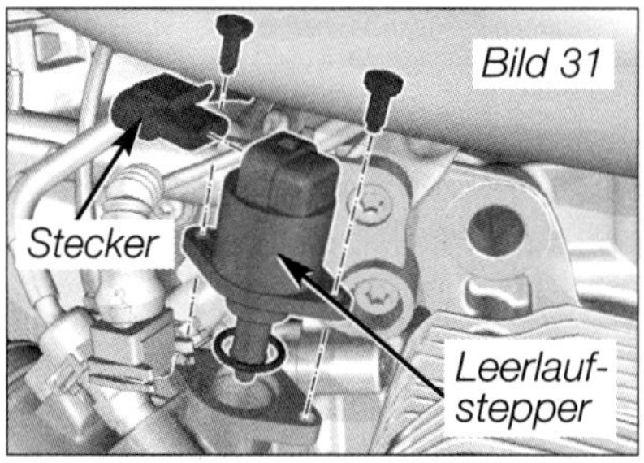

Bilder 26 bis 33b: Im Lauftext sind die zu den Bildern gehörenden Teilebezeichnungen und Anbauorte nummeriert beschrieben.

■ Fetter Pfeil in Bild 26 zeigt auf Kabelklammer.

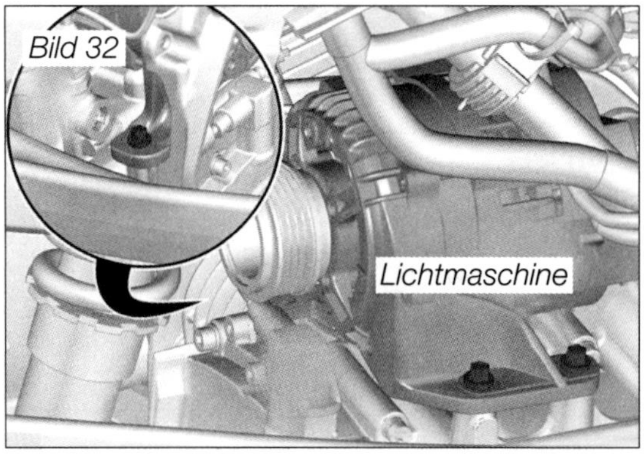

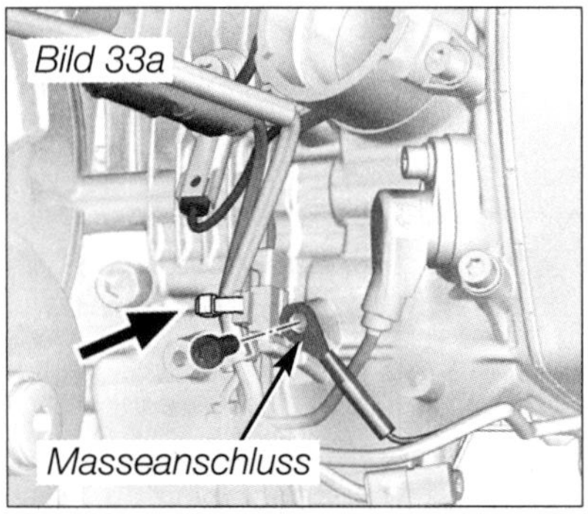

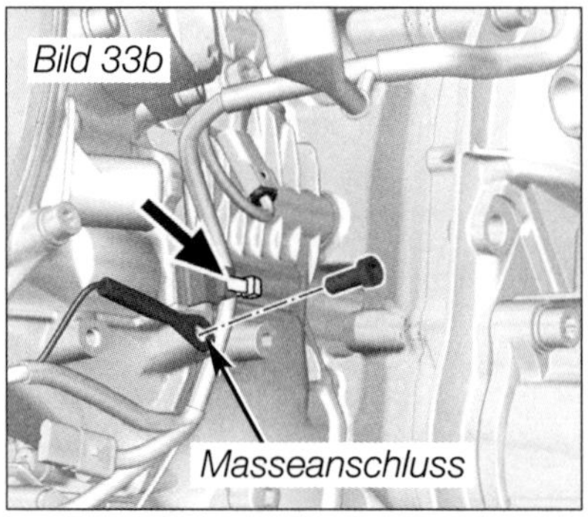

- **Einspritzventile:** Je eines rechts und links oben im Drosselklappengehäuse eingebaut (Bild 25).
- **Elektronische Wegfahrsperre (EWS):** Beim Einschalten der Zündung kommuniziert ein Chip im Schlüssel über die im Zündschloss integrierte Ringantenne (Bild 50) mit der EWS, die im Steuergerät »Motor BMS-KP« untergebracht ist (R 1200 GS ab Mj. 2010).
- **Gangpositions-Sensor (Ganganzeige, Getriebepotentiometer):** Hinten am Getriebegehäuse. Er meldet den eingelegten Gang an die Fahrzeugelektronik, durch ihn werden im Cockpit »N« (»Neutral« für Leerlauf) und Ganganzeige geschaltet (alle Modelle, Bild 26).
- **Klopf-Sensoren:** Hinten am Zylinderkopf neben dem Ansaugstutzen (R 1200 GS, Bild 27).
- **Kupplungsschalter:** Sitzt an der Kupplungshebelarmatur (alle Modelle, Bild 28).
- **Kurbelwellenpositions-Sensor (OT-Sensor, Zündgeber):** Vorne oben am Motorgehäuse (alle Modelle, Bild 29).
- **Lambdasonde(n):** In jedem Auspuffkrümmer eine rechts und links neben dem Motor (R 1200 GS, Bild 30). Eine im Auspuffsammler bzw. Vorschalldämpfer (R 1150 GS).
- **Leerlaufstepper (Leerlaufsteller, Kaltlauf-Anreicherung oder Kaltlauf-Drehzahlanhebung):** Je einer im linken und rechten Drosselklappengehäuse eingebaut, sie regeln den Leerlauf (R 1200 GS, Bild 31).
- **Lichtmaschine (Stromgenerator) mit eingebautem Regler:** Denso Dreiphasen-Wechselstromgenerator mit integriertem vollelektronischem Regler. Die Lichtmaschine sitzt vorne oben auf dem Motor (R 1200 GS, Bild 32).
- **Masseanschluss/-kabel:** Am rechten und linken Zylinderkopf unter den Ansaugstutzen (R 1200 GS, Bilder 33a und 33b). Weiteres Massekabel wird auf Oberseite des Motors links hinter der Lichtmaschine mit M6-Inbusschraube befestigt. Batteriemassekabel (alle Modelle) und Getriebemassekabel (R 1150 GS).
- **Motorstoppschalter (»Killschalter«):** Sitzt an der rechten Lenkerarmatur beim Anlasserknopf (alle Modelle).
- **Motorölstand-Sensor:** Nur bei Sonderausstattung Bordcomputer. Rechts am Motorgehäuse unter rechtem Zylinder (R 1200 GS, Bild 34).
- **Motoröltemperatur-Sensor:** Rechts oben am Motorgehäuse (R 1200 GS, Bild 35) neben der Lichtmaschine (»Stromgenerator«).

- **Motortemperatur-Fühler (Zylinderkopftemperatur-Sensor):** Am rechten Zylinderkopf bei Ansaugstutzen oberhalb Nockenwellenpositions-Sensor (R 1200 GS, Bild 36).
- **Nockenwellenpositions-Sensor (Drehzahlgeber Nockenwelle):** Rechts hinten am Zylinderkopf unterhalb des Ansaugstutzens in der Nockenwellenabdeckung (R 1200 GS, Bild 37).
- **Öldruckschalter:** Links am Motorgehäuse oberhalb des Ölschauglases (alle Modelle, Bild 38).
- **Raddrehzahl-Sensor (ABS-Sensor)** bzw. **Geschwindigkeits-Sensor:** Bei Maschinen ohne ABS nimmt der im Hinterachsgehäuse eingebaute Geschwindigkeits-Sensor die Raddrehzahl auf, die dann entsprechend umgewandelt wird und die Bewegung des Zeigers im Tacho bewirkt. Bei Maschinen mit ABS fungiert der hintere Sensor noch als **ABS-Sensor** (Bild 39b), ein weiterer ist am ABS-Vorderrad eingebaut (Bild 39a). Wenn die Maschine mit einer »Antischlupf-Regelung« (»Enduro ASC – Automatic Stability Control«) ausgerüstet ist, übernimmt der hintere ABS-Sensor auch die Datenlieferung an die ASC-Regeleinheit.
- **Reifendruck-Control-Sensor (RDC)** als Sonderausstattung (R 1200 GS ab Mj. 2010): In Vorder- und Hinterrad bzw. der Felge eingebaute Sensoren zur Kontrolle des Reifenluftdrucks (Bild 40).
- **Scheinwerferrelais:** Relais siehe grauer Textkasten am Anfang dieses Kapitels, sonst nur bei Sonderausstattung Zusatzscheinwerfer, unter dem Steuergerät »Motor BMS-KP« (R 1200 GS ab Mj. 2010, Bild 41).
- **Seitenständerschalter:** Befindet sich am Seitenständer (alle Modelle, Bild 42).
- **Sicherungen:** Siehe Kapitelabsatz weiter oben, sonst nur bei Sonderausstattung Zusatzscheinwerfer, linker Kabelbaum bei Luftfilter (R 1200 GS ab Mj. 2010, Bild 48).
- **Steuergerät ABS (Druckmodulator):** Unter dem Tank angebracht (Bilder 43a und 43b).
- **Steuergerät Instrumenteneinheit:** Die Instrumenteneinheit (R 1200 GS, Bild 44) fungiert ebenfalls als Steuergerät. Der Stecker sitzt auf der Rückseite des Gehäuses, in Fahrtrichtung gesehen vorne. Der »Bordcomputer« ist als Sonderausstattung erhältlich.
- **Steuergerät RDC (Reifendruck-Control)** und **DWA (Diebstahlwarnanlage)**, jeweils als Sonderausstattung (R 1200 GS ab Mj. 2010): Unter Soziussitz im Heckrahmen (Bild 45).

Bilder 34 bis 42: Im Lauftext sind die zu den Bildern gehörenden Teilebezeichnungen und Anbauorte nummeriert beschrieben.

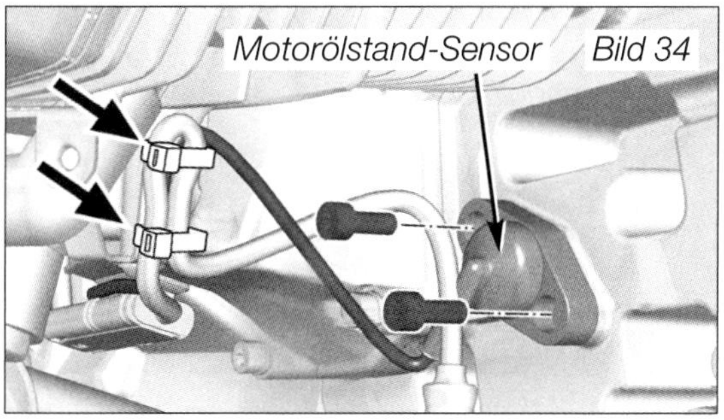

Bild 34

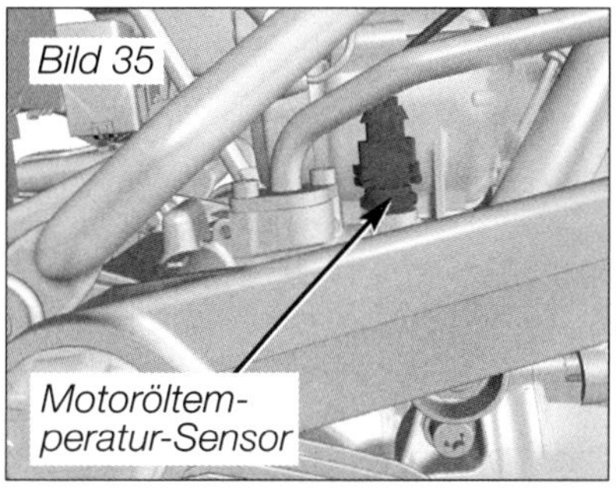

Bild 35

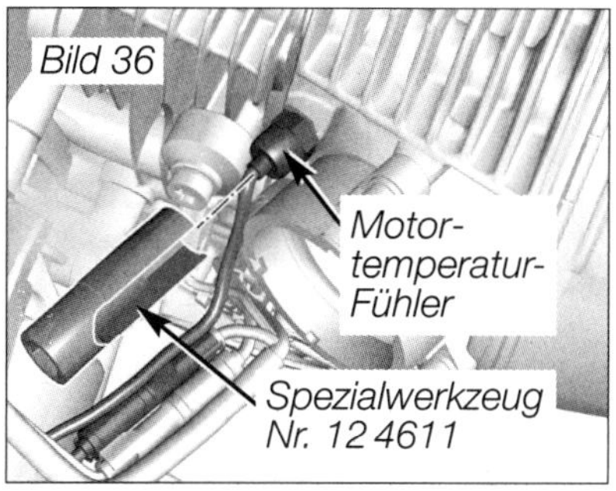

Bild 36

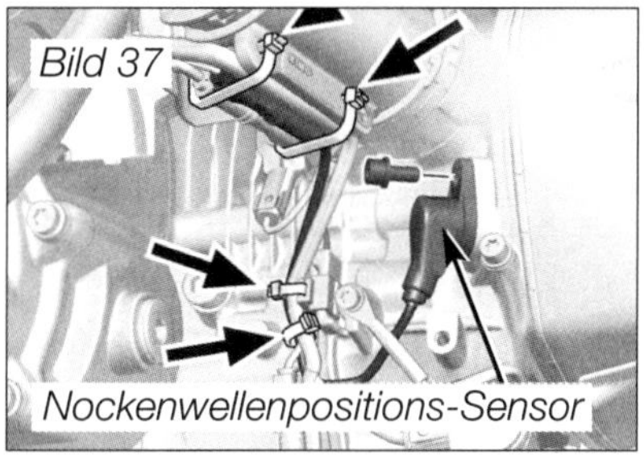

Bild 37

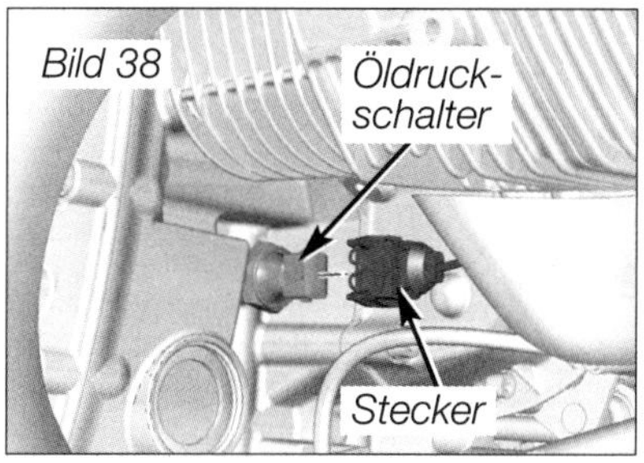

Bild 38

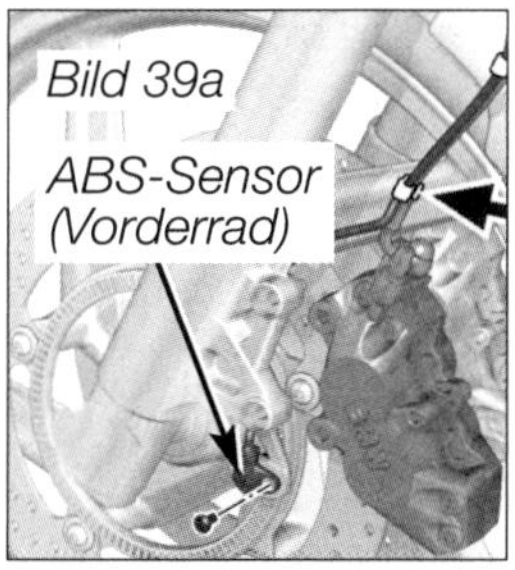

Bild 39a

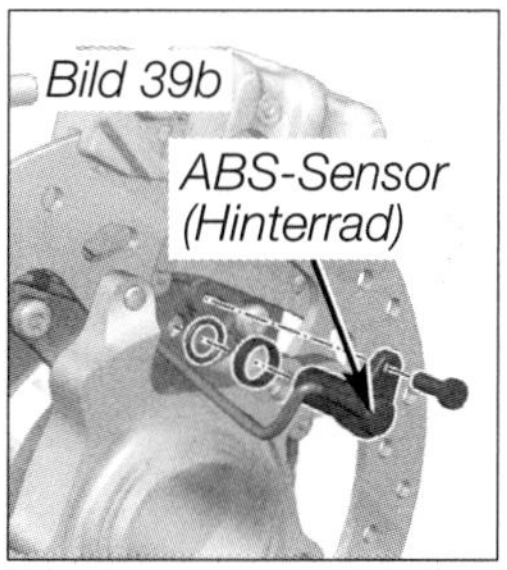

Bild 39b

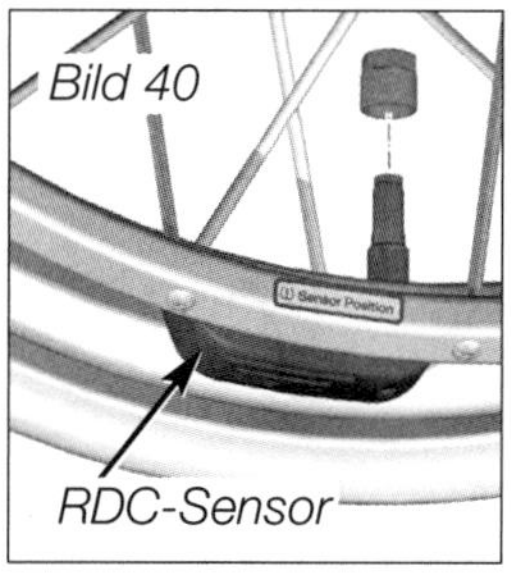

Bild 40

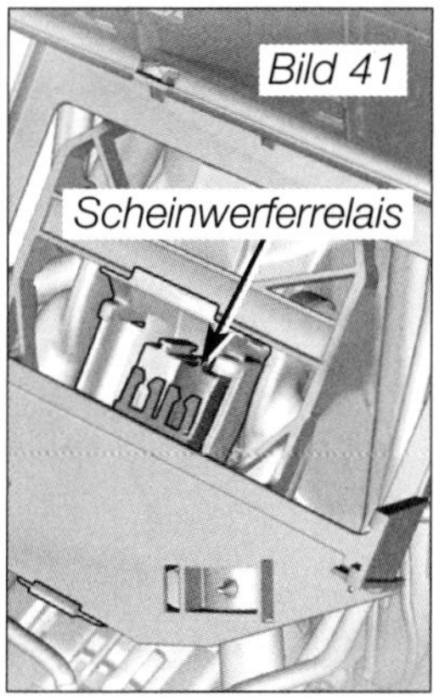

Bild 41

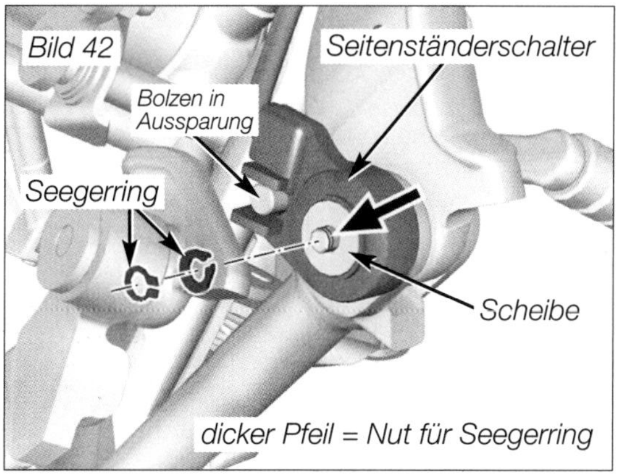

Bild 42

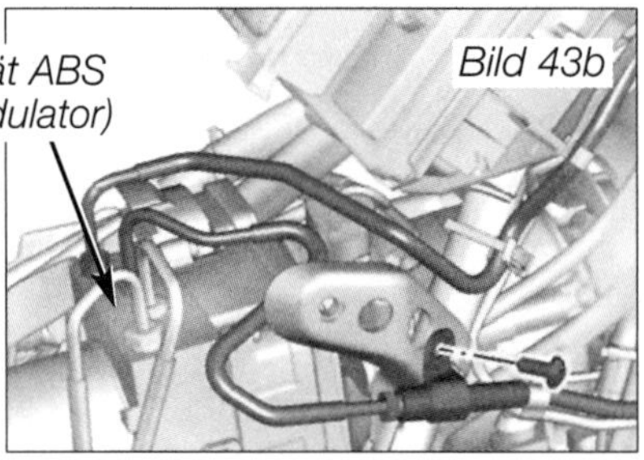

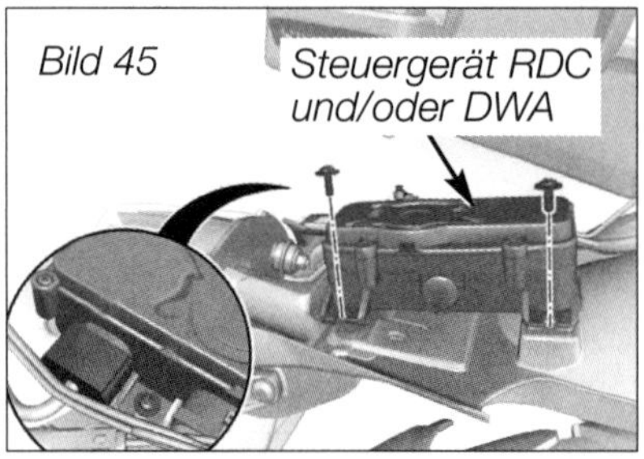

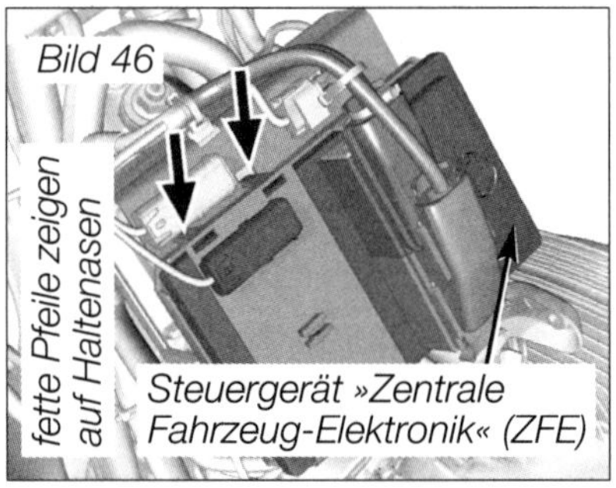

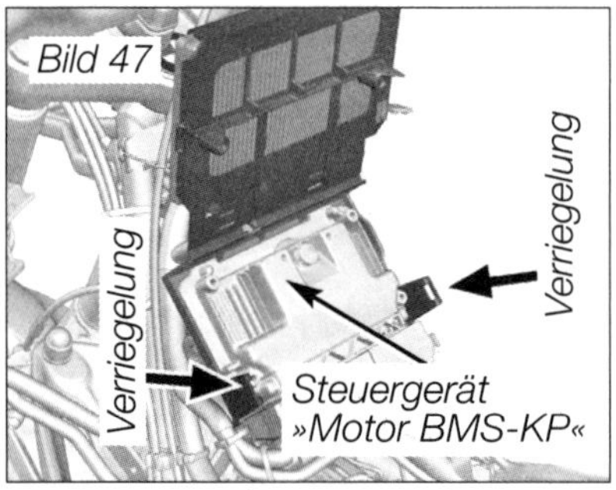

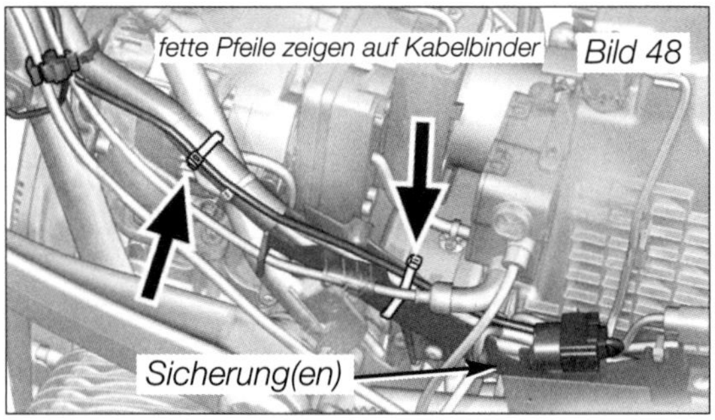

Bilder 43a bis 51b: Im Lauftext sind die zu den Bildern gehörenden Teilebezeichnungen und Anbauorte nummeriert beschrieben.

- **Steuergeräte »Zentrale Fahrzeug-Elektronik« (ZFE) und »Motor BMS-KP«(R 1200 GS):** Beide sitzen zusammen unter dem Tank auf der Rahmenstütze. Das Steuergerät für die Motorelektronik (Steuergerät »Motor BMS-KP«, Bild 47) ist unter dem Steuergerät »Zentrale Fahrzeug-Elektronik« (Bild 46) angebracht.
- **Umgebungsluftdruck-Sensor:** In das Steuergerät »Zentrale Fahrzeug-Elektronik« (ZFE) eingebaut (R 1200 GS ab Mj. 2010, Bild 49).
- **Zündauslösung:** Vom Nockenwellen- und Kurbelwellenpositions-Sensor empfängt das Steuergerät »Motor BMS-KP« entsprechende Signale und bestimmt dann, in welchem Zylinder wann gezündet wird.
- **Zündung:** Elektronische Kennfeldzündung, in Motorsteuerung integriert.
- **Zündschloss mit Ringantenne:** Die Stecker sitzen unter der vorderen Abdeckung des Zündschlosses (Bild 50).
- **Zündkerzen R 1200 GS ab Mj. 2010:** Haupt- und Nebenzündkerze NGK MAR8B-JDS, Gewinde M10 x 1, Elektrodenabstand 0,8 mm (± 0,1 mm), Verschleißgrenze 1,0 mm (Bilder 51a und 51b).
- **Zündkerzen R 1200 GS ab Mj. 2004 bis 2009:** Haupt- und Nebenzündkerzen Bosch YR5LDE oder NGK DCPR8EKC, Gewinde M12x1,25, Elektrodenabstand 0,8 mm (± 0,1 mm), Verschleißgrenze 1,0 mm.
- Ausnahmen: Für die R 1200 GS und die R 1200 GS Adventure ab Mj. 2008 wird nur die Zündkerze NGK DCPR8EKC empfohlen.
- **Zündkerzen R 1100 GS, R 850 GS:** Bosch FR6DDC oder NGK BKR7EKC
- **Zündkerzen R 1150 GS bis 10/2002:** NGK BKR7EKC

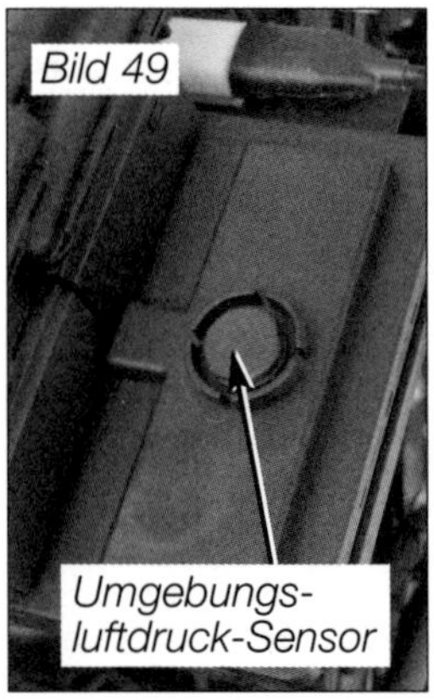

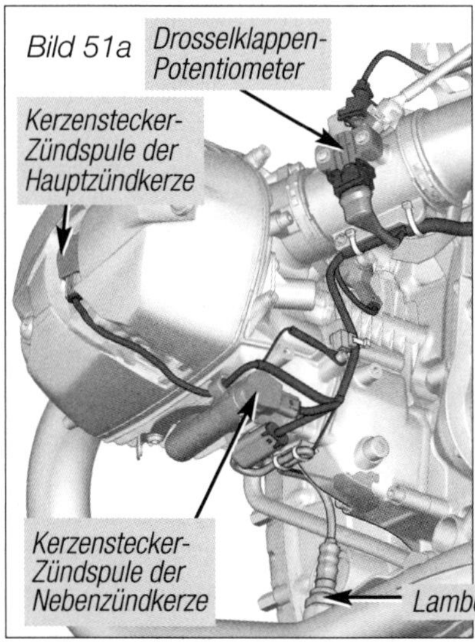

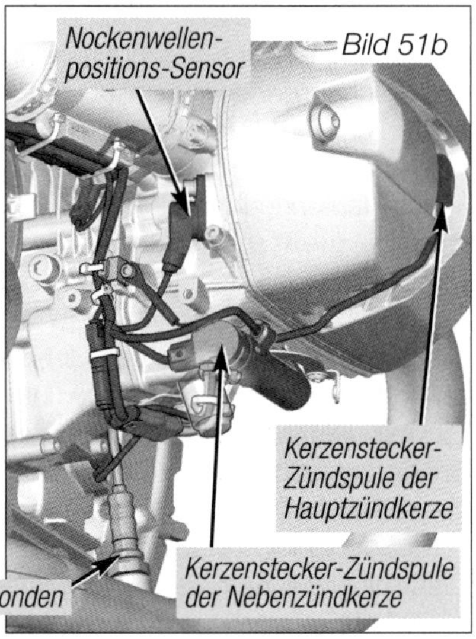

- **Zündkerzen R 1150 GS ab 11/2002:** NGK BKR7EKC oder NGK YR6LDE, oder als Nebenzündkerze NGK DCPR8EKC oder Bosch YR6LDE.
- **Zündspulen R 1200 GS: Hauptzündspulen** »BREMI-Kerzenschachtzündspule« (Bilder 51a und 51b). **Nebenzündspulen** »BREMI-Winkelzündspule« (Bilder 51a und 51b).
- **Hauptzündspulen Service-Anmerkung:** Primärwiderstand 0,87 Ω zwischen Klemme 15 und 1 (in kaltem Zustand), Sekundärwiderstand 6,0 kΩ zwischen Klemme 4a und 4b (in kaltem Zustand).
- **Nebenzündspulen Service-Anmerkung:** Primärwiderstand 0,87 Ω zwischen Klemme 15 und 1 (in kaltem Zustand), Sekundärwiderstand 6,0 kΩ zwischen Klemme 4a und 4b (in kaltem Zustand).

Fahrzeugelektronik R 1200 GS

SWS und CAN-Bus: Das elektrische Bordnetz der R 1200 GS ist ein Single-Wire-System (SWS), ein Daten-Vernetzungskonzept, das unter Einsatz von Elektronik und der so genannten CAN-Bus-Technologie (Controller Area Network) die Steuergeräte im Fahrzeug miteinander verbindet. Dieses Netz bietet bei erheblich reduziertem Kabelaufwand einen stark erweiterten Funktionsumfang gegenüber herkömmlichen Bordnetzen. Informationen werden in diesem Netz nur noch über einen Pfad (daher »single-wire«) übertragen. Dieser Pfad ist zur Sicherheit als Zweileitungssystem ausgeführt, deren Litzen miteinander verdrillt sind.

Bus-Technologie: Der Name »Bus-Technologie« kommt daher, dass die Steuergeräte, die an die CAN-Bus-Leitung angeschlossen sind, wie Bushaltestellen an einer Buslinie nacheinander liegen. Im CAN-Bus-System kann stets nur ein Steuergerät senden. Die anderen Steuergeräte sind in diesem Moment auf Empfangsmodus. Denn Daten lassen sich im digitalen Bus »bidirektional«, also in beiden Richtungen, austauschen.

Identifier: Bei der Can-Bus-Datenübertragung werden keine Empfänger adressiert, sondern der Inhalt einer Nachricht, wie z. B. Motordrehzahl oder Motortemperatur, wird durch einen netzweit eindeutigen Identifier gekennzeichnet. Bei diesen Identifiers handelt es sich um Zahlenschlüssel, die von den empfangenden Steuergeräten erkannt und zugeordnet werden können. Diejenigen Steuergeräte, für die diese Daten relevant sind, verarbeiten die bereitgestellten Nachrichten. Sind dagegen Nachrichten nicht relevant, werden sie vom empfangenden Steuergerät nicht beachtet.

Echtzeit: Um Daten in Echtzeit verarbeiten zu können, müssen sie schnell übertragen werden. Dies setzt einerseits eine physikalische Datenübertragungsrate mit 500 Kilobites pro Sekunde voraus, andererseits aber auch eine rasche Bus-Zuteilung, sofern mehrere Stationen gleichzeitig Daten übertragen wollen. Bei der Echtzeit-Verarbeitung können die Dringlichkeiten von Informationen, die über den Bus ausgetauscht werden, sehr unterschiedlich sein: Eine sich schnell ändernde Größe, wie z. B. die Motordrehzahl, muss häufiger und deshalb mit geringerer Verzögerung übertragen werden, als eine andere, sich weniger rasch ändernde Größe, z. B. die Motortemperatur. Die Priorität, mit der eine dringliche Botschaft vor einer anderen, weniger dringlichen übertragen wird, ist ebenfalls durch den Identifier der jeweiligen Botschaft festgelegt. Sicherheitsrelevanten Signalen wird eine höhere Priorität eingeräumt als weniger wichtigen Signalen (»priorisiert«).

Alle aufgelaufenen Übertragungsanforderungen werden in der Reihenfolge der Wichtigkeit, die sie für das Gesamtsystem darstellen, abgearbeitet. Dabei wird die vorhandene Übertragungskapazität für die zu übertragenden Nutzdaten in effizienter Weise genutzt, da zeitliche Lücken bei der Bus-Vergabe sehr klein gehalten werden können. Ein Kollaps aufgrund von Überlastung ist bei CAN ausgeschlossen. CAN erlaubt somit die Realisierung eines schnellen, bedarfsabhängigen Bus-Zugriffs. Bei einer Übertragungsgeschwindigkeit von 500 Kbits/s auf dem CAN-Bus können um die 4500 Nachrichtentelegramme pro Sekunde übertragen werden.

Neben der Funktionsvielfalt sind Gewichtseinsparungen beim Kabelbaum, Störsicherheit und volle Diagnosefähigkeit die wesentlichen Vorzüge dieser Kombination von Elektrik und Elektronik. Möglichkeiten zu einer flexiblen Systemerweiterung bestehen teilweise schon durch einfache Neuprogrammierung (»update«), die jedoch ausschließlich beim BMW-Motorradhändler durchgeführt werden kann.

Leitungspfad: Im Grundprinzip sind bei der CAN-Bus-Technologie alle Steuergeräte, Sensoren und Verbraucher über einen einzigen, gemeinsamen Leitungspfad zu einem Netz zusammengeschal-

Sichtprüfung Messen

Bild 52a
Steuergerät Instrumenteneinheit

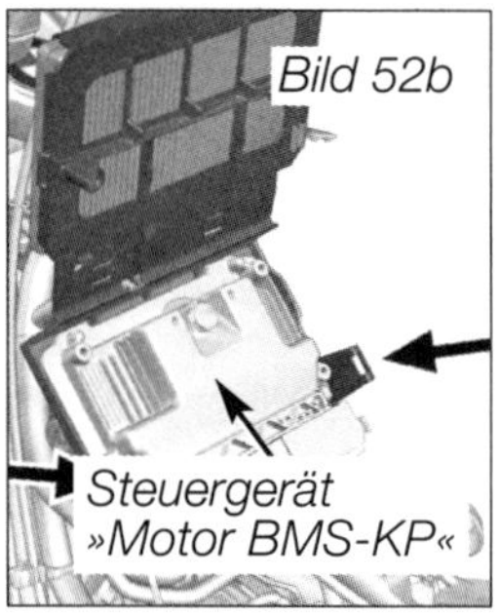
Bild 52b
Steuergerät »Motor BMS-KP«

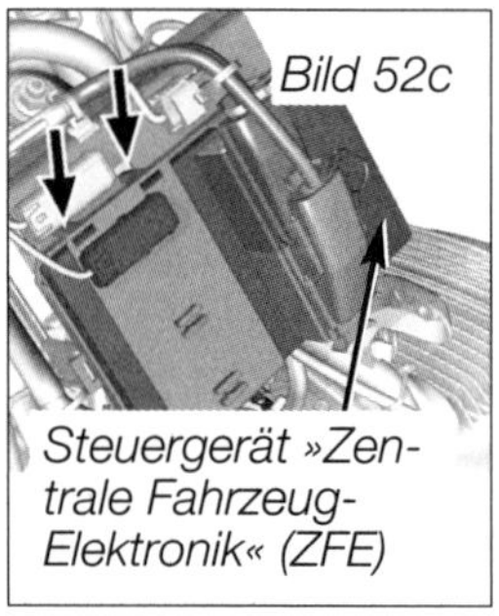
Bild 52c
Steuergerät »Zentrale Fahrzeug-Elektronik« (ZFE)

tet, durch das alle Signale unabhängig von ihrer späteren Funktion laufen. In diesem Netz stehen damit sämtliche Informationen für alle angeschlossenen Komponenten immer zur Verfügung.

Die Signalzuordnung und gezielte Weiterleitung an die Verbraucher erfolgt an Knotenpunkten in der Elektronik eines jeweiligen Steuergerätes. Dort werden die Signale (beziehungsweise die Informationen) verarbeitet und danach die gewünschten Funktionen im Verbraucher angesteuert. Die aufwändige Verkabelung jeder Einzelfunktion mit einer eigenen Leitung entfällt also. Damit reduzieren sich auch potentielle Fehlerquellen herkömmlicher Bordnetze aufgrund ihrer Leitungsvielfalt: wichtiger Faktor für hohe Zuverlässigkeit.

Steuergeräte

Insgesamt hat die R 1200 GS drei Steuergeräte:

- Bild 52a: Die Instrumentenkombination hat die Funktion eines Steuergerätes. In ihr sind, ebenso wie in der »Zentralen Fahrzeug-Elektronik« (ZFE), die zum Fahrzeug gehörende Daten hinterlegt, wodurch eine Identifikation der zum Fahrzeug gehörenden Steuergeräte erfolgt.
- Bild 52b: Das Steuergerät »Motor BMS-KP« (»Motorsteuergerät«) ist nicht nur für die Motorsteuerung zuständig, es übergibt auch sämtliche Daten an die zentrale Diagnose.
- Bild 52c: Das Steuergerät der »Zentralen Fahrzeug-Elektronik« (ZFE) ist für die Steuerung der nicht-motorspezifischen Elektrik zuständig, wie z. B. Licht, Blinker und Hupe.

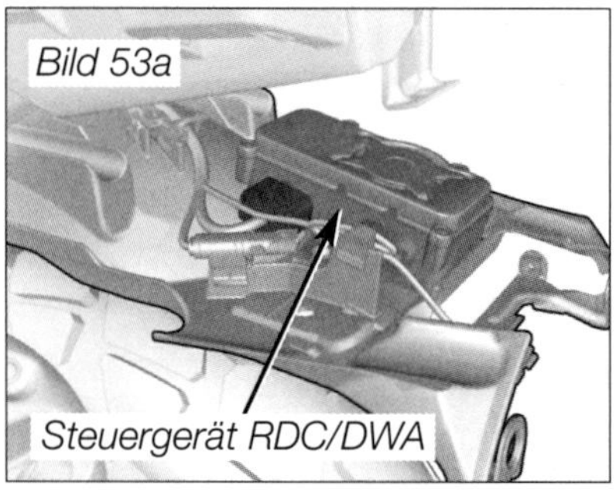
Bild 53a
Steuergerät RDC/DWA

Bild 53b
Batterien in Steuergerät RDC/DWA

Bilder 52a bis 53: Siehe Lauftext.

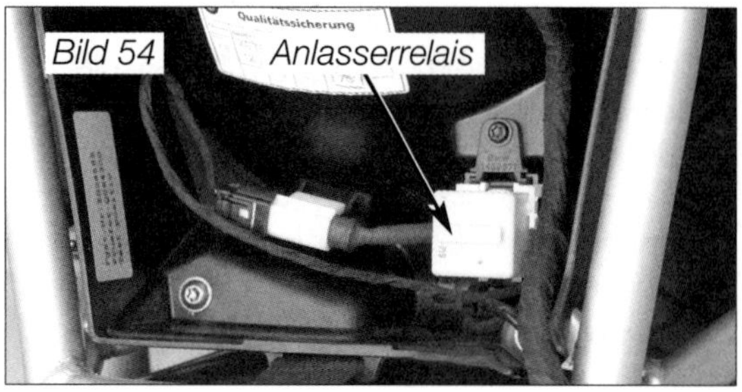

Bild 54

Bild 54: Das Anlasser-Relais sitzt im Kasten unter dem Fahrersitz.

ABS, DWA: Wenn die R 1200 GS mit Zubehörausstattungen **ABS** (**A**nti-**B**lockier-**S**ystem) und **DWA** (**D**iebstahl**wa**rn**a**nlage) ausgerüstet ist, sind deren Steuergeräte ebenfalls in das Netz eingebunden: Das ABS hat ein eigenes Steuergerät (»ABS-Druckmodulator«, Bilder 43a und 43b), auch die DWA ist in einem separaten Steuergerät untergebracht (Bilder 53a).

Batterien im DWA: Im Steuergerät DWA sind zwei 3-Volt-Batterien (»CR123A Lithium«, Bild 53b) eingesetzt; sie haben eine Lebensdauer von 2 bis 5 Jahren. Wenn ihre Spannung zur Neige geht, wird dies im Display der Instrumentenkombination angezeigt. Dann müssen neue Batterien eingebaut werden.

Wichtig: Wenn Sie neue Batterien einbauen, dann bauen Sie nur originale BMW-Ersatzteilbatterien ein (»CR123A Lithium«), keine Billig-Batterien aus dem Supermarkt und auch keine Akkus aus dem Fotofachgeschäft.

Alle Steuergeräte stehen untereinander in einem Verbund, sie können miteinander kommunizieren und bidirektional Daten austauschen. Eine einfache und umfassende Diagnose des Gesamtsystems wird somit zentral durchgeführt. Die Elektronik filtert durch entsprechende Programmierung unwichtige Daten und Störsignale innerhalb einer definierten Toleranz aus, was die Unempfindlichkeit zum Beispiel gegen elektromagnetische Einstreuungen erhöht.

Keine Schmelzsicherungen: Das gesamte Bordnetz hat serienmäßig keine der sonst bei Motorrädern eingebauten Schmelzsicherungen. Bei Kurzschluss oder Fehlfunktion schaltet die Elektronik die betreffende Funktion einfach ab. Der Fehler muss dann beim BMW-Händler mit dem BMW-Motorrad-Diagnosesystem geortet (und behoben!) werden.

Bei einer bestimmten Störung sind die anderen Funktionen nicht betroffen. Relaisfunktionen werden ebenfalls von den Steuergeräten übernommen. Nur der Anlasser wird über ein herkömmliches Relais angesteuert. Das Anlasserrelais ist unter dem Motorsteuergerät zu finden. Bei der R 1200 GS Modelljahre 2004 bis 2009 sitzt das Anlasserrelais unter dem Fahrersitz (Bild 54).

»Ausnahmen bestätigen die Regel« – das gilt auch hier: Die Montage eines Zusatzscheinwerfers bei der R 1200 GS ab Mj. 2010, ob mit Halogenlampe (H11, 12 Volt/55 Watt) oder mit LED, macht eine Sicherung mit 7,5 Ampere und ein separates Scheinwerferrelais (Bild 41) notwendig, das neben dem Anlasserrelais eingebaut wird. Die Sicherung bzw. zwei Sicherungen (bei zwei Zusatzscheinwerfern links und rechts) werden in einer dafür vorgesehene Steckverbindung unter dem linken Seitendeckel eingesetzt (Bild 48).

Elektronische Wegfahrsperre

Die »Elektronische Wegfahrsperre« (EWS) gehört zum Serienumfang: Beim Einstecken des Zündschlüssels und Einschalten der Zündung kommuniziert ein Chip im Schlüssel über die im Zündschloss integrierte Ringantenne (Bild 50) mit der EWS, die im Steuergerät »Motor BMS-KP« untergebracht ist. Dabei findet ein Austausch und Vergleich zwischen den codierten Chipdaten und den EWS-Daten statt. Stimmen die Daten überein, gibt es ein »Handshake« zwischen EWS und BMS-KP, worauf das Steuergerät Motor BMS-KP Anlasser, Zündung und Benzineinspritzung freischaltet und der Motor gestartet werden kann. Dieser Vorgang erfolgt bei jedem Einschalten der Zündung.

■ **Service-Anmerkung:** Das Zündschloss übernimmt über den Zündschlüssel sowohl die Lenkschloss-Funktion als auch das Ein- und Ausschalten der Zündung. Jedoch ist der eigentliche »Zündschalter« unterhalb des Zündschlosses getrennt von diesem angebracht. Wenn sich die Zündung beim Drehen des Zündschlüssels auf ON nicht einschaltet, obwohl der Zündschlüssel zweifelsfrei zum Fahrzeug gehört, kann der Zündschalter defekt sein. Nach Kontrolle oder Austausch des Zündschalters muss das Zündschloss wieder eingebaut werden. Die beiden Spezialschrauben (M8) des Zündschlosses können nur mit dem BMW-Werkzeug »Stecknuss« (Nr. 51 0 531, Bild 55b) eingeschraubt werden (20 Nm). Zum Ausbau müssen die beiden Schrauben in zwei Stufen ausgebohrt werden: Vorbohren mit einem Bohrungsdurchmesser von 4,5 mm auf eine Tiefe von 6 mm, Ausbohren mit einem Bohrungsdurchmesser von 8,5 mm auf eine maximale Bohrtiefe von 6 mm (Bild 55a).

Instrumentenkombination

Passend zur Bordelektronik der R 1200 GS basiert die Instrumentenkombination mit Tachometer, Drehzahlmesser und einem Informationsdisplay (»Info-Flatscreen«) auf Digitaltechnik. Das Display informiert den Fahrer permanent über Fahrgeschwindigkeit, Motordrehzahl, Motortemperatur, Tankreserve, Service-Intervalle, eingelegten Gang und Uhrzeit. Wählbar sind die Anzeigen für Gesamtkilometerstand, Tageskilometerzähler und Restreichweite (nach Erreichen der Reservemenge). Die Instrumenteneinheit wird bei einsetzender Dunkelheit, von einer Fotozelle gesteuert, automatisch beleuchtet. Störungen an entsprechenden Baugruppen, wie z. B. im ABS oder Ölkreislauf, werden über entsprechende Hinweise im Display angezeigt.

Wenn als Zubehör ein »**Bordcomputer**« angebaut ist, werden zusätzlich angezeigt: Umgebungstemperatur, Benzinstand (auch »Tankinhalt« oder »Kraftstoffvorrat« genannt), Ölstand, Durchschnittsgeschwindigkeit, Durchschnittsverbrauch und Reichweite. In der Instrumentenkombi sind die Fahrzeugdaten genau wie in der »Zentralen Fahrzeug-Elektronik« (ZFE) hinterlegt. Hierdurch ist eine eindeutige Identifikation zum Fahrzeug gewährleistet.

■ **Service-Anmerkung:** Bei zeitweiligen Aussetzern der Anzeigen, wie z. B. Tachometer, Drehzahlmesser, Beleuchtung oder Funktionsanzeigen überprüfen Sie als Erstes die Steckverbindung der Instrumentenkombination (hinter dem Tachometer) auf Wackelkontakt.

Steuergerät »Zentrale Fahrzeug-Elektronik« (ZFE)

Dieses befindet sich vor dem Luftfilterkasten (Bild 52c). Das Steuergerät steuert alle elektrischen Verbraucher wie z. B. Licht, Blinker, Heizgriffe (Sonderausstattung), etc.

■ **Service-Anmerkung:** Wenn die Bordelektrik nicht richtig funktioniert, z. B. das Licht nicht brennt, obwohl alle Kabelverbindungen und die Lampen in Ordnung sind, kann der Fehler im Steuergerät liegen. Wie bei anderen Elektronikfehlern auch, kontrollieren Sie als Erstes die Steckverbindung auf korrekten Sitz!

Bilder 55a und 55b: Aus- und Einbau des Zündschlosses.

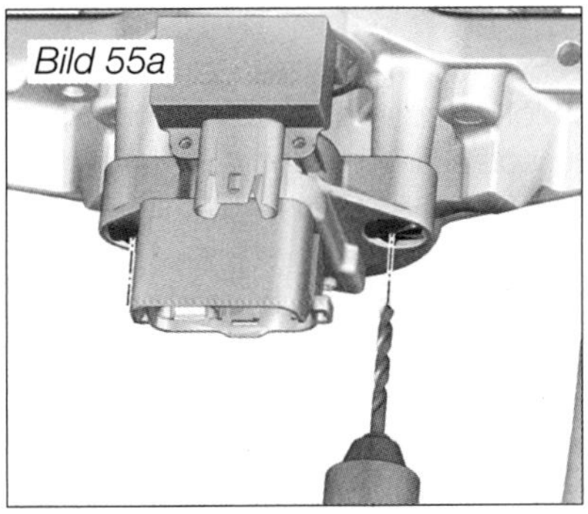

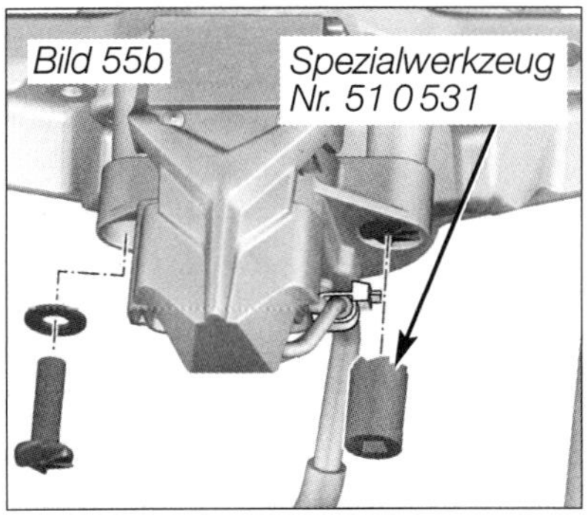

Probleme beim Leerlauf? Die Leerlaufstepper sind links und rechts am Drosselklappengehäuse angebaut (Bild 31). Wenn der Motor im Leerlauf entweder unregelmäßig läuft mit stark schwankenden Drehzahlausschlägen nach oben oder unten oder der Motor plötzlich abstirbt, kann ein Leerlaufstepper schuld sein. Doch bevor ein neues Bauteil gekauft wird, beide Leerlaufstepper ausbauen, sorgsam reinigen und wieder einbauen. Falls diese Operation nichts bringt, muss man die Motorelektronik beim BMW-Händler mit dem Diagnosegerät überprüfen lassen.

Motorsteuerung

Die digitale Motorelektronik wird »**BMS-K**« (»**B**MW **M**otor **S**teuerung **K**rad«) genannt. Diese BMW-Eigenentwicklung wurde speziell auf die Anforderungen für Motorräder ausgelegt. Vollsequentielle Einspritzung, schnelle Verarbeitung umfangreicher Sensorsignale durch modernste Mikroelektronik, ein kompaktes Layout und geringes Gewicht sind ihre wichtigsten Kennzeichen. Basisgrößen für den jeweiligen Motorbetriebspunkt beider Zylinder sind Motordrehzahl (»1/min«) und Drosselklappenwinkel (»wie viel Last der Fahrer momentan vorgibt« bzw. »wie viel Gas der Fahrer im Moment gibt«), der über ein Potentiometer (»Drosselklappenpositions-Sensor«) am Drosselklappengehäuse erfasst wird. Weil der Bedarf an »benötigter Benzinmenge pro Verbrennungsvorgang« und der »Zeitpunkt der Einspritzung« sowie der »Zündzeitpunkt« von Kurbelwellenumdrehung zu Kurbelwellenumdrehung unterschiedlich sein können, werden zudem folgende aktuellen Messwerte von Sensoren ständig erfasst und fortlaufend an das Steuergerät der ZFE weitergegeben:

- Stellung Kurbelwelle über den »Kurbelwellenpositions-Sensor« (Bild 29).
- Motordrehzahl: Wird erfasst über den »Nockenwellenpositions-Sensor« (Bild 37).
- Temperatur des Motors: Sie wird erfasst vom »Motortemperatur-Fühler« (Zylinderkopftemperatur-Sensor), dieser sitzt hinten im rechten Zylinderkopf (Bild 36).
- Temperatur der Ansaugluft: Sie wird erfasst vom »Ansauglufttemperatur-Sensor«, der oben am Luftfilterkasten sitzt (Bild 17).
- Temperatur des Motoröls: Sie wird erfasst vom »Motoröltemperatur-Sensor«, der rechts oben am Motorgehäuse neben der Lichtmaschine eingebaut ist (Bild 35).
- Druck der Umgebungsluft: Sie wird erfasst vom »Umgebungsluftdruck-Sensor«, der im Steuergerät der »Zentralen Fahrzeug-Elektronik« (ZFE) eingebaut ist (Bild 49).

Alle von diesen Sensoren gemessenen Daten werden an die Motorsteuerung geliefert und dort von Mikroprozessoren innerhalb von Sekundenbruchteilen verarbeitet. Hierzu sind spezifische Kennfelder in der Motorsteuerung hinterlegt, die als Basis zur ständigen Berechnung der optimalen Werte für die Einspritzung und Zündung dienen. Für die Verarbeitung der Daten ist ein »Motorsteuerungs-Programm« verantwortlich, das fest in das Steuergerät »Motor BMS-KP« eingegeben ist.

■ **Service-Anmerkung:** Wird ein neues Steuergerät »Motor BMS-KP« montiert, muss es in der BMW-Motorradwerkstatt codiert und ebenso auf das Zündschloss und den Zündschlüssel (und damit auf die elektronische Wegfahrsperre »EWS«) codiert werden. Mit einem nicht zum Fahrzeug gehörenden Steuergerät kann der Motor nicht in Betrieb genommen werden!

Einspritzung, Lambdasonden: Die optimale Einspritzmenge wird individuell und passend zu jedem Ansaugtakt des jeweiligen Zylinders von einer vollsequentiellen Einspritzung geliefert. Die Einspritzmenge wird von der Motorsteuerung jedoch nicht nur über die Einspritzdauer, sondern auch über den Druck bestimmt, den die Benzinpumpe je nach Bedarf bereitstellt. Das Einspritzsystem arbeitet ohne Rücklauf und fördert nur die Menge, die vom Motor tatsächlich benötigt wird. Durch diese Fördermengenregelung wird der Benzindruck in weiten Bereichen so verändert, dass stets eine optimale Gemischbildung erfolgt.

Im Auspuffkrümmer eines jeden Zylinders ist eine Lambdasonde eingebaut. Diese misst den Restsauerstoffgehalt im Abgas und meldet die Messdaten an das Steuergerät »Motor BMS-KP«, das diese Daten in die Gemischzusammensetzung miteinbezieht. Vorbildliche Abgasemissionen, geringer Verbrauch, bestes Fahrverhalten bei feinem Ansprechverhalten sind die Ergebnisse der ausgeklügelten Einspritzung einschließlich der Lambdasonden.

Leerlaufregelung, Kaltstartanreicherung: In die BMS-KP sind auch die Funktionen einer automatischen Leerlaufregelung sowie eine Kaltstartanreicherung mit einer Warmlaufregelung integriert. Die notwendige Leerlaufanhebung (diese ist besonders beim Kaltlauf wichtig) erfolgt automatisch und wird über zwei Leerlaufstepper gesteuert (auch »Leerlaufsteller« genannt): Das sind gesteuerte Bypass-Kanäle für Zusatzluft, die im Drosselklappengehäuse integriert sind und die entsprechend angepasste Benzineinspritz-Mengen regeln.

Schubabschaltung

In die Motorsteuerung ist weiterhin eine Schubabschaltung programmiert. Wenn bei einer Drehzahl von mehr als 2000/min die Drosselklappen geschlossen werden (»Gas zu«), wird die Ansteuerung der Einspritzventile unterbrochen. Wenn die Motordrehzahl unter 1400/min sinkt, wird die Einspritzung wieder aktiviert. Übrigens ist die Schubabschaltung nur in Funktion, wenn die Motoröltemperatur einen Wert von ca. 60 °C erreicht hat.

Doppelzündung
Die seit 2003 in allen 1150er-/1200er-Boxern eingebaute Doppelzündung wurde für die frühere R 1200 GS mit einer Nockenwelle pro Zylinder stark modifiziert und für die R 1200 GS unverändert übernommen. Die Hauptzündkerze sitzt zentral im Zylinderkopf, die Nebenzündkerze ist am äußeren Rand des Zylinderkopfs angeordnet.

Zündzeitpunkt
Der Zündzeitpunkt beider Zündkerzen wird jeweils frei programmiert. Er kann abhängig von Last und Drehzahl einen Zeitunterschied haben, um Laufkultur, Schadstoffemission und Verbrauch zu optimieren. Diese Phasenverschiebung erfolgt kontinuierlich von Teillast zu Volllast.

In der Praxis bedeutet dies unterschiedliche Zündzeitpunkte an beiden Zündkerzen innerhalb definierter Kennfeldbereiche. Hin zur Volllast, bei der eine Doppelzündung keine Vorteile mehr bringt, ist die Phasenverschiebung so groß gewählt, dass der Funkenüberschlag an der Nebenkerze erst im Expansionstakt (60 Grad nach OT) stattfindet. Faktisch entspricht das dann einer Einfachzündung an der zentralen Zündkerze bei Volllast.

Klopfregelung
Die R 1200 GS ist mit einer Klopfregelung ausgestattet, die in dieser Form erstmals im Motorrad-Motorenbau bei der ersten 1200er-GS mit einer Nockenwelle pro Zylinder zum Einsatz kam. Zur Erkennung einer klopfenden Verbrennung dienen zwei Körperschall-Sensoren (»Klopf-Sensoren«), die jeweils am linken und rechten Zylinderkopf hinten angeschraubt sind (Bild 27).

Ihre Funktion kann man einfach erklären: Wenn der Motor aufgrund einer unkontrolliert ablaufenden Verbrennung zu »klopfen« beginnt, wird dieses Signal vom Körperschall-Sensor »gehört« und an die Motorelektronik gesendet, diese reagiert sofort und verstellt den Zündzeitpunkt (»Zündwinkel«) in Richtung »spät«, wodurch der Motor vor möglichen Schäden geschützt wird.

Zusätzlich geht die Erfassung der Zylinderkopftemperatur durch den Zylinderkopftemperatur-Sensor in die Signalauswertung mit ein und ergänzt die Schutzfunktion. Durch die Klopfregelung konnte die geometrische Verdichtung des Motors bei der R 1200 GS ab Mj. 2010 auf 12,0 : 1 erhöht werden, was einen beachtlichen Wert für einen luft-/ölgekühlten Motor dieser Zylindergröße darstellt (Verdichtung R 1200 GS Mj. 2004 bis 2009: 11,0 : 1).

Regulär ist der Motor auf bleifreies Benzin »Super Plus« (ROZ 98) ausgelegt. Dank der Klopfregelung kann der Motor auch mit »Super« (ROZ 95) oder »Normalbenzin« (ROZ 91) betrieben werden. Entsprechend schlechtere Kraftstoffqualitäten, wie sie in fernen Ländern manchmal anzutreffen sind, schaden dem Motor auch nicht, denn die Klopfregelung passt (innerhalb der möglichen Grenzen) die Zündzeitpunkte selbsttätig an die getankte Kraftstoffqualität an. Auch auf extremste Bedingungen, wie z. B. die sehr hohe thermische Belastung des Motors in tropischen Gegenden, stellt sich die Klopfregelung im Zusammenspiel mit der umfangreichen Sensorik ein.

Wenn bei sehr schlechtem Sprit der Zündzeitpunkt von der Motorelektronik zwar weit zurückgenommen wurde, der Motor aber dennoch weiter klingelt oder klopft, steigt dadurch die Temperatur im Verbrennungsraum stark an. Wenn dies vom Zylinderkopftemperatur-Sensor festgestellt und an die Motorsteuerung gemeldet wird, verstellt diese die Zündung weiter in Richtung »spät«.

Wichtig: Deswegen muss bei Verwendung von schlechtem Benzin folgender Hinweis beachtet werden: Lassen Sie den Motor nicht untertourig »ziehen«, sondern gehen Sie dann dosiert ans Gas und lassen den Motor möglichst »zugfrei« im mittleren Drehzahlbereich laufen!

Kabel

Der Kabelbaum der R 1200 GS dient zur Datenübertragung zwischen Schaltern, Sensoren und Steuergeräten. Er kann durch mechanische Einwirkung kaputt gehen (knicken, ziehen, reißen). Eine Durchgangskontrolle mit einer Prüflampe ist nicht möglich; eine Funktionsüberprüfung kann nur mit dem BMW-Motorrad-Diagnosesystem durchgeführt werden.

Zur Behebung von Defekten im Kabelbaum bietet BMW einen elektrischen Reparatursatz an, bestehend aus Stoßverbindern zur Reparatur einzelner Kabel sowie Reparaturstecker. Ein defektes Kabel wird folgendermaßen repariert:

1. Defekten Stecker bzw. Kabelstück abschneiden auf einem möglichst geraden Stück des Kabelstrangs, um diesen besser fixieren zu können.

2. Bild 56: Die einzelnen Adern um die ungefähre Länge eines Schrumpfschlauches gestaffelt zurechtschneiden, sodass die reparierten Stellen nicht nebeneinander liegen.

3. Die nummerierten Adern des Reparatursatzes den entsprechenden Kabelfarben des Originalsteckers zuordnen, gestaffelt zurechtschneiden.

■ Bild 56: Um eine mehrfache Verwendbarkeit der Reparatursätze zu gewährleisten, wurden die Kabel nicht farbig ausgeführt, sondern mit Nummern gekennzeichnet.

4. Bild 57: Auf jede Ader des Anschlusses einen Schrumpfschlauch aufschieben.

5. Bild 57: Kabelenden mit BMW-Werkzeug »Abisolierzange« (Nr. 61 9 043) abisolieren.

Bilder 56 bis 60: Reparatur eines defekten Kabels. Im Lauftext sind die einzelnen Arbeitsschritte beschrieben.

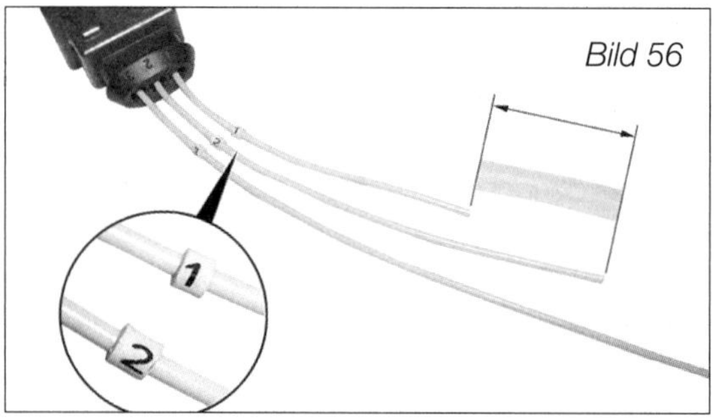

Bild 56

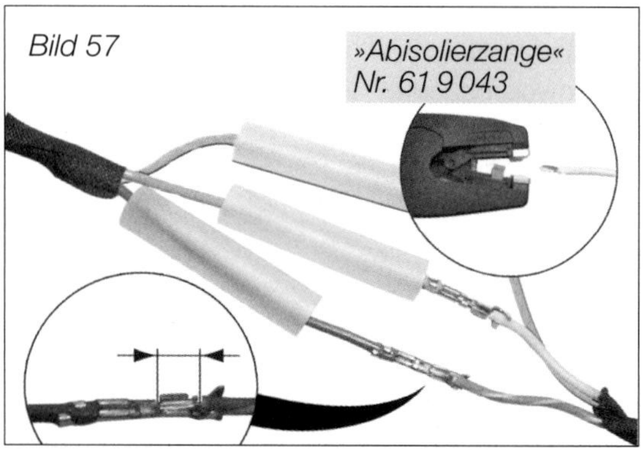

Bild 57

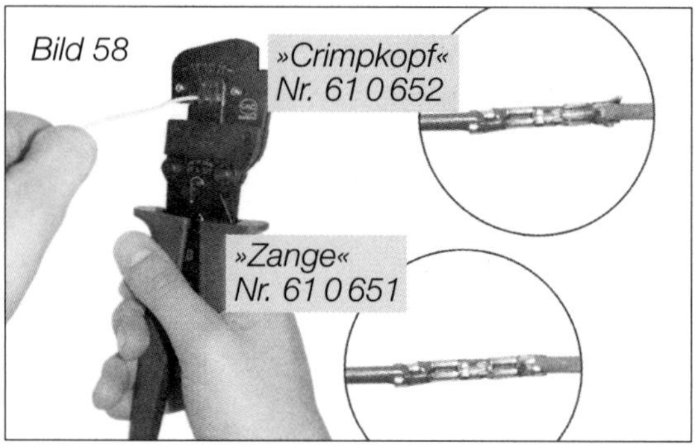

Bild 58

6. Zu den Kabelenden entsprechende Stoßverbinder einlegen; sie müssen an Isolierung und Litze befestigt sein (mit Lupe prüfen).

7. Bild 58: Stoßverbinder mit BMW-Werkzeugen »Zange« (Nr. 61 0 651) und »Crimpkopf« (Nr. 61 0 652) einbauen.

8. Bild 59: Schrumpfschlauch über Stoßverbinder schieben, mit Heißluftföhn erhitzen, der Schrumpfschlauch zieht sich dabei zusammen, legt sich an die Kabeloberfläche an und wird transparent. Zugleich tritt Heißkleber zur Abdichtung der reparierten Stelle aus.

9. Bild 60: Reparierten Kabelstrang mit BMW-Werkzeug »Gewebeband« (Nr. 61 0 631) umwickeln.

10. Reparierte Stelle am Rahmen mit Kabelbindern so fixieren, dass sie nicht scheuert.

Diagnosegeräte

Das meiste in der Bordelektrik und Motorsteuerung ab Modelljahr 2004 lässt sich nicht mit herkömmlichen Messgeräten und Instrumenten überprüfen, diagnostizieren oder gar reparieren. Zur Fehlersuche wird daher das speziell für BMW-Motorräder entwickelte »BMW Motorrad Diagnosesystem« benötigt, das aus einem Computer mit entsprechender Software, Kabeln und verschiedenen Steckern besteht. Dieses ist nur in autorisierten BMW-Motorradwerkstätten zu finden, denn BMW gibt es weder an freie Werkstätten noch an Privatleute heraus. Deswegen müssen Probleme in der Motorsteuerung und Fahrzeugelektrik zwingend in der BMW-Motorradwerkstatt gesucht und behoben werden (siehe auch Textkasten auf der vierten Seite dieses Kapitels »Wichtige Tipps zur elektrischen und elektronischen Fehlersuche«).

Für freie Werkstätten und Privatleute gibt es zwei Diagnosegeräte, mit denen man defekte Bauteile orten sowie den Fehlerspeicher auslesen und löschen kann:

■ Von Gutmann Messtechnik ein Gerät namens »bike macs« zum Preis von ca. 600 Euro (*www.hella-gutmann.com*). Zum Upgrade älterer Ausführungen muss das Gerät an die Firmenzentrale in Ihringen geschickt werden. Auf der Internetseite kann zudem ein ausführliches Handbuch zum Diagnosegerät heruntergeladen werden. Seit März 2013 gibt es die Software-Erweiterung Bike Plus für den »mega macs 66«.

■ Eine preisgünstigere Alternative ist das Diagnosegerät »GS911« der Firma HEXcode, der Preis liegt je nach Ausführung bei 280 bis 320 Euro (*www.gs911.de*).

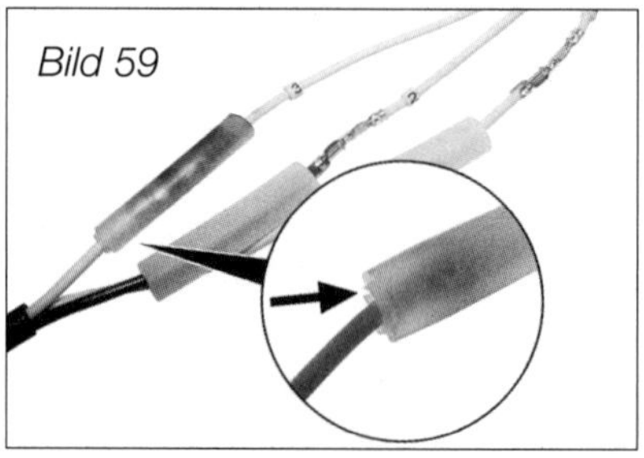
Bild 59

Bild 60

Federung

In diesem Kapitel: Federungssystem · Federbein vorne aus- und einbauen · Federbein hinten aus- und einbauen · Adressen.

Federungssystem

Das Federungssystem ist großen Belastungen ausgesetzt. Harte Stöße von der Fahrbahn wirken in vordere und hintere Federung ein und von dort über Gelenkstellen und Schraubverbindungen in Rahmen und Lager. Besonders plötzliche Richtungswechsel belasten den Vorderbau mit Vorderradachse, Radlager, Gabelbeine, Längslenker und Gabelbrücken. Und beim Bremsen wirken hohe Biegemomente auf den Vorderbau ein.

Lebenslange Ölfüllungen

Die Ölfüllung in den Gabelbeinen dient lediglich der Schmierung der zueinander gleitenden Stand- und Tauchrohre, die Dämpfung wird vom Federbein übernommen. Auch das in Gabelbeine, vorderes und hinteres Federbein eingefüllte Dämpferöl ist eine Dauerfüllung, es braucht nicht gewechselt zu werden. Laut BMW ist der Telelever »wartungsfrei bis 100 000 km«. Wenn bei hoher km-Fahrstrecke Feder- und Dämpfkraft nachlassen, kann z. B. ein neues Originalfederbein oder ein Fremdfabrikat eingebaut werden, was auch für das hintere Federbein gilt.

Zu beachtende Schrauberpunkte

- Nur originale Schrauben und selbstsichernde Muttern von BMW verwenden.
- NIEmals Schrauben undefinierbarer Herkunft aus einer typischen Werkstatt-Schraubenkiste einbauen!

Federbein vorne aus-/einbauen

Vorderes Federbein ausbauen

Motorrad auf Mittelständer aufbocken, Motor mit einem Wagenheber so unterbauen, dass das Vorderrad gerade eben frei ist.

1. Abbauen: Sitze und Tank (siehe entsprechende Kapitel).
2. Bilder 1, 2 und 3: Mutter der oberen Federbeinbefestigung abschrauben, dabei die Kolbenstange mit einem Inbusschlüssel gegenhalten.
2.1. Scheibe und Gummipuffer abnehmen.
3. Bei R 850 GS, R 1100 GS, R 1150 GS: Schraube der Federbeinbefestigung unten am

Korrespondenzkapitel:
- 7 »Verkleidung · Anbauteile«
- 18 »Räder«
- 22 »Einspritzung · Zündung · Tank«
- 25 »Anziehdrehmomentwerte«

Bild 1: Phantomzeichnung zeigt die wichtigen Bauteile der Vorderrad- und Hinterradfederung aller Modelle.

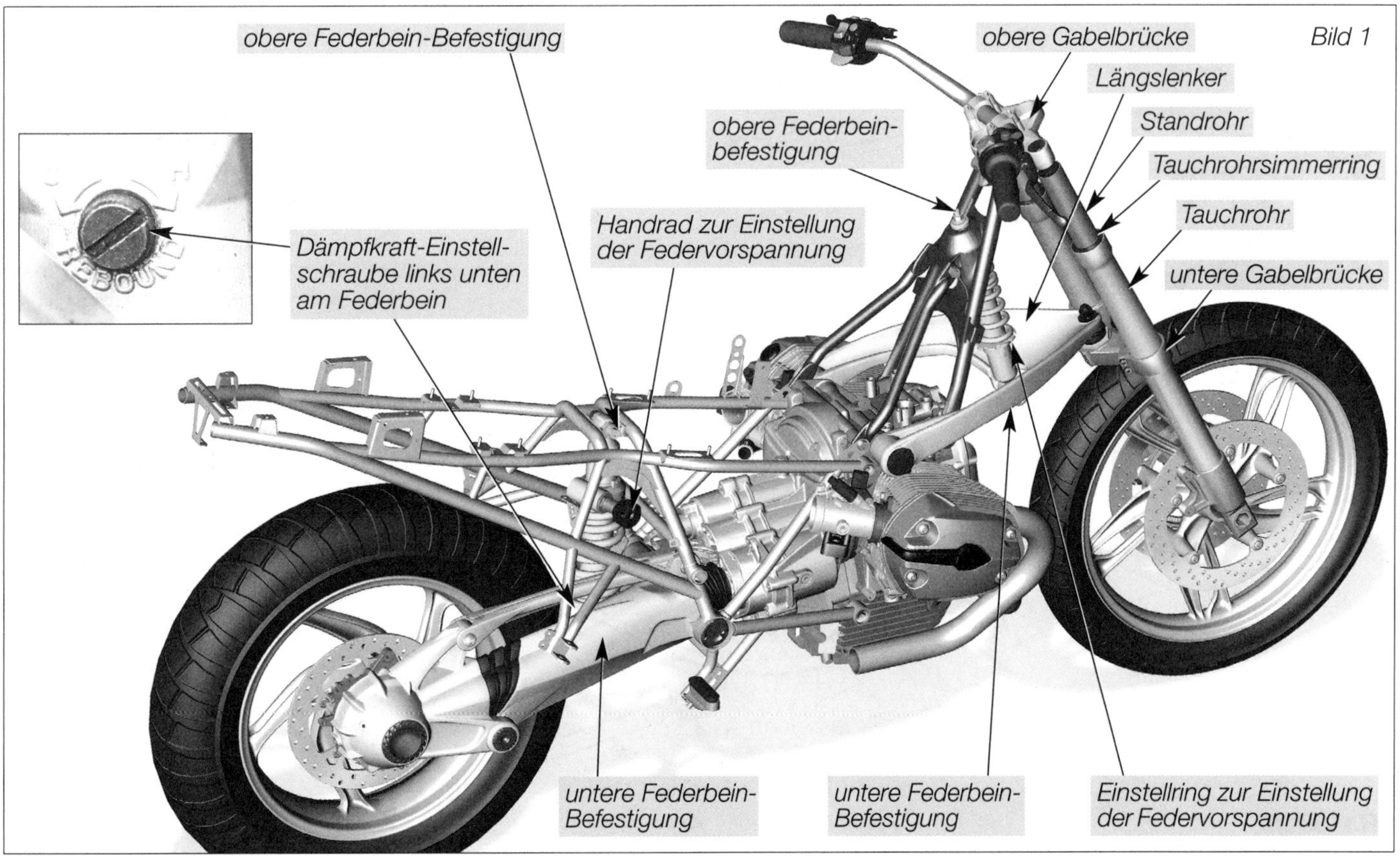

Bilder 2 und 3: Einbaulage und Befestigung des vorderen Federbeins.

Längslenker ausschrauben: Mutter lösen und abdrehen, Schraube ausziehen.

4. Bei R 1200 GS: Schraube der Federbeinbefestigung unten am Längslenker ausschrauben:

4.1. Bild 2: Gewindebereich im Längslenker mit einem Werkstattföhn auf ca. 80 °C anwärmen.

4.2. Schraube lösen und einige Umdrehungen aufschrauben, aber **NOCH NICHT ausschrauben**.

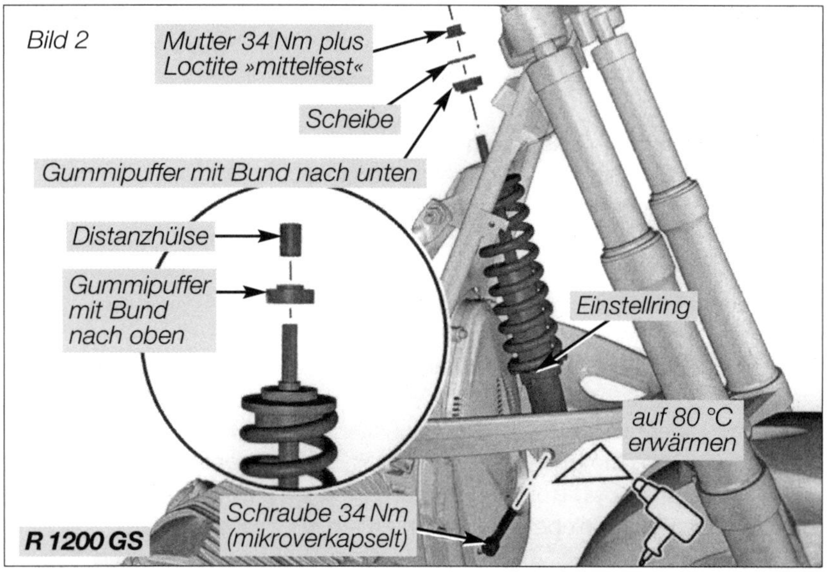

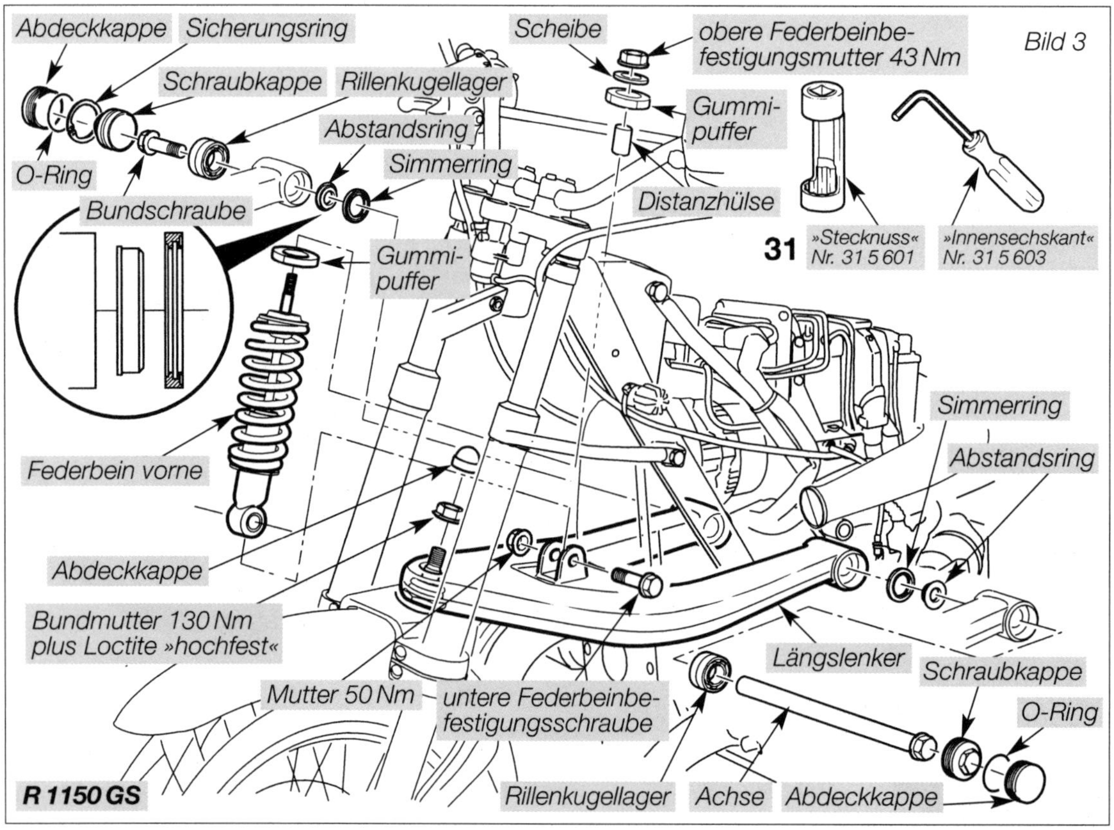

5. Für alle Modelle: Jetzt die Maschine mit dem Wagenheber so weit hochbocken, dass das Vorderrad vom Boden frei kommt, das Hinterrad gerade eben noch Bodenkontakt hat und das vordere Federbein aus seiner oberen Aufnahme herauskommt.

⚠ **Achtung:** Maschine mit Riemen sichern oder von einem Helfer halten lassen, damit sie nicht umfällt.

6. Federbein mit einer Hand halten, Schraube ganz ausdrehen, Federbein herausnehmen.

Vorderes Federbein einbauen

1. Zur Befestigung oben siehe Bild 2:

- Gummipuffer mit Bund nach oben auf oberes Gewinde des Federbeins aufsetzen.
- Distanzhülse einsetzen.
- Federbein oben in Einbauposition bringen.
- Gummipuffer mit Bund nach unten auflegen.
- Scheibe auflegen, Mutter lose aufdrehen.

2. Bei R 850 GS, R 1100 GS, R 1150 GS: Befestigung unten: Schraube einstecken, einen Tropfen Loctite »mittelfest« in das Gewinde der Mutter geben, diese aufdrehen und festziehen mit 50 Nm.

3. Bei R 1200 GS: Befestigung unten Bild 2:

- Kopf der Schraube mit Optimoly TA schmieren.
- Wenn Sie keine neue BMW-Schraube haben und die alte noch in Ordnung ist: Gewinde der Schraube reinigen, etwas Loctite »mittelfest« dran geben, eindrehen und mit 34 Nm festziehen.

Wichtig: Beim Einbau der Schraube darauf achten, dass kein Loctite an die Buchse im unteren Federbeinkopf gelangt. Deswegen ist es besser, den nötigen Tropfen Loctite »mittelfest« kurz vor dem Einbau des Federbeins (bzw. vor dem Eindrehen der Schraube) in das Innengewinde im Längslenker zu geben und dann

die gereinigte Schraube »trocken« einzudrehen.
4. Zurück zur Befestigung oben: Mutter abdrehen, einen Tropfen Loctite »mittelfest« in die Mutter geben, aufdrehen, mit Drehmoment (siehe grauer Kasten unten auf dieser Seite) festziehen, Kolbenstange dabei mit Inbusschlüssel gegenhalten.
5. Abgebaute Teile anbauen.

Vorderes ESA-Federbein aus- und einbauen
Vorne sind ESA-Federbeine von zwei Herstellern verbaut, Showa und WP. Der Aus- und Einbau des vorderen ESA-Federbeins ist grundsätzlich gleich wie beim normalen Federbein. Zusätzlich müssen vor dem Ausschrauben folgende Arbeitsschritte durchgeführt werden:
■ Showa und WP, Bild 5: Kabelbinder der ESA-Leitungen entfernen, ESA-Stecker trennen und Kabel nach unten durchfädeln.
■ Showa, Bild 6: Schrauben, Scheiben und Muttern des ESA-Halters ausschrauben.
■ WP, Bild 7: Kabelhalter lösen, Verdrehsicherung entriegeln und ausclipsen.

Einbau in umgekehrter Reihenfolge, dabei Folgendes beachten:
■ Showa, Bild 6: Schrauben bzw. Muttern mit 9 Nm festziehen. Die Schrauben sind mikroverkapselt und sollen laut BMW erneuert werden. Wenn die Schrauben noch in Ordnung sind, Gewinde reinigen und einen Tropfen Loctite »mittelfest« daran geben.
■ Showa, Bild 8: Die Hydraulikleitung zwischen Ausgleichsbehälter und Federbein darf nirgends anliegen. Gegebenenfalls Schrauben der Schellen lösen und den Ausgleichsbehälter entsprechend verdrehen.
■ WP, Bild 7: Verdrehsicherung muss hörbar einclipsen, Kabelhalter an Verdrehsicherung befestigen.

Anziehdrehmomente Federbein vorne

Federbein oben an Vorderrahmen
- bei R 850 GS, R 1100 GS .... 47 Nm
- bei R 1150 GS .... 43 Nm
- bei R 1200 GS .... 34 Nm

■ *Loctite »mittelfest« auf gereinigtes Gewinde*

Federbein unten an Längslenker
- bei R 850 GS, R 1100 GS, R 1150 GS .... 50 Nm
- bei R 1200 GS .... 34 Nm

■ mikroverkapselt, Schraube erneuern
■ Schaft und Kopf leicht mit »Optimoly TA« befetten

ESA-Halter (Electronic Suspension Adjustment, Sonderausstattung) an Vorderrahmen, Schraube M6 x 16 .... 9 Nm
■ mikroverkapselt, Schraube erneuern

Federbein hinten aus-/einbauen

Hinteres Federbein ausbauen
1. Motorrad auf Mittelständer, Hinterradschwinge mit einem Wagenheber leicht abstützen.
2. Abbauen: Sozius- und Fahrersitz.
2.1. Geübte Mechaniker bauen nicht mehr ab, weniger geübte sollten noch folgende Teile abbauen: Auspufftopf und Auspuffklappe (siehe am Ende des Kapitels 25 »Anziehdrehmomente«), Hinterrad.

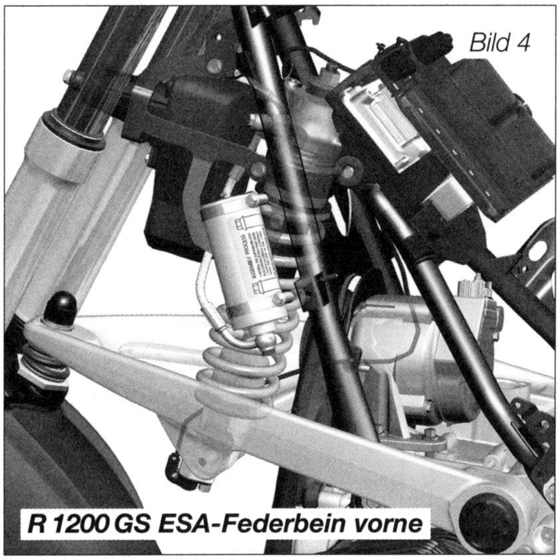

Bild 4: Einbaulage des vorderen ESA-Federbein.

Bilder 5 bis 8: Je nach ESA-Federbein Showa oder WP, müssen unterschiedliche Arbeitsschritte beachtet werden.

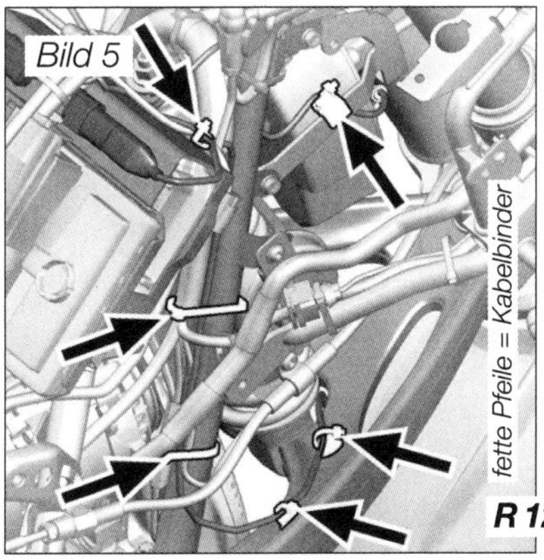

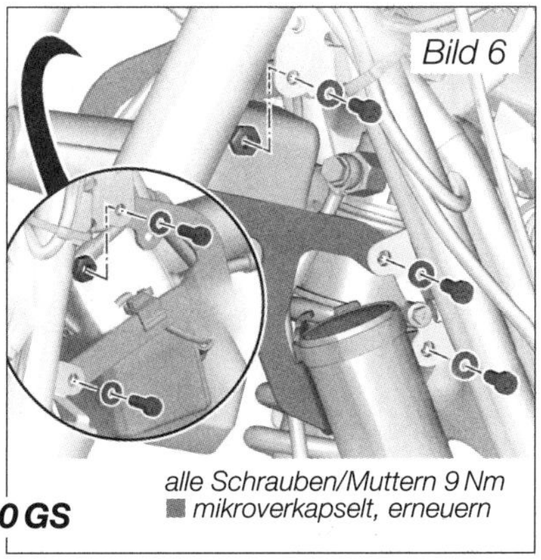

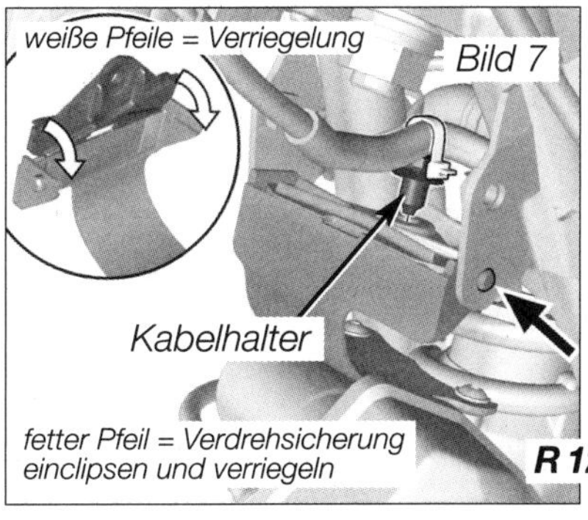

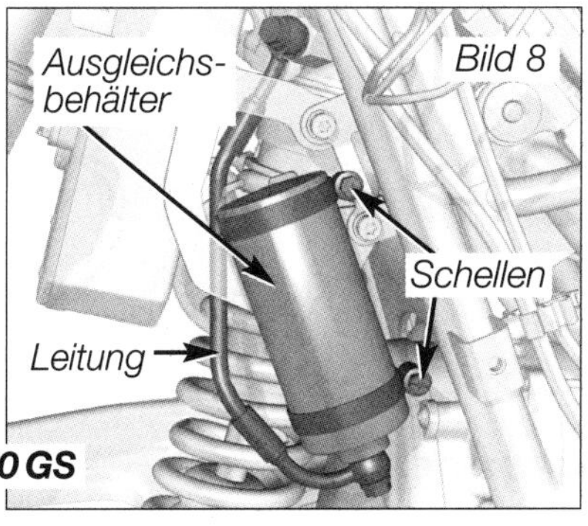

Sichtprüfung Messen

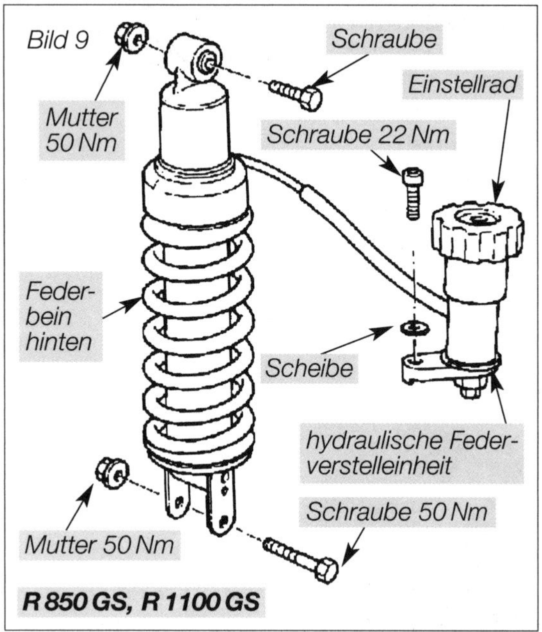

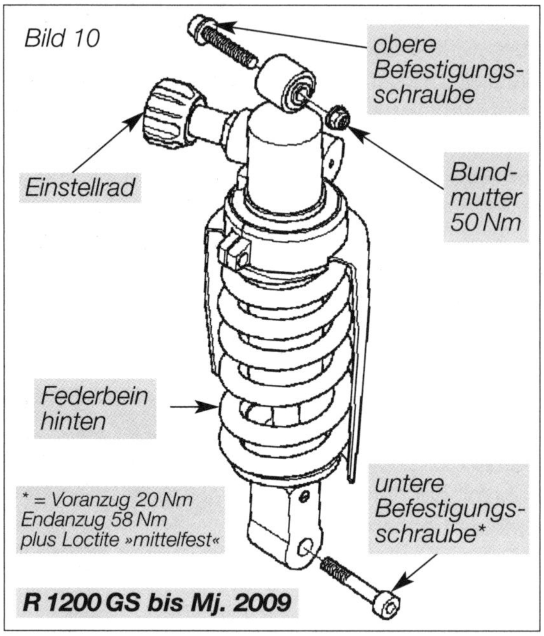

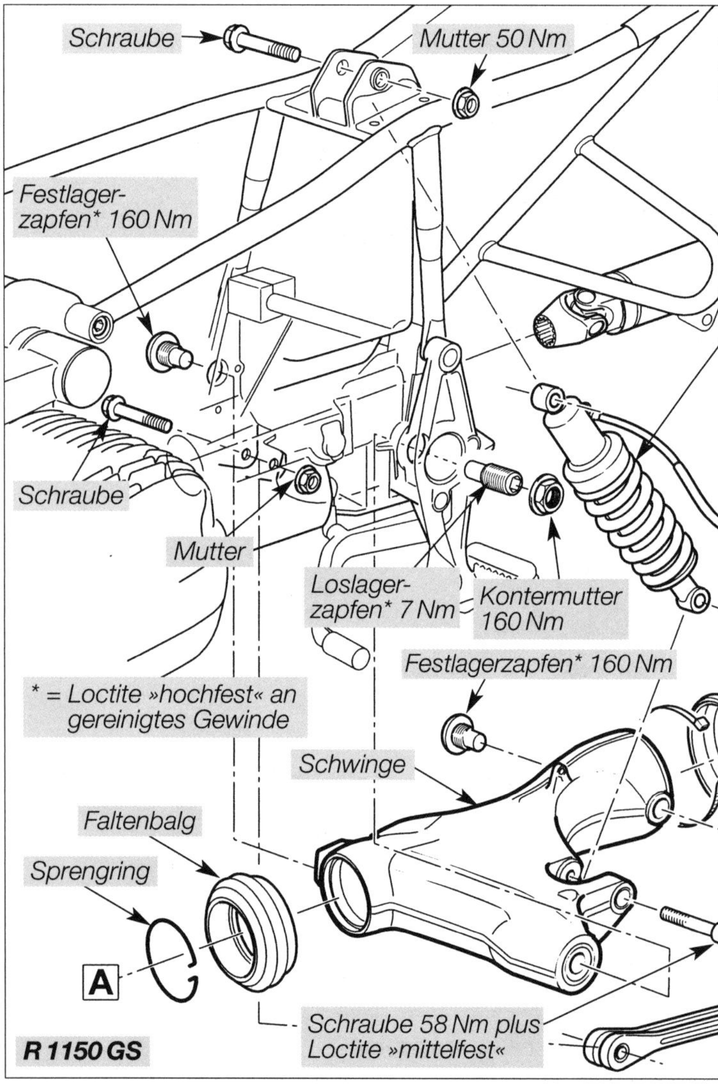

Bild 11: Einbaulage des hinteren Federbeins an der R 1150 GS, gilt beispielhaft für alle Modelle.

3. Bilder 9, 10, 11 und 12: Mutter der oberen Federbein-Befestigungsschraube abdrehen, Schraubenkopf dabei mit Schlüssel gegenhalten.

■ Schraube **NOCH NICHT** ausziehen.

4. Untere Federbein-Befestigung siehe Bilder 9,10, 11 und 13:

4.1. Hinterradschwinge mit einem Werk-

Bild 9: Hinteres Federbein der R 850 GS und R 1100 GS mit externem Einsteller.

Bild 10: Hinteres Federbein der R 1200 GS mit festem oberen Einsteller.

Wichtige Federbein-Adressen:

■ **FRS** (Reparatur der Original-Federbeine)
Franz Racing Suspension
Venloer Straße 74
D-41844 Wegberg
www. franzracing.de

■ **Mupo Race Suspension** (Federelemente)
Zupin Moto Sport GmbH
Trostberger Straße 26
D-83301 Traunreut
www.zupin.de
www.motoperfection.ch

■ **Öhlins Racing** (Federelemente, Lenkungsdämpfer)
Öhlins DTC
Gottlieb-Daimler-Straße 25
D-53520 Meuspath
www.ohlins.eu
www.oehlins.ch

■ **Wilbers Products** (Federelemente, Lenkungsdämpfer)
Wilbers Products GmbH
Frieslandstraße 10
D-48572 Nordhorn
www.wilbers.de
www.wilbers.at
www.wilbers-swiss.ch

■ **WP Performance Systems** (Federelemente, Lenkungsdämpfer)
WP Germany
Hohenburgerstraße 55
D-92289 Ursensollen
www.wp-germany.com
www.wp-group.com
www.motocenterschwyz.com

stattföhn im Bereich des Schraubgewindes auf etwa 80 °C anwärmen.

4.2. Schraube lösen und ausdrehen, Buchse herausnehmen.

■ Darauf achten, dass die Hinterradschwinge so weit mit dem Wagenheber entlastet ist, dass sich die Schraube leicht ausziehen lässt.

5. Federbein mit einer Hand halten, obere Federbeinhalteschraube ausziehen. Federbein nach unten-seitlich herausnehmen.

Hinteres Federbein einbauen

Wenn es keine Möglichkeit gibt, eine neue originale BMW-Bundmutter einzubauen, und die alte Mutter noch einwandfrei in Ordnung ist:

■ Mutterngewinde reinigen, etwas Loctite »mittelfest« in das Gewinde geben, Mutter aufdrehen und mit 50 Nm festziehen.

■ Schaft der oberen Federbein-Halteschraube vor dem Einbau mit »Optimoly TA« einfetten.

■ Gummilager (sitzt im Federbeinkopf) kontrollieren, es darf nicht porös oder ausgebrochen sein.

Einbau des Federbeins in umgekehrter Reihenfolge, dabei beachten:

■ Gewinde der unteren Federbein-Befestigungsschraube reinigen, etwas Loctite »mittelfest« dran geben, eindrehen und festziehen (Anziehdrehmomente siehe rechts im grauen Kasten).

Wichtig: Beim Einbau der Schraube darauf achten, dass kein Loctite an die untere Federbeinbuchse gelangt. Deswegen ist es besser, den nötigen Tropfen Loctite »mittelfest« kurz vor dem Einbau des Federbeins (bzw. vor dem Eindrehen der Schraube) in das Innengewinde in der Schwinge zu geben und dann die gereinigte Schraube »trocken« einzudrehen.

Hinteres ESA-Federbein aus- und einbauen

Der Aus- und Einbau des hinteren ESA-Federbeins ist grundsätzlich gleich wie beim normalen Federbein. Zusätzlich muss vorher folgender Arbeitsschritt durchgeführt werden:

■ Bild 15: ESA-Stecker trennen. Weil man schlecht an die Steckerverriegelung kommt, muss man konzentriert arbeiten. Wie immer bei Steckern gilt die Regel: NICHT am Kabel ziehen!

Bilder 12 und 13: Obere und untere Befestigung des hinteren Federbeins.

Bilder 14 und 15: ESA-Stecker des Federbeins sorgsam behandeln.

Anziehdrehmomente Federbein hinten

Federbein an Heckrahmen	50 Nm
■ *bei R 1200 GS mechanische Schraubensicherung, Mutter erneuern, Schraubenschaft leicht mit »Optimoly TA« befetten*	
Federbein an Hinterradschwinge	
bei R 850 GS, R 1100 GS	50 Nm
bei R 1150 GS	58 Nm
bei R 1200 GS bis Mj. 2009	58 Nm
■ *Voranzug 20 Nm, Endanzug 58 Nm*	
■ *Loctite »mittelfest« auf gereinigtes Gewinde*	
bei R 1200 GS ab Mj. 2010	58 Nm
■ *Loctite »mittelfest« auf gereinigtes Gewinde*	
Einstellrad Federbeinverstellung an Fußrastenplatte	
bei R 850 GS, R 1100 GS, R 1150 GS	22 Nm

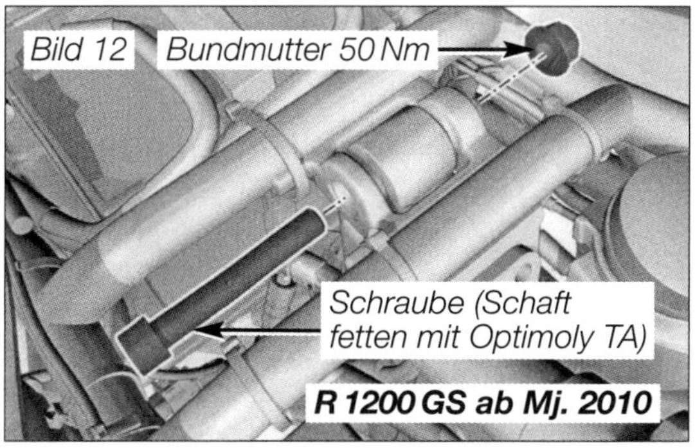

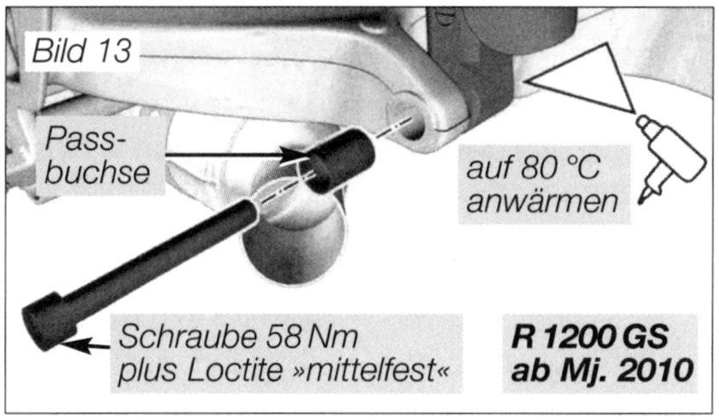

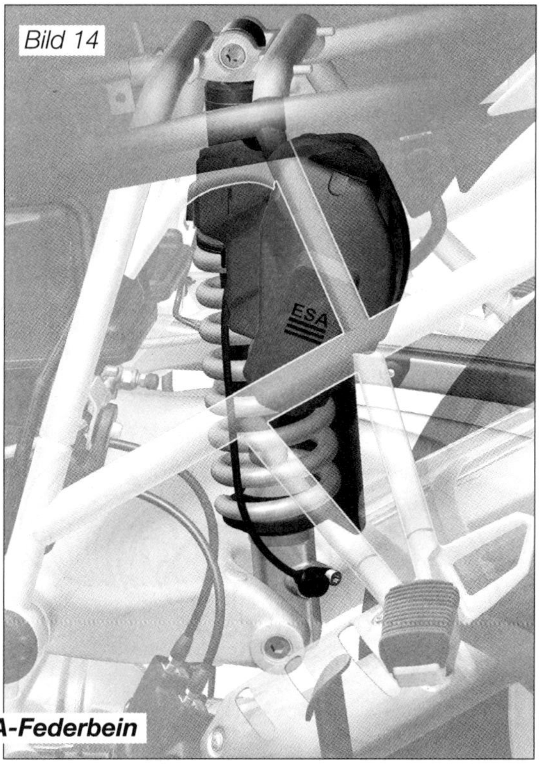

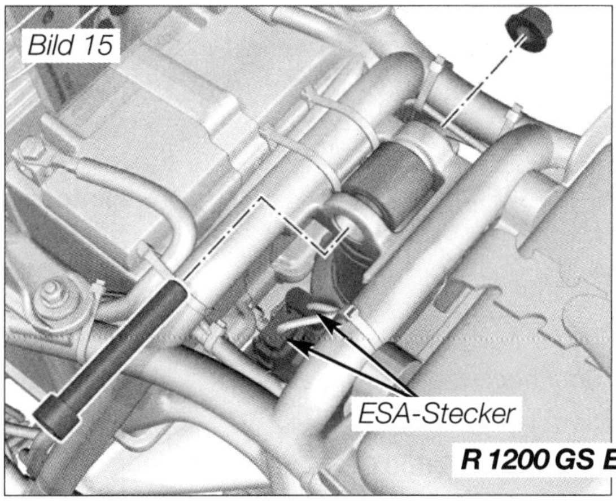

R 1200 GS ESA-Federbein

Korrespondenzkapitel:
- 16 »Federung«
- 18 »Räder«
- 19 »Bremsen«
- 25 »Anziehdrehmomentwerte«

Schwinge · Kardan

In diesem Kapitel: Hinterradschwinge · Hinterradantrieb ab-/anbauen bei R 850 GS, R 1100 GS, R 1150 GS · Schwinge aus- und einbauen bei R 850 GS, R 1100 GS, R 1150 GS · Hinterradantrieb ab- und anbauen bei R 1200 GS · Kardanwelle ausbauen, prüfen, einbauen · Schwinge aus- und einbauen bei R 1200 GS · Schwingenlager prüfen · Anziehdrehmomente.

Hinterradschwinge

Das Hinterrad wird von einer gegossenen Aluminium-Einarmschwinge mit zwei Schwinggelenken geführt. Das von BMW »Paralever« getaufte System wurde 1987 erstmals im Zweiventil-Boxermodell R 100 GS verbaut. Der Paralever bietet neben einer steifen Radführung und einer Reduzierung der Lastwechselreaktionen des Kardanantriebs vor allem einen enormen Servicevorteil durch einfachen Radaus- und -einbau.

In den Bildern in diesem Kapitel sind Zeichnungen und Fotos abgebildet, aus denen die konstruktiven Unterschiede der verschiedenen Schwingenlagerungen, die zugehörigen Bauteile und ihre Bezeichnung samt den Anziehdrehmomentangaben ersichtlich sind.

Für alle Arbeiten an der Hinterradschwinge gilt:
- Zum Reinigen der Gewinde von Loctite-Rückständen eine Messingdrahtbürste und BMW-Schnellreiniger auf Acetonbasis verwenden. Bremsenreiniger kann auch verwendet werden.
- Gewinde NICHT mit einer Stahlbürste reinigen!
- Verschraubungen mit Loctite umgehend mit dem Endanzugsdrehmoment festziehen.
- Wenn der Hinterradantrieb noch mit Öl befüllt abgebaut wird, beim Ablegen nicht auf die Seite kippen, da sonst über die Entlüftung Öl austreten kann. Nach dem Anbau kann bei der ersten Fahrt durch die Sogwirkung im Bereich der Entlüftungskappe etwas Öl austreten.

BMW empfiehlt zur Schmierung der Verzahnung der Kardanwelle am hinteren Kreuzgelenk und der Nadellager das Montagefett Staburags NBU 30 PTM. Wenn dieses spezielle Fett nicht zur Verfügung steht, können Sie auch ein anderes hochwertiges Wälzlagerfett verwenden.

Hinterradantrieb

Vorbereitende Arbeiten
- Maschine sicher auf einen Montageständer stellen. Zur Not genügt es, wenn sie auf ihrem Hauptständer abgestellt wird.
- Binden Sie dann das Vorderrad mit einem Sicherungsgurt gegen den Mittelständer, damit beim Arbeiten an der Schwinge bzw. ausgebauter Schwinge das Motorrad nicht vom Hauptständer nach vorne abrollen kann!
- Wenn der Hinterradantrieb nicht zerlegt werden muss und später wieder angebaut wird, muss das Öl aus dem Hinterradantrieb nicht abgelassen werden.
- Bremssattel abschrauben und mit Gummiband am Heckrahmen verspannen, ABS-Sensor ausbauen, Hinterrad ausbauen.
- Beim Ausbau des ABS-Sensors achten Sie auf die unterlegten Scheiben. Diese müssen beim Einbau wieder korrekt eingesetzt werden, sonst stimmt der Abstand des Sensors zum ABS-Ring nicht mehr, ggf. steht der Sensor am Sensorring an!

Hinterradantrieb abbauen bei R 850 GS, R 1100 GS, R 1150 GS

1. Mutter der Schraube der Momentstrebe am Hinterradantrieb abdrehen (Bild 1), Schraube *nicht* ausziehen.

2. Spannbänder öffnen bzw. Kabelbinder am Faltenbalg durchknipsen.

Bild 1: Anbauzeichnung des Hinterradantriebs an die Schwinge. Zum Demontieren des Fest- und Loslagerzapfens muss man diese mit einem Werkstattfön auf 120 °C erwärmen, damit sich das Loctite »hochfest« löst.

Bild 1

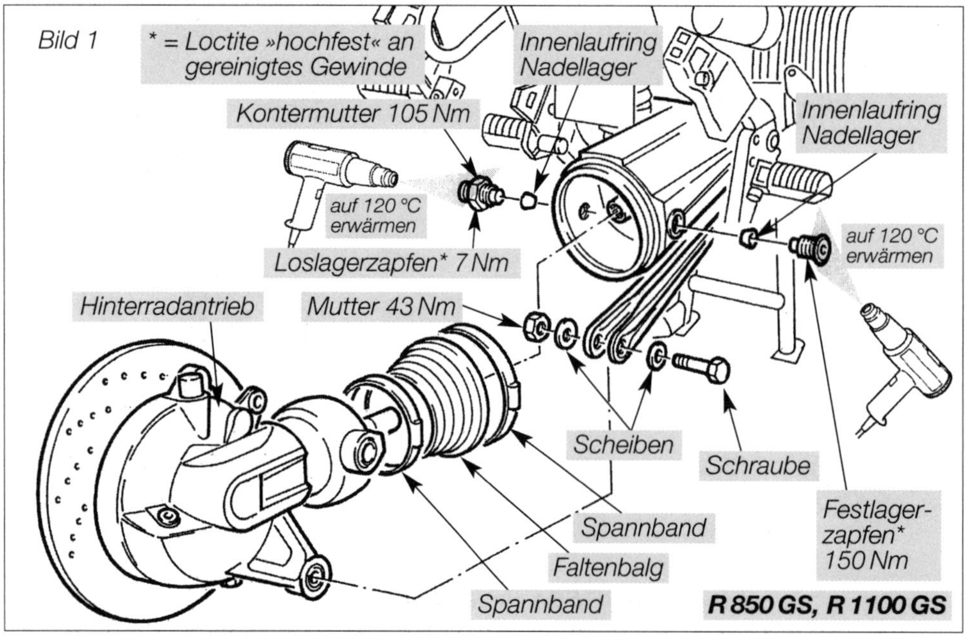

3. Loslager- und Festlagerzapfen sind mit Loctite gesichert. Zum Lösen die Lagerzapfen mit einem Heißluftföhn auf maximal 120 °C erwärmen. Erst Kontermutter des Loslagerzapfens abdrehen, dann Loslagerzapfen lockern, dann Festlagerzapfen lockern.
4. Jetzt Schraube der Momentstrebe ausziehen.
5. Loslager- und Festlagerzapfen herausdrehen. Hinterradantrieb dabei sicher halten!
6. Hinterradantrieb von Kardanwelle abziehen.

Hinterradantrieb anbauen
bei R 850 GS, R 1100 GS, R 1150 GS
1. Verzahnung der Kardanwelle am hinteren Kreuzgelenk mit Staburags einstreichen.
2. Innenlaufringe der beiden Nadellager mit etwas Staburags schmieren und einsetzen.
3. Hinterradantrieb mit Faltenbalg ansetzen, Schiebestück in Kardanwelle einführen.
■ Hinterradantrieb dabei abstützen!

4. Festlagerzapfen auf der ganzen Länge mit Loctite »hochfest« bestreichen, eindrehen und »handfest« einschrauben.

Achtung: Die Innenlaufringe der Nadellager dürfen nicht auf die Stirnseite der Nadeln drücken, sorgfältig einsetzen!

5. Loslagerzapfen auf der ganzen Länge mit Loctite »hochfest« bestreichen, eindrehen und »handfest« einschrauben.
6. Festlagerzapfen festziehen (Anziehdrehmomente siehe Bilder 1 und 2).
7. Loslagerzapfen mit Anziehdrehmoment festziehen, dann Kontermutter aufdrehen und mit Anziehdrehmoment festziehen (Anziehdrehmomente siehe Bilder 1 und 2). Damit sich der Lagerzapfen beim Kontern nicht verdreht, mit einem Schlüssel auf Zug gegenhalten.
■ Nach dem Festziehen kontrollieren, ob sich

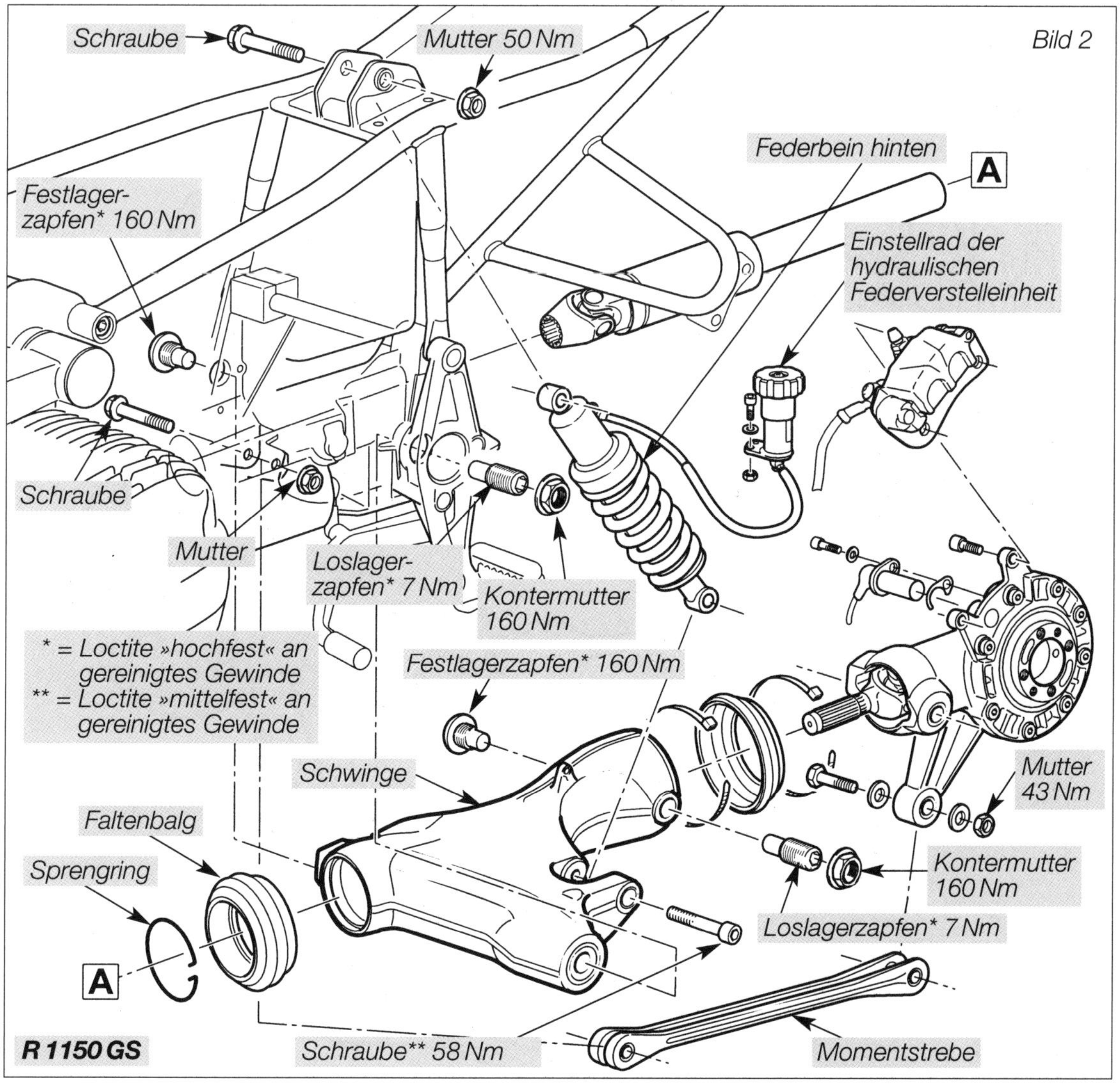

Bild 2: Anbauzeichnung der Hinterradschwinge und des Hinterradantriebs an die Schwinge. Auch hier muss man zum Demontieren des Fest- und Loslagerzapfens diese mit einem Werkstattfön auf 120 °C erwärmen, damit sich das Loctite »hochfest« löst.

Sichtprüfung Messen

Gelenk leichtgängig und spielfrei bewegen lässt.
8. Hinterrad einbauen. Motorrad vom Montageständer nehmen und mit 85 kg belasten (Helfer aufsitzen lassen). Jetzt die Schraubverbindung der Momentstrebe am Hinterradantrieb festziehen.
9. Faltenbalg mit Spannband bzw. Kabelbinder befestigen. Bremse anbauen, Tacho-Sensor und ABS-Sensor einbauen.

Schwinge aus- und einbauen

Für den Schwingenausbau aller Modelle gelten Arbeitsschritte, die sich zum Teil gleichen, zum Teil jedoch unterschiedlich sind.

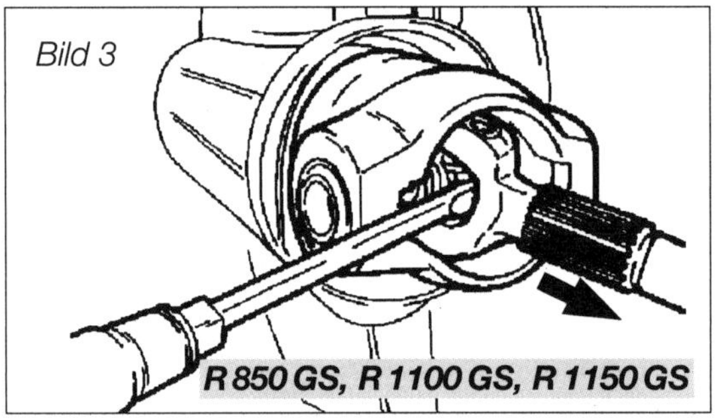

Bild 3: Zum Ab- und Aufdrücken des Kreuzgelenks an der Kardanwelle mit einem großen Schraubenzieher arbeiten.

Schwinge ausbauen
bei R 850 GS, R 1100 GS, R 1150 GS
1. Untere Federbeinbefestigung lösen. Besser ist es, das Federbein ganz auszubauen.
2. Bild 2: Kontermutter des Loslagerzapfens lösen und abdrehen. Auch diese Mutter vorher erwärmen, siehe Punkt 3.
3. Loslagerzapfen etwas lösen. Er ist mit Loctite eingeklebt: mit einem Heißluftföhn auf ca. 120 °C erwärmen, das löst die Verklebung.
4. Festlagerzapfen lösen, vorher ebenfalls auf ca. 120 °C erwärmen.
5. Loslagerzapfen und Festlagerzapfen herausdrehen, Schwinge samt Faltenbalg nach hinten herausziehen.

Schwinge einbauen
bei R 850 GS, R 1100 GS, R 1150 GS
1. Schwinge über die Kardanwelle schieben, so weit wie möglich nach vorne rücken, bis der Faltenbalg am Getriebehals einrastet.
2. Festlagerzapfen mit Loctite »hochfest« bestreichen und einschrauben, noch nicht festziehen.
3. Loslagerzapfen mit Loctite »hochfest« bestreichen, »handfest« einschrauben.

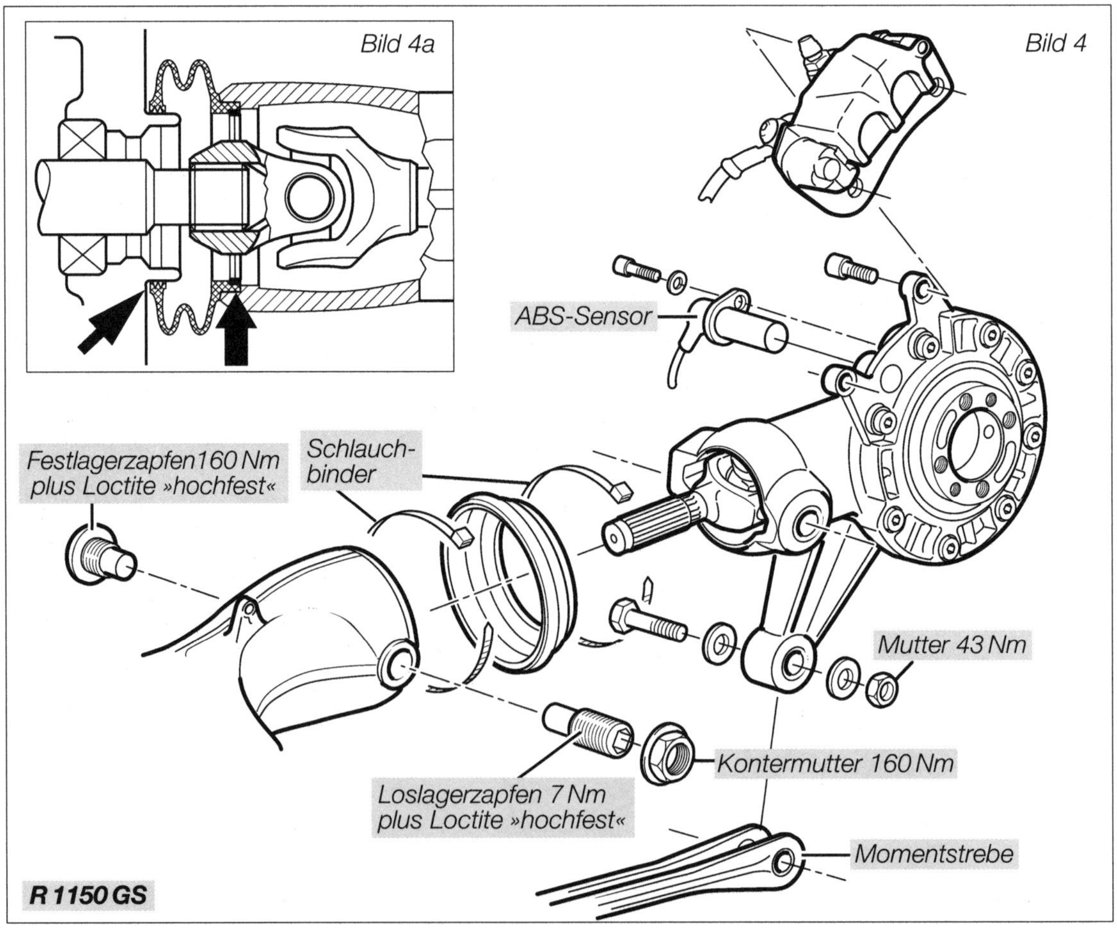

Bild 4: Schraubverbindungen und Anbauteile des Hinterradantriebs und ihre Einbaulage.

Bild 4a: Faltenbalg über den Getriebehals schieben und einschnappen lassen. Innen an der Schwinge ist der Faltenbalg mit einem Sprengring gesichert.

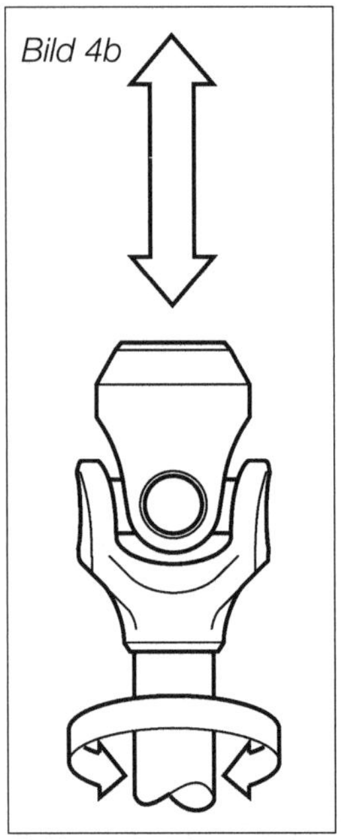

Bild 4b: Prüfen des Kreuzgelenks in axialer und radialer Richtung.

4. Festlagerzapfen festziehen (Anziehdrehmoment siehe Bilder 1 und 2).
5. Loslagerzapfen festziehen, lösen und erneut festziehen (Anziehdrehmoment siehe Bilder 1 und 2).
6. Kontermutter festziehen (Anziehdrehmoment siehe Bilder 1 und 2).
■ Jetzt die Beweglichkeit der Schwingenlager prüfen, indem die Schwinge nach oben und unten bewegt wird. Die Lager müssen leichtgängig und spielfrei zugleich sein, die Schwinge muss sich leicht und ohne zu hakeln nach oben und unten bewegen lassen.
7. Federbein befestigen: Schraube für Federbein unten an Schwinge mit Loctite »mittelfest« bestreichen, eindrehen und festziehen (Anziehdrehmoment siehe Bild 2).
■ Falls das Federbein ganz ausgebaut war: Schraube mit Mutter für Federbein oben an Rahmen ebenfalls mit entsprechendem Anziehdrehmoment festziehen, siehe dazu auch Kapitel 16 »Federung«.

Hinterradantrieb

Hinterradantrieb abbauen bei R 1200 GS
1. Spritzschutz und Hinterrad abbauen.
2. Bremssattel abschrauben, Bremsleitung aus Halterungen lösen (Bild 7), Bremssattel mit Gummiband am Heckrahmen aufhängen.
3. Bild 8: Raddrehzahl- bzw. ABS-Sensor aus Hinterradgehäuse ausbauen, Kabel aus Halterungen der Bremsleitung lösen.
■ Bild 9: Ab Baustand Februar 2011 ist das Kabel zusätzlich durch eine Klemme und eine Führung gesichert.
3.1. Einen passenden (!) Gummistöpsel in die Bohrung stecken, damit kein Schmutz in den Hinterradantrieb gerät und bei Abbau bzw. Lagerung des Hinterradantriebs kein Öl ausläuft. BMW empfiehlt dazu den »Verschlussstopfen 15 mm« mit der Nr. 33 1 593.
4. Bild 10: Hinterradantrieb mit einem Riemen nach oben am Rahmenhinterteil anhängen.
5. Bilder 5 und 6: Mutter ***A*** auf der Schraube der Momentstrebe am Hinterradantrieb abdrehen, mit Scheibe abnehmen, Schraube ausziehen.
5.1. Riemen langsam lösen und so den Hinterradantrieb nach unten absenken.

Bilder 5 und 6: Wichtige Bauteile der Hinterradschwinge und des Hinterradantriebs der R 1200 GS.

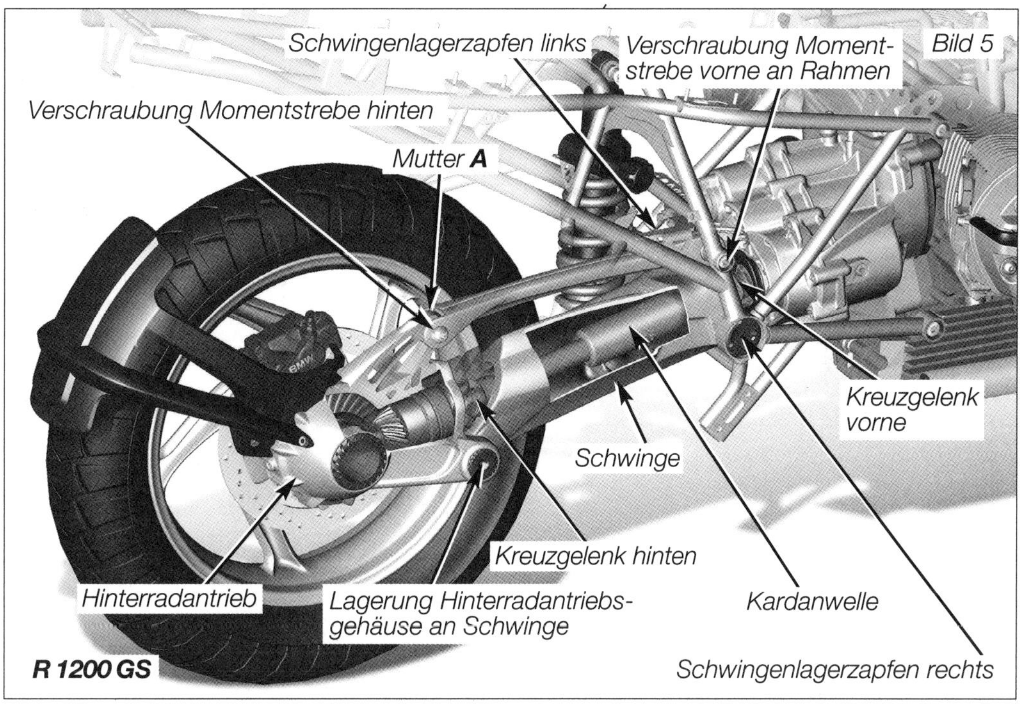

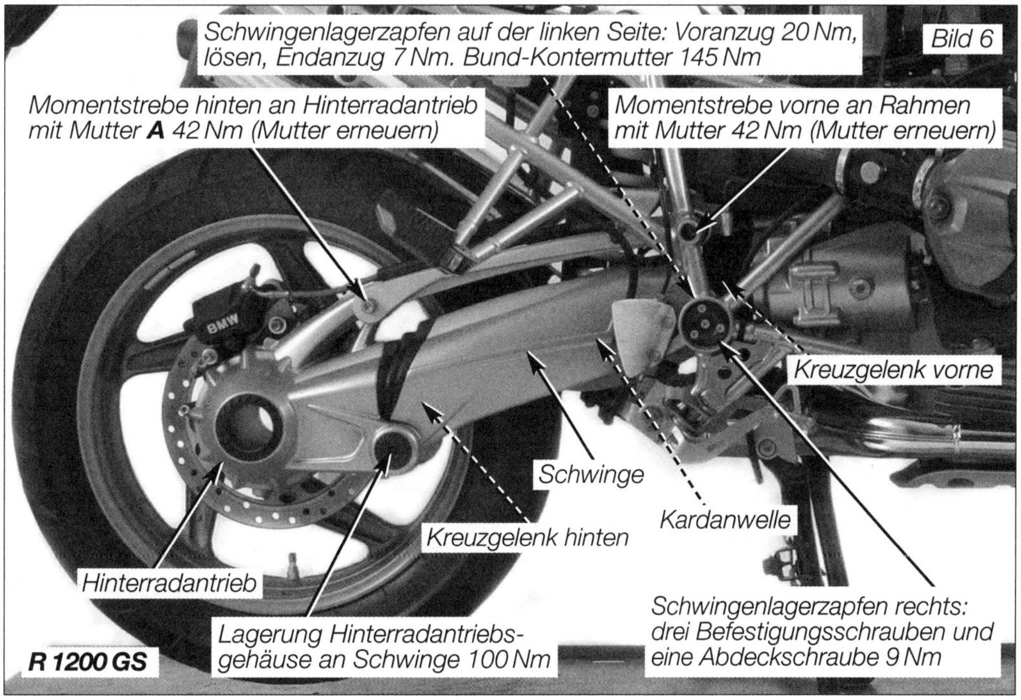

Sichtprüfung Messen

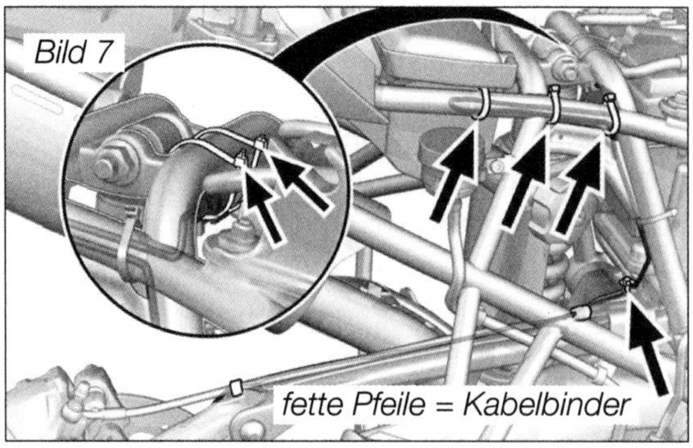

Bild 7: Kabelbinder der Bremsleitung.

Bilder 8 und 9: ABS-Sensor und Kabelklemme.

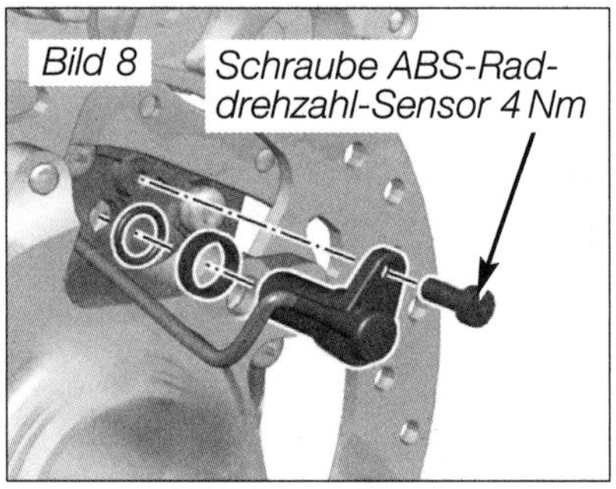

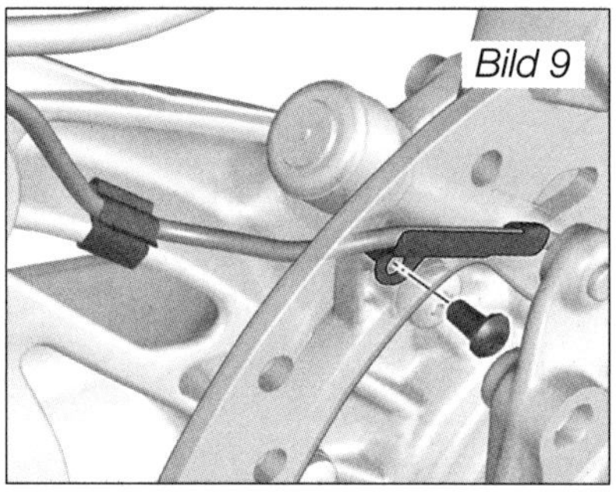

Bild 10

*Zum Ausbau der Abdeckung **D** ein Loch in die Mitte der Abdeckung bohren und mit den Spezialwerkzeugen »Zugstange« und »Adapter« ausziehen.*

■ Man kann auch mit einem kleinen Schraubenzieher am Rand der Abdeckung vorsichtig einfahren und sie so aushebeln.

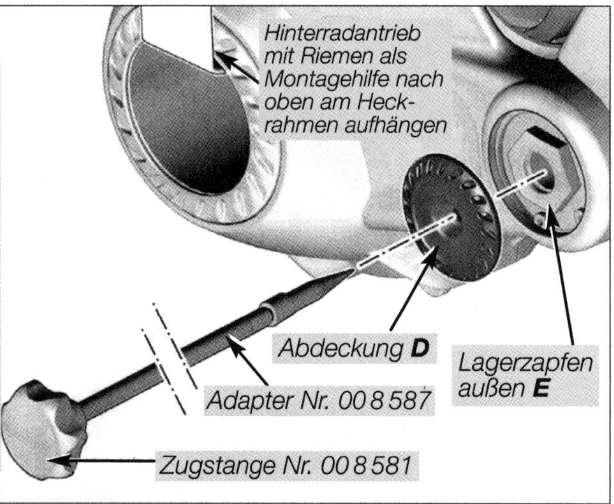

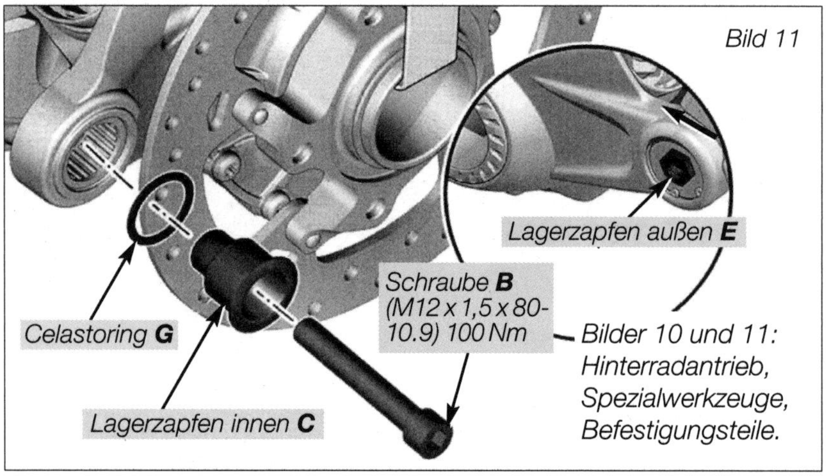

Bilder 10 und 11: Hinterradantrieb, Spezialwerkzeuge, Befestigungsteile.

6. Faltenbalg abnehmen: Mit kleinem Schraubenzieher zwischen Faltenbalg und Ende der Schwinge einfahren und vorsichtig abdrücken.
Hinweis: Wenn nur die Kardanwelle gewechselt werden soll, braucht der Hinterradantrieb nicht weiter abgebaut zu werden.
7. Bild 10: Abdeckung ***D*** ausbauen.
8. Bild 11: Schraube ***B*** der Schwingenlagerung hinten lösen: Am Sechskant von Lagerzapfen außen ***E*** gegenhalten. Schraube ***B*** ausdrehen.
9. Bild 11: Lagerzapfen innen ***C*** mit Celastoring ***G*** herausnehmen.
10. Bilder 10 und 11: Lagerzapfen außen ***E*** mit BMW-Dorn (Nr. 33 2 640) oder einem Aludorn (Durchmesser max. 15 mm) ausschlagen.
11. Bild 12: Hinterradantrieb abnehmen. Distanzscheibe ***F*** aushebeln, mit O-Ring herausnehmen.
Wichtig: Hinterradantrieb nach außen ablegen. Nicht nach innen, sonst läuft Öl aus der Bohrung des Drehzahl-Sensors aus, selbst wenn die Bohrung mit einem Gummistöpsel abgestopft ist!

Hinterradantrieb anbauen bei R 1200 GS

⚠ **Achtung:** Bei Nichteinbau der Distanzscheibe ***F*** in Bild 12 wird der Hinterradantrieb an der Schwinge geklemmt! Deswegen auf korrekten Einbau der Distanzscheibe und Leichtgängigkeit der Lagerung achten!

1. Bild 12: Distanzscheibe ***F*** mit O-Ring vor das Lager im Hinterradantrieb rechts einsetzen.
2. Hinterradantrieb an der Schwinge ansetzen, Lagerbohrungen in Flucht zueinander bringen.
3. Bild 11: Celastoring ***G*** auf den Lagerzapfen schieben.
4. Lagerzapfen innen (***C*** in Bild 11) und außen (***E*** in Bildern 10 und 11) einstecken.
5. Bild 11: Schraube ***B*** einbauen, »handfest« eindrehen.
6. Jetzt den Hinterradantrieb mit einem Riemen nach oben hin zum Rahmen aufhängen.
7. Schraube ***B*** in Bild 11 anziehen, am Sechskant des Lagerzapfens ***E*** in Bildern 10 und 11 gegenhalten. Anziehdrehmoment 100 Nm.
8. Verzahnung am Wellenzapfen reinigen, etwas Optimoly TA an die Verzahnung geben. Hinterradantrieb hochklappen, dabei Kreuzgelenk auf Wellenzapfen ansetzen und ganz aufschieben, Riemen nachziehen.
9. Faltenbalg anbringen:
■ Bild 13: Sitzen die Kunststoffeinsätze vorne und hinten korrekt im Faltenbalg? Wenn »nein«, Zapfen der Kunststoffeinsätze auf Nuten im Faltenbalg ausrichten und eindrücken.

■ Sitzflächen des Faltenbalgs innen mit Staburags NBU 30 PTM einschmieren, an Gewindering des Hinterradantriebs ansetzen (Bild 12) und einrasten lassen.
■ Faltenbalg an Schwinge einrasten lassen.
10. Momentstrebe hinten einbauen:
■ Schraube durchstecken, Scheibe aufschieben, neue Mutter aufdrehen, mit 42 Nm festziehen.

Restliche Teile anbauen:
■ Bild 8: O-Ring in der Bohrung für den ABS-Raddrehzahl-Sensor kontrollieren, ggf. erneuern, etwas Fett daran geben.
■ Bild 8: ABS-Sensor in Hinterradantriebsgehäuse einstecken, Schraube mit 4 Nm festziehen, Sensorkabel einclipsen.
■ Bremssattel anbauen: Kapitel 19 »Bremsen«.
■ Hinterrad ein- und Spritzschutz anbauen: Kapitel 18 »Räder«.

Kardanwelle ausbauen, prüfen, einbauen

R 850 GS, R 1100 GS, R 1150 GS
Wenn die Hinterradschwinge ausgebaut ist, kann die Kardanwelle vom Getriebeabtriebszapfen abgedrückt werden. Dazu die Klinge eines großen Schraubenziehers von unten an den dem Getriebe zugewandten Bund der Kardanwelle ansetzen, den Schaft des Schraubenziehers am Gehäuse anlegen und die Kardanwelle nach hinten abdrücken. Bauteile nicht zerkratzen, ggf. dicke Lappen als Unterlage verwenden.

Das Kreuzgelenk wird geprüft, indem man versucht, Vorder- und Hinterteil gegeneinander (radial) zu verdrehen sowie axial auseinanderzuziehen und zusammenzudrücken. Die Bewertung des Spiels ist Erfahrungssache.

Tipp: Defekte Nadellager in den Kreuzgelenken können zwar repariert werden, wir empfehlen jedoch, bei einem Defekt des Kreuzgelenks ein komplett neues Teil zu verwenden.

Kardanwelle einbauen
1. Innenverzahnung der Kardanwelle und Außenverzahnung der Getriebeausgangswelle mit Montagefett Staburags NBU 30 PTM einfetten.
2. Kardanwelle gerade ansetzen und mit einem kräftigen Ruck aufdrücken.
■ Darauf achten, dass der offene Federring (»Sicherungsclip«), der in der Innenverzahnung der Kardanwelle sitzt, auch richtig in der Nut der Getriebeausgangswelle einrastet. Zur Kontrolle nochmals an der Kardanwelle ziehen. Es muss ein geringes Axialspiel zu fühlen sein, die Welle darf jedoch nicht herausrutschen.

Kardanwelle aus-/einbauen bei R 1200 GS
Die Kardanwelle kann bei eingebauter Schwinge aus- und eingebaut werden. Sollte es bei Ihrer Maschine nicht möglich sein, die Kardanwelle mit dem breiten Schraubenzieher von der Getriebeabtriebswelle abzudrücken, wie später im Text in Punkt 3. beschrieben (Bild 14), dann bauen Sie lieber die Schwinge aus, als mit dem Schraubenzieher weiter herumzuwürgen.

Kardanwelle ausbauen
1. Arbeitsschritte 1. bis 6. des Textabschnitts »Hinterradantrieb abbauen« durchführen.
2. Bild 14: Kabelbinder am vorderen Faltenbalg durchknipsen.
3. Bild 15: Mit breitem Schraubenzieher den vorderen Faltenbalg vom Getriebegehäuse abschieben, in das Kreuzgelenk einfahren und dieses von der Getriebeausgangswelle abdrücken.
4. Kardanwelle nach hinten aus der Schwinge herausziehen.
5. Bild 17: Kreuzgelenke der Kardanwelle kontrollieren: Vorder- und Hinterteil des Kreuzgelenks gegen-

*Bild 12: Montagedetails am Hinterradantrieb und Montageposition der Distanzscheibe **F**.*

Bild 13: Hinterer Faltenbalg mit Anbauteilen.

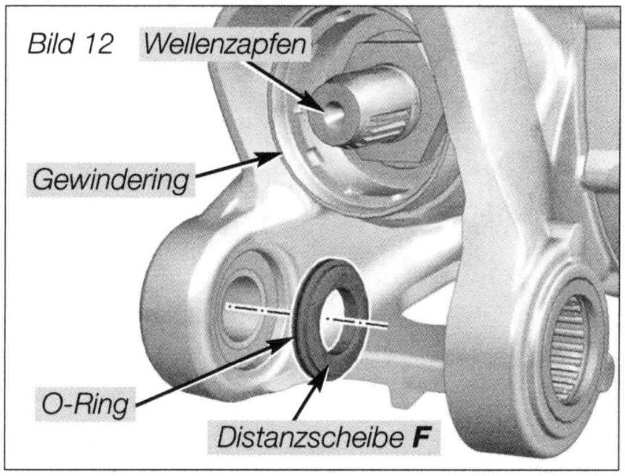

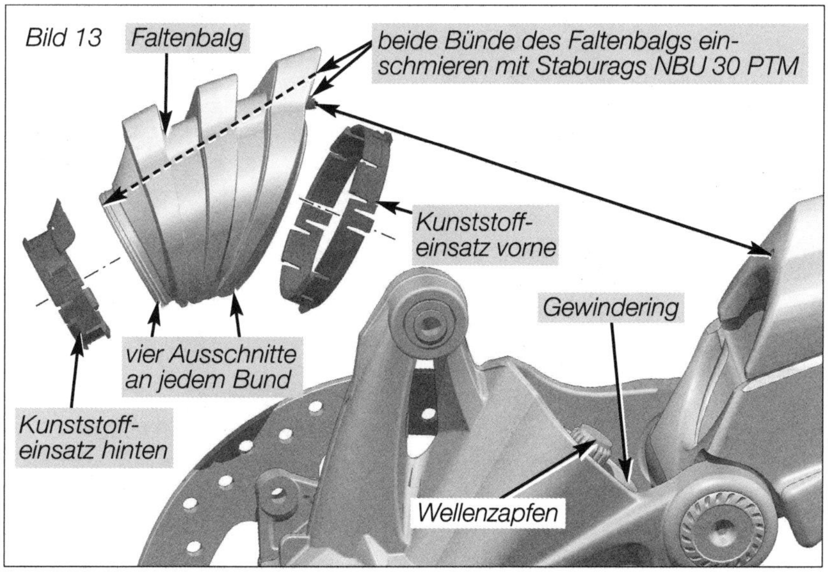

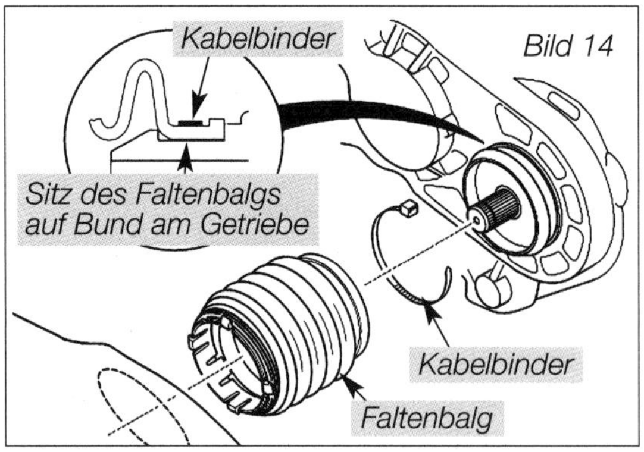

Bild 14: Kabelbinder und Faltenbalg am Getriebeausgang.

Bilder 15 bis 17:
- *Kreuzgelenk abdrücken (Bild 15)*
- *kontrollieren (Bild 17)*
- *aufdrücken (Bild 16).*

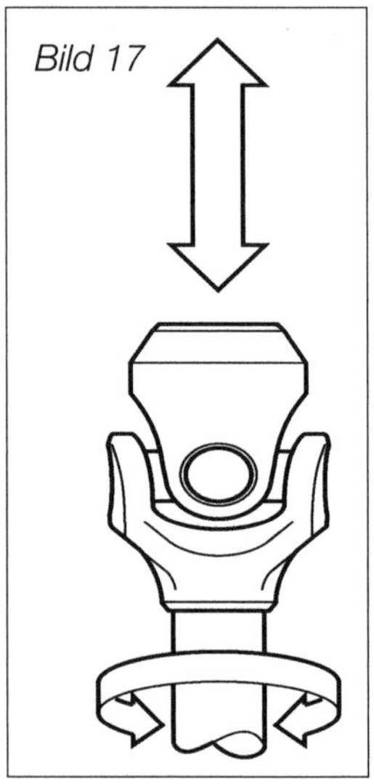

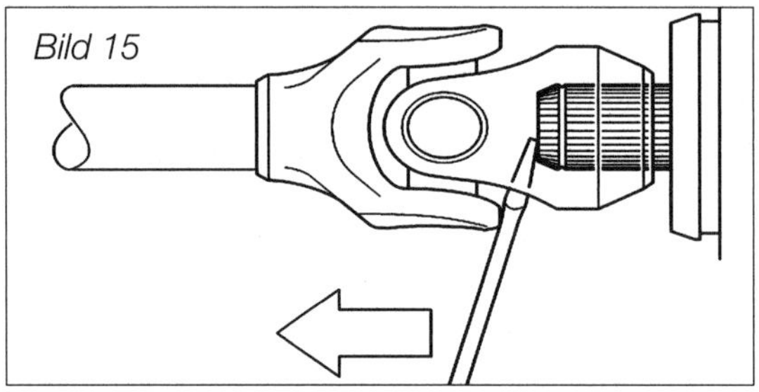

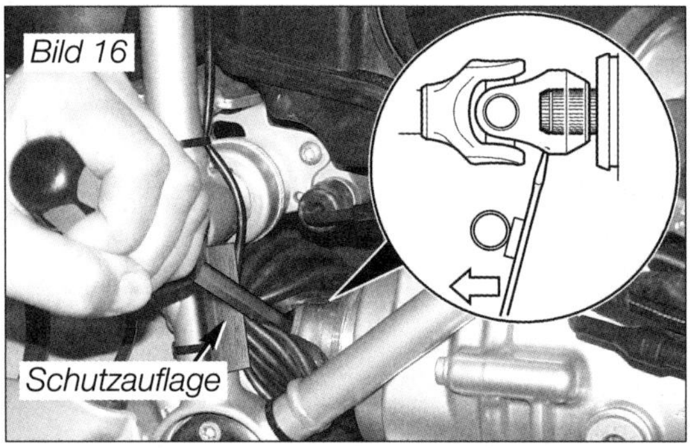

Bild 18: Spezialwerkzeuge für Schwingenlagerzapfen links.

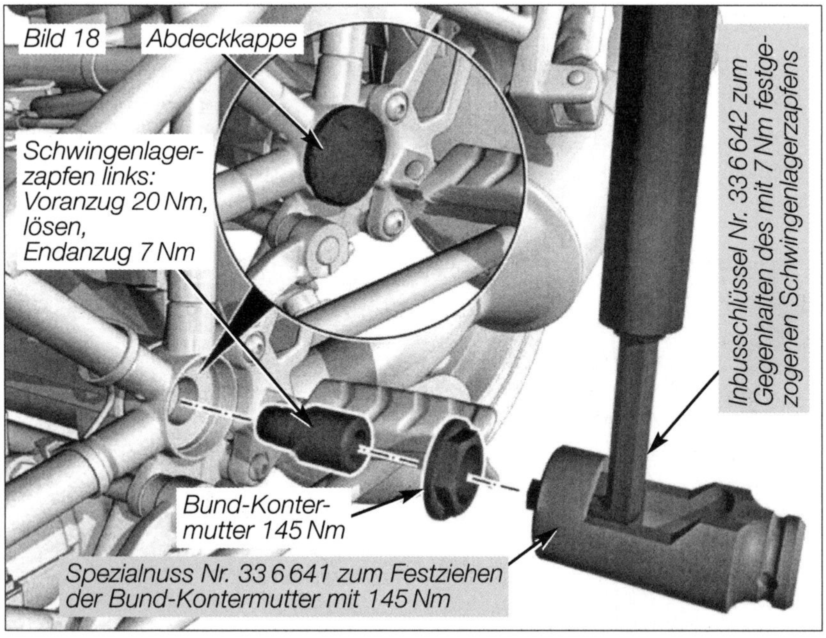

einander (»radial«) verdrehen sowie axial auseinanderziehen und zusammendrücken. Jedes Kreuzgelenk hat ganz leicht »Luft« in alle Richtungen, weil auch neue Lager einen Hauch Spiel haben – deswegen ist die Bewertung des Spiels Erfahrungssache (BMW-Meister fragen!). **Hinweis:** Defekte Nadellager in den Kreuzgelenken können zwar repariert werden, wir empfehlen jedoch, bei defekten Lagern ein komplett neues Kreuzgelenk einzubauen.

Kardanwelle einbauen

1. Innenverzahnung der Kardanwelle schmieren mit Optimoly TA.
2. Kardanwelle von hinten in Schwinge schieben.
3. Kreuzgelenk auf Getriebeausgangswelle ansetzen, aufschieben bis Widerstand spürbar wird.
4. Bild 16: Mit einem breiten Schraubenzieher das Kreuzgelenk aufdrücken, bis es einrastet.
5. Bild 14: Sitzfläche des vorderen Faltenbalgs mit Staburags NBU 30 PTM einfetten, Faltenbalg auf Bund am Getriebegehäuse schieben und den Faltenbalg mit einem neuen Kabelbinder sichern.
6. Weiter mit den Arbeitsschritten ab 8. aus dem Textabschnitt »Hinterradantrieb anbauen«.

Schwinge aus- und einbauen bei R 1200 GS

Wichtig: Zum Festziehen des Schwingenzapfens und seiner Kontermutter werden die BMW-Spezialwerkzeuge »Inbusschlüssel« (Nr. 33 6 642) und »Spezialnuss« (Nr. 33 6 641) benötigt (Bild 18). Werden diese Werkzeuge nicht benutzt, besteht die Gefahr, dass sich der Lagerzapfen beim Festziehen (»Kontern«) der Bund-Kontermutter (145 Nm) verdreht und sein vorgeschriebenes Anziehdrehmoment von 7 Nm überschritten wird, was auf Dauer gesehen zu Beschädigung der Kegelrollenlager führen wird.

Schwinge ausbauen

Hinterradantrieb ausbauen wie im Text weiter vorne beschrieben. Kardanwelle kann eingebaut bleiben. Weiterhin muss der Auspufftopf abgebaut werden.
1. Kabelbinder am vorderen Faltenbalg durchknipsen, Faltenbalg vom Getriebegehäuse abschieben.
2. Federbeinschraube ausbauen: Rechtes Teil der Schwinge, in die das Gewinde der Federbeinschraube eingeschnitten ist, mit einem Heißluftföhn auf ca. 80 °C erwärmen, Schraube lösen und ausdrehen (siehe Kapitel 16 »Federung«).

3. Bild 19: Im Lagerzapfen des Schwingenlagers auf der rechten Seite die mittlere und äußeren Schrauben ausdrehen.
4. Bild 18: Am Schwingenlager der linken Seite die Abdeckkappe aushebeln.
4.1. Bund-Kontermutter lösen und abschrauben.
4.2. Lagerzapfen mit Inbusschlüssel lösen und ausdrehen.
5. Bild 19: Am Schwingenlager der rechten Seite das Spezialwerkzeug »Zugstange« (Nr. 00 8 581) mit »Schlaggewicht« (Nr. 00 8 582) in Gewindebohrung im Lagerzapfen einschrauben.
5.1. Schwinge etwas anheben, Lagerzapfen ausziehen.
6. Schwinge nach hinten herausnehmen.

Schwinge einbauen
1. Sitzflächen des vorderen Faltenbalgs mit Staburags NBU 30 PTM einfetten, Faltenbalg auf Bund am Getriebegehäuse schieben (Bild 14).
2. Schwinge über Kardanwelle schieben.
3. Kunststoffring des Faltenbalgs in Schwinge drücken, dabei auf korrekten Sitz von Kunststoffring und Faltenbalg achten.
4. Lagerzapfen mit Optimoly TA schmieren.
5. Schwinge ausrichten, rechten Lagerzapfen eindrücken.
6. Linken Lagerzapfen einschrauben.
7. Rechten Lagerzapfen mit den M6 x 16-Schrauben festschrauben, Anziehdrehmoment 9 Nm.
7.1. Schraube M6 x 8 in mittlere Gewindebohrung eindrehen, mit 9 Nm festziehen.
8. Bild 18: Linken Lagerzapfen festziehen und kontern:
8.1. Voranzug des Lagerzapfens 20 Nm.
8.2. Lagerzapfen lösen.
8.3. Wieder festziehen mit 7 Nm.
8.4. Bund-Kontermutter mit 145 Nm festziehen.
■ Jetzt die Beweglichkeit der Schwingenlager prüfen, die Schwinge muss sich leicht und ohne zu hakeln nach oben und unten bewegen lassen. Lager müssen leichtgängig und spielfrei sein.

9. Abdeckkappe eindrücken.
10. Restliche Teile anbauen. Einbau des Federbeins siehe Kapitel 16 »Federung«.

Schwingenlager prüfen

Die Hinterradschwinge ist rechts und links in Kegelrollenlagern gelagert. Es kann vorkommen, dass diese Lager kaputt gehen, wenn die Maschine z. B. über längere Zeit mit falsch eingestellten Lagerspielen gefahren wurde.

Bei ausgebauter Schwinge werden die Lager geprüft, indem sie mit dem Finger gedreht bzw. hin und her bewegt werden. Laufen sie leicht und ruckfrei? Wenn nicht, müssen die Lager gewechselt werden.

Wir raten Ihnen dringend diese Lager in einer BMW-Werkstatt wechseln zu lassen, weil dazu Spezialwerkzeuge gebraucht werden. Auch ein spezieller Lagerbetrieb hat diese Werkzeuge.

Anziehdrehmomente Hinterradschwinge
Lagerung Hinterachsgetriebe an Schwinge
Festlagerzapfen bei R 850 GS, R 1100 GS .... 150 Nm
■ *Loctite »hochfest« auf gereinigtes Gewinde auftragen*
Festlagerzapfen bei R 1150 GS .... 160 Nm
■ *Loctite »hochfest« auf gereinigtes Gewinde auftragen*
Loslagerzapfen .... 7 Nm
■ *Loctite »hochfest« auf gereinigtes Gewinde auftragen*
Kontermutter bei R 850 GS, R 1100 GS .... 105 Nm
■ *Loctite »hochfest« auf gereinigtes Gewinde auftragen*
Kontermutter bei R 1150 GS .... 160 Nm
Lagerschraube in Lagerzapfen außen Hinterachsantriebsgehäuse an Schwinge bei R 1200 GS .... 150 Nm
■ *mikroverkapselt, Schraube erneuern*
Schwingenlagerzapfen links an Heckrahmen
bei R 850 GS, R 1100 GS .... 7 Nm
■ *Loctite »hochfest« auf gereinigtes Gewinde auftragen*
bei R 1150 GS .... 7 Nm
■ *Voranzug mit 9 Nm, dann lösen, Endanzug mit 7 Nm*
■ *Loctite »hochfest« auf gereinigtes Gewinde auftragen*
bei R 1200 GS .... 7 Nm
■ *Voranzug mit 20 Nm, dann lösen, Endanzug mit 7 Nm*
■ *Gewinde und Lagersitz mit »Optimoly TA« befetten*
Bund-Kontermutter Schwingenbolzen an Getriebegehäuse bzw. Heckrahmen links
bei R 850 GS, R 1100 GS .... 105 Nm
■ *Loctite »hochfest« auf gereinigtes Gewinde auftragen*
bei R 1150 GS .... 160 Nm
bei R 1200 GS .... 145 Nm
Momentstrebe (Paralever) an Hinterachsgetriebe
bei R 850 GS, R 1100 GS, R 1150 GS, R 1200 GS bis Mj. 2009 .... 43 Nm
■ *Fahrzeug mit ca. 85 kg belasten, lose Strebe festziehen*
bei R 1200 GS ab 2010 .... 42 Nm
■ *mechanische Schraubensicherung, Schraube erneuern*
Momentstrebe (Paralever) an Heckrahmen bei R 850 GS, R 1100 GS, R 1150 GS, R 1200 GS bis Mj. 2009 .... 43 Nm
bei R 1200 GS ab Mj. 2010 .... 42 Nm
■ *mechanische Schraubensicherung, Schraube erneuern*
Befestigungsschrauben Schwingenlagerzapfen an Heckrahmen rechts bei R 850 GS, R 1100 GS .... 7 Nm
■ *Loctite »hochfest« auf gereinigtes Gewinde auftragen*
bei R 1150 GS .... 7 Nm
■ *Voranzug mit 9 Nm, dann lösen, Endanzug mit 7 Nm*
■ *Loctite »hochfest« auf gereinigtes Gewinde auftragen*
bei R 1200 GS .... 9 Nm
Abdeckschraube Schwingenlagerzapfen rechts
bei R 1200 GS .... 9 Nm
Verbindungsschraube bei geteilter Momentstrebe .... 8 Nm
■ *mikroverkapselt, erneuern*

Bild 19: Die Spezialwerkzeuge »Zugstange« und »Schlaggewicht« kann man selbst machen aus einer langen M6-Schraube (wird »Zugstange«) und einem kinderfaustgroßen Eisenstück (wird »Schlaggewicht«).

Korrespondenzkapitel:
- 17 »Schwinge · Kardan«
- 19 »Bremsen«

Räder

In diesem Kapitel: Räder aus- und einbauen · Tipps und Tricks zur Radmontage · Vorderrad aus- und einbauen · Hinterrad aus- und einbauen · Vorderachse und Räder prüfen · Räder auf Rundlauf prüfen · Radlager prüfen, erneuern · Speichen prüfen, spannen, ersetzen.

Räder aus- und einbauen

Benötigte Werkzeuge

Bevor Sie die Räder ausbauen wollen, um diese zum Reifenwechsel zum BMW-Händler oder zum Reifendienst zu bringen, versichern Sie sich, dass Sie die nötigen Werkzeuge haben. Denn je nach Modell sind Radausbau-Werkzeuge im Bordwerkzeug oder auch nicht, siehe dazu Tabelle unten auf dieser Seite. Bild 2 zeigt die zum Rad-Aus- und -Einbau benötigten Werkzeuge für die R 1200 GS.

Anziehdrehmomente

Die vorgeschriebenen Anziehdrehmomente der Verschraubungen an Vorder- und Hinterrad entnehmen Sie bitte der Tabelle unten rechts. Um diese einhalten zu können, sollte man für den Aus- und Einbau der Räder zwei Drehmomentschlüssel haben: Einen kleinen mit 0 bis 40 Nm für Achsklemmschrauben und vordere Bremssattelschrauben und einen größeren mit 40 bis 150 Nm für vordere Radachse und hintere Radschrauben.

Bild 1: Zur Montage der Vorderachse bei der R 1200 GS wird eine 22er-Stecknuss benötigt. Man kann auch ein Notwerkzeug basteln: Mutter auf Schraube mit 22er-Kopf fest aufdrehen und mit einem Schweißpunkt sichern.

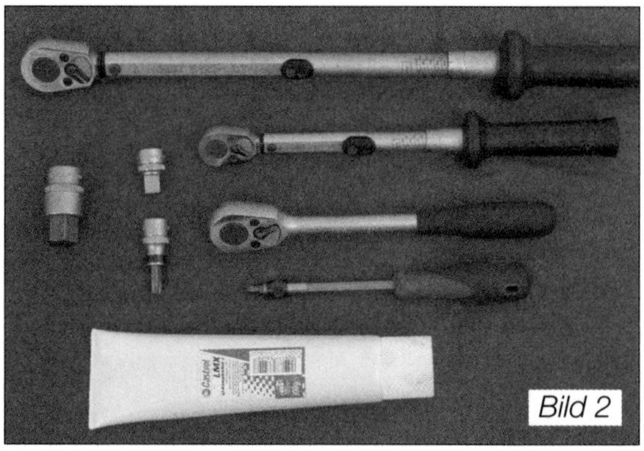

Bild 2: Werkzeuge zum Aus- und Einbau von Vorder- und Hinterradder R 1200 GS.

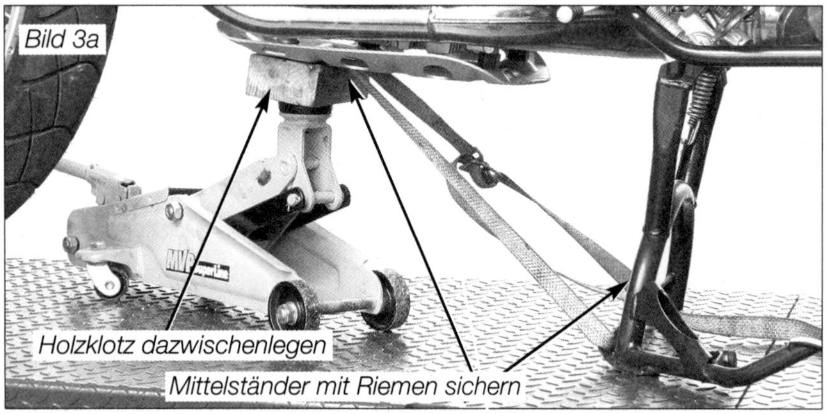

Bilder 3a und 3b: Zum Ausbau des Vorderrads den Motor mit einem Wagenheber unterbauen, Mittelständer mit Riemen gegen Einklappen sichern, passenden Holzklotz zwischen Rad und Boden legen.

Werkzeugübersicht zum Aus- und Einbau der Räder

Bordwerkzeug	R 850 GS/ R 1100 GS	R 1150 GS bis 11/2001	R 1150 GS ab 11/2001	R 1200 GS 2004 bis 2007	R 1120 GS MÜ ab 2008	R 1200 GS DOHC ab 2010
Vorderrad						
Schraube in Vorderachse	SW 17	SW 17	SW 17	–	–	–
Vorderachse (Vorderachskopf)	–	–	–	Inbusnuss SW 22	Inbusnuss SW 22	Inbusnuss SW 22
Achsklemmschrauben	Inbus SW 6	Inbus SW 6	Inbus SW 6	Torx 45	Torx 45	Torx 45
Bremssattel an Tauchrohr	Inbus 8 (M10 x 25)	Inbus 8 (M10 x 25)	Torx 45 (M8 x 32)	Torx 45 (M8 x 32)	Torx 45 (M8 x 30)	Torx 45 (M8 x 30)
ABS-Sensor	Torx 25	Torx 25	Torx 25	Torx 25	Torx 25	Torx 25
Hinterrad						
Radschrauben	SW 17	SW 17	SW 17	Torx 50	Torx 50	Torx 50
Bremssattel an Hinterachsgehäuse	Inbus SW 8	Inbus SW 8	Torx 45	Torx 45	Torx 45	Torx 45
ABS-Sensor	Torx 25	Torx 25	Torx 25	Torx 25	Torx 25	Torx 25
Werkzeuge zum Aus und Einbau der Räder im Bordwerkzeug*	ja	ja	ja	ja	nein	nein

*= Siehe dazu auch Kapitel 2 »Werkzeug · Werkstatt«, Text und Tabelle »Serienmäßiges Bordwerkzeug« in den GS-Modellen unseres Buchs.

Tipps und Tricks zur Radmontage

Maschine gegen Umfallen sichern (Bild 3a)
Wenn man das Hinterrad ausbauen möchte und die Maschine auf dem Mittelständer aufbockt, sollte man diesen zum unteren Motorschutzblech hin mit einem Band so verspannen, dass während des Werkens am Hinterrad der Mittelständer nicht einklappen kann und die Maschine dann auf den Boden fällt. **Wichtig:** Niemals beide Räder gleichzeitig ausbauen, wenn die Maschine ohne zusätzliche Sicherung nur auf dem Mittelständer abgestellt ist! Wenn man unterwegs auf Tour ist und es muss das Vorderrad ausgebaut werden, kann ein Helfer das aufgebockte Motorrad hinten entsprechend belasten, damit das Vorderrad frei kommt.

Der Trick mit dem Holzklotz (Bild 3b)
Wenn man beim Aus- und Einbau eines Rades alleine arbeiten muss, kann das zu einer nervigen Frickelei ausarten, bis alle Bauteile in Einbauposition gebracht sind; man bräuchte drei oder vier Hände. Organisieren Sie sich vor dem Radausbau einen Holzklotz, der so dick ist, dass er bei aufgebockter Maschine zwischen Rad und Boden passt. Dann knallt das Rad nicht plötzlich herunter, wenn die Achse ausgezogen ist, und lässt sich auch viel einfacher wieder einbauen.

ABS-Sensor ausbauen
Zum Aus- und Einbau des Vorderrads sollte in jedem Falle der ABS-Raddrehzahl-Sensor ausgebaut werden (Bild 4), sonst kann er beim Montieren einen Schlag bekommen und ist dann defekt.

Hinterer Bremssattel
Zum Aus- und Einbau des Hinterrads muss der Bremssattel nicht von der Bremsankerplatte abgeschraubt werden.

Gewinde reinigen und schmieren
Vorderradachse und Simmerringe im Vorderrad vor der Montage reinigen und leicht einfetten. BMW schreibt dazu Folgendes vor:

- Staburags NBU 30 PTM für Simmerringe
- Bei R 850 GS, R 1100 GS, R 1150 GS Molykotepaste an Vorderachse
- Bei R 1200 GS Optimoly TA an Vorderachse

Wenn diese Fette nicht zur Hand sind, kann man zum Fetten der Achsen und Simmerringe auch ein anderes gutes,»leichtes« Kfz-Wälzlagerfett verwenden; z. B. das LMX LI-Komplexfett des BMW-Partners Castrol (Bild 2).

Hintere Radschrauben

Achtung: Hinterradschrauben niemals einölen oder einfetten! Radschrauben trocken eindrehen! **Wichtig für alle Modelle:** Nur originale BMW-Radschrauben verwenden!

Je nach Modell sind die Radschrauben für Guss- und Speichenrad unterschiedlich lang:
Bei R 850 GS, R 1100 GS haben die Radschrauben die Längenkennzahl 60.
Bei der R 1150 GS haben die Radschrauben die Längenkennzahl 63.

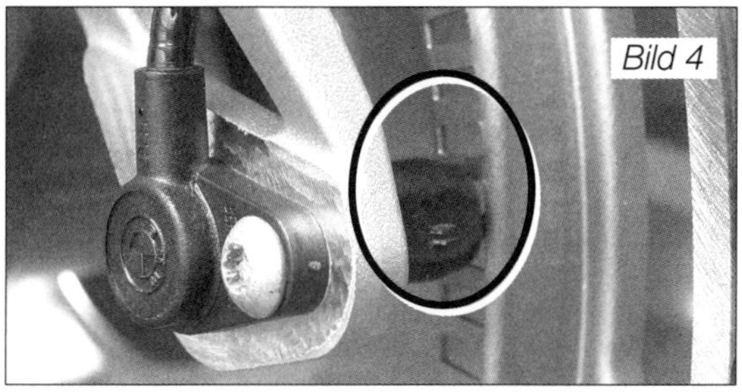

Bild 4: Vorsicht, den ABS-Raddrehzahl-Sensor beim Rad-Aus- und -Einbau nicht hart berühren. Deswegen ist es besser ihn auszubauen.

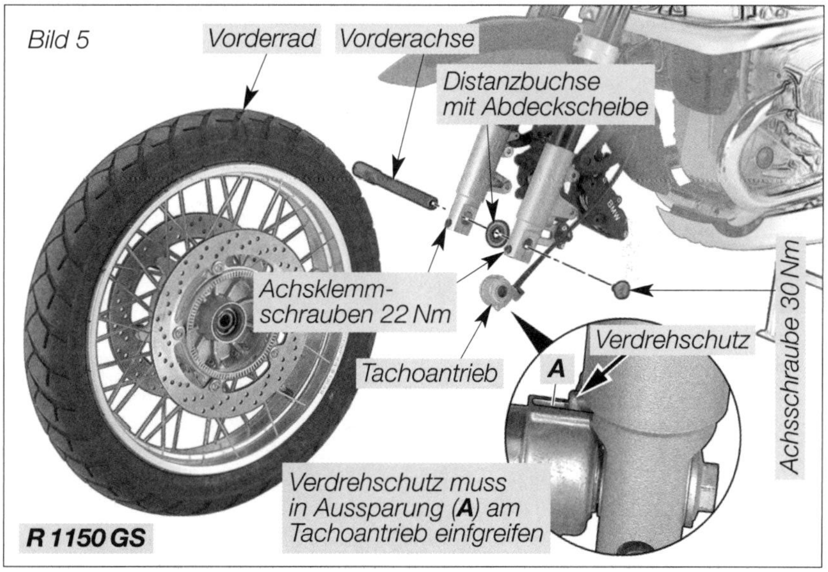

Bild 5: Vorderradbauteile der R 1150 GS, wie sie auch bei R 850 GS, R 1100 GS gestaltet sind. Beachten Sie bitte die Darstellung im Kreis: So muss der Tachoantrieb eingebaut werden.

Anziehdrehmomente Räder			
	R 850 GS/R 1100 GS	**R 1150 GS**	**R 1200 GS**
Vorderrad			
Vorderachse	–	–	50 Nm
Achsschraube	30 Nm	30 Nm	–
Achsklemmschraube(n)	22 Nm (2 Stück)	22 Nm (2 Stück)	19 Nm (1 Stück)
Bremssattel an Tauchrohr	40 Nm	40 Nm	30 Nm
ABS-Sensor	4 Nm	4 Nm	4 Nm
Hinterrad	**Wichtig:** Radschrauben trocken einbauen, nicht ölen		
Radschrauben	Voranzug 50 Nm Endanzug 105 Nm über Kreuz anziehen	Voranzug 72 Nm Endanzug 105 Nm über Kreuz anziehen	60 Nm über Kreuz anziehen
Bremssattel an Hinterachsgehäuse	40 Nm	40 Nm	24 Nm
ABS-Sensor	4 Nm	4 Nm	4 Nm

Sichtprüfung Messen

Bild 6: Bremssättel vom Rad weghängen. Bremsschlauch weder knicken noch verdrehen.

Bild 7: ABS-Sensor losschrauben und ausziehen.

Bild 8: Dorn in Querbohrung der Achse einstecken und sie unter leichtem Drehen ausziehen.

Bilder 9a und 9b: Kurze Buchse rechts, Tachoantrieb links. Darauf achten, dass die Nasen richtig in die Antriebsscheibe eingesetzt werden. Aussparung außen im Tachoantriebsgehäuse in den Vorsprung der Gabel einschieben. Mit dem ABS-Radkranz (Pfeil) nicht anstoßen!

Bild 10: Gefettete Achsschraube mit 30 Nm festziehen.

Bei den R 1200 GS-Modellen können Guss- oder Speichenräder eingebaut sein, die Schrauben sind unterschiedlich lang und haben folgende Maße:

- Gussradschrauben M10 x 40
- Speichenradschrauben M10 x 53

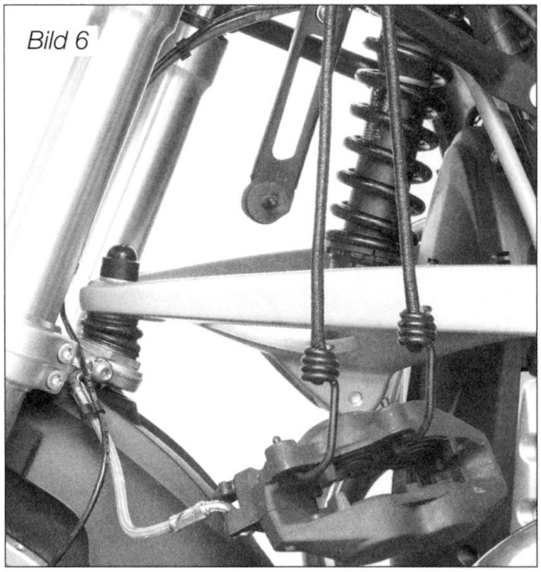
Bild 6

Bild 7

Bild 8

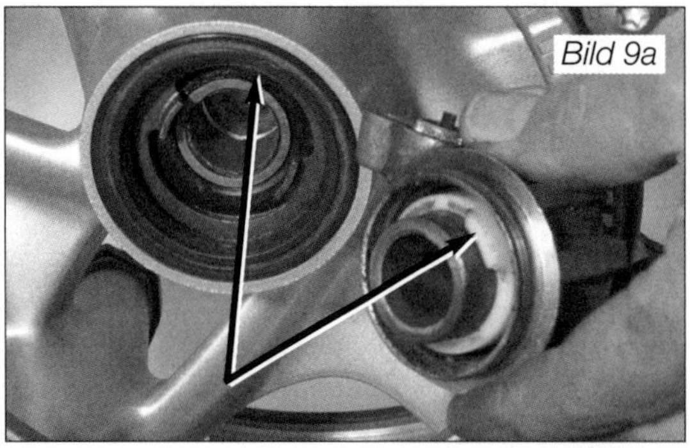
Bild 9a

Bild 9b

Bild 10

Vorderrad aus- und einbauen

Achtung: Handbremshebel niemals betätigen, wenn die Bremssättel abgebaut sind! Sonst rutschen die Bremsklötze in die Sättel und man kann sie nicht mehr montieren.

Tipp: Einen Lappen so dick um den Gasgriff wickeln, dass der Bremshebel nicht bewegt werden kann.

Vorderrad ausbauen

1. Bild 3a: Motorrad auf Mittelständer aufbocken. Motor vorne entsprechend unterbauen, damit das Vorderrad vom Boden frei kommt.
2. Bild 7: ABS-Sensor abschrauben und aus seiner Bohrung ziehen, dass er »frei« hängt.
3. Bild 6: Bremssättel abschrauben und von den Bremsscheiben ziehen. Bremssättel mit Gepäckgummis außerhalb des Rades weghängen.
- Bremsschläuche dabei nur so wenig wie möglich verdrehen und nicht knicken!

4. Bei R 850 GS, R 1100 GS, R 1150 GS: Achsschraube links lösen und ausdrehen.
4.1. Achsklemmschrauben in linker und rechter Gabelfaust lösen.
4.2. Bild 8: In der Achse rechts ist eine Querbohrung, hier einen Schraubenzieher oder 6er-Inbus einstecken und damit die Achse ausdrehen und ausziehen, dabei das Rad halten und etwas daran wackeln.
4.3. Rad absetzen, Distanzbuchse rechts abnehmen, Tachoantrieb aus Radnabe nehmen (Bild 9a), Rad nach vorne herausnehmen.
5. Bei R 1200 GS, Bild 12: Achsklemmschraube in rechter Gabelfaust lösen und mindestens drei Umdrehungen aufdrehen.
5.1. Bild 13: Achse am Achskopf mit 22er-Inbusnuss lösen und ausschrauben.
5.2. Achse unter gleichzeitigem Drehen und Ziehen ausziehen. Rad dabei mit einer Hand hochhalten und gleichzeitig leicht daran wackeln.
5.3. Rad ablassen. Distanzbuchse links (Bild 17a) herausnehmen. Rad nach vorne herausnehmen.

Bauteile reinigen, prüfen

1. Mit Ölspray und Lappen reinigen: Achse, Achsschraube, Distanzbuchse, Radlager-Simmerringe, Achsgewinde in der einen und Achsbohrung in der anderen Gabelfaust, Befestigungsstellen der Bremssättel.
2. Radlager prüfen: Zeigefinger in den Innenring des Lagers stecken und drehen. Man spürt mit dieser »Fingerprobe« wie das Lager läuft.
- Wenn die Lager spielfrei sind, ohne Knacken

und Rubbeln laufen, sind sie in Ordnung.
■ Wenn die Lager beschädigt sind, also Luft haben oder laut, knackend oder schwer laufen, müssen sie ersetzt werden. Wie das geht, steht weiter hinten in diesem Kapitel.
3. Bilder 14 und 15: Leichtes Wälzlagerfett in die Simmerringe und das Achsgewinde schmieren.
3.1. Bilder 16 und 17a: Achse und Distanzbuchse ebenfalls dünn mit Fett einschmieren.
4. Bremssättel mit Bremsenreiniger säubern.
Dicke der Bremsbeläge kontrollieren (siehe dazu auch Kapitel 19 »Bremsen«).
5. Bild 11: Befestigungsschrauben der Bremssättel mit Messingbürste reinigen. Kontrollieren Sie jetzt bitte noch einmal die Gewinde an den Schrauben, ihre Köpfe und die zugehörigen Innengewinde in den Bremssätteln: Sie müssen technisch in Ordnung sein.

Vorderrad einbauen
1. Rad in Gabel einschieben:
■ Bild 19a: Drehrichtung des Rads ist mit Pfeil auf einer der Speichen markiert.
■ Man kann sich auch am Pfeil »Drehrichtung« auf dem Reifen orientieren.
2. Bei R 850 GS, R 1100 GS, R 1150 GS: Rad einbauen.
2.1. Rechte Distanzbuchse in Radlager-Simmerring setzen, Rad anheben, Achse von rechts bis ins rechte Radlager einschieben, Tachoantrieb links ansetzen (Bilder 9a und 9b), Rad senkrecht positionieren, Achse ganz durchschieben.
■ Unbedingt darauf achten, dass der Verdrehschutz (»Nase«) am Tachoantrieb korrekt am Anschlag innen am Gabelbein anliegt.
2.2. Bild 10: Vorderachsschraube eindrehen und mit 30 Nm festziehen. Dabei die Vorderachse auf der rechten Seite mit einem durch die Bohrung gesteckten Stift gegen Verdrehen sichern (Bild 8).
2.3. Motorrad abbocken, senkrecht auf die Räder stellen und mit nicht betätigter Vorderradbremse

Bild 11

Bild 11: Gewinde mit einer Messingbürste reinigen.

Bild 12

Bilder 12 bis 17b: Im Lauftext sind die zu den Bildern gehörenden Arbeitsschritte nummeriert beschrieben.

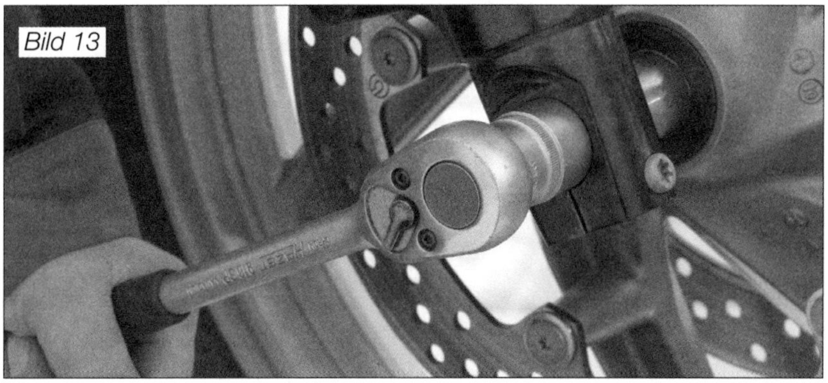
Bild 13

Bild 14

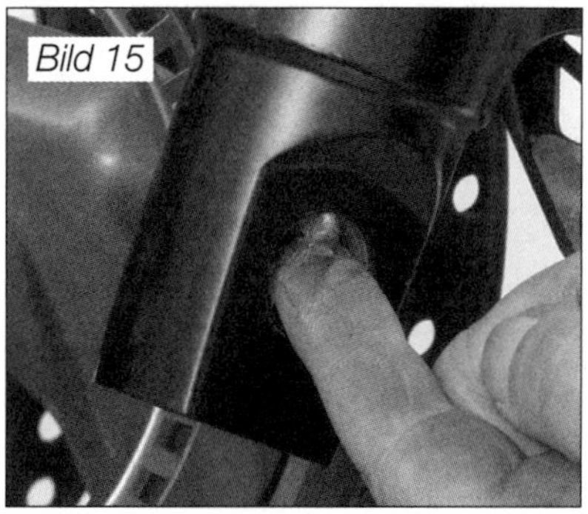
Bild 15

Bild 16

Bild 17a

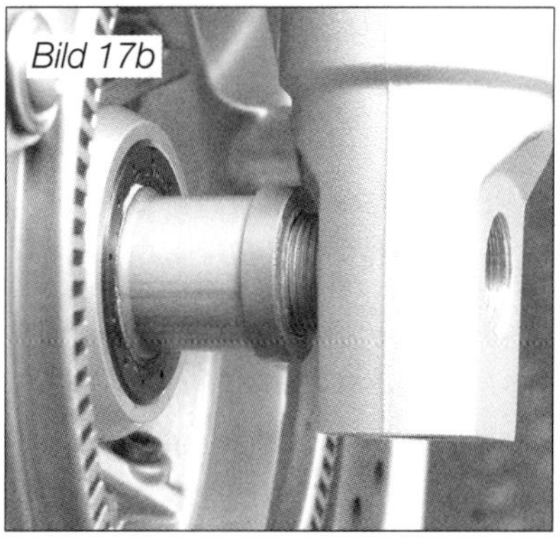
Bild 17b

einige Male ein- und ausfedern, die Achse »setzt« sich, Verspannungen werden ausgeglichen.
2.4. Achsklemmschrauben festziehen mit 22 Nm.
3. Bremsscheiben mit Bremsenreiniger reinigen.
3.1. Bremssättel auf Bremsscheiben schieben.
3.2. Bremssattelschrauben eindrehen, mit 40 Nm festziehen(30 Nm bei R 1150 GS ab 11/2001).
4. Bei R 1200 GS, Bilder 17a und 17b: Distanzbuchse links in Radlager-Simmerring einsetzen.

Bilder 18a bis 18c: ABS-Raddrehzahl-Sensor vorne. Das Kabel ist hinter dem Halter des Bremssattels verlegt und mit einer Klammer gehalten (gestrichelter Pfeil in Bild 18c).

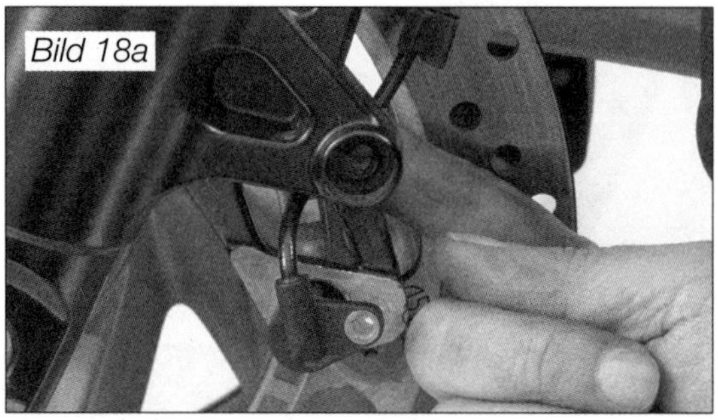

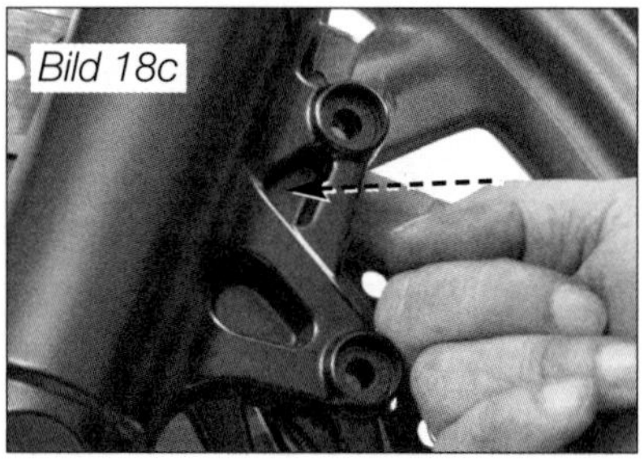

Bild 19: Vorderachse mit 50 Nm festziehen.

Bilder 19a: Pfeil für Raddrehrichtung.

Bild 20: Achsklemmschraube festziehen.

4.1. Rad anheben. Distanzbuchse, Radlager-Innenringe und Bohrungen in den Gabelfäusten in Flucht zueinander bringen.
4.2. Achse einführen, durchschieben und von Hand in das Gewinde in der linken Gabelfaust einschrauben.
5. Bilder 18a bis 18c: ABS-Sensor einbauen. Ganz in seine Sitzbohrung einschieben, Schraube eindrehen und mit 4 Nm (»handfest«) festziehen.
5.1. Kabel des ABS-Sensors exakt verlegen, Halteklammer anbringen.
6. Bremsscheiben mit Bremsenreiniger reinigen.
6.1. Bremssättel auf Bremsscheiben schieben.
6.2. Bremssattelschrauben eindrehen und mit 30 Nm festziehen.
7. Bild 19: Vorderachse mit 50 Nm festziehen.
7.1. Motorrad abbocken, senkrecht auf die Räder stellen und mit nicht betätigter Vorderradbremse einige Male ein- und ausfedern.
■ Dadurch »setzt« sich die Achse, Verspannungen werden ausgeglichen.
8. Bild 20: Achsklemmschraube in der rechten Gabelfaust mit 19 Nm festziehen.
9. Alle Modelle: Maschine wieder auf Hauptständer aufbocken, Bremse einige Male betätigen, ganz lösen, Rad durchdrehen und prüfen, ob es leicht und frei läuft. **Wichtig:** Überschüssiges Fett von Simmerringen, Achse und allen anderen Schraubstellen gut abwischen.

Hinterrad aus- und einbauen

⚠ **Achtung:** Zum Lösen und Festziehen der Hinterradschrauben eine Sechskantnuss SW 17 (R 850 GS, R 1100 GS, R 1150 GS) bzw. Torxschlüssel T50 (R 1200 GS) bester Qualität verwenden!
■ Schraubenköpfe, Schraubengewinde und Konusflächen müssen einwandfrei sein.
■ Im Zweifelsfall neue Schrauben verwenden (siehe dazu Tabelle am Anfang des Kapitels)!

Hinterrad ausbauen

Hinweis: Bei R 1200 GS muss zum Aus- und Einbau des Hinterrads der hintere Bremssattel nicht abgebaut werden.
1. Bilder 21 und 22: Gang einlegen, Hinterradbremse betätigen, Radschrauben lösen.
■ Verlängerung verwenden und ein Rohrstück wie in Bild 21 gezeigt.
2. Bild 22: Radschrauben ganz ausschrauben.
3. Bild 23: Rad nach links abnehmen.

Hinterrad einbauen

1. Bild 25: Anlageflächen der Radnabe und

am Hinterachsantrieb säubern, sie müssen vollkommen frei sein von Schmutz und Fett.

1.1. Bild 26: Bei R 1150 GS mit ABS ist eine Distanzscheibe zwischen Rad und Achsantrieb eingesetzt, auch diese reinigen und aufsetzen.

2. Bild 11: Gewinde der Radschrauben mit einer Messingbürste säubern – KEINE Stahlbürste verwenden!

3. Rad von schräg hinten-unten einfädeln und auf den Bund des Radträgers aufsetzen: Bohrungen im Rad zu den Gewindelöchern im Radträger zur Deckung bringen, Radschrauben mit der Hand einschrauben.

4. Bild 27: Gang einlegen und die Bremse betätigen und so das Rad zu blockieren. Radschrauben über Kreuz festziehen:

- **Bei R 850 GS, R 1100 GS:** Voranzug 50 Nm, Endanzug 105 Nm
- **Bei R 1150 GS:** Voranzug 72 Nm, Endanzug 105 Nm
- **Bei R 1200 GS:** 60 Nm

Vorderachse und Räder prüfen

Vorderachse prüfen und vermessen

Bild 28: Radachse in Prismenblöcke legen und Achsschlag mit Messuhr feststellen.

- Verschleißgrenze: 0,25 mm.

Bei Verzug Achse erneuern. Niemals versuchen, eine krumme Achse gerade zu richten!

Räder auf Rundlauf prüfen

Anmerkung: Zur Aufnahme des Hinterrads auf einen Wuchtbock werden Aufnahmeadapter benötigt (Bild 29). Erhältlich sind sie beim BMW-Händler oder im Zubehörhandel.

Taster der Messuhr beim Gussrad auf die bearbeitete Innenseite anführen.

1. Bild 29: Rad in Zentrierständer einhängen.

- Alternativ in eingebautem Zustand prüfen, dabei Messuhr am Gabelholm befestigen.

Bild 26: Bei der R 1150 GS mit ABS ist zwischen Rad und Achsantrieb eine Distanzscheibe.

2. Seiten- und Höhenschlag mit Messuhr prüfen. Maximal zulässiger Höhen- und Seitenschlag:

- **Bei R 850 GS, R 1100 GS, R 1150 GS:**
  Vorderrad und Hinterrad........................ 1,3 mm

Bilder 21 bis 27: Im Lauftext sind die zu den Bildern gehörenden Arbeitsschritte nummeriert beschrieben.

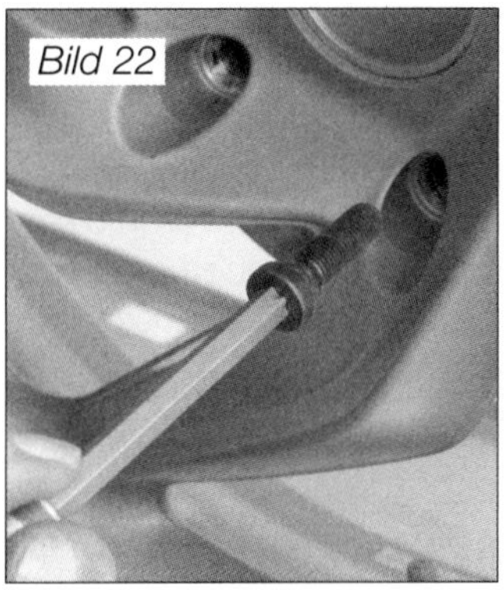

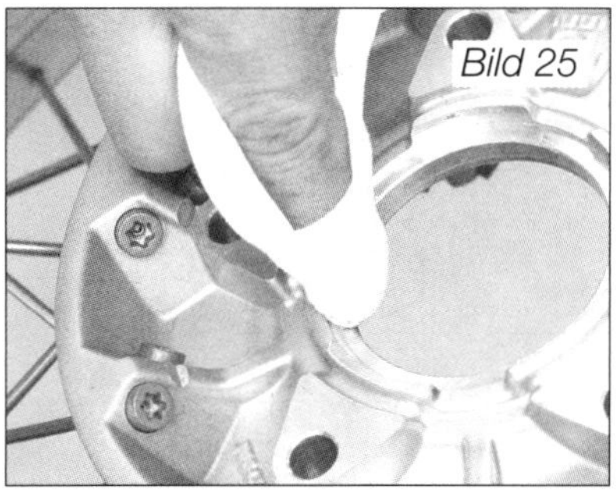

Sichtprüfung Messen

■ **Bei R 1200 GS:**
Gussräder .... 1,5 mm
Speichenräder .... 1,7 mm

⚠ **Achtung:** Unrunde **Gussräder** nicht versuchen zu richten, sondern ersetzen! Geringfügig unrunde **Speichenräder** können durch Nachspannen der Speichen zentriert werden. Diese Arbeiten sollte man entweder in der BMW-Motorradwerkstatt oder einer speziellen Radspannerei machen lassen, weil zum Nachspannen der Kreuzspeichenräder eine spezielle Technik-Schulung erforderlich ist.

Radlager prüfen

Radlager prüfen
Zur Prüfung der Lager den Zeigefinger in den Innenring des Lagers stecken und den Innenring drehen. Man spürt im Finger, wie das Lager läuft. »Fingerprobe« nennt man dies. Wenn die Lager spielfrei sind und ohne fühlbares Knacken und Rubbeln laufen, sind sie in Ordnung. Wenn die Lager beschädigt sind, also Luft haben oder deutlich knackend laufen, müssen sie ausgebaut und durch Neuteile ersetzt werden.

Bild 29: Zum Vermessen der Vorderachse diese in Prismenböcke legen und mit einer Messuhr den Schlag messen. Bis zu 0,25 mm sind erlaubt.

Bild 29: Zur Rundlauf- und Schlagprüfung des Hinterrads werden ein Zentrierbock und spezielle Aufnahmen benötigt.

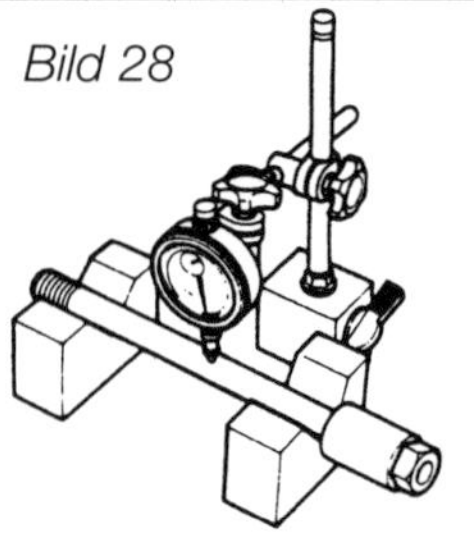

Bild 28

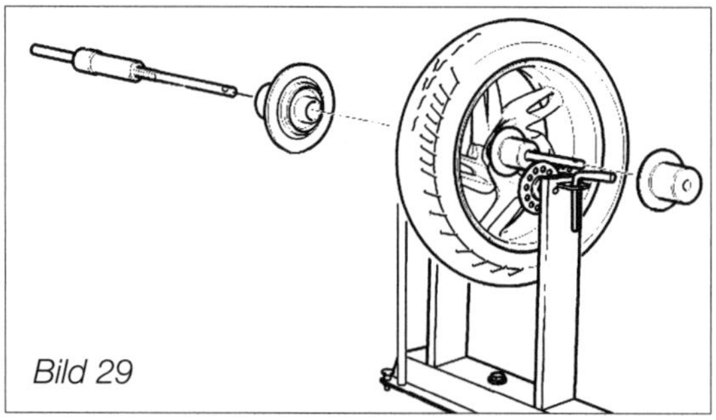

Bild 29

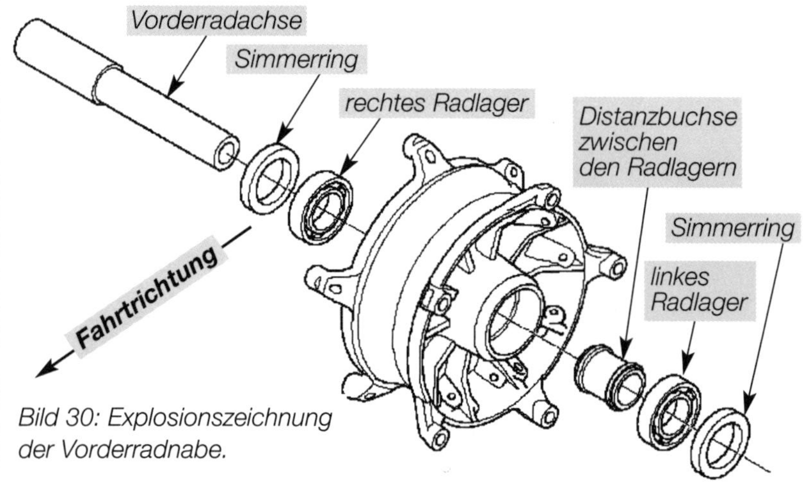

Bild 30: Explosionszeichnung der Vorderradnabe.

Radlager erneuern

Wir beschreiben nachstehend einen Wechsel der Radlager nach der in Hobbywerkstätten üblichen Handwerkermethode mit Heizgerät, Dorn, Hammer und Kühlschrank. Dies gilt für Notfälle, denn besser ist es allemal, die Radlager mit den dafür vorgesehenen BMW-Spezialwerkzeugen aus- und einzubauen. Sehr wichtig ist auch, dass die Bremsscheiben abgebaut sind und die Räder auf Hartholzunterlagen so abgelegt werden, dass Radnabe und Radaußenseiten nicht beschädigt werden können.

Im später folgenden Textabschnitt »Radlager einbauen« empfehlen wir, neue Lager vor dem Einbau einige Zeit in den Kühlschrank zu legen, weil sie sich duch die Kälte zusammenziehen und so leichter eingebaut werden können.

Wem die zwei Stunden Kühlschrankzeit zu lang dauern, der kann auch das von BMW angebotene Kältespray nehmen: Damit werden Lageraußenringe kurz eingesprüht (zwei bis drei Sekunden), sie ziehen sich durch den Kälteschock zusammen. Das eingesprühte Lager darf nicht gedreht werden!

Hinweise zu neuen Radlagern
■ Verwenden Sie am besten originale BMW-Radlager mit Abdeckscheiben auf beiden Seiten.
■ Diese werden mit der Bezeichnung nach außen eingebaut.

Falls andere Lager eingebaut werden, achten Sie beim Kauf darauf, dass diese beidseitig abgedeckt sind.
■ KEINE beidseitig offenen Lager verwenden!

Nur im Notfall kann man einseitig abgedeckte Lager verwenden:
■ Offene Lagerseite gut mit speziellem Radlagerfett füllen (z. B. Castrol LMX LI-Komplexfett).
■ Einseitig abgedeckte Lager mit der Abdeckscheibe nach außen einbauen.

Hinterradlager, Kippspiel
Bild 31: Die hinteren Radlager sind Bestandteil der Hinterachse. Zu ihrer Prüfung gibt es von BMW den Begriff »Kippspiel prüfen«. Dazu das Motorrad auf den MIttelständer aufbocken, neben das Hinterrad knien, eine Hand oben am Reifen und die andere Hand unten, dann über die Achse am Hinterrad wackeln: Es darf kein Spiel fühlbar sein. Wenn mit einer angelegten

Messuhr geprüft wird, darf das Spiel maximal 0,5 mm betragen.

Sollte das Spiel mehr als 0,5 mm betragen, muss man einen BMW-Motorradhändler aufsuchen, weil die Lager in der Hinterachse nicht mit normalen Werkzeugen gewechselt werden können.

Radlager ausbauen

1. Bremsscheiben abschrauben

Bild 32: Die Schrauben, mit denen die Bremsscheiben an der Radnabe befestigt sind, sind eingeklebt und lassen sich deswegen nur sehr zäh lösen. Vor dem Öffnen die Schrauben vom Schraubenkopf her mit einem Heißluftföhn etwas erwärmen, das löst den Schraubenkleber. Exakt passenden Inbus-bzw. Torxschlüssel verwenden, sonst werden die Schraubenköpfe vermurkst!

2. Drehrichtung der Bremsscheiben mit Pfeil (Filzstift) aufzeichnen, dann erst abmontieren: Die fünf Schrauben über Kreuz Schritt für Schritt lösen und ausdrehen.

Wichtig bei ABS: Auf den Sensorring unter der linken Bremsscheibe achten (Bild 32), dieser darf weder verbogen noch anderweitig beschädigt sein. Wenn doch, ersetzen!

3. Bild 34: Simmerring mit Schraubenzieher oder Reifenmontiereisen vorsichtig aushebeln.

4. Bei R 850 GS, R 1100 GS, R 1150 GS: Tachoantriebsscheibe und Seegerring ausbauen.

5. Bilder 33a und 33b: Lagersitz mit Heißluftföhn auf maximal 100 °C erwärmen oder das Rad zentral mit der Radnabe platt auf eine Heizplatte legen, dann diese von »kalt« bis auf »Stufe II« langsam (!) aufheizen.

5.1. Bilder 35 und 36a: Zuerst das eine Radlager mit einem langen Dorn schrittweise über Kreuz austreiben, dann das Rad umdrehen und das andere Lager (Bild 36b) austreiben.

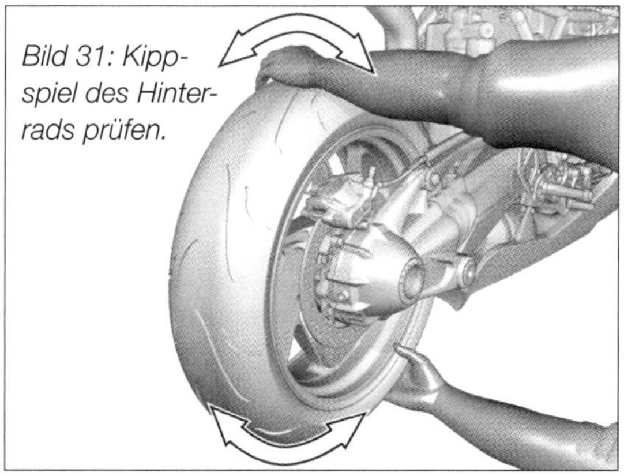

Bild 31: Kippspiel des Hinterrads prüfen.

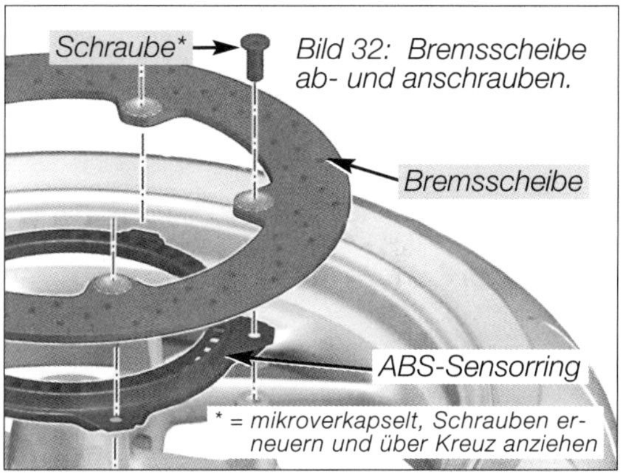

Bild 32: Bremsscheibe ab- und anschrauben.

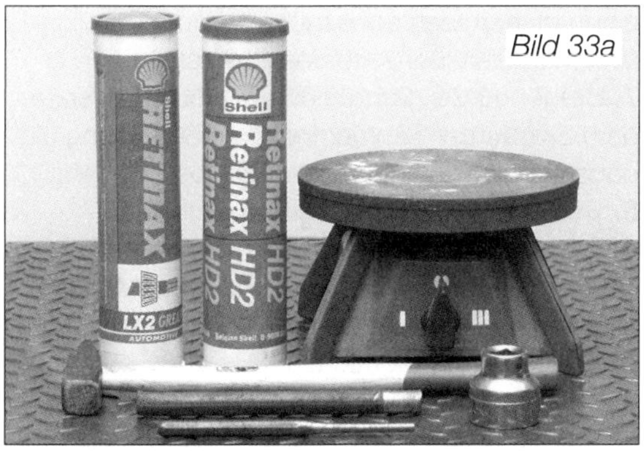

Bild 33a

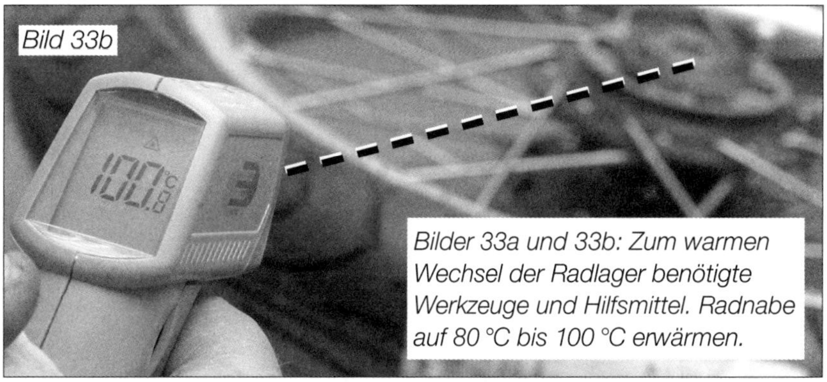

Bild 33b

Bilder 33a und 33b: Zum warmen Wechsel der Radlager benötigte Werkzeuge und Hilfsmittel. Radnabe auf 80 °C bis 100 °C erwärmen.

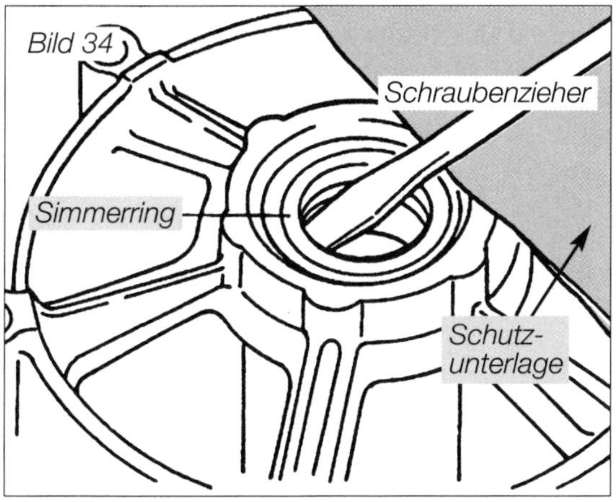

Bild 34

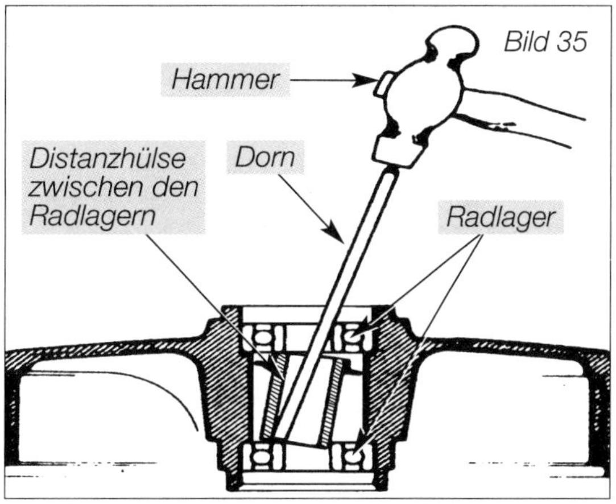

Bild 35

Bild 34: Aushebeln des Simmerrings mit einem breiten Schraubenzieher.

Bild 35: Austreiben der Radlager über Kreuz mit Hammer und langem Dorn.

Sichtprüfung Messen

■ Schrittweise deswegen, weil dadurch das Lager immer ein kleines Stück ausgetrieben und ein Aufweiten des Lagersitzes vermieden wird.
6. Distanzbuchse und Lagersitze gut reinigen. Eventuelle Grate in den Lagersitzen, die beim Ausschlagen der alten Lager entstanden sind, punktgenau mit einem kleinen Dreikantschaber und feinem Schmirgel entfernen.

Bild 36a

Bild 36b

Bild 37a

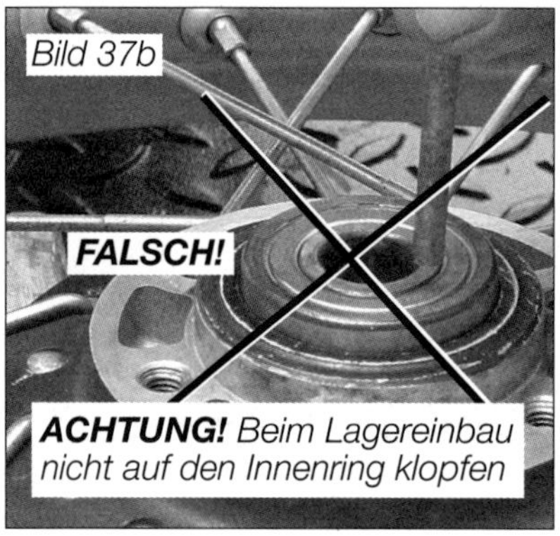

Bild 37b

Bilder 36a und 36b: Austreiben der Radlager über Kreuz mit Hammer und einem langen Dorn.

Bilder 37a und 37b: Eintreiben des neuen Lagers mit einem Dorn, der auf dem Lageraußenring angesetzt wird.

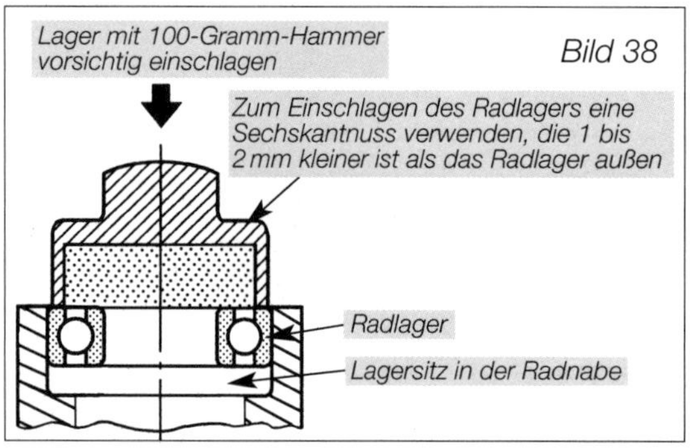

Bild 38

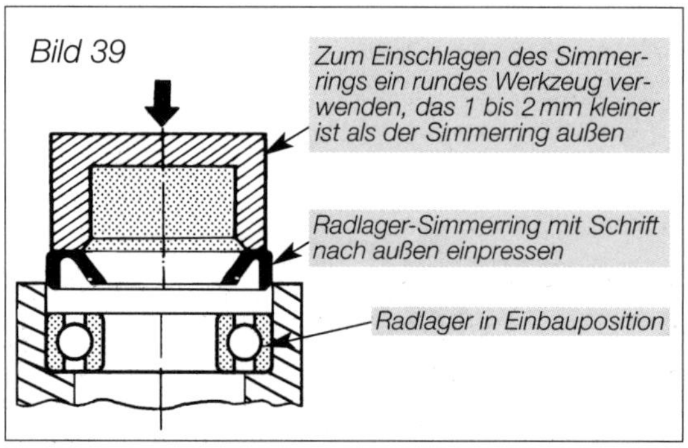

Bild 39

Bilder 38 und 39: Eintreiben von Lager und Simmerring mit einer Nuss bzw. speziellen Hülse.

Radlager einbauen

1. Lagersitz des Rades mit Werkstattföhn oder auf der Heizplatte auf maximal 100 °C erwärmen.
2. Lager in seinen Lagersitz einschieben. Wenn es nicht von selbst bis nach ganz unten in der Lagersitzbohrung rutscht, mit einer auf den LagerAUSSENring passenden Nuss (Bild 38) und kurzen Hammerschlägen ein wenig nachhelfen.
■ Wenn ein Dorn verwendet wird: Diesen nur auf den Lageraußenring ansetzen (Bild 37a).
3. Bei R 850 GS, R 1100 GS, R 1150 GS: Diese Modelle haben rechts ein breites (20 mm) und links ein schmales (14 mm) Kugellager. Zuerst wird das breite Lager eingebaut.
4. Einige Minuten warten, bis das erste Lager und der Lagersitz in der Radnabe die gleiche Temperatur haben und das Lager fest sitzt.
5. Rad umdrehen. Distanzhülse einsetzen. Lagersitz der Radnabe etwas erwärmen. Lager in seinen Lagersitz einschieben, nach unten in den Lagersitz drücken bzw. einschlagen.
5.1. Bei R 850 GS, R 1100 GS, R 1150 GS betrifft dieser Arbeitsschritt den Einbau des schmalen Lagers.
6. Bild 39: Simmerringe mit passender Nuss eindrücken. Oberfläche muss rundum bündig sein mit der Außenseite des Lagersitzes.
7. Bei R 850 GS, R 1100 GS, R 1150 GS: Vor dem Einbau des Simmerrings den Seegerring einbauen und die Tachoantriebsscheibe einsetzen.
8. Bremsscheiben montieren (Bild 32)
■ Drehrichtung der Bremsscheiben beachten.
■ Mit Schrift nach außen montieren.
■ Unter die linke Bremsscheibe wird der ABS-Sensorring montiert.
■ Neue Schrauben verwenden. Wenn keine neuen Schrauben verfügbar sind, Befestigungs-

Anziehdrehmomente Bremsscheiben an Vorderrad/Radnabe

R 850 GS, R 1100 GS, R 1150 GS .... 24 Nm
■ *Loctite »mittelfest« auf gereinigtes Gewinde*
R 1200 GS bis 2007 .... 24 Nm
■ *Voranzug 12 Nm, Endanzug 24 Nm*
■ *mikroverkapselt, Schraube erneuern*
R 1200 GS Speichenrad .... 19 Nm
■ *mikroverkapselt, Schraube erneuern*
R 1200 GS ab 08/2007 .... 19 Nm
■ *Flachkopfschrauben der Bremsscheiben-Befestigung über Kreuz stufenweise festziehen*
■ *mikroverkapselt, Schrauben erneuern*

schrauben reinigen, mit Loctite »mittelfest« bestreichen, eindrehen und Schritt für Schritt über Kreuz festziehen (Drehmomente links unten).
9. Bremsscheiben nach dem Radeinbau und vor dem Anbau der Bremssättel mit Bremsenreiniger reinigen.

Speichen prüfen, spannen

Speichen »abklingeln«
Durch Anschlagen der Speiche kann man hören, ob diese richtig gespannt oder zu lose ist: Dazu die Speiche ungefähr in der Mitte mit einem Schlüssel mehrmals leicht anschlagen (Bild 40).
- Eine richtig gespannte Speiche klingt hell.
- Eine zu lasch gespannte und deswegen lockere Speiche klingt dumpf, matt und träge. Wenn man sie in der Mitte mit zwei Fingern anfasst, lässt sie sich einige Millimeter hin und her biegen.

Druckprobe
Wenn man zwei Speichen in der Mitte mit zwei Fingern anfasst und gegeneinander drückt, lassen sich die richtig gespannten Speichen zwar etwas hin und her biegen, aber nicht sehr viel (Erfahrungssache).

Speichen nachspannen
1. Speichennippel putzen und einen Tropfen Öl in das Gewinde und den Sitz des Nippels in der Felge geben. Warten, bis das Öl eingezogen ist.
2. Bild 41: Madenschraube ausschrauben.
3. Speiche am Nippel nachspannen:
- Voranzug 1 Nm, Endanzug 4 Nm

4. Madenschraube eindrehen, mit 1 Nm festziehen.
Wichtig: Nach jedem Spann-Arbeitsgang den Rundlauf (»Zentrierung«) des Rads sorgfältig prüfen!

Speichenrad zentrieren

Hinweis: Wie weiter vorne schon beschrieben, sollte ein Zentrieren eines Speichenrads ausschließlich in einer BMW- oder Motorrad-Fachwerkstatt erfolgen, weil man zum Zentrieren des Speichenrads einen Lehrgang absolviert haben muss. So gesehen können die nachfolgenden Tipps nur für Notsituationen gelten. Wenn ein Speichenrad nicht mehr sauber rund läuft (einen »Schlag« hat), kann es bis zu einem gewissen Grad wieder einzentriert werden. Der Reifen sollte dazu abgezogen werden, damit die Felgenspannung sowie die Speichennippel entlastet sind. Bei einer Notreparatur unterwegs hat man ja meist kein Reifenmontiergerät dabei, aber man sollte zumindest die Luft aus dem Reifen ablassen.

1. Alle Speichennippel ringsum putzen und einen Tropfen Öl in das Gewinde und den Sitz des Nippels in der Felge geben. Einige Minuten warten, bis das Öl eingezogen ist.
2. Rad langsam drehen und Seiten- und Höhenschlag feststellen.
2.1. Ausschlagstelle(n) mit Buntkreide markieren.
3. Seitenschlag zentrieren.
3.1. Auf der Seite des Seitenausschlags zwei bis drei Speichennippel etwas lösen.
3.2. Auf der Seite gegenüber zwei bis drei Speichennippel um den Lösebetrag fester ziehen.
4. Höhenschlag zentrieren:
4.1. Drei bis vier Speichen im Bereich des Höhenschlags etwas fester ziehen.
- Eventuell Speichennippel auf der gegenüberliegenden Radseite lösen.

5. Nach jeder bearbeiteten Seite den Rundlauf bzw. Felgenschlag erneut messen.

Gerissene Speiche ersetzen

Bild 41: Wenn eine Speiche abreißt, muss sie umgehend durch eine neue ersetzt werden, sonst reißen in kürzester Zeit weitere Speichen ab, das Rad wird dadurch »weich« und bricht irgendwann zusammen. Je nachdem, welche Speiche gerissen ist, muss das Rad zum Ausbau der alten Speiche und Einbau der neuen ausgebaut werden!

1. Erfahrungsgemäß kann man die gerissene Speiche samt Nippel ausziehen.
2. Gerissene Speiche in Schraubstock spannen, Madenschraube und Nippel abdrehen.
- Wenn sie fest im Gewinde des Nippels sitzt, weil das Gewinde vermurkst ist, einen neuen Speichennippel verwenden.

3. Bild 41: Neue Speiche in Felge und Nabe einfädeln, in den Nippel einführen, Nippel auf Gewinde der Speiche ansetzen und andrehen, dann festziehen wie weiter vorne beschrieben.
3.1. Madenschraube eindrehen, festziehen.
4. Rad auf Höhen- und Seitenschlag kontrollieren, ggf. zentrieren.

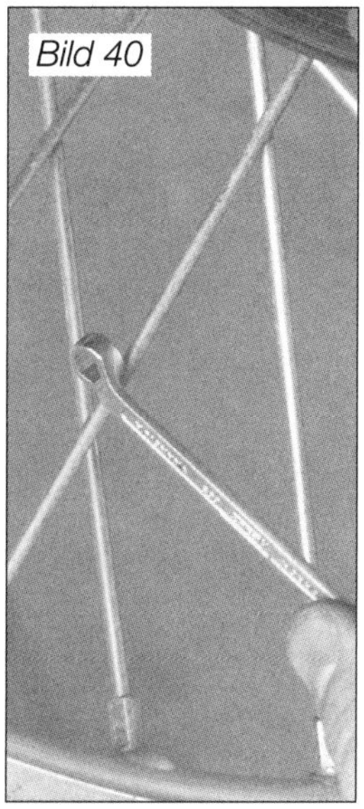

Bild 40: Speiche abklingeln.

Bild 41: Die Speichen sind außen vom Felgenhorn nach innen zur Nabe geführt, wo der Nippel sitzt.

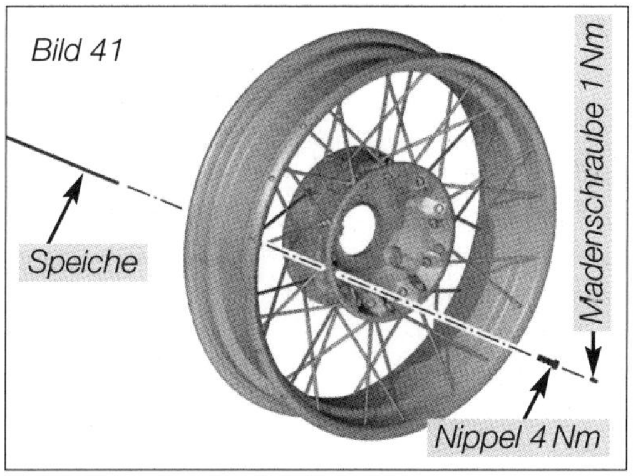

Bild 1: Professionelles Bremsflüssigkeitswechsel- und Entlüftungsgerät (Lucas/Schüller). Es liegt eine verständliche Anleitung bei, nach der ein Bremsflüssigkeitswechsel und Entlüften der Bremsen bei Bremsen ohne ABS gemacht werden kann.

Bild 2: Farbmarkierung an einer mit dem richtigen Drehmomentwert angezogenen Schraube.

Bremsen

In diesem Kapitel: Bremsanlage · Ohne oder mit ABS? · Bremsanlage prüfen · Bremsflüssigkeit · Bremsklötze wechseln · Verlegung Bremsleitungen, Kabel · Probleme mit dem ABS?

Bremsanlage

Beim Thema »Bremsen« gibt es keine Kompromisse: Die hundertprozentige Leistungsfähigkeit und Sicherheit der Bremsanlage muss auf jedem Meter Fahrstrecke zur Verfügung stehen.

Vorderradbremse: Es ist eine »Doppelscheibenbremse« mit zwei Bremsscheiben, sie haben einen Durchmesser von 305 mm und sind gelocht. Die Bremssättel sind fest an den Gabeltauchrohren montiert (Bild 3). Jeder Bemssattel hat vier betätigte Kolben (»Vierkolben-Festbremssattel«). Diese werden über Hauptbremszylinder und Handbremshebel betätigt.

Hinterradbremse: Der Bremssattel hat zwei betätigte Kolben in der Außenseite, die innere Seite ist fest. Zum Spielausgleich verschiebt sich der Bremssattel auf zwei Gleitstiften. Betätigt wird die Bremse über Bremspumpe und Fußbremshebel. Die hintere Bremsscheibe hat folgende Außendurchmesser:

- R 850 GS und R 1100 GS .... 285 mm
- R 1150 GS .... 276 mm
- R 1200 GS .... 265 mm

Bremslicht: Das Bremslicht muss aufleuchten, wenn Hand- oder Fußbremse betätigt werden und zwar bei ca. 1/2 gezogenem Handbremshebel bzw. gedrücktem Fußbremshebel, wenn die Zündung eingeschaltet ist bzw. der Motor läuft. Die Einstellung der Bremslichtschalter und Behebung der Probleme »Bremslicht leuchtet nicht auf« und »Bremslicht brennt immer« sind in Kapitel 8 »Einstellungen« beschrieben; die Einbaulage der Bremslichtschalter sind in Kapitel 15 »Elektrik · Elektronik«.

Sicherheitshinweise ⚠ Achtung und ☞ Tipps für dieses Kapitel

☞ Weil die ABS-Bremsanlagen sehr unterschiedlich sind, behandeln wir den Bremsflüssigkeitswechsel nicht; man muss das Motorrad dazu in die BMW-Werkstatt bringen. Bei Bremsen ohne ABS braucht man ein Gerät wie in Bild 1 gezeigt, dem eine gute Anleitung beiliegt.

⚠ Nach jeder Bremssattelmontage Schrauben und Muttern nochmals auf Festsitz kontrollieren! Ganz penible Mechaniker setzen Farbmarkierungen an die Schraubenköpfe und Muttern (Bild 2), die sie mit dem richtigen Drehmomentwert angezogen haben.

☞ Gebirgstouren mit Passabfahrten, Reisen in besonders staubige Gebiete oder Rennstreckenfahrten bedeuten extreme Belastungen für die Bremsen. Der Verschleiß der Bremsbeläge ist dabei sehr hoch. Bevor Sie mit der Maschine in den Jahresurlaub, auf Passtour oder die Rennstrecke fahren, rechtzeitig vorher einen umfangreichen Check der Bremsanlage machen (lassen).

⚠ Bremsflüssigkeit ist giftig. Hautkontakt vermeiden. Nicht in die Augen, nicht in die Atemwege, nicht auf die Schleimhäute kommen lassen. Nicht trinken! Immer nur geeignete Gefäße verwenden. Bremsflüssigkeit umweltgerecht beseitigen (bei einer Entsorgungsstelle abgeben).

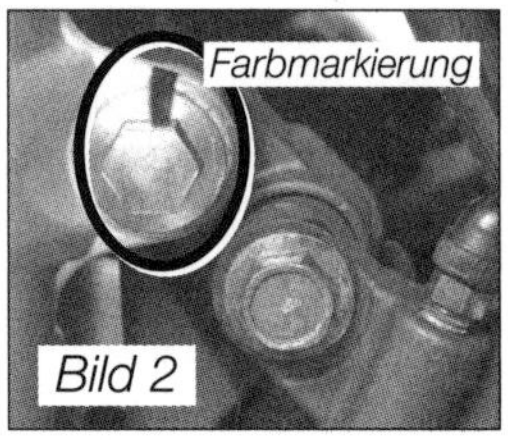

⚠ Wenn ein Bremsflüssigkeitsbehälter offen ist, unbedingt darauf achten, dass kein Schmutz in den Behälter und in die Bremsflüssigkeit gelangt.

⚠ Bei abgebautem Bremssattel bzw. entfernten Belägen den Bremshebel nicht betätigen! Sonst fahren die Kolben ungehindert aus und müssen mühsam wieder in den Sattel gedrückt werden. Wenn sie ganz aus ihren Zylindern im Sattel herausrutschen, verursacht das eine üble Bremsflüssigkeitssauerei!

⚠ Bremsenreiniger ist meist in Spraydosen erhältlich und ziemlich aggressiv. Nur im Freien oder in gut gelüfteten Werkstatträumen verwenden. Nicht rauchen! Nicht auf die Haut, in die Augen oder Atemwege sprühen! Einatmen vermeiden!

- Zur Reinigung von Bremsenbauteilen speziellen Bremsenreiniger oder Aceton verwenden, KEIN Benzin, Dieselöl, Motorenöl oder Ölspray!
- Bremsenreiniger sparsam und ganz gezielt einsetzen, Sprühkopf direkt auf die zu reinigende Stelle richten und nicht länger als zwei Sekunden betätigen.
- Teile nach Besprühen mit Bremsenreiniger sofort mit weichem, nicht fusselndem Lappen durchputzen.
- Druckluft bei Reinigung und anderen Arbeiten am Bremssattel nur sehr sparsam und gezielt einsetzen.

⚠ Nicht mit scharfkantigen Gegenständen wie Schraubenzieher oder Schraubenschlüssel im Bremssattel herumwerken, sonst können die Gleitflächen der Bremskolben zerkratzt werden!

⚠ Niemals unterschiedlich dicke Bremsklötze oder solche von verschiedenen Herstellern in einem Bremssattel verwenden! Niemals einen neuen und einen alten Bremsklotz in einen Sattel einsetzen!

☞ Riefige Bremsscheiben, die noch nicht ihre Minimaldicke erreicht haben, können nachgeschliffen werden. Solche Arbeiten erledigen Spezialbetriebe zum Preis von etwa 50 bis 70 Euro pro Bremsscheibe. Eine neue Originalbremsscheibe kostet zwischen 200 und 250 Euro.

Ohne oder mit ABS?

Die GS-Modelle unseres Buches haben in der Basisausstattung kein ABS. **ABS steht für Anti-Blocker-System.** Die Anti-Blockier-Bremse ist eine aufpreispflichtige Zubehörausstattung, die bei der Bestellung der neuen Maschine geordert werden musste. ABS kostete zwischen 1980 D-Mark (1994) 1090 Euro (2012) Aufpreis. Die verschiedenen Bremsen stehen im grauen Textkasten in der linken Spalte.

Bremsen in den Maschinen unseres Buchs

R 850 GS (Modelljahre 1998 bis 2000)
- Basismaschine ohne ABS
- Sonderausstattung mit ABS II

R 1100 GS (Modelljahre 1994 bis 1999)
- Basismaschine ohne ABS
- Sonderausstattung mit ABS II

R 1150 GS (Modelljahre 1999 bis 11/2001)
- Basismaschine ohne ABS
- Sonderausstattung mit ABS II

R 1150 GS (Baumonate 11/2001 bis 09/2002)
- Basismaschine ohne ABS. Vorderradbremse überarbeitet, wird jetzt »EVO-Bremse« genannt. Jetzt Bremskolben mit Ø 32/36 mm (vorher Ø 32/34 mm) im Bremssattel, Bremsbeläge aus Sintermetall (vorher organisch), kleinerer Kolben in Handbremspumpe mit Ø 16 mm (vorher Ø 20 mm), ergibt 20 % geringere Handkraft.
- Sonderausstattung mit ABS II

Anmerkung: Alle nun folgenden Modelle, ob ohne oder mit ABS, sind mit der EVO-Vorderradbremse ausgestattet.

R 1150 GS (Baumonat 9/2002 bis Mj. 2004)
- Basismaschine ohne ABS
- Sonderausstattung mit Teil-Integral-ABS der Generation I mit elektronischer Bremskraftverstärkung. »Teil-Integral« bedeutet, dass bei Betätigen des Handbremshebels gleichzeitig die Bremsen beider Räder aktiviert werden, der Fußbremshebel wirkt allein auf die Hinterradbremse.

R 1150 GS Adventure (Baumonate 07/2001 bis 09/2002)
- Basismaschine ohne ABS
- Sonderausstattung mit ABS II

R 1150 GS Adventure (ab Baumonat 09/2002)
- Basismaschine ohne ABS
- Sonderausstattung mit Teil-Integral-ABS der Generation I mit elektronischer Bremskraftverstärkung

R 1200 GS (Mj. 2004 bis Baumonat 07/2006)
- Basismaschine ohne ABS
- Sonderausstattung mit Teil-Integral-ABS der Generation I mit elektronischer Bremskraftverstärkung

R 1200 GS (ab Baumonat 07/2006)
- Basismaschine ohne ABS
- Sonderausstattung mit Teil-Integral-ABS der Generation II ohne elektronische Bremskraftverstärkung

R 1200 GS Adventure (Baumonate 01/2006 bis 08/2006)
- Basismaschine ohne ABS
- Sonderausstattung mit Teil-Integral-ABS der Generation I mit elektronischer Bremskraftverstärkung

R 1200 GS Adventure (ab Baumonat 08/2006)
- Basismaschine ohne ABS
- Sonderausstattung mit Teil-Integral-ABS der Generation II ohne elektronische Bremskraftverstärkung

Beim ABS sind Bremsscheiben, Bremssättel vorne wie hinten und die zugehörigen Bremspumpen mit Hand- und Fußhebel baugleich mit den Teilen der Bremsanlage ohne ABS. Zusätzlich sind folgende Bauteile angebaut: Sensor und Sensorring an Vorder- und Hinterrad, Druckmodulator und Steuergerät, diese sind eingebaut im Rahmen über dem Motor; entsprechende Bremsleitungen und elektrische Verkabelung.

Wichtig: Bei einer Maschine, die im Werk ohne ABS gefertigt wurde, kann kein ABS nachgerüstet werden.

Bilder 3 und 4: Vorderer und hinterer Bremssattel mit Bezeichnung wichtiger Bauteile.

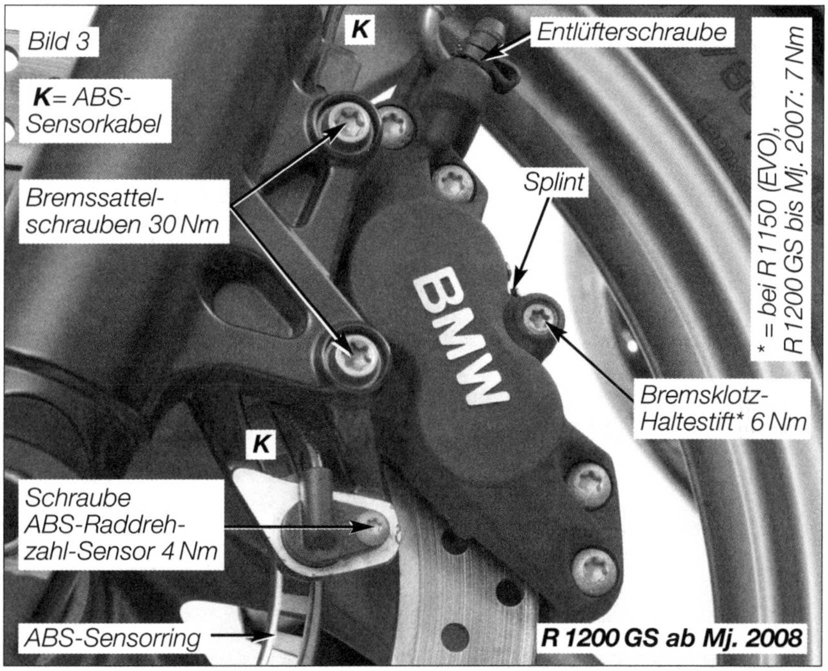

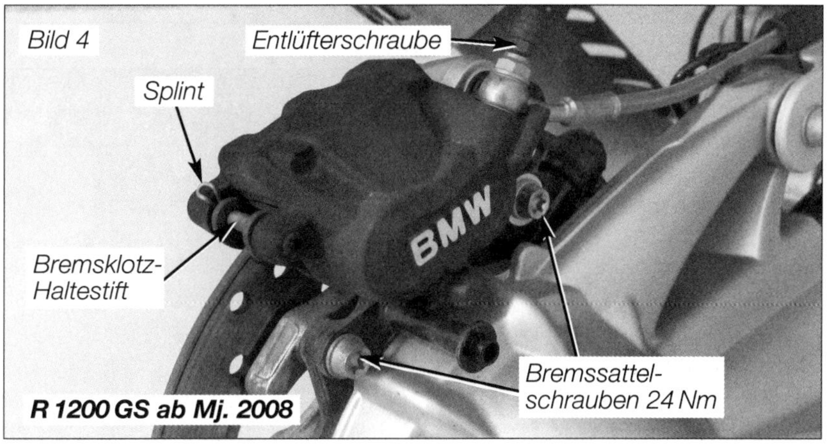

Sichtprüfung Messen

An den Bremsen selbst arbeiten?

Grundsätzlich erfordern Arbeiten an der Bremsanlage gute Werkzeuge und qualifizierte Kenntnisse. Deswegen sollten nur ausgebildete Mechaniker an der Bremsanlage arbeiten.

- **Einfache Arbeiten:** Kontrolle Bremsflüssigkeitsstand (Bilder 9 bis 17), Nachfüllen von Bremsflüssigkeit, Prüfung auf Dichtheit der Bremsanlage und Kontrolle der Bremsbelagstärke (Bilder 5, 6a und 6b) können selbst ausgeführt werden.
- **Höhere Qualifikation** wird beim Wechsel der Bremsklötze verlangt.
- **Sehr hohe Qualifikation** wird beim Wechsel der Bremsflüssigkeit verlangt sowie beim Auslesen des Fehlerspeichers, in dem mögliche Bremsenprobleme hinterlegt sind. Im Text eine Seite vorher ist beschrieben, welche Bremse an welchem Modell angebaut ist. Beim EVO-ABS der Generation I ist es ohne BMW-Werkstattcomputer nicht möglich, die Bremsflüssigkeit im System zu wechseln. Aus diesen Gründen haben wir auf Bilder und Texte zum Wechsel der Bremsflüssigkeit verzichtet. Wenn Sie diese Arbeiten durchführen wollen, wenden SIe sich bitte an Ihrem BMW-Motorradhändler. Im Notfall kann auch ein Bremsenfachbetrieb helfen.

Bilder 5, 6a und 6b: Sichtkontrolle Bremsbelagverschleiß, Verschleißmarkierungen.

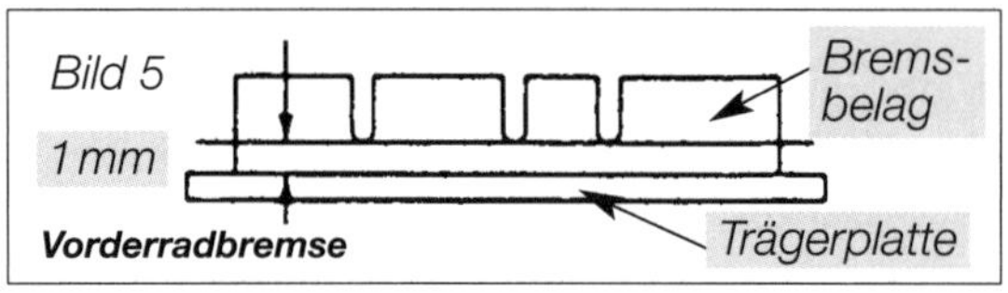

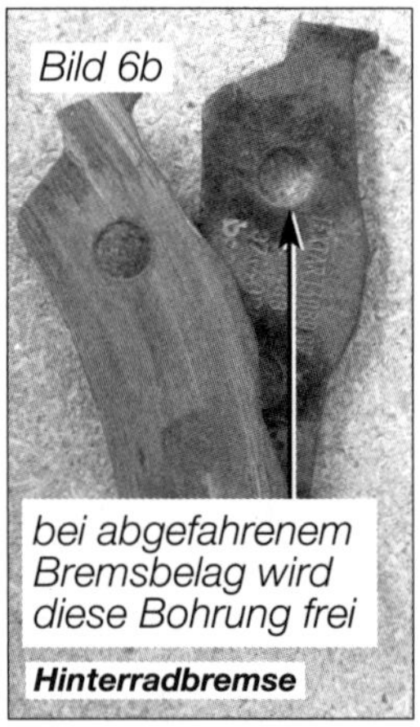

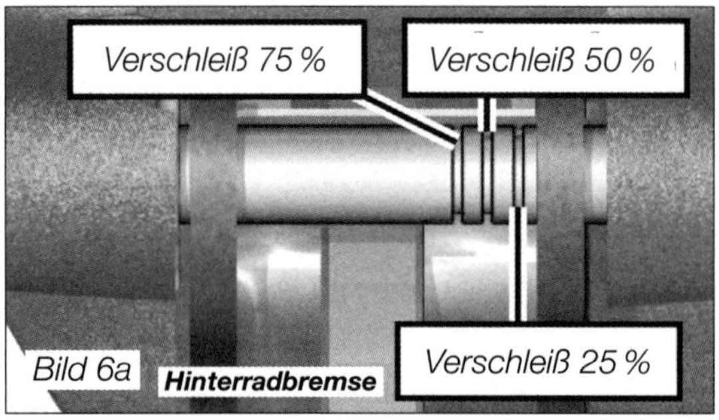

Bilder 7 und 8: Verschlissene und geschliffene Bremsscheibe. Bremsscheibe messen.

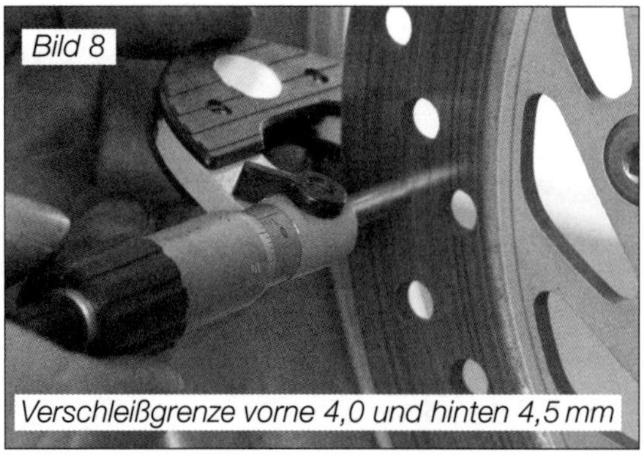

Bremsscheiben ab- und anschrauben: Im Kapitel 18 »Räder« ist das Ab- und Anschrauben der Bremsscheiben erklärt.

Für Maschinen ohne ABS gilt: Beachten Sie dazu Bild 1 am Anfang des Kapitels sowie den zugehörigen Text.

Bremsanlage prüfen

1. Alle Bremsschläuche und Bremsleitungen auf Risse, Knicke und Scheuerstellen überprüfen. Defekte Teile sofort austauschen!

2. Alle Hydraulikanschlüsse der Bremsleitungen sowie Dichtmanschetten der Bremspumpen und Bremssättel müssen in einwandfreiem Zustand sein, also staubtrocken.

3. Verglaste, riefige und abgenutzte Bremsbeläge reduzieren die Bremswirkung. Deshalb sollte man Bremsklötze rechtzeitig erneuern, auch wenn sie oberflächlich betrachtet noch »genügend Bremsbelag« haben.

4. Verschmierte Bremsscheiben ausschließlich mit Bremsenreiniger oder Aceton reinigen, NIEMALS mit Allzwecköl oder etwa ölhaltigen Reinigungs- oder Politurmitteln.

5. Bild 7: Ältere Bremsscheiben haben Riefen, die man beim Drüberfahren mit dem Fingernagel spürt. Bis zu einer gewissen Tiefe ist das normaler Verschleiß. Wenn die Riefen sehr tief sind und der Nagel von Riefe zu Riefe deutlich stolpert, ist die Bremsscheibe verschlissen.

6. Bild 8: Besonders bei älteren Maschinen die Dicke der Bremsscheiben mit Mikrometer an mehreren Punkten messen. Verschleißgrenzen:

- vorne 4,5 mm bei R 850 GS, R 1100 GS und R 1150 GS
- vorne 4,0 mm bei R 1200 GS
- hinten 4,5 mm bei allen Modellen

7. Verzug (Schlag) der Bremsscheiben mit Messuhr ermitteln. Vorne maximal 0,15 mm und hinten 0,20 mm bei R 850 GS, R 1100 GS und R 1150 GS bzw. 0,35 mm bei R 1200 GS.

Bremsbeläge prüfen

1. In den Belägen der Vorderradbremse sind an deren Kanten von außen Nuten zu sehen, so genannte Verschleißmarkierungen (Bild 5). Wenn die Nuten nicht mehr zu sehen sind, ist der Bremsbelag nur noch 1,0 mm dick (oder dünner).

2. Kontrolle der Dicke der Bremsbeläge in der Hinterradbremse:

2.1. Verschleißmarkierungen am Bremsklotz-Haltestift siehe Bild 6a.

2.2. In der Trägerplatte des hinteren Bremsbelags befindet sich eine Bohrung, die normalerweise vom ausreichend dicken Bremsbelag abgedeckt ist. Wenn der Belag bis auf ca. 1,0 mm abgefahren ist, wird die Bohrung frei und man sieht durch das jetzt offene Loch auf die Bremsscheibe (Bild 6b).

Bremsflüssigkeit

Bei Betätigung des Bremshebels wird vom Kolben im Hauptbremszylinder ein Druck auf die Bremsflüssigkeit aufgebaut und an die Kolben in den Bremssätteln weitergegeben, sie fahren dann aus ihren Bohrungen aus und pressen die Bremsbeläge gegen die Bremsscheiben.

Wenn die Bremsbeläge verschleißen, wandern die Kolben weiter aus ihren Bohrungen hinaus. Bremsflüssigkeit läuft nach, es sinkt der Pegelstand im Flüssigkeitsbehälter, weswegen der Bremsflüssigkeitsstand regelmäßig überprüft und ggf. ergänzt werden muss. Die Bremsflüssigkeit muss bei R 850 GS, R 1100 GS und R 1150 GS ohne oder mit ABS jedes Jahr gewechselt werden, bei R 1150 GS und R 1200 GS mit Teilintegral-ABS der Generation I im Radkreis alle zwei Jahre, im Steuerkreis alle vier Jahre, bei R 1200 GS ohne oder mit Teilintegral-ABS der Genertaion II alle zwei Jahre.

Wichtig: Bremsflüssigkeit ist hygroskopisch, sie zieht also Feuchtigkeit aus der Luft an, die sich mit der Bremsflüssigkeit vermischt. Dadurch sinkt der Siedepunkt und die Temperaturbeständigkeit der Bremse wird schlechter. Deswegen soll immer neue Bremsflüssigkeit aus einem neuen, ungeöffneten Behälter benutzt werden.

■ Vorgeschriebene Qualität ist DOT 4 (Bild 11).
■ Keinesfalls dürfen Verunreinigungen, Schmutz oder Wasser in die Bremsflüssigkeit gelangen.
■ Keine Flüssigkeiten anderer Art verwenden oder dazumischen und nie ältere Bremsflüssigkeitsreste einfüllen.

Stand der Bremsflüssigkeit prüfen

1. Motorrad auf ebenem Untergrund auf dem Mittelständer abstellen. Vorderrad in Fahrtrichtung ausrichten.

2. Bei R 850 GS, R 1100 GS und R 1150 GS ist in der Wand des Bremsflüssigkeitsbehälters ein Auge (Bild 12), dieses muss beinahe voll sein, darf nur oben eine kleine Luftblase haben.

2.1. Bilder 13 und 16: Beide Bremsflüssigkeitsbehälter sind durchsichtig und haben »MIN«- und »MAX«-Markierungen:

■ Stand der Bremsflüssigkeit darf nicht unter Markierung »MIN« stehen, sondern muss leicht darüber sein, aber maximal bis zur »MAX«-Markierung.

3. Wenn Bremsflüssigkeit aufgefüllt werden muss, zuerst den Behälter mit einem weichen, saugfähigen Lappen umwickeln, damit eventuell ausschwappende Hydraulikflüssigkeit aufgesaugt wird und nicht an Lackteile kommt.

4. Bilder 9 und 10: Bei R 850 GS, R 1100 GS und R 1150 GS die vier Schrauben ausdrehen, Deckel abnehmen, Membran herausnehmen.

4.1. Bild 15: Bei der R 1200 GS müssen zum Abnehmen des vorderen Deckels zwei Verriegelungsnasen überlistet werden. BMW empfiehlt das »Entriegelungswerkzeug« (Nr. 32 1 511).

■ Bild 14: Man kann aber auch die beiden Rastennasen des Stützrings vorsichtig mit den Fingernägeln oder Schraubenziehern eindrücken

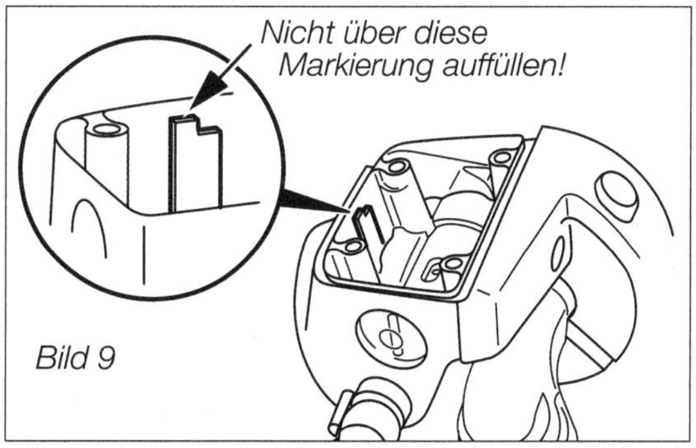

Bild 9: An der inneren Vorderwand des Bremsflüssigkeitsbehälters ist eine Markierung angebracht. Sie kennzeichnet den Maximalstand, über den nicht aufgefüllt werden darf.

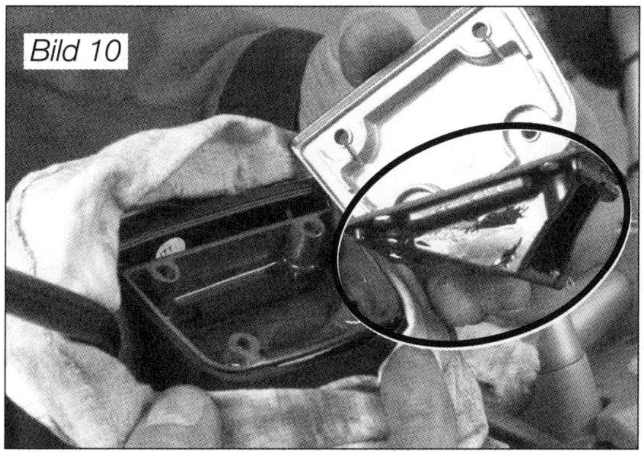

Bild 10: Gummimembran (Kreis) langsam herausziehen, damit keine Bremsflüssigkeit herausspritzt.

Bild 11: Vorgeschrieben ist Bremsflüssigkeit in der Qualität DOT 4. Es gibt sie in kleinen oder großen Behältern.

Bild 12: Schauglas des Bremsflüssigkeitsbehältes.

Sichtprüfung | Messen

und gleichzeitig den Deckel links herum zuerst auf- und dann ganz abdrehen.

5. Stützscheibe, Membran und Gittereinsatz (bei R 1200 GS Mj. 2010 bis 01/2012 vorne, Bild 15) bzw. Membran (hinten, Bild 17) vorsichtig herausnehmen.

6. Bremsflüssigkeit auffüllen bis zum unteren Rand bzw. zur »MAX«-Markierung auffüllen. ■ Behälter NICHT überfüllen!

7. Membran mit sauberem, nicht fusselndem Lappen reinigen, in Form bringen (wie in Bild 10).

7.1. Bei R 850 GS, R 1100 GS. R 1150 GS: Deckel auflegen, Schrauben eindrehen und in mehreren kleinen Schritten »leicht handfest« anziehen.

8. Bei R 1200 GS Gittereinsatz einsetzen.

8.1. Vorne und hinten: Membran einsetzen.

Bilder 13 und 15: Stand der Bremsflüssigkeit regelmäßig prüfen.

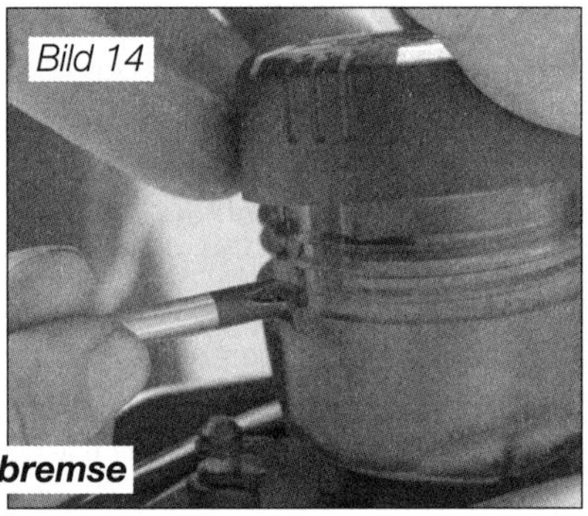

Bilder 14 bis 17: Öffnen des vorderen und hinteren Bremsflüssigkeitsbehälters.

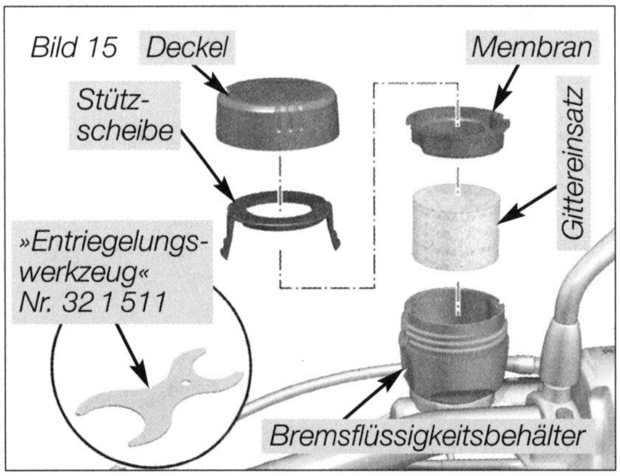

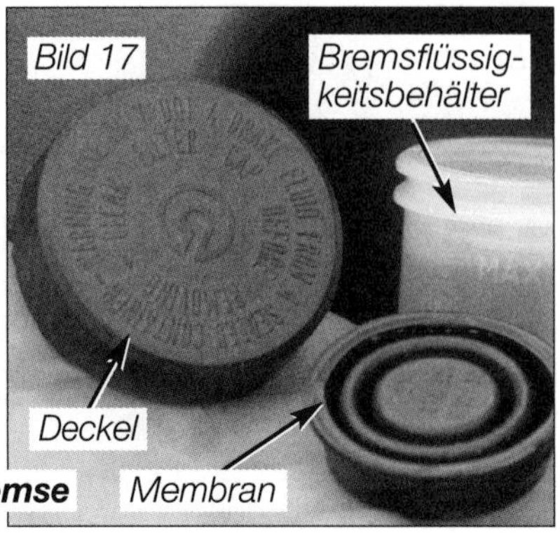

8.2. Nur vorne: Stützscheibe aufsetzen, Zapfen müssen in die Nuten eingreifen.

8.3. Vorne und hinten: Deckel aufdrehen und handfest anziehen.

Wichtig: Eventuell herausgespritzte oder übergelaufene Bremsflüssigkeit mit reichlich klarem Wasser abspülen und gut abtrocknen.

Vordere Bremssättel

Vordere Bremssättel abbauen

Die vorderen Bremssättel müssen zum Aus- und Einbau des Vorderrads abgebaut werden, die Bremsklötze bleiben eingebaut.

Bremssättel abbauen

1. Schrauben, mit denen der Bremssattel befestigt ist, lösen und ausdrehen.

2. Bremssattel von der Bremsscheibe abziehen. ■ **Beachten:** Weder am ABS-Kabel noch am Bremsschlauch ziehen oder diese abknicken!

Bremssättel anbauen

1. Schrauben mit Messingbürste reinigen.

1.1. Sehr kleine Menge Öl (zwei Tropfen) auf Gewinde und Anlageflächen der Schrauben geben.

2. Darauf achten, dass das Kabel des ABS-Sensors exakt verlegt ist und in den Kabelklemmen sitzt.

3. Bremssattel auf Bremsscheibe schieben, Befestigungsbohrungen zur Deckung bringen.

4. Schrauben eindrehen, in mehreren Schritten oben-unten-oben-unten auf 40 Nm (R 850 GS, R 1100 GS und R 1150 GS bis 11/2001) bzw. 30 Nm (R 1150 GS ab 11/2001 bei EVO-Bremse und R 1200 GS) festziehen.

5. Bremshebel einige Male langsam betätigen, Bremsbeläge müssen sich an Scheibe anlegen, damit die Bremse vor der ersten Fahrt betriebsbereit ist.

Bremsklötze vorne wechseln

Bremsklötze ausbauen

Die Bremsklötze können bei angeschraubtem Bremssattel gewechselt werden. Allerdings ist beim Erneuern der Bremsklötze eine intensive Reinigung des Bremssattels zu empfehlen, wozu dieser abgebaut werden sollte, denn nur im abgebauten Zustand kann der Schacht im Bremssattel richtig durchgeputzt werden.

Geschraubter Bremsklotz-Haltestift

1. Bild 20: Sicherungssplint aus dem Bremsklotz-Haltestift ausziehen.

2. Bild 18: Bremsklotz-Haltestift mit passendem Schlüssel lösen und ausdrehen.
■ Dabei die Bremsbelagfeder mit einem Finger leicht nach unten drücken.
3. Bremsklotzhaltestift herausziehen, Bremsbelagfeder herausnehmen. Bild 19: Bremsklötze aus dem Bremssattel ziehen.
4. Bremssattel-Halteschrauben lösen und ausschrauben, Bremssattel von der Bremsscheibe abziehen.

Gesteckter Bremsklotz-Haltestift
Bei einigen Modellen ist der Bremsklotz-Haltestift nicht geschraubt, sondern eingesteckt und damit konstruktiv vergleichbar mit der hinteren Bremse, siehe Bilder 20 und 21. Er hat also kein Gewinde, sondern eine kleine Klemmbuchse und einen Sicherungssplint.

Bremssattel reinigen
1. Abgeschraubten Bremssattel so drehen, dass man in den Bremsbelagschacht sehen kann. Bremsschlauch dabei weder stark verdrehen noch abknicken!
2. Bremssattel mit Bremsenreiniger einsprühen, siehe dazu auch »Achtung und Tipps« am Anfang dieses Kapitels.
3. Die eingesprühten Stellen umgehend mit sauberem, nicht fusselnden Lappen durchputzen.
■ Hartnäckigen Schmutz mit einer harten Zahnbürste abrubbeln.

Bremskolben zurückdrücken
Vor dem Einbau der neuen Bremsklötze müssen die Bremskolben in ihren Bohrungen zurückgedrückt werden. BMW schreibt dazu das Spezialwerkzeug »Bremskolben-Rücksetzwerkzeug« vor. Wir erklärten nachstehend, wie man die Bremskolben auch mit einfachen Hausmitteln fachlich korrekt zurückdrücken kann:
1. Bremsflüssigkeitsbehälter oben am Lenker öffnen. Lappen um den Behälter wickeln.
2. Bremsflüssigkeitsstand checken: Wenn er knapp über »MIN« steht, ist das in Ordnung. Wenn er oben steht, etwas Bremsflüssigkeit mit kleiner Spritze absaugen, sonst läuft beim Zurückdrücken der Bremskolben der Behälter über.
3. Die beiden alten Bremsklötze in den (gereinigten) Bremssattel einsetzen. Bremsklotz-Haltestift lose einschieben.
4. Mit einem dicken Schraubenzieher zwischen die alten Bremsklötze fahren und so die Bremskolben auf beiden Seiten gleichmäßig und langsam zurückdrücken. Stand der Bremsflüssigkeit im Auge behalten, Behälterdarf nicht überlaufen.
5. Wenn die Bremskolben ganz zurückgedrückt sind, die alten Bremsklötze herausnehmen.

Bremsklötze einbauen
1. Bremsklotz-Haltestift mit Messingbürste reinigen. Etwas Kupferpaste an das Gewinde geben.
2. Neuen äußeren Bremsklotz in den Schacht im Bremssattel einschieben.
3. Bremsklotz-Haltestift durch Bohrungen im Bremssattel und Bremsklotz einstecken.
4. Inneren Bremsklotz einschieben, mit den Fingern einer Hand halten.
5. Bremsbelagfeder aufsetzen, der eingravierte Pfeil muss in Drehrichtung der Bremsscheibe zeigen. Feder etwas nach unten drücken, Bremsklotz-Haltestift ganz durchstecken, ins Gewinde eindrehen und festziehen.
6. Sicherungssplint einschieben.

Bilder 18 und 19: Festziehen bzw. Lösen des Bremsklotz-Haltestifts, Bremsklötze nach oben herausziehen.

Bilder 20 bis 23: Aus- und Einbau der hinteren Bremsklötze.

■ Speziell zu Bild 22: Vorderseite muss in das U-förmige Blech eingeführt werden.

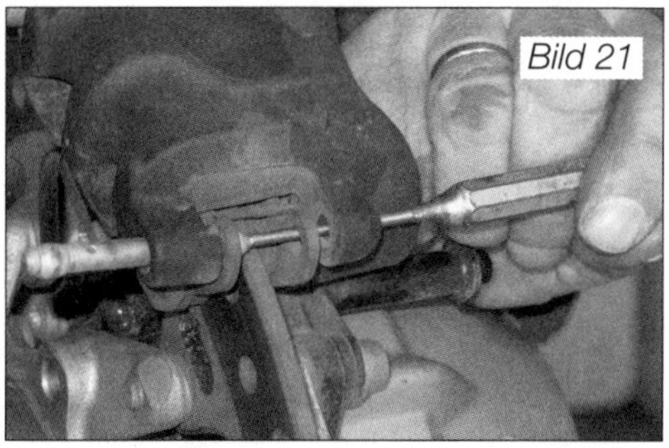

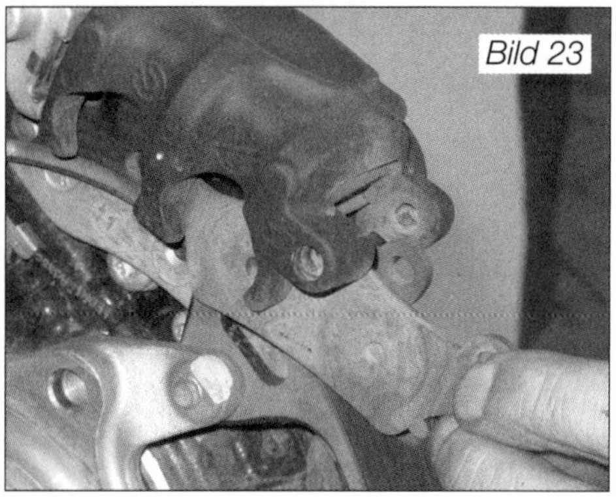

Bilder 24 bis 26: Die Manschetten müssen gut mit Silikonfett eingefettet sein. In Bild 26 wird die Halteplatte vom Bremssattel abgezogen, damit man reinigen und einfetten kann.

Bild 24

Bremsklötze hinten wechseln

Hinweis: Die Bremsklötze können bei angebautem Rad und angebautem Bremssattel aus- und eingebaut werden. Wie auch beim Wechsel der vorderen Bremsklötze empfehlen wir beim Wechsel der hinteren den Bremssattel abzubauen und gut zu reinigen. Dazu muss die hintere Radabdeckung abgeschraubt werden.

Bremsklötze ausbauen

1. Bild 20: Sicherungssplint aus dem Bremsklotz-Haltestift ausziehen.
2. Haltestift zur Radseite hin durchschlagen: Dünnen Durchschlag nehmen, exakt ansetzen, mit kleinem Hammer leichte Schläge darauf geben, Stift austreiben (Bild 21).
3. Bremsklötze an der Bremsscheibe entlang nach hinten herausziehen (Bild 23).
4. Bremssattel abschrauben: Schrauben lösen und ausdrehen (Bild 4), Bremssattel von Bremsscheibe abziehen.
5. Bremssattel mit Bremsenreiniger reinigen (siehe Text vorne bei »Bremsklötze vorne wechseln«).

Bild 25

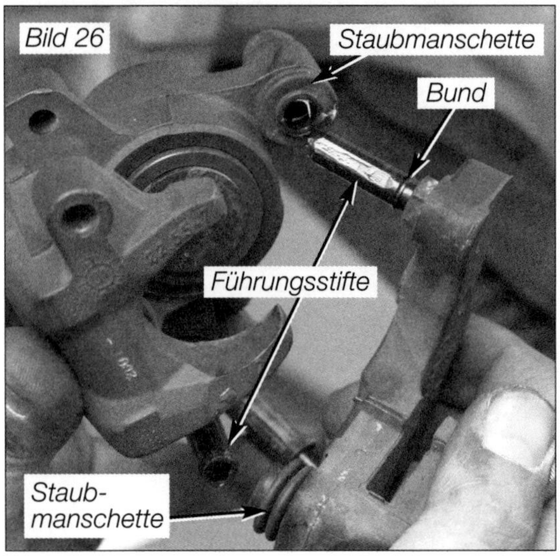

Bild 26

Neue Bremsklötze einbauen

Zum Zurückdrücken der Bremskolben nach BMW-Vorschrift ist auch am hinteren Bremssattel das BMW-Spezialwerkzeug »Bremskolben-Rücksetzwerkzeug« vorgeschrieben. Es geht bei abgebautem Bremssattel aber auch mit der Hand: Mit beiden Daumen die Bremskolben gleichzeitig zurückdrücken.

1. Bremsflüssigkeitsbehälter unter der Sitzbank öffnen (siehe Text weiter vorne in diesem Kapitel). Einen Lappen um den Behälter wickeln.
2. Stand der Bremsflüssigkeit checken:
■ Knapp über MIN ist in Ordnung.
■ Wenn er bei MAX steht, mit einer kleinen Spritze Bremsflüssigkeit absaugen, bis der Spiegel knapp über MIN steht – sonst läuft beim Zurückdrücken der Bremskolben der Behälter über!
3. Den äußeren alten Bremsklotz in den (gereinigten) Bremssattel einsetzen.
4. Bremssattel in beide Hände nehmen und über den alten Bremsklotz die Bremskolben gleichmäßig vorsichtig und langsam ganz zurückdrücken.
■ Stand der Bremsflüssigkeit im Auge behalten, damit der Behälter nicht überläuft. Steigt die Bremsflüssigkeit bis zur Oberkante, etwas Bremsflüssigkeit absaugen.
5. Neue Bremsklötze: Vorder- und Hinterkante sowie die Fläche der Bremsbelag-Trägerplatte ganz leicht mit Kupferpaste einschmieren.
■ BMW empfiehlt »Never Seez Compound«.
6. Bremsklötze in den Schacht des Bremssattels einschieben. Bild 22: Vorderseite muss in das U-förmige Blech eingeführt werden.
Wichtig: Das oben zwischen den Kanten der Bremsklötze und dem Grund des Schachts eingesetzte Federblech muss mit dem Pfeil nach vorne eingesetzt sein.
■ Normalerweise fällt das Federblech nicht heraus, aber wenn doch, muss es wieder exakt eingesetzt werden, sonst lassen sich die Bremsklötze nicht montieren!
7. Bremsklötze hinten nach oben gegen Federkraft des innen sitzenden Federblechs drücken.
8. Bremsklotz-Haltestift in Bohrung im Bremssattel und durch die Bohrungen der Bremsklötze einschieben, mit kleinem Hammer nachhelfen – der Stift muss satt sitzen!
9. Bild 20: Sicherungssplint einschieben.
10. Bremssattel auf Bremsscheibe schieben, Schrauben eindrehen und festziehen mit 40 Nm bei R 850 GS, R 1100 GS und R 1150 GS bzw. mit 24 Nm bei R 1200 GS.
11. Bremsanlage auf Funktion überprüfen wie Vorderradbremse, siehe Text oben.

Gleitstifte reinigen, schmieren

Bei einer Schwimmsattelbremse, wie sie hinten verbaut ist, gleitet (»schwimmt«) der Bremssattel auf zwei Gleitstiften (auch »Führungsstifte« genannt, Bild 26). Zum Reinigen und Schmieren der Gleitstifte müssen der Bremssattel abgebaut und die Bremsklötze ausgebaut sein. Den Anschluss des Bremsschlauchs NICHT abschrauben!

1. Bild 26: Halteplatte vom Bremssattel abziehen.
2. Führungsstifte, Manschetten, Führungsbohrungen, Federblech und Schacht des Brems-

sattels mit Bremsenreiniger reinigen, mit nicht fusselnden Lappen durchputzen.

3. Bild 24: Etwas Silikonfett in Führungsbohrungen und Staubmanschetten geben.

3.1. Halteplatte an Bremssattel ansetzen: Führungsstifte gleichzeitig in ihre Bohrungen schieben, dabei NICHT verkanten (!), es muss ohne Druck leicht gehen!

4. Bild 25: Rand einer jeden Staubmanschette über den Bund am Führungsstift ziehen.

Probleme mit dem ABS?

Wenn das ABS nicht funktioniert, wird dies durch Aufleuchten der ABS-Anzeige in der Instrumenteneinheit während der Fahrt angezeigt. Wenn die Maschine angehalten wird und still steht, geht die Lampe nicht aus. Um festzustellen, ob vielleicht nur das Aufleuchten der Lampe fehlerhaft arbeitet oder ein echtes Problem mit dem ABS vorliegt, gehen Sie folgendermaßen vor:

1. Wenn die ABS-Lampe während der Fahrt aufleuchtet: Maschine anhalten, Motor durch Drehen des Zündschlüssels im Zündschloss AUSschalten. Zündschlüssel abziehen.

2. Nach einer Pause von etwas mehr als einer Minute Zündschlüssel einstecken, Zündung EINschalten, Motor starten und losfahren.

■ Vom Moment des »Zündung ein« über das Anlassen des Motors bis zum Losfahren weder Hand- noch Fußbremshebel betätigen – es darf also auch das Bremslicht nicht aufleuchten!

3. Wenn die ABS-Anzeige weiter leuchet und nicht ausgeht, funktioniert das ABS nicht. Dann ist ein Besuch in der BMW-Werkstatt nötig zum Auslesen des Fehlerspeichers.

Anmerkung: Bei einem Ausfall des ABS bleibt die Bremswirkung selbst erhalten.

4. Abchecken, ob die Sensoren exakt in ihren Bohrungen sitzen und festgeschraubt sind.

5. Alle ABS-Sensoren müssen sauber sein.

■ Zur Begutachtung der ABS-Kabelstecker empfehlen wir Ihnen Kapitel 15 »Elektrik · Elektronik«. Darin wird beschrieben, wie man Stecker trennt und eventuelle Korrosion an den Verbindern beseitigt.

6. Checken, ob der Stecker sicher und wackelfrei im Steuergerät eingesteckt ist.

7. Ganz wichtig: Die Batterie muss ok sein, ihre Spannung muss mindestens 12,4 Volt (oder mehr) betragen – sie muss also »gut geladen« sein! Mehr dazu in Kapitel 11 »Batterie« und Kapitel 12 »Ladesystem«.

Noch einmal der gute Ratschlag: Bei sich wiederholenden Problemen mit dem ABS, die nicht auf eine schwache Batterie zurückzuführen sind, wenden SIe sich an Ihren BMW-Händler.

Verlegung Bremsleitungen, Kabel
In Bild 27 sind die Verlegung der Bremsleitungen, ihre Anschlüsse und die ABS-Sensorkabel gezeigt. Wenn das ABS ausfällt, prüfen Sie die korrekte Verlegung der elektrischen Kabel. Vielleicht ist durch grobes Herumwerken an den Sensoren und/oder den Kabeln ein Wackelkontakt entstanden; es kann auch ein Kabel innerhalb der Isolierung geknickt oder abgedrückt sein (siehe auch dazu Kapitel 15 »Elektrik · Elektronik«). Auch dann ist ein Besuch in der BMW-Werkstatt nötig.

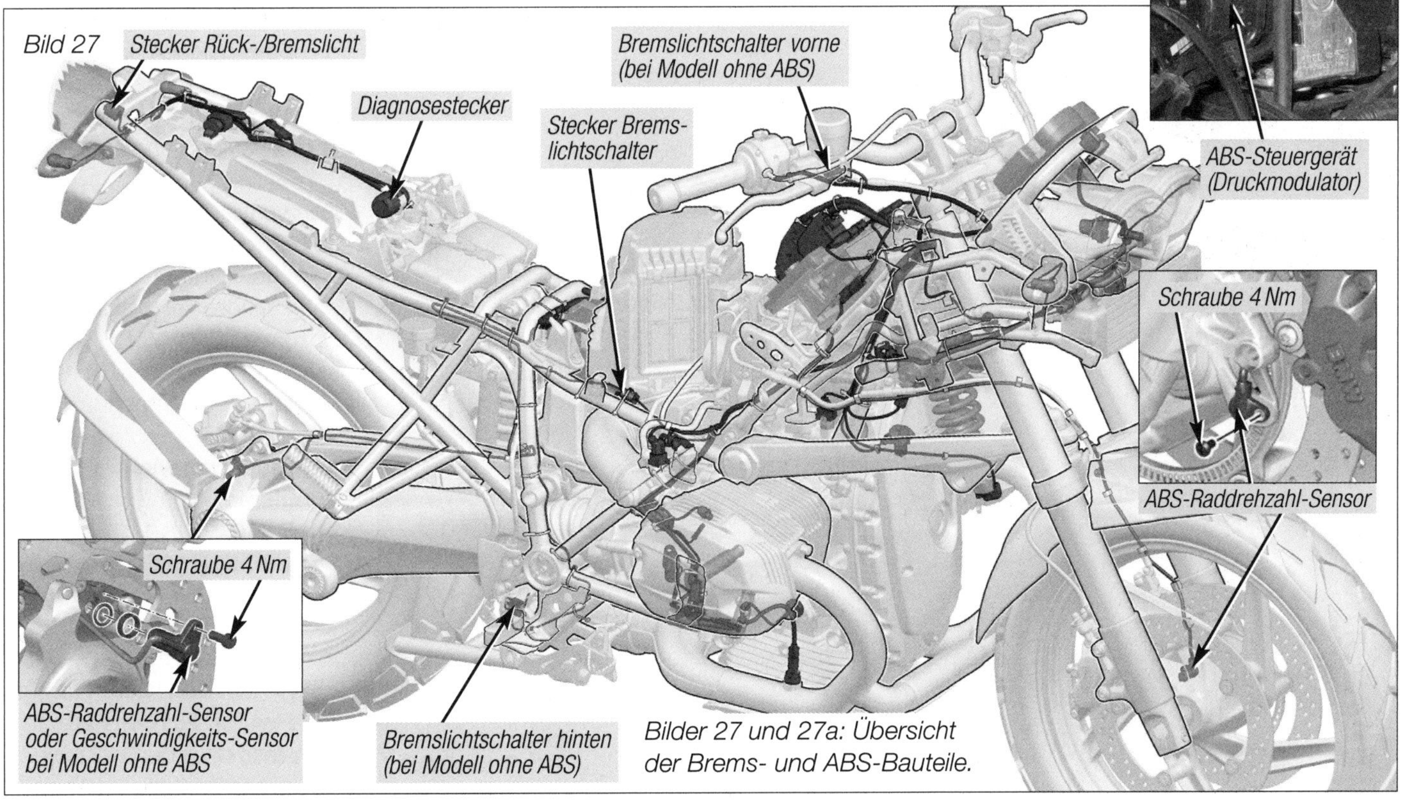

Bilder 27 und 27a: Übersicht der Brems- und ABS-Bauteile.

Bilder 2, 2a und 4: OT-Schauloch. Kurbelwelle an Schraubenkopf (Bild 2) oder Mutter (Bild 4) rechts herum drehen, bis OT erscheint und der entsprechende Zylinder im Zünd-OT steht.

Bild 3: Bohrung im Getriebgehäuse und Absteckdorn.

Ventilspiel

In diesem Kapitel: Ventiltriebe · Ventilspiel: Oberen Totpunkt suchen · Ventilspiel prüfen und einstellen · Ventilspiel beim DOHC-Motor prüfen und einstellen · Halbkugeln aus- und einbauen.

Ventiltriebe

R 850 GS, R 1100 GS, R 1150 GS, R 1200 GS bis Mj. 2009: Im unteren Teil eines jeden Zylinderkopfs ist eine kettengetriebene Nockenwelle eingebaut. Techniker nennen diese Konstruktion »halbhoch eingebaute Nockenwelle«, denn diese ist weder unten bei der Kurbelwelle noch ganz oben im Zylinderkopf über den Ventilen eingebaut. Von den Nockenbahnen werden Stößel betätigt, die ihre Bewegung an Stößelstangen weitergeben. Diese wirken auf Kipphebel, welche über Einstellschrauben die Ventile betätigen.

R 1200 GS DOHC Radialventiler Mj. 2010 bis 2012: Zwei obenliegende, kettengetriebene Nockenwellen pro Zylinder mit indirekter Betätigung der Ventile. »**DOHC**« bedeutet »**D**ouble **O**ver**h**ead **C**amshaft«, also »zwei oben liegende Nockenwellen«. Und »indirekte Betätigung« deswegen, weil zwischen Nocke und Ventilkopf ein Schlepphebel mit eingesetzter Halbkugel eingebaut ist. Vorteil der Schlepphebel-Konstruktion ist, dass auf den Ventilschaft nur minimale Seitenkräfte wirken. Das Ventilspiel wird durch eine entsprechend dicke Halbkugel eingestellt.

Weiterhin sind die Ventile »radial« eingebaut: Die Mittelachsen der Ventile stehen so zueinander, dass sie sich in einem gedachten Punkt im Zylinder schneiden. Dies bringt ein besseres Strömungsverhalten der ein- und ausströmenden Gase, was wiederum das Leistungsverhalten des Motors positiv beinflusst.

Bild 1: Zum Einstellen des Ventilspiels wird eine präzise Fühlerlehre mit verschieden dicken Blättern benötigt.

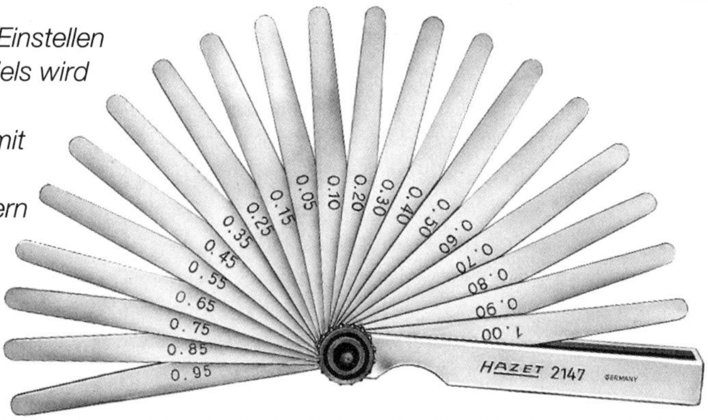

Ventilspiel

Ein gewisses Spiel zwischen Ventilkopf und Ventilspiel-Einstellschraube bzw. der Halbkugel (beim DOHC-Motor) ist nötig, damit die Ventile den Brennraum bei allen Betriebstemperaturen dicht abschließen, kein Gas unkontrolliert entweicht und die Wärme am Ventilsitz gut abgeleitet werden kann.

Das Ventilspiel muss alle 10 000 km (bzw. ein Mal pro Jahr) überprüft und, wenn nötig, eingestellt werden. Dazu muss der Motor kalt sein, darf höchstens 35 °C (= »handwarm«) haben.

Vorgeschriebene Ventilspiele bei R 850 GS, R 1100 GS, R 1150 GS, R 1200 GS bis Mj. 2009:

- Einlass 0,15 mm
- Auslass 0,30 mm

bei R 1200 GS DOHC Radialventiler Mj. 2010 bis 2012:

- Einlass 0,13 bis 0,23 mm
- Auslass 0,30 bis 0,40 mm

Bild 2

Bild 2a

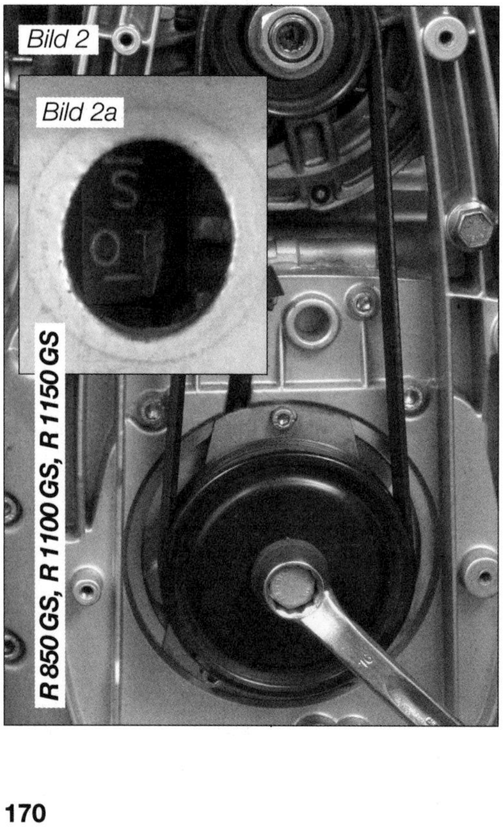

Bild 3

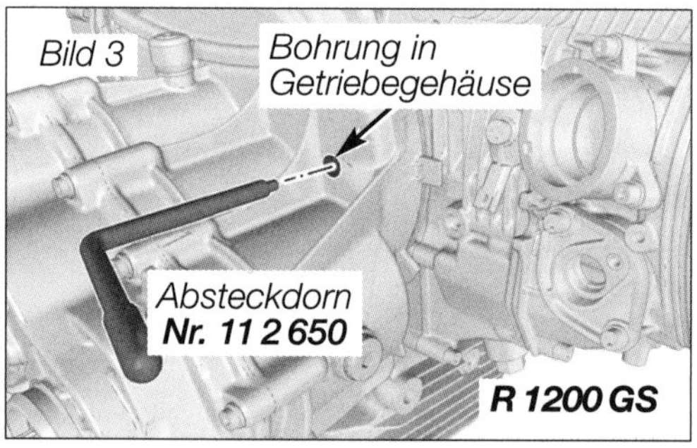

Bild 4

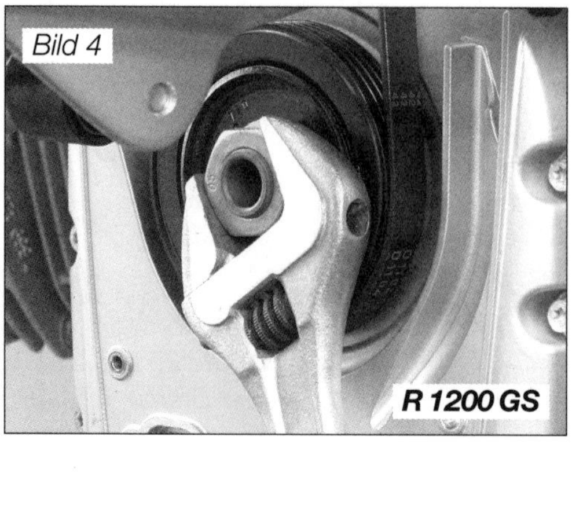

Hinweis 1: Gleiche Arbeitsschritte für alle Modelle werden zusammengefasst.
Hinweis 2: Je nach angebautem Zubehör muss man sicherstellen, dass man an die Zündkerzen gelangt und die Zylinderkopfhaube (»Ventildeckel«) abgenommen und wieder aufgebaut werden kann. Weiterhin muss der vordere Motordeckel abgebaut werden, denn laut Arbeitsanweisung von BMW muss man zum Suchen des OT mit einem entsprechenden Schlüssel die Kurbelwelle drehen (Bilder 2 und 4).

Tipp: Zur Montage des vorderen Motordeckels muss ein angebauter Motorschutzbügel abgebaut werden. Man kann sich den Abbau des vorderen Motordeckels und des Motorschutzbügels sparen, wenn man die Kurbelwelle dreht, indem der 5. oder 6. Gang eingelegt ist und man langsam am Hinterrad dreht.

Wenn der vordere Deckel nicht abgebaut werden muss, um z. B. die Spannung des Lichtmaschinen-Antriebsriemens zu kontrollieren, dann ist das Suchen des OT durch Drehen des Hinterrads die einfachere OT-Suchmöglichkeit.

Oberen Totpunkt (OT) suchen
1. Maschine auf Mittelständer oder Montageständer abstellen. Ein Ölauffanggefäß unter den Zylinderkopf stellen, der bearbeitet werden soll, denn beim Abnehmen der Zylinderkopfhaube läuft etwas Öl aus.
2. Hauptzündkerzen aus beiden Zylinderköpfen ausschrauben; Arbeitsschritte siehe Kapitel 21 »Zündkerzen«.
■ Nebenzündkerzen können eingebaut bleiben.
3. Ventildeckel abbauen:
3.1. Dazu die von außen zu sehenden Schrauben lösen und ausdrehen.
3.2. Mit beiden Händen am Ventildeckel etwas wackeln, damit sich die Dichtungen von den Dichtflächen lösen, Ventildeckel abnehmen.
Hinweis: Die Ventildeckeldichtung kann zwar aufgelegt bleiben, es ist jedoch besser, sie abzunehmen, zu reinigen und die Dichtflächen an Zylinderkopf und Ventildeckel ebenfalls.
4. Oberen Totpunkt (OT) suchen: Dazu beachten Sie bitte die Bilder 2 und 2a sowie den Text weiter oben unter »Hinweis 2« und »Tipp«. Nachstehend beschreiben wir die OT-Suche nach BMW-Vorschrift. Mit einem exakt passenden Schlüssel (Bilder 2 und 4) wird die Kurbelwelle RECHTS herum gedreht.
■ **OT-Markierung bei R 850 GS, R 1100 GS, R 1150 GS:** Bild 2a: Hinter dem rechten Zylinder ist ein Schauloch. Gummistopfen ausziehen, Taschenlampe zu Hilfe nehmen. OT ist erreicht, wenn OT-Markierung in der Mitte des Schaulochs steht.
■ **OT-Markierung bei R 1200 GS bis Mj. 2009:** Hinter dem rechten Zylinder ist eine Bohrung Ø 12 mm (Bild 3). Wenn die Kurbelwelle so weit entsprechend gedreht ist, dass diese Bohrung mit dem Ausschnitt in der Kupplung fluchtet, stehen beide Kolben im OT: Einer im Zünd-OT und der andere im Überschneidungs-OT. Die genaue Flucht von Bohrung und Ausschnitt kann mit dem BMW-Spezialwerkzeug »Absteckdorn« (Nr. 11 2 650) überprüft werden.
Hinweis zum Suchen des OT: Wenn die Kurbelwelle so weit gedreht ist, dass der Kolben des zu bearbeitenden Zylinders den OT erreicht hat, muss man prüfen, ob der Kolben in dem OT steht, wo alle Ventile geschlossen sind, oder in dem anderen OT, in dem Ein- und Auslassventile auf Überschneidung stehen.
■ Der »richtige« Ventilspiel-OT ist eingestellt, wenn etwas Spiel zwischen Ventilköpfen und Kipp-/Schlepphebeln zu spüren ist. Zu diesem Zweck etwas an den Kipp-/Schlepphebeln wackeln, sie dürfen nicht unter Spannung zu den Ventilen stehen, sondern es muss das Ventilspiel zu spüren sein.
■ Den »falschen« Ventilspiel-OT sieht und spürt man daran, dass die Kipp-/Schlepphebel Druck auf die Ventile ausüben. Wenn der Motor in

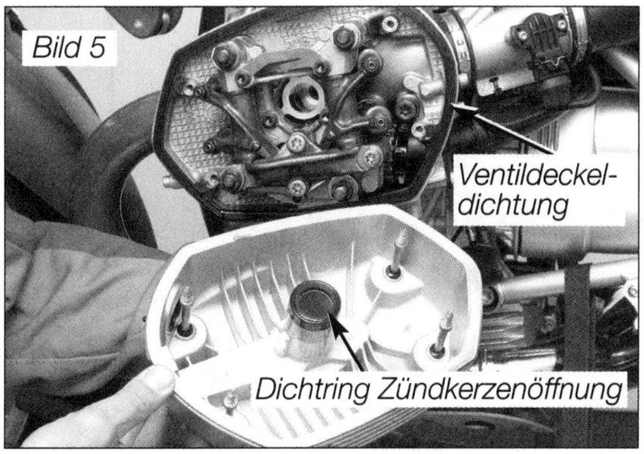

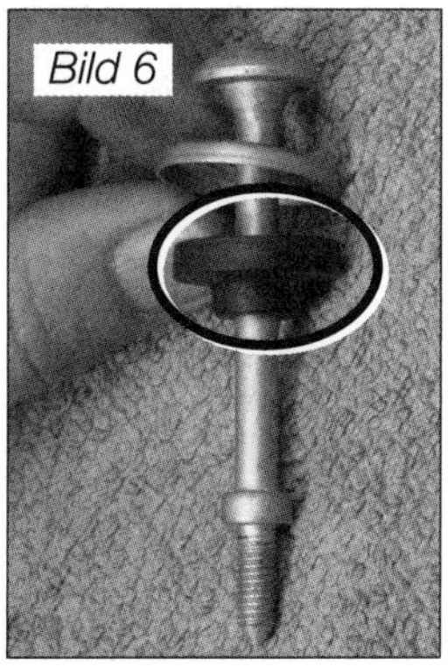

Bilder 5 und 6: Dichtring der Zündkerzenöffnung im Zylinderkopfdeckel, Ventildeckeldichtung und Gummidichtscheiben der Deckelschrauben vor Wiedereinbau prüfen.

Bild 7: Die passende Fühlerlehre muss satt zwischen Ventilkopf und Einstellschraube durchschleifen.

Ventilspiel:
■ *Einlass 0,15 mm*
■ *Auslass 0,30 mm*

diesem OT steht, muss man die Kurbelwelle eine Umdrehung (360 Grad) weiterdrehen.

4.1. OT-Suchmöglichkeit 2: Fünften oder sechsten Gang einlegen, kräftig und langsam (!) am Hinterrad drehen, Kipphebel beobachten. Wenn sich die hinteren Kipp-/Schlepphebel von den Einlassventilen gelöst und diese freigegeben haben, ist der OT knapp erreicht.

■ Wenn Sie das BMW-Spezialwerkzeug »Absteckdorn« haben, stecken Sie diesen in die Bohrung im Getriebegehäuse und erfühlen den Ausschnitt in der Kupplung, indem Sie den Absteckdorn etwas eindrücken und dabei ganz langsam am Hinterrad weiterdrehen, bis die Spitze des Absteckdorns im Ausschnitt des Anlasserzahnkranzes einrastet.

■ Wenn Sie keinen Absteckdorn haben, führen Sie ein langes Holzstückchen (z. B. einen Schaschlikspieß) durch die offene Bohrung der zentralen Zündkerze in den Zylinder ein und »erfühlen« damit den Kolbenboden. Wenn Sie am Hinterrad weiter drehen, wird das Holzstückchen nach außen gedrückt – und wenn der Umkehrpunkt erreicht ist, war es der OT.

Bild 8: Beim Festziehen der Kontermutter darauf achten, dass sich die Ventilspiel-Einstellschraube nicht verdreht: Mit einem Inbusschlüssel in der exakten Einstellposition auf Zug gegenhalten.

Bild 8

Bild 9: Der Gummipuffer wird vorne unten eingesetzt.

Bild 9

Ventilspiel prüfen und einstellen

Bei R 850 GS, R 1100 GS, R 1150 GS, R 1200 GS bis Mj. 2009: Ventilspiel prüfen

1. Fühlerlehre mit 0,15 mm für Einlass bzw. 0,30 mm für Auslass nehmen und versuchen, zwischen Einstellschraube und Ventilkopf durchzuziehen (Bild 7).

2. Wenn sich diese Fühlerlehren »satt« durch den Spalt durchschleifen lassen und keine der nächstdickeren Fühlerlehren durch den Spalt passen, ist das Ventilspiel in Ordnung.

3. Wenn aber diese Fühlerlehren nicht in den Spalt hineingehen oder sich die nächstdickere Fühlerlehre durch den Spalt durchziehen lässt, ist das Ventilspiel entweder zu eng oder zu weit.

■ Generell gilt für das Prüfen des Ventilspiels: So lange mit verschieden dicken Fühlerlehren prüfen, bis man eine Fühlerlehre gefunden hat, die sich zwischen Ventilkopf und Ventilspiel-Einstellschraube satt durchziehen lässt. Dies nennt man »Ist-Ventilspiel«.

Ventilspiel einstellen

1. Wenn das Ventilspiel zu weit oder zu eng ist, muss es korrigiert werden. Dazu die Kontermutter der Ventileinstellschraube leicht lösen und die Schraube ganz wenig (!) ein- oder ausdrehen, bis das Ventilspiel stimmt:

■ Einlassventil 0,15 mm

■ Auslassventil 0,30 mm

Wichtig: Entsprechende Fühlerlehre muss satt durch den Spalt durchschleifen (Bild 7).

2. Mutter kontern: Dabei die Ventileinstellschraube auf Zug in der korrekten Position halten (Bild 8).

Anziehdrehmoment der Kontermutter 8 Nm.

3. Nach dem Kontern der Mutter das Ventilspiel noch einmal prüfen.

Ventildeckel anbauen

1. Innerer Dichtring und äußere Dichtung müssen fettfrei und unbeschädigt sein.

2. Dichtring auf Bund der Zündkerzenöffnung im Ventildeckel setzen, äußere Dichtung auf Zylinderkopf auflegen.

2.1. Ventildeckel aufsetzen.

3. Bild 6: Dichtscheiben der Halteschrauben kontrollieren: Wenn sie »hart« oder »angefressen« sind, erneuern.

3.1. Halteschrauben eindrehen und über Kreuz mit 10 Nm festziehen.

4. Zündkerzen einbauen, Stecker aufstecken, Abdeckung anbringen.

Ventilspiel beim DOHC-Motor

Ventilspiel selbst einstellen?
Wenn sich für wenig geübte Hobbyschrauber die Frage stellt, das Ventilspiel selbst zu prüfen und ggf. neu einzustellen oder die Maschine dazu in die BMW-Werkstatt zu bringen, dann raten wir zu Letzterem. Denn Kontrolle und Neueinstellung des Ventilspiels beim DOHC-Motor ist eine Arbeit, die Können und Fingerspitzengefühl erfordert.

Wenn die BMW-Werkstatt andere Ventilspiel-Einstell-Halbkugeln einbaut, sind diese in der Regel nicht neu, sondern Austauschteile, die in der Werkstatt in großer Anzahl vorrätig sind (Bild 10). Gebrauchte Halbkugeln können guten Gewissens als »so gut wie neu« verkauft werden, denn sie sind so hart, dass sie weder verschleißen, brechen oder anderweitig unbrauchbar werden.

Wenn Sie jedoch das Ventilspiel selbst einstellen möchten und dazu beim BMW-Händler neue Halbkugeln kaufen müssen, dann verkauft er Ihnen neue Teile, welche ziemlich teuer sind.

Ventilspiel kontrollieren
■ Das vorgeschriebene Ventilspiel beträgt:
für Einlass .... 0,13 bis 0,23 mm
für Auslass .... 0,30 bis 0,40 mm
■ Bild 13: Das Ventilspiel wird zwischen Nockenlaufbahn und Schlepphebel gemessen, NICHT zwischen Einstell-Halbkugel und Ventilkopf.
■ Bild 12: Das Ventilspiel auch NICHT an den Aussparungen der Nocken messen!
■ Zur Kontrolle des Ventilspiels nehmen Sie bitte die Texte weiter vorne in diesem Kapitel zu Hilfe und zwar ganz speziell ab dem grauen Balken »Ventilspiel« Textabsätze »Oberen Totpunkt (OT) suchen« und »Abbau Ventildeckel«.

Nun folgen die speziell für den DOHC-Motor geltenden Arbeitsschritte:
1. Zur Ventilspielkontrolle rechter Zylinder Markierungen zueinander wie in Bild 15a.
2. Zur Ventilspielkontrolle linker Zylinder Markierungen zueinander wie in Bild 15b.
3. Ventilspiel prüfen: Fühlerlehre zwischen Nocken und Schlepphebeln durchziehen (Bild 13). So lange mit verschieden dicken Fühlerlehren prüfen, bis man eine Fühlerlehre gefunden hat, die sich zwischen Nocke und Schlepphebel satt durchziehen lässt.
4. Dieses so genannte »Ist-Ventilspiel« mit Zylinderbezeichnung »links« oder »rechts« sowie »E« und »A« (für Einlass und Auslass) und jeweils

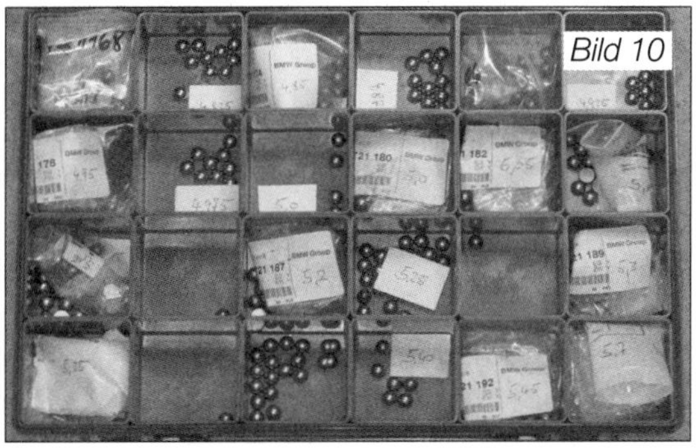

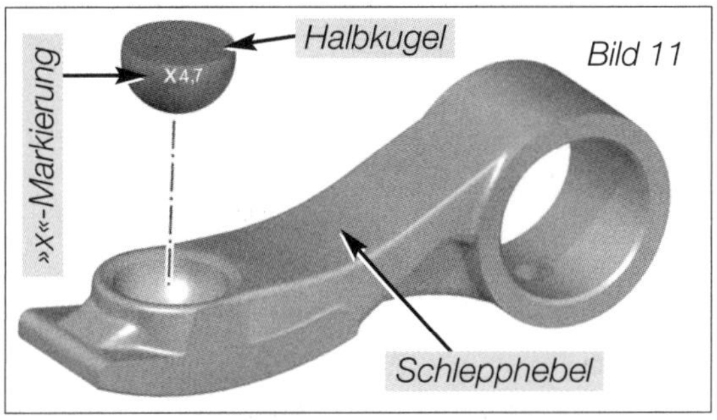

Bilder 10 und 11: Halbkugeln im Werkstatt-Set. Nur solche mit »x« verwenden.

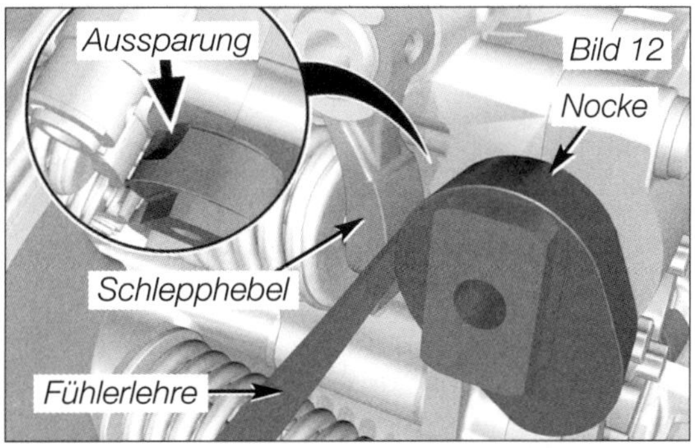

Bild 12: Aussparung beachten.

Bild 13: Das Ventilspiel wird zwischen Nocke und Schlepphebel gemessen.

Ventilspiel:
■ *Einlass 0,13 bis 0,23 mm*
■ *Auslass 0,30 bis 0,40 mm*

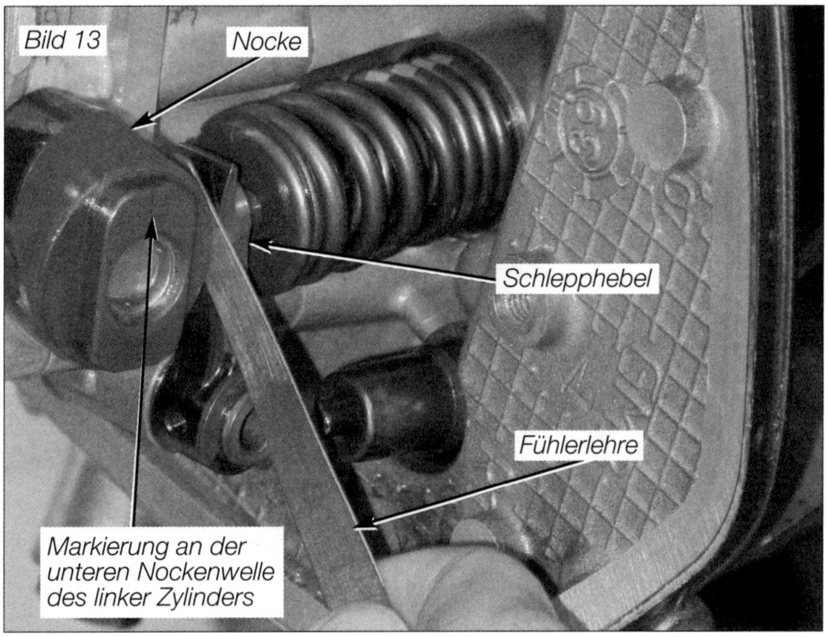

Bild 14: Ventildeckel, Dichtungen und Verschraubung.

Bilder 15a und 15b: Zur Ventilspielkontrolle am rechten und am linken Zylinder die Markierungen zueinander einstellen.

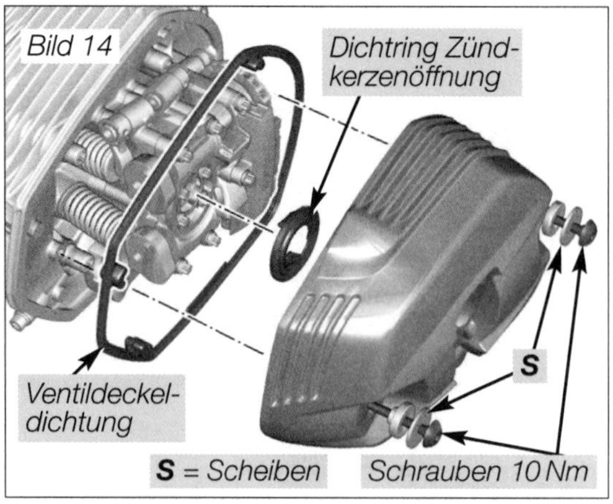

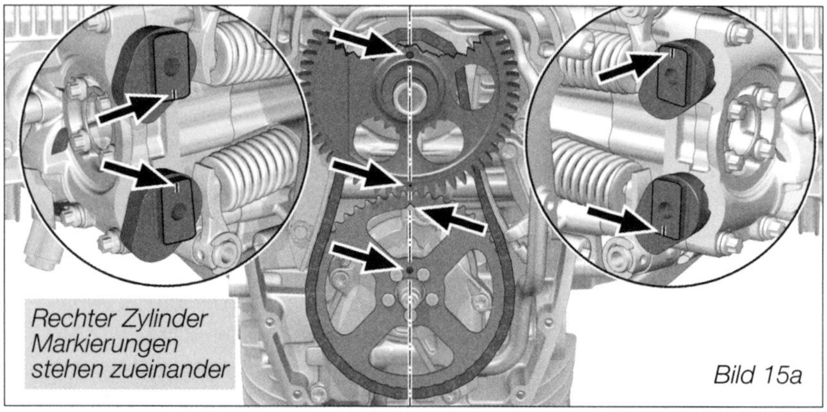

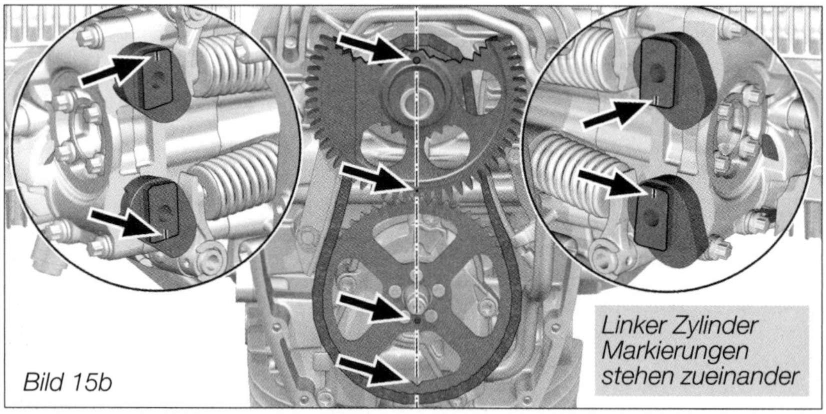

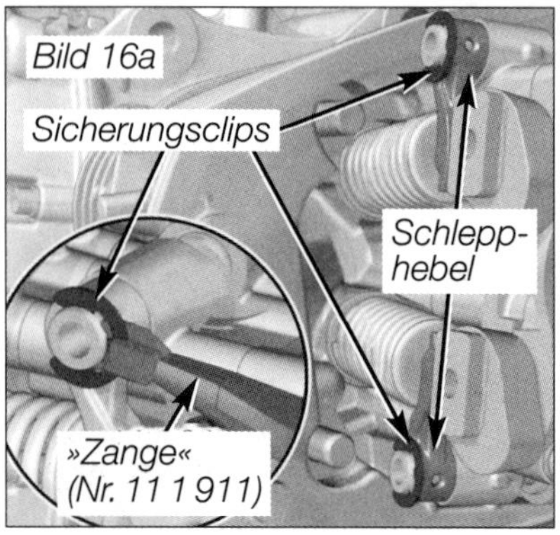

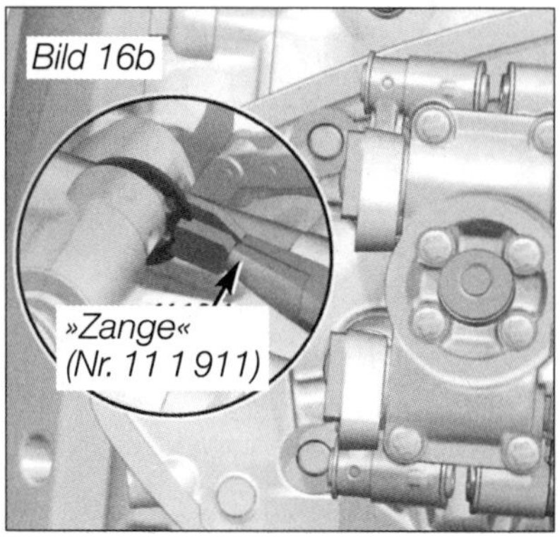

»oben« und »unten« notieren. Es dient später dazu, neue Halbkugeln auszuwählen, um das Ventilspiel auf die vorgeschriebenen Werte einzustellen.

5. Ergebnisse bewerten:

- Wenn die gemessenen Ventilspiele innerhalb der vorgeschriebenen Toleranzen liegen, kann der Motor wieder zusammengebaut werden.
- Wenn das Ventilspiel bei einem oder mehreren Ventilen nicht der Vorschrift entspricht, müssen neue Halbkugeln mit anderen Maßen eingebaut werden.

Ventilspiel einstellen

Zur Auswahl der passenden Halbkugel (Bilder 11 und 19) stehen 23 verschiedene Halbkugeln zur Verfügung (Bild 10) mit Dicken von 4,60 bis 5,70 mm in Abstufungen von 0,05 mm. Es dürfen nur Halbkugeln mit »x«-Kennzeichnung verwendet werden (Bild 11)!

Beispiel: Bestimmung einer neuen Halbkugel für das vorgeschriebene Einlass-Ventilspiel von 0,13 bis 0,23 mm.

- Gemessenes Einlass-Ventilspiel 0,28 mm.
- Dicke der eingebauten Halbkugel 4,70 mm.
- Die eingebaute Halbkugel ersetzen durch eine neue mit einer Dicke von 4,80 mm.

Ergebnis: Das neue Einlass-Ventilspiel beträgt 0,18 mm.

Achtung: Auf keinen Fall versuchen, eine Halbkugel mit Feile oder Schleifpapier passend zu machen!

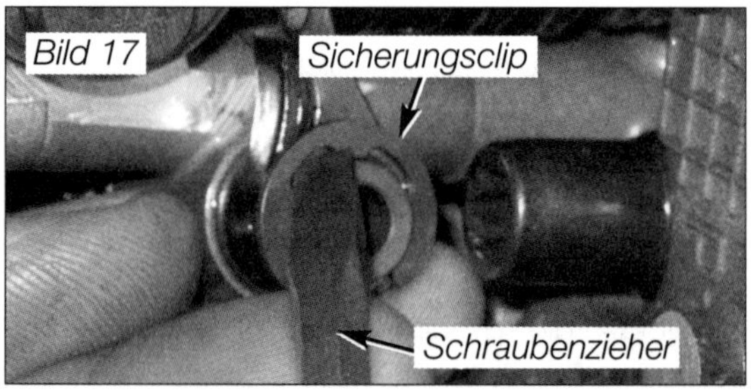

Bilder 16a, 16b, 17 und 18: Aus- und Einbau der Sicherungsclips. Wichtig: Beim Aus- und Einbau der Schlepphebel darauf achten, dass die Halbkugel sitzt und nicht herausfällt.

Halbkugeln aus- und einbauen

Zum Abziehen der Sicherungsclips empfiehlt BMW das Werkzeug »Zange« (Nr. 11 1 911, Bilder 16a und 16b). Man kann aber auch mit einem kleinen Schraubenzieher (Bild 17) und einer Flachspitzzange arbeiten.

Wichtig: BMW schreibt vor, die Sicherungsclips zu erneuern. Aber wenn sie noch genug Spannung haben, können sie ein zweites Mal verwendet werden. Beim Einbau darauf achten, dass der Sicherungsclip mit der scharfen Kante nach außen (= vom Schlepphebel weg) eingebaut wird.
1. Zylinderkopfhaube ist abgebaut wie weiter vorne beschrieben.
2. Schlepphebel ausbauen.
2.1. Auslass-Schlepphebel: Sicherungsclip mit »Zange« packen und ausziehen (Bild 16a) oder mit Schraubenzieher abschieben (Bild 17). Schlepphebel von Schlepphebelwelle abziehen (Bild 18).
2.2. Bild 16a: Einlass-Schlepphebel: Sicherungsclip ausziehen/abschieben, Schlepphebelwelle nach vorn in Richtung Auslass-Schlepphebelwelle schieben, um hinten Platz zu schaffen für den Ausbau des Schlepphebels.
Wichtig: Unbedingt darauf achten, dass die Halbkugel nicht herausfällt.
3. Halbkugel aus Sitz herausnehmen.
4. Bilder 20 und 21: Neue Halbkugel in den Schlepphebel einsetzen. Etwas Fett daran geben und in ihren Sitz eindrücken bzw. »einkleben«.
5. Schlepphebel einbauen.
5.1. Auslass-Schlepphebel: Auf Schlepphebelwelle aufschieben, Sicherungsclip einbauen.
■ Bilder 22 und 23: Sicherungsclip so einbauen, dass die offene Seite zum Zylinderkopf hinzeigt. So kann er beim Aufsetzen der Zylinderkopfhaube nicht abgeschoben werden.
5.2. Einlass-Schlepphebel: Schlepphebelwelle muss nach vorne ausgeschoben sein, Schlepphebel ansetzen, Schlepphebelwelle bis ganz nach hinten einschieben.
Wichtig: Unbedingt darauf achten, dass die Halbkugel nicht herausfällt.
5.3. Bild 23: Sicherungsclip einbauen und prüfen: Er muss stramm sitzen!
6. An den eingestellten Ventilen das Ventilspiel erneut prüfen.
7. Bilder 14 und 24: Zylinderkopfhaube aufbauen.
7.1. Bilder 14 und 24: Dichtung und Dichtflächen reinigen. Ventildeckeldichtung und Dichtring Zündkerzenöffnung öl- und fettfrei einsetzen.
■ Bild 24: Dichtring Zündkerzenöffnung so einsetzen, dass die Nasen oben und unten stehen.
■ Darauf achten, dass beim Aufbau kein Clip heruntergedrückt oder abgeschoben wird.
7.2. Schrauben eindrehen, mit 10 Nm festziehen.
8. Zündkerzen und Zündkerzenstecker einbauen.

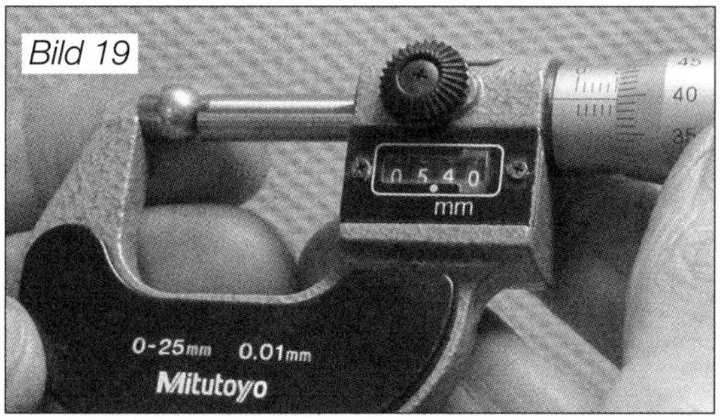

Bild 19: Messen der Halbkugel mit einer Bügelmessschraube.

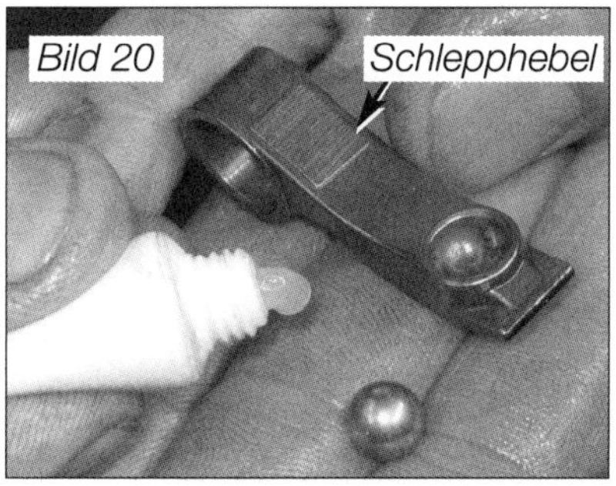

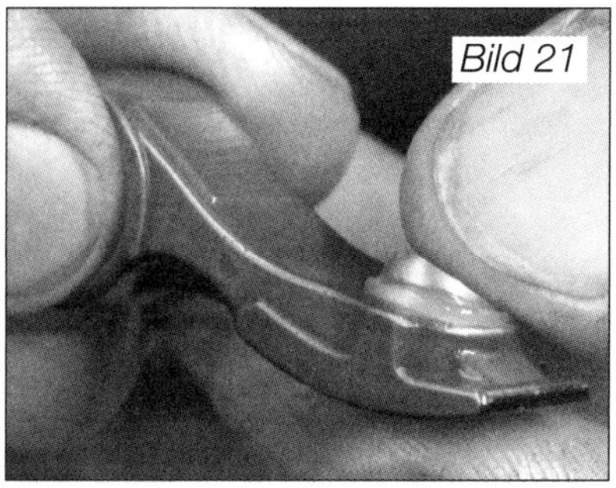

Bilder 20 und 21: Einsetzen der Halbkugel mit etwas Fett.

Bilder 22 und 23: Einbau des Sicherungsclip mit der offenen Seite zum Zylinderkopf hin.

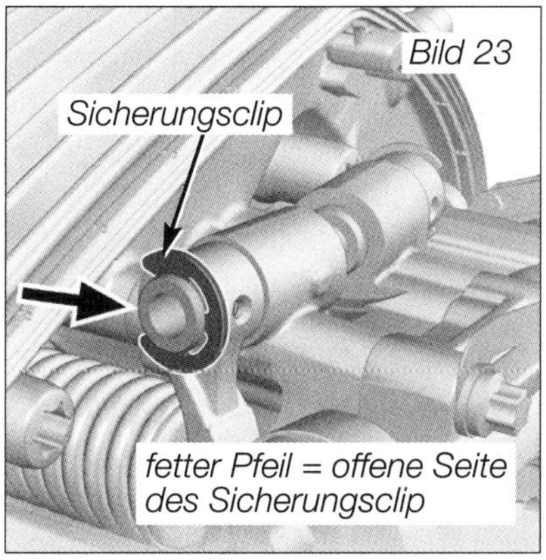

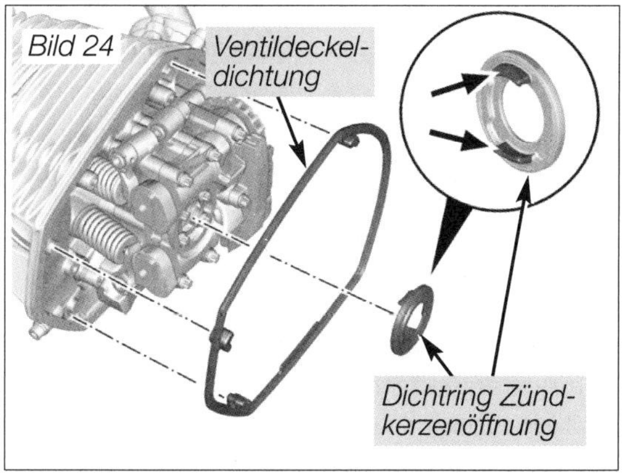

Bild 24: Einbaulage von Ventildeckeldichtung und Dichtung der Zündkerzenöffnung.

Zündkerzen

In diesem Kapitel: Einfach- und Doppelzündung · Zündkerzen · »Bessere« Zündkerzen · Werkzeuge zum Zündkerzenwechsel · Zündkerzen aus- und einbauen · Elektrodenabstand messen, korrigieren · Zündkerzengesicht beurteilen · »Kalte« oder »heiße« Zündkerze?

Einfach- und Doppelzündung

Die GS-Modelle bis Modelljahr 2002 haben eine Zündkerze pro Zylinder, die ab Modelljahr 2003 eine Doppelzündung mit zentraler Hauptzündkerze- und einer Nebenzündkerze im unteren Brennraum (Bild 1). Dies brachte eine gleichmäßige Verbrennung bei allen Betriebstemperaturen, besseren Wirkungsgrad des Motors bei geringerem Verbrauch und besserem Abgasverhalten. Nebenzündkerze, Kerzenstecker und Zündkabel sind optisch unauffällig angebaut.

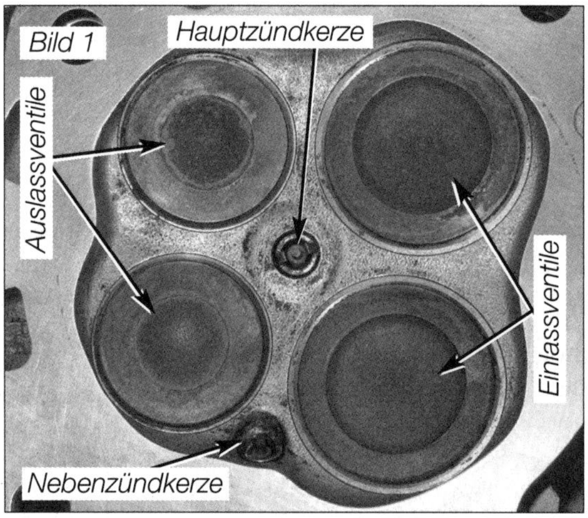

Bild 1: Bei der Doppelzündung sitzt die Hauptzündkerze zentral im Zylinderkopf und die Nebenzündkerze unten.

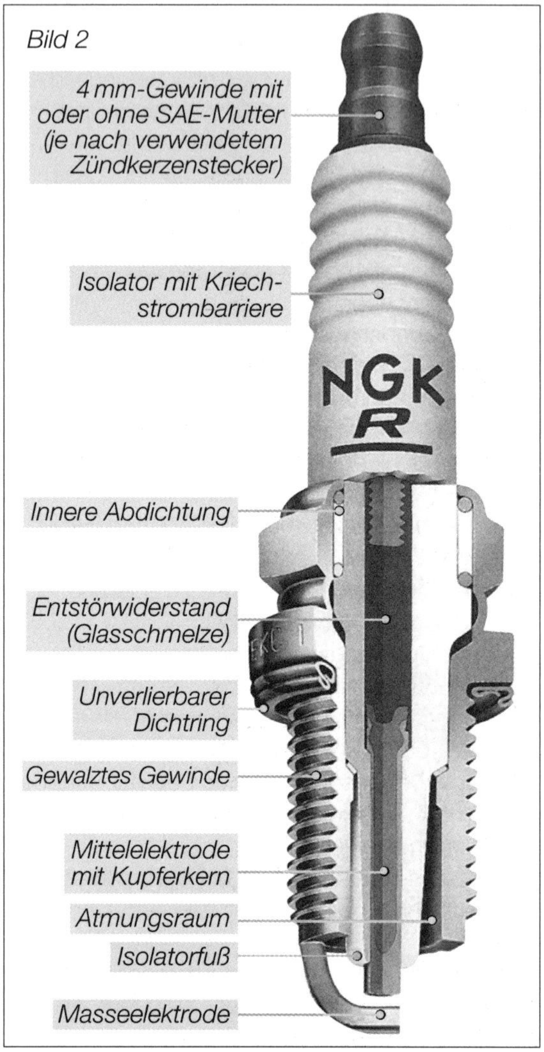

Bild 2: Aufbau einer modernen Motorrad-Zündkerze.

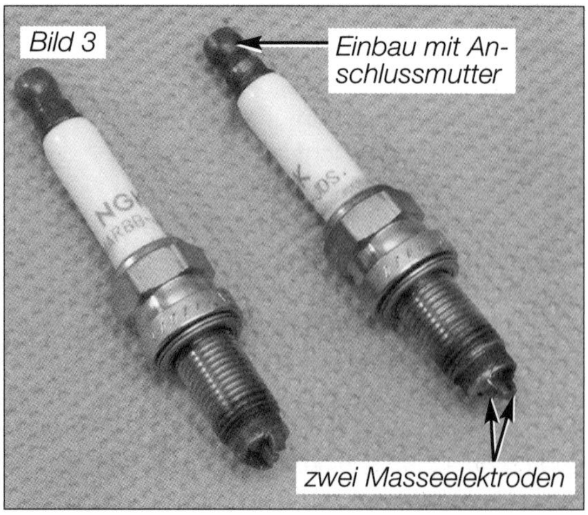

Bild 3: Serienmäßige Zündkerzen mit doppelter Masseelektrode und Anschlussmutter.

Sicherheitshinweise ⚠ Achtung und ☞ Tipps

⚠ Zu allen Montagearbeiten an den Zündkerzen muss die Zündung AUSgeschaltet sein! Zündschlüssel am besten abziehen.

⚠ Zum Abziehen der Zündkerzenstecker immer nur das spezielle Abziehwerkzeug von BMW verwenden, Zange nur im Notfall nehmen! Nicht mit Reifenmontiereisen, Schraubenzieher oder Flacheisen am Kerzenstecker herumhebeln, denn dadurch kann der Zündkerzenstecker beschädigt werden. Kerzenstecker und Zündkerzen nicht fallen lassen! Dadurch können Teile brechen oder Risse bekommen, wodurch Stromkreisunterbrechungen oder Kurzschlüsse verursacht werden.

⚠ Bei Prüfungen von Bauteilen der Zündanlage bei laufendem Motor keine Stecker abziehen, weil dadurch die Zündanlage beschädigt werden kann.

⚠ Kerzenstecker und Zündkerze nicht fallen lassen oder hart anschlagen! Dadurch können Teile innen oder außen brechen bzw. Risse bekommen, was Kurzschlüsse zur Folge hat.

⚠ Zündkerzenstecker nicht mit Hammer auf Zündkerze auftreiben!

⚠ Halten Sie bei einer Funkenprüfung der Zündkerze bei ausgebauter Zündkerze einen Feuerlöscher betriebsbereit! Es ist schon passiert, dass der Motor »ersoffen« war, sich das aus dem Zündkerzenloch austretende Gemisch entzündet hat und die ganze Maschine sofort in Flammen stand.

Zündkerzen

In der unten stehenden Tabelle finden Sie:
- Marken-/Typbezeichnungen der Zündkerzen
- Weitere alternativ einzubauende Zündkerzen
- »Bessere« Zündkerzen
- Gewindeabmessungen
- Anziehdrehmomentwerte
- Elektrodenabstand mit Toleranzmaßen
- Verschleißgrenze
- Prüf- und Wechselintervalle
- Schlüsselweite

Die serienmäßig eingebauten Zündkerzen mit zwei Masseelektroden (Bild 3) sind für alle in Mitteleuropa vorkommenden Temperaturen und Betriebsbedingungen ausgelegt. Ihre Elektroden werden bei normalen Verbrennungstemperaturen (ca. 400 bis 800 °C) so heiß, dass etwaige Rußablagerungen stets verbrennen, bleiben aber auch so kühl, dass Motor und Zündkerze nicht beschädigt werden.

Je nach Modell müssen die Haupt- und Nebenzündkerzen im Rahmen der Inspektionen alle 10 000 km gereinigt werden und alle 20 000 km bzw. 40 000 km erneuert (siehe Tabelle unten). Das Alter einer Zündkerze ist übrigens nicht ausschlaggebend, ob sie ersetzt werden muss; es zählen in erster Linie Laufleistung, Belastung und (daraus resultierend) ihr technischer Zustand.

»Bessere« Zündkerzen

Die serienmäßigen Zündkerzen sind qualitativ hochwertig und betriebssicher. Wer es gut meint mit dem Motor, kann ihm höherwertige Zündkerzen spendieren mit Iridiumelektrode. Das »IX« in der NGK-Zündkerzenbezeichnung steht für »Iridium-Mittelelektrode«. Diese wird, weil sie dünner ist als die Stahlelektrode, schneller heiß und aufgrund der geringeren Oberfläche setzen sich keine Ablagerungen an. Vorteile sind eine noch sicherere Funkenbildung und geringere Empfindlichkeit gegen Verschmutzungen, wie sie zum Beispiel bei überwiegender Stadt-Kurzstreckenfahrt auftreten können.

Werkzeuge

Abzieher: Mit der bloßen Hand ohne Werkzeug lässt sich der Zündkerzenstecker nicht abziehen. Man braucht dazu einen speziellen Abzieher, der im Bordwerkzeug der R 850 GS, R 1100 GS, R 1150 GS und R 1200 GS Modelljahr 2004 bis 2007 enthalten ist. Das BMW-Spezialwerkzeug »Abzieher Kerzenschachtspule« (Bild 5a) kann man beim BMW-Händler kaufen.

Zündkerzenschlüssel: Ein Zündkerzenschlüssel ist im Bordwerkzeug bei R 850 GS, R 1100 GS, R 1150 GS und R 1200 GS Modelljahr 2004 bis 2007. Wenn Sie einen Zündkerzenschlüssel kaufen (SW 16 bzw. SW 14 ab Mj. 2010), achten Sie darauf, dass er lang genug ist, denn der Schacht der Hauptzündkerze

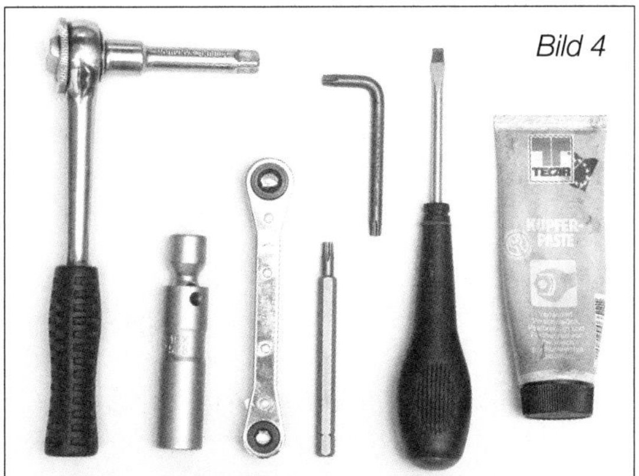

Bild 4

Bild 4: Zum Zündkerzenwechsel benötigte Werkzeuge.

Wichtige Adresse:
- **NGK Spark Plug Europe GmbH**
Harkortstr. 41, D-40880 Ratingen
www.ngk.de, www.hostettler.com

Zündkerzen in den GS-Modellen unseres Buchs*

Modelle und Modelljahre	R 850 GS/R 1100 GS	R 1150 GS bis 10/2002	R 1150 GS ab 11/2002	R 1200 GS Mj. 2004 bis 2007	R 1200 GS (MÜ) Mj. 2008 und 2009	R 1200 GS (DOHC) ab Mj. 2010
Hauptzündkerze	Bosch FR6DDC	NGK BKR7EKC	NGK BKR7EKC	Bosch YR5LDE	NGK DCPR8EKC	NGK MAR8B-JDS
Nebenzündkerze	keine	keine	NGK YR6LDE	Bosch YR5LDE	NGK DCPR8EKC	NGK MAR8B-JDS
Weitere Hauptzündkerze	NGK BKR7EKC	keine	NGK BKR7EKC	NGK DCPR8EKC	keine	keine
Weitere Nebenzündkerze	keine	keine	NGK DCPR8EKC	NGK DCPR8EKC	keine	keine
»Bessere« Hauptzündkerze	NGK BKR7EIX	NGK BKR7EIX	NGK BKR7EIX	NGK DCPR8EIX	NGK DCPR8EIX	keine
«Bessere» Nebenzündkerze	keine	keine	NGK DCPR8EIX	NGK DCPR8EIX	NGK DCPR8EIX	keine
Gewinde Hauptzündkerze	M 14 x 1,25	M 14 x 1,25	M 14 x 1,25	M 12 x 1,25	M 12 x 1,25	M 10 x 1,0
Gewinde Nebenzündkerze			M 12 x 1,25	M 12 x 1,25	M 12 x 1,25	M 10 x 1,0
Anziehdrehmoment Haupt-/Nebenzündkerzen	20 Nm	25 Nm	25 Nm	Bosch 23 Nm NGK 20 Nm	20 Nm	12 Nm
Elektrodenabstand	0,8 mm	0,8 mm	0,8 mm	0,8 mm ± 0,1 mm	0,8 mm ± 0,1 mm	0,8 mm ± 0,1 mm
Verschleißgrenze	1,0 mm	1,0 mm	1,0 mm	1,0 mm	1,0 mm	1,0 mm
Prüfen	alle 10 000 km	alle 10 000 km	alle 20 000 km			
Erneuern	alle 20 000 km	alle 20 000 km	alle 40 000 km	alle 40 000 km	alle 40 000 km	alle 20 000 km
Schlüsselweite	16 mm	16 mm	16 mm	16 mm	16 mm	14 mm

* = Stand der Recherche zum Redaktionsschluss im April 2014

Bilder 5a und 5b: BMW-Spezialwerkzeuge »Abzieher Kerzenschachtspule« und »Zündkerzennuss«.

Bilder 6a bis 6d: Von hinten unter die Zündkerzenabdeckung greifen und abziehen.
■ Verriegelung des Kabelsteckers vorsichtig lösen.
■ Zum Ausziehen des Steckers nicht am Kabel ziehen, sondern den Stecker mit einem kleinen Schraubenzieher ausschieben.
■ Erst nachdem der Stecker frei ist, kann er am Kabel ganz ausgezogen werden.

ist sehr tief. Auf der Oberseite soll er einen Anschluss haben für den Drehmomentschlüssel (Anziehdrehmomentwerte siehe Tabelle).

Zündkerzen aus- und einbauen

Hauptzündkerze ausbauen

1. Bild 6a: Bei quer angeordneter Abdeckung des Zündkerzenschachts die Abdeckung hinten ausklicken und abnehmen.
2. Bilder 8a, 8b und 8c: Bei hoch angeordneter Abdeckung des Zündkerzenschachts die Abdeckung der Hauptzündkerze mit Schraubenzieher unten lösen und nach außen schieben, dabei auf das Zündkabel achten.
■ Bild 8b: Abdeckung nicht nach unten ziehen, sonst wird sie beschädigt.
3. Bild 9: Zum Abziehen des Kabelsteckers vom Zündkerzenstecker die Verriegelungslasche mit einem kleinen Schraubenzieher vorsichtig (!) lösen, dann Stecker ausziehen bzw. ausschieben.
4. Bild 5a: Zündkerzenstecker abziehen, dazu den BMW-»Abzieher« benutzen.
■ **Im Notfall:** Mit einer Zange den Zündkerzenstecker vorsichtig packen und abziehen.

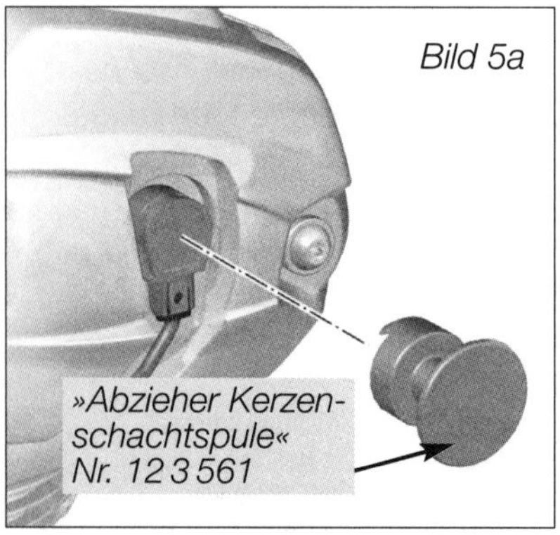

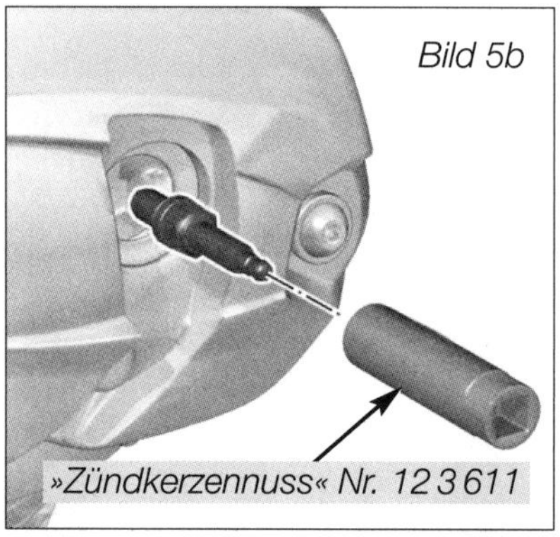

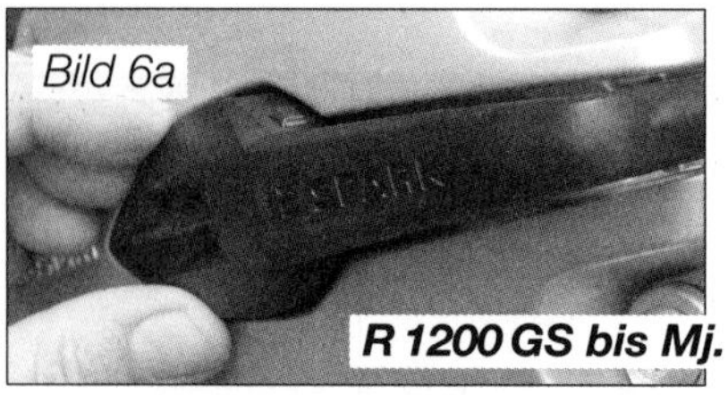

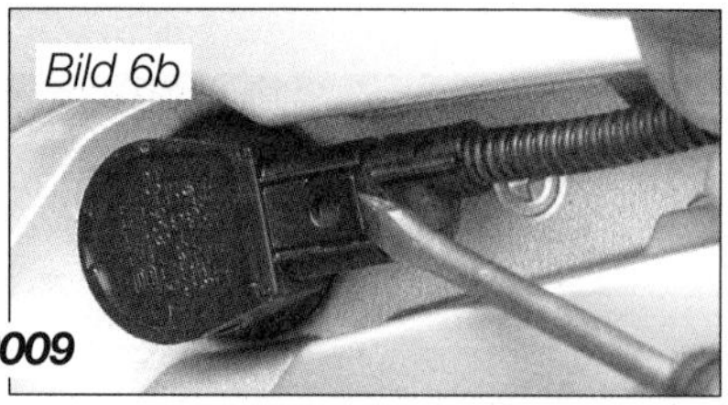

R 1200 GS bis Mj. 2009

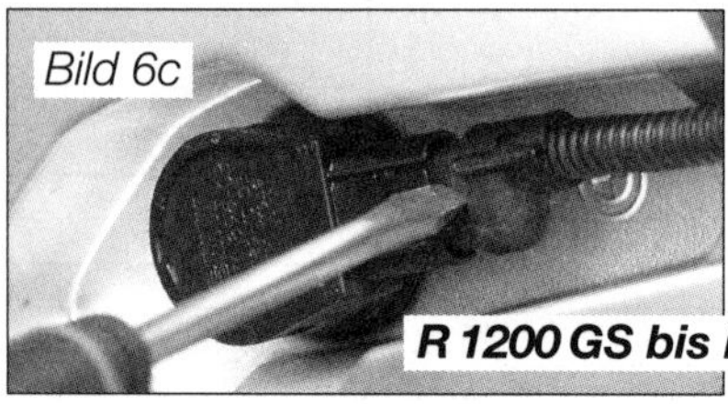

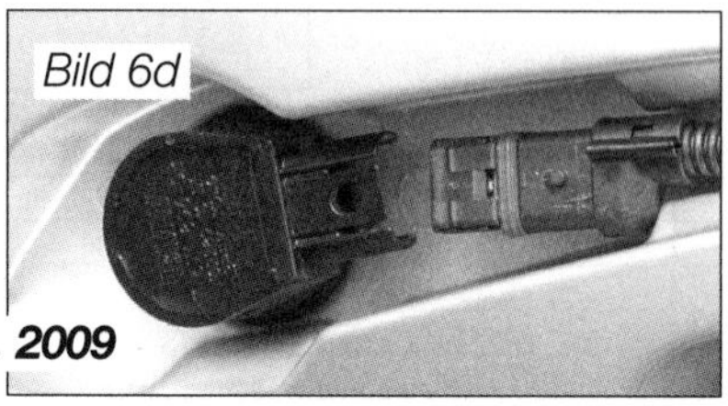

R 1200 GS bis Mj. 2009

5. Kerzenstecker herausziehen, vorsichtig damit umgehen, nicht fallen lassen oder anschlagen.
6. Bild 5b: Zündkerze mit »Zündkerzennuss« oder Zündkerzenschlüssel lösen und herausdrehen.

Nebenzündkerze ausbauen

1. Bild 7: Abdeckung abbauen.
2. Bild 10: Zum Abziehen des Kabelsteckers vom Winkel-Zündkerzenstecker Verriegelungslasche mit einem kleinen Schraubenzieher vorsichtig (!) lösen, Stecker ausziehen bzw. ausschieben.
3. Bild 11: Kerzenstecker von Hand abziehen.
4. Zündkerze mit »Zündkerzennuss« oder Zündkerzenschlüssel lösen und herausdrehen.

Zündkerzen reinigen, kontrollieren, prüfen

1. Bild 12: Sofern die Kerze nicht allzu sehr verrußt (oder sogar verölt, Bild 17, was auf einen Motorschaden hindeutet) ist, kann man sie reinigen. Verwenden Sie dazu eine Nylonbürste mit engmaschig zu kleinen Büscheln zusammengefassten Nylonsträngen. Bild 12: Besonders gut eignet sich eine harte Zahnbürste.
2. Stärker verschmutzte Zündkerze mit einer speziellen Zündkerzen-Messingbürste reinigen. **Wichtig:** Keine harte Stahlbürste zum Reinigen der Zündkerze verwenden, diese kann die Elektroden und das Keramik-Mittelteil beschädigen!
3. Bild 2: Isolator auf Risse oder Absplitterungen untersuchen.
4. Dichtring muss vorhanden und einwandfrei in Form sein.
5. Eine Zündkerze muss ausgewechselt werden, wenn sie schwerwiegende Mängel aufweist, beispielsweise wenn die Mittelelektrode stark abgenutzt oder verbrannt ist, der Isolator gebrochen (Bild 19), das Gewinde kaputt oder Anderes beschädigt ist (Bilder 19 bis 25).

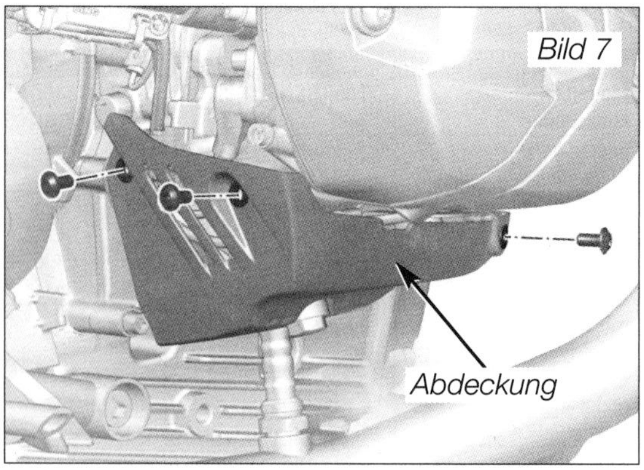

Bild 7: Abdeckung von Nebenzündkerze und Winkelzündspule.

Zündkerzen einbauen

Festziehen der Zündkerzen: Falls kein Drehmomentschlüssel zur Verfügung steht, Zündkerzen folgendermaßen festziehen:

■ **Gebrauchte Zündkerze:** Wenn eine bereits benutzte Zündkerze wieder montiert wird, bei der sich der Dichtring schon gesetzt hat: Zündkerze nach Aufsitzen des Gewindebundes um ca. 1/8 Umdrehung festziehen.

■ **Neue Zündkerze:** Wenn eine neue Kerze mit neuem Dichtring montiert wird: Zündkerze nach Aufsitzen des Gewindebundes um 1/4 bis 1/2 Umdrehung anziehen, wieder lösen und endgültig um 1/8 Umdrehung anziehen.

Einfetten der Gewinde: Die Verwendung von Kupferpaste oder Keramikfett beim Eindrehen der Zündkerzen sollte zumindest bei einem älteren Motor gemacht werden, weil es die Zündkerzengewinde im Zylinderkopf schmiert und damit schont. Dazu aber nur einen kleinen Tropfen Kupferpaste bzw. Keramikfett auf das Gewinde der Zündkerze geben (Bild 13), das verhindert ein Festbacken der Kerze im Gewinde.

1. Zündkerzen in Zündkerzenschlüssel einsetzen, von Hand gefühlvoll und ohne irgendwo anzuschlagen in den Zündkerzenschacht einführen, an das Gewinde im Zylinderkopf ansetzen und einschrauben.

Sehr wichtig: Beim Einschrauben der Zündkerze unbedingt darauf achten, dass schon der erste Gewindegang richtig greift, das Außengewinde der Kerze also richtig am Innengewinde im Zylinderkopf angesetzt ist. Denn eine schräg angesetzte Kerze ruiniert mit ihrem harten Stahlgewinde das weiche Gewinde im Aluminiumzylinderkopf schon nach einer halben Umdrehung.

2. Zündkerze einschrauben, bis Widerstand spürbar wird, dann mit vorgegebenem Drehmoment (siehe Tabelle) festziehen.

3. Nebenzündkerze: Kerzenstecker bis zum Anschlag aufschieben, es muss leicht klicken. Auf korrekten Sitz des Gummis achten.

■ BMW empfiehlt, eine kleine Menge Talkum als Montagehilfe zu verwenden.

3.1. Kabelstecker mit Kerzenstecker verbinden.

4. Hauptzündkerze: Kerzenstecker bis zum Anschlag einschieben und aufschieben, es muss leicht klicken.

4.1. Kabelstecker mit Kerzenstecker verbinden.

5. Bild 8b: Kerzenschachtabdeckung anbringen umgekehrt zum Ausbau siehe Text weiter oben und Bilder 8a und 8b. Dabei auf das Zündkabel achten, damit es nicht verklemmt wird.

6. Bild 7: Abdeckung unten anbauen, Schrauben eindrehen, handfest anziehen.

■ Darauf achten, dass die Buchsen richtig sitzen.

Elektrodenabstand

Ein korrekter Elektrodenabstand ist wichtig für ordnungsgemäße Funktion der Zündkerze. Stimmt dieser nicht, muss er korrigiert werden.

Bilder 8 bis 13: Im Lauftext sind die zu den Bildern gehörenden Arbeitsschritte nummeriert beschrieben.

Bild 8a

Bilder 8a bis 8c: Mit einem Schraubenzieher unten die Abdeckung lösen und nach außen abschieben. Dabei auf das Zündkabel achten.

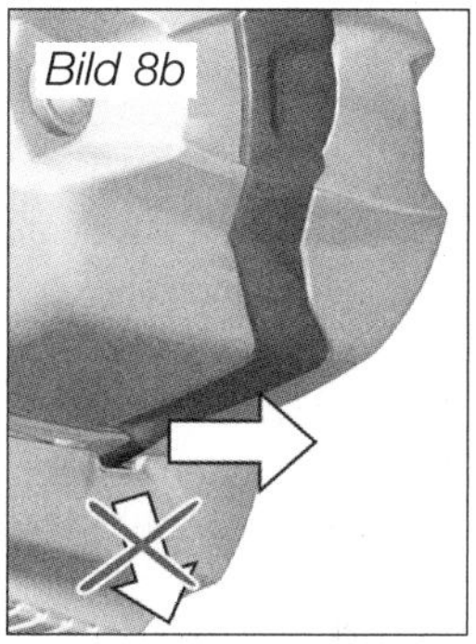

Bild 8b

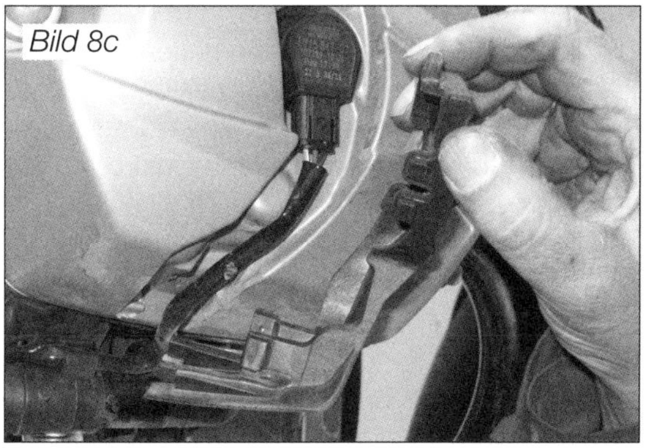

Bild 8c

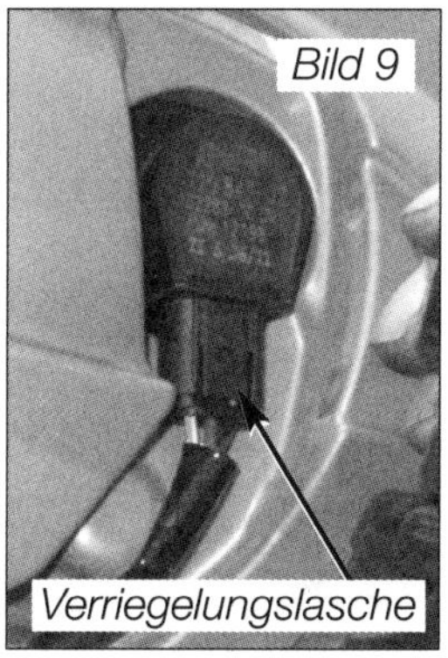

Bild 9

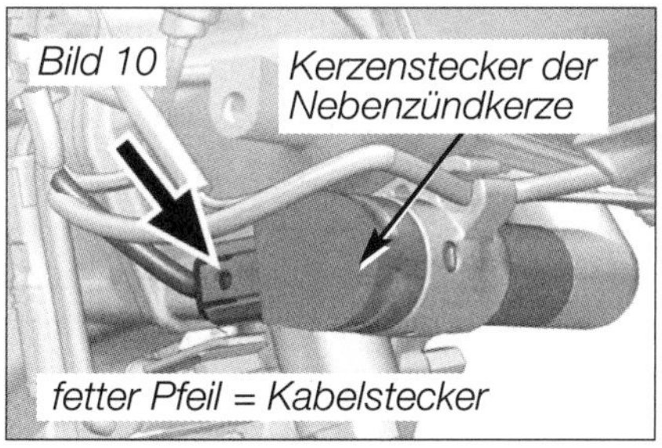

Bild 10

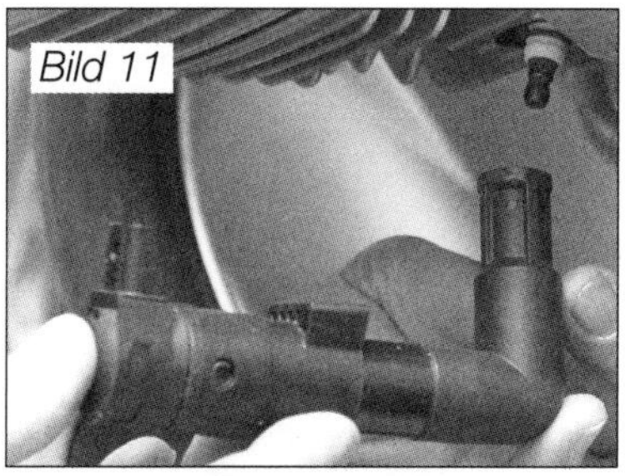

Bild 11

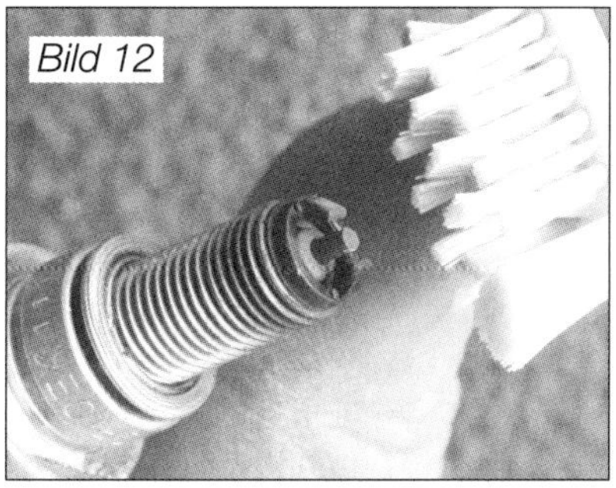

Bild 12

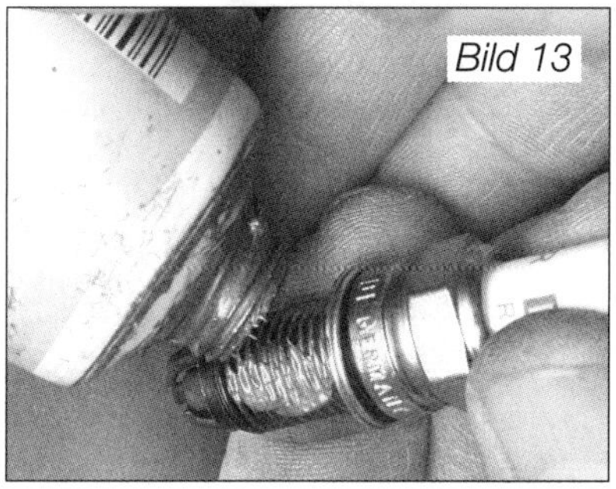

Bild 13

Sichtprüfung Messen

Guter Rat: Weil die Zündkerzentechnik stetig voranschreitet und Zündkerzenempfehlungen schon nach wenigen Jahren überholt sein können, oder wenn Sie Ihrer GS andere Zündkerzen als die serienmäßigen spendieren möchten, fragen Sie vor dem Kauf neuer Zündkerzen den BMW-Meister Ihres Vertrauens, ob es neue Zündkerzen gibt und entsprechende Empfehlungen vorliegen.

Bilder 14, 15 und 16: Elektrodenabstand zwischen Mittel- und Außen-(Masse-) elektrode messen.

Bild 14

Bild 15

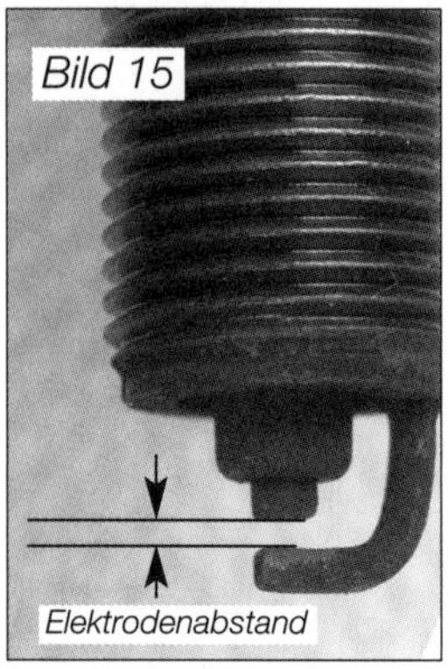

Bild 16

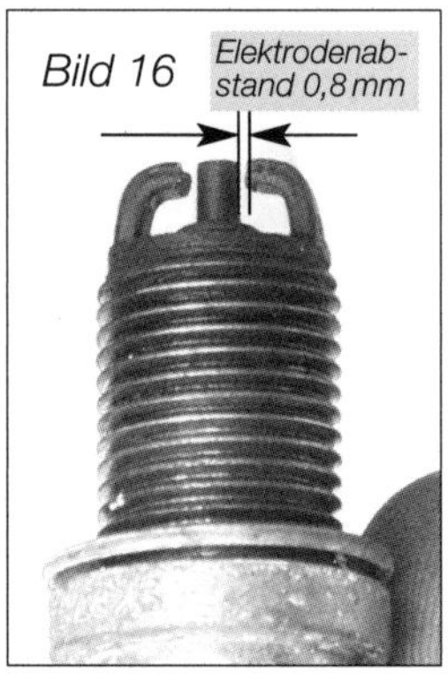

Wichtig: Zum Messen der Zündkerze mit Doppelelektrode wird eine Fühlerlehre mit runden Festmaßen benötigt (Bild 14).

Bitte beachten: Elektrodenabstand nur dann gefühlvoll korrigieren, wenn es nicht möglich ist, eine neue Kerze zu kaufen. Masseelektrode mit sehr viel Gefühl nachbiegen, denn die Gefahr, dass sie abbricht, ist groß. Weiterhin besteht im Betrieb für eine zu stark oder zu oft verbogene Elektrode höchste Bruchgefahr! Im Zweifelsfall lieber eine neue Kerze einbauen – denn wenn eine Masseelektrode abbricht und in den Motor fällt, gibt es einen kapitalen Motorschaden.

Elektrodenabstand messen und korrigieren

1. Bild 14: Elektrodenabstand mit Fühlerlehre messen.

1.1. Bild 16: Vorgeschriebener Elektrodenabstand 0,8 mm, Toleranz ± 0,1 mm, dies entspricht einem tatsächlichen Elektrodenabstand von 0,7 bis 0,9 mm.

1.2. Bei Elektrodenabstand von 1,0 mm ist die Zündkerze verschlissen, muss erneuert werden.

2. Ist der Elektrodenabstand zu weit und liegt bei mehr als 0,9 mm, was bei einer alten Zündkerze meist der Fall ist, muss die äußere Elektrode nachgebogen werden. Dazu die Zündkerze kopfüber in der einen Hand halten und mit der anderen Hand einen Schraubenzieher verkehrt herum nehmen und mit dem Griff des Schraubenziehers gaaaanz leicht auf die Elektrode klopfen. Gaaaanz leicht heißt: Lieber einen Hau zu wenig als einen zu viel!

3. Wenn die Außenelektrode aus Versehen zu stark zusammengeklopft wurde, der Elektrodenabstand also zu eng ist, vorsichtig mit einem kleinen Elektroschraubenzieher wieder aufbiegen. Besser noch, die Elektrode mit einer ganz kleinen Spitzflachzange hochbiegen. In jedem Falle gilt: Einstellen des Elektrodenabstandes braucht viel Gefühl!

Zündkerzengesicht

Dieser Kapitelabsatz dient der Information für den Fall, dass der Motor nicht richtig läuft und man mit der normalen Fehlersuche nicht weiter kommt. Denn das Zündkerzengesicht gibt Aufschluss über den Verbrennungsablauf im Motor und kann dem Fachmann wertvolle Hinweise auf den Zustand verschiedener Bauteile im Motor geben: Im Normalfall zeigt die Kerze eine rehbraune Färbung und kaum Abbrand der Elektroden. Wenn das Zündkerzengesicht anders aussieht (siehe dazu Bilder 17 bis 26), ist im Motor möglicherweise etwas nicht in Ordnung.

Zündkerzengesicht beurteilen

1. Motor im mittleren Drehzahlbereich etwa zehn Kilometer warm fahren und möglichst ohne Zwischenstopp zur Werkstatt zurück. Dort den Motor sofort abstellen, also nicht längere Zeit im Leerlauf nachlaufen lassen.

2. Zündkerzen herausschrauben.

3. Sind Keramikisolation und Elektrode sauber und ohne Rußbelag und zeigt das innere Keramikbauteil rehbraunen Farbton (Bild 18), passt der Wärmewert der Zündkerze, die Zusammensetzung des Luft-Benzingemischs ist korrekt.

4. Zu mageres Gemisch:

4.1. Bei weißem bis aschgrauem Bild ist das Luft-/Kraftstoff-Gemisch zu mager. Dieses Zündkerzenbild deutet auf mögliche Falschluft im Ansaugsystem hin. So können z. B. die Ansaugstutzen lose, gerissen oder porös sein.

4.2. Eine zu helle, fast weiße Zündkerze beobachtet man auch, wenn der Motor ohne oder mit einem aufgerissenen Luftfilter betrieben wird.

5. Zu fettes Gemisch:

5.1. Bei dunkelbrauner bis schwarzer Verfärbung ist das Kraftstoff/Luft-Gemisch zu fett. Dieses Zündkerzenbild weist auch auf einen zugesetzten Luftfilter hin.

6. Bild 17: Ölrückstände an der Zündkerze. Eine schwarz verrußte, feucht glänzende Kerze deutet auf verschlissene Ventilführungen oder abgenutzte Kolben und Ölabstreifringe hin, durch die Motoröl in die Brennräume gelangt. Deswegen nennt man ein solches Kerzengesicht »verölte Zündkerze«.

7. Bild 21: Verrußte Zündkerze. Wenn die Zündkerzen fett verrußt sind, dreht der Motor nur stotternd hoch und zieht nicht richtig. Starke Rußablagerungen an der Kerze entstehen durch zu fettes Gemisch plus Öl aus internen Lecks, wie z. B. verschlissene Ventilführungen oder Kolbenringe. Es entsteht aber auch dann, wenn der Motor permanent untertourig gefahren wurde und/oder meist im Kurzstreckenverkehr, bei dem er nie richtig warm werden konnte. Ruß verhindert einen korrekten Funken zwischen äußerer und innerer Elektrode. Ruß und andere Ablagerungen an der Zündkerze führen nach kurzer Zeit zu einer Kurzschlussbrücke (»Faden«) zwischen den Elektroden oder auf der Keramikisolation.

Bild 17

Kältere Zündkerze: Eine *kältere* Zündkerze als die serienmäßige kann in Erwägung gezogen werden, wenn das Motorrad überwiegend in heißen Gegenden gefahren wird, im Hochsommer längere Autobahnetappen anstehen oder die Maschine auf einer Rennstrecke sehr schnell und vor allem im oberen Drehzahlbereich bewegt werden soll.

■ *Kälterer Zündkerzentyp* heißt: Diese Zündkerze verträgt höhere Temperaturen.

Heißere Zündkerze: Eine *heißere* Zündkerze wird notwendig, wenn die Maschine in kalten Gegenden bewegt wird, wo die Außentemperatur um den Gefrierpunkt oder darunter liegt und ab und zu auf maximal zehn bis fünfzehn Grad ansteigt.

■ Unter einer *heißeren Kerze* versteht man einen Kerzentyp, der höhere Verbrennungstemperaturen erzeugt.

Merke: Kältere Kerzentypen haben meist eine höhere Zahlenangabe zwischen dem Buchstabencode, heißere Kerzen eine niedrigere Zahl.

Bilder 17 bis 26:
17 Öl- und Verbrennungsrückstände
18 normales Zündkerzengesicht
19 Isolator abgebrochen
20 Isolator beschädigt, starke Ablagerungen
22 verrußte Kerze
22 Anschmelzungen
23 Mittelelektrode herausgefallen
24 Mittelelektrode innen gebrochen
25 Koronafleck zwischen Isolator und Metallkörper...
26 ...Ursache ist Gas- und Flamm-Durchgang

Bild 18

Bild 19

Bild 20

Bild 21

Bild 22

Bild 23

7.1. Trockene Rußablagerungen lassen die Elektroden glühen, es gibt unkontrollierte Fehlzündungen. Diese machen durch »Klopfen« (gut hörbar bei niedrigen Drehzahlen und starkem Beschleunigen) oder »Klingeln« (bei hoher Drehzahl und deshalb kaum zu hören) auf sich aufmerksam. Fehlzündungen führen oft auch zum Durchbrennen des Kolbenbodens oder einem Verbrennen (Verschmoren) von Ventilen und Ventilsitzen.

»Kalte« oder »heiße« Zündkerze?

In der Regel sagt der Fachmann zum benötigten Zündkerzen-Wärmewert Folgendes:

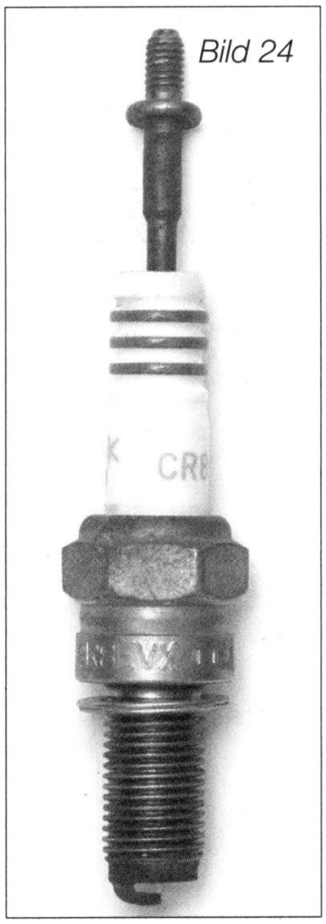
Bild 24

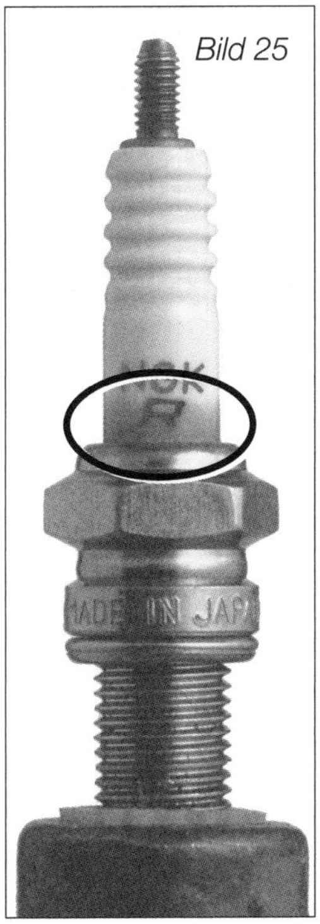
Bild 25

Bild 26

Einspritzung · Zündung · Tank

Korrespondenzkapitel:
- 6 »Verkleidung · Anbauteile«
- 9 »Gasgriff · Gaszüge«
- 10 »Luftfilter«
- 11 »Batterie«
- 15 »Elektrik · Elektronik«
- 21 »Zündkerzen«

In diesem Kapitel: Einspritzung · Zündanlage R 850 GS, R 1100 GS, R 1150 GS · Motronic und Bauteile · Motronic reparieren · Zündanlage überprüfen · Störungen in der Zündanlage · Zünd-Einspritzanlage der R 1200 GS · Leerlaufdrehzahl · Drosselklappen synchronisieren · Drosselklappenkörper aus- und einbauen · Einspritzventile ausbauen, prüfen, einbauen · Benzinpumpe · Wasser im Tank · Tank ab- und aufbauen · Benzinfilter.

Einspritzung

Die Steuerung und Regelung der Beinzineinspritzung ist mit der Zündung zu einer Baugruppe zusammengefasst. Dieses Kapitel soll in erster Linie helfen, die Zünd-Einspritzanlage der Modelle unseres Buchs zu verstehen, denn falls die Maschine nicht läuft und ein Fehler in der Zünd-Einspritzanlage vermutet wird, können Laien wie Fachleute hier Tipps finden, welches Bauteil kaputt sein könnte. Doch im Ernstfall gilt: Nur der BMW-Händler kann wirklich helfen.

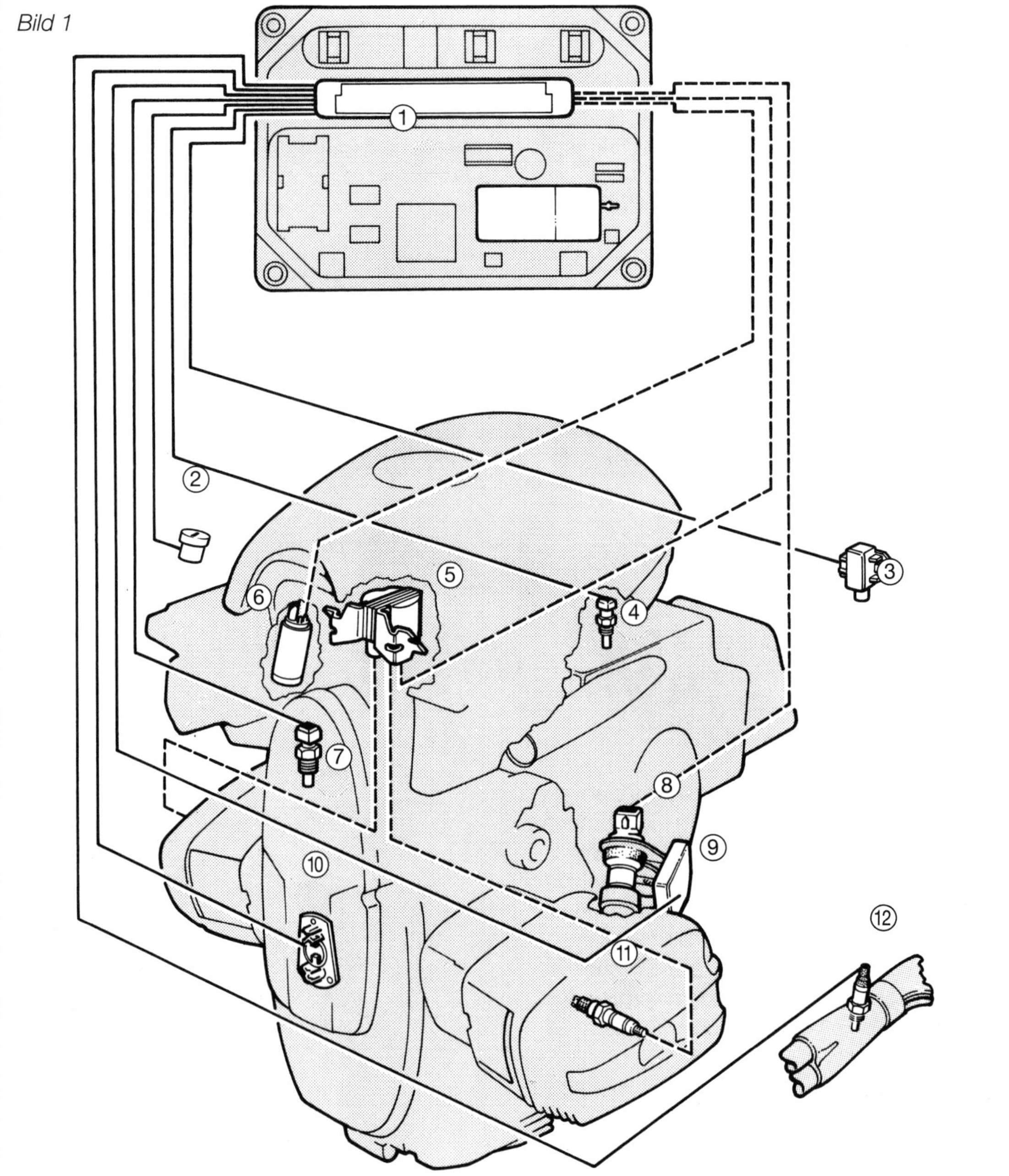

Bild 1: Digitale Motor-Elektronik Motronic MA 2.2 bei R 1100 GS bis Modelljahr 1995.

1 Motronic Steuergerät
2 Zündschalter
3 CO-Potentiometer bei Fahrzeugen ohne Katalysator; ■ bei Fahrzeugen mit Katalysator wird die Funktion des CO-Potentiometers von der Lambdasonde mit übernommen
4 Ansauglufttemperatur-Sensor
5 Zündspule
6 Benzinpumpe
7 Motoröltemperatur-Sensor
8 Einspritzventil
9 Drosselklappenpositions-Sensor
10 Hallgeber
11 Zündkerze
12 Lambdasonde bei Fahrzeugen mit KAT

Zündanlage der R 850 GS, R 1100 GS und R 1150 GS

Die R 850 GS, R 1100 GS und R 1150 GS sind mit einer kennfeldgesteuerten Zündanlage ausgestattet. Als Zündauslöser fungieren zwei Magnetschranken (»Hallgeber«), die ihre Signale von einem auf der Kurbelwelle montierten Rotor bzw. von einer darin ausgesparten Nut empfangen.

Der Zündzeitpunkt variiert zwischen 0 und 43 Grad vor OT (»Oberer Totpunkt«).

Motronic 2. Im Fünfgangmotor der R 1100 GS ist bis 1995 noch die Motronic MA 2.2 eingebaut (Bild 1).

Motronic 2.4: Ab 1996 wurde die verbesserte Version des elektronischen Motormanagements mit der Bezeichnung Motronic 2.4 eingesetzt und zwar in die Modelle die R 1100 GS, R 850 GS und die R 1150 GS (Bild 2).

Auch bei der Doppelzündung, die ab Baumonat 11/2002 in die R 1150 GS eingebaut wurde, wird die Motronic 2.4 verwendet. Bei der Doppelzün-

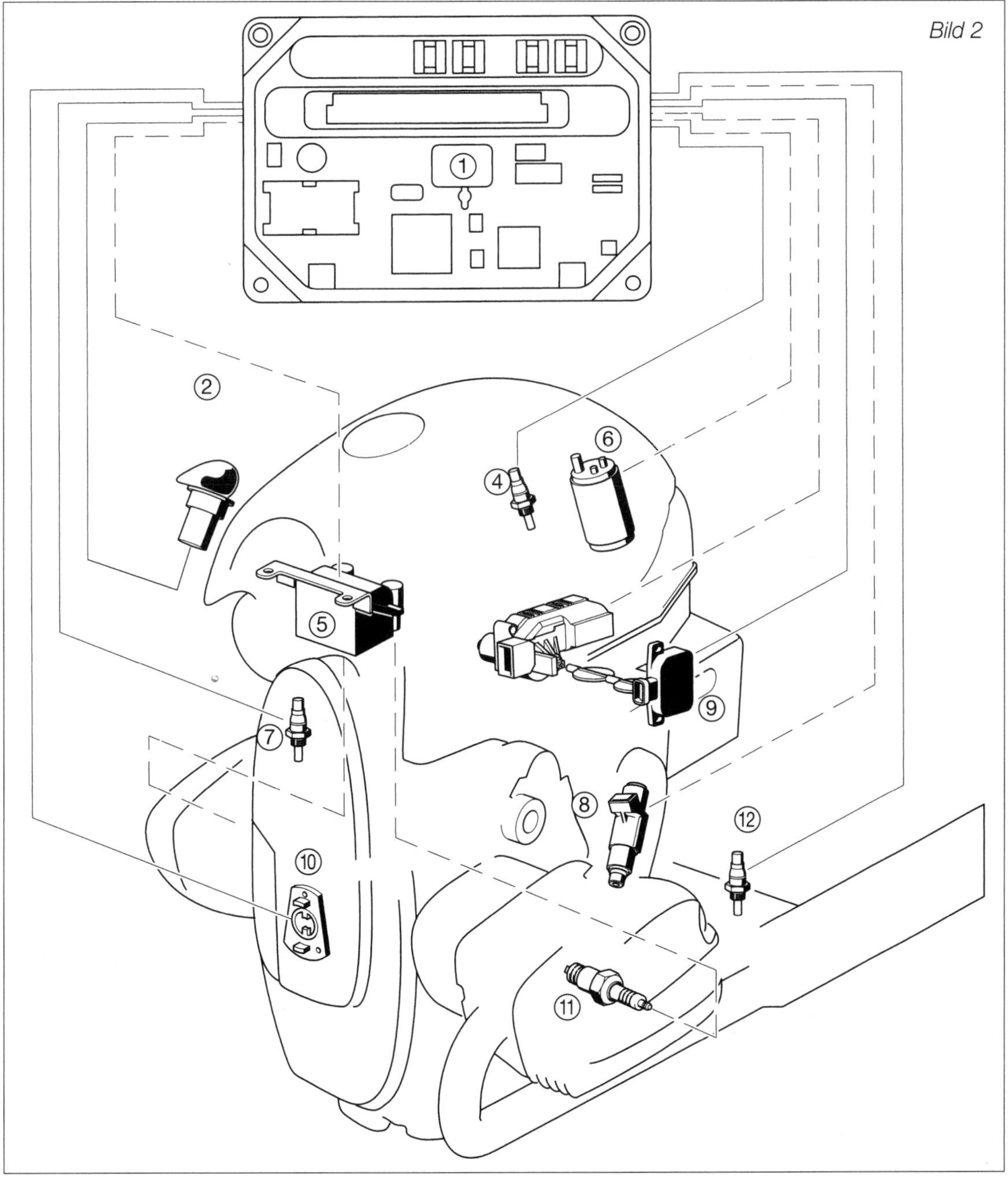

Bild 2: Digitale Motor-Elektronik Motronic MA 2.4 bei R 850 GS, R 1100 GS ab 1996 und R 1150 GS.

1 Motronic Steuergerät
2 Zündschalter
4 Ansauglufttemperatur-Sensor
5 Zündspule
6 Benzinpumpe
7 Motoröltemperatur-Sensor
8 Einspritzventil
9 Drosselklappenpositions-Sensor
10 Hallgeber
11 Zündkerze
12 Lambdasonde

dung ist die mittlere Zündkerze die so genannte »Hauptzündkerze«, die zweite Zündkerze ist die so genannte »Nebenzündkerze«. Die zweite Zündkerze unterstützt den Verbrennungsablauf speziell im Bereich nach OT und sorgt dafür, dass das bei Motoren mit Einfachzündanlage oft bemängelte Konstantfahrruckeln verschwunden ist und die Abgase weniger Schadstoffe enthalten. Eine Leistungssteigerung oder Drehmomenterhöhung wurde durch die Doppelzündung nicht erreicht.

Motronic

Die Digitale Motor Elektronik (Motronic) regelt Zündung und Einspritzung genau abgestimmt auf die verschiedenen Betriebszustände. Sie wurde zusammen von BMW und dem Zulieferer Bosch entwickelt. Basis der Boxer-Motronic war die bei den K-Modellen eingesetzte digitale Motorsteuerung, die damals absolut neuartig war und aufgrund ihrer Funktion und ihrer Zuverlässigkeit zum Vorbild für die kommende Generation der neuen Einspritz-Triebwerke nahezu aller Hersteller rund um die Welt wurde.

Bauteile der Motronic

Das Kraftstoffsystem: Die im Tank untergebrachte elektrische Benzinpumpe fördert den Kraftstoff zu den elektromagnetischen Einspritzventilen im Drosselklappenstutzen. Ein Druckregler sorgt dafür, dass der zur Einspritzung notwendige Druck konstant bleibt. Der Kraftstoff wird über die beiden elektronisch geregelten Einspritzventile in die beiden Saugrohre abgegeben. Er wird intermittierend eingespritzt, das heißt einmal pro Kurbelwellenumdrehung gleichzeitig in die zwei Saugrohre.

Bild 3

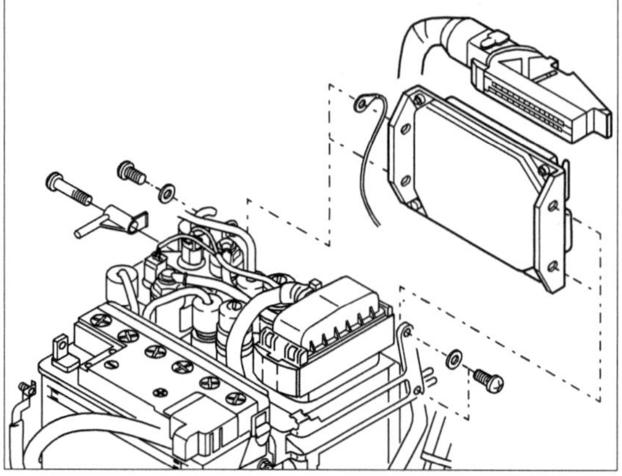

Bild 3: Das Motorsteuergerät der Motronic 2.4 sitzt unter dem Tank und ist mit vier Schrauben befestigt.

Das Zündsystem: Dieses leitet den vom Steuergerät ausgegebenen Zündwinkel als Hochspannungsimpuls an die Zündkerzen weiter.

Steuergerät und Sensoren: Das Steuergerät (Bild 3) und die Sensoren werten die aktuellen Motorbetriebszustände aus, die im Steuergerät erfasst, verrechnet und mit den eingespeicherten Daten verglichen werden. Innerhalb des Mikroprozessors, der CPU (Central Processing Unit) sind sie im Speicherbaustein (EPROM) abgelegt. Aus dem Datenabgleich ergibt sich die angeforderte Benzinmenge, beziehungsweise wird die Dauer der Einspritzzeit ermittelt.

Datenlieferanten der Motronic

Bild 4: Folgende Sensoren sind notwendig, um den Rechner der Motronic mit den notwendigen Daten zu versorgen:

- **Drosselklappenpositions-Sensor (Potentiometer):** Zum Feststellen des aktuellen Lastzustands des Motors wird der Drosselklappenwinkel Alpha über den Drosselklappenpositions-Sensor (Potentiometer) gemessen. Er befindet sich auf der Drosselklappenwelle und dient zur Erfassung von dynamischen Fahrzuständen – registriert also die Änderung des Anstellwinkels der Drosselklappe beim Gas geben oder Gas wegnehmen. Die Motronic ermittelt zunächst aus den beiden Eingangsvariablen Drosselklappenwinkel und der Drehzahl die Basiswerte für den Zündwinkel und die Einspritzdauer. Korrigiert wird der Wert durch die beiden Temperaturwerte der Ansaugluft und des Motoröls.
- **Drehzahl:** Zu den Sensoren der Motronic gehören ferner die beiden Hallschranken am Kurbelgehäuse. Sie ermitteln kontaktlos durch zwei Magnete die Drehzahl der Kurbelwelle.
- **Ansauglufttemperatur-Sensor:** Die Messung der Frischlufttemperatur erfolgt im Luftfiltergehäuse. Der Sensor ändert in Abhängigkeit zur Temperatur seinen elektrischen Widerstand.
- **Motoröltemperatur-Sensor:** Am Ausgang des Kühlölkreislaufs zum Ölkühler befindet sich der Motoröltemperatur-Sensor. Er nimmt die erforderlichen Daten auf und gibt sie in das Steuergerät der Motronic und – falls als Sonderausstattung FID (= Fahrer-Informations-Display) vorhanden – an das Anzeigeinstrument für die Öltemperatur.
- **Ansaugluftdruck-Sensor:** Der Luftdrucksensor ist, vereinfacht gesagt, eine Druckdose, bei der eine Membran über ein Vakuum den Luftdruck auf einen Piezokristall weiterleitet. Sie misst den

umgebenden Luftdruck und kann so die erforderliche Höhenkorrektur ermitteln.

■ **CO-Potentiometer:** Stellt das Benzin-Luftgemisch fetter oder magerer ein. Dies gilt für die Motorenvariante mit ungeregeltem Katalysator. Beim geregelten Dreiwege-Katalysator wird diese Funktion von der Lambdasonde mit übernommen.

Dreiwege-Katalysator: Der Dreiwege-Katalysator ermöglicht die effektivste Abgasreinigung. Die Umwandlung, Reduktion und Oxidation ist aber nur bei der exakten Einhaltung der Motordaten von Lambda 1 möglich. Dieses stöchiometrische Verhältnis von zugeführter Benzinmenge und theoretischem Luftbedarf basiert auf einem Luft-Kraftstoff-Gemisch von 14 : 1. Um dieses über alle Betriebszustände zu erreichen, misst die Lambdasonde den Sauerstoffanteil im Abgas.

Lambdasonde vor dem Katalysator: Die Lambdasonde sitzt vor dem Katalysator und garantiert so eine schnelle Anspringzeit. Die optimale Arbeitstemperatur der Sondenkeramik liegt bei 600 Grad. Die Ansprechzeit der Sonde bewegt sich im Sekundenbereich bei Temperaturen von 300 Grad. Um diese Zeit zu verkürzen, wird die Sonde durch eine 12-Watt-Heizung erwärmt.

Direkt nach dem Start wird die Lambda-Regelung bis zum Erreichen der Betriebstemperatur der Sonde ausgeschaltet.

Bei der Start- oder Warmlaufphase wird das Gemisch angefettet, um sicheres Starten zu gewährleisten. Während dieser Betriebszustände wird die Drehzahl durch Anstellen der Drossel-

Bild 4: Blick von hinten auf den Motor als Schemaskizze der Einspritzung und Zündelektronik mit allen Bauteilen und Anbaulage.

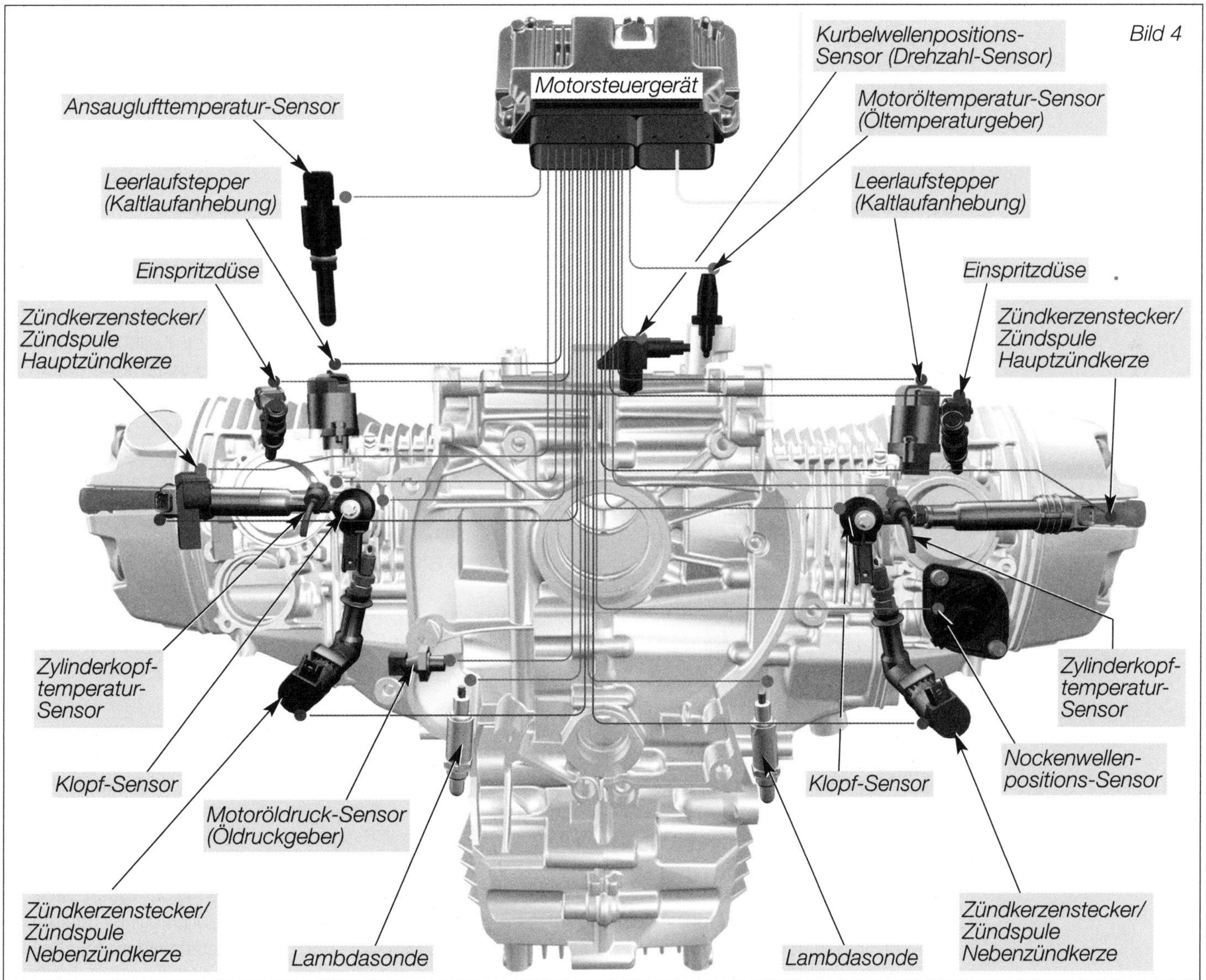

Sichtprüfung

Messen

klappe mittels Choke angehoben. Bei betriebswarmem Motor kann auf die Starthilfe verzichtet werden.

Beschleunigungsanreicherung: Die Lambda-1-Regelung wird auch bei der Beschleunigungsanreicherung ausgeschaltet. Dies ist notwendig, um die während der Beschleunigung (also beim Gas geben) auftretende Abmagerung des Gemisches auszugleichen und somit einen einwandfreien, rucklosen Lauf des Motors zu erreichen.

Drosselklappenwinkel, Drosselklappen-Winkelgeschwindigkeit, absolute Drosselklappenänderung, Motortemperatur und Motordrehzahl signalisieren dem Rechner den plötzlich auftretenden Leistungsbedarf. Damit das Kommando, schnell und unverzüglich die schlummernden Pferdestärken zu mobilisieren möglichst ohne Verzögerung von der Elektronik umgesetzt werden kann, wird die Einspritzzeit überbrückt. Zwischenspritzer der Düsen reichern kurzfristig das Gemisch an. Dieser Anfettungsfaktor setzt sofort nach der gewünschten Laständerung des Motors ein.

Schubabschaltung reduziert Verbrauch: Durch die Schubabschaltung können die Schadstoffe verringert und der Kraftstoffverbrauch gesenkt werden. Wirksam wird sie bei Drehzahlen von über 2000 Umdrehungen pro Minute bei gleichzeitig geschlossener Drosselklappe (also beim Gas wegnehmen im Schiebebetrieb).

Zur Vermeidung von Motorschäden werden ab etwa 8000 /min die Einspritzimpulse ausgeblendet, so dass mit Hilfe der Drehzahlbegrenzung ein Überdrehen des Motors zuverlässig verhindert wird.

Motronic reparieren?

Der Zündzeitpunkt kann nur statisch eingestellt werden. Dazu wird das BMW-Diagnosesystem benötigt. Deswegen der gute Rat an alle, die den Zündzeitpunkt an ihrer BMW überprüfen wollen: Erkundigen Sie sich beim BMW-Händler rechtzeitig nach entsprechenden Spezialwerkzeugen für den Hausgebrauch oder vergeben Sie diesen Wartungsauftrag gleich an die BMW-Werkstatt.

Falls Sie gezwungen sind, die Halteplatte der beiden Hallgeber (»Zündgeber-Spulenplatte«) abzuschrauben, die unten am Motorgehäuse im Bereich des vorderen Kurbelwellenstumpfs angeschraubt ist, markieren Sie vor dem Öffnen der beiden Befestigungsschrauben die Lage des Halteblechs zum Gehäuse, damit dieses später exakt an dieser Stelle wieder angebaut werden kann.

Die Motronic kann nicht repariert werden, weil das Zündsteuergerät ein in sich geschlossenes Bauteil darstellt. Dies gilt auch für alle anderen Bauteile der Motronic, wie Sensoren und Potentiometer.

Wichtig ist allemal, dass alle elektrischen Anschlüsse sichere (Steck-) Verbindung zueinander haben und frei sind von Feuchtigkeit und Korrosion. Wenn »Wackelkontakte« festgestellt werden, müssen diese beseitigt werden. Das Ziehen einer Steckverbindung und wieder Einstecken wirkt manchmal Wunder.

Fehler im Einspritz-Zündsystem werden von der Motronic gespeichert. Diese können mit den BMW-Werkstattgeräten ausgelesen werden.

Zündanlage überprüfen

Zündzeitpunkt kontrollieren
Die BMW-Werkstatt greift bei der Kontrolle der Zündungseinstellungen auf das eigene Diagnosesystem zurück. Selbstschrauber überprüfen den Zündzeitpunkt auf konventionelle Weise.

1. Stopfen der OT-Kontrollöffnung hinter dem rechten Zylinder abnehmen. Durch das Loch ist die OT-Markierung auf der Schwungscheibe zu erkennen.
2. Stroboskopkabel an Zündkabel anklemmen.
3. Motor starten und Stroboskopblitz auf Schwungscheibe richten.
■ Bei Leerlaufdrehzahl muss die Z-Markierung mit der Gehäusemarkierung fluchten.
■ Drehzahl langsam erhöhen: Der Zündzeitpunkt entfernt sich mit steigender Drehzahl von der Markierung.

Zündspule und Zündkabel ausbauen
Sollte es durch Kurzschluss, Kabelbruch o. Ä. notwendig werden, Zündspule oder Zündkabel auszutauschen, ist ein Ausbau ohne größeren Aufwand möglich.

⚠ **Achtung:** Vor jeglichen Montagearbeiten an der Zündanlage Zündung ausschalten und Motronic vom Stromnetz trennen: Minuskabel von der Batterie lösen und isolieren.

1. Sitzbank und Verkleidungsseitenteile abnehmen, Tank abbauen.
2. Zündspule abbauen (zwei Befestigungsschrauben ausdrehen) und dort angebrachte Stecker abnehmen.
3. Steckverbindung des Zündgebers trennen.
4. Zündkabel abziehen.
5. Zündkerzenabdeckungen entfernen, Kerzenstecker abziehen mit Abzieher aus dem Bordwerkzeug.
Einbau in umgekehrter Reihenfolge.

Zündgeber (Magnetschranke) ausbauen
1. Motor-Frontdeckel abnehmen.
2. Generatorbefestigungen lockern und Poly-V-Riemen entspannen.
3. Um die Schraube der Riemenscheibe auf der Kurbelwelle zu öffnen, muss die Kurbelwelle arretiert werden. Dazu wird der Starter ausgebaut oder der Motor mit eingelegtem Gang und betätigter Hinterradbremse blockiert.
4. Die Kurbelwelle mit dem BMW-Werkzeug (Nr. 112650) oder einem anderen geeigneten Hilfsmittel im Kupplungsgehäuse bei OT arretieren.
5. Riemenscheibe zusammen mit dem Rotor der Hallschranke ausbauen.
6. Zündgeber-Spulenplatte ausbauen.

Tipp: Einbauposition der Zündgeber-Spulenplatte mit Reißnadel für spätere Montage kennzeichnen.

Einbau in umgekehrter Reihenfolge. Dabei besonders beachten:
1. Rotor der Hallschranke mit Klebstoff (Loctite) an der Poly-V-Riemenscheibe fixieren.
2. Beim Aufsetzen des Rotors der Hallschranke auf die Kurbelwelle darauf achten, dass die Fixierung in die Kurbelwellen-Nut eingreift.
3. Leitung der Magnetschranke sorgfältig verlegen.

Inbetriebnahme des Motors:
1. Zündung einschalten.
2. Gasdrehgriff bei stehendem Motor ein- bis zweimal ganz öffnen, damit die Motronic die Drosselklappenstellung erfassen kann.

Zündspule überprüfen

Achtung: Bei der Prüfung der Zündspule sind die erhaltenen Messwerte mit Vorsicht zu genießen, da deren ohmscher Widerstand wenig über ihre induktiven Eigenschaften verrät.

Der Widerstand der Zündspulen-Primärwicklung wird zwischen den beiden Kontakten des Zündgebersteckers gemessen. Er sollte etwa 0,5 Ohm betragen. Die Sekundärwicklung hat einen Sollwiderstand von ca. 13 kOhm, gemessen zwischen einem der Steckerkontakte und einem Hochspannungsausgang (Stecker des Zündkabels).

Motorsteuergerät Motronic
Das Motorsteuergerät muss im Normalfall nicht ausgebaut werden, da es keine zu wartenden Teile enthält. Wird jedoch ein Austausch fällig, werden bei ausgebautem Tank die vier Befestigungsschrauben gelöst und die Steckerleiste abgezogen.

Tipp: Wenn der Verdacht besteht, dass das Motorsteuergerät defekt ist, sollten Sie vor dem Kauf eines neuen das alte in der BMW-Werkstatt überprüfen lassen. Probehalber können Sie auch ein erwiesenermaßen funktionstüchtiges Exemplar einbauen und testen, ob damit der Fehler im System behoben ist (gilt sinngemäß auch für andere Teile wie Zündspule oder Zündgeber).

Tabelle: Fehlersymptome und mögliche Ursachen.

Störungen in der Zündanlage

Symptome	Mögliche Ursachen	Abhilfe	Kapitel (K)
Kein Funke an der/den Zündkerze(n)	Zündkerze(n) beschädigt	Auswechseln	**K 21**
	Zündkerze(n) verrußt	Reinigen und trocknen, auswechseln	**K 21**
	Zündkerze(n) verölt	Reinigen und trocknen, auswechseln	**K 21**
	Zündspule/Zündkerzenstecker defekt	Auswechseln	**K 21, K 22**
	Drosselklappenpositions-Sensor defekt	Auswechseln	**K 22**
	Motorsteuergerät defekt	Auswechseln	**K 15**
	Stromkreisunterbrechung in der Verkabelung	Reparieren, auswechseln	**K 15**
	Anlasserrelais defekt	Auswechseln	**K 15**
Motor stirbt oft ab, weil kein Funke an der/den Zündkerze(n)	Zündkerze(n) verrußt	Reinigen, auswechseln	**K 21**
	Drosselklappenpositions-Sensor defekt	Auswechseln	**K 15**
	Motorsteuergerät defekt	Auswechseln	**K 15**
Zündkerze(n) wird/werden nass oder verrußt/verrußen schnell	Zu fettes Kraftstoff-Luft-Gemisch	Einspritzsystem überprüfen	**K 22**
	Leerlaufdrehzahl zu hoch	Einspritzsystem überprüfen	**K 22**
	Falscher Kraftstoff (Diesel getankt?)	Wechseln, frisches Benzin tanken	**K 22**
	Luftfiltereinsatz verschmutzt	Reinigen, auswechseln	**K 10**
	Falsche Zündkerzen (zu kalter Zündkerzentyp)	Serienmäßige Zündkerzen einbauen	**K 21**
Zündkerze(n) wird/werden ölig oder verrußt/verrußen schnell	Kolbenringe abgenutzt	Auswechseln	**BMW-Händler**
	Kolben abgenutzt	Auswechseln	**BMW-Händler**
	Zylinder abgenutzt	Ausschleifen	**BMW-Händler**
	Übermäßiges Spiel zwischen Ventilschaft und Ventilführung	Auswechseln	**BMW-Händler**
	Ventilschaft-Dichtringe abgenutzt	Auswechseln	**BMW-Händler**
Überhitzung oder Abbrand an der/den Elektroden der Zündkerze(n)	Falsche Zündkerzen (zu warmer Zündkerzentyp)	Serienmäßige Zündkerzen einbauen	**K 21**
	Motor läuft zu heiß	Einstellen, Inspektion durchführen	**K 21**
	Zündkerzen locker	Mit Drehmoment festziehen	**K 21**
	Zu mageres Kraftstoff-Luft-Gemisch	Einspritzsystem überprüfen	**K 22**

Sichtprüfung Messen

Zünd-Einspritzanlage der R 1200 GS

Die kombinierte Zünd-Einspritzanlage der R 1200 GS wird durch ein Motorsteuergerät gesteuert und geregelt. Basis ist die BMW-Eigenentwicklung »BMS-KP« (BMW Motor Steuerung Krad). Die Zünd-Einspritzanlage kann nur in der BMW-Motorradwerkstatt überprüft werden. Im Rahmen einer Inspektion wird der Fehlerspeicher ausgelesen.

Auch zur Durchführung des alle 10 000 km vorgeschriebenen Inspektionspunktes »Synchronisation der Drosselklappen: Prüfen, ggf. einstellen« ist das BMW-Diagnosesystem nötig, denn es erfasst auch, ob die beiden Leerlaufsteller (je einer an jedem Drosselklappengehäuse) sowohl beim Kaltlauf als Gemischanreicherer als auch im Leerlauf bei warmem Motor richtig arbeiten.

Bild 5: Herzstück der Zünd-Einspritzanlage ist das Motorsteuergerät »BMS-KP«, in dem verschiedene Basiswerte für Zündung und Einspritzung einprogrammiert sind. Während des Motorlaufs werden Daten (»Parameter«) von Sensoren gemessen und in Echtzeit zugeliefert. Daraus errechnet das Motorsteuergerät die jeweils optimale Spritmenge pro Zylinder (»Öffnungszeit der Einspritzventile« ergibt die »Einspritzdauer«), den Einspritzzeitpunkt sowie einen dazu optimal passenden Zündzeitpunkt.

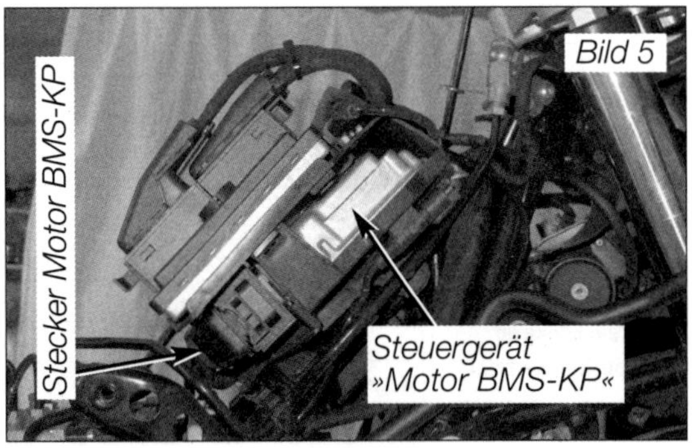

Bild 5: Herzstück der Zünd-Einspritzanlage ist das Steuergerät »Motor BMS-KP«, das auf dem Rahmen unter dem Tank sitzt.

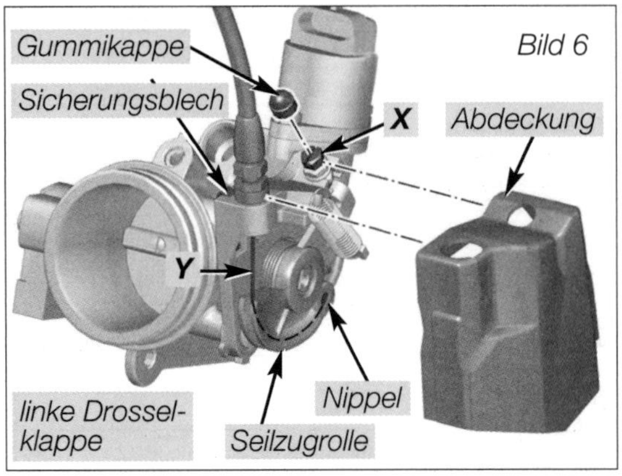

*Bild 6: Zeichnung des Drosselklappenkörpers. **X** ist die Drosselklappen-Anschlagschraube, welche NIEMALS verdreht werden darf.*

***X** = Anschlagschraube NICHT verdrehen!*

***Y** = Es muss etwas »Luft« am freien Ende des Gaszugs sein!*

⚠ **Achtung:** Bei allen Arbeiten mit dem extrem gesundheitsschädlichen, feuergefährlichen und explosiven Benzin sind jegliche Wärmequellen, offenes Feuer, Funkenflug und brennende Zigaretten fehl am Platze. Benzin nicht schlucken. Wenn's doch passiert, sofort einen Arzt aufsuchen! Benzin nur in geeigneten Behältern lagern (Benzinkanister). Mit offenem Benzin nur in gut gelüfteten Räumen arbeiten!

Regelmäßige Überprüfungen

Erstmals bei 1000 km, dann alle 10 000 km oder mindestens einmal pro Jahr muss im Rahmen der Inspektionen das Motorsteuergerät im Hinblick auf abgespeicherte Fehlermeldungen überprüft werden. Dabei wird die Zünd-Einspritzanlage unter folgenden Gesichtspunkten überprüft:

1. Welche Fehler sind an welchen Bauteilen der Einspritz-Zündelektronik aufgetreten und im Motorsteuergerät gespeichert?

■ Wenn ein Fehler während des Betriebs aufgetreten ist und im Motorsteuergerät gespeichert wurde, wird dieser beim »Auslesen« mit dem Diagnosegerät sichtbar gemacht. Der Mechaniker entscheidet dann, ob das betroffene Bauteil erneuert werden muss, oder ob der Fehler »nur« wegen eines Kontaktproblems (z. B. in einem korrodierten oder verschmutzten Stecker) entstanden ist und eine Reinigung des Bauteils genügt.

2. Nach Austausch oder Reparatur des defekten Bauteils wird das Motorsteuergerät erneut mit dem Diagnosegerät ausgelesen. Wenn angezeigt wird, dass das reparierte oder erneuerte Bauteil vom Motorsteuergerät akzeptiert ist, werden die gespeicherten Fehler gelöscht, der Speicher ist dann »bereinigt« und der Rechner arbeitet wieder im Normalbetrieb.

3. Überprüfen und ggf. Einstellen der Öffnungswinkel der Drosselklappen zueinander: Auch dies ist nur mit Hilfe des BMW-Diagnosegerätes möglich.

Ziel dieser Überprüfung und ggf. Ein-/Nachstellung ist, dass die Drosselklappen möglichst synchron (= gemeinsam) öffnen und die Zylinder gleich dosiert mit Ansaugluft versorgt werden. Nur bei bester Einstellung sind gute Gasannahme, gleichmäßiger Motorlauf und höchstmögliche Leistungsentfaltung garantiert.

Leerlaufdrehzahl

Achtung: Die versiegelten Anschlagschrauben der Drosselklappen (Bild 6) dürfen nicht geöffnet bzw. verdreht werden, da sonst der Leerlauf-Grunddurchsatz beim Hersteller neu eingestellt werden muss! Der Siegellack an beiden Anschlagschrauben muss unbeschädigt sein.

Die vorgeschriebene Leerlaufdrehzahl bei warmem Motor beträgt 1150 ± 50/min. Der Gasgriff muss dabei ganz geschlossen sein.

- Wenn die Leerlaufdrehzahl zu hoch ist, kann ein Gaszug unter Spannung stehen, die Drosselklappen sind also um einen bestimmten Betrag offen. Einstellung des Gaszugspiels siehe Kapitel 9 «Gasgriff · Gaszüge«).
- Es kann aber auch sein, dass einer der Gaszüge innen aufgespleißt ist und die Drosselklappen (oder auch nur eine davon) sich deswegen nicht schließen lassen. Dann muss der entsprechende Gaszug erneuert werden.
- Wenn die Leerlaufdrehzahl zu niedrig ist, und der Motor deswegen möglicherweise immer wieder ausgeht, stimmt etwas Anderes im System nicht: z. B. können die Drosselklappen-Anschlagschrauben so verdreht sein, dass die Drosselklappen ganz schließen. Dann ist Schicht – die Drosselklappenstutzen müssen abgebaut und ins Werk eingeschickt werden, weil nur dort der Grunddurchsatz eingestellt werden kann.

Hinweis: Es kann aber auch sein, dass die Leerlaufstepper (Leerlaufsteller) falsche oder keine Signale bekommen und/oder die Zündkerzen/Zündspulen defekt sind. Dann ist ebenfalls der Gang in die BMW-Motorradwerkstatt angesagt, denn nur mit dem BMW-Diagnosesystem lässt sich ein solcher Fehler aufspüren!

Drosselklappen synchronisieren

Tipp: Zum Einstellen des Drosselklappenabgleichs (»Gleichlauf der Zylinder«) gibt es im Zubehörhandel entsprechende Prüf- und Einstellgeräte. Wir empfehlen für diese Arbeiten den Boehm-Synchrontester (Bild 7).

Wie im Text zu Anfang dieses Kapitels schon erwähnt, ist es besser, diese Arbeit mit dem BMW-Diagnosesystem in der BMW-Motorradwerkstatt durchführen zu lassen. Wenn im Zuge von Heimarbeit eine Inspektion gemacht wird und es sonst keine (noch zu behebenden) Probleme gibt mit dem Einspritz-Zündsystem, die Ventile exakt eingestellt und die Zündkerzen in Ordnung sind, kann man nachstehend beschriebene Arbeiten durchführen.

Unbedingt durchgeführt werden sollte eine Synchronisation dann, wenn ein Gaszug gerissen war und ein neuer eingebaut wurde (bzw. alle Gaszüge gewechselt wurden, siehe Kapitel 9 «Gasgriff · Gaszüge«).

1. Motor mindestens zehn Kilometer warm fahren. Öltemperatur soll ca. 80 °C betragen. Motor ausschalten.
2. Am Gasgriff oben am Lenker wird das Seilzugspiel des oberen Gaszugs eingestellt. Dazu Kontermutter öffnen und Seilzugeinsteller ein- oder ausdrehen, bis das Spiel ca. 0,5 mm beträgt.
3. Bild 8: Unten an den Drosselklappen die Gummischutzkappe an Gaszug vom Seilzugeinsteller weg nach oben schieben, Kontermuttern an beiden Seilzugeinstellern lösen und ca. 2 Um-

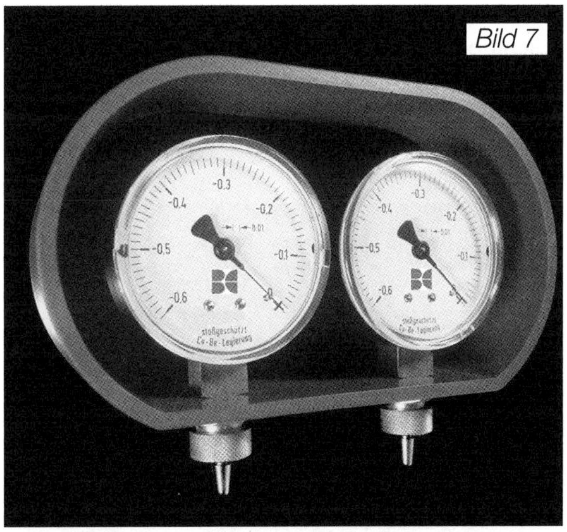

Bild 7: Boehm-Unterdruckuhren (Synchrontester).

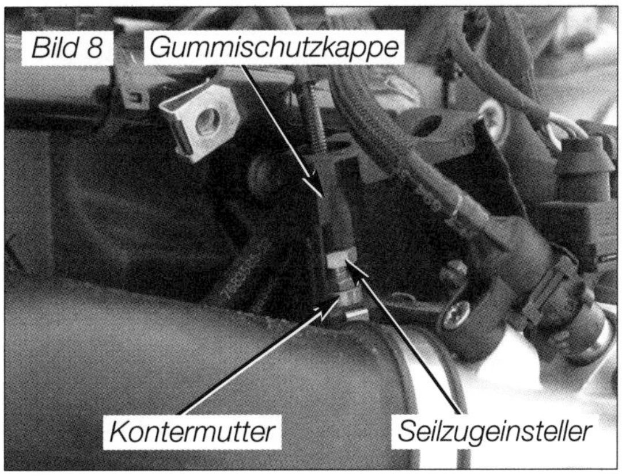

Bild 8: Einsteller am unteren Gasseilzug.

Korrespondenzkapitel:
- 9 »Gasgriff · Gaszüge«

Wichtige Adresse:
- **Boehm Synchrontester**
Peter-Kreuder-Straße 21,
D-81245 München
www.boehm-synchrontester.de

drehungen zurückdrehen.
4. Abdeckungen beider Drosselklappengehäuse abnehmen, dazu Verriegelungslasche vorsichtig aufbiegen, dann Abdeckung nach oben abziehen und abnehmen.
5. Am Seilzugeinsteller eines jeden Gaszugs ein Seilzugspiel von jeweils ca. 1 mm einstellen.
6. Bild 9: Gummikappen von den Rohrstutzen an den Drosselklappengehäusen abziehen bzw. mit Schraubenzieher abschieben und Schläuche der Unterdruck-Messuhren an die Rohrstutzen anschließen.
■ Spätestens jetzt die Gebrauchsanleitung des Unterdruck-Messgerätes beachten!
7. Motor starten.
■ Dabei darauf achten, dass beide Drosselklappen geschlossen sind (Gasgriff auf »zu«) und die Hebel beider Drosselklappenwellen sicher an der Anschlagschraube anstehen.
8. Nun etwas Gas geben auf 1400 bis 1800/min und die Unterdruckuhren beobachten:
■ Der Unterschied rechter zu linkem Zylinder darf nicht mehr als 25 mbar betragen.
■ Zur Kontrolle: Im Leerlauf darf der Unterschied rechter zu linkem Zylinder nicht mehr als 15 mbar betragen.
9. Durch wiederholtes Gasgeben bis auf ca. 2500/min den Gleichlauf der Drosselklappen prüfen: Die Anzeigenadeln in den Synchronuhren müssen sich synchron bewegen, also gleichmäßig miteinander absinken bzw. ansteigen. Ggf. entsprechend korrigieren durch Verstellen der Seilzüge über die Seilzugeinsteller.
10. Wenn alles ok ist, die Seilzugeinsteller mit den Kontermuttern sichern.
■ Beim Anziehen der Kontermutter vorsichtig zu Werke gehen, damit sich der Seilzugeinsteller nicht mitdreht. Die Anzeige im Synchrontester darf sich nicht verändern!
11. Motor ausschalten. Unterdruck-Messschläuche abziehen, Gummikappen auf Rohrstutzen aufschieben.

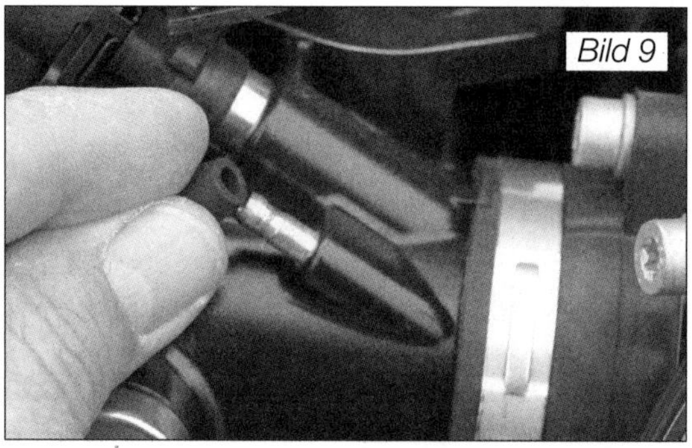

Bild 9: Gummikappen über den Rohrstutzen vorsichtig abziehen bzw. abschieben. Beim Aufbau die Gummikappe genau ansehen: Sie darf nicht porös sein.

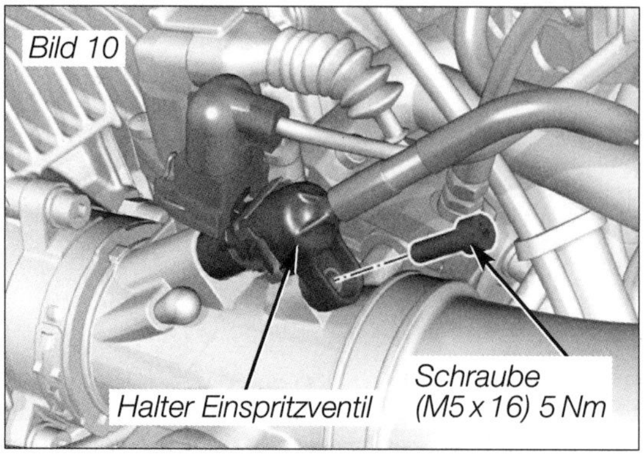

Bild 10: Befestigung des Einspritzventils mit einer Schraube.

Drosselklappenkörper aus- und einbauen

Ein Wechsel eines Drosselklappenkörpers ist eigentlich nur dann notwendig, wenn (in seltenen Fällen) er einen Defekt aufweist und daher gewechselt werden muss.

Zum Aus- und Einbau des linken bzw. rechten Drosselklappenkörpers wie folgt vorgehen:
1. Fahrer- und Soziussitz ausbauen, Seitenblenden links bzw. rechts abbauen.
2. Bilder 10 und 11: Schraube des rechten bzw. linken Einspritzventils lösen, Einspritzventil mit Halter und Stecker herausziehen, dabei auf Dichtring achten.
3. Bild 12: Schelle des jeweiligen Drosselklappenkörpers mit BMW-Zange (Bestellnummer 13 1 512) öffnen.
4. Bilder 13 und 14: Kabelbinder entfernen, Leerlaufstepper trennen.
4.1. Nur am linken Drosselklappenkörper den Sicherungskeil nach oben ausbauen, Stecker für Drosselklappenpositions-Sensor trennen.
4.2. Drosselklappenkörper ausbauen, Ansaugstutzen am Motor mit Lappen »abstopfen«.
5. Bild 6: Gummikappe abziehen, Abdeckung nach oben entfernen, Drosselklappenzug aushängen, Sicherungsblech ausclipsen, Drosselklappenzug herausziehen.
6. Bilder 15 und 16: Drosselklappenpositions-Sensor (Potentiometer) muss nur bei der Zerlegung des linken Drosselklappenkörpers durch Ausbau der Schrauben und Scheiben abgenommen werden. Dann Leerlaufstepper durch Lösen der Schrauben abnehmen.
7. Wird der Drosselklappenkörper gewechselt, wiederverwendbare Kleinteile abbauen und auf neuen Drosselklappenkörper aufbauen.
Einbau in umgekehrter Reihenfolge. Dabei besonders beachten:

■ Drosselklappenpositions-Sensor wird am linken Drosselklappenkörper angebaut. Dieser Sensor muss nach der Montage nicht neu eingestellt werden, da er dies selbst übernimmt.
■ Spieleinstellung des oberen Gaszugs sowie Verlegung und Einstellung der unteren Gaszüge kontrollieren (Kapitel 9 »Gasgriff · Gaszüge«).
■ Schelle am Drosselklappenkörper ausrichten und mit BMW-Zange (Bestellnummer 13 1 512) schließen.
■ Einspritzventile anbauen: Dichtringe auf Beschädigung kontrollieren, beschädigte Dichtringe ersetzen.

Einspritzventile

Falls der Motor auf einem oder beiden Zylindern nicht laufen will, kann man durch Herausnehmen der Einspritzventile prüfen, ob sie Sprit fördern. Doch zuerst den Hörtest machen: Wenn die Einspritzventile ihre Stromimpulse bekommen, hört man das von außen, es tickert ganz leicht. Sicherer ist jedoch ausbauen und spritzen lassen. Einspritzventil dabei in ein geeignetes Gefäß halten, damit der Sprit sicher aufgefangen wird!

Einspritzventile ausbauen, prüfen, einbauen

1. Bild 11: Torxschraube, mit der das Einspritzventil befestigt ist, ausschrauben, Einspritzventil ausziehen.

2. Starter kurz betätigen und beobachten:
■ Wenn das Ventil Benzin spritzt, gelangt dieses auch in den Ansaugtrakt.
■ Spritzt es nicht, auch das Einspritzventil des anderen Zylinders überprüfen.
■ Wenn dieses Ventil spritzt, ist das andere kaputt und muss ersetzt werden.
■ Wenn beide nicht spritzen, kann ein Schaden an der Benzinpumpeneinheit oder der Motorelektronik vorliegen (Sache der Werkstatt!).

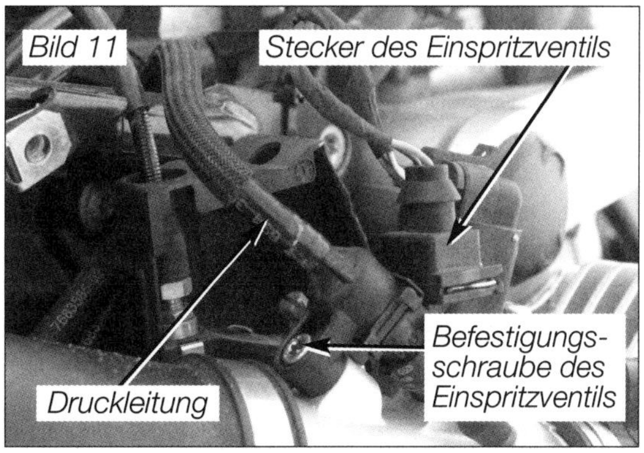

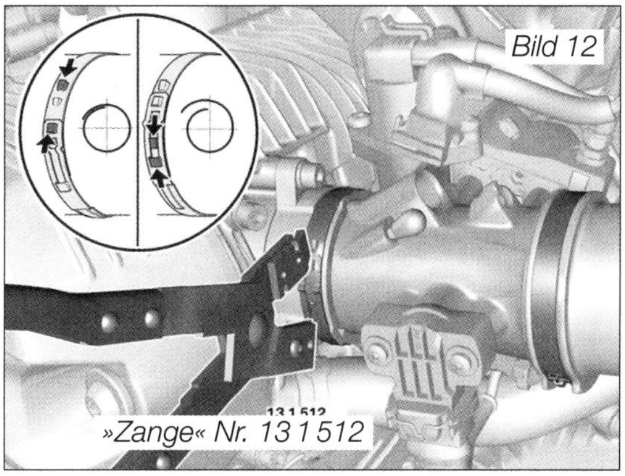

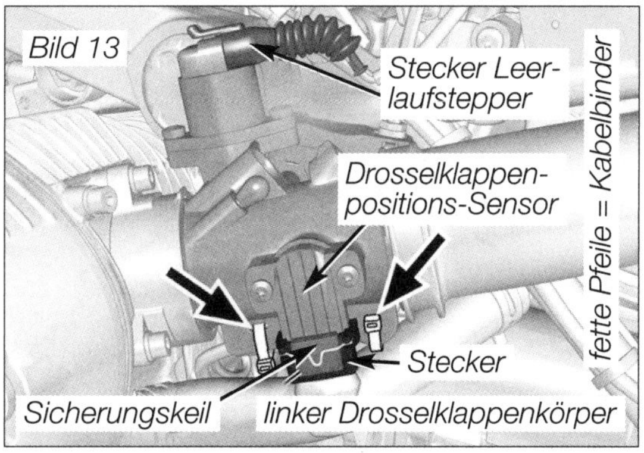

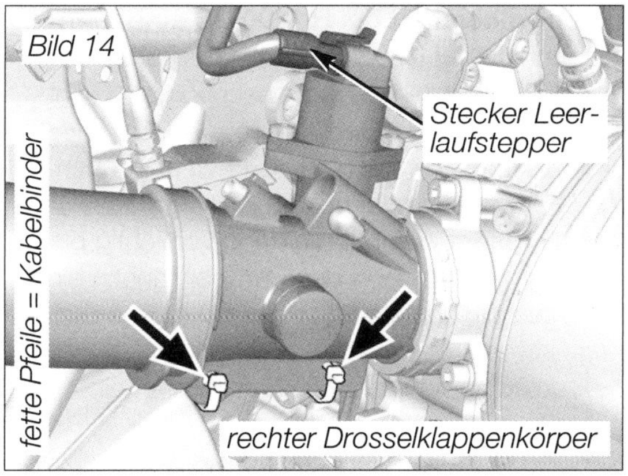

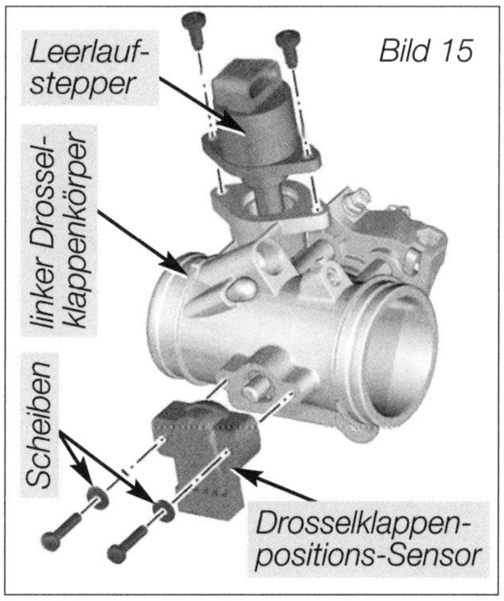

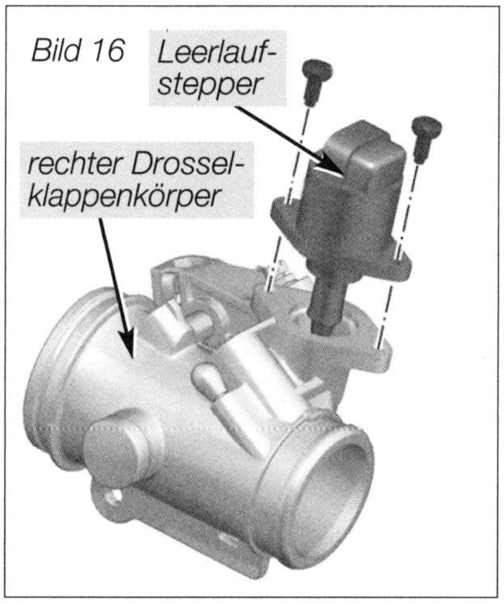

Bild 11: Wenn der Motor nicht läuft und der Verdacht besteht, dass das Einspritzventil kein Benzin spritzt, zuerst den Stecker abziehen und auf einwandfreie Kontakte überprüfen.

■ Zum Ausbau des Einspritzventils die M5-Schraube ausdrehen und das Ventil ausziehen.

■ Stecker aufstecken, Anlasser kurz betätigen und überprüfen, ob das Ventil spritzt.

Bilder 12 bis 16: Im Lauftext sind die zu den Bildern gehörenden Arbeitsschritte nummeriert beschrieben.

Sichtprüfung Messen

Tipp: Wenn KEIN Benzin durch beide Einspritzdüsen kommt, sehen Sie sicherheitshalber nach, ob auch Sprit im Tank ist. Lachen Sie nicht, es ist alles schon passiert…

Anmerkung: An der Benzinpumpe im Tank sowie am Füllstandsgeber, an den Benzinleitungen und dem Druckregler geht selten was kaputt. Mögliche Defekte lassen sich am besten mit dem BMW-Diagnosesystem lokalisieren.

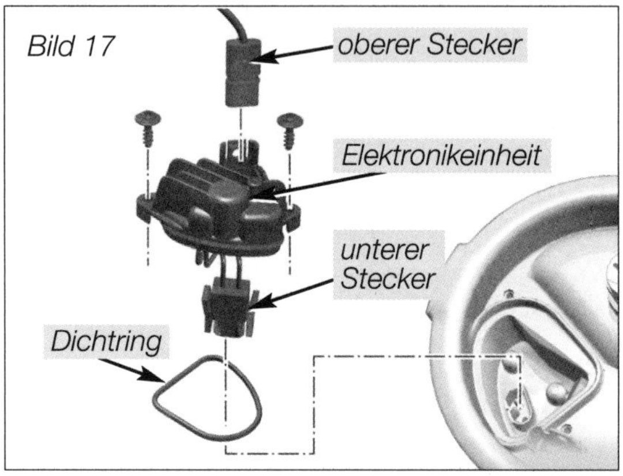

Bild 17: Elektronikeinheit der Benzinpumpe.

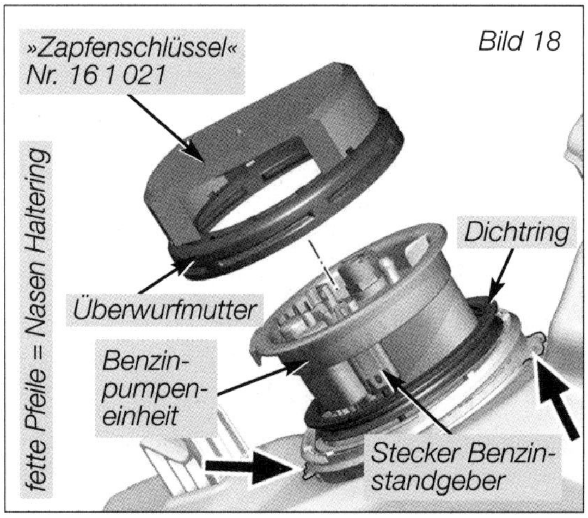

Bild 18: Beim Ausbau der Benzinpumpe Überwurfmutter mit Zapfenschlüssel (Nr. 16 1 021) lösen.

■ Dabei Dichtfläche der Benzinpumpe auf Beschädigung prüfen.

■ Dichtring beim Einbau mit Reifenmontagepaste (Bestellnummer 81 22 0 433 046) schmieren.

■ Beim Einbau der Überwurfmutter darauf achten, dass sich der Haltering nicht mitdreht und die Nasen (Pfeile) in den zugehörigen Vertiefungen bleiben.

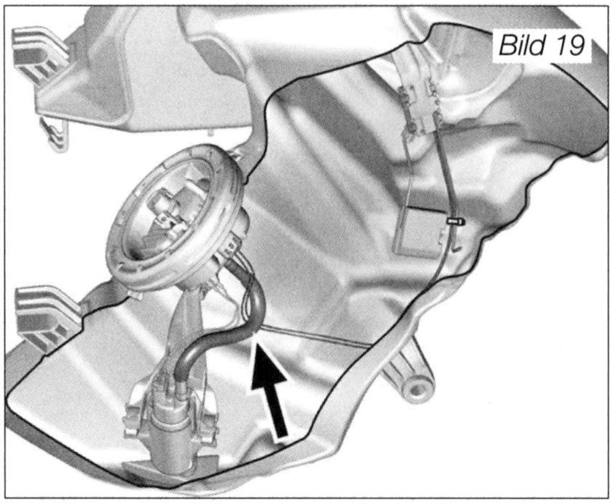

Bild 19: Beim Einbau auf richtige Verlegung des Kabels (Pfeil) achten nur R 1200 GS ab Mj. 2010.

Benzinpumpe

Wenn der Motor entweder nicht läuft oder aus unerfindlichen Gründen in unregelmäßigen Abständen immer wieder ausgeht, kann die Benzinpumpe defekt oder der Filter verstopft sein (Filter der Benzinpumpe siehe am Ende dieses Kapitels). Auch die Elektrostecker kontrollieren.

Benzinpumpe prüfen

Zur ersten Überprüfung der Benzinpumpe die Zündung einschalten und das Ohr links vorne möglichst nahe an den Tank legen: Pumpe muss 3 Sekunden lang hörbar arbeiten und schaltet sich dann automatisch so lange wieder aus, bis der Motor gestartet wird und sich die Benzinpumpe dann wieder einschaltet. Wenn von der Benzinpumpe kein Geräusch zu hören ist, können folgende Störungen vorliegen:

■ Stecker der Elektronikeinheit nicht richtig zusammengesteckt oder korrodiert: Überprüfen.

■ Benzinpumpe defekt (muss erneuert werden).

Elektronikeinheit der Benzinpumpe bei R 1200 GS kontrollieren

1. Tankverkleidung ausbauen (Kapitel 6 »Verkleidung · Anbauteile«).
2. Bild 17: Oberen Stecker trennen.
3. Schrauben der Elektronikeinheit ausbauen.
4. Elektronikeinheit anheben und unteren Stecker trennen.
5. Elektronikeinheit mit Dichtring abnehmen.
6. Elektrische Kontakte auf Korrosion prüfen.
■ Bei Korrosionsspuren Kontakte mit feinem Schmirgelpapier abziehen. Wasser oder Feuchtigkeit im Hohlraum der Elektronikeinheit oder an den Steckkontakten mit sauberem Tuch abwischen und entfernen. Wenn mit Druckluft ausgeblasen wird: Nur mit SEHR SANFTEM Luftstrahl ausblasen!

Elektronikeinheit bei R 1200 GS einbauen

1. Dichtring auf Beschädigung kontrollieren: Aufgequollenen oder beschädigten Dichtring ersetzen. Dichtring mit Silikonspray schmieren und an Elektronikeinheit anbringen.
2. Unteren Stecker verbinden.
3. Elektronikeinheit mit Dichtring vorsichtig bis zum Anschlag in den Pumpenflansch einsetzen, dabei auf korrekten Sitz des Dichtrings achten.
4. Halteschrauben der Elektronikeinheit einschrauben.
5. Oberen Stecker verbinden.

Falsches, weil altes Benzin?
Zündung und Einspritzung werden oft dafür verantwortlich gemacht, wenn der Motor nicht richtig läuft, wenn er patscht, spuckt und nicht richtig zieht. Es kann aber auch »nur« an der Qualität und dem Alter des Benzins liegen!

Wenn bei uns ein Motor, der 6 Wochen oder länger gestanden hat, nicht richtig läuft, lassen wir den Sprit ab und geben neues Superbezin in den Tank – die Trefferquote liegt bei 99 Prozent!

Tank ab- und aufbauen

Bei R 850 GS, R 1100 GS, R 1150 GS
Zum Ab- und Aufbau des Tanks müssen die -Seitenblenden und der Fahrersitz abgebaut sein.

1. Bild 20: Hintere Tankbefestigung abschrauben.
2. Entlüftungsleitungen, Benzin-Rück- und Vorlaufschlauch abziehen. Schraubenzieher zu Hilfe nehmen.
■ Damit kein Benzin auslaufen kann, müssen die Schläuche vor dem Abziehen sicher abgeklemmt werden: Entweder BMW-Spezialwerkzeug (Nr. 13 3 010) oder andere Klemmen verwenden. Lappen unterlegen.
3. Stecker der Benzinpumpe lösen, Tank hinten anheben. Tank aus den Haltegummis heben. Aufbau des Tanks in umgekehrter Reihenfolge, Befestigungsschraube mit 22 Nm festziehen.

Bei R 1200 GS Mj. 2004 bis 2007
Zum Ab- und Aufbau des Tanks müssen die Seitenblenden und Seitenverkleidungen abgebaut sein; die obere Tankverkleidung kann montiert bleiben (Bild 21)!

1. Rechts vorne am Tank, Bild 22:
■ Tank-Überlauf- und -Entlüftungsleitung abziehen. Bild 23: Schraubenzieher zu Hilfe nehmen, Schläuche durch gleichzeitiges Ziehen und Abschieben vom Stutzen abziehen.
2. Schnellkupplung trennen, Bild 24: Metallverriegelung eindrücken und gleichzeitig den Rohrwinkel ausziehen.
3. Links vorne am Tank, Bild 25:
■ Schwarze Abdeckkappe mit beiden Händen fassen, etwas nach links drehen und abnehmen.
4. Elektrische Stecker für Benzinpumpe und Benzinstandsanzeige ausziehen.

Wasser im Tank?
Wenn der Motor stottert, nicht rund läuft oder sogar oft ausgeht und man denkt, dass die Drosselklappen sychronisiert werden müssen, kann Wasser im Tank sein.

Es kann auf zwei Wegen in den Tank gekommen sein:
1. Wenn die Be- und Entlüftungsschläuche nicht richtig verlegt sind, wird bei einer Regenfahrt Spritzwasser durch den Belüftungsschlauch in den Tank angesaugt. Zur richtigen Verlegung der beiden Schläuche sehen Sie sich bitte die entsprechenden Bilder genau an.
2. Motorrad steht lange Zeit im Regen. Regenwasser sickert am Rand des Tankverschlusses hinein und steht dann unten neben dem inneren Rand des Tankeinfüllstutzens: In dem Moment, wo der Tankverschluss geöffnet wird, läuft dieses Wasser in den Tank.

Lösung des Problems:
■ Wenn Wasser im Tank ist, zuerst »Fuel Guard« in den Tank kippen, und eine Zeit lang fahren.
■ Wenn das nichts hilft, zuerst das Benzin-Wasser-Gemisch aus dem Tank abpumpen und fünf Liter frisches Benzin tanken.
■ Wenn auch das nichts hilft, muss man den Tank abbauen, die Benzinpumpe ausbauen und alles sorgfältig reinigen.

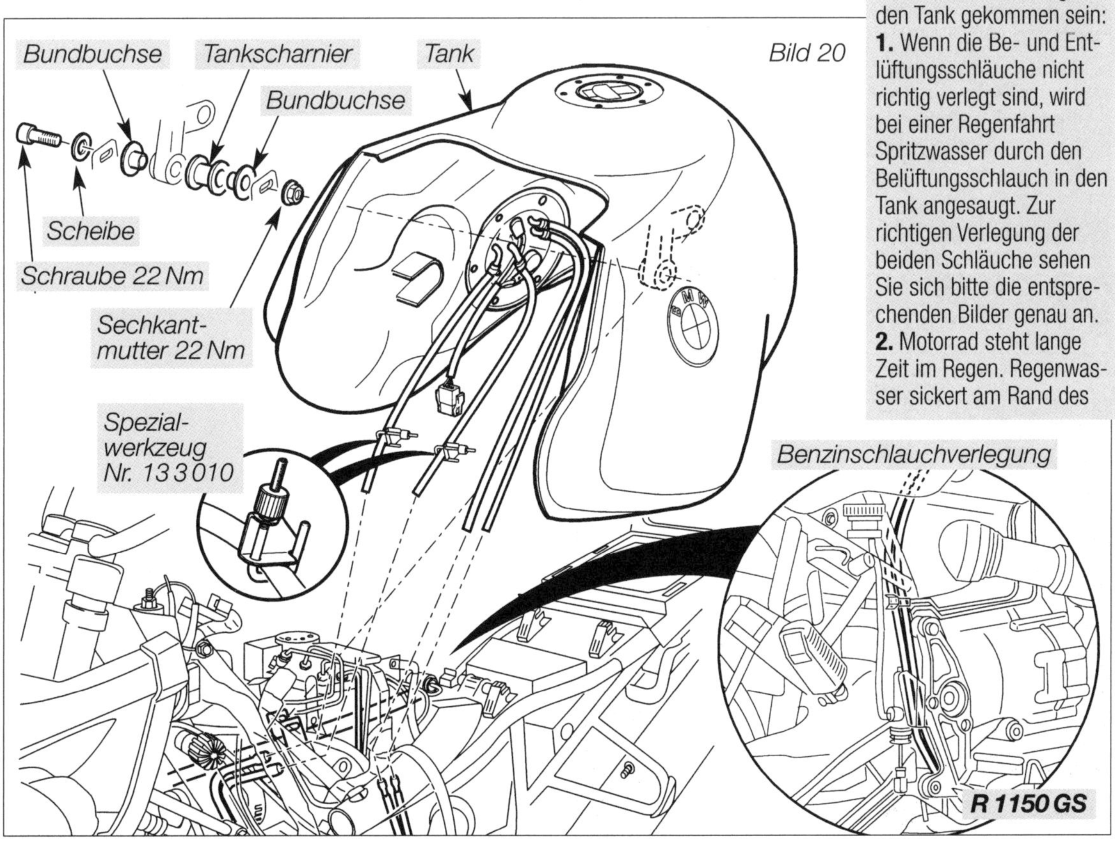

Bild 20

Bild 20: Beim Tankabbau der R 1150 GS BMW-Spezialwerkzeug Nr. 13 3 010 oder Ähnliches zum Abklemmen der Benzinschläuche verwenden.

Sichtprüfung Messen

Bild 21: Zum Ab- und Aufbau des Tanks müssen die Seitenblenden und Seitenverkleidungen abgebaut sein; die obere Tankverkleidung kann montiert bleiben.

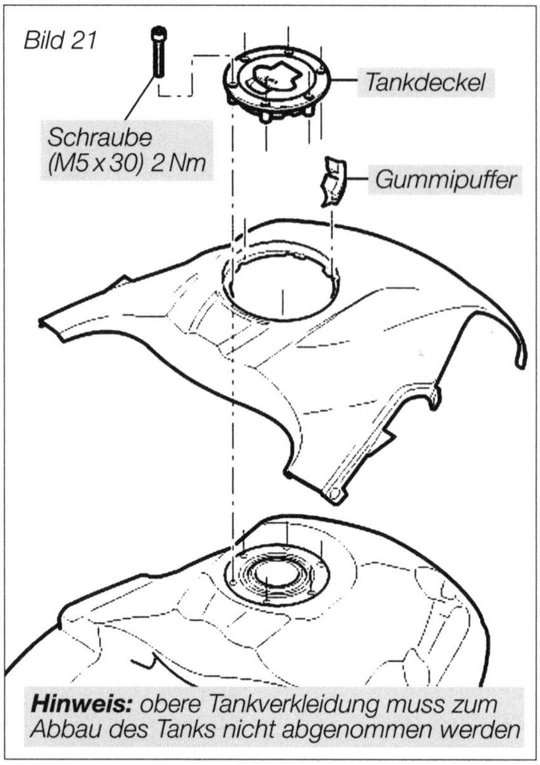

■ Beim Ausziehen der Stecker deren Verriegelung vorsichtig lösen bzw. entriegeln (Bilder 27 und 28).
5. Schnellkupplung der Benzindruckleitung trennen: Metallverriegelung eindrücken und gleichzeitig den Rohrwinkel ausziehen (Bild 29).
6. Tankhalteschrauben rechts und links mit Inbusschlüssel SW5 lösen und ausdrehen.
7. Tank hinten leicht anheben, nach hinten ziehen und abnehmen.

Aufbau des Tanks in umgekehrter Reihenfolge. Dabei besonders auf Folgendes achten:
■ Schläuche und Kabel müssen exakt verlegt sein, sie dürfen sich nicht zwischen Tank und Rahmen verklemmen.
■ Dies gilt auch ganz besonders für die Kupplungsleitung und den Gasseilzug.
■ Tank vorne auf die Haltegummis (Bild 32) schieben, dann hinten ablassen.
■ Der Verkleidungshalter wird rechts angebaut (Bild 30).
■ Gummischeiben kommen unter den Verkleidungshalter bzw. unter die Senkscheibe (Bilder 30 und 31).

Bilder 22, 23 und 24: Anschlüsse am Tank rechts vorne zum Abbau des Tanks abbauen:

■ Schläuche unter Zuhilfenahme eines Schraubenziehers abdrücken bzw. abziehen.

■ Schnellkupplung durch Drücken der Verriegelung trennen.

■ Der O-Ring muss unbeschädigt sein!

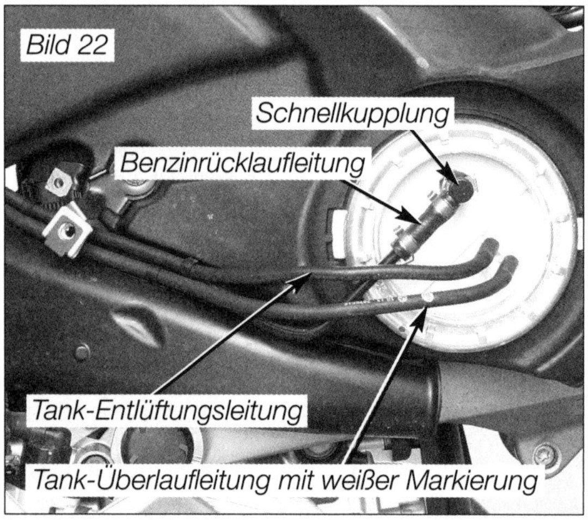

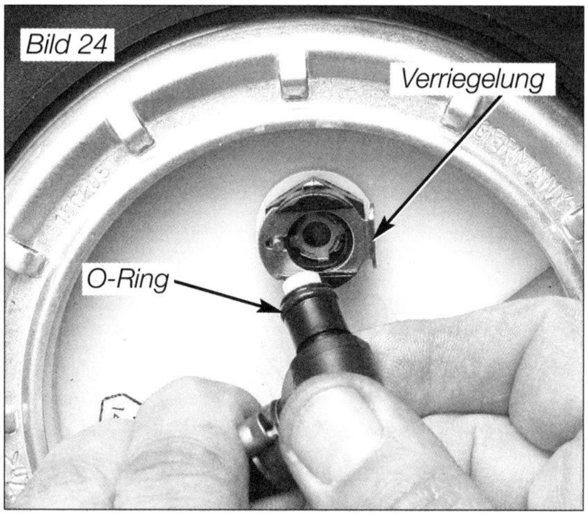

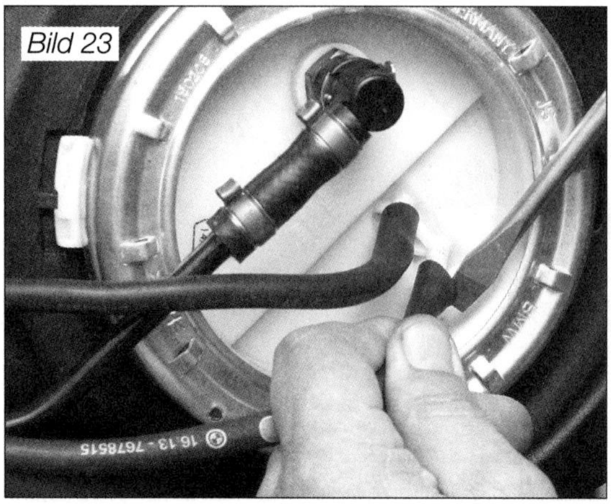

Bild 25: Kappe links vorne am Tank.

- Tankhalteschrauben mit 22 Nm festziehen.
- O-Ringe der Schnellkupplungen (Bild 24) auf einwandfreie Form kontrollieren, sie dürfen weder ausgerissen, eingedrückt oder gequetscht sein.
- Wenn defekt, unbedingt erneuern.
- Wenn o.k., einen Hauch von Fett an die O-Ringe geben, dann rutschen die Schnellkupplungen besser zusammen.
- Schnellkupplungen zusammenstecken, es muss fühl- und hörbar klicken, die Verriegelung muss einrasten.
- Entlüftungs- und Überlaufleitung auf ihre Stutzen schieben. Der Schlauch mit der weißen Punktmarkierung ist die Tank-Überlaufleitung (Bild 22).
- Stecker für Benzinpumpe und Benzinstandsgeber einstecken, Verriegelungen müssen sicher einrasten.

R 1200 GS ab Mj. 2008

Zum Abbau des Tanks müssen abgebaut werden: Fahrer- und Soziussitz, Seitenblenden, seitliche Tankverkleidungen, -blenden und auch die mittlere Tankverkleidung. Der Abbau der mittleren Tankverkleidung ist nicht zwingend erforderlich, man tut sich aber mit dem Entriegeln der Kupplungen von Benzin- und Rücklaufleitung erheblich leichter, wenn das Verkleidungsteil abgenommen ist.

1. Bilder 33a und 33b: Schnellkupplungen der Benzinleitungen trennen. Metallverriegelung ein-

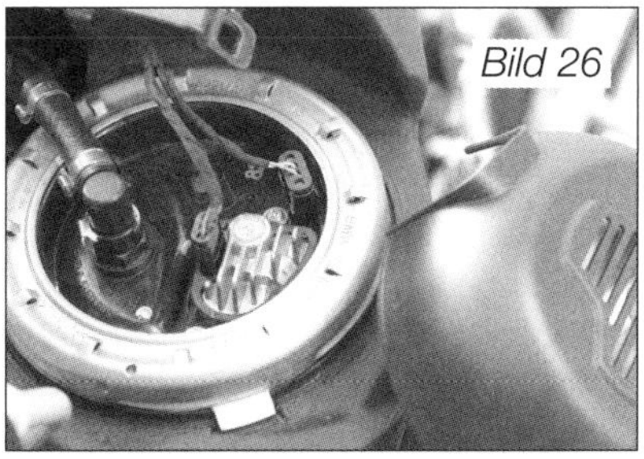
Bild 26

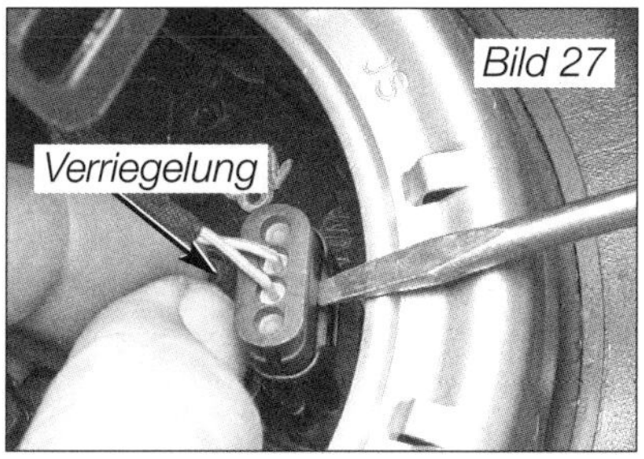

Bild 27

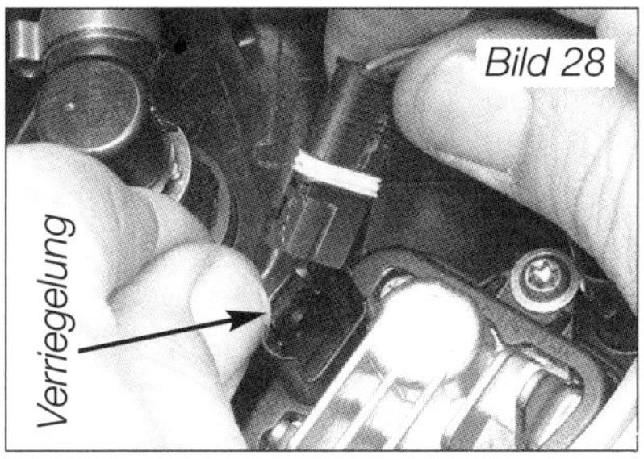

Bild 28

Bild 29

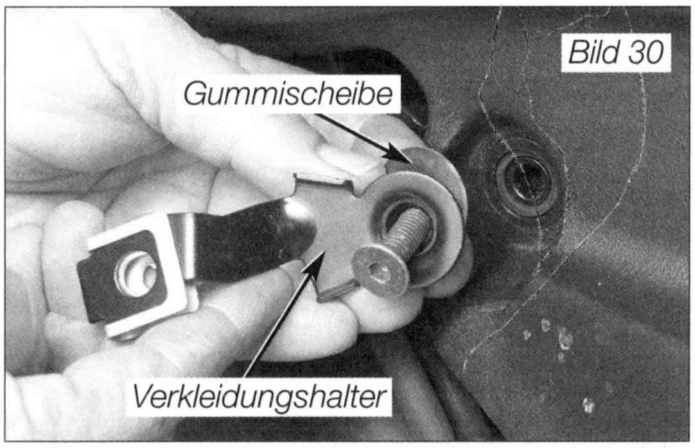

Bild 30

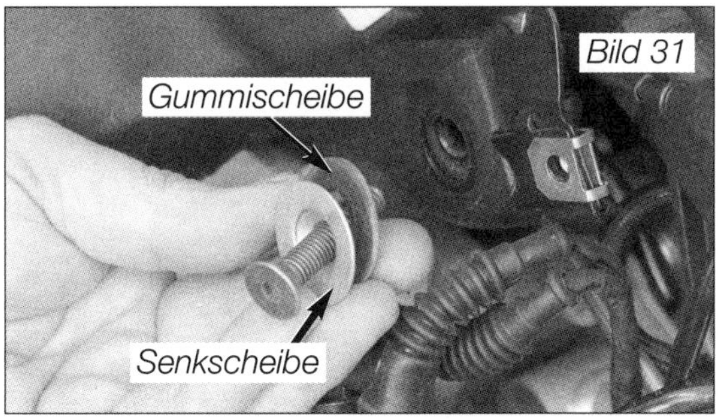

Bild 31

Bild 32

Bild 33a

Bild 33b

Zum Trennen der Schnellkupplung die Metallverriegelung eindrücken und das Kupplungsstück vorsichtig vom Stutzen abziehen.

Bild 26: Kappe links vorne am Tank durch leichtes Drehen lösen und nach links abbauen.

Bilder 27 und 28: Zum Ausziehen der Stecker für Benzinpumpe und Benzinstandsgeber die Verriegelung vorsichtig zur Seite drücken.

Bild 29: Schnellkupplung trennen.

Bild 30: Der Verkleidungshalter wird auf der rechten Seite unter die Tankhalteschraube montiert, darunter kommt die Gummischeibe.

Bild 31: Gummischeibe unter Senkscheibe.

Bild 32: Vordere Tankhalterung.

Bilder 33a und 33b: Schnellkupplung.

Bild 34: Zum Ausziehen der Stecker ihre Verriegelung vorsichtig lösen. Man kann mit einem Schraubenzieher nachhelfen.

Bild 35: Verkleidungshalter abbauen.

drücken, Kupplungsstück vorsichtig vom Stutzen abziehen.

2. Elektrische Stecker für Benzinpumpe und Benzinstandsanzeige ausziehen.

■ Bild 34: Beim Ausziehen der Stecker deren Verriegelung vorsichtig lösen.

3. Bild 35: Schrauben aus beiden Verkleidungshaltern ausdrehen, Halter abnehmen.

4. Entlüftungs- und Überlaufschlauch entweder oben am Tankstutzen abschieben (Bild 36a) oder an den Kupplungsstücken in den Schläuchen (Bild 36b) trennen.

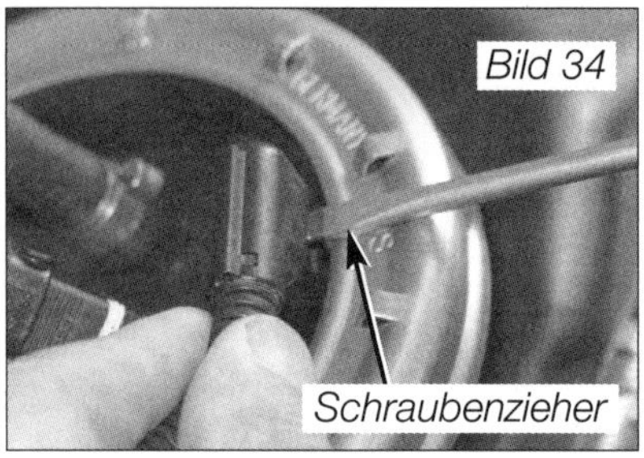

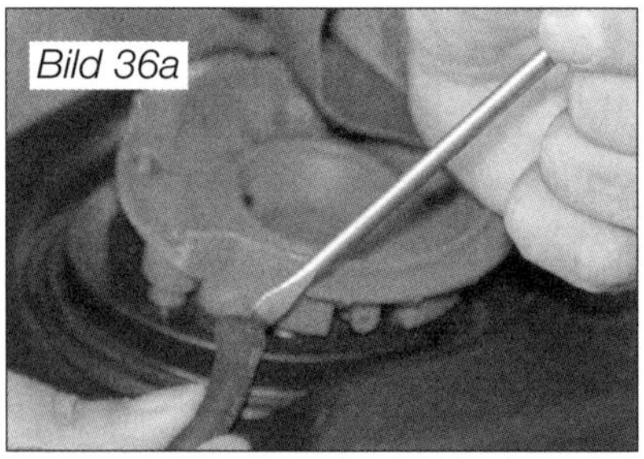

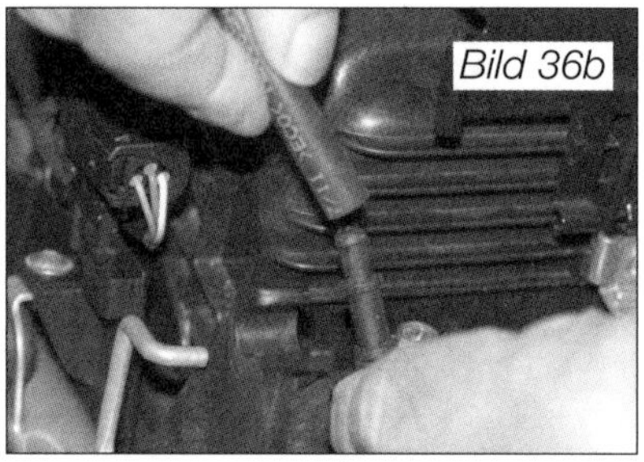

5. Tank nach hinten-oben abnehmen und an einem sicheren Ort auf sauberen Lappen lagern.

Aufbau des Tanks in umgekehrter Reihenfolge. Auf Folgendes besonders achten:

■ Schläuche und Kabel müssen exakt verlegt sein, sie dürfen sich nicht zwischen Tank und Rahmen verklemmen.

■ Tank vorne auf die Haltegummis schieben, dann hinten ablassen.

■ Überlauf- und Entlüftungsschlauch auf ihre Stutzen schieben oder an den Kupplungsstücken in den Schläuchen verbinden.

■ Verkleidungshalter anschrauben, Schrauben mit 19 Nm festziehen.

■ O-Ringe der Schnellkupplungen (Bild 37) auf einwandfreie Form kontrollieren, sie dürfen weder ausgerissen, eingedrückt oder gequetscht sein. Wenn defekt, unbedingt erneuern.

■ Wenn o.k., einen Hauch Silikonfett oder Molykote 111 an den O-Ring geben, dann rutscht die Schnellkupplung leichter zusammen.

■ Beim Zusammenstecken der Schnellkupplung muss es fühl- und hörbar klicken als hörbares Zeichen, dass die Verriegelung einrastet.

■ Bild 38: Stecker für Benzinpumpe und Benzinstandgeber aufstecken, Verriegelungen müssen sicher einrasten.

■ Bilder 39a bis 40b: Überlauf- und Entlüftungsschlauch dürfen nicht geknickt sind: Unten, wo sie ins Freie ragen, ganz leicht daran ziehen.

Bilder 36a uns 36b: Entlüftungs- und Überlaufschlauch trennen.

Bild 37: O-Ring der Schnellkupplung.

Bild 38: Stecker Benzinpumpe und Benzinstandsanzeige sorgfältig aufstecken.

Bilder 39a bis 40b: Verlegung Überlauf- und Entlüftungsschlauch.

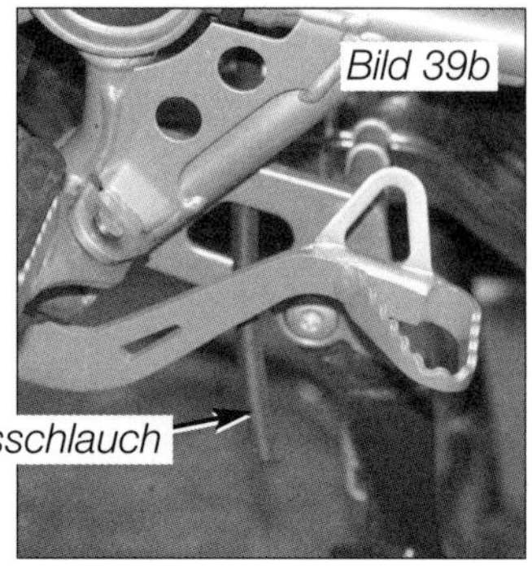

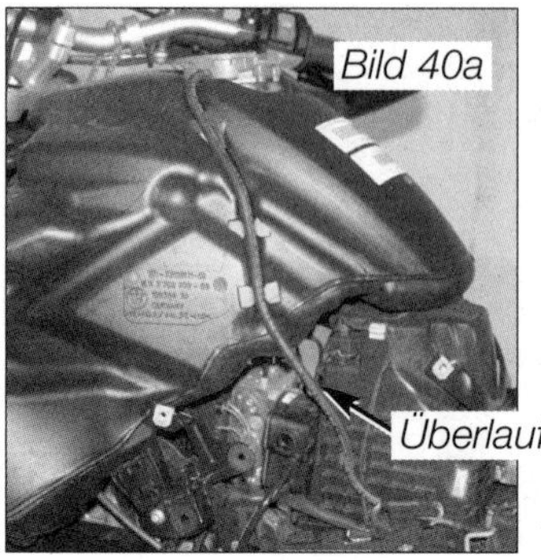

Benzinfilter

R 850 GS, R 1100 GS und R 1150 GS: Benzinfilter muss im Regelfall alle 40 000 km erneuert werden. Wenn in Gegenden getankt wird, wo ungünstige Kraftstoffverhältnisse anzutreffen sind und anzunehmen ist, dass das Benzin nicht so sauber ist wie es sein soll, sollte der Benzinfilter öfter erneuert werden. BMW-Spezialisten raten, den Benzinfilter dann alle 20 000 km zu tauschen. Dazu muss nach Abbau des Tanks die komplette Benzinpumpeneinheit ausgebaut werden; sie sitzt in der rechten Tankbacke, siehe dazu Bild 42. Beim Kauf eines neuen Benzinfilters, neue O-Ringe und Schraubschellen besorgen, weil die unter Arbeitspunkt 4. aufgeknipsten Schellen nicht mehr verwendet werden können.

Benzinpumpe und Benzinfilter ausbauen, prüfen, einbauen

1. Tank abbauen (siehe weiter vorne), alles Benzin ablassen, Tank auf der rechten Seite ablegen (reichlich Tücher unterlegen!).

1.1. Befestigungsmuttern der Benzinpumpeneinheit (siehe Mutter in Bild 42) lösen und abdrehen. Benzinpumpeneinheit leicht anheben.

2. Kabelstecker trennen, Schlauchschellen aufknipsen und abziehen, Schläuche abziehen.

3. Benzinpumpeneinheit vorsichtig ausbauen.

4. Schlauchschellen am Benzinfilter aufknipsen und abziehen.

5. Bilder 41 und 42: Benzinfilter vorsichtig von Benzinpumpeneinheit lösen. Kontaktstellen reinigen.

■ Wenn nur ein neuer Benzinfilter eingebaut werden soll, brauchen die nächsten Arbeitsschritte nicht gemacht zu werden. Flussrichtung auf Benzinfilter (Pfeile in Bildern 41 und 42) beachten.

6. Schlauchschellen an der Benzinpumpe aufknipsen und abziehen, Schläuche abziehen.

7. Elektrische Anschlüsse an der Benzinpumpe lösen, Benzinpumpe ausbauen.

Tipp: Werfen Sie die ausgebauten O-Ringe nicht weg, wenn sie zu groß, aber mechanisch noch einwandfrei sind. Legen Sie die O-Ringe einige Tage an die frische Luft, dadurch verdunsten die Chemikalien, die der Ring aus dem Benzin aufgenommen hat und er kann nun wieder verwendet werden. Wenn O-Ringe defekt sind, neue O-Ringe verwenden!

Einbau in umgekehrter Reihenfolge. Bei jedem Ausbau der Benzinpumpeneinheit den Filter erneuern, denn durch den Abrieb in der Benzinpumpe kann sich der Filter rasch zusetzen.

Anziehdrehmoment der Muttern der Benzinpumpeneinheit an den Tank:

■ 6 Nm bei R 850 GS und R 1100 GS

■ 5 Nm bei R 1150 GS

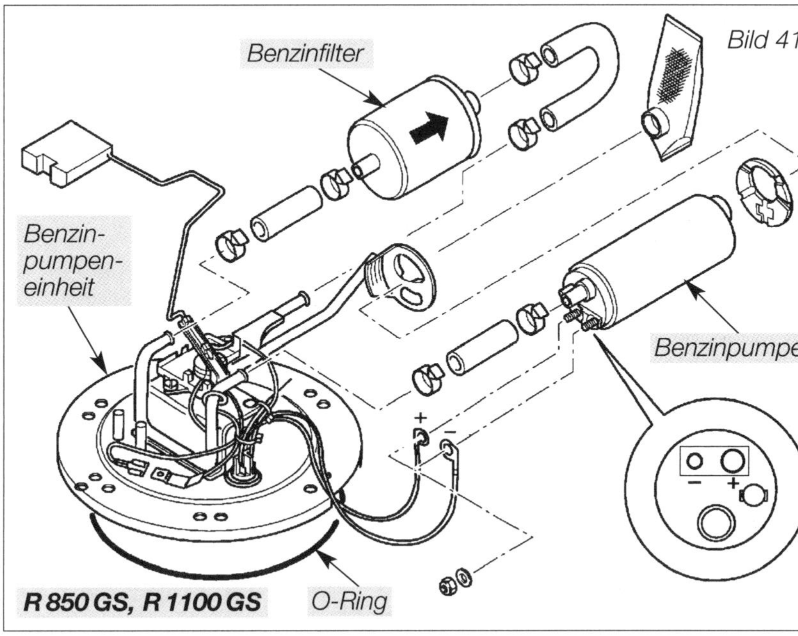

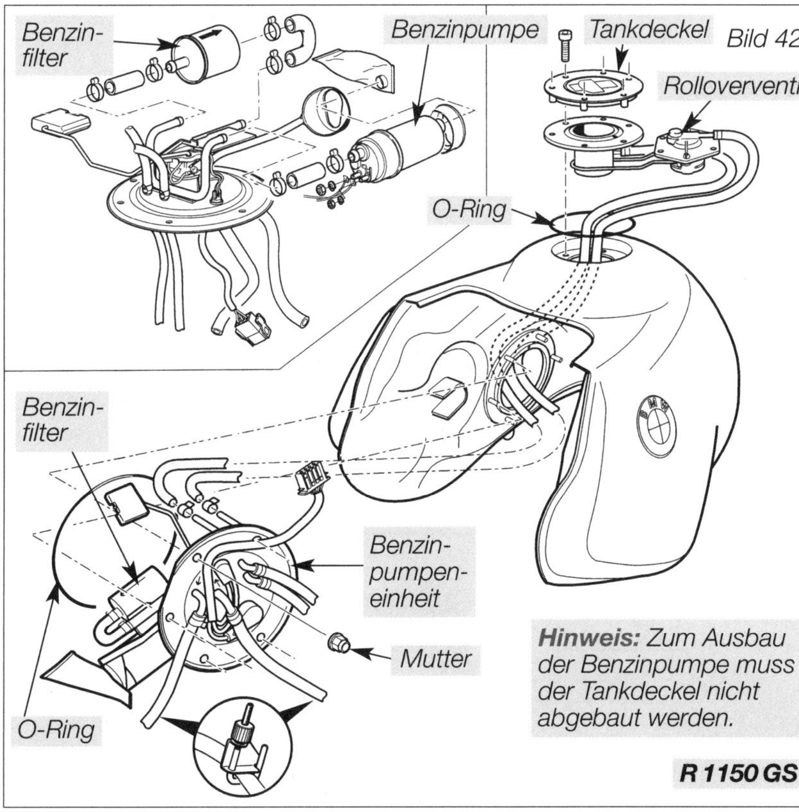

Bilder 41 und 42: Die Benzinpumpe samt Benzinfilter ist von innen-unten in die rechte Tankhälfte eingeschraubt. Beim Einbau eines neuen Benzinfilters muss man unbedingt die Durchflussrichtung (Pfeil auf dem Filter) beachten.

Kupplung I

In diesem Kapitel: Konstruktionsmerkmale · Kupplungsspiel einstellen · Neuen Kupplungszug einbauen · Kupplungshydraulik · Kupplungsflüssigkeit: Stand, prüfen und wechseln, Hydrauliksystem entlüften · Kupplungsnehmerzylinder aus- und einbauen, zerlegen, prüfen, zusammenbauen · Kurbelwellen-Simmerring wechseln.

Bild 1: Das Kupplungsspiel wird an dieser Stelle gemessen. Es soll 7 mm betragen.

*Bilder 2 und 3: Wenn nachgestellt werden muss, zuerst das Maß **A** auf 12 mm einstellen und dann unten die Einstellschraube verdrehen, bis 7 mm in Bild 1 eingestellt sind.*

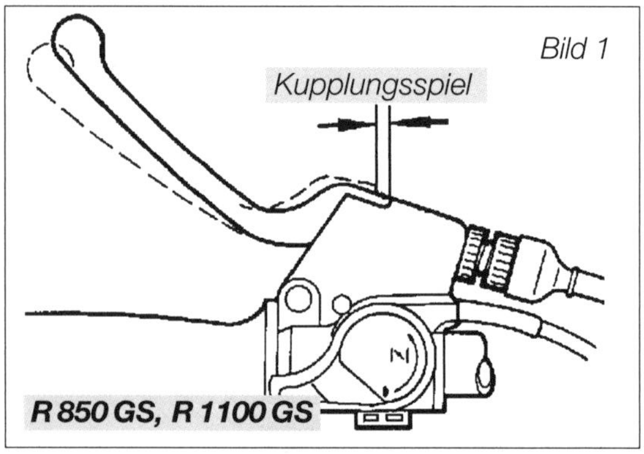

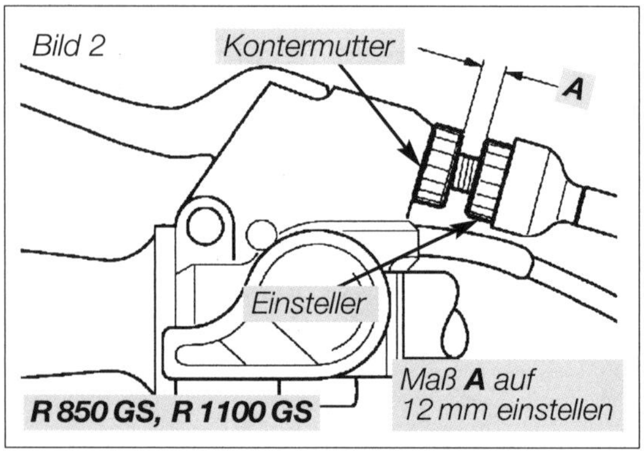

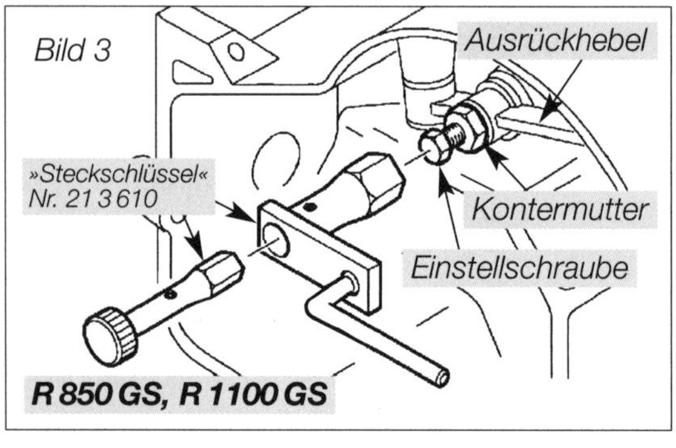

Konstruktionsmerkmale

Alle Modelle unseres Buchs sind mit einer Einscheiben-Trockenkupplung ausgerüstet. Die einzelnen Kupplungsbauteile sind zu sehen: Bild 11 in »Kupplung III«, Explosionszeichnungen in den Bildern 1, 2 und 5 in »Kupplung IV«.

R 850 GS und **R 1100 GS:** Kupplung wird mit einem Seilzug (»Kupplungszug«) mechanisch betätigt. Bei dieser Betätigung muss ein gewisses Spiel am Handhebel vorhanden sein:

- Bei zu viel Spiel trennt die Kupplung nicht richtig und es kracht beim Schalten.
- Bei zu geringem Spiel besteht die Gefahr, dass die Kupplung schleift und deswegen übermäßig schnell verschleißt.

Einstellmöglichkeiten gibt es im Seilzug oben am Handhebel (Bild 2) und unten an dem am Getriebegehäuse angebrachten Kupplungshebel (Bild 3). Die Einstellung beschreiben wir später in diesem Kapitelabschnitt.

R 1150 GS und **R 1200 GS:** Kupplung wird hydraulisch betätigt. Oben am Lenker ist der Geberzylinder mit dem Vorratsbehälter für die Kupplungsflüssigkeit (Bilder 8 und 11) und unten am Getriebegehäuse ist der Nehmerzylinder (Bild 18). Bei der hydraulisch betätigten Kupplung kann kein »Kupplungsspiel« eingestellt werden, das Spiel am Handhebel bleibt immer gleich: Es muss also weder nach- noch eingestellt werden.

Verschiedene Kupplungsflüssigkeiten

- Bei der R 1150 GS wird Bremsflüssigkeit DOT 4 als Kupplungsflüssigkeit verwendet.
- Bei allen R 1200 GS wird eine Hydraulikflüssigkeit auf biologischer Basis verwendet.

Verschleiß

Die Lebensdauer der Kupplung beträgt bei normaler Beanspruchung zwischen 50 000 und 80 000 km. Unter »normaler Beanspruchung« sind Fahrten auf normalen Straßen zu verstehen.

Bei fortschreitendem Kupplungsverschleiß, das heißt wenn die Kupplungsbeläge dünner geworden sind, dann…

- …wird das Kupplungsspiel (Bild 1) kleiner bei R 850 GS und R 1100 GS,
- …steigt der Flüssigkeitsstand im Vorratsbehälter bei R 1150 GS und R 1200 GS.

Der Motor bleibt zum Aus- und Einbau der Kupplung in den Frontrahmen eingebaut.

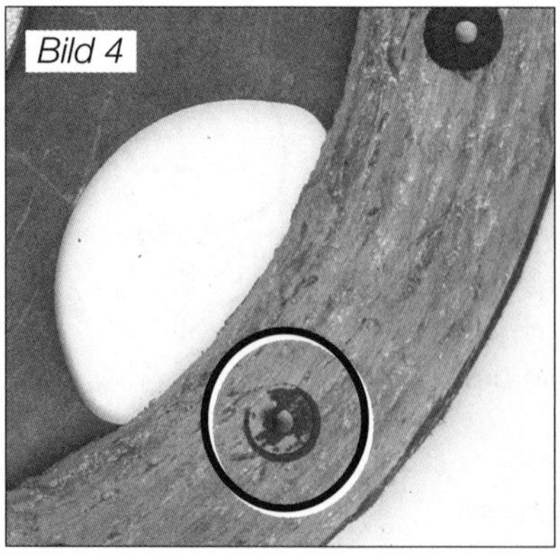

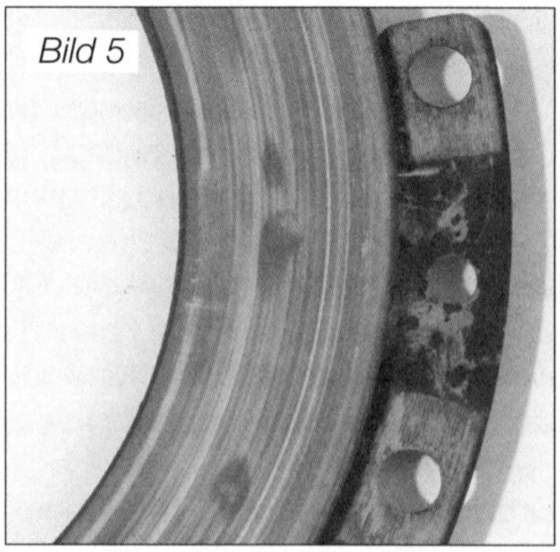

Bilder 4 und 5: Typischer Langzeitverschleiß, links am Reibbelag bis zum Nietkopf (Kreis), rechts sind Brandflecken und Riefen auf der Druckplatte.

Je nach Modell wird der Heckrahmen gelöst und nach oben geschwenkt bzw. nach hinten geschoben und das Getriebe ausgebaut, womit die Kupplung zugänglich ist (siehe die Teilkapitel »Kupplung II« und »Kupplung III«).

Kupplungsspiel einstellen

Kupplungsspiel, Spezialwerkzeug
Bild 1: Das Spiel im Kupplungszug soll 7 mm betragen. Es wird gemessen im Schacht des Hebelhalters: Motor aus, Kupplungshebel langsam ziehen bis man spürt, dass er Widerstand bekommt. Maß mit den kurzen Spitzen einer Schieblehre nehmen oder einem mm-Maßstab.

Bild 3: Zum Lösen und Festziehen der unteren Einstellschraube und ihrer Kontermutter empfehlen wir das BMW-Spezialwerkzeug »Steckschlüssel« (Nr. 21 3 610). Denn wenn man ohne dieses arbeitet, kann sich die Einstellschraube beim Festziehen der Kontermutter verdrehen. Auch erreicht man mit normalen Schlüsseln und Nüssen die Einstellschraube und ihre Kontermutter nur sehr schlecht.

Kupplungsspiel einstellen
1. Bild 2: Zuerst die Kontermutter am Einsteller des Handhebels lockern.
2. Dann den Einsteller so weit ein- oder ausdrehen, bis die Kontermutter von der Riffelung des Einstellers 12 mm Abstand hat.
3. Bild 3: Kontermutter der Einstellschraube am Ausrückhebel lösen. Einstellschraube so weit aus- oder eindrehen, bis sich am Kupplungshandhebel (Bild 1) das gewünschte Spiel von 7 mm ergibt.
4. Kontermutter mit 22 Nm festziehen. Dabei darauf achten, dass sich die Einstellschraube nicht verdreht (und genau deswegen soll man das BMW-Spezialwerkzeug verwenden).
5. Kontermutter des Einstellers oben am Handhebel gegen die Hebelaufnahme kontern. Dazu keine Zange verwenden, sondern nur kräftige Finger.

Neuer Kupplungszug

Wenn ein neuer Kupplungszug eingebaut werden muss, weil der alte z. B. geknickt oder gerissen ist, dann lassen Sie den alten Zug zuerst einmal eingebaut und verlegen den neuen Zug parallel zum alten. Dazu muss der Tank abgebaut werden (siehe Kapitel 6 »Verkleidung · Anbauteile« und Kapitel 22 »Einspritzung · Zündung · Tank«).

Kupplungszug ausbauen
1. Bild 2: Kontermutter des oberen Seilzugeinstellers am Handhebel lösen und ganz bis an die Rändelung des Einstellers drehen.
1.1. Den Einsteller so weit wie möglich in den Hebelhalter eindrehen.
2. Bild 6: Ausrückhebel unten am Getriebe mit den Fingern nach vorne drücken und den Seilzugnippel aushängen.
3. Bild 7: Oberen Seizugeinsteller aus dem Hebelhalter ausdrehen.
4. Bild 7: Nippel am Kupplungshandhebel herrausnehmen.

Neuen Kupplungszug einbauen
1. Neuen Zug parallel zum alten Zug verlegen.
2. Obere und untere Nippel des neuen Zugs mit leichtem Fett etwas einfetten.
3. Oberen Nippel durch den Hebelhalter führen und den Einsteller eindrehen.
4. Oberen Nippel in den Handhebel einhängen.
5. Bild 6: Unteren Nippel in den Ausrückhebel einhängen, am Außenzug ziehen und damit den Zug in sich spannen, Ende des Außenzugs in das Widerlager am Getriebegehäuse einhängen.
6. Alten Kupplungszug ausbauen.
7. Kupplungsspiel einstellen siehe weiter vorne in diesem Kapitelabschnitt.

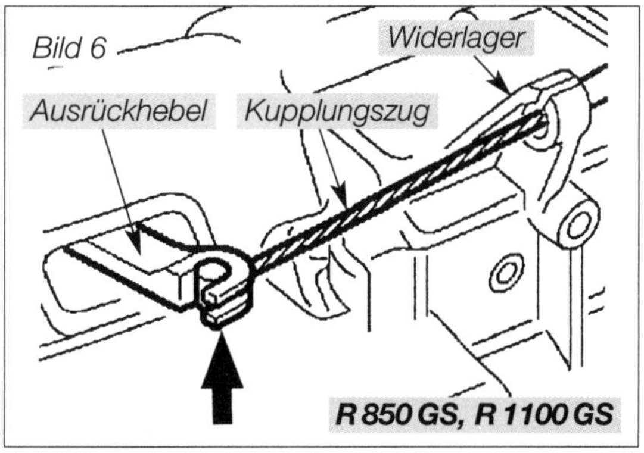

Bild 6: Der Kupplungszug ist unten im Ausrückhebel eingehängt und stützt sich am Widerlager ab.

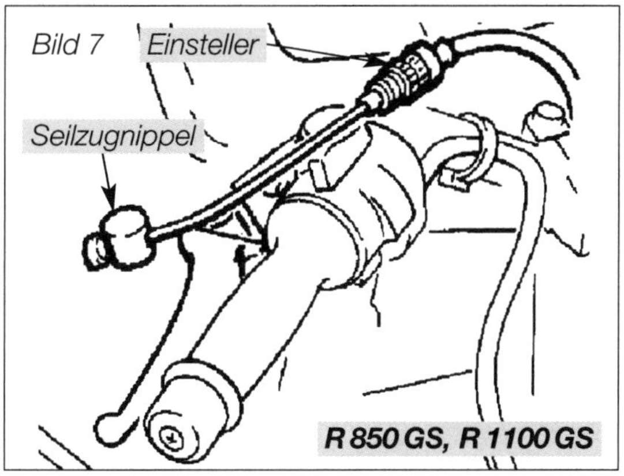

Bild 7: Ausgebauten Kupplungszug oben am Handhebel mit Nippel und Einsteller.

Das Kapitel »Kupplung« besteht aus vier Teilkapiteln:
- **Kupplung I:** Allgemeines wie Kupplungsspiel, Kupplungszug, Kupplungshydraulik, etc.
- **Kupplung II:** R 1100 GS zum Kupplungswechsel zerlegen mit Tipps für R 850 GS und R 1150 GS
- **Kupplung III:** R 1200 GS zum Wechsel der Kupplung zerlegen: Heckrahmen nach hinten abbauen.
- **Kupplung IV:** Kupplung abbauen, prüfen und anbauen

Kupplungshydraulik

Kupplungsflüssigkeiten
Bei der **R 1150 GS** wird Bremsflüssigkeit DOT 4 als Kupplungsflüssigkeit verwendet.

Bilder 8 bis 10: Bei der R 1200 GS darf nur biologische Hydraulikflüssigkeit verwendet werden. Der Maximalstand ist an der Unterkante der Deckelverrasterung (Pfeil in 8a). Zum Öffnen des Schraubdeckels Zapfen eindrücken, Deckel auf- bzw. abdrehen.

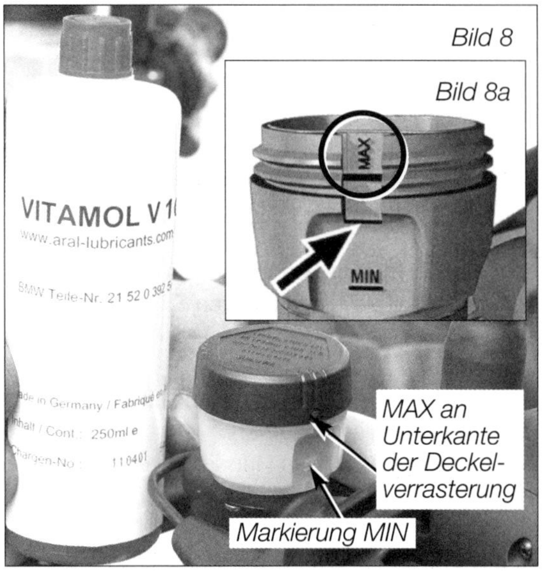

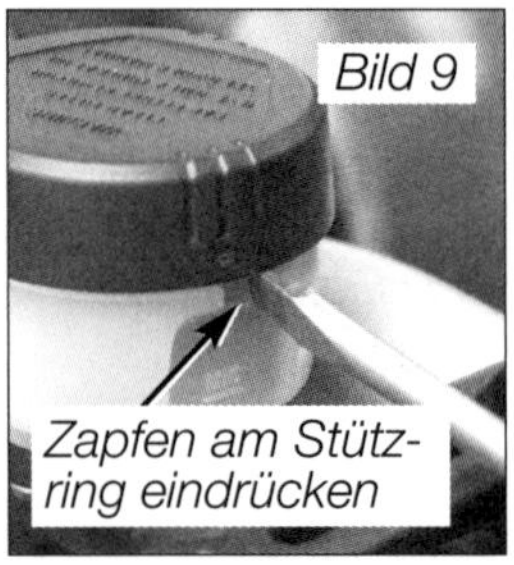

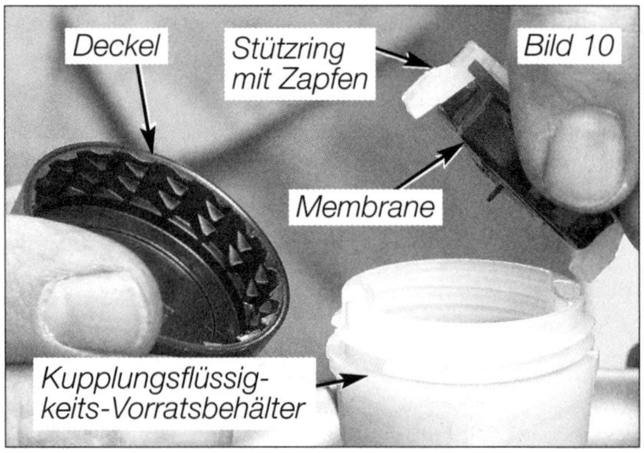

Bilder 11 und 12: Fester Behälter mit Schauglas an der R 1150 GS.

Bei den **R 1200 GS-Modellen** ist das Hydrauliksystem mit einer speziellen Hydraulikflüssigkeit auf Biobasis befüllt, es gibt zwei Sorten:
- Die eine heißt »Vitamol V10«, ist leicht bläulich.
- Die andere heißt »Vitam LS« und ist hellrot.

Beide altern nicht, brauchen also nicht gewechselt zu werden: Es sind »Lifetime-Füllungen«.

Wichtiges zur Kupplungsflüssigkeit
⚠ **Achtung:** Niemals »normale Bremsflüssigkeit« in das Kupplungs-Hydrauliksystem der R 1200 GS einfüllen! Dadurch werden die Manschetten im Geber- und Nehmerzylinder zerstört und die Kupplungsflüssigkeit läuft aus! Wenn das unterwegs passiert ist große Panne angesagt, man kann nicht mehr schalten.
- Ausschließlich die von BMW vorgeschriebene Kupplungsflüssigkeit verwenden!
- Wenn es diese nicht gibt, dann versuchen Sie »Bremsflüssigkeit für Mountainbike-Hydraulikbremsen« zu bekommen, weil diese in ihren Grundsubstanzen der von BMW vorgeschriebenen Flüssigkeit ähnlich ist.
- Zur Not kann man auch »Hydraulikflüssigkeit auf biologischer Basis für landwirtschaftliche Maschinen« verwenden. Diese gibt es auch in entlegenen Gebieten beim Landmaschinenmechaniker.

Luft in der Kupplungshydraulik? Luft kann durch Lecks an den Anschlüssen der Hydraulikleitung in das Kupplungssystem gelangen, z. B. nach einer falschen Montage bei Ab- und Anbau des Lenkers. Dann trennt die Kupplung nicht mehr richtig, was am »weichen« Druckpunkt am Kupplungshandhebel zu spüren ist: Das Hydrauliksystem muss sofort entlüftet werden (siehe weiter hinten in diesem Kapitelabschnitt).

Stand der Kupplungsflüssigkeit

Bilder 8, 8a und 12: Der Stand der Kupplungsflüssigkeit im Behälter kann mit einem Blick von außen kontrolliert werden:
- Bild 12, R 1150 GS: Er muss im »Auge« in

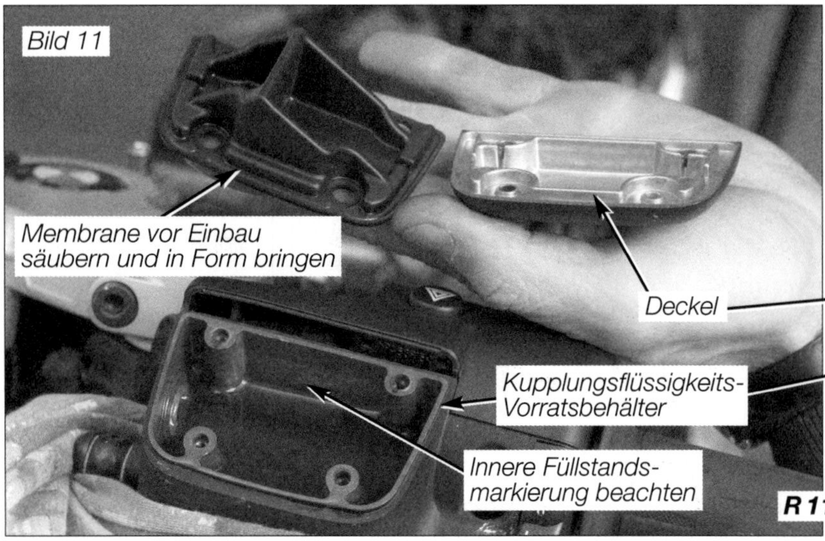

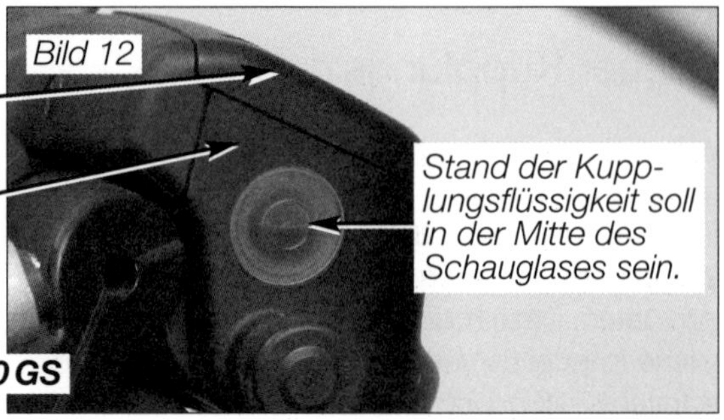

der vorderen Wandung des Kupplungsflüssigkeitsbehälters ungefähr in der Mitte stehen.
■ Bilder 8 und 8a, R 1200 GS: Er muss sich zwischen den außen am Behälter angebrachten Markierungen MAX und MIN befinden.

■ **Wenn er am oberen Ende des Auges bzw. über MAX steht:** Dies ist ein Zeichen für fortgeschrittenen Verschleiß der Kupplungsbeläge. Wenn die Kupplung bisher keine Ermüdungserscheinungen zeigte, also sauber trennt und auch bei hartem Beschleunigen guten Kraftschluss hat (= nicht durchrutscht), dann sollte man den Behälter öffnen und etwas Kupplungsflüssigkeit absaugen, sonst kann es sein, dass die Membrane auf die Flüssigkeit drückt und deswegen die Kupplung keinen Kraftschluss hat.

Warum Absaugen? Wenn der Kupplungsverschleiß fortgeschritten und der Behälter zu voll wird, dann wird die im Behälter oben eingesetzte Membrane (Bild 10) zusammengedrückt und es besteht die Gefahr, dass durch den Dauerdruck im Hydrauliksystem ein Kraftschluss der Kupplung verhindert wird und sie deswegen durchrutscht. Dann verschleißen die Kupplungsbeläge auf der Kupplungsscheibe rasch (Bild 4), die Gegenflächen von Druckplatte und Kupplungsgehäusedeckel überhitzen (Bild 5); es besteht die Gefahr, dass sie sich verziehen.

■ **Wenn er am unteren Ende des Auges bzw. bei MIN steht:** Steht der Flüssigkeitspegel am unteren Ende des Auges bzw. nur kurz über MIN, ist dies ein Zeichen, dass das Hydrauliksystem ein Leck hat oder etwas anderes nicht stimmt, denn Kupplungsflüssigkeit verdunstet nicht: Entweder ist ein Anschluss des Hydraulikschlauchs lose oder eine der Manschetten in Handpumpe oder Nehmerzylinder ist defekt und Kupplungsflüssigkeit verflüchtigt sich ins Freie. Fehler umgehend suchen und beheben.

Kupplungsflüssigkeitsstand korrigieren
R 1150 GS (Bilder 11 und 12)
1. Deckel abschrauben.
2. Membrane langsam ausziehen. Mit sauberem, nicht fusselndem Tuch reinigen.
3. Flüssigkeit absaugen oder auffüllen: Flüssigkeitsstand sollte knapp über der Mitte des Auges sein.
4. Membrane in Form bringen und einsetzen.
5. Deckel aufsetzen, Schrauben eindrehen, leicht handfest anziehen.

R 1200 GS (Bilder 8 bis 10)
1. Schraubdeckel öffnen (Bild 9): Zapfen vorne und hinten eindrücken, Zahnrastung im Deckel wird freigegeben und jetzt kann man den Deckel bei eingedrückten Zapfen auf- und abdrehen.
2. Stützring mit Membrane langsam ausziehen. Mit sauberem, nicht fusselndem Tuch reinigen.
3. Flüssigkeit absaugen oder auffüllen: Flüssigkeitsstand sollte kurz unter MAX sein an der Unterkante der Deckelverrastung (Bild 8a).
4. Membrane mit Stützring einsetzen, Zapfen am Stützring müssen in Nuten eingreifen.
5. Deckel aufdrehen und handfest anziehen.

Kupplungsflüssigkeit wechseln Hydrauliksystem entlüften

Bei R 1150 GS: Die Kupplungsflüssigkeit der R 1150 GS ist Bremsflüssigkeit DOT 4, sie soll alle zwei Jahre erneuert werden. Dazu werden folgende Werkzeuge und Hilfsmittel benötigt:
■ Bild 13: Frische Bremsflüssigkeit
■ Bild 15: Entweder ein Bremsenentlüftungsgerät mit Druckluft-Betätigung, beste Lösung,...

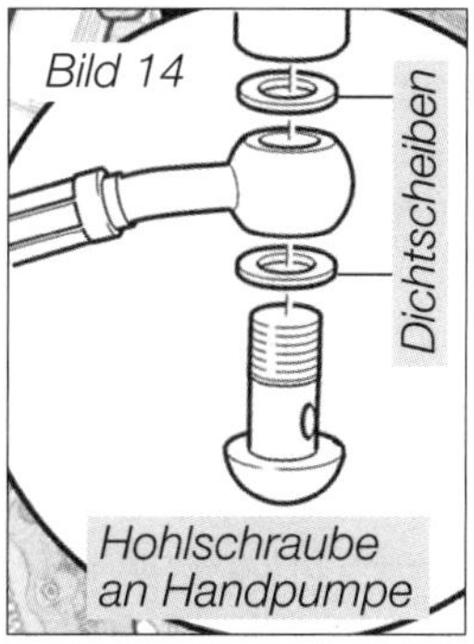

Bild 13: Bei der R 1150 GS wird Bremsflüssigkeit DOT 4 als Kupplungsflüssigkeit verwendet.

Bild 14: Wenn ein Schlauchanschluss lose ist, kann Kupplungsflüssigkeit austreten oder Luft angesaugt werden.

Bilder 15 und 16: Zum Entlüften der Kupplungshydraulik braucht man entweder ein Bremsenentlüftungsgerät mit Druckluft-Betätigung oder eine einfache Ausführung mit Gefäß und Schlauch.

Bilder 17a und 17b: Zum Entlüften der Kupplungshydraulik den Schutzschlauch von der Befüllschnittstelle ziehen und diese mit einem Lappen umwickeln. Dann den Inbus-Gewindestift aus der Befüllschnittstelle drehen und eine Entlüfterschraube eindrehen, erst dann kann man die Kupplungshydraulik entlüften.

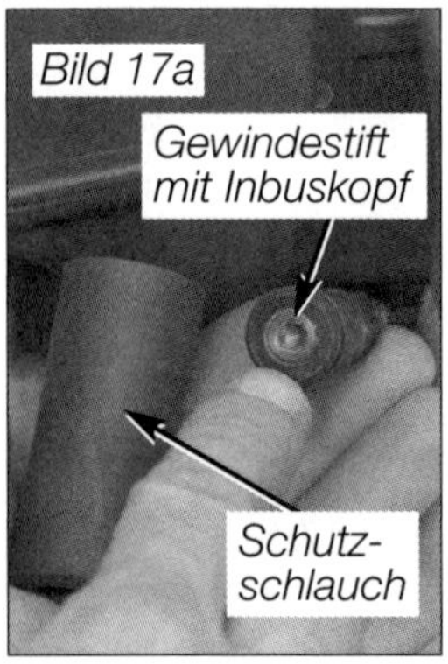

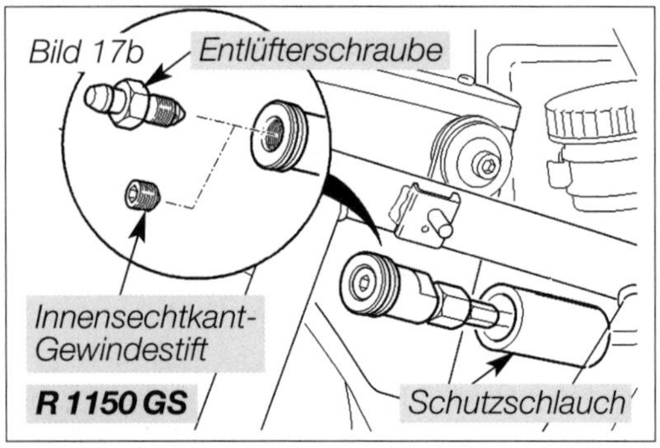

■ Bild 16: ...oder ein durchsichtiges Gefäß mit einem durchsichtigen Schlauch, der wie in unserem beispielhaften Bremsenentlüftungsbild 16 auf der Entlüfterschraube der Schnittstelle angebracht wird und auf der anderen Seite in die frische Bremsflüssigkeit im Gefäß hineinragt.
■ Bild 17b: Eine spezielle Entlüfterschraube (bei BMW kaufen)

1. Motorrad auf Hauptständer stellen. Lenker so hindrehen, dass der Kupplungsflüssigkeitsbehälter waagerecht steht.
1.1. Vorderrad mit einem Spanngummi gegen einen (kalten!) Auspuffkrümmer so verspannen, dass die Lenkung in dieser Position bleibt.
2. Kupplungsflüssigkeitsbehälter ringsum mit einem saugfähigen Lappen umwickeln, damit ausschwappende Kupplungsflüssigkeit aufgesaugt wird und nicht an Lackteile gelangen kann.
3. Deckel des Kupplungsflüssigkeitsbehälters abbauen: Die vier Senkkopfschrauben ausdrehen, Membrane herausnehmen.
4. Flüssigkeit absaugen, Behälter reinigen.

⚠ **Achtung:** Darauf achten, dass bei der Reinigung des Behälters kein Schmutz in die Bohrungen hineingelangt! Nur Bremsenreiniger und nicht fusselnde Lappen verwenden!

5. Frische Bremsflüssigkeit bis fast zur Oberkante des Behälters auffüllen. Deckel jedoch nicht aufschrauben, sondern einen sauberen Lappen über den offenen Behälter legen.
6. Bild 17a: Rechts hinten am Heckrahmen ist die Befüllschnittstelle der Kupplungshydraulik angebracht. Den aufgesteckten Schutzschlauch nach hinten abziehen. Befüllschnittstelle mit einem Lappen umwickeln.
7. Inbus-Gewindestift aus der Befüllschnittstelle lösen und ausdrehen, die Entlüfterschraube eindrehen.
8. Bild 17b: Entlüfterschraube bis zum Anschlag in die Befüllschnittstelle eindrehen, das Ventil in der Befüllschnittstelle ist somit geschlossen.
9. Bremsenentlüftungsgerät an Entlüfterschraube anschließen, Entlüfterschraube eine halbe Umdrehung öffnen, Ventil ist jetzt offen.
10. Bremsflüssigkeit so lange absaugen, bis sie klar und frei von Blasen kommt.

■ Dabei darauf achten, dass der Flüssigkeitsstand im Vorratsbehälter am Lenker nicht unter Minimum absinkt, da sonst Luft in das System gelangen kann und der ganze Entlüftungsvorgang wiederholt werden muss.
11. Entlüfterschraube lösen, Bremsenentlüftungsgerät von Entlüfterschraube abnehmen: Ende des Schlauchs dabei nach oben halten.
12. Entlüfterschraube ausdrehen.
12.1. Inbus-Gewindestift in die Befüllschnittstelle einschrauben, mit 10 Nm festziehen. Bilder 17a und 17b: Schutzschlauch überschieben.

⚠ **Achtung:** Ohne in die Befüllschnittstelle eingeschraubten Gewindestift darf das Motorrad nicht gefahren werden!

Abschließend den Flüssigkeitsstand kontrollieren und ggf. ergänzen, Membrane einsetzen, Behälterdeckel aufsetzen, Schrauben eindrehen und gefühlvoll festziehen.

Mit Gefäß und Schlauch entlüften
Wenn Sie kein Entlüftungsgerät haben und mit einem Behälter und durchsichtigem Schlauch wie in Bild 16 gezeigt entlüften müssen:
1. Betätigen Sie den Kupplungshandhebel langsam mit Gefühl und bauen Druck auf im System.
1.1. Halten Sie den Kupplungshebel in Druckposition.
2. Öffnen Sie die Entlüfterschraube eine 1/2 Umdrehung.
3. Ziehen Sie den Kupplungshebel langsam bis zum Handgriff ganz durch und halten Sie ihn in dieser Position.
4. Drehen Sie die Entlüfterschraube zu und lassen dann den Kupplungshebel langsam los. Dabei immer wieder nachschauen, ob genügend frische Bremsflüssigkeit im Vorratsbehälter ist.
■ Diese Arbeitsschritte einige Mal wiederholen, bis nur noch saubere Bremsflüssigkeit ohne Luftblasen im durchsichtigen Schlauch, der zum Behälter führt, zu sehen ist.
5. Entlüfterschraube lösen, Bremsenentlüftungsgerät von Entlüfterschraube abnehmen: Ende des Schlauchs dabei nach oben halten.
6. Entlüfterschraube ausdrehen.
6.1. Inbus-Gewindestift in die Befüllschnittstelle einschrauben und mit 10 Nm festziehen (entspricht handfest). Schutzschlauch überschieben.

⚠ **Achtung:** Ohne in die Befüllschnittstelle eingeschraubten Gewindestift darf das Motorrad nicht gefahren werden!

Bei R 1200 GS: Bei allen R 1200 GS muss die Kupplungsflüssigkeit nur dann erneuert bzw. das System entlüftet werden, wenn Luft in die Kupplungshydraulik gelangt ist (loser Schlauchanschluss, etc.). Dann trennt die Kupplung nicht mehr exakt und es kracht beim Schalten.

Wenn Bauteile wie Kupplungshandpumpe (»Geberzylinder«) oder Nehmerzylinder defekt sind und erneuert werden müssen, muss das System ebenfalls neu befüllt und entlüftet werden. Eine solche Erstbefüllung soll laut BMW von unten her gemacht werden, Kupplungsflüssigkeit wird dann über das Entlüfterventil eingedrückt (Bild 18). BMW bietet dazu das Spezialwerkzeug »Spritze« (Nr. 34 2 551) an.

Man kann das Befüllen des neuen Kupplungsnehmerzylinders und der Hydraulikleitung aber auch so machen, wie wir es im Folgenden beschreiben. Die Arbeitsschritte schließen das Entlüften der Kupplungshydraulik mit ein.

1. Motorrad sicher abstellen. Lenkung so drehen, dass der Kupplungsflüssigkeits-Vorratsbehälter (»Behälter«) waagerecht steht.
2. Deckel des Behälters abdrehen, Stützring und Membrane herausnehmen (Bilder 9 und 10).
3. Unten am Nehmerzylinder ist das Entlüfterventil der Kupplungshydraulik (Bilder 18 und 19).
3.1. Einen passenden, durchsichtigen Schlauch über den Nippel schieben. Mit Kabelbinder gegen Abrutschen sichern (Bild 18a).
3.2. Ende dieses Schlauches in ein geeignetes Gefäß führen. Gefäß so anordnen, dass es etwas höher steht als das Entlüfterventil.
3.3. Entlüfterventil eine halbe Umdrehung öffnen.
4. Oben mit dem Handkupplungshebel einige Male langsam pumpen, bis der Behälter fast leer ist, aber ein kleiner Rest noch drin ist.
4.1. Entlüfterventil leicht festziehen.
5. Behälter mit einem sauberen, nicht fusselnden Lappen reinigen. **Vorsicht:** Es darf kein Schmutz in die Bohrungen hinein kommen.
5.1. Frische Kupplungsflüssigkeit bis knapp unter MAX-Markierung auffüllen (Bild 8a).
6. Entlüfterventil unten am Nehmerzylinder eine halbe Umdrehung öffnen.
7. Kupplungshebel einige Male langsam betätigen und dadurch die frische Kupplungsflüssigkeit durchpumpen, bis nur noch saubere Flüssigkeit frei von Luftblasen aus dem Schlauch kommt.
7.1. Kupplungshebel gedrückt halten, Entlüfterventil leicht festziehen. Hebel loslassen.
7.2. Entlüfterventil festziehen mit 8 Nm (entspricht in etwa »handfest«). Gummikappe aufschieben.
8. Behälter mit Kupplungsflüssigkeit bis kurz unter MAX auffüllen (Bild 8a).
9. Membrane mit Stützring einsetzen, Zapfen am Stützring müssen in Nuten eingreifen.
10. Deckel aufdrehen und handfest anziehen.

Kupplungsnehmerzylinder

Der Kupplungsnehmerzylinder sitzt hinten auf dem Getriebegehäuse (Bild 18). Bei den R 1150 GS gingen die Kupplungsnehmerzylinder öfter mal kaputt. Ein Weiterfahren ist dann unmöglich. Deswegen sollte man rechtzeitig vor einer langen Reise die Kupplungsflüssigkeit genau ansehen: Wenn diese auffällig dunkelschmutzig ist, ist Schmutz in Form von Kupplungsabrieb, der durch den Nehmerzylinder

Bilder 18 und 18a: Kupplungsnehmerzylinder unten am Getriebegehäuse mit Hohlschraube und Entlüfterventil.

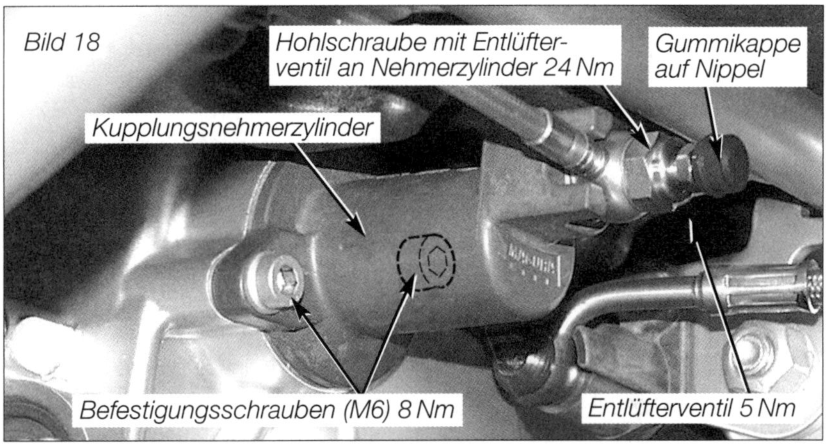

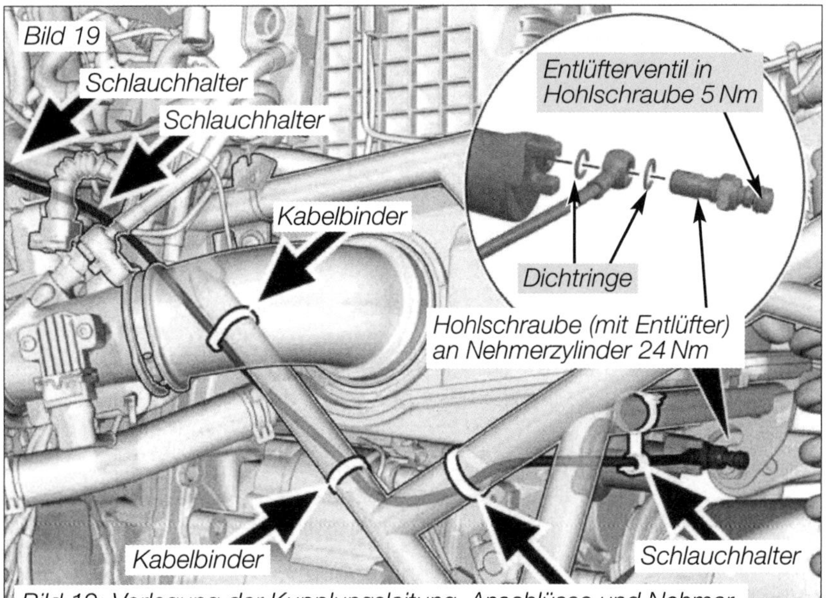

Bild 19: Verlegung der Kupplungsleitung, Anschlüsse und Nehmerzylinder. Pfeile zeigen auf Kabelbinder und Schlauchhalter.

Kupplungsnehmerzylinder reparieren
Wenn man wegen eines Schadens den Kupplungsnehmerzylinder ausgebaut hat, sollte man vor dem Kauf und Einbau eines neuen Bauteils das defekte Teil zerlegen und begutachten, vielleicht wird es durch den Einbau einer neuen Kolbenmanschette wieder funktionsfähig. Zerlegung und Einzelteile siehe Bilder 20 und 21; man braucht nur eine abgewinkelte Seegerringzange.

in sie hinein gezogen worden ist, wodurch Kolben, Kolbenbohrung und Dichtring beschädigt werden. Bis ein Defekt des Kupplungsnehmerzylinders festgestellt wird, ist wahrscheinlich schon viel Kupplungsflüssigkeit ausgelaufen und man sollte deswegen den Bereich, der von ausgelaufener Flüssigkeit betroffen wurde, mit reichlich klarem Wasser abspülen.

Kupplungsnehmerzylinder ausbauen

Bei der R 1200 GS kann man den Nehmerzylinder zum Aus- und Einbau gut erreichen, um ihn aus- und einzubauen. Man muss die Maschine sicher auf dem Mittelständer abstellen, damit man gut von unten her daran schrauben kann. Bei den Modellen mit Auspuffklappe muss der Stellmotor abgebaut werden. Seine Schrauben beim Einbau mit 8 Nm festziehen.

Bei der R 1150 GS müssen abgebaut werden:
1. Sozius- und Fahrersitz, Auspufftopf, Hinterrad, Federbein; hinteren Bremssattel von der Schwinge abbauen und zur Seite hängen.
2. Gelöst werden müssen: Befestigung des Zentralelektrikkastens, Halter der Bremsleitung vom Heckrahmen, Bremsflüssigkeitsbehälter aus seiner Halterung ziehen.
3. Die oberen Befestigungsschrauben der Fußrastenplatten links und rechts ausdrehen.
4. Die rechte und linke vordere Heckrahmenverschraubung lösen, Befestigung der Streben lockern.
5. Dann den Heckrahmen sehr vorsichtig um etwa 15 mm bis 20 mm nach oben schwenken.

Bilder 20 und 21: Nach Ausbau des Seegerrings wird der Kolben durch die Federkraft herausgedrückt.

Bild 20

Bild 21

Bei R 1150 GS und R 1200 GS:
1. Hohlschraube am Kupplungsnehmerzylinder lösen und ausdrehen, Leitungsanschluss und Dichtringe abnehmen.
■ Reichlich Lappen unterlegen, um die auslaufende Kupplungsflüssigkeit aufzufangen.
2. Befestigungsschrauben des Kupplungsnehmerzylinders lösen und ausdrehen.
3. Kupplungsnehmerzylinder aus seinem Sitz ziehen. Ihn dabei etwas drehen und nicht verkanten!

Kupplungsnehmerzylinder einbauen

1. Kupplungsnehmerzylinder in Einbaulage ansetzen mit dem Anschluss oben (siehe Bild 18). Beim Eindrücken in seinen Sitz nicht verkanten.
2. Hand auf den Kupplungsnehmerzylinder weiter aufdrücken, damit er in seinem Sitz bleibt.
2.1. Schrauben eindrehen und rechts-links-rechts-links festziehen bis auf:
■ 9 Nm bei R 1150 GS
■ 8 Nm bei R1200 GS
3. Leitung mit neuen Dichtringen befestigen, Hohlschraube eindrehen und festziehen auf:
■ 14 Nm bei R 1150 GS
■ 24 Nm bei R 1200 GS bis Mj. 2007
■ 18 Nm bei R 1200 GS ab Mj. 2008

Bei R 1150 GS Folgendes beachten: Wenn die beiden M6-Schrauben des Kupplungsnehmerzylinders mit dem vorgeschriebenen Drehmoment von 9 Nm festgezogen werden sollen, muss der Heckrahmen ganz ausgebaut werden, weil man sonst mit dem Drehmomentschlüssel nicht richtig rankommt. Bei teilausgebautem bzw. hochgeschwenktem Heckrahmen die Schrauben »gut handfest« anziehen.

Weiterhin ist Folgendes zu beachten beim Festziehen der beim Ausbau geöffneten Schraubverbindungen. Bitte beachten Sie auch die Anziehreihenfolge 1. – 2. – 3.:
1. Heckrahmen mit Fußrastenplatte
an Getriebe links .... 42 Nm
■ *Gewinde reinigen, Loctite mittelfest auftragen*
2. Klemmfaust Verbindungsrohr
an Getriebe .... 9 Nm
3. Heckrahmen mit Fußrastenplatte
an Getriebe rechts .... 42 Nm
■ *Gewinde reinigen, Loctite mittelfest auftragen*

Nun müssen der neue Kupplungsnehmerzylinder befüllt und das Hydrauliksystem entlüftet werden, wie im Text weiter vorne unter »Hydrauliksystem entlüften« beschrieben ist.

Kurbelwellen-Simmerring

Im Motorgehäuse ist auf der Schwungradseite ein großer Simmerring eingebaut, dieser kann undicht werden und Öl durchlassen, das in der Kupplung für Kupplungsrutschen sorgt.

Wenn der Simmerring undicht wird, tritt Öl aus dem Kurbelgehäuse aus und sammelt sich unter dem Motor als kleine Pfütze. Einiges vom austretenden Motoröl kommt in die Kupplung und sorgt dort für Kupplungsrutschen.

Beachten: Wenn sich bei langer Standzeit unter dem Motor eine kleine Ölpfütze bildet, muss noch lange nicht der Kurbelwellen-Simmerring defekt sein, das Öl kann auch aus anderen Quellen stammen.

Kupplungsrutschen spürt man, wenn die Kupplung beim Fahren unter großer Last zu rutschen beginnt: Großer Gang, niedrige Drehzahl, Gas geben für volle Beschleunigung – dreht der Motor dann hoch, ohne dass die Maschine entsprechend beschleunigt, ist Kupplungsrutschen die Ursache. Mit diesem fahraktiven Test kann man auch eine verschlissene Kupplung erkennen, was ab ca. 50 000 km Laufleistung auftreten kann.

Bevor der Kurbelwellen-Simmerring gewechselt werden kann, muss die Kupplung abgebaut werden. Wie dies bei den verschiedenen Modellen gemacht wird, ist in den nächsten beiden Teilkapiteln beschrieben.

Kurbelwellen-Simmerring wechseln

Normalerweise werden zum Einbau eines neuen Simmerrings verschiedene BMW-Spezialwerkzeuge wie z. B. der »Eintreibring« (Bild 22) benötigt. Hier beschreiben wir den Aus- und Einbau mit einfachen Hilfsmitteln, die man selbst herstellen kann.

Kurbelwellen-Simmerring ausbauen

1. Bild 23a: Flachschraubenzieher mit ca. 7 mm Klingenbreite in den Spalt zwischen Kurbelwelle und Simmerring einstechen.
2. Bild 23b: Simmerring ringsum aushebeln und abnehmen. Sitzfläche im Gehäuse und Kurbelwellenstumpf peinlichst sauber machen.

Kurbelwellen-Simmerring einbauen

Hinweise: Die Montage des Simmerrings erfolgt trocken, also ohne Öl. Zu empfehlen ist jedoch, etwas Öl an die Laufflächen der Kurbelwelle zu geben, damit die empfindliche Dichtlippe geschont wird. Weiterhin empfehlen BMW-Spezialisten, die Dichtlippe des neuen Simmerrings mit der Hand ganz vorsichtig vorzuformen.

1. Bild 24: Von einer (leer getrunkenen!) Getränkedose den Rand abschneiden, Schnittkante begradigen und fein entgraten.
2. Simmerring von der geschlossenen Seite der Dose her langsam (!) aufschieben.
3. Dose in Flucht der Kurbelwellenmitte auf den Stumpf der Kurbelwelle aufschieben.
3.1. Simmerring auf der Dose nach vorne schieben und an seinen Sitzbund am Gehäuse exakt ansetzen.
4. Bild 25: Simmerring mit Plastikhammer ringsum langsam einschlagen, bis er bündig zur Außenseite des Motorgehäuses in seiner Lagerstelle sitzt.
5. Dose langsam nach hinten abziehen. Simmerring mit kurzen, leichten Hammerschlägen noch etwas nachsetzen, bis er ringsum exakt sitzt.

Bild 22

Bild 22: Simmerring-einbau mit BMW-Spezialwerkzeug.

Bilder 23a und 23b: Alten Simmerring aushebeln mit einem Schraubenzieher.

Bild 23a

Bild 23b

Bild 24

Bild 25

Bilder 24 und 25: Abgeschnittene Dose dient als Spezialwerkzeug. Simmerring auf die Dose schieben und mit einem Plastikhammer »sanft« eintreiben.

Kupplung II

In diesem Kapitel: R 1100 GS zerlegen zum Wechsel der Kupplung.

Motorrad zum Kupplungswechsel teilzerlegen

In diesem Kapitelabschnitt werden Stück für Stück und bis ins Detail alle Arbeitsschritte gezeigt und beschrieben, die zum Wechsel einer Kupplung einer R1100 GS nötig sind. Die R1100 GS ist baugleich zur R 850 GS, und für die R 1150 GS gilt diese Anleitung ebenfalls.

Bild 1

Bild 2

Diese Arbeitsanleitung gilt auch für den Aus- und Einbau des Getriebes. Das in diesem Buch normalerweise gepflegte Layoutsystem haben wir für dieses Extrakapitel verlassen; Texte und Bildlegenden sind zu einem Text zusammengefasst.

Ein Wort zuvor: Der Ausbau der Baugruppe »Getriebe« ist nicht wirklich einfach, diese Arbeiten verlangen nicht nur bestes Werkzeug, sondern auch schrauberisches Geschick. Je nachdem, wie fit man schraubertechnisch ist und wie oft man diese Arbeiten schon gemacht hat, sollte man sich ein bis zwei Tage Zeit dafür nehmen und auch einen Helfer haben.

Für die benötigten Werkzeuge und Hilfsmitteln gilt ganz besonders, was wir in diesem Buch schon mehrfach gesagt haben: gutes Werkzeug, Drehmomentschlüssel, Putzmittel, Loctite und ein Zentrierdorn sollten vorhanden sein.

Bilder 1 und 2: Vorbereitung zum Ausbau des Getriebes: Motorrad sicher aufbocken, Hauptständer mit einem Riemen gegen das Vorderrad verspannen (Pfeile). Mit zwei weiteren Riemen den Vorderbau nach unten gegen die Hebebühne ziehen.

■ **Abbauen:** Sitzbank, Tank, Werkzeugfach, Hinterrad, Batterie (Minuspol zuerst abklemmen, dann erst den Pluspol!), Fußrastenplatten rechts/links. **Für die R 1150 GS:** Technische Ergänzung am Ende dieses Teilkapitels beachten.

■ **Linke Fußrastenplatte:** Kugelkopf an der Stange zwischen Fußschalthebel und Getriebeschalthebel abnehmen. Dazu den Sicherungsring am Kugelkopf zuerst vom runden Teil abschälen und dann ganz aus der Sicherungsbohrung ziehen. Jetzt erst kann der Kugelkopf vom Schalthebel abgeklickt werden.

■ **Rechte Fußrastenplatte:** Beim Abbau der rechten Fußrastenplatte muss der Gabelkopf von der Bremsdruckstange abgebaut und der Gelenkbolzen ausgezogen werden. Verbindungsschrauben von Fußbremspumpe zu Fußrastenplatte ausdrehen. Bremspumpe kann vorerst an ihrem Verbindungsschlauch zum Vorratsbehälter hängen bzw. wird durch die Bremsleitungen gehalten. Sorgfältig mit der Bremspumpe und den Leitungen umgehen, wir brauchen diese nicht zu öffnen.

Gepäckträger und Heckrahmenteile können angebaut bleiben. Stecker zur Heckelektrik trennen. Kabelbinder aufknipsen: Kabel, die vom Motor zum Heckrahmen führen, müssen frei sein.

Bild 3: Beim Abziehen des Zentralsteckers der Motorsteuerung gleich dessen Anschlüsse kontrollieren, denn wenn das Motorrad auch im Winter gefahren wurde, sind die Steckanschlüsse garantiert mehr oder weniger korrodiert. Entweder jetzt gleich oder später beim Zusammenbau die Steckerleiste unter Zuhilfenahme von Kontaktspray und einer alten (trockenen!) Zahnbürste vorsichtig reinigen.

Bild 3

Achtung: Etwas Druckluft zu Hilfe nehmen, beim Ausblasen sehr vorsichtig sein, damit der abgeschabte Dreck nicht in die Steckanschlüsse gedrückt wird. Gummidichtung beim Zusammenbau leicht mit Silikonfett einfetten.

Bild 4: Anlasser ausbauen: Abdeckblende abschrauben, Kabel der Bordsteckdose lösen, Pluskabel lösen und isolieren. Steuerkontakt abziehen. Beide Befestigungsschrauben ausdrehen und Anlasser herausziehen.

Bild 4

An dieser Stelle wird später, wenn das Schwungrad abgenommen werden soll, das BMW-Spezialwerkzeug »Arretiervorrichtung« (Nr. 11 5 640) eingesetzt. Sollte dieses nicht vorhanden sein, kann das Schwungrad auch mit einem Dorn gegen das Motorgehäuse abgesteckt werden.

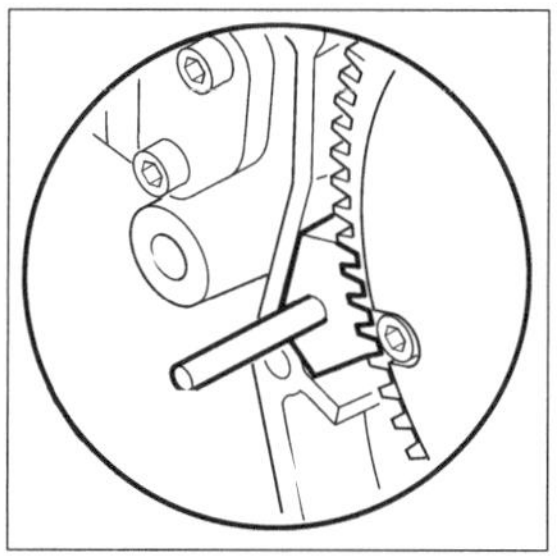

Bild 5: Die Halterung der ABS-Zentraleinheit ist zusammen mit dem Batteriekasten ein ziemlich sperriges Blechformteil. Diese muss komplett ausgebaut werden, sonst lässt sich der Heckrahmen nicht nach oben schwenken.

- Alle Halteschrauben und -muttern ausdrehen, das links sitzende Massekabel muss auch weg.
- ABS-Zentraleinheit vorsichtig nach oben ziehen. Aber wirklich vorsichtig, damit keine der Bremsleitungen geknickt wird!
- Rechts vorne am Blechformteil ist eine lange Nase, diese etwas nach außen biegen.
- Jetzt versuchen, das Blechformteil nach links herauszunehmen. Dazu die ABS-Zentraleinheit nach oben hiefen (vorsichtig bitte!) und gleichzeitig das Blechformteil nach links herausziehen. Es geht ziemlich eng her.

Bild 5

Bild 6: Federbein-Befestigungsschraube unten lösen und ausdrehen (Kreis). Vorher die Schwinge hinten unter dem Widerlager des Hinterachsantriebs mit einem hydraulischen Wagenheber abstützen, wie in Bild 11 gut zu sehen ist. Die hydraulische Federbein-Verstelleinheit (Pfeil) braucht nicht unbedingt von ihrem Platz am Fußrastenausleger abgeschraubt zu werden.

■ Auspuff abbauen: Zuerst den Stecker der Lambdasonde trennen, er sitzt rechts oben über dem Motor in der Nähe der ABS-Einheit. Zum Auffinden des Steckers einfach das unten von der Lambdasonde wegführende Kabel verfolgen. Die Lambdasonde braucht nicht aus dem Auspuffsammler ausgeschraubt zu werden.

Bild 7: Hinteren Bremssattel abschrauben, mit einem Gummispannband sicher zur Seite hängen, zum Beispiel an der hinteren Soziusfußraste befestigen (Kreis im Bild 7).

■ Dabei weder stark an den Bremsleitungen ziehen noch diese knicken, stark verdrehen oder anders verformen!

Bild 8: Stecker des Drosselklappenpositions-Sensors (Drosselklappen-Potentiometers) abziehen. Dazu die Bügelsicherung von außen eindrücken und gleichzeitig am Stecker ziehen. Wenn er fest sitzen sollte, während des Ziehens etwas am Stecker wackeln, aber nicht zu stark!

■ Genau nachsehen, ob noch irgendwo ein Kabel vom Motor nach hinten führt, dessen Stecker noch zusammen ist – wenn ja, trennen (Pfeile)!

Bild 9: Die Befestigungsschrauben (Kreis) der beiden Zündspulen müssen gelockert werden, damit die beiden Streben ausgehängt werden können.
■ Der Zeigefinger zeigt auf die Schraube der Strebe: Diese Schraube lösen.
■ Die in der Umgebung des vorderen Rahmenteils zu sehenden Stecker (Pfeile) können zusammengesteckt bleiben.

Bild 9

Bild 10: Unter dem dicken Kabel verbirgt sich eine Stützverschraubung zwischen einem kleinen Ausleger am vorderen Ende des Hinterrahmens und einer seitlichen Stütze, die sich zum Frontrahmen hochzieht. Diese Schraubverbindung öffnen und die Schraube herausziehen.
■ Jetzt die Verschraubung des Heckrahmens am Motor lösen, die Schrauben aber nicht ausziehen.
■ Jetzt die beiden Verschraubungen des Heckrahmens unten am Getriebe lösen, Schrauben ganz ausdrehen und abnehmen.
■ Luftfilterkasten-Befestigungsschrauben lösen.
■ Noch ein prüfender Blick auf alle Kabel: Sind wirklich alle Stecker getrennt?

Bild 10

Bild 11: Jetzt sind wir bald so weit, dass wir den Heckrahmen vom Getriebe lösen können. Das hintere Ende des Gepäckträgers mit einem zugfesten Riemen zur Lenkerstrebe hin verspannen.
■ Bremszange von ihrer provisorischen Befestigung an der hinteren Soziusfußraste lösen und nach unten hin aufhängen. Bremsflüssigkeitsbehälter aus seiner Halterung ziehen.

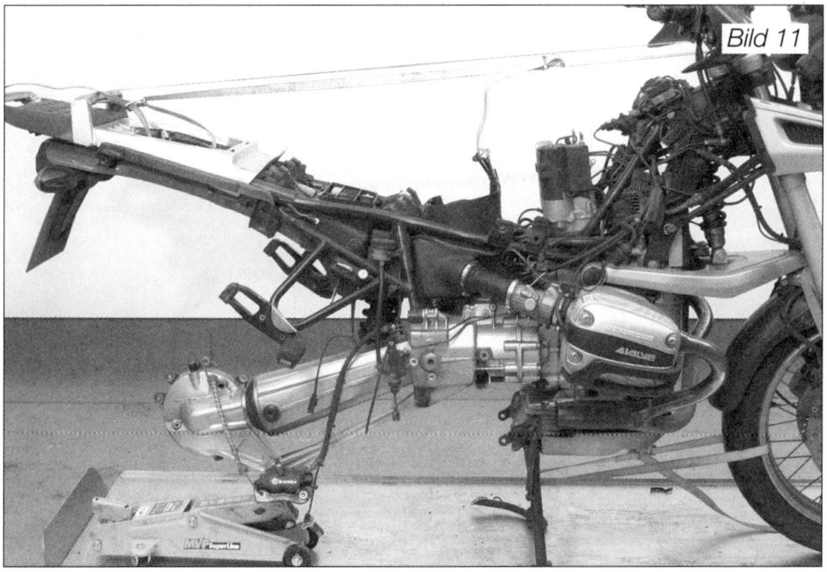
Bild 11

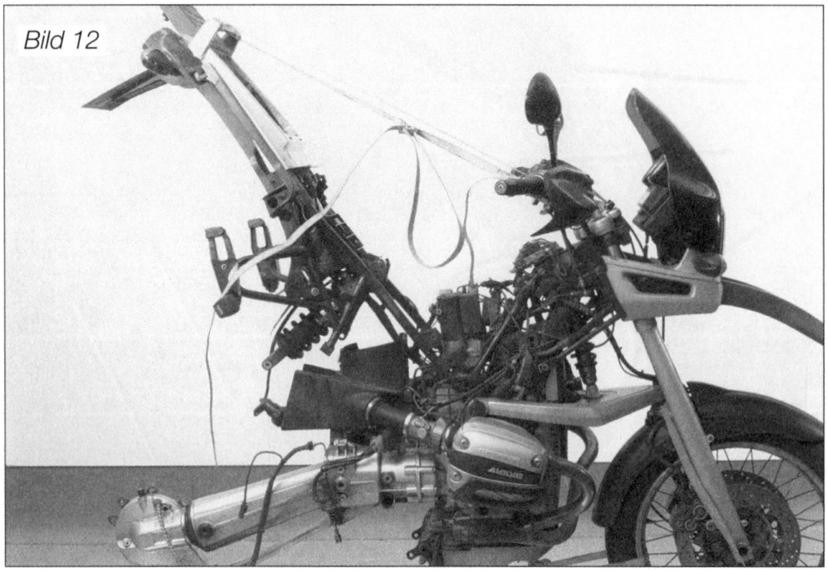

Bild 12: Jetzt kann der Heckrahmen vorsichtig nach oben geschwenkt werden. Mit dem von hinten zur Mittelstrebe des Lenkers eingebauten Spannband wird er auf Zug gespannt.

»Vorsichtig« bedeutet:

- Heckrahmen ganz langsam anheben und das Spannband immer wieder nachziehen.
- Darauf achten, dass keine Kabel gespannt oder gequetscht werden.
- Darauf achten, dass keine Bauteile in eine unnatürliche Position gezogen werden, wie z. B. der abgeschraubte hintere Bremssattel, der vor dem Hochschwenken des Heckrahmens anders aufgehängt wurde.
- Darauf achten, dass der hydraulische Wagenheber auch weiterhin als Stütze unter dem Hinterachsantrieb sitzt (siehe Bild 11).

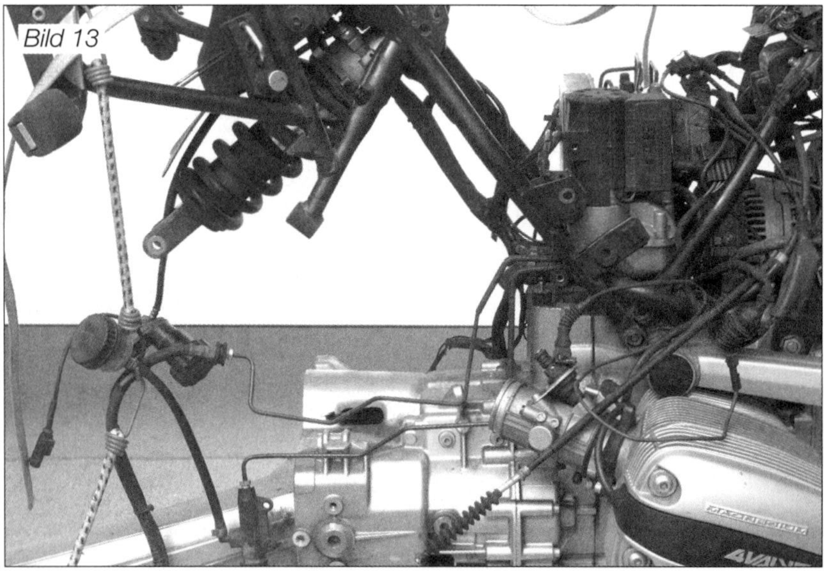

Bild 13: Luftfilterkasten ausbauen:

- Klemmung der Schlauchschelle des Motorentlüftungsschlauchs öffnen, Schelle abziehen, Schlauch ebenso. Schelle kann später beim Zusammenbau nicht mehr verwendet werden, sofern keine passende BMW-Spezialzange vorhanden ist. Eine normale Schlauchschelle tut's auch.
- Schellen der Luftansaugrohre lösen, Ansaugrohre von ihren Drosselklappengehäusen abziehen, etwas in den Ansaugkasten einschieben.
- Kraftstoffverteileranschlüsse von den Einspritzventilen abziehen, Kraftstoffverteiler ausbauen.
- Kupplungsseil: Am oberen Einsteller am Handhebel auf viel Spiel einstellen und den unteren Nippel am unteren Kupplungshebel aushängen.

Bild 14: Jetzt wird das Getriebe vom Motor gelöst: Alle Schrauben (Kreis), mit denen das Getriebe am Motor befestigt ist, lösen und ausdrehen.

Bild 15: Wenn alle Schrauben, die das Getriebegehäuse mit dem Motor verbinden, ausgeschraubt sind, hinter das Motorrad stehen und mit beiden Händen das Getriebe mit Schwinge und Achsantrieb als Einheit nach hinten vom Motor abziehen.
- In Flucht der Kurbelwelle ziehen.
- Nicht verkanten!
- Auf die Kupplungsdruckstange (Kreis) achten, dass diese nicht durch zu frühes, unbeabsichtigtes Ablassen der Antriebseinheit verbogen wird!

Bilder 16 und 17: Lagerung des Kupplungsausrückhebels ausbauen, Nadellager prüfen, einfetten, wieder zusammenbauen (Kreis/Oval). Lagerschraube mit Loctite »mittelfest« einschrauben.
- Das Kupplungsausrücklager ist ein problemloses, langlebiges Bauteil. Dennoch ausbauen und auf leichten, geräuscharmen Lauf überprüfen.
- Beim Einbau etwas Fett in die Gummitülle und an die Feder geben.
- Jetzt kann man durch Lösen und Ausdrehen der Bundschrauben am Umfang des Kupplungsgehäuses die komplette Kupplung abbauen; siehe dazu Teilkapitel »Kupplung IV«.

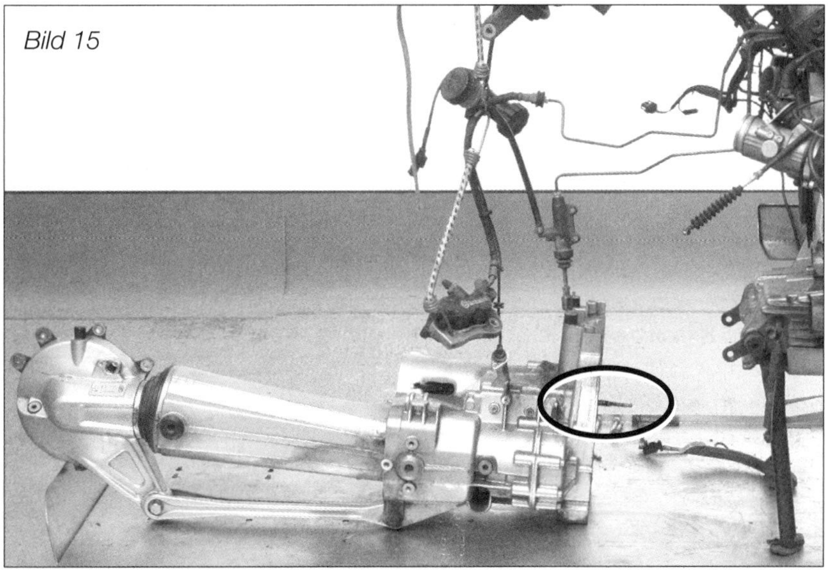
Bild 15

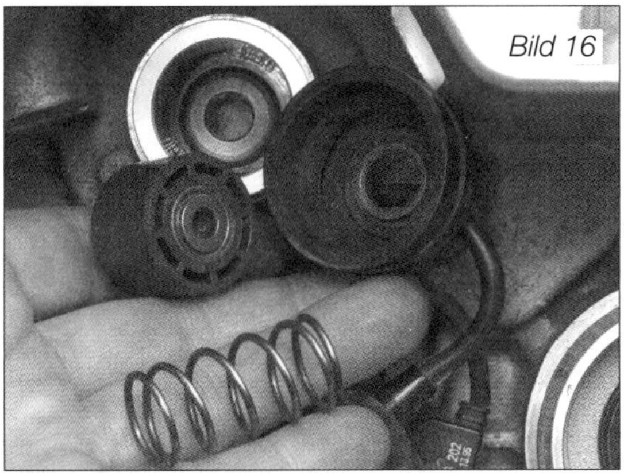
Bild 16

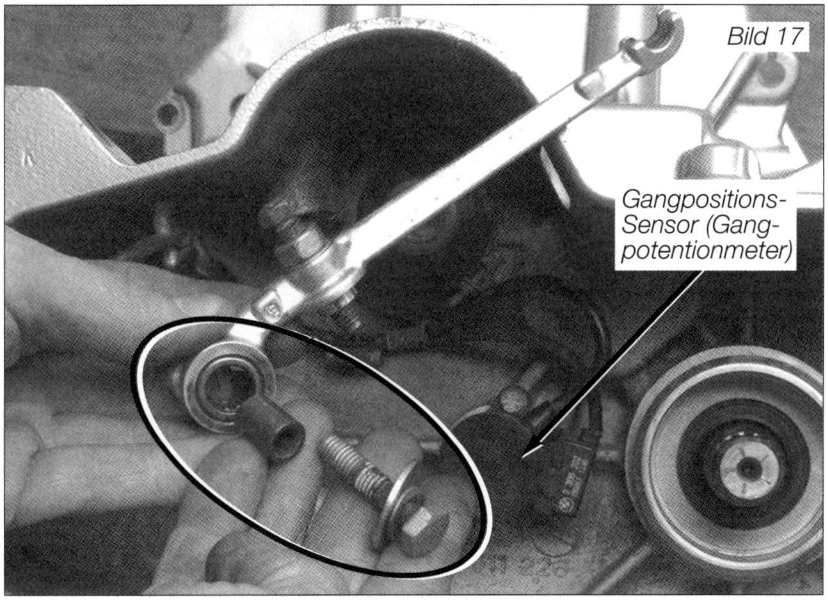

Bild 17

Technische Ergänzungen

Schwingenlagerung: Bei der R 1150 GS ist die Schwingenlagerung rechts und links unten am Heckrahmen anders ausgeführt als bei der R 1100 GS; es sind so genannte »Verstärkungs-Brillen« angebaut, an denen wiederum die Fahrerfußrasten befestigt sind. Zum Ausbau vom Getriebe mit angebauter Schwinge können die Fußrastenträger unten angeschraubt bleiben, man muss lediglich die oberen Schrauben, welche den Heckrahmen zum Getriebe hin verschrauben, lösen und ausdrehen.

Kupplungsnehmerzylinder: In den Bildern 16 und 17 ist die mechanische Kupplungsbetätigung der R 850 GS und R 1100 GS zu sehen. Die R 1150 GS hat eine hydraulisch betätigte Kupplung. Wir raten Ihnen, beim Zusammenbau einen neuen Kupplungsnehmerzylinder einzubauen. Dies gilt auch für die R 1200 GS.

Gangpositions-Sensor: In Bild 17 ist die Einbaulage des Gangpositions-Sensors zu sehen. Wie für den Kupplungsnehmerzylinder gilt auch für den Gangpositions-Sensor, diesen vorsorglich zu erneuern.

Technische Vorschau auf R 1200 GS

Auf den nächsten beiden Seiten finden Sie Zeichnungen und Texte zum Abbau des Heckrahmens der R 1200 GS, denn dieser ist nicht schwenkbar wie bei R 850 GS, R 1100 GS und R 1150 GS.

Hinweise für den Zusammenbau:
- Zusammenbau in umgekehrter Reihenfolge der Zerlegung.
- Die für Ihr Modell geltenden Anziehdrehmomentwerte für den Zusammenbau entnehmen Sie bitte dem Kapitel 25 »Anziehdrehmomente«.
- Alle Kabel, Bremsschläuche und Bremsleitungen nicht knicken und klemmfrei verlegen.
- Stecker dürfen nicht auf Zug zusammengesteckt werden.

Sichtprüfung Messen

Bilder 1 und 2: Nach hinten abgebauter Heckrahmen. Nötig sind ein stabiler Montagekran und der BMW-Motorheber.

***Vorarbeiten:** Verkleidungsteile, Tank, Sitzbank, Auspuffanlage und Schaltstange am Hebel abbauen. Batterie abklemmen. Luftansaugrohre lösen. Motorrad an Montagekran hängen, Motorheber unterbauen. Vorderrad auf Hebebühne fixieren. Spannriemen zwischen Maschine und Kranhaken leicht anspannen.*

Bild 3: Folgende Stecker trennen:
- *Bordsteckdose **A**,*
- *Seitenständerschalter **B***
- *Ansauglufttemperatur-Sensor **C**, dessen Kabel vom Luftfilterkasten lösen*
- *Einspritzventil links **D**.*

Bild 4: Kabelbinder an den Befestigungsstellen (Pfeile) öffnen. Kupplungsleitung mit Nehmerzylinder vom Rahmenhinterteil abschrauben.

*Bild 5: Schrauben (**S**) am Kabelbaumträger ausschrauben. Kabelbaum mit Träger vom Rahmenhinterteil lösen und nach vorne ablegen.*

Bild 6: Schlauchschelle öffnen und vom Luftfilterkasten abziehen.

Kupplung III

In diesem Kapitel: R 1200 GS zum Wechsel der Kupplung zerlegen.

Heckrahmen zum Kupplungswechsel nach hinten abbauen

Um an die Kupplung der R 1200 GS zu kommen, muss der Heckrahmen vom Hauptrahmen getrennt und nach hinten geschoben werden (Bild 1). Zur fachgerechten Demontage des Heckrahmens R 1200 GS sind folgende BMW-Spezialwerkzeuge nötig:

- Kran (Bild 2) mit Spanngurten: Er setzt sich zusammen aus den Spezialwerkzeugen mit den Nummern 46 5 671, 46 5 672, 46 5 673 und 46 5 674. Natürlich kann auch ein herkömmlicher Werkstattkran verwendet werden. Er muss jedoch eine leichtgängige Bedienung haben und

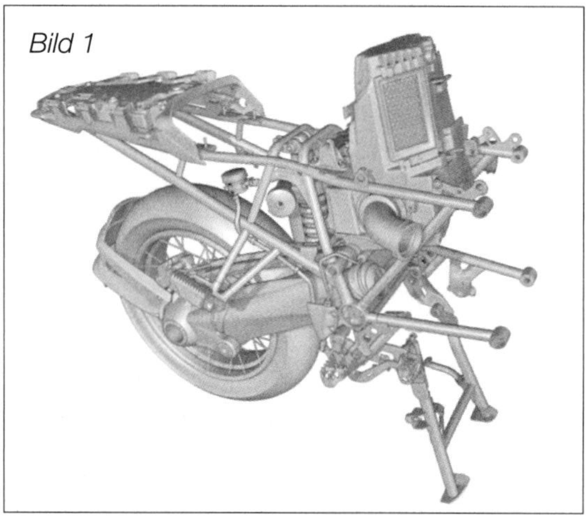
Bild 1

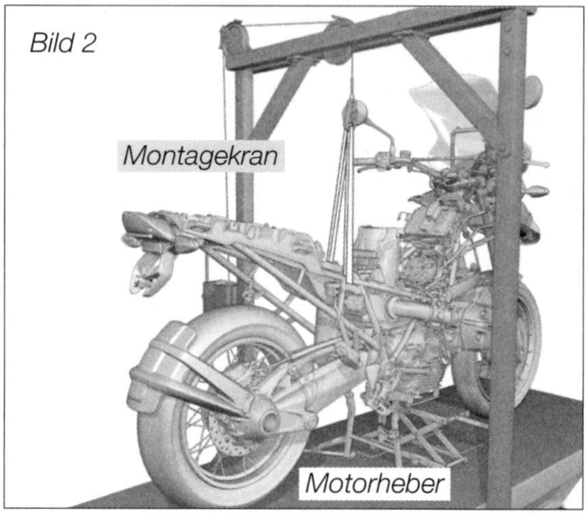

Bild 2

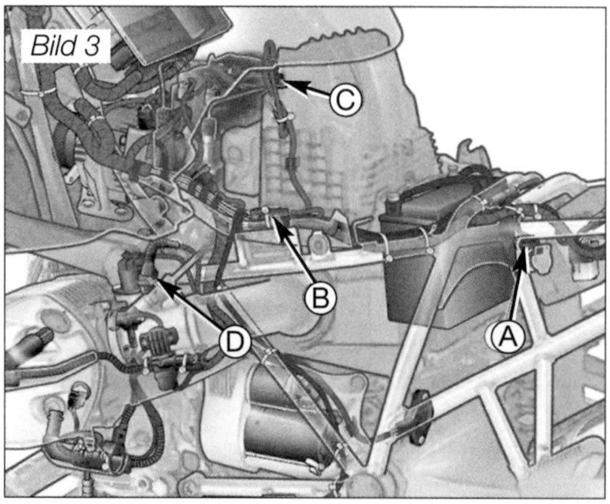

Bild 3

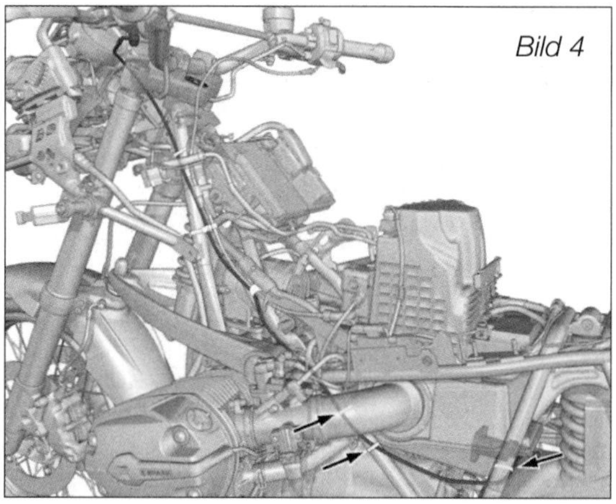
Bild 4

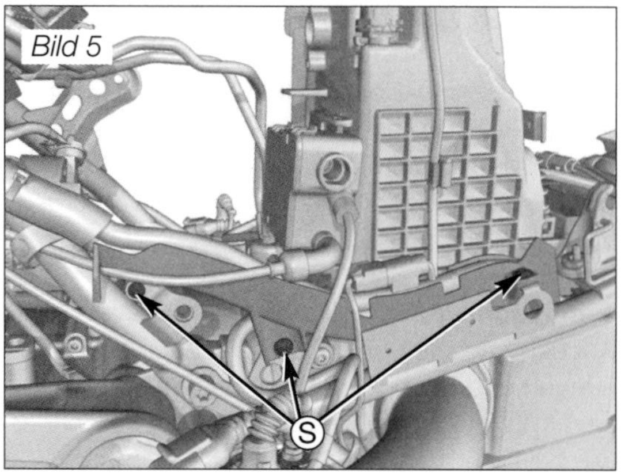

Bild 5

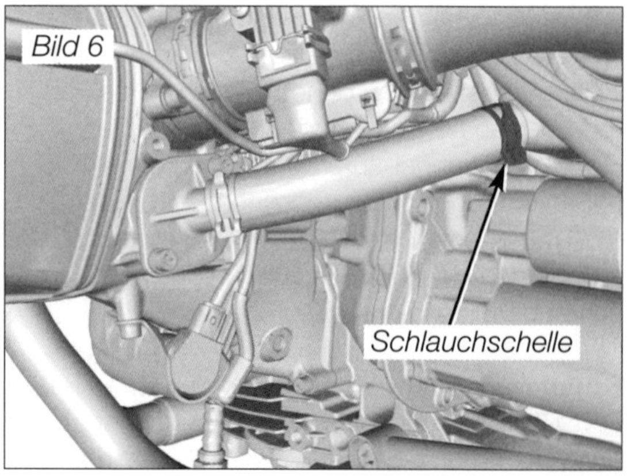

Bild 6

Bild 7: BMW-Motorheber.

eine Tragkraft von mindestens 500 kg.

- BMW-Motorheber (Bild 7), zusammengesetzt aus den Spezialwerkzeugen »Scherenheber« (Nr. 00 1 571), »Motoraufnahme« (Nr. 00 1 572) und »Verbreiterung« (Nr. 00 1 575).
- Zwei »Gewindestifte« (Nr. 46 5 691, Bild 8).

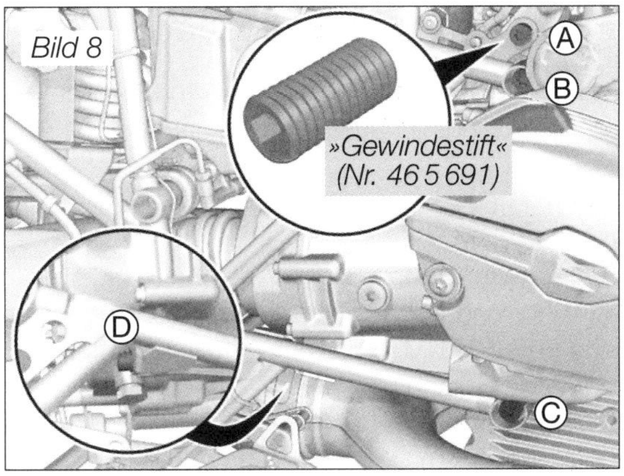

Bild 8

Bild 8: Verschraubung am Heckrahmen lösen.

- *Schraube **A** links und rechts ausbauen.*
- *»Gewindestifte« (Kreis) so weit einschrauben, bis der Heckrahmen abnehmbar ist.*
- *Schrauben **B** und **C** links und rechts ausbauen.*
- *Schraube **D** lockern aber noch nicht ausbauen.*

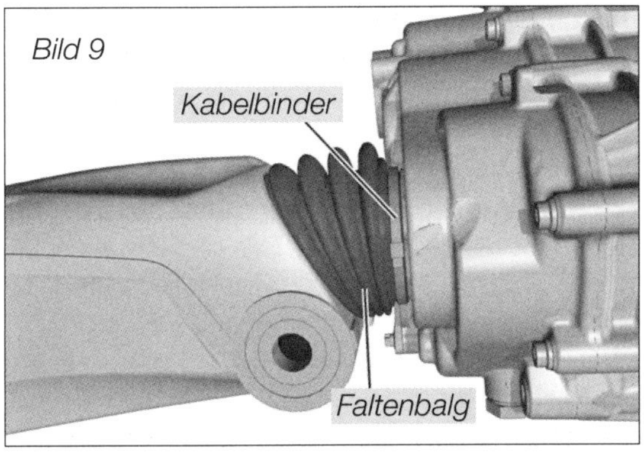

Bild 9

Bild 9: Kabelbinder lösen, Faltenbalg am Getriebegehäuse abziehen.

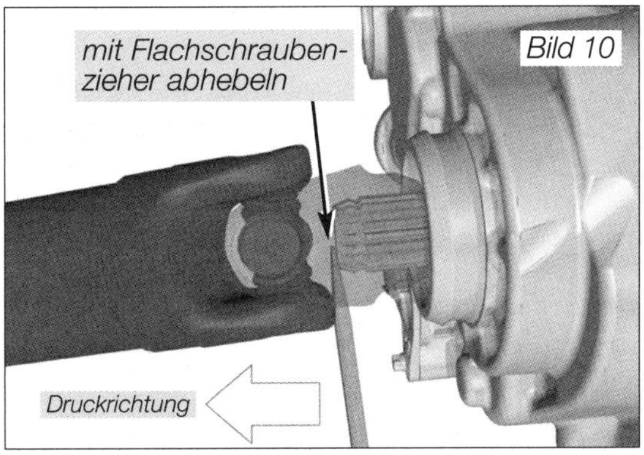

Bild 10

Bild 10: Kardanwelle abdrücken.

Beim Abdrücken der Kardanwelle beachten: Welle verdrehen, bis guter Zugriff von außen möglich ist. Rahmen vor Beschädigung schützen.

***Finish:** Benzindruckregler vom Luftfilterkasten lösen. Bild 1: Fahrzeugheck nach hinten schieben.*

Bild 11: Beispielhaft für alle Kupplungen der GS-Modelle unseres Buchs hier die der R 1100 GS.

Kupplung IV

In diesem Kapitel: Kupplung ab- und anbauen · Kupplungsgehäuse ab- und anbauen.

Kupplung ab- und anbauen

Bilder 1 und 2: Explosionszeichnungen der Kupplungen in R 850 GS und R 1100 GS sowie R 1150 GS.

Spezialwerkzeuge

Zum Ab- und Anbau einer neuen Kupplung sind folgende BMW-Spezialwerkzeuge nötig:

- »Arretiervorrichtung« (Nr. 11 5 640), Einsatzort siehe Bilder 1 und 2.
- »Absteckdorn OT« (Nr. 11 2 650). Man kann auch einen 8 mm starken Stahlstift nehmen.
- »Zentrierdorn« (Nr. 21 2 673). Mit ihm wird die Kupplungsmitnehmerscheibe zentriert, bevor die Bundschrauben des Kupplungsgehäusedeckels endgültig festgezogen werden. Wenn die Kupplung ohne dieses Spezialwerkzeug (und damit ohne Zentrierung) zusammengebaut werden soll, kann man das Getriebe nicht auf den Motor montieren.
- BMW-Schmierfett Optimoly MP3 für die Verzahnung in der Kupplungsscheibe und die Anlageflächen der Tellerfeder.
- Drehwinkel-Messgerät

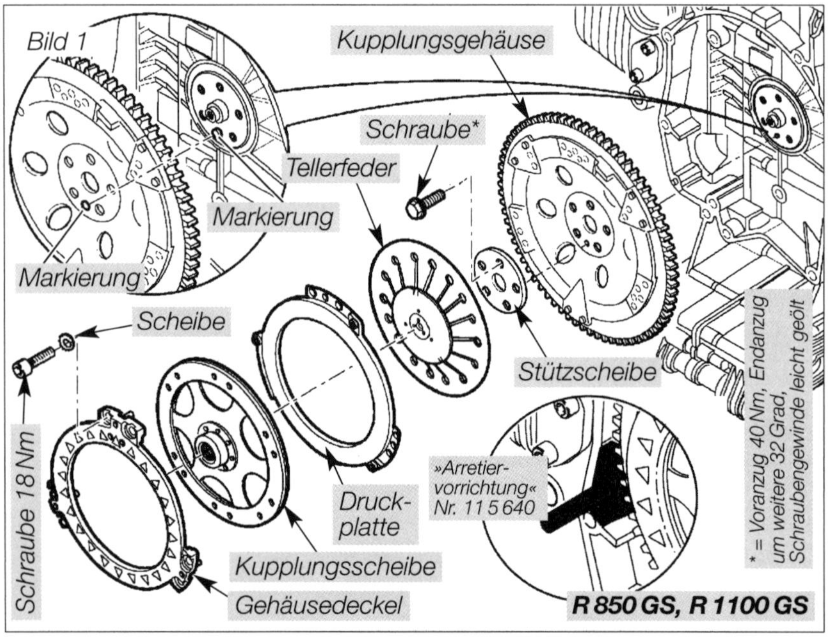

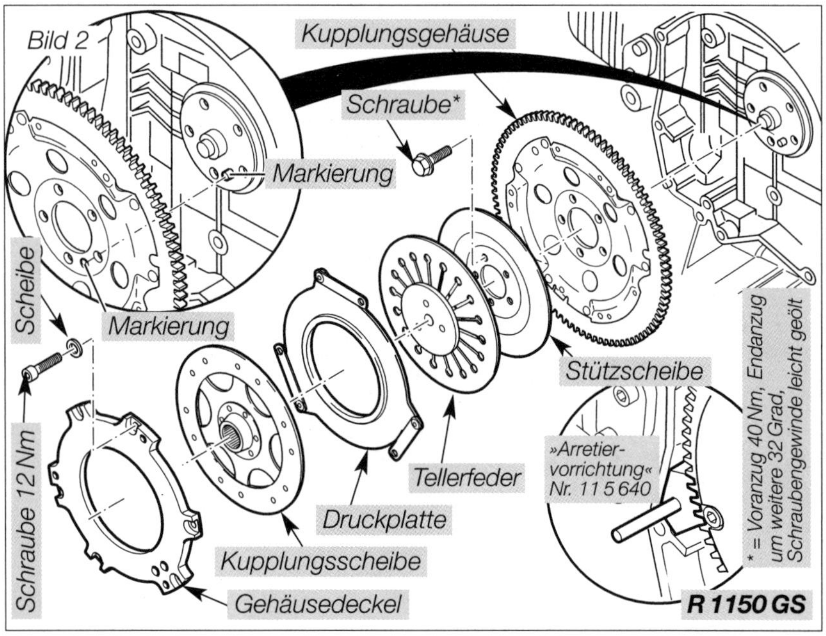

Kupplung ausbauen

Die Kupplung ist dazu frei zugänglich, wie in den Teilkapiteln »Kupplung II« und »Kupplung III« beschrieben ist.

Wichtig: Wenn die Kupplung später wieder eingebaut werden soll: Alle Teile und ihre Einbaulage VOR dem Zerlegen mit Filzstift markieren, damit sie wieder so zusammengebaut werden können.

- Alle Kupplungsteile der R 1200 GS sind feingewuchtet, sie müssen nicht markiert werden.

1. Motor in Drehrichtung etwas drehen, damit die »Arretiervorrichtung« eingesetzt werden kann wie in den Bildern 1 und 2 zu sehen.

- Man kann auch mit einem 8 mm starken Stift blockieren.

2. Kupplung ausbauen: Die sechs äußeren M6-Inbusschrauben nacheinander über Kreuz immer nur Umdrehung für Umdrehung lösen und ausdrehen.

3. Druckplatte mit Tellerfeder, Kupplungsscheibe und Gehäusedeckel abnehmen.

Kupplung prüfen

Eine neue Kupplungsscheibe ist 6 mm dick.

Dicke der Kupplungsscheibe mit Schieblehre an den Nieten messen, Verschleißgrenzen:

- 4,5 mm bei R 850 GS und R 1100 GS
- 4,8 mm bei R 1150 GS
- 4,4 bis 4,6 mm bei R 1200 GS

Hinweis: Wenn die Maschine aus einem anderen Grund als einem Kupplungsschaden so weit zerlegt ist, dass man an die Kupplung kommt, sollte man diese zerlegen und vermessen. Bei einer Stärke von 5 mm oder weniger sollte man die Kupplungsscheibe austauschen.

- Belag auf ausgebrochene Stellen prüfen.
- Reibflächen am Kupplungsgehäuse

und der Druckplatte auf Verschleiß prüfen.

■ Konusbohrung in der Druckplatte auf Fressstellen prüfen (sind sehr selten!).

■ Drucklager im Nehmerzylinder auf leichten Lauf prüfen. Es darf bei einer Fingerprobe durch Drehen kein Geräusch abgeben.

Kupplung zusammenbauen

Gebrauchte Kupplung: Zum Einbau müssen die Farbmarkierungen fluchten.
Neue Kupplung: Weiße Markierungen um jeweils 120 Grad zueinander versetzen.
Bei R 1200 GS: Kupplungseinzelteile sind feingewuchtet, weswegen keine Farbmarkierungen angebracht sind.

1. Druckplatte mit Anlasserzahnrad und Tellerfeder am Kupplungsgehäuse so ansetzen, dass sich die Bohrung im Anlasserzahnkranz mit dem halbrunden Ausschnitt im Kupplungsgehäuse deckt. Festhalten.
2. Kupplungsscheibe zentrisch aufsetzen, flacher Bund zum Motor hin. Festhalten.
3. Gehäusedeckel aufsetzen, Bohrungen im Anlasserzahnkranz und Stifte aufeinander ausrichten. Festhalten.
4. Inbusschrauben ringsum eindrehen und über Kreuz nacheinander gleichmäßig Umdrehung für Umdrehung anziehen bis auf »leicht fingerfest«.
■ M6 x 25 bei R 850 GS und R 1100 GS
■ M6 x 20 bei R 1150 GS und R 1200 GS.
5. Zentrierdorn einstecken und die Kupplungsscheibe damit zentrisch ausrichten.
6. Inbusschrauben ringsum über Kreuz nacheinander gleichmäßig festziehen:
■ mit 18 Nm bei R 850 GS und R 1100 GS
■ mit 12 Nm bei R 1150 GS und R 1200 GS

Kupplungsdruckstange: Sie ist in die Getriebeeingangswelle eingesteckt. Filz erneuern und leicht mit Optimoly MP3 einschmieren; davon auch etwas auf Druckkonus geben.

Kupplungsgehäuse

Das auf der Kurbelwelle verschraubte, tellerförmige Blechteil wird als »Kupplungsgehäuse« bezeichnet, oder »Schwungrad«, was nicht ganz korrekt ist, denn das Kupplungsgehäuse wird erst im verschraubten Verbund mit Gehäusedeckel, Druckplatte mit Anlasserzahnkranz, Kupplungsfeder (»Tellerfeder«) sowie der Kupplungsscheibe zu einem gewichtigen »Schwungrad«. Bei einem Kupplungswechsel braucht es nicht ab- und angeschraubt zu werden, nur zum Erneuern des Kurbelwellen-Simmerrings.

Kupplungsgehäuse abbauen
1. Kurbelwelle blockieren.
2. M11-Schrauben ausdrehen, Kupplungsgehäuse und Stützscheibe abnehmen.

Kupplungsgehäuse anbauen
1. Kupplungsgehäuse an Kurbelwelle ansetzen. Bild 4: Arretierstift muss in Fixierbohrung.
2. Bild 4: Stützscheibe aufsetzen.
3. Die fünf M11-Schrauben leicht einölen, eindrehen und handfest anziehen.
4. Bild 3: Kurbelwelle blockieren.
5. Schrauben über Kreuz festziehen:
5.1. Voranzug mit 40 Nm.
5.2. Mit Drehwinkel-Messgerät festziehen:
■ um weitere 32 Grad bei R 850 GS, R 1100 GS und R 1150 GS
■ um weitere 40 Grad bei R 1200 GS

Bild 3: Arretierstift (Kreis) eingesetzt zum Lösen und Festziehen der M11-Schrauben.

Bild 4: Kupplungsgehäuse und Stützscheibe werden mit der Kurbelwelle verschraubt.

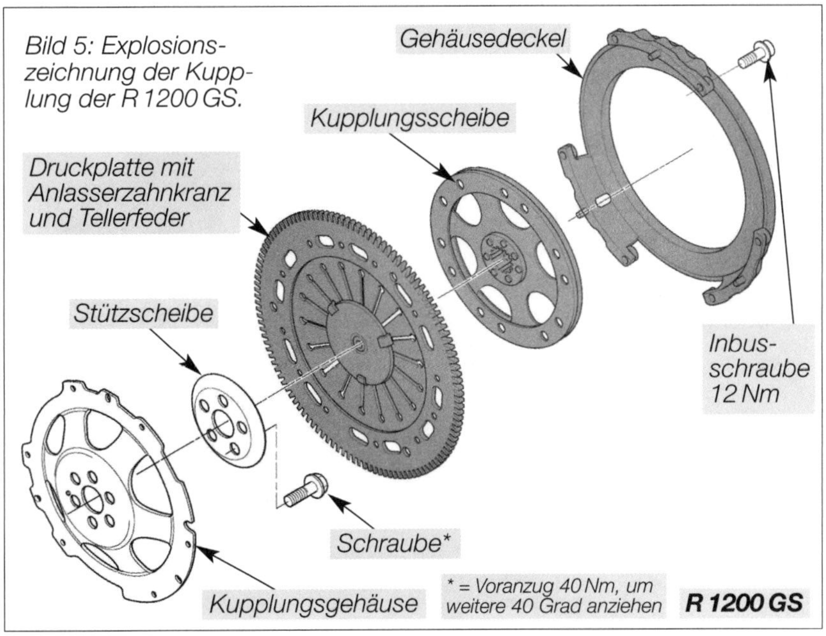

Bild 5: Explosionszeichnung der Kupplung der R 1200 GS.

Motor aus- und einbauen

In diesem Kapitel: Motor und Getriebe aus- und einbauen · Spezialwerkzeuge.

Motor und Getriebe ausbauen

Getriebe ausbauen?
Bei einem Schaden an der Kupplung bzw. wenn sie wegen Verschleiß erneuert werden muss, muss das Getriebe vom Motor getrennt werden, denn zwischen Motor und Getriebe ist die Kupplung eingebaut (siehe dazu Kapitel 23 »Kupplung II bzw. »Kupplung III«).

Wenn das Getriebe defekt ist und ausgebaut werden muss, kommt man mit weniger Schraubarbeit als bei einem kompletten Motorausbau aus.

Wann Motor ausbauen?

Motorschaden: Der Motor muss ausgebaut werden, wenn ein Schaden an Kurbelwelle, Nebenwelle, Steuerketten sowie deren Spann- und Führungsschienen vorliegt. Alle anderen Motorbauteile können bei eingebautem Motor demontiert und wieder eingebaut werden.

Der Begriff »Ausbau des Motors« ist nicht ganz richtig, weil der Rahmen aus zwei Hauptteilen besteht: Der Frontrahmen mit Telelever ist vorne-oben an den Motor angeschraubt, der Heckrahmen hinten-unten und hinten-oben. In der Praxis bedeutet »Ausbau des Motors« also, dass Front- und Heckrahmen vom Motor abgeschraubt werden.

Wenn der Motor ausgebaut werden muss, könnte man grundsätzlich nur das Rahmenvorderteil abbauen und Heckrahmen, Getriebe, Schwinge und Hinterachsantrieb zusammengebaut lassen. Das ist jedoch eine ziemliche Fickelei, denn man braucht dazu mindestens drei (fachkundige!) Helfer und tut sich bei der Schrauberei sehr schwer. Deswegen unser Tipp: Wenn der Motor raus muss, sollte man den Front- und Heckrahmen vom Motor trennen, sodass die ganze Antriebseinheit komplett ausgebaut ist.

ABS-Bremsanlage

Die ABS-Bremsanlage muss zum Ausbau des Motors (bzw. Abschrauben des Rahmens vom Motor) weitgehend abgebaut werden. Schrauben an bzw. Reparatur der ABS-Bremsanlage können wir in diesem Buch nicht behandeln, weil aus Gründen der Betriebs- und Verkehrssicherheit nur ausgebildete BMW-Motorradmechaniker daran arbeiten dürfen.

Sollte es fernab einer BMW-Motorradwerkstatt notwendig werden, Front- und Heckrahmen vom Motor zu trennen, dann müssen Sie Ihren technischen Sachverstand bemühen und überlegen, wie die ABS-Bremsanlage abgeschraubt werden kann, ohne dass Bremshydraulikleitungen geöffnet und getrennt werden müssen.

Bild 2
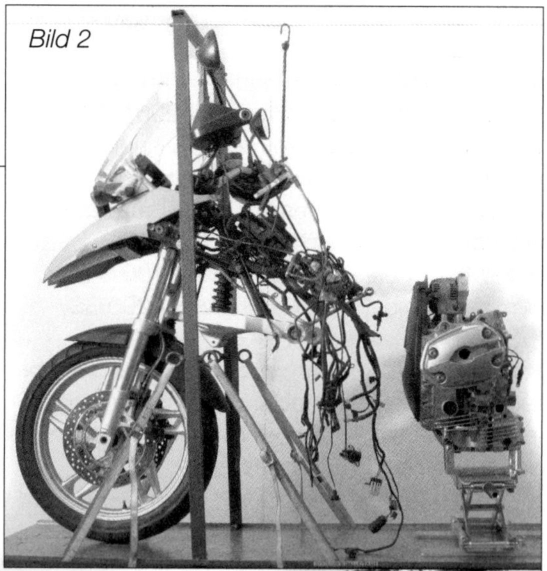

Bild 1

Bilder 1 und 2: Am selbstgebauten Galgen hängt der Vorderrahmen einer teildemontierten R 1200 GS. Der Motor ist unterbaut mit dem in Bild 4 gezeigten Motorheber von BMW und lässt sich damit millimetergenau an den Schraubstellen platzieren.

Wenn es bei einem Motorausbau aufgrund besonderer Umstände nicht möglich ist, die Bremsleitungen zu demontieren, ohne sie zu trennen, raten wir Ihnen dringend, nach dem Zusammenbau die Maschine in eine BMW-Motorradwerkstatt zu bringen (NICHT fahren, sondern mit einem Transporter oder auf einem Motorradanhänger) und dort die Bremse komplettieren zu lassen. Hierzu gehört nicht nur das Zusammenschrauben der Bremshydraulikleitungen oder ihr Anbringen an Bremssättel, Bremspumpen und die ABS-Steuereinheit, sondern auch das Befüllen mit Bremsflüssigkeit sowie Entlüften.

Spezialwerkzeuge

BMW bietet verschiedene Spezialwerkzeuge zum Aus- und Einbau des Motors an, wie z. B. den aus mehreren Einzelteilen bestehenden »Motorheber« (Bilder 1, 2 und 4). Dieser kostet komplett zwar um die 600 Euro, ist aber in der Praxis so genial zu handhaben, dass man sich nicht vorstellen kann, einmal ohne gearbeitet zu haben. In der marokkanischen Wüste oder dem australischen Busch genügen zur Not natürlich auch stabile Hölzer. Weiterhin bietet BMW einen »Kran« an. Ein solches Teil braucht man zwar, man kann sich so etwas aber auch selbst bauen: Wir benutzen unseren Eigenbau-»Galgen« und machen daran mit Riemen den Vorderrahmen fest (Bilder 1 und 2).

Tipp: Weiterhin empfehlenswert ist ein kleiner mobiler Werkstattkran, wie man ihn bei Motorrad-Zubehör- und Werkzeughändlern für kleines Geld kaufen kann. Und wenn im Zuge der Montagearbeiten die Motorhaltebolzen gelöst und ausgezogen werden, muss der Rahmen nicht nur sicher am Kran hängen, sondern auch der Motor nach unten entsprechend abgestützt sein (siehe dazu Text oben und Bilder 1, 2 und 4).

Motor ausbauen

Heckrahmen abbauen: Der Abbau des Heckrahmens ist in Kapitel 23 im Absatz »Kupplung II« beschrieben für die Modelle R 850 GS, R 1100 GS und R 1150 GS und in »Kupplung III« für die R 1200 GS. Bei R 850 GS, R 1100 GS und R 1150 GS muss man den Heckrahmen abschrauben, indem die Verschraubung des Heckrahmens zum Motor hin getrennt wird.

Vorderrahmen abbauen

1. Riemenabdeckung vorne am Motor abbauen.
2. Haupt- und Nebenkerzenstecker ausbauen.
3. Elektrostecker abziehen von Motorsensoren und Schalter links, Motorsensoren rechts und oben, Lichtmaschine.
4. Ölkühlerleitung unten am und oben auf dem Motor: Vorlauf und Rücklauf abschrauben.
5. Verschraubung Federbein vorne unten am Längslenker: Schraube lösen und ausdrehen.
6. Längslenker am Motor abschrauben: Gummikappen beidseitig aushebeln, Schraube lösen und ausdrehen, dabei auf der anderen Seite am Kopf des Bolzens gegenhalten.
7. Schraubverbindungen des Vorderrahmens am Motor oben-vorne lösen und ausdrehen.
7.1. Die Schrauben, mit denen der Heckrahmen oben am Motor und gleichzeitig die Rahmenstrebe am Motor befestigt sind, sind schon ausgedreht. Falls nicht: Lösen und ausdrehen, dabei darauf achten, dass alles ungefähr an seinem Platz bleibt.
8. Rahmenvorderteil nach vorne-oben langsam vom Motor abziehen/abschieben.
8.1. Dabei genau (!) nachsehen, ob alle Kabelstecker abgezogen sind und kein Kabel mehr an einem Rahmenrohr festgebunden ist: Kabelbinder aufknipsen.
8.2. Oben links auf dem Motor ist eine Massekabelöse aufgeschraubt: Schraube ausdrehen.

Motor einbauen

Zusammenbau in umgekehrter Reihenfolge des Ausbaus. Zuerst Vorder- und Hinterrahmen an die Motor-Getriebeeinheit anbauen und nach und nach alle weiteren Bauteile anbringen. Besonders zu beachten sind folgende Punkte:

- Achten Sie auf Sauberkeit aller Verbindungsstellen zwischen Motor und Rahmen.
- Quetschen Sie keine elektrischen Leitungen, Schläuche oder Bowdenzüge ein.
- Verwenden Sie nur einwandfreie, originale BMW-Schrauben und -Muttern. Laut BMW-Vorschrift müssen einige beim Zusammenbau erneuert werden (siehe Kapitel 25 »Anziehdrehmomente«)!
- Benutzen Sie zum Anziehen von Schrauben und Muttern beste Werkzeugteile und korrekt eingestellten Drehmomentschlüssel.

Anziehdrehmomente
Wegen der Vielzahl der Modelle entnehmen Sie die für Ihr Modell vorgeschriebenen Anziehdrehmomente dem Kapitel 25 »Anziehdrehmomente«.

Bild 3: Bundbuchsen aus Nadellager des Längslenkers ausziehen, reinigen und mit Optimoly MP3 schmieren.

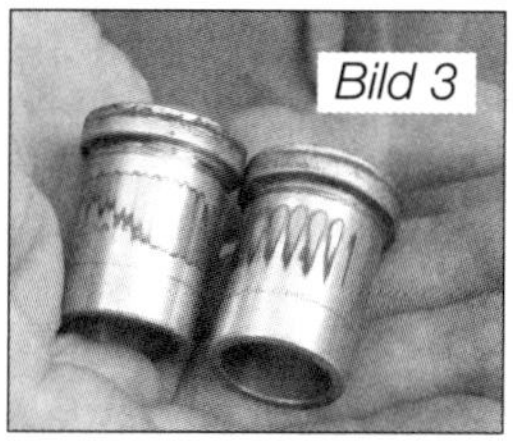

Bild 4: Der BMW-Motorheber wird mit dem Motorgehäuse an vier Schraubstellen fest verbunden.

Anziehdrehmomente

In diesem Kapitel werden die von BMW vorgeschriebenen Anziehdrehmomentwerte für alle Schraubverbindungen bzw. Bauteile der GS-Modelle unseres Buchs aufgelistet. Wenn für eine Schraubverbindung kein eigener Wert aufgeführt ist, gelten die Anziehdrehmomente für Schrauben entsprechender Größe, aufgelistet unter »Allgemeine Schrauben und Muttern«.

Allgemeine Hinweise

Warum ein bestimmtes Anziehdrehmoment nötig ist
Schraubverbindungen müssen mit einem festgelegten Drehmomentwert angezogen werden, damit Bauteile sicher miteinander verbunden sind. Die genannten Werte müssen möglichst genau eingehalten werden, sonst besteht die Gefahr, dass sich die Schraubverbindung lockert (wenn zu lose angezogen) oder die Schrauben bzw. ihr Gegengewinde oder Bauteile zu stark belastet werden (wenn zu fest angezogen) und sie dann im Betrieb reißen oder brechen.

Sauberkeit
Eine wichtige Voraussetzung zum korrekten Anziehen aller Schrauben und Muttern ist, dass ihre Gewinde und Anlageflächen unbeschädigt und frei von Schmutz sind.
■ Verschmutzte Schraubgewinde NICHT mit einer Stahlbürste reinigen, denn diese kann das Gewinde beschädigen. Verwenden Sie eine Bürste mit feinen, zu dünnen Büscheln zusammengefassten Messingborsten (»Zündkerzenbürste«).

Wichtig 1: Schrauben und Muttern mit verrostetem oder beschädigtem Gewinde müssen durch Neuteile ersetzt werden.
Wichtig 2: Schrauben, Muttern und Unterlagscheiben vor dem Einbau etwas einölen. Normales Motoröl oder leichtes Fett dazu verwenden.

Flüssige Schraubensicherung
An einigen Schraubverbindungen ist die Verwendung von flüssiger Schraubensicherung **»Loctite«** vorgeschrieben; diese gibt es in den drei verschiedenen Klebequalitäten »leicht« (222), »mittelfest« (243) und »hochfest« (2701). Die am meisten benötigte Qualität ist »mittelfest« (243), sie gewährleistet hohe Festigkeit, und die damit gesicherten Schrauben können ohne Zerstörung des Gewindes wieder gelöst werden.

Die von BMW an bestimmten Schraubverbindungen vorgeschriebenen Loctite-Qualitäten sind in unserer nachstehenden Drehmomentauflistung bei der jeweiligen Schraubverbindung angegeben. Im Internet unter www.loctite.de finden Sie weitere Spezifikationen und Qualitätsbeschreibungen.
■ Wenn an den Gewinden ausgedrehter Schrauben noch Reste von Schraubensicherung hängen, zur Reinigung etwas Bremsenreiniger nehmen, er löst den alten Schraubenkleber.

Sehr wichtig ist auch, dass zum Herstellen bestimmter Drehmomentwerte einwandfreies Werkzeug verwendet wird, also hochwertige Nüsse und genau eingestellte Drehmomentschlüssel. Man denke nur an die Vorderachse, Hinterradschrauben oder Schrauben und Muttern in Motor, Getriebe und Antrieb. Wenn Sie keine (sehr guten!) Drehmomentwerkzeuge haben, dann bringen Sie Ihre GS besser in die BMW-Werkstatt Ihres Vertrauens. Was wir unter »Qualitätswerkzeug« verstehen, können Sie in Kapitel 2 »Werkzeug · Werkstatt« nachlesen.

Weiterhin zu beachten:
■ Manche Schrauben müssen vor dem Einbau (und damit Festziehen) entsprechend dem Einsatzzweck speziell vorbehandelt werden. Was jeweils zu tun ist bzw. welche Besonderheit die Schraube aufweist, wird nach der Bezeichnung des Bauteils mit dem Zeichen »■« herausgestellt.
■ Der Zusatz **»mikroverkapselt«** bedeutet, dass auf dem Gewinde der neuen Schraube eine Gewindesicherung aufgebracht ist. Nach Vorschrift von BMW muss eine mikroverkapselte Schraube jedesmal erneuert werden. Wenn Sie dazu keine Möglichkeit haben und die alte Schraube noch technisch einwandfrei in Ordnung ist: Gewinde der alten Schraube reinigen, etwas Loctite »mittelfest« drangeben, eindrehen und mit entsprechendem Anziehdrehmoment festziehen.
■ Der Zusatz **»mechanische Schraubensicherung«** bedeutet, dass diese Schrauben/Muttern mit einer mechanischen Sicherung versehen sind. Auch diese Schrauben/Muttern sollen laut BMW nur einmal verwendet werden. Im Notfall kann man sie ein zweites Mal verwenden, wenn sie technisch einwandfrei sind.

■ **»Optimoly TA«** ist ein Hochtemperatur-Montagefett
■ **»Never Seez«** ist eine Schmierpaste
■ **»Staburags NBU 30 PTM«** ist ein Hochleistungsschmierfett

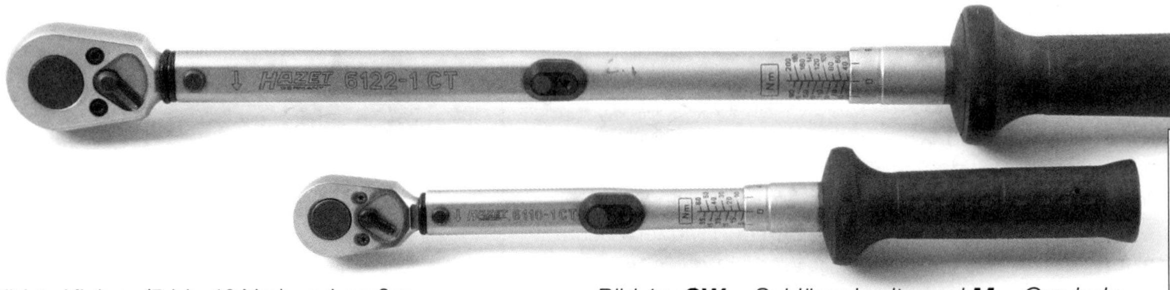

Bild 1: Kleiner (5 bis 40 Nm) und großer Drehmomentschlüssel (40 bis 200 Nm).

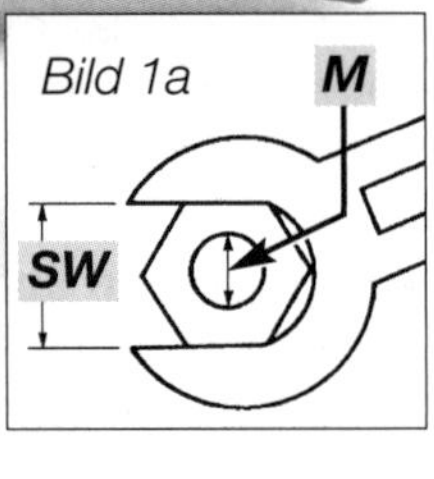

*Bild 1a: **SW** = Schlüsselweite und **M** = Gewindedurchmesser; beides wird in Millimeter angegeben.*

Allgemeine Schrauben und Muttern

Für Schrauben und Muttern, die in der Drehmomentauflistung nicht aufgeführt sind, gelten folgende Anziehdrehmomente:

5 mm-Sechskantschraube und Mutter .... 5 Nm
6 mm-Sechskantschraube und Mutter .... 10 Nm
8 mm-Sechskantschraube und Mutter .... 22 Nm
10 mm-Sechskantschraube und Mutter .... 35 Nm
12 mm-Sechskantschraube und Mutter .... 54 Nm
5 mm-Schraube mit Kreuzschlitzkopf .... 4 Nm
6 mm-Schraube mit Kreuzschlitzkopf .... 9 Nm
6 mm-Flanschschraube mit Kopf 8 mm .... 9 Nm
6 mm-Flanschschraube mit Kopf 10 mm
oder Flanschmutter .... 12 Nm
8 mm-Flanschschraube oder Flanschmutter .... 26 Nm
10 mm-Flanschschraube oder Flanschmutter .... 39 Nm

■ Als »Flanschschraube« wird eine Schraube bezeichnet, bei der eine Unterlagscheibe fest unter dem Schraubenkopf angebracht ist.
■ Als »Flanschmutter« wird eine Mutter bezeichnet, bei der auf einer Seite der Mutter eine Unterlagscheibe angebracht ist.

Fahrwerk

Vorderrad

Vorderachse
bei R 850 GS, R 1100 GS, R 1150 GS .... 30 Nm
bei R 1200 GS .... 50 Nm
Klemmschraube Vorderachse
bei R 850 GS, R 1100 GS, R 1150 GS .... 22 Nm
bei R 1200 GS .... 19 Nm

Hinterrad

Werte gelten für Guss- und Speichenrad. Montageanleitung für alle Modelle: Radschrauben handfest einschrauben und kreuzweise festziehen.

Schrauben Hinterrad an Radträger
bei R 850 GS, R 1100 GS, R 1150 GS .... 105 Nm
■ *bei R 850 GS, R 1100 GS: Voranzug 50 Nm, Endanzug 105 Nm*
■ *bei R 1150 GS: Voranzug 72 Nm, Endanzug 105 Nm*
bei R 1200 GS .... 60 Nm
■ *bei allen Modellen: über Kreuz stufenweise festziehen*
Bei Speichenrad: Nippel M4 auf Speiche
bei R 850 GS, R 1100 GS, R 1150 GS .... 5 Nm
bei R 1200 GS .... 4 Nm
■ *Voranzug 1 Nm, Endanzug 4 Nm*
Speichen kontern mit Madenschraube M4 .... 1 Nm

Bei R 1200 GS:
RDC-Sensor (Reifendruck-Control, Sonderausstattung)
an Vorderrad- und Hinterrad-Felge, Überwurfmutter... 12 Nm
■ *Voranzug mit 12 Nm, Mutter lösen, Endanzug mit 12 Nm*
■ *mikroverkapselt, Überwurfmutter erneuern*

Lenkung

Schrauben Lenkerklemmung an Gabelbrücke
bei R 850 GS, R 1100 GS, R 1150 GS .... 21 Nm
■ *vorne und hinten gleicher Spalt*
Schrauben Lenkerklemmung an Gabelbrücke
bei R 1200 GS Mj. 2004 bis 2007 .... 28 Nm
■ *vordere Schraube zuerst anziehen, Spalt in Fahrtrichtung nur hinten, Staburags NBU 30 PTM*
Lenkerklemmung an Gabelbrücke bei R 1200 GS ab Mj. 2008:
Schrauben M10 x 90 (10.9) .... 36 Nm
Schrauben M8 x 30 .... 16 Nm
■ *große Schrauben zuerst, dann kleine Schrauben anziehen*
■ *große Schrauben befestigen auch Lenkerklemmbock an oberer Gabelbrücke*

Lenkergewicht an Lenker
bei R 850 GS, R 1100 GS .... 20 Nm
bei R 1150 GS .... 21 Nm
bei R 1200 GS (Bild 2) .... 21 Nm
■ *mikroverkapselt, Schraube erneuern*

Bei R 1200 GS Adventure: Unterteil Schelle an
Handschutz-Unterteil, Schraube M5 x 10 .... 2,5 Nm
■ *mikroverkapselt, Schraube erneuern*
Bei R 1200 GS Adventure: Oberteil Schelle
an Unterteil, Schraube M5 x 25 (Bild 2) .... 4 Nm

Gelenkschraube Brems- und Kupplungshebel
bei R 850 GS, R 1100 GS .... 8 Nm
■ *mechanische Schraubensicherung »Tuflok-Blau«, kann mehrmals gelöst werden*
bei R 1150 GS .... 11 Nm
■ *mechanische Schraubensicherung »Tuflok-Blau«, kann mehrmals gelöst werden*
bei R 1200 GS .... 7 Nm
■ *mechanische Schraubensicherung, Mutter erneuern*

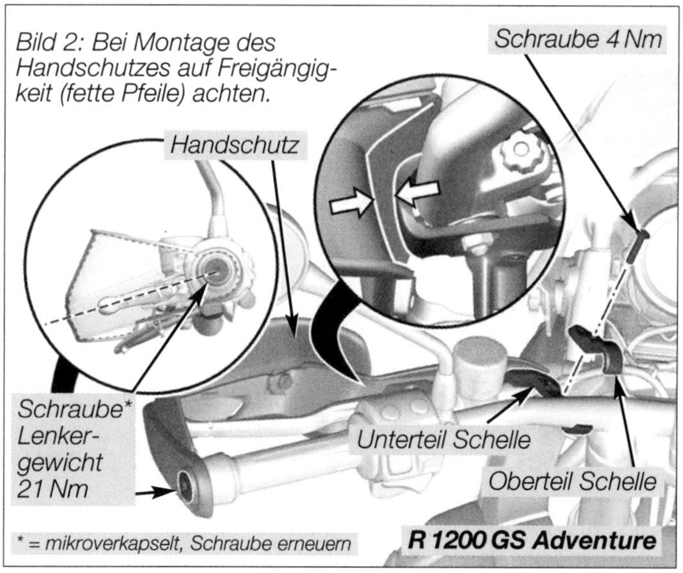

Bild 2: Bei Montage des Handschutzes auf Freigängigkeit (fette Pfeile) achten.

Gasgriff mit Klemmschelle an Lenker
bei R 1200 GS ab Mj. 2004 .... 6 Nm
bei R 1200 GS ab Mj. 2010 .... 5 Nm
Spiegel an Griffeinheit bei R 1150 GS .... 15 Nm
Spiegel an Adapter, Kontermutter M10 x 1,25 (4.8)
bei R 1200 GS bis Modelljahr 2007 .... 25 Nm
bei R 1200 GS ab Modelljahr 2008 .... 22 Nm
Spiegel Adapter M10 x 14 (4.8) an Klemmelement
bei R 1200 GS bis Modelljahr 2007 .... 30 Nm
bei R 1200 GS ab Modelljahr 2008 .... 25 Nm
Handarmatur an Lenker, Schrauben M5 x 20
bei R 1200 GS .... 5 Nm
Bremsflüssigkeitsbehälter an Halter,
Kunststoffschraube 3 x 20 bei R 1200 GS .... 1 Nm
Entlüfterschraube M5 an Handbremsarmatur
bei R 1200 GS Mj. 2008 bis 01/2012 .... 5 Nm
Bei R 1200 GS ab Mj. 2010:
Lenkergriff links an Lenker, Schraube M3,5 x 32 .... 2 Nm
Abdeckkappe an Gasgriffeinheit,
Linsenkopfschraube 4 x 30 .... 3 Nm

Vorderradgabel
Obere Gabelbrücke an Standrohr
bei R 850 GS, R 1100 GS, R 1150 GS .... 45 Nm
bei R 1200 GS .... 40 Nm
■ *mechanische Schraubensicherung, Mutter erneuern*
Kugelgelenk an unterer Gabelbrücke .... 230 Nm
■ *mikroverkapselt, erneuern*
obere Gabelbrücke an Vorderrahmen .... 130 Nm
■ *mikroverkapselt, Mutter erneuern*
Mutter Kugelgelenk an Längslenker .... 130 Nm
■ *mikroverkapselt, Mutter erneuern*
Längslenker an Motor
bei R 850 GS, R 1100 GS, R 1150 GS .... 42 Nm
■ *Schraubkappe links, Gewinde leicht mit »Optimoly TA« befetten*
bei R 1200 GS .... 73 Nm
■ *Voranzug 45 Nm, Endanzug 73 Nm*
■ *Gewinde leicht mit »Never Seez« befetten*
Verschlussschraube an Gabelstopfen bei R 1200 GS .... 2,4 Nm
■ *O-Ring erneuern*
Gabelbrücke unten an Tauchrohr
bei R 850 GS, R 1100 GS .... 22 Nm
■ *Loctite »mittelfest« auf gereinigtes Gewinde auftragen*
bei R 1150 GS .... 25 Nm
■ *Loctite »mittelfest« auf gereinigtes Gewinde auftragen*
bei R 1200 GS .... 25 Nm
■ *mikroverkapselt, Schraube erneuern*
Vorderradabdeckung unten an Gleitrohrbrücke,
Schraube M5 x 12 bei R 1200 GS bis Mj. 2007 .... 2,0 Nm
Schraube M5 x 16 bei R 1200 GS Adventure
bis Mj. 2007 .... 2,0 Nm
Schraube M5 x 14 bei R 1200 GS
ab Mj. 2008 (Bild 3) .... 2,4 Nm
■ *mikroverkapselt, Schraube erneuern*

Federbein vorne
Federbein oben an Vorderrahmen
bei R 850 GS, R 1100 GS .... 47 Nm
bei R 1150 GS .... 43 Nm
Federbein oben an Vorderrahmen
bei R 1200 GS .... 34 Nm
■ *Loctite »mittelfest« auf gereinigtes Gewinde auftragen*
Federbein unten an Längslenker
bei R 850 GS, R 1100 GS, R 1150 GS .... 50 Nm
bei R 1200 GS .... 34 Nm
■ *mikroverkapselt, Schraube erneuern*
■ *Schaft und Kopf leicht mit »Optimoly TA« befetten*
ESA-Halter (Electronic Suspension Adjustment,
Sonderausstattung) an Vorderrahmen,
Schraube M6 x 16 .... 9 Nm
■ *mikroverkapselt, Schraube erneuern*

Hinterachsgetriebe
Öleinfüllschraube mit Dichtring
bei R 850 GS, R 1100 GS, R 1150 GS .... 23 Nm
bei R 1200 GS bis Mj. 2009 .... 20 Nm
bei R 1200 GS ab Mj. 2010 .... 25 Nm
Ölablassschraube mit Dichtring
bei R 850 GS, R 1100 GS, R 1150 GS .... 23 Nm
bei R 1200 GS .... 20 Nm
Gewindering in Hinterradantriebsgehäuse
bei R 850 GS, R 1100 GS .... 118 Nm
■ *Gewinde reinigen, »Hylomar SQ 32 M« auftragen*
bei R 1150 GS, R 1200 GS bis Mj. 2009 .... 160 Nm
■ *Loctite »577« auf gereinigtes Gewinde auftragen*
bei R 1200 GS ab Mj. 2010 .... 180 Nm
■ *Loctite »mittelfest« auf gereinigtes Gewinde auftragen*
Sechskantmutter des Antriebskegelrades .... 200 Nm
■ *Loctite 2701 »hochfest« auf gereinigtes Gewinde auftragen*
Gehäusedeckel an Hinterachsgehäuse
bei R 850 GS, R 1100 GS, R 1150 GS .... 35 Nm
■ *kreuzweise anziehen*
Gehäusedeckel an Hinterachsgehäuse
bei R 1200 GS .... 30 Nm
■ *kreuzweise anziehen*

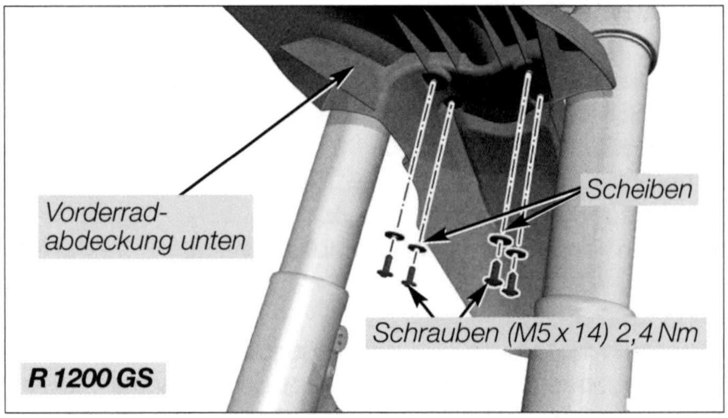

Bild 3: Untere Vorderradabdeckung der R 1200 GS.

Hinterradschwinge

Lagerung Hinterachsgetriebe an Schwinge
Festlagerzapfen bei R 850 GS, R 1100 GS .... 150 Nm
■ *Loctite »hochfest« auf gereinigtes Gewinde auftragen*
Festlagerzapfen bei R 1150 GS.............................. 160 Nm
■ *Loctite »hochfest« auf gereinigtes Gewinde auftragen*
Loslagerzapfen.. 7 Nm
■ *Loctite »hochfest« auf gereinigtes Gewinde auftragen*
Kontermutter bei R 850 GS, R 1100 GS .... 105 Nm
■ *Loctite »hochfest« auf gereinigtes Gewinde auftragen*
Kontermutter bei R 1150 GS.................................. 160 Nm
Lagerschraube in Lagerzapfen außen Hinterachs-
antriebsgehäuse an Schwinge bei R 1200 GS ....150 Nm
■ *mikroverkapselt, Schraube erneuern*
Schwingenlagerzapfen links an Heckrahmen
bei R 850 GS, R 1100 GS .... 7 Nm
■ *Loctite »hochfest« auf gereinigtes Gewinde auftragen*
bei R 1150 GS .... 7 Nm
■ *Voranzug mit 9 Nm, dann lösen, Endanzug mit 7 Nm*
■ *Loctite »hochfest« auf gereinigtes Gewinde auftragen*
bei R 1200 GS .... 7 Nm
■ *Voranzug mit 20 Nm, dann lösen, Endanzug mit 7 Nm*
■ *Gewinde und Lagersitz leicht mit »Optimoly TA« befetten*
Bund-Kontermutter Schwingenbolzen an
Getriebegehäuse bzw. Heckrahmen links
bei R 850 GS, R 1100 GS .... 105 Nm
■ *Loctite »hochfest« auf gereinigtes Gewinde auftragen*
bei R 1150 GS .... 160 Nm
bei R 1200 GS .... 145 Nm
Momentstrebe (Paralever) an Hinterachsgetriebe
bei R 850 GS, R 1100 GS, R 1150 GS,
R 1200 GS bis Mj. 2009 .... 43 Nm
■ *Fahrzeug mit ca. 85 kg belasten und lose Strebe festziehen*
bei R 1200 GS ab 2010 .... 42 Nm
■ *mechanische Schraubensicherung, Schraube erneuern*
Momentstrebe (Paralever) an Heckrahmen bei R 850 GS,
R 1100 GS, R 1150 GS, R 1200 GS bis Mj. 2009 .... 43 Nm
bei R 1200 GS ab Mj. 2010 .... 42 Nm
■ *mechanische Schraubensicherung, Schraube erneuern*
Befestigungsschrauben Schwingenlagerzapfen an
Heckrahmen rechts bei R 850 GS, R 1100 GS .... 7 Nm
■ *Loctite »hochfest« auf gereinigtes Gewinde auftragen*
bei R 1150 GS .... 7 Nm
■ *Voranzug mit 9 Nm, dann lösen, Endanzug mit 7 Nm*
■ *Loctite »hochfest« auf gereinigtes Gewinde auftragen*
bei R 1200 GS .... 9 Nm
Abdeckschraube Schwingenlagerzapfen rechts
bei R 1200 GS .... 9 Nm
Verbindungsschraube bei geteilter Momentstrebe .... 8 Nm
■ *mikroverkapselt, erneuern*

Federbein hinten

Federbein an Heckrahmen .... 50 Nm
■ *bei R 1200 GS mechanische Schraubensicherung, Mutter erneuern, Schraubenschaft leicht mit »Optimoly TA« befetten*

Federbein an Hinterradschwinge
bei R 850 GS, R 1100 GS .... 50 Nm
bei R 1150 GS .... 58 Nm
bei R 1200 GS bis Mj. 2009 .... 58 Nm
■ *Voranzug 20 Nm, Endanzug 58 Nm*
■ *Loctite »mittelfest« auf gereinigtes Gewinde auftragen*
bei R 1200 GS ab Mj. 2010 .... 58 Nm
■ *Loctite »mittelfest« auf gereinigtes Gewinde auftragen*
Einstellrad Federbeinverstellung an Fußrastenplatte
bei R 850 GS, R 1100 GS, R 1150 GS .... 22 Nm

Bremsen

Vorderradbremse

Bremssattel an Tauchrohr
bei R 850 GS, R 1100 GS, R 1150 GS bis Mj. 2000.... 40 Nm
bei R 1150 GS (EVO) ab 11/2001, R 1200 GS........... 30 Nm
Entlüfterschraube im Bremssattel vorne
bei R 850 GS, R 1100 GS, R 1150 GS .... 7 Nm
bei R 1150 GS Adventure mit Integral-ABS .... 9 Nm
bei R 1200 GS bis Mj. 2007 .... 5 Nm
bei R 1200 GS ab Mj. 2008 .... 10 Nm
Entlüfterschraube M5 Handbremsarmatur bei R 1200 GS... 5 Nm
Bremsscheibe an Vorderrad bei R 850 GS, R 1100 GS... 24 Nm
■ *Loctite »mittelfest« auf gereinigtes Gewinde auftragen*
bei R 1150 GS .... 24 Nm
■ *Loctite »hochfest« auf gereinigtes Gewinde auftragen*
bei R 1200 GS bis 2007 .... 24 Nm
■ *Voranzug 12 Nm, Endanzug 24 Nm*
■ *mikroverkapselt, Schraube erneuern*
Ab 08/2007 geänderte Bremsscheibenlagerung vorne:
Bremsscheibe an Vorderrad .... 19 Nm
■ *Flachkopfschrauben der Bremsscheiben-Befestigung über Kreuz stufenweise festziehen*
■ *mikroverkapselt, Schrauben erneuern*
ABS-Raddrehzahl-Sensor vorne .... 4 Nm
Bremsklotz-Haltestift
bei R 1150 GS (EVO), R 1200 GS bis Mj. 2007............ 7 Nm
bei R 1200 GS ab Mj. 2008 .... 6 Nm
Hohlschraube M10 x 1 Bremsschlauchanschluss
bei R 850 GS, R 1100 GS, R 1150 GS bis Mj. 2000.... 15 Nm
bei R 1150 GS (EVO) ab Mj. 2001,
R 1200 GS bis Mj. 2009 .... 18 Nm
bei R 1200 GS ab Mj. 2010 .... 24 Nm
Überwurfschrauben in den Bremsleitungen
bei R 850 GS, R 1100 GS, R 1150 GS bis Mj. 2000.... 15 Nm
bei R 1150 GS (EVO) ab Mj. 2001,
R 1200 GS bis Mj. 2009 .... 18 Nm
bei R 1200 GS ab Mj. 2010 .... 14 Nm
Bremsleitung an Vorderrahmen
bei R 850 GS, R 1100 GS, R 1150 GS .... 9 Nm
bei R 1200 GS bis Mj. 2009 .... 8 Nm
bei R 1200 GS ab Mj. 2010 .... 11 Nm
Verteilerstück an unterer Gabelbrücke
bei R 850 GS, R 1100 GS .... 9 Nm

Hinterradbremse

Bremssattel an Hinterachsgehäuse (Kardan)
bei R 850 GS, R 1100 GS, R 1150 GS .... 40 Nm
bei R 1200 GS .... 24 Nm

Entlüfterschraube im Bremssattel hinten
bei R 850 GS, R 1100 GS .... 4 Nm
bei R 1150 GS, R 1200 GS .... 5 Nm

Bremsscheibe an Hinterrad
bei R 850 GS, R 1100 GS, R 1150 GS .... 21 Nm

■ *Loctite »hochfest« auf gereinigtes Gewinde auftragen*

Bremsscheibe an Radträger
bei R 1200 GS .... 30 Nm

■ *über Kreuz anziehen*

■ *Voranzug 12 Nm, Endanzug 30 Nm*

■ *mikroverkapselt, Schraube erneuern*

Hohlschraube M10 x 1 Bremsschlauchanschluss
bei R 850 GS, R 1100 GS, R 1150 GS bis Mj. 2000 .... 15 Nm
bei R 1150 GS (EVO) ab Mj. 2001, R 1200 GS bis Mj. 2009 .... 18 Nm
bei R 1200 GS ab Mj. 2010 .... 24 Nm

Überwurfschrauben in den Bremsleitungen
bei R 850 GS, R 1100 GS, R 1150 GS bis Mj. 2000 .... 15 Nm
bei R 1150 GS (EVO) ab Mj. 2001, R 1200 GS bis Mj. 2009 .... 18 Nm
bei R 1200 GS ab Mj. 2010 .... 14 Nm

Verbindungsstück an Heckrahmen
bei R 850 GS, R 1100 GS, R 1150 GS .... 9 Nm
bei R 1200 GS .... 8 Nm

Verteilerstück/Halter an Heckrahmen
bei R 850 GS, R 1100 GS, R 1150 GS .... 9 Nm

■ *bei R 1150 GS an Heckrahmen: Loctite »hochfest« auf gereinigtes Gewinde auftragen*

bei R 1200 GS bis Mj. 2009 .... 8 Nm
bei R 1200 GS ab Mj. 2010 .... 11 Nm

Bremsschlauchabdeckung an Momentstrebe
bei R 1200 GS .... 8 Nm

Fußbremshebel an Fußrastenplatte
bei R 850 GS, R 1100 GS .... 37 Nm
bei R 1150 GS .... 21 Nm

■ *Loctite »hochfest« auf gereinigtes Gewinde auftragen*

Fußbremshebel an Heckrahmen, Schraube M8 x 35
bei R 1200 GS .... 21 Nm

Fußbremshebel an Heckrahmen, Schraube M8 x 35
bei R 1200 GS bis Mj. 2007 .... 21 Nm

■ *mikroverkapselt, Schraube erneuern*

Fußbremshebel an Heckrahmen, Schraube M8 x 35
bei R 1200 GS ab Mj. 2008..... 21 Nm

Fußbremshebelanschlag
bei R 850 GS, R 1100 GS, R 1150 GS und R 1200 GS bis 12/2005 .... 9 Nm

Kontermutter Druckstange
bei R 1200 GS ab 01/2006 .... 8 Nm

Kabelklemme M5 x 10 an Hinterrad-Antriebsgehäuse
bei R 1200 GS ab Mj. 2010 .... 4 Nm

Fußbremszylinder

Fußbremszylinder an Fußrastenplatte
bei R 850 GS, R 1100 GS, R 1150 GS .... 9 Nm

Fußbremszylinder an Heckrahmen, Schraube M6 x 25
bei R 1200 GS .... 8 Nm

■ *mikroverkapselt, Schraube erneuern*

Bremsflüssigkeitsbehälter an Heckrahmen
bei R 850 GS, R 1100 GS, R 1150 GS .... 8 Nm
bei R 1200 GS .... 8 Nm

■ *mikroverkapselt, Schraube erneuern*

Ausstattung ABS

ABS-Raddrehzahl-Sensor vorne .... 4 Nm
ABS-Raddrehzahl-Sensor hinten .... 4 Nm

ABS-Steuergerät (Druckmodulator) an Halter
bei R 850 GS, R 1100 GS
M6 .... 9 Nm
M6-Torx .... 5 Nm

ABS-Steuergerät (Druckmodulator) an Halter
bei R 1150 GS .... 7 Nm

ABS-Steuergerät (Druckmodulator) an Batterieträger
bei R 1150 GS .... 10 Nm

ABS-Steuergerät (Druckmodulator) an Halter
bei R 1200 GS .... 8 Nm

ABS-Steuergerät (Druckmodulator) mit Halter
an Motor bei R 1200 GS .... 8 Nm

■ *mikroverkapselt, Schraube erneuern*

Schwingungsdämpfer M6 an Halter ABS-Steuergerät (Druckmodulator)
bei R 1200 GS ab Mj. 2010 .... 8 Nm

Entlüfterschraube an ABS-Steuergerät (Druckmodulator) bei R 850 GS, R 1100 GS, R 1150 GS bis Mj. 2000 (ABS II) .... 9 Nm

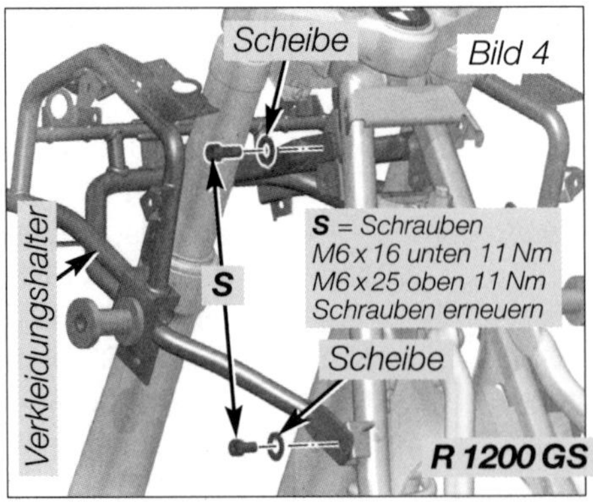

Bild 4: Verkleidungshalter an Vorderrahmen oben und unten ab Mj. 2008, davor geringe optische Abweichungen.

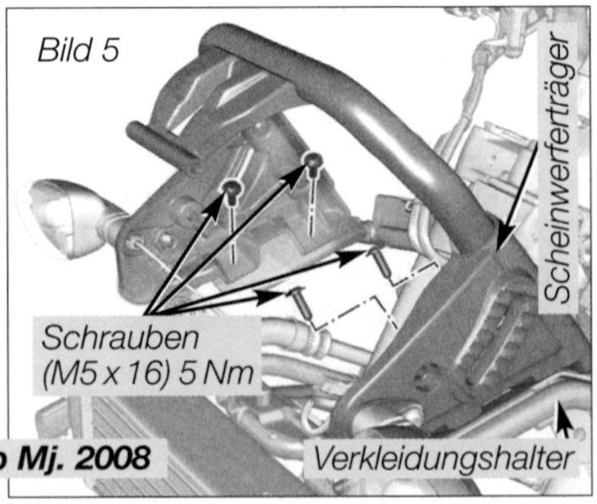

Bild 5: Scheinwerferträger an Verkleidungshalter ab Mj. 2008, davor geringe optische Abweichungen.

Verkleidung, Tank, Rahmen, Anbauteile

Verkleidung

Verkleidungshalter an Vorderrahmen unten und oben
bei R 850 GS, R 1100 GS .... 20 Nm
Verkleidungshalter an Vorderrahmen unten und oben
bei R 1150 GS .... 21 Nm
Verkleidungshalter an Vorderrahmen unten,
Schraube M6 x 16 bei R 1200 GS (Bild 4).......... 11 Nm
■ *mikroverkapselt, Schraube erneuern*
Verkleidungshalter an Vorderrahmen oben,
Schraube M6 x 25 bei R 1200 GS (Bild 4).......... 11 Nm
■ *mikroverkapselt, Schraube erneuern*
Front-/Scheinwerferträger an Verkleidungshalter, Schrauben
M6 x 16 bei R 1150 GS, R 1200 GS bis Mj. 2007.......... 8 Nm
■ *zuerst die hinteren Schrauben anziehen*
Front-/Scheinwerferträger an Verkleidungshalter,
Schrauben M5 x 16 bei R 1200 GS ab Mj. 2008 (Bild 5)... 5 Nm
Halter Verkleidung an Halter Tankabdeckung,
Schrauben M5 x 16 bei R 1200 GS bis Mj. 2007 .... 2 Nm
Verkleidungsschrauben M5 bei R 1200 GS.......... 2,5 Nm
Halter für Seitenverkleidung an Verkleidungs-
halter Schrauben M5 x 16 bei R 1200 GS .... 5 Nm
Halter Bedienungsanleitung an Luftfilterkasten,
Schrauben M5 x 16 bei R 1200 GS ab Mj. 2008 .... 3 Nm
Windschild an Halter, Schrauben M5 x 16
bei R 1200 GS bis Mj. 2007.......... 2,5 Nm
Windschild an Halter, Schrauben M5 x 18
bei R 1200 GS ab Mj. 2008 .... 2,5 Nm

Bei R 1200 GS Adventure:
Windschild an Halter Windschild oben,
Schraube M5 x 20 (Bild 6).......... 2,5 Nm
■ *mechanische Schraubensicherung, Schrauben erneuern*
Windschild an Halter Windschild unten,
Schraube M5 x 18 (Bild 7).......... 2,5 Nm
Lasche an Verkleidungshalter, Schraube M5 x 16.......... 5 Nm
Seitenverkleidung unten rechts mit Seitenverkleidung
Tank an Halter, Schraube M5 x 20 bis Mj. 2009 .... 3 Nm
Seitenverkleidung unten rechts mit Seitenverkleidung
Tank an Halter, Schraube M5 x 16
bei R 1200 GS ab Mj. 2010 .... 3 Nm
Vorderradabdeckung oben an Verkleidungs-
halter, Schraube M5 x 16
bei R 1200 GS bis Mj. 2007.......... 2,0 Nm
bei R 1200 GS ab Mj. 2008 .... 2,4 Nm
Spoiler oben an Vorderradabdeckung, Schraube
M5 x 16 bei R 1200 GS ab Mj. 2008.......... 2,4 Nm

Tank

Tank an Vorderrahmen
bei R 850 GS, R 1100 GS .... 22 Nm
bei R 1150 GS.......... 21 Nm
bei R 1200 GS.......... 19 Nm
Tankdeckel an Tank, Schrauben
M5 x 28 bei R 1200 GS bis Mj. 2007.......... 3 Nm
M5 x 20 bei R 1200 GS ab Mj. 2008 .... 2,4 Nm
Einfüllstutzen an Tank Schrauben M5 x 16
bei R 1200 GS ab Mj. 2008 .... 2,4 Nm
Benzinpumpeneinheit an Tank
bei R 850 GS, R 1100 GS, R 1150 GS.......... 6 Nm
Überwurfmutter Benzinpumpeneinheit an Tank
bei R 1200 GS.......... 35 Nm
Tank an Verkleidungshalter bei R 1200 GS .... 19 Nm

Bei R 1200 GS bis Mj. 2007:
Tankabdeckung an Tankabdeckung Mitte.......... 2 Nm
Tankabdeckung an Halter Tankabdeckung .... 5 Nm
Tankabdeckung Mitte an obere Vorderradabdeckung...... 2 Nm
Halter Verkleidung an Halter Tankabdeckung.......... 2 Nm

Rahmen

Heckrahmen an Getriebe/Motor
bei R 850 GS, R 1100 GS .... 47 Nm
■ *Anziehvorschrift: 1. Verschraubung an Getriebe rechts*
2. Verschraubung an Motor rechts
3. Verschraubung an Motor links
4. Verschraubung an Getriebe links
Heckrahmen an Motor links und rechts
bei R 1150 GS.......... 42 Nm
■ *Loctite »mittelfest« auf gereinigtes Gewinde auftragen*
Heckrahmen mit Fußrastenplatte
an Getriebe links und rechts
bei R 1150 GS.......... 42 Nm
■ *Loctite »mittelfest« auf gereinigtes Gewinde auftragen*
Heckrahmen an Getriebe,
M8 x 55 bei R 1200 GS.......... 28 Nm
■ *Schrauben erneuern*
■ *Anziehreihenfolge:*
1. Alle Schrauben ansetzen
2. zuerst Getriebeschraube festziehen
3. dann restliche Schrauben festziehen

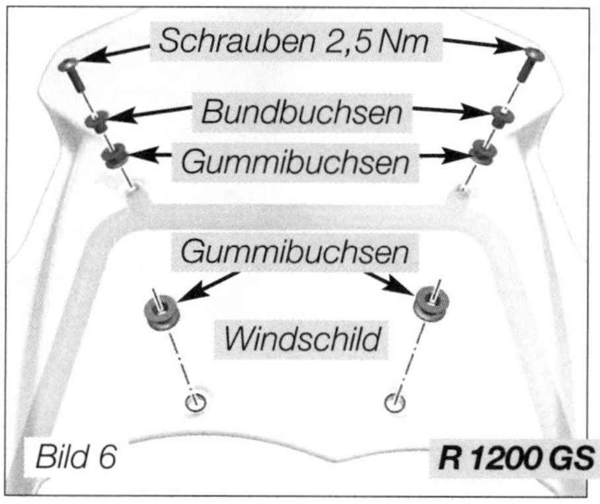

Bilder 6 und 7: Obere und untere Befestigung Windschild an Halter.

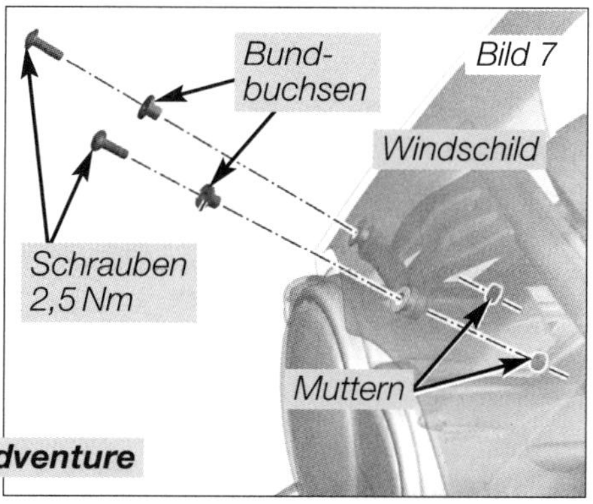

Schrauben mit Gefühl und nicht zu fest anziehen, sonst reißt die Scheibe!

Heckrahmen an Motor unten, M12 x 50
bei R 1200 GS .... 55 Nm
■ *Schraube erneuern*
Heckrahmen an Motor oben, M10 x 40
bei R 1200 GS .... 38 Nm
■ *mikroverkapselt, Schraube erneuern*
Vorderrahmen an Motor
bei R 850 GS, R 1100 GS, R 1150 GS .... 82 Nm
Vorderrahmen an Motor, M12 x 210 10.9
bei R 1200 GS .... 110 Nm
■ *im Reparaturfall mit »Loctite mittelfest« einbauen*
Rahmenstreben an Vorderrahmen 8.8-Schraube
bei R 850 GS, R 1100 GS .... 47 Nm
Rahmenstreben an Vorderrahmen 10.9-Schraube
bei R 850 GS, R 1100 GS .... 58 Nm
Rahmenstreben an Vorderrahmen bei R 1150 GS .... 58 Nm
Rahmenstreben an Vorderrahmen, M10-Bolzen
bei R 1200 GS bis Mj. 2007 .... 70 Nm
■ *mikroverkapselt, Bolzen gegen Schraube 10 x 1 x 106 ersetzen, neue Mutter mikroverkapselt verwenden*
Rahmenstreben an Vorderrahmen, Schraube
M10 x 1 x 106 bei R 1200 GS ab Mj. 2008 .... 70 Nm
■ *mikroverkapselt, Schraube erneuern*
Rahmenstreben an Motor, Muttern
bei R 850 GS, R 1100 GS .... 58 Nm
bei R 1150 GS .... 58 Nm
■ *Loctite »mittelfest« auf gereinigtes Gewinde auftragen*
Rahmenstreben an Motor, Schrauben
bei R 1200 GS bis Mj. 2007 .... 38 Nm
■ *mikroverkapselt, Schrauben erneuern, Gewinde leicht mit »Optimoly TA« befetten*
bei R 1200 GS ab Mj. 2008 .... 38 Nm
■ *mikroverkapselt, Schrauben erneuern*
Heckträgerteil an Heckrahmen vorne, Schraube M6 x 50
bei R 1200 GS bis Mj. 2007 .... 8 Nm
■ *mechanische Schraubensicherung, Schraube erneuern*
bei R 1200 GS ab Mj. 2008 .... 8 Nm
■ *mikroverkapselt, Schraube erneuern*
Heckträgerteil an Heckrahmen hinten, Schraube M6 x 16
bei R 1200 GS bis Mj. 2007 .... 8 Nm
■ *mechanische Schraubensicherung, Schraube erneuern*

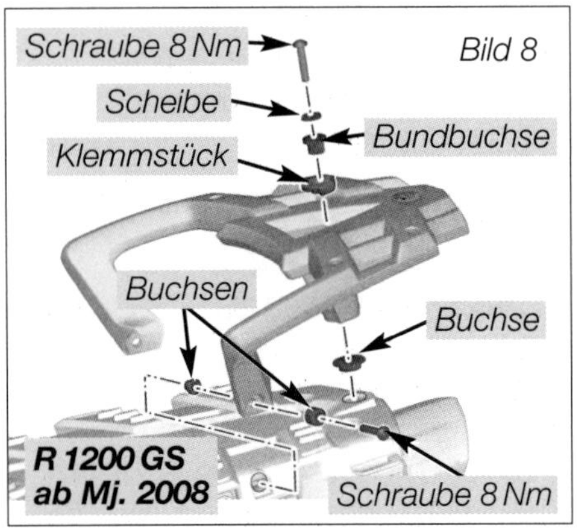

Bild 8: Gepäckbrücke an Heckrahmen ab Mj. 2008, davor geringe optische Abweichungen.

Bild 9: Befestigung der Kofferhalter an Heckrahmen bei der Adventure.

Heckträgerteil an Heckrahmen hinten, Schraube M6 x 16
bei R 1200 GS ab Mj. 2008 .... 8 Nm
■ *mikroverkapselt, Schraube erneuern*
Gepäckbrücke an Heckrahmen
bei R 850 GS, R 1100 GS, R 1150 GS .... 12 Nm
bei R 1150 GS Adventure .... 8 Nm
bei R 1200 GS (Bild 8) .... 8 Nm
■ *mikroverkapselt, Schrauben erneuern*

Bei R 1200 GS Adventure Modelljahre 2006 und 2007:
Gepäckbrücke Edelstahl an Heckrahmen links
und rechts, Schrauben M6 x 40 .... 8 Nm
an Heckrahmen oben Mitte, Schrauben M6 x 30 .... 10 Nm

Bei R 1200 GS Adventure ab Mj. 2008:
Gepäckbrücke Edelstahl an Heckrahmen links
und rechts mit Gegenhalter, Schrauben M6 x 40 .... 8 Nm
an Heckrahmen Mitte, Schrauben M6 x 40 .... 10 Nm

Bei R 1200 GS:
Spritzschutz an Hinterachsgetriebe, Schraube M6 x 20 .... 8 Nm
■ *mikroverkapselt, Schraube erneuern*
Spritzschutz an Halter Hinterachsgetriebe,
Schraube M6 x 65 bei R 1200 GS .... 8 Nm
■ *mikroverkapselt, Schraube erneuern*

Kennzeichenträger an Heckrahmen, Schrauben M5 x 16
bei R 1200 GS bis Mj. 2007 .... 2,0 Nm
bei R 1200 GS ab Mj. 2008 .... 2,4 Nm
Hinterradabdeckung an Heckrahmen,
Schrauben M5 x 14 bei R 1200 GS bis Mj. 2007 .... 2,0 Nm
Schrauben M5 x 16 bei R 1200 GS ab Mj. 2008 .... 2,4 Nm
Halter Diagnosestecker an Hinterradabdeckung,
3,5 x 12 (3.6) bei R 1200 GS ab Mj. 2008 .... 2,4 Nm
Schloss Sitzbankverriegelung an Heckträgerteil,
Schrauben bei R 1200 GS bis Mj. 2007 .... 2 Nm
Schloss Sitzbankverriegelung an Heckträgerteil,
Schrauben M5 x 12 bei R 1200 GS ab Mj. 2008 .... 4 Nm
Fahrersitzhalter an Heckrahmen
bei R 850 GS, R 1100 GS, R 1150 GS .... 8 Nm
bei R 1200 GS, Mutter M5 .... 4 Nm

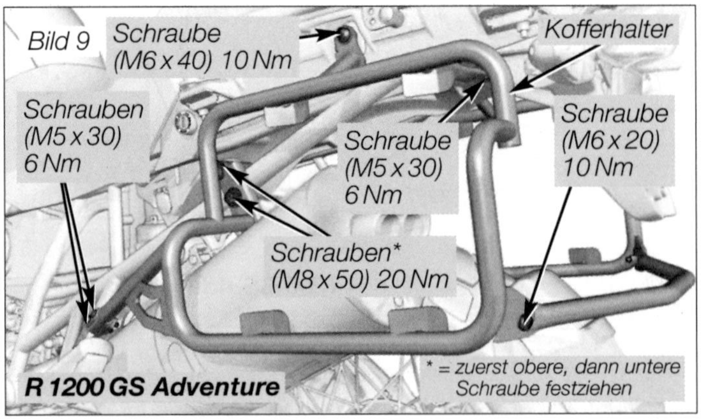

Verriegelung Fahrersitz an Heckrahmen, Mutter M5
bei R 1200 GS .... 4 Nm
Topcaseabstützung an Heckrahmen,
Schrauben M6 bei R 1200 GS bis Mj. 2007 .... 8 Nm
Schrauben M6 x 25 bei R 1200 GS ab Mj. 2008 .... 12 Nm
Schelle Kofferhalter an Heckrahmen, Schraube
M6 x 50 bei R 1200 GS ab Mj. 2008 .... 8 Nm
■ *zuerst obere, dann untere Schrauben festziehen*
Kofferhalter durch Heckteil an Heckrahmen oben, Schraube M6 x 35 .... 8,5 Nm
■ *mikroverkapselt, Schraube erneuern*
Kontermutter auf Befestigungspilz für Koffer .... 16 Nm

Bei R 1200 GS Adventure:
Kofferhalter durch Heckteil an Heckrahmen oben, Schraube M6 x 40 (Bild 9) .... 10 Nm
Schelle Kofferhalter an Heckrahmen,
Schrauben M8 x 50 (Bild 9) .... 20 Nm
■ *zuerst obere, dann untere Schraube festziehen*
Querstrebe an Kofferhalter links und rechts
Schraube M6 x 20 (Bild 9) .... 10 Nm
Motorschutzbügel an Motor oben,
Schrauben M6 x 16 bis Mj. 2007 .... 9 Nm
Motorschutzbügel an Motor unten,
Schrauben M10 x 30 bis Mj. 2007 .... 25 Nm
Motorschutzbügel an Vorderrahmen, Schrauben
M6 x 16 ab Mj. 2008 .... 9 Nm
■ *mechanische Schraubensicherung, Schrauben erneuern*
Motorschutzbügel an Motor, Schrauben
M10 x 30 bei ab Mj. 2008 .... 25 Nm
Tankschutzbügel an Verkleidungshalter/Motorschutzbügel,
Schrauben M6 x 16 ab Mj. 2008 .... 9 Nm

Bei R 1200 GS und Adventure ab Mj. 2004:
Verstelleinheit an Kofferboden .... 3 Nm
Verstelleinheit an Verstellrahmen .... 3 Nm
Hebel an Verstelleinheit .... 1,5 Nm
Verriegelung an Kofferboden .... 4 Nm
Blende an Kofferboden .... 1 Nm
Schlossleiste an Kofferdeckel .... 1,5 Nm

Bei R 1200 GS Adventure ab Mj. 2006:
Tankschutzbügel an Verkleidungshalter,
Schrauben M6 x 16/Muttern (Bild 10) .... 9 Nm
Seitenteil Motorschutzbügel an Tankschutzbügel, Schrauben M5 x 16 .... 5 Nm
Tankschutzbügel an Motorschutzbügel,
Schrauben M6 x 16 (Bild 11) .... 9 Nm
Motorschutzbügel an Kurbelgehäuse M10 x 30 (Bild 11) ... 25 Nm
Motorschutzbügel an Vorderrahmen M6 x 16 (Bild 11) .... 9 Nm
■ *mechanische Schraubensicherung, Schraube erneuern*

Bei R 1200 GS Adventure ab Mj. 2008:
Lagerdeckel an Heckteil, TB-Schraube 4 x 10,5 .... 2 Nm
Verriegelungshebel an Heckteil einteilig,
TB-Schraube 4 x 10,5 .... 2 Nm
Tankschutzbügel an Motorschutzbügel bis Mj. 2007
Schrauben M8 x 30 .... 18 Nm
Tankschutzbügel an Motorschutzbügel ab Mj. 2008
Schrauben M8 x 40 (Bild 12) .... 19 Nm

Fußrasten

Fahrerfußrastenplatte an Heckrahmen
bei R 850 GS, R 1100 GS .... 22 Nm
■ *Empfehlung: Loctite »mittelfest« auf gereinigtes Gewinde auftragen*
Fußrastenplatte mit Heckrahmen an Getriebe
bei R 1150 GS .... 42 Nm
■ *Loctite »mittelfest« auf gereinigtes Gewinde auftragen*
Fahrerfußrastenplatte an Getriebe bei R 1150 GS .... 21 Nm
■ *Empfehlung: Loctite »mittelfest« auf gereinigtes Gewinde auftragen*
Fahrerfußrastenplatte an Heckrahmen, Schrauben M8 x 40
bei R 1200 GS bis Mj. 2007 .... 19 Nm
■ *Empfehlung: Loctite »mittelfest« auf gereinigtes Gewinde auftragen*
Soziusfußrastenplatte an Heckrahmen
bei R 850 GS, R 1100 GS, R 1150 GS .... 21 Nm
■ *Empfehlung: Loctite »mittelfest« auf gereinigtes Gewinde auftragen*
■ *bei R 1200 GS Rahmenausleger statt Soziusfußrastenplatte*

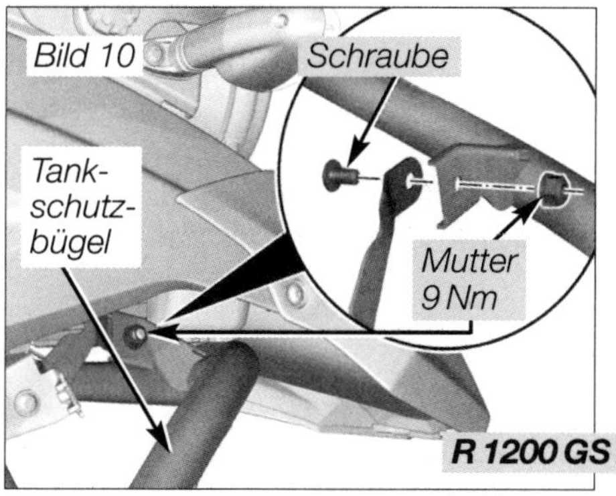

Bild 10: Tankschutzbügel an Verkleidungshalter, Motorschutzbügel.

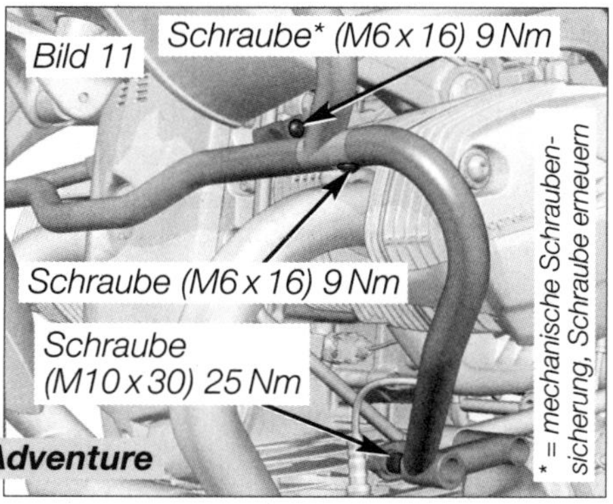

Bild 11: Motorschutzbügel an Kurbelgehäuse und an Vorderrahmen.

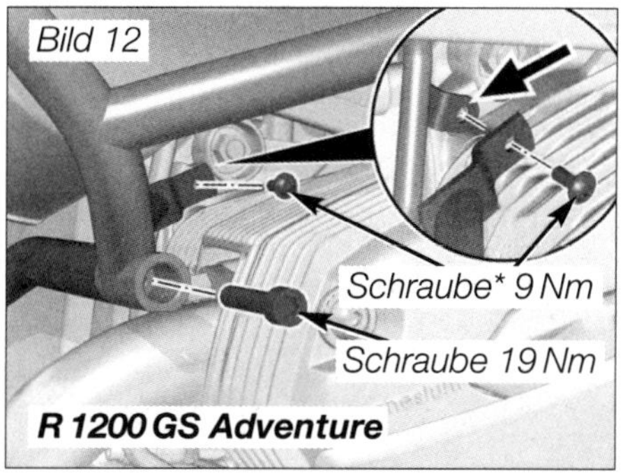

*Bild 12: Mittelstück vorsichtig so ansetzen, dass es auf der linken Seite **auf** dem Flansch der Ölleitung liegt (fetter Pfeil).*

Seitenständer

Seitenständer an Lagerbock
bei R 850 GS, R 1100 GS .... 42 Nm
■ *Loctite »hochfest« auf gereinigtes Gewinde auftragen*
bei R 1150 GS .... 58 Nm
■ *Loctite »hochfest« auf gereinigtes Gewinde auftragen*
bei R 1200 GS bis Mj. 2007, Schraube M10 x 1 .... 42 Nm
■ *Schraube erneuern*
bei R 1200 GS ab Mj. 2008, Schraube M10 x 1 .... 40 Nm
■ *mikroverkapselt, Schraube erneuern*

Mittelständer

Mittelständer an Lagerbock, Stiftschraube und Lagerbolzen
bei R 850 GS, R 1100 GS .... 21 Nm
■ *Loctite »hochfest« auf gereinigtes Gewinde auftragen*
Lagerbock an Motor rechts und links, Schrauben M12 x 30
bei R 850 GS, R 1100 GS .... 72 Nm
■ *Loctite »hochfest« auf gereinigtes Gewinde auftragen*
Lagerbolzen Mittelständer an Stiftschraube
bei R 1150 GS .... 21 Nm
■ *Loctite »mittelfest« auf gereinigtes Gewinde auftragen*
Mittelständer an Lagerbock, Linsenschrauben
bei R 1150 GS .... 21 Nm
Lagerbock an Motor rechts und links, Schrauben M12 x 30
bei R 1150 GS .... 72 Nm
■ *Loctite »hochfest« auf gereinigtes Gewinde auftragen*
Schraube M8 .... 21 Nm
■ *Loctite »hochfest« auf gereinigtes Gewinde auftragen*
Mittelständer an Heckrahmen, Schraube M10 x 30
bei R 1200 GS bis Mj. 2007 .... 40 Nm
bei R 1200 GS ab Mj. 2008 .... 40 Nm
■ *mikroverkapselt, Schraube erneuern*
Mittelständeranschlag an Auspufftopf, Schraube M6 x 16
bei R 1200 GS bis Mj. 2007 .... 6 Nm
Federeinhängeblech an Mittelständer, Schraube M8 x 30
bei R 1200 GS ab Mj. 2008 .... 20 Nm

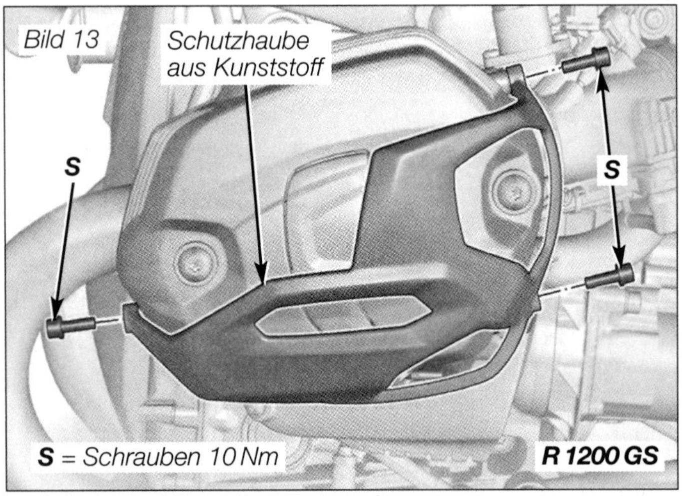

Bild 13: Befestigung Schutzhaube an Zylinderkopf.

Sonderausstattung

Lenkerstrebe an Lenker, Schrauben M6 x 25 .... 7 Nm
Unterteil Schelle an Unterteil Handprotektor,
Schraube M5 x 12 .... 2,5 Nm
■ *mikroverkapselt, Schraube erneuern*
Oberteil Schelle an Unterteil, Schraube M5 x 25 (Bild 2) ... 4 Nm
Handprotektor groß an Unterteil Handprotektor,
Schraube M5 x 12 .... 2,5 Nm
■ *mechanische Schraubensicherung, Schraube erneuern*
Anbindung Halter Tankrucksack an Verkleidungsmittelteil, Schraube M5 x 18 .... 2,4 Nm
Haltebügel Navigationssystem an Scheinwerferhalter
(nicht bei Adventure), Schraube M5 x 16 .... 5,5 Nm
■ *mikroverkapselt, Schraube erneuern*
Halter Navigationssystem an Haltebügel
Windschild, Schraube M5 x 12 .... 3 Nm
Zusatztasten für Navigationssystem
»Advanced Mount Cradle« M4 x 20 .... 1 Nm
Blende an Auspufftopf, Schraube M5 x 12 .... 3 Nm
Schutzhaube Zylinderkopf, Schrauben M6 x 20 (Bild 13) 10 Nm
Rahmenschutz an Heckrahmen, Schrauben M5 .... 5 Nm
Rahmenschutz an Schelle, Schrauben M6 .... 8 Nm
Rohrschelle an Halteblech Motorschutz,
Schraube M6 x 16 .... 8 Nm
Motorschutzbügel an Halter Motorschutz,
Schrauben M6 x 25, Schrauben M6 x 20 .... 8 Nm
Halter Motorschutz vorn an Kurbelgehäuse,
Mutter M10 x 90 .... 40 Nm
Schraube M6 x 16 rechts .... 8 Nm
Halter Motorschutz hinten an Kurbelgehäuse,
Muttern M8 x 20 (10.9) .... 19 Nm
Halteblech Motorschutz an Motorschutz,
Schrauben M6 x 16 .... 8 Nm
Ventildeckelschutz an Zylinderkopf,
Schraube M6 x 20 .... 20 Nm
Topcaseträger an Gepäckbrücke (nur Aluminium-Topcase)
bei R 1200 GS Adventure, Schrauben M6 x 20 .... 9 Nm

Motor und Anbauteile

Motorgehäuse

Bei R 850 GS, R 1100 GS:
Schrauben M10 (geölt) .... 45 Nm
Schrauben M8 (geölt) .... 20 Nm
Schrauben M6 .... 9 Nm
■ *Anziehreihenfolge: Zuerst die M10-Schrauben, dann die M8-Schrauben und dann die M6-Schrauben festziehen*

Bei R 1150 GS:
Schrauben M10 (geölt)
■ *Voranzug 25 Nm, Endanzug um weitere 90 Grad*
Schrauben M8 (geölt) .... 22 Nm
Schrauben M6 .... 9 Nm
■ *Anziehreihenfolge: Zuerst die M10-Schrauben, dann die M8-Schrauben und dann die M6-Schrauben festziehen*

Motorgehäuse bei R 1200 GS ab Mj. 2004:
Vormontage Motorgehäuse rechts und links
Alle Schrauben locker eindrehen

Motorgehäuse rechts (Bild 14)
Schrauben M10 x 130
■ *Voranzug 25 Nm, Endanzug um weitere 90 Grad*
Schrauben M10 x 110
■ *Voranzug 25 Nm, Endanzug um weitere 90 Grad*
Schrauben M8 x 80 .... 19 Nm
Schrauben M8 x 35 .... 19 Nm
Schrauben M6 x 50 .... 8 Nm
Schrauben M6 x 35 .... 8 Nm

Motorgehäuse links
Schrauben M10 x 110 (10.9)
■ *Voranzug 25 Nm, Endanzug um weitere 90 Grad*
Schrauben M8 x 60, verschraubt mit Dichtring .... 19 Nm
Schrauben M6 x 50 .... 8 Nm
Schrauben M6 x 35 .... 8 Nm
Schrauben M6 x 25 .... 8 Nm

Motorgehäuse bei R 1200 GS ab Mj. 2010:
Vormontage Motorgehäuse links
Schrauben M10 x 110 (10.9)
■ *Voranzug 25 Nm, Endanzug um weitere 90 Grad*
Schrauben M8 x 60, verschraubt mit Dichtring .... 19 Nm

Vormontage Motorgehäuse rechts
Schrauben M10 x 130
■ *Voranzug 25 Nm, Endanzug um weitere 90 Grad*
Schrauben M10 x 110
■ *Voranzug 25 Nm, Endanzug um weitere 90 Grad*
Schrauben M8 x 80 .... 19 Nm
Schrauben M8 x 35 .... 19 Nm

Motorgehäuse links
Schrauben M10 x 110 (10.9)
■ *Voranzug 25 Nm, Endanzug um weitere 90 Grad*
Schrauben M8 x 60, verschraubt mit Dichtring .... 19 Nm
Schrauben M6 x 50 .... 8 Nm
Schrauben M6 x 35 .... 8 Nm
Schrauben M6 x 25 .... 8 Nm

Motorgehäuse rechts (Bild 14)
Schrauben M10 x 130
■ *Voranzug 25 Nm, Endanzug um weitere 90 Grad*
Schrauben M10 x 110
■ *Voranzug 25 Nm, Endanzug um weitere 90 Grad*
Schrauben M8 x 80 .... 19 Nm
Schrauben M8 x 35 .... 19 Nm
Schrauben M6 x 50 .... 8 Nm
Schrauben M6 x 35 .... 8 Nm

Zylinder an Kurbelgehäuse bei R 850 GS, R 1100 GS, R 1150 GS
Schraube M8 .... 20 Nm
Schraube M6 .... 9 Nm
Lagerschraube der Kettenführungsschiene .... 18 Nm
■ *neue Dichtscheibe verwenden*
■ *Anziehreihenfolge: Zuerst die M8-Schrauben, dann die M6-Schrauben und dann die Lagerschraube festziehen*

Zylinder an Kurbelgehäuse bei R 1200 GS bis Mj. 2007
Schraube M8 .... 19 Nm
Schraube M6 .... 8 Nm
Lagerschraube M10 der Kettenführungsschiene .... 18 Nm
■ *neue Dichtscheibe verwenden*
■ *Anziehreihenfolge: Zuerst die M8-Schrauben, dann die M6-Schrauben und dann die Lagerschraube festziehen*

Räderkastendeckel an Kurbelgehäuse
bei R 850 GS, R 1100 GS, R 1150 GS
Schrauben M6 .... 9 Nm
Schrauben M8 .... 20 Nm
bei R 1200 GS Schrauben M6 x 30 .... 9 Nm
Lagerdeckel Nebenwelle vorne an Räderkastendeckel
M6 x 20 bei R 1200 GS bis Mj. 2009 .... 8 Nm
Kupplungsabdeckung an Motor, Schrauben M6 x 16 .... 8 Nm
Motorgehäuse-Entlüftungsstutzen an Zylinderkopf,
Schrauben M6 x 14 bei R 1200 GS bis Mj. 2009 .... 8 Nm
Schrauben M6 x 16 bei R 1200 GS ab Mj. 2010 .... 8 Nm
■ *mikroverkapselt, Schraube erneuern*

Motorschutz
Bei R 1200 GS bis Mj. 2007:
Gummipuffer M6 an Motorblock .... 8 Nm
Silentblock M8 an Motorblock .... 19 Nm
Motorschutz
vorn links, Schraube M8 x 16 .... 19 Nm
vorn rechts, Schraube M6 x 10 mit Scheibe .... 8 Nm
hinten links und rechts, Mutter M8 .... 19 Nm

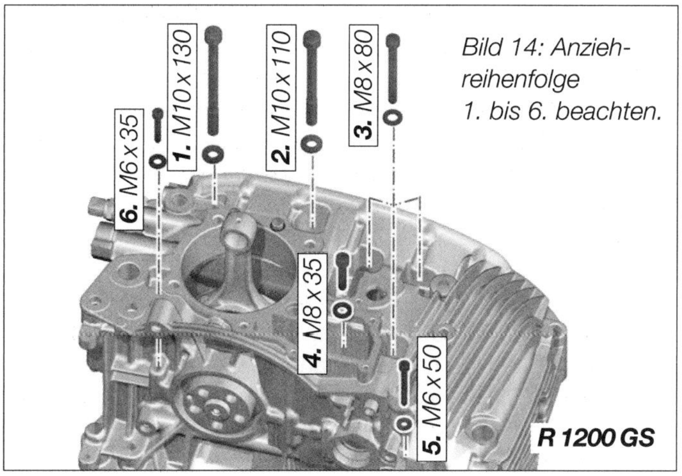

Bild 14: Anziehreihenfolge 1. bis 6. beachten.

Bei R 1200 GS ab Mj. 2008:
Gummipuffer M8 an Motorblock .... 19 Nm
Motorschutz
vorn links, Schraube M8 x 20 .... 19 Nm
vorn rechts, Schraube M6 x 10 .... 8 Nm
Halter Motorschutz an Motorblock, Schraube M10 x 90.... 40 Nm

Bei R 1200 GS ab Mj. 2010:
Gummipuffer M8 an Motorblock .... 19 Nm
Motorschutz
hinten an Gummipuffer, Mutter M8 .... 19 Nm
vorn links, Schraube M6 x 30 .... 10 Nm
vorn rechts, Schraube M6 x 20 .... 10 Nm
Halter Motorschutz an Motorblock, Schraube M10 x 90... 40 Nm

Einspritzdüsen, Luftfilterkasten, Benzinpumpe
Schraube(n) Einspritzdüse an Drosselklappenstutzen ...... 5 Nm
Luftfilterkasten an Vorderrahmen bei R 1200 GS .... 8 Nm
Benzinpumpeneinheit an Tank
bei R 850 GS, R 1100 GS, R 1150 GS .... 6 Nm
Überwurfmutter Benzinpumpeneinheit an Tank
bei R 1200 GS .... 35 Nm

Auspuffanlage
Auspuffkrümmer an Zylinderkopf mit Lasche (Bild 16a)
bei R 850 GS, R 1100 GS .... 22 Nm
Auspuffkrümmer an Zylinderkopf mit Hosenrohr (Bild 16a)
bei R 850 GS, R 1100 GS .... 18 Nm
Auspuffkrümmer an Zylinderkopf (Bild 17)
bei R 1150 GS, R 1200 GS .... 21 Nm
Schraube Schelle Verbindungsrohr Auspuffkrümmer
bei R 1150 GS .... 60 Nm
■ *Anlagefläche leicht mit »Optimoly TA« befetten*
Schrauben Halteschelle an Auspuffkrümmer hinten
bei R 1200 GS bis Mj. 2009 .... 8 Nm
■ *Gewinde leicht mit »Optimoly TA« befetten*
Schrauben Halteschelle an Auspuffkrümmer hinten
bei R 1200 GS ab Mj. 2010 .... 8 Nm
Schrauben Halter Auspuffkrümmer an Getriebe
bei R 1200 GS .... 9 Nm
Schrauben Schellen Vorschalldämpfer an Auspuffkrümmer
bei R 1150 GS .... 60 Nm
■ *Gewinde leicht mit »Optimoly TA« befetten*
Schrauben Vorschalldämpfer an Mittelständerlaschen
bei R 1150 GS .... 30 Nm
■ *Gewinde leicht mit »Optimoly TA« befetten*
Schrauben Endkappe an Auspufftopf
bei R 1150 GS .... 8 Nm
■ *Gewinde leicht mit »Never Seez« befetten*
Schrauben Auspufftopf an Trägerplatte für Mittelständer
bei R 850 GS, R 1100 GS .... 20 Nm
Klemmschrauben Klemmschelle an Auspufftopf
bei R 850 GS, R 1100 GS .... 50 Nm
■ *Anlagefläche leicht mit »Never Seez« befetten*
Klemmschrauben Klemmschelle (Torcaschelle) an Auspufftopf
bei R 1200 GS bis Mj. 2009 (Bild 17) .... 55 Nm
■ *Anlagefläche leicht mit »Optimoly TA« befetten*
Klemmschrauben Klemmschelle (Torcaschelle) an Auspufftopf
bei R 1200 GS ab Mj. 2010 .... 28 Nm
■ *Anlagefläche mit »Optimoly TA« befetten*
Schrauben Halter an Auspufftopf
bei R 1150 GS .... 15 Nm
■ *Gewinde leicht mit »Never Seez« befetten*
Auspufftopf an Heckrahmen
bei R 850 GS, R 1100 GS (Bild 16b) .... 24 Nm
bei R 1150 GS .... 21 Nm
bei R 1200 GS .... 19 Nm
Lambdasonde in Auspuffkrümmer
bei R 850 GS, R 1100 GS .... 55 Nm
■ *Gewinde leicht mit »Never Seez« befetten*
Lambdasonde in Auspuffkrümmer (Bild 17)
bei R 1150 GS, R 1200 GS .... 45 Nm
■ *Gewinde leicht mit »Optimoly TA« befetten*
Abdeckung an Auspuffklappe, Schraube M5 x 10
bei R 1200 GS ab Mj. 2010 (Bild 19) .... 5 Nm
■ *mikroverkapselt, Schraube erneuern*
Stellmotor Auspuffklappe an Heckrahmen,
Schrauben M6 x 20
bei R 1200 GS ab Mj. 2010 (Bild 20) .... 8 Nm
Seilzug an Auspuffklappe, Kontermutter M6
bei R 1200 GS ab Mj. 2010 (Bild 18) .... 5 Nm

Schmiersystem
Ölfilter .... 11 Nm
■ *Dichtring mit frischem Motoröl bestreichen*
Ölablassschraube .... 32 Nm
■ *Gewinde, Dichtfläche und Dichtscheibe mit frischem Motoröl bestreichen*
Öleinfüllschraube M34 x 1,5 in Zylinderkopfhaube
bei R 1200 GS bis Mj. 2009 .... 8 Nm
Öldruckschalter .... 30 Nm
Öltemperatur-Sensor M14 x 1,5
bei R 1200 GS .... 16 Nm

Ölpumpe
Ölpumpe/Deckel an Motorgehäuse M6 x 45, M6 x 50
bei R 850 GS, R 1100 GS, R 1150 GS .... 9 Nm
Ölpumpe an Motorgehäuse M6 x 40, M6 x 45
bei R 1200 GS
■ *Schrauben nur einmal verwenden*
■ *Voranzug 4 Nm, Endanzug um weitere 90 Grad*
Schraube(n) Ölsaugschnorchel an Motorgehäuse rechts
bei R 850 GS, R 1100 GS .... 9 Nm
bei R 1150 GS .... 10 Nm
bei R 1200 GS .... 8 Nm
Überdruckventil Verschlussschraube
bei R 850 GS, R 1100 GS .... 35 Nm
bei R 1150 GS, R 1200 GS .... 42 Nm

Ölkühler

Schrauben Ölkühler an Halter
bei R 850 GS, R 1100 GS, R 1150 GS .... 9 Nm
Schrauben M6 x 30 Ölkühler an Verkleidungshalter
bei R 1200 GS .... 8 Nm
Einschraubstutzen Ölkühlerleitung Vorlauf an Motorgehäuse
bei R 1100 GS bis 12/1997 .... 35 Nm
■ *Loctite 603 auf gereinigtes Innen- und Außengewinde und auf Dichtfläche*
Schrauben M6 x 16 Ölkühlerleitung Vorlauf an Motorgehäuse
bei R 850 GS, R 1100 GS ab 01/1998, R 1150 GS .... 9 Nm
Schrauben M6 x 16 Ölkühlerleitung Vorlauf an Motorgehäuse
bei R 1200 GS .... 8 Nm
Hohlschraube Ölkühlerleitung Rücklauf an Motorgehäuse
bei R 850 GS, R 1100 GS .... 25 Nm
Hohlschraube Ölkühlerleitung Rücklauf
an Motorgehäuse .... 35 Nm
Überwurfmutter Ölkühlerleitung Vorlauf an Einschraubstutzen
bei R 1100 GS bis 12/1997 .... 25 Nm
Überwurfmutter Ölkühlerleitung an Ölkühler
bei R 1100 GS ab 01/1998 .... 25 Nm
Befestigung Ölkühlerleitung an Motorgehäuse
bei R 850 GS, R 1100 GS, R 1150 GS .... 10 Nm
Befestigung Ölkühlerleitung an Motorgehäuse
bei R 1200 GS .... 5 Nm
Schrauben M5 x 16 Ölkühlerleitung an Verkleidungshalter
bei R 1200 GS bis Mj. 2007 .... 5 Nm
Schrauben M5 x 16 Ölkühlerleitung an Verkleidungshalter
bei R 1200 GS ab Mj. 2008 .... 4,6 Nm
Schrauben Ölkühlerleitung an Vorderrahmen
bei R 1200 GS .... 8 Nm
Leitung Kühlöl innerhalb Motor an Motorgehäuse rechts, Hohlschraube M14 x 1,5 bei R 1200 GS .... 25 Nm
Leitung Kühlöl innerhalb Motor an Motorgehäuse links, Schraube M6 x 16 bei R 1200 GS .... 8 Nm

Kupplung

Kupplungsgehäuse an Kurbelwelle
bei R 850 GS, R 1100 GS, R 1150 GS,
■ *Voranzug 40 Nm, Endanzug um weitere 32 Grad*
■ *Schraubengewinde leicht geölt*
Kupplungsgehäuse an Kurbelwelle bei R 1200 GS
■ *Voranzug 40 Nm, Endanzug um weitere 40 Grad*
■ *Schraubengewinde leicht geölt, Schrauben erneuern*
Kupplungsgehäusedeckel an Kupplungsgehäuse
bei R 850 GS, R 1100 GS .... 18 Nm
Kupplungsgehäusedeckel an Kupplungsgehäuse
bei R 1150 GS .... 12 Nm
Kupplungsgehäusedeckel an Kupplungsgehäuse
bei R 1200 GS .... 12 Nm
■ *Schrauben nur einmal verwenden, über Kreuz anziehen*
Schrauben Kupplungsnehmerzylinder an Getriebe
bei R 1150 GS .... 9 Nm
bei R 1200 GS .... 8 Nm
Hohlschraube Kupplungsleitung an Handarmatur
bei R 1150 GS .... 14 Nm
bei R 1200 GS bis Mj. 2007 .... 24 Nm
bei R 1200 GS ab Mj. 2008 .... 18 Nm
Hohlschraube Kupplungsleitung an Nehmerzylinder
bei R 1150 GS .... 14 Nm
bei R 1200 GS bis Mj. 2007 .... 24 Nm
bei R 1200 GS ab Mj. 2008 .... 18 Nm
Entlüfterventil an Hohlschraube
bei R 1200 GS .... 5 Nm
Gegenmutter am Ausrückhebel
bei R 850 GS, R 1100 GS .... 22 Nm
Gewindestift an Befüllschnittstelle
bei R 1150 GS .... 10 Nm

Schaltung

Schraube M10 Fußschalthebel an Fußrastenplatte
bei R 850 GS, R 1100 GS, R 1150 GS .... 35 Nm
Schraube M6 Fußschalthebel an Zwischenwelle
bei R 1200 GS .... 8 Nm

Bei R 1200 GS:
Kontermutter Kugelpfanne auf Schaltstange .... 7,5 Nm
Kugelkopf an Getriebeschalthebel .... 19 Nm
Kontermutter Kugelkopf an Zwischenwelle
bei R 1200 GS bis Mj. 2007 .... 17 Nm
bei R 1200 GS ab Mj. 2008 .... 19 Nm
Kugelkopf an Zwischenwelle
bei R 1200 GS bis Mj. 2007 .... 10 Nm
bei R 1200 GS ab Mj. 2008 .... 19 Nm
Trittstück an Fußschalthebel, Schraube M6 x 16
bei R 1200 GS Adventure ab Mj. 2010 .... 8 Nm

Getriebe

Ölablass- und Einfüllschraube des Getriebes
bei R 850 GS, R 1100 GS .... 23 Nm
bei R 1150 GS, R 1200 GS .... 30 Nm
Getriebe an Motor M8
bei R 850 GS, R 1100 GS, R 1150 GS .... 22 Nm
bei R 1200 GS .... 19 Nm
Schraube Getriebe-Schalthebel an Schaltwelle
bei R 850 GS, R 1100 GS, R 1150 GS .... 9 Nm
bei R 1200 GS .... 8 Nm
Getriebedeckel an Getriebegehäuse
bei R 850 GS, R 1100 GS, R 1150 GS, R 1200 GS bis Mj. 2007 .... 9 Nm
bei R 1200 GS ab Mj. 2008 .... 10 Nm
Gangpositions-Sensor (Getriebepotentiometer) an Getriebe
bei R 1200 GS bis Mj. 2009 .... 8 Nm
bei R 1200 GS ab Mj. 2010 .... 5 Nm

Schraube für Leerlaufarretierung
bei R 850 GS, R 1100 GS .... 13 Nm
■ *Loctite »mittelfest« auf gereinigtes Gewinde auftragen*
Arretierhebel an Getriebedeckel
bei R 1200 GS ab Mj. 2008 .... 8 Nm

Zylinderkopf
Kontermutter Ventileinstellschraube M6 x 0,5 (SW10)
bei R 850 GS, R 1100 GS, R 1150 GS,
R 1200 GS Mj. 2004 bis Mj. 2009 .... 8 Nm
Zylinderkopfhaube (Ventildeckel)
bei R 850 GS, R 1100 GS, R 1150 GS .... 8 Nm
bei R 1200 GS .... 10 Nm
Zylinderkopfbefestigung bei R 850 GS, R 1100 GS,
R 1150 GS, R 1200 GS bis Mj. 2009
Muttern M10 (SW15) .... 20 Nm
■ *Fügemoment 20 Nm, dann zweimal nacheinander mit Drehwinkel um weitere 90 Grad kreuzweise anziehen*
Schraube M10 .... 40 Nm
Schrauben M6 .... 9 Nm
■ *Schrauben und Muttern geölt einbauen*
Zylinderkopfbefestigung bei R 1200 GS ab Mj. 2010
Muttern M10 (SW15) .... 20 Nm
■ *Fügemoment 20 Nm, dann zweimal nacheinander mit Drehwinkel um weitere 90 Grad kreuzweise anziehen*
Schraube M8 .... 20 Nm
Schrauben M6 .... 9 Nm
■ *Schrauben und Muttern geölt einbauen*

Nach 1000 km Zylinderkopf nachziehen:
Beachten: Bei R 1200 GS ab Mj. 2010 muss der Zylinderkopf nicht nachgezogen werden.
Bei R 850 GS, R 1100 GS, R 1150 GS,
R 1200 GS bis Mj. 2009:
Zylinderkopfmutter M10 (SW15) .... 20 Nm
■ *Über Kreuz: Mutter M10 Zugankerverschraubung lösen und wieder anziehen mit 20 Nm, dann Endanzug um weitere 180 Grad*
■ ***Anmerkung:*** *Mutter lösen und wieder festziehen, dann nächste Mutter lösen und wieder festziehen, usw., Schraube kommt zum Schluss.*

Schraube M10 .... 40 Nm
■ *Schraube lösen und wieder festziehen*
Schrauben Kipphebelachsenlagerdeckel ....
bei R 850 GS, R 1100 GS .... 15 Nm
bei R 1150 GS .... 18 Nm
Schrauben Nockenwellendeckel an Zylinderkopf
bei R 850 GS, R 1100 GS, R 1150 GS .... 9 Nm
Schrauben Nockenwellenlagerdeckel
bei R 850 GS, R 1100 GS, R 1150 GS .... 15 Nm
Schrauben M8 Steuerungsträger Nockenwellenlager
Lagerbrücke bei R 1200 GS Mj. 2004 bis 2009 .... 18 Nm
Schrauben M8 Steuerungsträger Nockenwellenlager
Lagerbrücke bei R 1200 GS Mj. 2004 bis Mj. 2009 ... 15 Nm

Schrauben M6 Steuerungsträger an Zylinderkopf
bei R 1200 GS Mj. 2004 bis Mj. 2009 .... 8 Nm
bei R 1200 GS ab Mj. 2010 .... 10 Nm
■ *kreuzweise anziehen*
Schrauben M6 Stützelement an Steuerungsträger
bei R 1200 GS ab Mj. 2010 .... 8 Nm
■ *mikroverkapselt, Schraube erneuern*
Schrauben M6 Oberteil an Unterteil Steuerungsträger
bei R 1200 GS ab Mj. 2010 .... 10 Nm
Ansaugstutzen an Zylinderkopf M6 x 20
bei R 850 GS, R 1100 GS, R 1150 GS .... 9 Nm
bei R 1200 GS .... 8 Nm

Zylinder
Zylinder an Kurbelgehäuse, Anziehreihenfolge
bei R 850 GS, R 1100 GS, R 1150 GS:
1: Schraube M8 .... 20 Nm
2: Schrauben M6 .... 9 Nm
3: Lagerschraube Steuerketten-Gleitschiene .... 18 Nm
■ *neue Dichtscheibe verwenden*
Zylinder an Kurbelgehäuse, Anziehreihenfolge
bei R 1200 GS Mj. 2004 bis Mj. 2009:
1: Schraube M8 .... 19 Nm
2: Schrauben M6 .... 9 Nm
3: Lagerschraube Steuerketten-Gleitschiene .... 18 Nm
■ *neue Dichtscheibe verwenden*
Schrauben M6 Zylinder an Kurbelgehäuse
bei R 1200 GS ab Mj. 2010 .... 8 Nm

Nockenwelle
Schraube M10 x 1,25x25 Kettenritzel an Nockenwelle ..... 65 Nm
Schraube M10 Steuerkettenschiene an Kurbelgehäuse .... 18 Nm
Schraube M6 Nockenwellenkettenspanner-
Gehäuse an Kurbelgehäuse
bei R 850 GS, R 1100 GS, R 1150 GS .... 9 Nm
bei R 1200 GS Mj. 2004 bis Mj. 2009 .... 8 Nm
Nockenwellenkettenspanner an Zylinder M18 x 1,5 .... 32 N
Steuerkettenschiene an Steuerungsträger,
Schraube M6 bei R 1200 GS ab Mj. 2010 .... 8 Nm
Übersprungschutz an Steuerungsträger:
Schraube M6 bei R 1200 GS ab Mj. 2010 .... 10 Nm

Nebenwelle
Schraube M6 Kettenrad an Kurbelwelle
bei R 850 GS, R 1100 GS, R 1150 GS .... 10 Nm
bei R 1200 GS .... 8 Nm
Schraube(n) Kettenrad an Nebenwelle
bei R 850 GS, R 1100 GS, R 1150 GS .... 70 Nm
bei R 1200 GS .... 8 Nm

Pleuel
Pleuelschrauben bei R 850 GS, R 1100 GS, R 1150 GS
■ *neue Schrauben verwenden, geölt einsetzen*
■ *1. Fügemoment 20 Nm, 2. Endanzug um weitere 80 Grad*

Pleuelschrauben M10 x 1,25 bei R 1200 GS Mj. 2004 bis 2007
■ *neue Schrauben verwenden, geölt einsetzen*
■ *1. Fügemoment 5 Nm, 2. Voranzug 20 Nm, 3. Endanzug um weitere 90 Grad*
Pleuelschrauben M10 x 1 bei R 1200 GS ab Mj. 2008
■ *neue Schrauben verwenden, geölt einsetzen*
■ *1. Fügemoment 5 Nm, 2. Voranzug 20 Nm, 3. Endanzug um weitere 105 Grad*

Ausgleichswelle
Dehnschaftschraube M8 x 70 Ausgleichsgewicht an Ausgleichswelle bei R 1200 GS
■ *Voranzug 10 Nm, Endanzug um weitere 90 Grad*
■ *neue Schraube verwenden, geölt einsetzen*
Schraube M8 x 50 Zahnrad an Ausgleichswelle bei R 1200 GS Mj. 2004 bis Baustand September 2007 .. 19 Nm
■ *geölt ansetzen*
Mutter M12 x 1,5 Zahnrad an Ausgleichswelle bei R 1200 GS ab Baustand Oktober 2007 .... 75 Nm
Riemenrad an Kurbelwelle bei R 850 GS, R 1100 GS, R 1150 GS .... 50 Nm
Riemenrad an Kurbelwelle bei R 1200 GS .... 140 Nm
■ *Voranzug 40 Nm, Endanzug 140 Nm*

Kurbelgehäuse
Kurbelgehäuse, Anziehreihenfolge bei R 850 GS, R 1100 GS:
1: Schrauben M10 .... 45 Nm
2: Schrauben M8 .... 20 Nm
3: Schrauben M6 .... 9 Nm
■ *alle Schrauben geölt einsetzen*
Kurbelgehäuse, Anziehreihenfolge bei R 1150 GS:
1: Schrauben M10
■ *Voranzug 25 Nm, Endanzug um weitere 90 Grad*
2: Schrauben M8 .... 22 Nm
3: Schrauben M6 .... 9 Nm
■ *M10 und M8 Schrauben geölt einsetzen*
Kurbelgehäuse, Anziehreihenfolge bei R 1200 GS:
1: Schrauben M10
■ *Voranzug 25 Nm, Endanzug um weitere 90 Grad*
2: Schrauben M8 .... 19 Nm
3: Schrauben M6 .... 8 Nm
■ *alle Schrauben geölt einsetzen*

Elektrik

Zündkerzen, Zündung
Zündkerze in Zylinderkopf M12 x 1,25 bei R 850 GS, R 1100 GS
Bosch FR6DDC, Erst- und Wiederanzug .... 20 Nm
Zündkerze in Zylinderkopf M12 x 1,25 bei R 1150 GS
NGK BKR7EKC, Erst- und Wiederanzug .... 25 Nm
Haupt- und Nebenzündkerze in Zylinderkopf M12 x 1,25 bei R 1200 GS Mj. 2004 bis Mj. 2007
Bosch YR5LDE, Erst- und Wiederanzug .... 23 Nm
NGK DCPR8EKC, Erst- und Wiederanzug .... 20 Nm
Haupt- und Nebenzündkerze in Zylinderkopf M12 x 1,25 bei R 1200 GS Mj. 2008 und 2009
NGK DCPR8EKC, Erst- und Wiederanzug .... 20 Nm
Haupt- und Nebenzündkerze in Zylinderkopf M10 x 1 bei R 1200 GS ab Mj. 2010
NGK MAR8B-JDS, Erst- und Wiederanzug .... 12 Nm
Zündspulen-Abdeckung in Zylinderkopf M6 x 12 bei R 1200 GS .... 8 Nm
Zünd-Lenkschloss an Gabelbrücke, Fächerschrauben (Abreißschrauben) M8
bei R 850 GS, R 1100 GS, ... 15 Nm
■ *Neue Schrauben verwenden*
■ *Loctite »hochfest« auf gereinigte Gewinde auftragen*
bei R 1150 GS, R 1200 GS .... 20 Nm
■ *mikroverkapselt, Schrauben erneuern*

Schalter und Sensoren
Raddrehzahl- (ABS-) Sensor vorne und hinten .... 4 Nm
Kurbelwellenpositions-Sensor bei R 1200 GS .... 8 Nm
Klopfsensor an Zylinder links/rechts bei R 1200 GS .... 19 Nm
Nockenwellenpositions-Sensor an Nockenwellendeckel bei R 1200 GS .... 8 Nm
Zylinderkopftemperatur-Sensor .... 10 Nm
Getriebepotentiometer an Getriebe (berührungslos) M5 x 16 bei R 1200 GS .... 5 Nm
Gang- (Schaltwalzenpositions-) Sensor M6 x 25 bei R 1100 GS, R 1150 GS, R 1200 GS bis Mj. 2009.... 8 Nm
Lambdasonde in Auspuffkrümmer bei R 1100 GS, R 850 GS .... 55 Nm
■ *Gewinde mit »Never Seez« befetten*
Lambdasonde in Auspuffkrümmer bei R 1150 GS, R 1200 GS (Bild 17) .... 45 Nm
■ *Gewinde mit »Optimoly TA« befetten*
Öldruckschalter in Motorgehäuse .... 30 Nm
Öltemperatur-Sensor M14 x 1,5 bei R 1200 GS .... 16 Nm

Sonstige Schalter und Sensoren bei R 1200 GS
Außentemperatur-Sensor M5 x 16 an Verkleidungshalter bei Sonderausstattung mit Bordcomputer ...... 2,4 Nm
Motortemperatur-Fühler (Zylinderkopftemperatur-Sensor) M10 x 1 im Zylinderkopf außen...................... 10 Nm
Ölstand-Sensor an Motorgehäuse, Schrauben M6 x 16 Sonderausstattung mit Bordcomputer .... 8 Nm
■ *Loctite »mittelfest« auf gereinigtes Gewinde auftragen*
RDC-Sensor (Reifendruck-Control, Sonderausstattung) an Vorderrad- und Hinterrad-Felge, Überwurfmutter... 12 Nm
■ *Voranzug mit 12 Nm, Mutter lösen, Endanzug mit 12 Nm*
■ *mikroverkapselt, Überwurfmutter erneuern*

Lichtmaschine (Stromgenerator)
Schrauben M5 Riemenabdeckung (Lichtmaschinendeckel) an Motor .... 5 Nm
Schrauben M5 hintere Riemenabdeckung an Lichtmaschine bei R 1200 GS .... 5 Nm

Schrauben M5 Riemenabdeckung an hintere Riemenabdeckung bei R 1200 GS .... 3 Nm
Schrauben M8 Lichtmaschine an Limaträger/Motorgehäuse
bei R 850 GS, R 1100 GS, R 1150 GS .... 20 Nm
bei R 1200 GS .... 18 Nm
Riemenscheibe an Lichtmaschine .... 50 Nm
Flanschmutter M8 Plusleitung an Lichtmaschine
bei R 850 GS, R 1100 GS .... 15 Nm
bei R 1150 GS mit Bosch-Generator .... 15 Nm
Flanschmutter M6 Plusleitung an Lichtmaschine
bei R 1150 GS mit Denso-Generator .... 6 Nm
bei R 1200 GS .... 6 Nm
■ *mechanische Schraubensicherung, Mutter erneuern*
Riemenrad an Kurbelwelle
bei R 850 GS, R 1100 GS, R 1150 GS .... 50 Nm
Riemenrad an Kurbelwelle M22 x 1,5
bei R 1200 GS .... 140 Nm
■ *Voranzug 40 Nm, Endanzug 140 Nm*

Anlasser (Elektrostarter)
Schrauben M8 Anlasser an Motor
bei R 850 GS, R 1100 GS, R 1150 GS .... 20 Nm
bei R 1200 GS .... 19 Nm
Schraube M6 Anlasserabdeckung an Getriebe .... 7 Nm
Mutter M8 Plusleitung an Anlasser................................ 10 Nm

Batterie
Batteriehalter (Haltebügel) an Luftfiltergehäuse, Schrauben M5 x 16.. 5 Nm
Kabelbaum +/– an Batterie... 4 Nm

Sonstige elektrische Bauteile
Schrauben M6 Scheinwerfer an Scheinwerferträger
bei R 1200 GS .... 5 Nm
Mutter M8 Hupe an Halter
bei R 850 GS, R 1100 GS, R 1150 GS .... 9 Nm
Schraube M6 Hupe an Halter
bei R 1200 GS Mj. 2004 bis Mj. 2007 .... 9 Nm
Schraube M6 Hupe an Halter
bei R 1200 GS ab Mj. 2008 .... 6 Nm
Halter Diagnosestecker an Hinterradkotflügel
bei R 1200 GS ab Mj. 2008 .... 2,4 Nm
Kabelbaum mit Kabelführungsschiene an Heckrahmen, Schraube M5 x 10............................ 2 Nm
Kabelbaum mit Kabelkanal an Heckrahmen, Schrauben M5 x 12 bei R 1200 GS, Mj. 2010........... 1,5 Nm
Kabelbaum mit Kabelkanal an Vorderrahmen, Schrauben M4 x 14... 1,6 Nm
Kabelbaum Masse an Zylinderkopf links und rechts, Schraube M6 x 10 .... 8 Nm
Kabelbaum Masse an Kurbelgehäuse, Schraube M6 x 12 .... 8 Nm
Bordsteckdose an Hinterradabdeckung, Mutter M18 x 1.. 3 Nm
Hupe an Hupenhalter bei R 1100 GS, R 1150 GS............ 8 Nm
■ *Loctite »mittelfest« auf gereinigtes Gewinde auftragen*

Hupe an Hupenhalter bei R 1200 GS ab Mj. 2004............ 9 Nm
Hupe mit Hupenhalter an Vorderrahmen
bei R 1200 GS ab Mj. 2008 .... 6 Nm
Hupenhalter an Verkleidungshalter
bei R 1200 GS Mj. 2004 .... 9 Nm
Anlasserrelais mit Relaissockel
bei R 1200 GS ab Mj. 2004 bis Mj. 2007 .... 1 Nm

Beleuchtung
Bei R 1200 GS ab Mj. 2004:
Scheinwerfer an Scheinwerferträger, Schrauben M6 x 30... 5 Nm
Blinker an Scheinwerferträger vorne, Schraube M6 x 16 .... 2 Nm
Streuscheibe an Blinkergehäuse vorne und hinten........ 0,6 Nm
Blinker hinten an Kennzeichenträger, Schraube M6 x 22 ... 2 Nm
■ *mechanische Schraubensicherung, Schraube erneuern*
Heckleuchte an Kennzeichenträger, Schraube M6........... 4 Nm

Zusatzscheinwerfer
Bei R 1200 GS ab Mj. 2010:
Zusatzscheinwerfer an Halter Zusatzscheinwerfer, Schraube M6 x 40 .... 6 Nm
Halter Zusatzscheinwerfer an Verkleidungshalter,
Schraube vorne M5 x 25 mit Vorderradabdeckung ... 2,5 Nm
hinten Schraube M6 x 40.. 6 Nm
Bei R 1200 GS Adventure:
Halter Zusatzscheinwerfer an Tankschutzbügel, Schraube M6 x 16 (Bild 15)... 8 Nm
■ *mechanische Schraubensicherung, Schraube erneuern*
Zusatzscheinwerfer an Halter Zusatzscheinwerfer, Schraube M6 x 40 .... 6 Nm

Diebstahlwarnanlage (DWS) an Hinterradkotflügel (Sonderausstattung), Schrauben M4 x 12 bei R 1200 GS Adventure, Mj. 2006, R 1200 GS; Mj. 2004.................. 8 Nm
Diebstahlwarnanlage (DWS) an Hinterradabdeckung (Sonderausstattung), Schrauben M5 x 12 bei R 1200 GS, ab Mj. 2008.. 1 Nm
Entstörkondensator an Halter, Schraube M6 x 16 .... 10 Nm
Halter Instrumentenkombination, PT-Schraube 3,5 x 12 ... 1 Nm

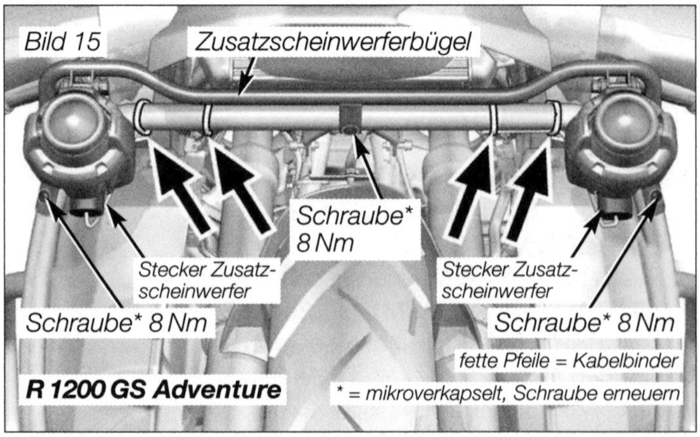

Bild 15: Halter Zusatzscheinwerfer an Tankschutzbügel.

Ergänzung Auspuffklappe R 1200 GS

Die Auspuffklappe der R 1200 GS ab Mj. 2010 sitzt zwischen Krümmer und Auspufftopf (Bilder 18 und 19). Sie wird von einem Stellmotor (Bild 20) über Bowdenzüge (Bild 18) betätigt. Nach dem Einschalten der Zündung bewegt der Stellmotor die Auspuffklappe auf Stellung »offen«:

- Wenn sie sich bewegt, hört man dies am Summen des Stellmotors, es ist alles in Ordnung.
- Wenn sie sich nicht bewegt, muss man die Seilzugmechanik und die infrage kommenden elektrischen Stecker ansehen, ob sie an ihrem Platz und fest zusammengesteckt sind. Wenn kein mechanischer Schaden festzustellen ist, muss die Maschine zum BMW-Händler gebracht und der Defekt mit dem BMW-Diagnosegerät gesucht werden.

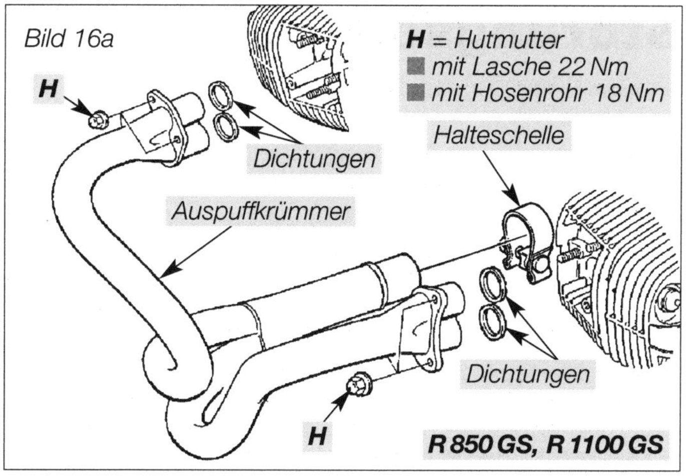

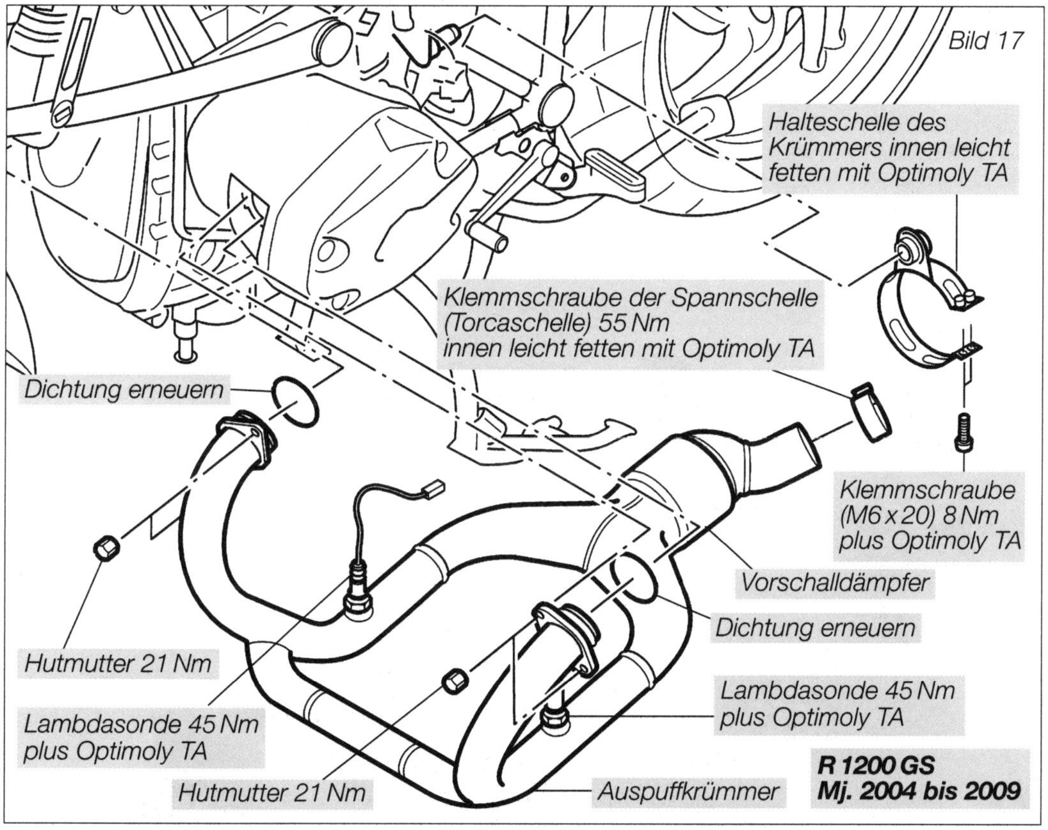

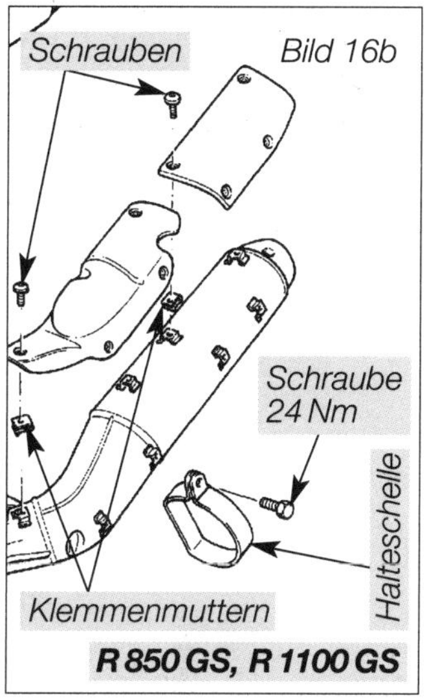

Bilder 16a und 16b: Auspuffanlage R 850 GS, R 1100 GS.

Bild 17: Auspuffkrümmer der R 1200 GS bis Mj. 2009.

Bilder 18, 19 und 20: Auspuffklappe und Stellmotor.

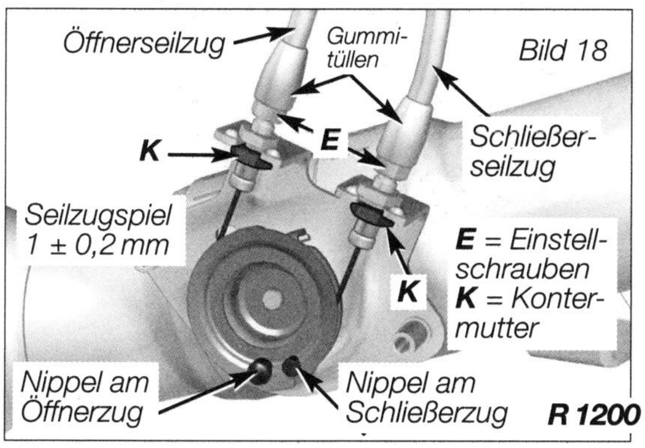

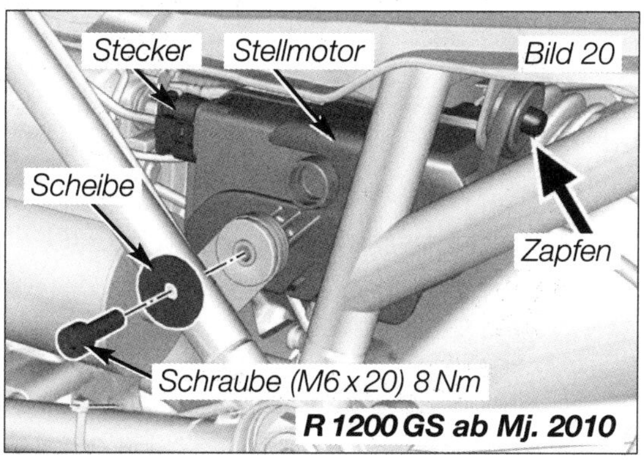

Störungssuche

In diesem Kapitel: Störungssuche in Elektrik, Motor, Kraftübertragung und Fahrwerk.

Die BMW Vierventil-Enduros haben im Laufe ihrer langen Bauzeit eine hohe technische Reife erlangt und sind heute als zuverlässige Motorräder bekannt.

Sollte bei Ihrer Maschine irgendwo ein Fehler auftreten, kann dieses Kapitel helfen bei der Suche nach der Störungsursache. Wir empfehlen Ihnen, es gelegentlich durchzulesen, auch ohne dass ein Defekt am Motorrad Sie dazu zwingt. Sie lernen dazu, sensibilisieren sich damit für den Fall der Fälle und können bei einem auftretenden Fehler schneller zur Ursache kommen.

Wenn Sie in den Text einsteigen, werden Sie feststellen, dass sich einige Textpassagen unter »Mögliche Ursachen« bei ganz verschiedenen Fehlerursachen wiederholen, denn mögliche Fehlerquellen können sich verzahnen und eine Negativkette bilden. Beispiel: Wenn über Winter mehrere Tage lang (oder auch Wochen) am teilzerlegten Motorrad geschraubt wurde und der Motor danach nicht anspringt, kann es durchaus sein, dass folgende Dinge zusammenkommen: Spritleitung nicht richtig angeschlossen und Zündkerzen geben keinen Funken ab, weil die Zündkerzenstecker nicht richtig aufgesteckt sind.

Sollte Ihre Maschine einmal den Geist aufgeben und einfach stehen bleiben, sei es mit oder ohne grobe Nebengeräusche, dann bleiben Sie cool. Überlegen Sie: Wo wurde zuletzt herumgeschraubt? Fehler und Probleme haben meist einfache Gründe, man muss sie nur finden! Vieles ist simpel, alles ist logisch. Denn bei allen Emotionen, die im Motorradfahren drinstecken, ist ein Motorrad eben doch bloß ein technisches Gerät, dessen einzelne Bauteile nach physikalisch-technischen Gesichtspunkten funktionieren und zusammenwirken.

Zu den Anmerkungen: »→ *Fachwerkstatt*« meint Motorrad-Werkstätten, die von einem Meister geführt werden. »→ *BMW-Werkstatt*«: Zur Lösung eines solchen Problems werden BMW-interne Unterlagen und Diagnosegeräte benötigt.

In diesem Sinne wünschen wir frohes Fehlersuchen!

Elektrik

BELEUCHTUNG UND BLINKER

Fehler: Scheinwerfer funktioniert nicht

Mögliche Ursachen:

- Lampe(n) durchgebrannt → *Kapitel* **14**
- Lampentyp falsch → *Kapitel* **14**
- Kabelanschlüsse korrodiert, nicht fest genug → *Kapitel* **14**
- Zu viele Nebenverbraucher, Batterie dafür zu schwach → *Kapitel* **11**
- Sicherung defekt → *Kapitel* **15**
- Zündschloss defekt → *BMW-Werkstatt*

Fehler: Blinker funktioniert nicht

Mögliche Ursachen:

- Blinklampe(n) durchgebrannt → *Kapitel* **14**
- Lampentyp falsch → *Kapitel* **14**
- Blinkerschalter, Kabel, Kabelbaum schadhaft → *Kapitel* **15** → *BMW-Werkstatt*
- Sicherung defekt → *Kapitel* **15**

Bild 1

Bilder 1 und 2: Bei der Suche nach einer Störung muss man sich meistens in sein Motorrad »einarbeiten«. Detailinfos zu den einzelnen Baugruppen finden Sie in den Kapiteln dieses Buches.

Fehler: Blinkerrhythmus zu langsam oder zu schnell
Mögliche Ursachen:
- Blinklampe(n) durchgebrannt, Lampentyp falsch ➔ *Kapitel* 14
- Blinkrelais defekt ➔ *Kapitel* 15
- Blinkerschalter defekt ➔ *Kapitel* 15 ➔ *Fachelektriker*
- Zündschloss defekt ➔ *BMW-Werkstatt*

Fehler: Hupe funktioniert nicht
Mögliche Ursachen:
- Hupe defekt oder falsch eingestellt ➔ *Kapitel* 14
- Hupenschalter defekt ➔ *Kapitel* 15 ➔ *Fachelektriker*
- Kabel zur Hupe hat schadhafte Stelle ➔ *Kapitel* 14 15
- Sicherung defekt➔ *Kapitel* 15
- Batterie defekt ➔ *Kapitel* 11
- Zündschloss defekt ➔ *BMW-Werkstatt*

BATTERIE UND LADESYSTEM

Fehler: Kein Strom trotz eingeschalteter Zündung
Mögliche Ursachen:
- Batterie leer oder altersbedingt funktionsunfähig ➔ *Kapitel* 11 12
- Kabel am Batterieanschluss lose ➔ *Kapitel* 11 12
- Massekabel in sich gebrochen oder hat keine zuverlässige Masseverbindung (»schlechter Kontakt«) ➔ *Kapitel* 11 15
- Kontakte der Steckverbindungen im Ladesystem korrodiert ➔ *Kapitel* 12 15
- Störung im Regler/Gleichrichter ➔ *Kapitel* 12 15 ➔ *BMW-Werkstatt*
- Zündschloss defekt ➔ *BMW-Werkstatt*

Fehler: Schwacher Strom: Anlasser dreht langsam durch, Motor springt nicht an
Mögliche Ursachen:
- Batterie leer, zu niedrige Spannung, Kabel am Batterieanschluss lose ➔ *Kapitel* 11 12
- Kabel am Anlasser lose ➔ *Kapitel* 13

Fehler: Schwacher Strom bei laufendem Motor
Mögliche Ursachen:
- Batterie unzureichend geladen ➔ *Kapitel* 11 12
- Batterie hat eine oder mehrere »tote« Zellen ➔ *Kapitel* 11
- Störung im Ladesystem ➔ *Kapitel* 12
- Kontakte der Steckverbindungen im Ladesystem korrodiert ➔ *Kapitel* 12
- Störung im Regler/Gleichrichter ➔ *Kapitel* 12 15 ➔ *BMW-Werkstatt*

Fehler: Zeitweilig aussetzender Strom
Mögliche Ursachen:
- Kabel am Batterieanschluss lose (»Wackelkontakte«) ➔ *Kapitel* 11 12 15

ZÜNDSYSTEM

Fehler: Motor wird durchgedreht, springt aber nicht an
Mögliche Ursachen:
- Kein Benzin im Tank
- Kein Funke an den Zündkerzen ➔ *Kapitel* 21 22
- Zündkerzenstecker, Zündspule(n) defekt ➔ *Kapitel* 15 21 22
- Kabelstecker am Steuergerät lose, ausgesteckt ➔ *Kapitel* 15 22
- Steuergerät defekt ➔ *Kapitel* 15 22 ➔ *BMW-Werkstatt*

Bild 2

R 1200 GS Adventure

Fehler: Kein Funke an den Zündkerzen
Mögliche Ursachen:
- Zündkerzenstecker nicht richtig auf die Zündkerzen aufgesteckt → *Kapitel* 21
- Zündkerzenstecker, Zündspule(n) defekt → *Kapitel* 15 21 22
- Batterie schwach, nicht ausreichend geladen → *Kapitel* 11
- Kurbelwellenpositions-Sensor (Zündgeber) defekt → *Kapitel* 15 22
- Stromkreisunterbrechung bzw. Wackelkontakt durch schlecht angeschlossene(s) oder gerissene(s) Kabel → *BMW-Werkstatt*
- Motorstoppschalter (»Killschalter«) defekt → *Kapitel* 15
- Steuergerät defekt → *Kapitel* 15 22 → *BMW-Werkstatt*
- Zündschloss defekt → *BMW-Werkstatt*

Fehler: Motor springt zwar an, läuft aber stotternd und/oder dreht nicht hoch
Mögliche Ursachen:
- Alte Zündkerze, verschlissen, in sich gebrochen → *Kapitel* 21
- Zündkerzen-Elektrodenabstand zu groß → *Kapitel* 21
- Zündkerzen verrußt oder verölt (»nass«) → *Kapitel* 21
- Zündkerzenstecker oder Zündkerze lose → *Kapitel* 21
- Anschlusskabel und/oder Stecker am Zündkerzenstecker defekt → *Kapitel* 21 22 → *BMW-Werkstatt*
- Zündkerzenstecker, Zündkerze, Zündspule defekt → *Kapitel* 15 21 22
- Loses oder blankes Kabel im Kabelbaum → *Kapitel* 15 → *BMW-Werkstatt*
- Falscher Zündzeitpunkt → *Kapitel* 15 22 → *BMW-Werkstatt*
- Steuergerät bzw. einer der Sensoren defekt → *Kapitel* 15 22
- Stecker auf Einspritzventile(n) lose, nicht richtig aufgesteckt → *Kapitel* 22
- Defekt im Einspritzsystem → *Kapitel* 22
- Steuerzeiten falsch → *Kapitel* 14

ANLASSER

Fehler: Anlassermotor dreht sich nicht
Mögliche Ursachen:
- Batterie entladen (»schwach«) → *Kapitel* 11
- Starterknopf defekt, Kontaktschwäche im Gehäuse oder im Kabelbaum → *Kapitel* 15
- Motorstoppschalter (»Killschalter«) auf »STOP« → *Kapitel* 15
- Anlasserrelais defekt → *Kapitel* 13 15
- Anlasser defekt → *Kapitel* 13
- Stromkreisunterbrechung/Kontaktschwäche durch loses oder abgetrenntes Kabel → *BMW-Werkstatt*
- Gangpositions-Sensor (Getriebepotentiometer) defekt → *Kapitel* 15
- Kupplungsschalter defekt → *Kapitel* 15

Fehler: Anlasser (Elektrostarter) dreht Motor nur langsam durch
Mögliche Ursachen:
- Schwache Batterie → *Kapitel* 11
- Batteriekabel schlecht angeschlossen → *Kapitel* 11
- Anlassermotor klemmt, defekt → *Kapitel* 13
- Zähes Motoröl (zu dickes Öl für Winterbetrieb) → *Kapitel* 5

Fehler: Anlasser läuft, ohne den Motor durchzudrehen
Mögliche Ursachen:
- Zahnräder im Anlassergetriebe oder Anlasserritzel defekt → *Fachwerkstatt*
- Verzahnung auf der Schwungscheibe defekt → *Fachwerkstatt*

Fehler: Anlasserrelais »klickt«, Anlasser dreht Motor aber nicht durch
Mögliche Ursachen:
- Zu schwache Batterie → *Kapitel* 11
- Anlasserkabel schlecht angeschlossen → *Kapitel* 13
- Anlasserrelais hängt (versuchsweise dagegenklopfen, um den Kontakt zu lösen) → *Kapitel* 13 15
- Anlasserrelais defekt → *Kapitel* 13 15
- Kurbelwelle dreht sich nicht, weil blockiert → *Fachwerkstatt*

Motor

Fehler: Motor wird vom Anlasser durchgedreht, springt aber nicht an
Mögliche Ursachen:
- Kein Benzin im Tank
- Benzin verunreinigt oder von schlechter Qualität → *Kapitel* 22
- Motor mit Benzin überflutet (»ersoffen«), weil die Einspritzung funktioniert, Zündung aber nicht → *Kapitel* 21 22
- Benzinpumpe arbeitet nicht → *Kapitel* 22
- Benzinpumpe, -leitung oder -filter verstopft → *Kapitel* 22
- Luftfilter total zugesetzt → *Kapitel* 10
- Kein Funke an den Zündkerzen → *Kapitel* 21 22
- Motorelektronik oder Sensor(en) defekt → *Kapitel* 15 22
- Kompression zu niedrig: Zündkerzen lose, Ventile blasen durch, Ventile verschlissen, Zylinderkopfdichtung defekt → *BMW-Werkstatt*
- Benzin gelangt nicht zu den Einspritzdüsen → *Kapitel* 22
- Einspritzdüse(n) verstopft, defekt → *Kapitel* 22
- Benzin gelangt nicht in den Ansaugtrakt → *Kapitel* 22
- Benzinpumpe oder Relais arbeitet nicht richtig → *Kapitel* 22
- Motorelektronik defekt → *Kapitel* 15 → *BMW-Werkstatt*

Fehler: Motor springt schlecht an, geht sofort aus
Mögliche Ursachen:
- Benzin verschmutzt: Dreck im Tank, in Benzinleitungen oder in Einspritzsystem → *Kapitel* 22
- Tank-Belüftungs- oder Entlüftungsschlauch verstopft, geknickt → *Kapitel* 22
- Zündanlage hat Unterspannung → *Kapitel* 22 → *BMW-Werkstatt*
- Zündkerze(n) defekt: falscher Elektrodenabstand, Kerze hat Masseschluss → *Kapitel* 21
- Anschlusskabel oder Verbindungsstecker der Zündkerzenstecker beschädigt, z. B. in sich gebrochen → *Kapitel* 21 22
- Kerzenstecker ist (sind) nicht richtig auf die Zündkerze(n) aufgesteckt → *Kapitel* 21
- Leerlaufdrehzahl zu niedrig → *Kapitel* 9 22 → *BMW-Werkstatt*
- Zünd-Einspritzanlage defekt: Steuergerät oder einer der Sensoren defekt → *Kapitel* 15 22 → *BMW-Werkstatt*

Fehler: Motor springt schlecht an, hat geringe Leistung bei niedrigen Drehzahlen
Mögliche Ursachen:
- Ventile falsch eingestellt, haben zu wenig Spiel → *Kapitel* 20
- Nockenwelle(n) defekt, abgenutzt → *BMW-Werkstatt*
- Ventilfeder(n) gebrochen → *BMW-Werkstatt*
- falsche Ventilsteuerzeiten durch Montagefehler → *BMW-Werkstatt*
- Ventilsitze undicht, verbrannt, Ventilführungen verschlissen, Ventil verbogen, sitzt fest → *BMW-Werkstatt*
- Kolbenringe verklebt, verschlissen, gebrochen → *BMW-Werkstatt*
- Zylinderlaufbahn und/oder Kolben verschlissen → *BMW-Werkstatt*

Fehler: Unrunder Leerlauf
Mögliche Ursachen:
- Drosselklappen nicht synchron → *Kapitel* 22 → *BMW-Werkstatt*
- Leerlauf falsch eingestellt → *Kapitel* 9 22 → *BMW-Werkstatt*
- Benzin und/oder Einspritzsystem verschmutzt → *Kapitel* 22
- Drosselklappen fest, Betätigung defekt → *Kapitel* 22
- Ventilspiel nicht korrekt: zu weit oder zu eng → *Kapitel* 20
- Zündkerze(n) defekt: zu geringer oder zu großer Elektrodenabstand, Kerze hat Masseschluss → *Kapitel* 21
- Zündkerzenstecker hat/haben keinen richtigen Kontakt → *Kapitel* 21
- Zündsystem defekt → *Kapitel* 22 → *BMW-Werkstatt*
- Steuergerät oder Sensor(en) defekt → *Kapitel* 15 22
- Schrittmotor/Leerlaufstepper defekt → *Kapitel* 15 22
- Benzinpumpe oder Relais defekt → *Kapitel* 22

Fehler: Ruckeln und Aussetzer beim Beschleunigen
Mögliche Ursachen:
- Benzin verschmutzt: Dreck im Tank, in Benzinpumpe und/oder Leitungen → Kapitel 22
- Drosselklappen falsch eingestellt → Kapitel 22
- Einspritzventil(e) defekt → Kapitel 22
- Zündkerzen-Elektrodenabstand falsch → Kapitel 21
- Zündkerzenstecker nicht richtig angebracht → Kapitel 21
- Zündkerzenstecker/Zündspule defekt → Kapitel 21 22
- Feuchtigkeit bzw. Kontaktprobleme in den Steckverbindungen der Motorelektrik → Kapitel 15 22
- Steuergerät oder einer der Sensoren defekt → Kapitel 15 22
- Batterie defekt oder zu niedrige Batteriespannung → Kapitel 11
- Kurbelwellenpositions-Sensor (Zündgeber) defekt → Kapitel 15 22

Fehler: Motor patscht, produziert Fehlzündungen
Mögliche Ursachen:
- Zündkerzen-Elektrodenabstand falsch → Kapitel 21
- Luftfilterkastenanschlüsse ziehen Nebenluft → Kapitel 10
- Ansaugstutzen rissig, gebrochen, lose bzw. nicht richtig befestigt (Falschluft) → Kapitel 10 22
- Motorelektronik bzw. Zündsystem defekt → BMW-Werkstatt

Fehler: Geringe Leistung und hoher Verbrauch
Mögliche Ursachen:
- Luftfilter stark verschmutzt, zugesetzt → Kapitel 10
- Benzinsystem verstopft → Kapitel 22
- Zünd-Einspritzsystem defekt → Kapitel 22
- Steuergerät oder Sensor(en) defekt → Kapitel 15 22

Fehler: Motor zieht nicht richtig, wird zu heiß
Mögliche Ursachen:
- Benzinleitung gequetscht, eingeklemmt → Kapitel 22
- Druckverlust im Benzinsystem → Kapitel 22
- Tankbelüftung verstopft, Belüftungsschlauch geknickt oder eingeklemmt → Kapitel 22
- Steuergerät oder Sensor(en) defekt → Kapitel 15 22
- Zu mageres Gemisch: Einspritzdüsen verstopft → Kapitel 22

Fehler: Motor zieht nicht, raucht aus dem Auspuff
Mögliche Ursachen:
- Luftfilter sehr stark verschmutzt → Kapitel 10
- Zu fettes Gemisch, weil Motorelektronik falsche Signale von einem der Sensoren bekommt → Kapitel 15 22 → BMW-Werkstatt

Fehler: Motortemperatur zu hoch, Auspuffkrümmer glühen hell
Mögliche Ursachen:
- Zu wenig Öl im Motor → Kapitel 4 5
- Ölkühler außen verschmutzt → Kapitel 5
- Ölkühlerthermostat hängt in geschlossener Stellung → Fachwerkstatt
- Leitungen zum Ölkühler verstopft/abgeklemmt → Kapitel 5
- Ölpumpe defekt oder Ölkreislauf verstopft → Fachwerkstatt
- Luft-Kraftstoff-Gemisch zu mager → Kapitel 22
- Falschluftansaugung im Ansaugsystem → Kapitel 22
- Übermäßige Ölkohleablagerung im Brennraum → Fachwerkstatt

Fehler: Motortemperatur zu niedrig, Motor wird nicht richtig warm
Mögliche Ursachen:
- Ölkühlerthermostat hängt in geöffnetem Zustand → Fachwerkstatt

SCHMIERSYSTEM

Fehler: Ölstand zu niedrig, hoher Ölverbrauch
Mögliche Ursachen:
- Zu wenig Öl im Motor → Kapitel 4 5
- Öl läuft aus, Dichtungen lassen Öl durch → Kapitel 5 → Fachwerkstatt
- Zylinder, Kolbenringe und/oder Ölabstreifringe verschlissen, gebrochen oder falsch eingebaut → Fachwerkstatt
- Öl wird durch Überdruck im Motorgehäuse aus Entlüftung herausgedrückt: verschlissene Kolbenringe, Ölabstreifringe, Ventilführungen, Ventilschaftdichtungen → Fachwerkstatt

Fehler: Öl stark verschmutzt oder emulgiert
Mögliche Ursachen:
- Motoröl oder Ölfilter nicht rechtzeitig gewechselt → Kapitel 4 5
- Zylinderkopfdichtung schadhaft → Fachwerkstatt
- Kolbenringe verschlissen → Fachwerkstatt
- Ventilführungen/Ventilschaftdichtungen verschlissen → Fachwerkstatt

Fehler: Öldruck zu niedrig
Mögliche Ursachen:
- Ölstand zu niedrig → Kapitel 4 5
- Zu wenig oder falsches Öl im Motor → Kapitel 4 5
- Öldruckregler defekt → Fachwerkstatt
- Internes Ölleck → Fachwerkstatt
- Ölpumpe beschädigt → Fachwerkstatt
- Lagerschaden (Kurbelwelle) im Motor → Fachwerkstatt

Fehler: Öldruck zu hoch
Mögliche Ursachen:
- Ölfilter bzw. Ölkreislauf verstopft → Kapitel 5
- Öldruckregler geschlossen oder festgeklemmt → Fachwerkstatt
- Falsche Ölviskosität (zu dickes Öl) → Kapitel 4 5

Fehler: Kein Öldruck
Mögliche Ursachen:
- Ölstand zu niedrig, kein Öl im Motor → Kapitel 4 5
- Ölpumpe innen oder ihr Antrieb defekt → Fachwerkstatt
- motorinternes Ölleck → Fachwerkstatt
- Öldruckregler (Überdruckventil) klemmt geöffnet → Fachwerkstatt

ZYLINDER, KOLBEN, ZYLINDERKOPF

Fehler: Zu niedrige oder ungleichmäßige Kompression, schlechtes Anspringen, geringe Leistung
Mögliche Ursachen:
- Ventil(e) falsch eingestellt (zu wenig Spiel) → Kapitel 20
- Ventilsitze verbrannt, Ventil verbogen → Fachwerkstatt
- Falsche Ventilsteuerzeiten (meistens ein Montagefehler) → Fachwerkstatt
- Ventilfeder(n) gebrochen → Fachwerkstatt
- Zündfunke zu schwach → Kapitel 21 22
- Zylinderkopfdichtung undicht → Fachwerkstatt
- Zylinderkopf verzogen oder gerissen → Fachwerkstatt
- Ventilsitz(e) undicht oder Ventilführung(en) ausgeschlagen → Fachwerkstatt
- Zylinder und/oder Kolben verschlissen → Fachwerkstatt
- Kolbenringe verschlissen oder gebrochen → Fachwerkstatt
- Nockenwelle defekt oder abgenutzt → Fachwerkstatt

Fehler: Zu hohe Kompression, Überhitzen oder Klopfen
Mögliche Ursachen:
- Klopf-Sensor defekt → BMW-Werkstatt
- Starke Ölkohleablagerung im Brennraum → Fachwerkstatt
- Steuergerät oder Zündgeber defekt → Kapitel 15 22

Fehler: Starke Geräuschentwicklung
Mögliche Ursachen:
- Auspuffkrümmer am Zylinderkopf undicht → Kapitel 25
- Verbindungsstellen im Auspuffsystem undicht → Kapitel 25
- Bauteile im Auspuffsystem gerissen → BMW-Werkstatt
- Ventile falsch eingestellt (meist zu viel Spiel) → Kapitel 20
- Steuerkette peitscht, weil Steuerkettenspanner defekt → Fachwerkstatt
- Klemmendes Ventil, gebrochene/ermüdete Ventilfeder → Fachwerkstatt

- Nockenwellen oder Ventilfedern defekt ➔ *Fachwerkstatt*
- Nockenwellen-Antriebszahnräder und/oder Nockenwellen-Antriebskette (Steuerkette) verschlissen ➔ *Fachwerkstatt*
- Zylinder und/oder Kolben verschlissen ➔ *Fachwerkstatt*
- Kolben gebrochen ➔ *Fachwerkstatt*
- Kolbenbolzen oder Kolbenbolzenbohrung verschlissen ➔ *Fachwerkstatt*
- Pleuelfußlager verschlissen ➔ *Fachwerkstatt*
- Kurbelwellenhaupt- oder Getriebelager verschlissen ➔ *Fachwerkstatt*
- Kreuzgelenke der Kardanwelle defekt ➔ *Kapitel* 17

Fehler: Starke Rauchentwicklung
Mögliche Ursachen:
- Zu viel Motoröl im Motor ➔ *Kapitel* 4 5
- Luftfilter zugesetzt, verölt ➔ *Kapitel* 10
- Zylinder oder Kolben verschlissen ➔ *Fachwerkstatt*
- Kolben oder Zylinderwand mit Riefen oder Schrammen ➔ *Fachwerkstatt*
- Kolbenring(e) oder Ölabstreifring(e) verschlissen, gebrochen, keine Spannung mehr oder falsch montiert ➔ *Fachwerkstatt*
- Ventilführungen oder Ventilschäfte abgenutzt ➔ *Fachwerkstatt*
- Ventilschaftdichtung(en) defekt ➔ *Fachwerkstatt*

Fehler: Motor überhitzt
Mögliche Ursachen:
- Zu wenig Öl im Motor ➔ *Kapitel* 4 5
- Übermäßige Ölkohleablagerung im Brennraum ➔ *Fachwerkstatt*

Kraftübertragung

KUPPLUNG

Fehler: Kupplung rutscht beim Beschleunigen
Mögliche Ursachen:
- Kupplung verölt, weil Simmerring im Kurbel- oder Getriebegehäuse defekt ist ➔ *Kapitel* 23 ➔ *Fachwerkstatt*
- Kupplungsscheibe verzogen, verschlissen ➔ *Kapitel* 23 ➔ *Fachwerkstatt*
- Tellerfeder ermüdet ➔ *Kapitel* 23 ➔ *Fachwerkstatt*

Fehler: Kupplung rückt nicht aus, es kracht beim Schalten
Mögliche Ursachen:
- Kupplungshebel verbogen ➔ *Kapitel* 8 23
- Kupplungs-Ausrückmechanismus (Geber-/Nehmerzylinder) defekt ➔ *Kapitel* 23
- Luft in der Kupplungshydraulik ➔ *Kapitel* 23
- Kupplung falsch eingestellt: zu viel Spiel ➔ *Kapitel* 23

Fehler: Kupplung rupft
Mögliche Ursachen:
- Kupplungszug gelängt, geknickt, defekt ➔ *Kapitel* 23
- Kupplungszug innen aufgespleißt, Nippel korrodiert ➔ *Kapitel* 23
- Kupplungshandhebel verbogen, Lagerung fest, korrodiert ➔ *Kapitel* 8 23
- Kupplungsreibscheibe verbrannt, Beläge ausgebrochen ➔ *Kapitel* 23
- Verzahnung der Kupplungsscheibe ausgeschlagen ➔ *Kapitel* 23

GETRIEBE UND SCHALTUNG

Fehler: Getriebe schwer schaltbar
Mögliche Ursachen:
- Position des Fußschalthebels falsch ➔ *Kapitel* 8
- Kupplung rückt nicht aus, weil das Kupplungsspiel zu groß ist (Seilzug), zu wenig Kupplungs-Hydraulikflüssigkeit im System ist oder der Nehmerzylinder defekt ➔ *Kapitel* 23
- Ölmenge im Getriebe zu gering ➔ *Kapitel* 5
- Getriebeöl-Viskosität falsch (Öl zu dick) ➔ *Kapitel* 5
- Schaltwelle beschädigt, klemmt ➔ *Kapitel* 23 ➔ *Fachwerkstatt*
- Fremdkörper blockieren Schaltung ➔ *Fachwerkstatt*
- Schaltgabeln, Schaltwalze oder -welle defekt ➔ *Fachwerkstatt*

Fehler: Schalthebel hängt
Mögliche Ursachen:
- Kugelköpfe an Schaltstange schwergängig ➔ *Kapitel* 8
- Lagerung des Fußschalthebels schwergängig ➔ *Kapitel* 8
- Rückstellfeder im Schaltautomat gebrochen ➔ *Fachwerkstatt*
- Schaltgabeln verbogen oder abgenutzt ➔ *Fachwerkstatt*

Fehler: Gänge springen heraus
Mögliche Ursachen:
- Schalthebel auf Schaltwelle lose ➔ *Kapitel* 8
- Schaltwelle klemmt ➔ *Fachwerkstatt*
- Feder der Schaltwalzen-Arretierung gebrochen ➔ *Fachwerkstatt*
- Schaltautomat oder Schaltkrone beschädigt ➔ *Fachwerkstatt*
- Schaltgabeln verschlissen oder verbogen ➔ *Fachwerkstatt*
- Klauen an den Gangzahnrädern abgenutzt ➔ *Fachwerkstatt*

HINTERRADANTRIEB

Fehler: Motorrad ruckelt bei langsamer Fahrt, unregelmäßiges Geräusch vom Hinterradantrieb her
Mögliche Ursachen:
- Hinterradantrieb defekt: Verzahnung gebrochen, Lager defekt ➔ *BMW-Werkstatt*
- Kardangelenke defekt ➔ *BMW-Werkstatt*

Fehler: Motorrad schiebt sich schwer, dabei knackendes Geräusch
Mögliche Ursachen:
- Vorderradlager defekt oder Radachse lose, verbogen ➔ *Kapitel* 18
- Radlagerdistanzbuchsen vorne falsch eingebaut oder vergessen ➔ *Kapitel* 18
- Bremsen defekt: Bremskolben festgefressen, Bremsklötze in den Bremssätteln nicht freigängig ➔ *Kapitel* 19
- Lager im Getriebe defekt ➔ *BMW-Werkstatt*
- Lager im Hinterradantrieb defekt ➔ *BMW-Werkstatt*

Fahrwerk

LENKUNG UND FRONTPARTIE

Fehler: Lenkung schwergängig
Mögliche Ursachen:
- Reifenluftdruck zu niedrig ➔ *Kapitel* 2 4
- Züge, Kabel, Leitungen falsch verlegt, spannen in sich ➔ *Kapitel* 6
- Fremdteile im Bereich Telelever und Gabelbrücken
- Gabelbrücke(n) oder Gelenke der unteren oder oberen Gabelbrücke defekt ➔ *Fachwerkstatt*

Fehler: Motorrad zieht nach einer Seite
Mögliche Ursachen:
- Vorderachse verbogen ➔ *Kapitel* 18
- Rad falsch eingebaut ➔ *Kapitel* 18
- Radlager ausgeschlagen ➔ *Kapitel* 18
- Gabelbeine verzogen ➔ *Fachwerkstatt*
- Rahmen verzogen, falsch zusammengebaut ➔ *BMW-Werkstatt*
- Rahmenverschraubungen zum Motor hin lose ➔ *BMW-Werkstatt*
- Schwingenlager verschlissen ➔ *Kapitel* 17
- Hinterradschwinge verbogen ➔ *Kapitel* 17

Fehler: Vorderrad flattert
Mögliche Ursachen:
- Reifen hat zu geringen Luftdruck oder ist unwuchtig ➔ *Kapitel* 2 4
- Reifen falsch montiert (»eiert«) ➔ *Fachwerkstatt*
- Rad verzogen, hat starken Seitenschlag (»eiert«) ➔ *Kapitel* 18
- Vorderradlager ausgeschlagen, defekt ➔ *Kapitel* 18
- Vorderachse und Achsklemmschraube(n) lose ➔ *Kapitel* 18

TELELEVER UND FEDERUNG

Fehler: Federung zu weich
Mögliche Ursachen:
- Zu geringer Reifendruck → *Kapitel* 2 4
- Feder im Federbein ermüdet, gebrochen → *Kapitel* 16
- Federbein undicht (Gas- oder Ölleck) → *Kapitel* 16

Fehler: Federung zu hart
Mögliche Ursachen:
- Zu hoher Reifendruck → *Kapitel* 2 4
- Gabelbeine verbogen (wegen Unfall/Sturz) → *Fachwerkstatt*
- Vorderachse verbogen → *Kapitel* 18
- Kolbenstange des Federbeins verbogen → *Kapitel* 16
- Gabelbeine in den Gabelbrücken verspannt → *Fachwerkstatt*

Fehler: Geräusche beim Einfedern
Mögliche Ursachen:
- Gaszug, Brems- oder Kupplungsleitung (-Zug) knarzt an Verkleidungskante oder Rahmen → *Kapitel* 6 9
- Gabel-Anbauteile lose: Gabelbrücken, Kotflügel, Vorderachse → *Kapitel* 6 18
- Lager im Telelever lose oder defekt → *Fachwerkstatt*

HINTERRADAUFHÄNGUNG UND FEDERUNG

Fehler: Federung zu weich
Mögliche Ursachen:
- Reifendruck zu niedrig → *Kapitel* 2 4
- Feder im Federbein ermüdet, gebrochen → *Kapitel* 16
- Federbein undicht (Gas- oder Ölleck) → *Kapitel* 16

Fehler: Federung zu hart
Mögliche Ursachen:
- Reifendruck zu hoch → *Kapitel* 2 4
- Kolbenstange des Federbeins verbogen → *Kapitel* 16
- Schwingenlager defekt → *Kapitel* 17

Fehler: Geräusche beim Einfedern (Knacken)
Mögliche Ursachen:
- Schwingenlager defekt → *Kapitel* 17
- Verschraubung der Federbeinaufhängung unten/oben lose → *Kapitel* 16
- Trockene/defekte/rostige Lager in der Hinterradschwinge → *Kapitel* 17
- Feder gebrochen, Windungen zueinander verschoben, reibt am Stoßdämpfer → *Kapitel* 16

RÄDER

Fehler: Trommeln oder seitliches Flattern des Rades
Mögliche Ursachen:
- Felge verzogen, starker Seitenschlag (»eiert«) → *Kapitel* 18
- Reifen defekt oder unwuchtig → *Kapitel* 4 → *Fachwerkstatt*
- Zu geringer Reifendruck → *Kapitel* 2 4
- Reifen sitzt nicht richtig in der Felge → *Kapitel* 4 → *Fachwerkstatt*
- Radachse (vorne) und/oder Radschrauben (hinten) lose → *Kapitel* 18
- Radlager (vorne) lose, Lager gebrochen → *Kapitel* 18
- Lager im Hinterradantrieb gebrochen, defekt → *Kapitel* 18
- Schwingenlagerung lose, Lager defekt → *Kapitel* 18

Fehler: Rad schwergängig
Mögliche Ursachen:
- Radlager defekt → *Kapitel* 18
- Achse verbogen → *Kapitel* 18
- Bremse schleift → *Kapitel* 19

BREMSEN

Fehler: Schlechte Bremsleistung
Mögliche Ursachen:
- Zu wenig Bremsflüssigkeit, dewegen Luft im Hydrauliksystem → *Kapitel* 19
- Hydrauliksystem undicht → *Kapitel* 19
- Bremsbeläge abgenutzt, verschmutzt, verglast → *Kapitel* 19
- Bremsscheibe(n) verschmutzt, riefig, überhitzt (»geschirmt«) → *Kapitel* 19
- Bremsscheibe(n) stark verschmutzt oder wegen undichter Radlager-Simmerringe mit Fett verschmiert → *Kapitel* 18 19
- Kolben in den Bremssätteln schwergängig → *Kapitel* 19
- Bremskolben-Dichtringe in den Bremssätteln gebrochen, gequollen, verschlissen → *Kapitel* 19
- Bremsflüssigkeit überaltert → *Kapitel* 19

Fehler: Bremshebel wippt, pumpt, pulsiert (»Bremse rubbelt«)
Mögliche Ursachen:
- Bremsscheibe hat zu viel Seitenschlag (»eiert«) → *Kapitel* 19
- Bremsscheibe(n) unterschiedlich dick → *Kapitel* 19
- Bremsscheibe(n) gerissen → *Kapitel* 19
- Bremsscheiben-Befestigungsschrauben lose → *Kapitel* 19
- Bremskolben im Bremssattel fest → *Kapitel* 19
- Bremssattel-Gleitstifte festgefressen, korrodiert → *Kapitel* 19

Fehler: Nachlassende Bremswirkung unter starker Belastung (z. B. bei Passabfahrten), Hebelweg wird länger, Bremse wird »teigig«
Mögliche Ursachen:
- Bremsflüssigkeit überaltert, sie »kocht sich auf« → *Kapitel* 19
- Bremsbeläge schräg und/oder total abgenutzt → *Kapitel* 19
- Bremsbeläge ausgebrochen → *Kapitel* 19

Fehler: Bremshebelweg wird größer
Mögliche Ursachen:
- Luft im Hydrauliksystem → *Kapitel* 19
- Zu wenig Bremsflüssigkeit → *Kapitel* 19
- Falsche Bremsflüssigkeit → *Kapitel* 19
- Stark riefige, »eingelaufene« Bremsscheiben → *Kapitel* 19

Fehler: Bremse quietscht, hat zu wenig Bremsleistung
Mögliche Ursachen:
- Bremsbeläge verölt, verglast oder abgenutzt → *Kapitel* 19
- Bremsklötze im Bremssattel fest: verschmutzt, falsche Beläge mit zu großer Trägerplatte → *Kapitel* 19
- Bremsbelagplatte zu groß, zu wenig Seitenspiel → *Kapitel* 19
- Bremskolben im Bremssattel festgefressen → *Kapitel* 19
- Bremskolben-Dichtringe in den Bremssätteln gebrochen, gequollen, verschlissen → *Kapitel* 19
- Bremskolben im Bremssattel fest → *Kapitel* 19
- Fremdkörper in Bremsflüssigkeit → *Kapitel* 19
- Bremssattel-Gleitstifte festgefressen, korrodiert → *Kapitel* 19
- Stark riefige, »eingelaufene« Bremsscheiben → *Kapitel* 19

Fehler: Bremse schleift
Mögliche Ursachen:
- Bremsbelag und/oder Bremsscheibe(n) verschmutzt → *Kapitel* 19
- Bremsschlauch oder Hydrauliksystem verstopft → *Kapitel* 19
- Bremsscheibe verzogen/verformt → *Kapitel* 19
- Bremskolben abgenutzt/hängt im Bremssattel → *Kapitel* 19
- Bremskolben im Bremssattel fest → *Kapitel* 19
- Bremssattel-Gleitstifte festgefressen, korrodiert → *Kapitel* 19
- Stark riefige, eingelaufene Bremsscheiben → *Kapitel* 19

Stichwortverzeichnis